小麦国审品种
SSR指纹数据图谱

全国农业技术推广服务中心
北京市农林科学院杂交小麦研究所 组织编写

晋 芳 陈兆波 庞斌双 任雪贞 主编

中国农业科学技术出版社

图书在版编目（CIP）数据

小麦国审品种 SSR 指纹数据图谱 / 晋芳等主编 . -- 北京：中国农业科学技术出版社，2021.11
ISBN 987-7-5116-5553-0

Ⅰ. ①小… Ⅱ. ①晋… Ⅲ. ①小麦—品种鉴定—中国—图谱 Ⅳ. ①S512.103.7-64

中国版本图书馆 CIP 数据核字（2021）第 214905 号

责任编辑 贺可香
责任校对 贾海霞
责任印制 姜义伟 王思文

出 版 者 中国农业科学技术出版社
北京市中关村南大街12号 邮编：100081
电 话 （010）82106638（编辑室）（010）82109702（发行部）
（010）82109709（读者服务部）
传 真 （010）82106650
网 址 http: // www.castp.cn
经 销 者 各地新华书店
印 刷 者 北京地大彩印有限公司
开 本 210 mm × 297 mm 1/16
印 张 21
字 数 650千字
版 次 2021年11月第1版 2021年11月第1次印刷
定 价 160.00元

《小麦国审品种SSR指纹数据图谱》

编委会

主　编： 晋　芳　陈兆波　庞斌双　任雪贞

副主编： 李宏博　刘丰泽　刘丽华　王羡国　刘阳娜

编　者（按姓氏笔画排序）：

王　培　支巨振　刘雅娣　安艳阳　李　晴　李玉红
李巧英　李承宗　杨桂琴　肖长文　张　英　张力科
张文晓　张明明　张胜全　金石桥　周　阳　周　洋
孟全业　孟思远　赵　娟　赵昌平　赵建宗　徐立新
徐宝健　傅友兰

前　言

农作物品种DNA指纹是验证和鉴定品种身份以及分析品种纯度或一致性的重要技术凭证。利用成熟的SSR技术确定农作物品种DNA指纹，是近20年来农作物种子领域的普遍选择。2015年，农业行业标准《主要农作物品种真实性SSR分子标记检测　普通小麦》（NY/T 2859—2015）发布实施，标志着我国小麦品种真实性鉴定SSR标记方法已经成熟，小麦品种DNA指纹检测工作全面启动。

全国农业技术推广服务中心联合北京市农林科学院杂交小麦研究所，利用这项技术系统开展了小麦审定品种标准样品DNA指纹数据库的构建工作，完成了305份国家审定小麦品种标准样品的SSR指纹图谱的构建工作。该指纹图谱按照标准方法构建，经过了反复实验验证，体现了10多年来小麦品种SSR指纹检测技术攻关研究的主要成果，涵盖了1998—2018年绝大多数有标准样品的国家审定小麦品种。该指纹图谱库近年来已在全国小麦种子质量监督抽查、小麦品种区域试验和委托检验中应用，填补了我国利用DNA分子标记检测小麦品种真实性领域的空白，对于快速准确打击小麦假冒侵权、维护小麦种子质量纠纷相关方合法权益、保障小麦生产用种安全具有重要意义。

本书编写过程中，得到了各级种子管理部门和北京市农林科学院杂交小麦研究所等单位的大力支持，在此表示衷心感谢！本书可作为小麦种子质量管理、品种管理、品种权保护、品种选育、农业科研教学等从业人员的参考书籍。由于时间仓促，书中难免有不妥之处，敬请读者批评指正。

编　者

2021年8月

目　录

第一部分　小麦品种信息

第二部分　附　录

第一部分　小麦品种信息

1. 克春14号

审定编号： 国审麦20180076

选育单位： 黑龙江省农业科学院克山分院

品种来源： 克00-1153/龙01-1069

特征特性： 春性，全生育期89天，与对照品种垦九10号熟期相当。幼苗半匍匐，分蘖力强。株高92厘米，抗倒性好。穗纺锤形，长芒、白壳、红粒，籽粒角质。亩穗数40.3万穗，穗粒数35.5粒，千粒重35.0克。抗病性鉴定，高感赤霉病和白粉病，中感根腐病，中抗叶锈病，高抗秆锈病。品质检测，籽粒容重814克/升、822克/升，蛋白质含量12.49%、14.77%，湿面筋含量26.3%、28.6%，稳定时间3.5分钟、3.9分钟。

产量表现： 2014年参加东北春麦晚熟组品种区域试验，平均亩产301.8千克，比对照垦九10号增产3.0%；2015年续试，平均亩（1亩≈667平方米）产393.9千克，比垦九10号增产8.7%。2016年生产试验，平均亩产293.4千克，比对照增产2.9%。

栽培技术要点： 适时播种，每亩适宜基本苗43万左右。注意防治蚜虫、白粉病、赤霉病、根腐病等病虫害。

适宜种植区域： 适宜东北春麦区的黑龙江北部、内蒙古自治区（以下简称内蒙古）呼伦贝尔地区种植。

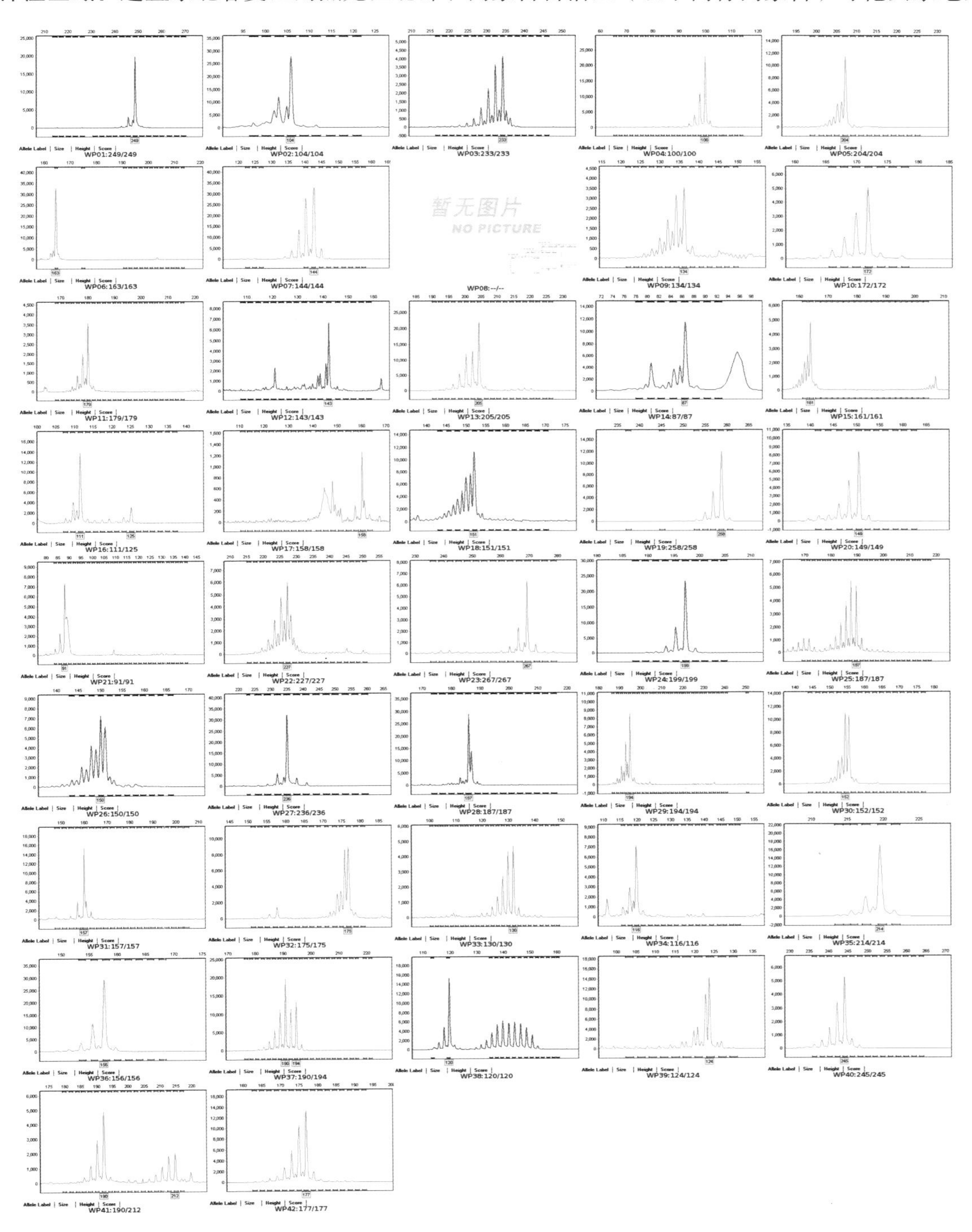

2. 龙辐麦23

审定编号： 国审麦20180075

选育单位： 黑龙江省农业科学院作物育种研究所

品种来源：（龙00-0657SP$_4$/九三3U108）F$_0$诱变

特征特性： 春性，全生育期89天，与对照品种垦九10号熟期相当。幼苗半匍匐，分蘖力强。株高91厘米，抗倒性较好。穗纺锤形，长芒、白壳、红粒，籽粒角质。亩穗数39.0万穗，穗粒数32.7粒，千粒重37.3克。抗病性鉴定，高感根腐病和白粉病，中感赤霉病，中抗秆锈病和叶锈病。品质检测，籽粒容重806克/升、812克/升，蛋白质含量12.62%、14.20%，湿面筋含量26.4%、28.5%，稳定时间4.4分钟、5.4分钟。

产量表现： 2014年参加东北春麦晚熟组品种区域试验，平均亩产305.6千克，比对照垦九10号增产4.3%；2015年续试，平均亩产389.6千克，比垦九10号增产7.6%。2016年生产试验，平均亩产296.9千克，比对照增产4.1%。

栽培技术要点： 适时播种，每亩适宜基本苗43万左右。注意防治蚜虫、白粉病、赤霉病、根腐病等病虫害。

适宜种植区域： 适宜东北春麦区的黑龙江北部、内蒙古呼伦贝尔种植。

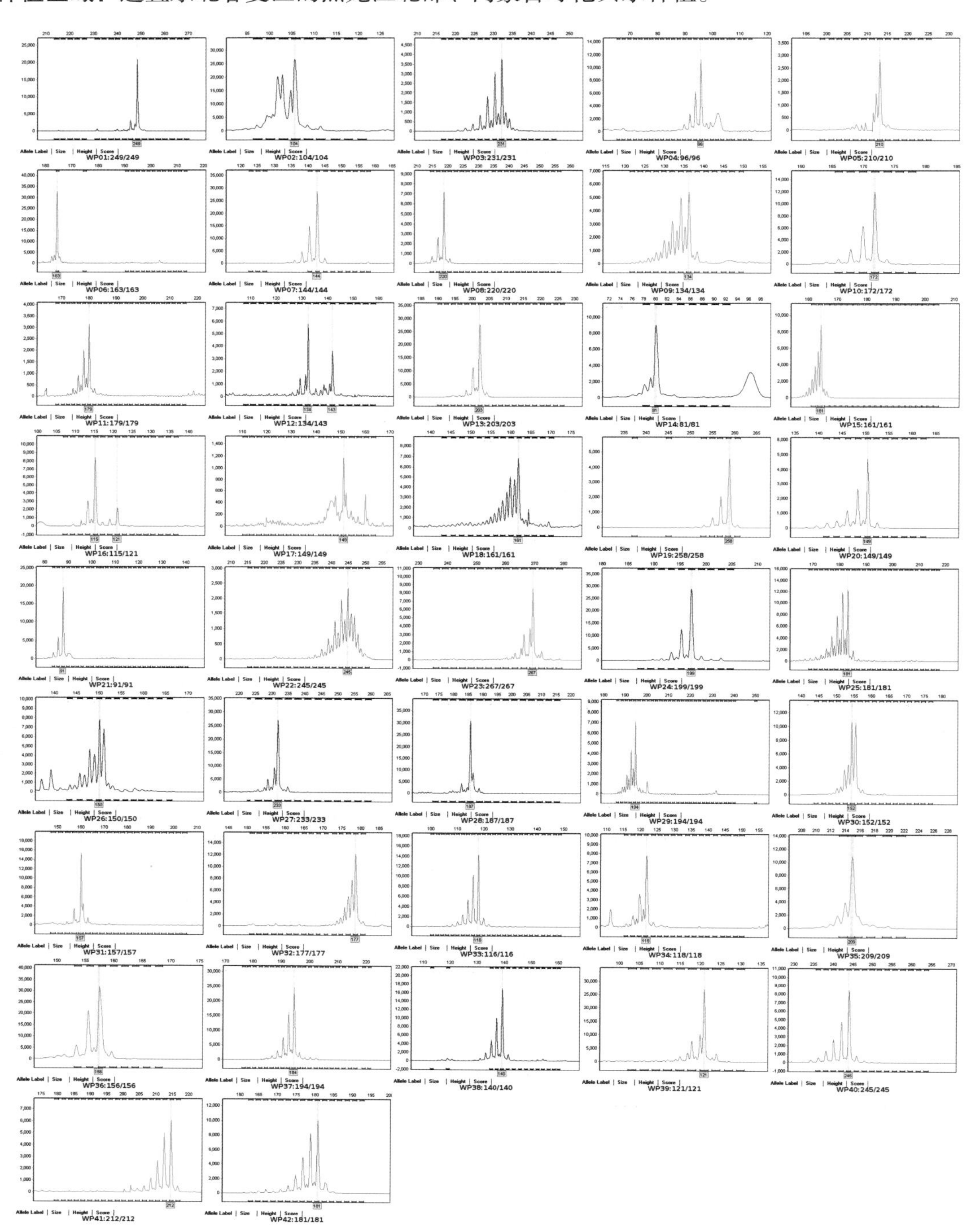

3. 垦红24

审定编号：国审麦20180074

选育单位：北大荒垦丰种业股份有限公司

品种来源：龙01-1122/农大97-2829

特征特性：春性，全生育期91天，比对照品种垦九10号晚熟2天。幼苗半匍匐，分蘖力强。株高90厘米，抗倒性好。穗纺锤形，长芒、白壳、红粒，籽粒角质。亩穗数39.1万穗，穗粒数31.8粒，千粒重40.2克。抗病性鉴定，高感叶锈病和白粉病，中感赤霉病和根腐病，秆锈病免疫。品质检测，籽粒容重802克/升、816克/升，蛋白质含量13.45%、15.54%，湿面筋含量28.4%、31.3%，稳定时间3.4分钟、5.2分钟。

产量表现：2014年参加东北春麦晚熟组品种区域试验，平均亩产302.3千克，比对照垦九10号增产3.2%；2015年续试，平均亩产383.8千克，比垦九10号增产6.0%。2016年生产试验，平均亩产297.6千克，比对照增产4.3%。

栽培技术要点：适时播种，每亩适宜基本苗43万左右。注意防治蚜虫、叶锈病、白粉病、赤霉病、根腐病等病虫害。

适宜种植区域：适宜东北春麦区的黑龙江北部、内蒙古呼伦贝尔种植。

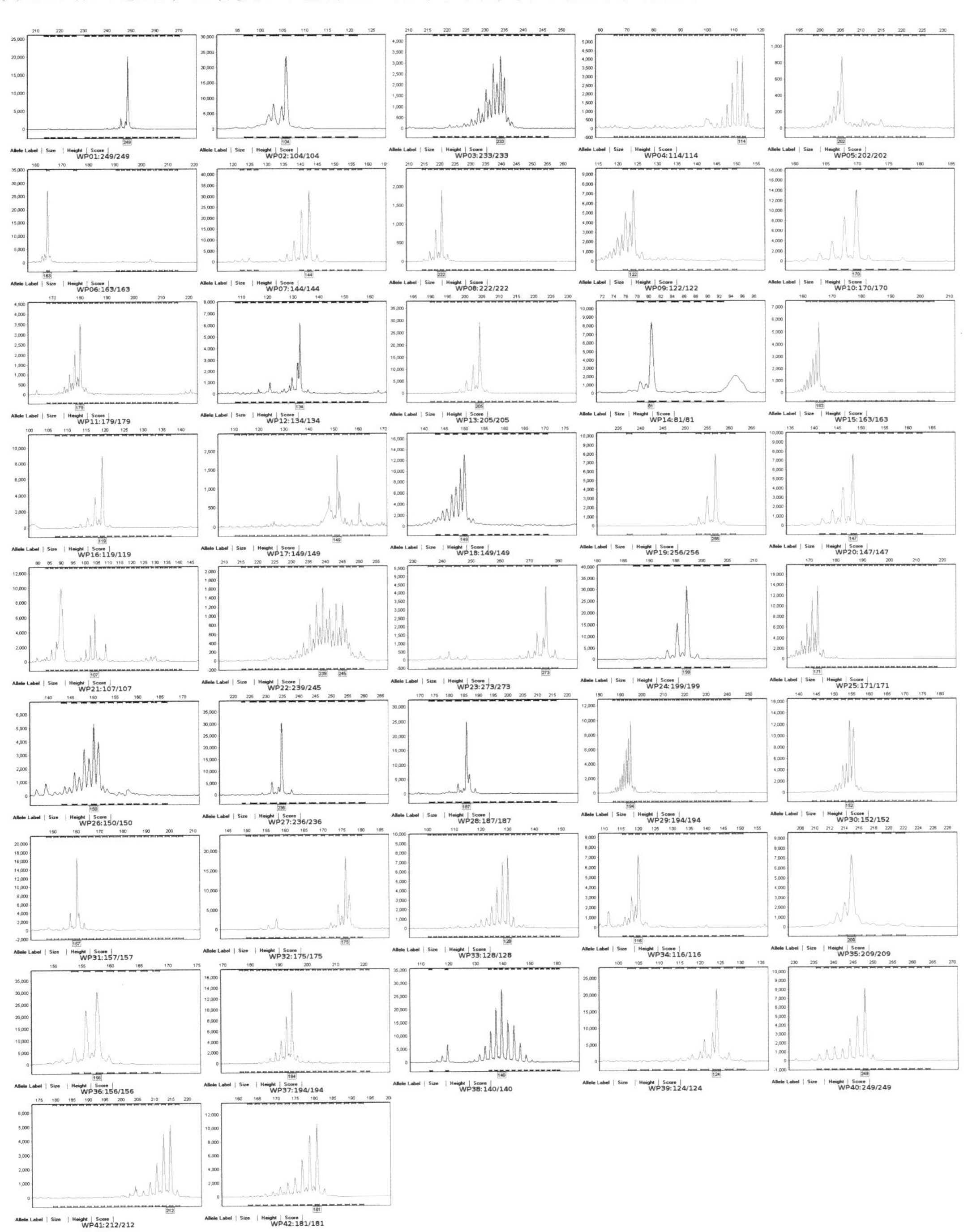

4. 京麦179

审定编号：国审麦20180072

选育单位：北京杂交小麦工程技术研究中心

品种来源：BS1745-1×04Y花27-1

特征特性：冬性，全生育期253天，比对照品种中麦175晚熟1天。幼苗半匍匐，分蘖力中等。株高86.3厘米。穗纺锤形，长芒、白壳、红粒。亩穗数39.0万穗，穗粒数38.4粒，千粒重47.0克。抗病性鉴定，高感叶锈病，中感白粉病，中抗条锈病。品质检测，籽粒容重810克/升、810克/升，蛋白质含量14.82%、15.34%，湿面筋含量34.4%、38.6%，稳定时间4.4分钟、1.7分钟。

产量表现：2015—2016年度参加北部冬麦区水地组品种区域试验，平均亩产578.9千克，比对照中麦175增产11.3%；2016—2017年度续试，平均亩产602.9千克，比中麦175增产9.5%。2016—2017年度生产试验，平均亩产563.7千克，比对照增产11.9%。

栽培技术要点：适宜播种期9月下旬至10月上旬，每亩适宜基本苗20万～25万，晚播可适当增加播量。注意防治蚜虫、白粉病、叶锈病等病虫害。

适宜种植区域：适宜北部冬麦区的北京、天津、河北中北部、山西北部中等肥力以上水地种植。

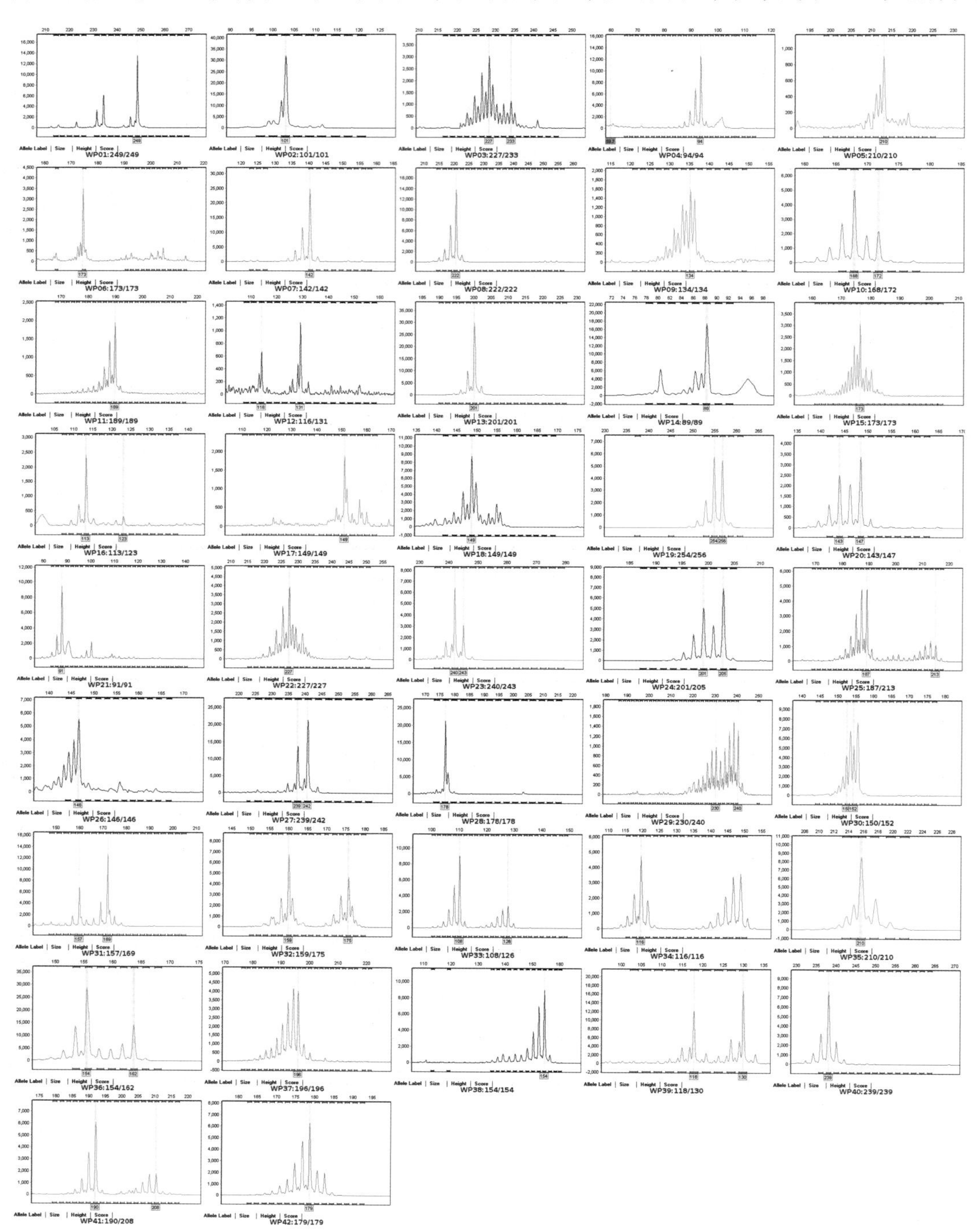

5. 长6794

审定编号：国审麦20180071

选育单位：山西省农业科学院谷子研究所

品种来源：京农CR188/长6452

特征特性：冬性，全生育期252天，比对照品种中麦175晚熟1天。幼苗半匍匐，分蘖力中等。株高79.4厘米。穗纺锤形，长芒、白壳、红粒。亩穗数38.5万穗，穗粒数35.9粒，千粒重41.3克。抗病性鉴定，高感叶锈病，中感白粉病，中抗条锈病。品质检测，籽粒容重792克/升、808克/升，蛋白质含量14.86%、13.68%，湿面筋含量30.8%、28.2%，稳定时间9.4分钟、9.4分钟。2015年主要品质指标达到中强筋小麦标准。

产量表现：2014—2015年度参加北部冬麦区水地组品种区域试验，平均亩产523.2千克，比对照中麦175增产0.4%；2015—2016年度续试，平均亩产537.8千克，比中麦175增产3.4%。2016—2017年度生产试验，平均亩产536.2千克，比对照增产6.4%。

栽培技术要点：适宜播种期9月下旬至10月上旬，每亩适宜基本苗22万左右。注意防治蚜虫、叶锈病、白粉病等病虫害。

适宜种植区域：适宜北部冬麦区的北京、天津、河北中北部、山西北部中等肥力以上水地种植。

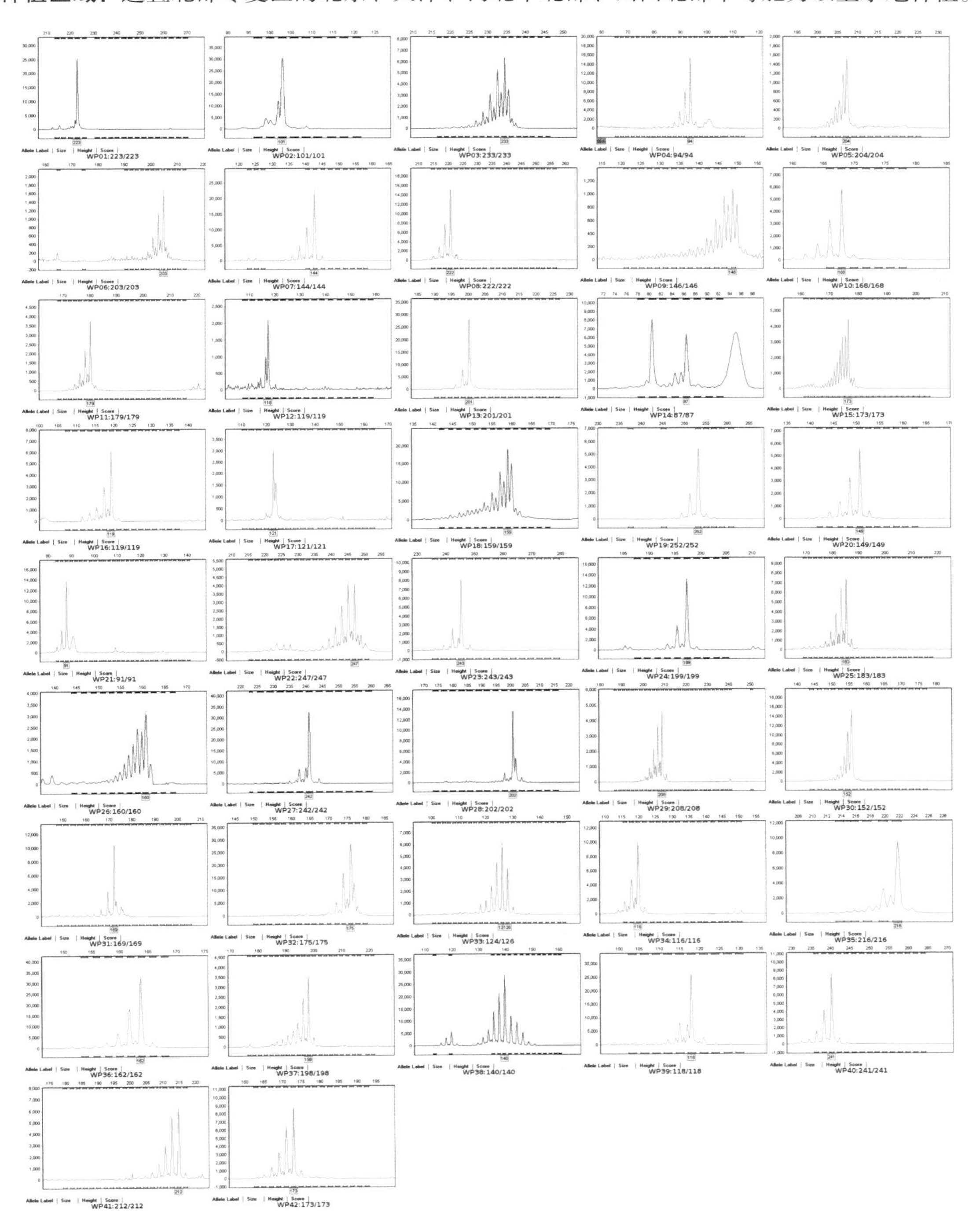

6. 中麦93

审定编号：国审麦20180070

选育单位：中国农业科学院作物科学研究所

品种来源：中麦415/京垦49//中麦415

特征特性：冬性，全生育期251天，与对照品种中麦175熟期相当。幼苗半匍匐，分蘖力中等。株高79.4厘米。穗纺锤形，长芒、白壳、白粒。亩穗数41.0万穗，穗粒数32.2粒，千粒重43.7克。抗病性鉴定，中感叶锈病和白粉病，慢条锈病。品质检测，籽粒容重814克/升、824克/升，蛋白质含量14.34%、13.52%，湿面筋含量30.7%、29.2%，稳定时间2.1分钟、2.2分钟。

产量表现：2014—2015年度参加北部冬麦区水地组品种区域试验，平均亩产537.4千克，比对照中麦175增产3.1%；2015—2016年度续试，平均亩产549.7千克，比中麦175增产5.7%。2016—2017年度生产试验，平均亩产560.5千克，比对照增产11.2%。

栽培技术要点：适宜播种期9月下旬至10月上旬，每亩适宜基本苗20万～25万。注意防治蚜虫、白粉病、叶锈病等病虫害。

适宜种植区域：适宜北部冬麦区的北京、天津、河北中北部、山西北部中等肥力以上水地种植。

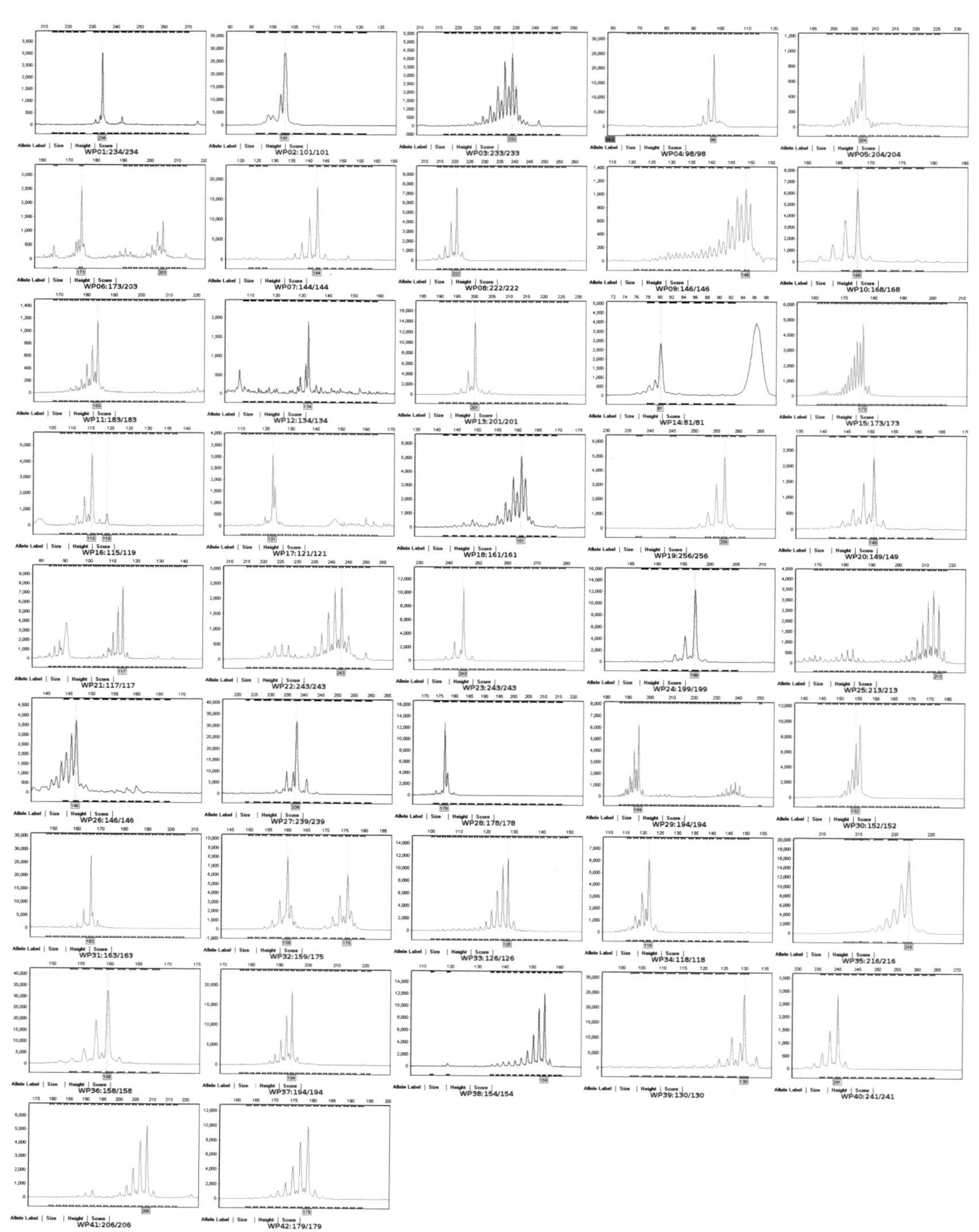

7. 航麦2566

审定编号：国审麦20180069

选育单位：中国农业科学院作物科学研究所

品种来源：SPLM2/轮选987

特征特性：冬性，全生育期253天，比对照品种中麦175晚熟1～2天。幼苗半匍匐，分蘖力中等。株高82.5厘米。穗纺锤形，长芒、白壳、红粒。亩穗数34.6万穗，穗粒数37.3粒，千粒重46.9克。抗病性鉴定，中感条锈病、叶锈病和白粉病。品质检测，籽粒容重790克/升、788克/升，蛋白质含量15.02%、14.43%，湿面筋含量32.8%、32.7%，稳定时间2.7分钟、2.7分钟。

产量表现：2014—2015年度参加北部冬麦区水地组品种区域试验，平均亩产551.0千克，比对照中麦175增产5.7%；2015—2016年度续试，平均亩产556.7千克，比中麦175增产7.0%。2016—2017年度生产试验，平均亩产571.2千克，比对照增产13.4%。

栽培技术要点：适宜播种期9月下旬至10月上旬，每亩适宜基本苗18万～25万。注意防治蚜虫、条锈病、白粉病、叶锈病等病虫害。

适宜种植区域：适宜北部冬麦区的北京、天津、河北中北部、山西北部中等肥力以上水地种植。

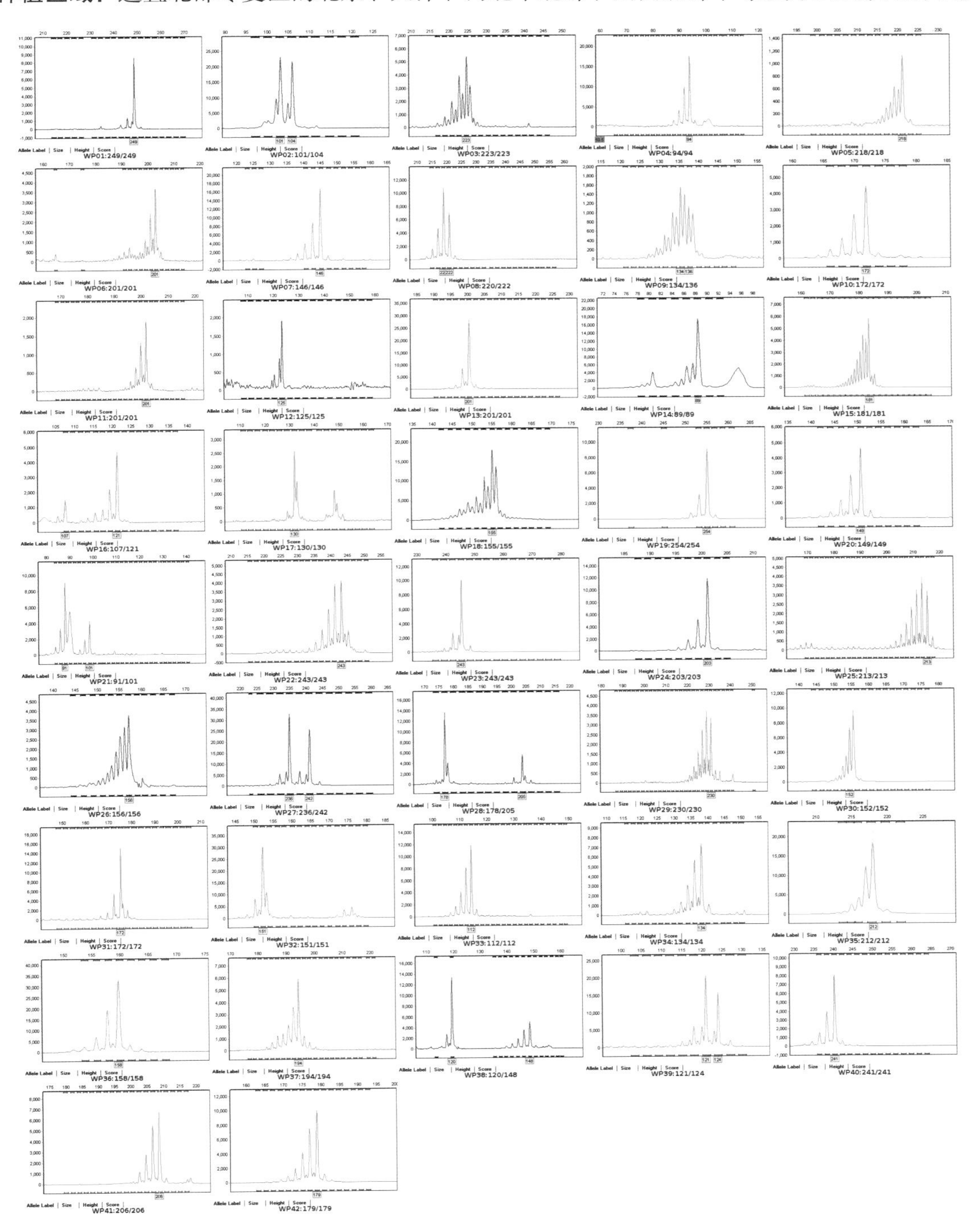

8. 农大3486

审定编号：国审麦20180068

选育单位：中国农业大学农学院

品种来源：农大211/新麦9号//良星99

特征特性：冬性，全生育期252天，比对照品种中麦175晚熟1天。幼苗半匍匐，分蘖力较强。株高79.6厘米。穗纺锤形，长芒、白壳、白粒。亩穗数42.2万穗，穗粒数32.8粒，千粒重41.9克。抗病性鉴定，高感叶锈病，中感白粉病，中抗条锈病。品质检测，籽粒容重802克/升、815克/升，蛋白质含量14.78%、13.62%，湿面筋含量32.3%、29.7%，稳定时间1.6分钟、1.8分钟。

产量表现：2014—2015年度参加北部冬麦区水地组品种区域试验，平均亩产561.8千克，比对照中麦175增产7.8%；2015—2016年度续试，平均亩产544.8千克，比中麦175增产4.7%。2016—2017年度生产试验，平均亩产562.0千克，比对照增产11.5%。

栽培技术要点：适宜播种期9月下旬至10月上旬，每亩适宜基本苗18万～20万，适期晚播可适当增加播量。注意防治蚜虫、白粉病、叶锈病等病虫害。

适宜种植区域：适宜北部冬麦区的北京、天津、河北中北部、山西北部中等肥力以上水地种植。

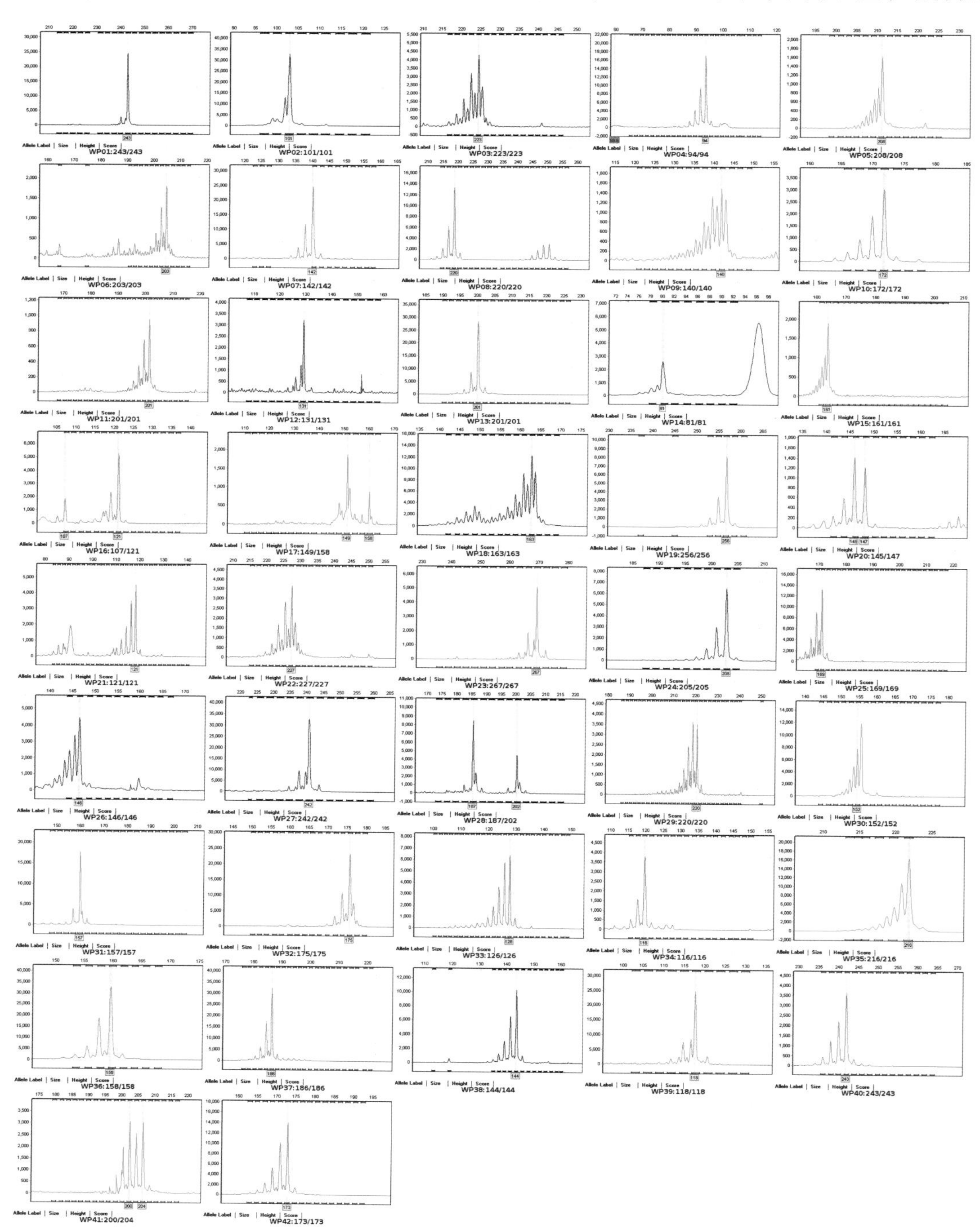

9. 京花12号

审定编号：国审麦20180067

选育单位：北京杂交小麦工程技术研究中心

品种来源：京冬23/京冬17

特征特性：冬性，全生育期251天，与对照品种中麦175熟期相当。幼苗半匍匐，分蘖力较强。株高83.2厘米。穗纺锤形，长芒、白壳、白粒。亩穗数40.3万穗，穗粒数32.0粒，千粒重47.6克。抗病性鉴定，高感白粉病，中感叶锈病，中抗条锈病。品质检测，籽粒容重791克/升、809克/升，蛋白质含量14.60%、13.92%，湿面筋含量30.5%、30.1%，稳定时间3.8分钟、3.9分钟。

产量表现：2014—2015年度参加北部冬麦区水地组品种区域试验，平均亩产559.1千克，比对照中麦175增产7.3%；2015—2016年度续试，平均亩产550.7千克，比中麦175增产5.9%。2016—2017年度生产试验，平均亩产559.6千克，比对照增产11.1%。

栽培技术要点：适宜播种期9月下旬至10月中旬，每亩适宜基本苗18万～25万。注意防治蚜虫、白粉病、叶锈病等病虫害。

适宜种植区域：适宜北部冬麦区的北京、天津、河北中北部、山西北部中等肥力以上水地种植。

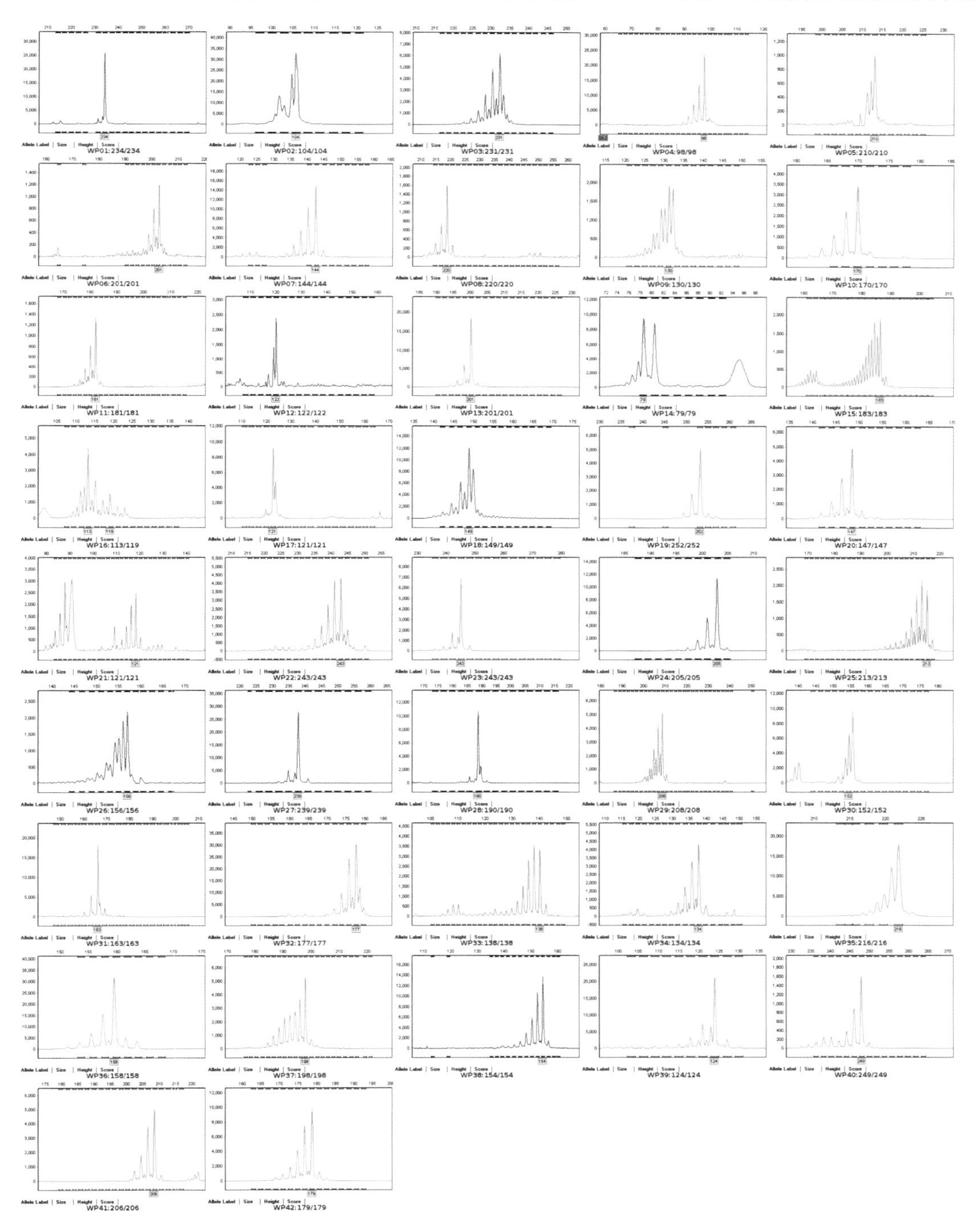

10. 太1305

审定编号：国审麦20180066

选育单位：山西省农业科学院作物科学研究所、山西省农业科学院生物技术研究中心

品种来源：920560/太6212

特征特性：冬性，全生育期266天，与对照品种长6878熟期相当。幼苗半匍匐，叶色深绿，分蘖能力较弱。株高83.4厘米，株型紧凑。穗层整齐，熟相好。穗长方形，长芒、白壳、白粒，籽粒半角质，较饱满。亩穗数31.3万穗，穗粒数40.3粒，千粒重46.3克。抗病性鉴定，高感叶锈病、白粉病和黄矮病，中感条锈病。品质分析，籽粒容重775克/升、788克/升，蛋白质含量13.76%、14.18%，湿面筋含量29.7%、31.3%，稳定时间3.8分钟、1.9分钟。

产量表现：2014—2015年度参加北部冬麦区旱地组品种区域试验，平均亩产398.1千克，比对照品种长6878增产4.8%；2015—2016年度续试，平均亩产326.0千克，比长6878增产4.9%。2016—2017年度生产试验，平均亩产333.1千克，比对照增产5.9%。

栽培技术要点：适宜播种期9月下旬至10月上旬。每亩适宜基本苗20万。注意防治蚜虫、条锈病、叶锈病、白粉病、黄矮病等病虫害。

适宜种植区域：适宜北部冬麦区的山西中部地区、甘肃陇东部分地区、宁夏回族自治区（以下简称宁夏）固原旱地种植。

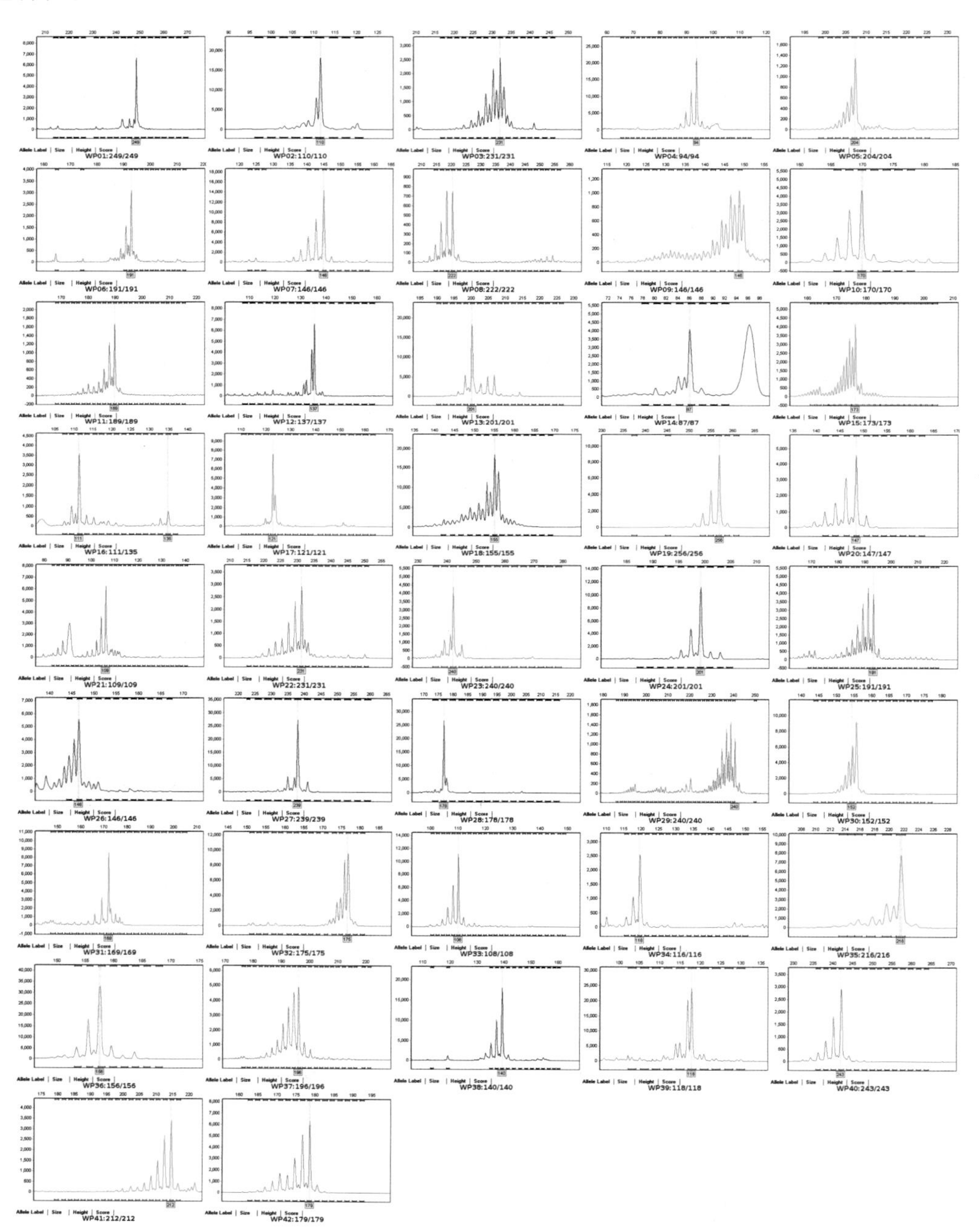

11. 中麦36

审定编号：国审麦20180064

选育单位：中国农业科学院作物科学研究所、山西省农业科学院棉花研究所

品种来源：晋麦47/陕优225//晋麦47[3]

特征特性：半冬性，全生育期246天，比对照品种晋麦47号熟期略晚。幼苗半匍匐，分蘖力强。株高77.7厘米，株型半紧凑，抗倒性一般。旗叶上举，茎秆有蜡质，穗层整齐，熟相好。穗长方形，长芒、白壳、白粒，籽粒角质，饱满度较好。亩穗数35.1万穗，穗粒数33.4粒，千粒重38.4克。抗病性鉴定，高感条锈病、叶锈病、白粉病和黄矮病。品质分析，籽粒容重791克/升、804克/升，蛋白质含量12.88%、13.74%，湿面筋含量26.6%、30.0%，稳定时间4.6分钟、4.1分钟。

产量表现：2014—2015年度参加黄淮冬麦区旱薄组品种区域试验，平均亩产356.3千克，比对照晋麦47号增产5.8%；2015—2016年度续试，平均亩产346.9千克，比晋麦47号增产7.0%。2016—2017年度生产试验，平均亩产370.9千克，比对照增产12.6%。

栽培技术要点：适宜播种期9月下旬至10月上旬。每亩适宜基本苗20万。注意防治蚜虫、条锈病、白粉病、黄矮病等病虫害。

适宜种植区域：适宜山西南部，甘肃天水，陕西宝鸡、咸阳和铜川，河南及河北沧州的旱薄地种植。

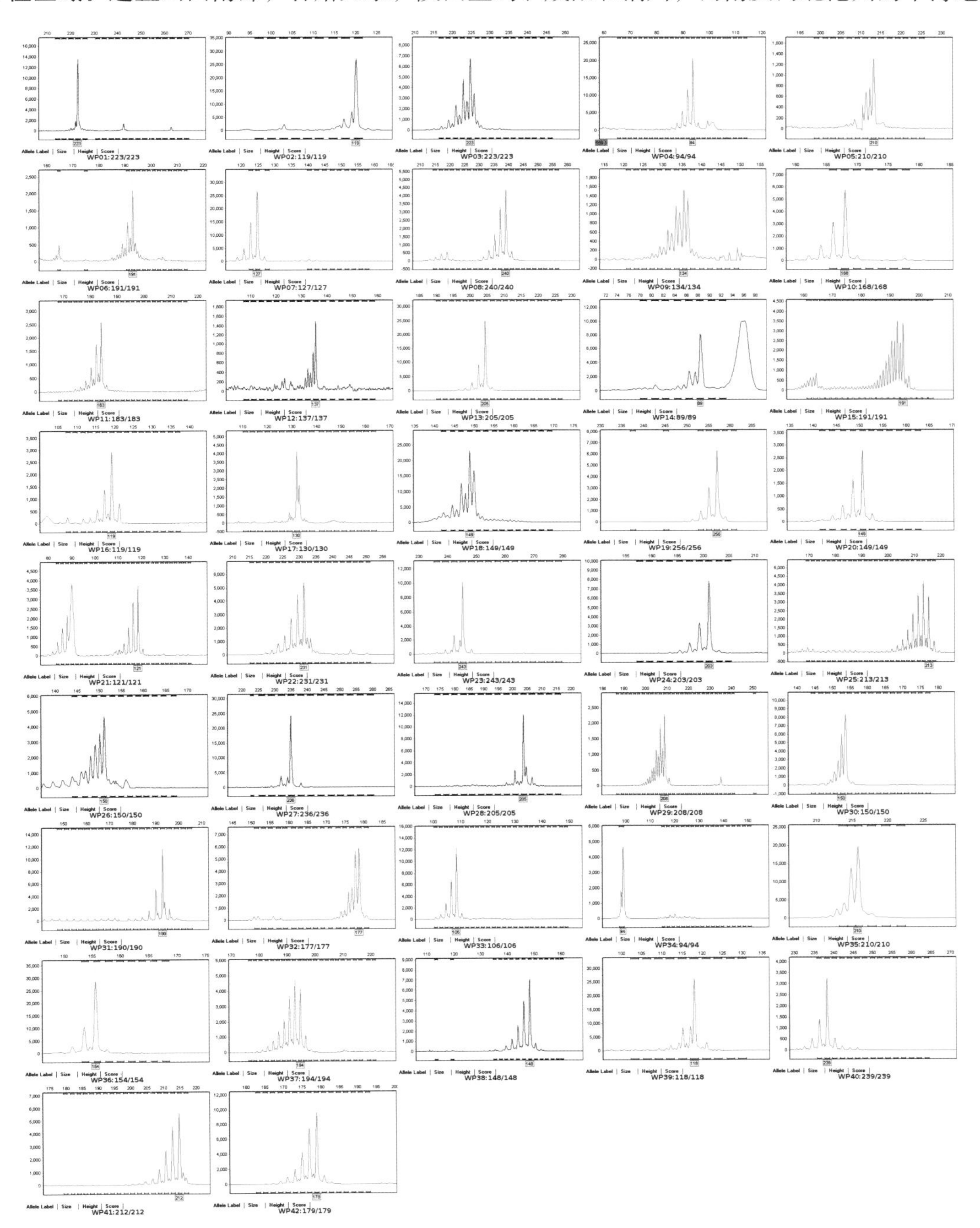

12. 石麦28

审定编号： 国审麦20180063

选育单位： 石家庄市农林科学研究院、河北省小麦工程技术研究中心

品种来源： 冀5265/金禾9123

特征特性： 半冬性，全生育期238天，比对照品种洛旱7号熟期略早。幼苗半匍匐，分蘖力一般。株高75.5厘米，株型半紧凑，抗倒性较好。旗叶上举，穗层整齐一般，熟相一般。穗长方形，短芒、白壳、白粒，籽粒半角质，饱满度一般。亩穗数40.1万穗，穗粒数34.7粒，千粒重39.2克。抗病性鉴定，高感条锈病、叶锈病、白粉病和黄矮病。品质分析，籽粒容重808克/升、817克/升，蛋白质含量12.77%、13.69%，湿面筋含量28.2%、31.7%，稳定时间2.2分钟、3.8分钟。

产量表现： 2015—2016年度参加黄淮冬麦区旱肥组品种区域试验，平均亩产447.2千克，比对照洛旱7号增产6.7%；2016—2017年度续试，平均亩产431.9千克，比洛旱7号增产6.1%。2016—2017年度生产试验，平均亩产408.0千克，比对照增产4.7%。

栽培技术要点： 适宜播种期为10月上中旬。每亩适宜基本苗15万～18万。注意防治蚜虫、条锈病、叶锈病、白粉病、黄矮病等病虫害。

适宜种植区域： 适宜在河北中南部和黄淮旱地区域种植。

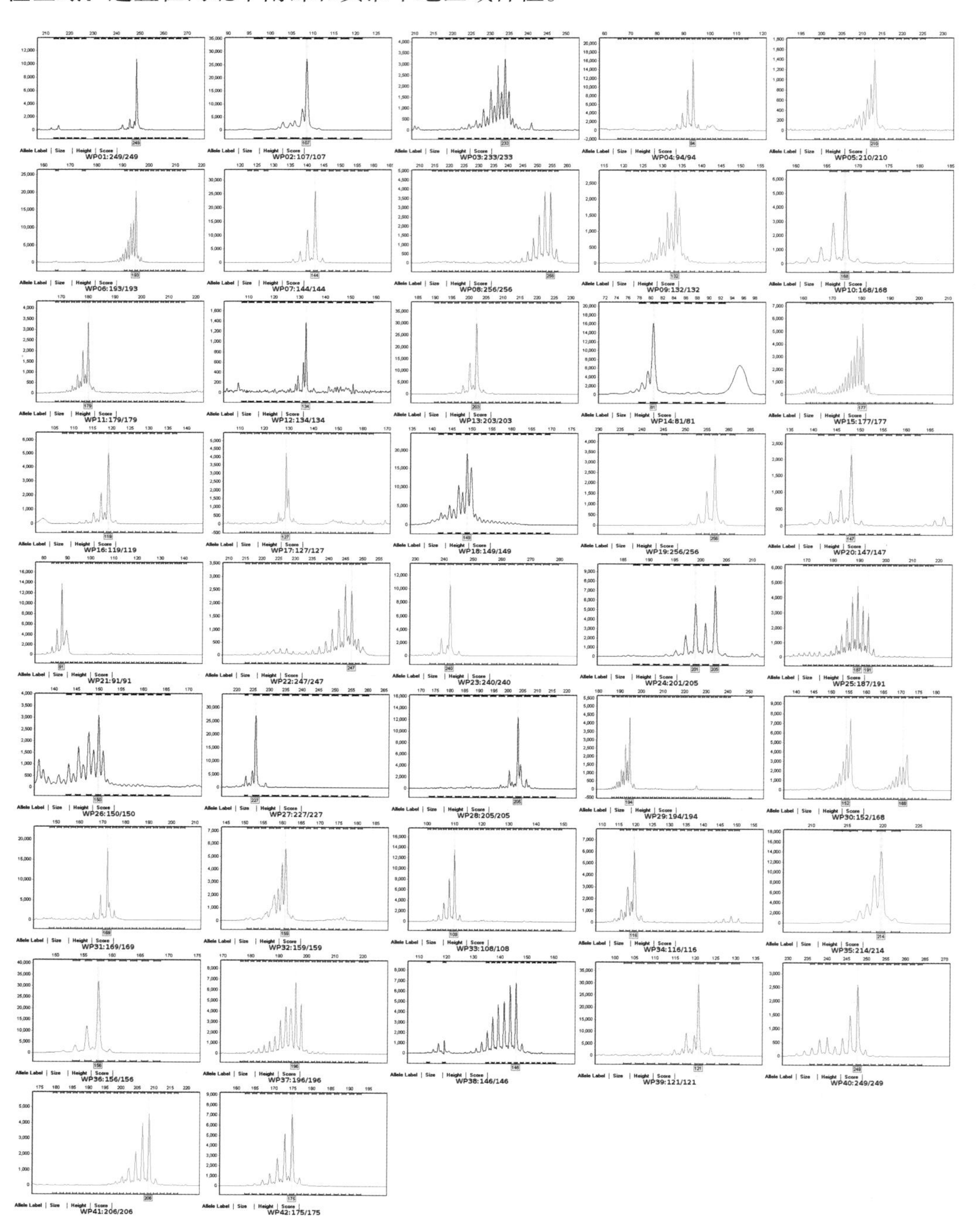

13. 阳光578

审定编号：国审麦20180061

选育单位：河南丰硕种业有限公司

品种来源：矮早781/漯麦4号

特征特性：半冬性，全生育期237天，比对照品种洛旱7号早熟1～2天。幼苗半匍匐，叶色深绿，分蘖力较强。株高72.6厘米，株型半松散，抗倒性一般。旗叶上冲，穗层整齐度较好，熟相中等。穗长方形，长芒、白壳、白粒，籽粒半角质，饱满度较好。亩穗数40.6万穗，穗粒数34.1粒，千粒重41.0克。抗病性鉴定，高感白粉病和黄矮病，中感条锈病和叶锈病。品质分析，籽粒容重798克/升、794克/升，蛋白质含量13.45%、13.52%，湿面筋含量26.3%、27.7%，稳定时间6.4分钟、5.8分钟。

产量表现：2014—2015年度参加黄淮冬麦区旱肥组品种区域试验，平均亩产432.5千克，比对照洛旱7号增产4.9%；2015—2016年度续试，平均亩产445.1千克，比洛旱7号增产6.2%。2016—2017年度生产试验，平均亩产412.0千克，比对照增产5.7%。

栽培技术要点：适宜播种期为10月上中旬。每亩适宜基本苗15万～18万。注意防治蚜虫、条锈病、叶锈病、白粉病、黄矮病等病虫害。

适宜种植区域：适宜山西晋南、陕西咸阳和渭南、河南旱肥地及河北中南部、山东旱地种植。

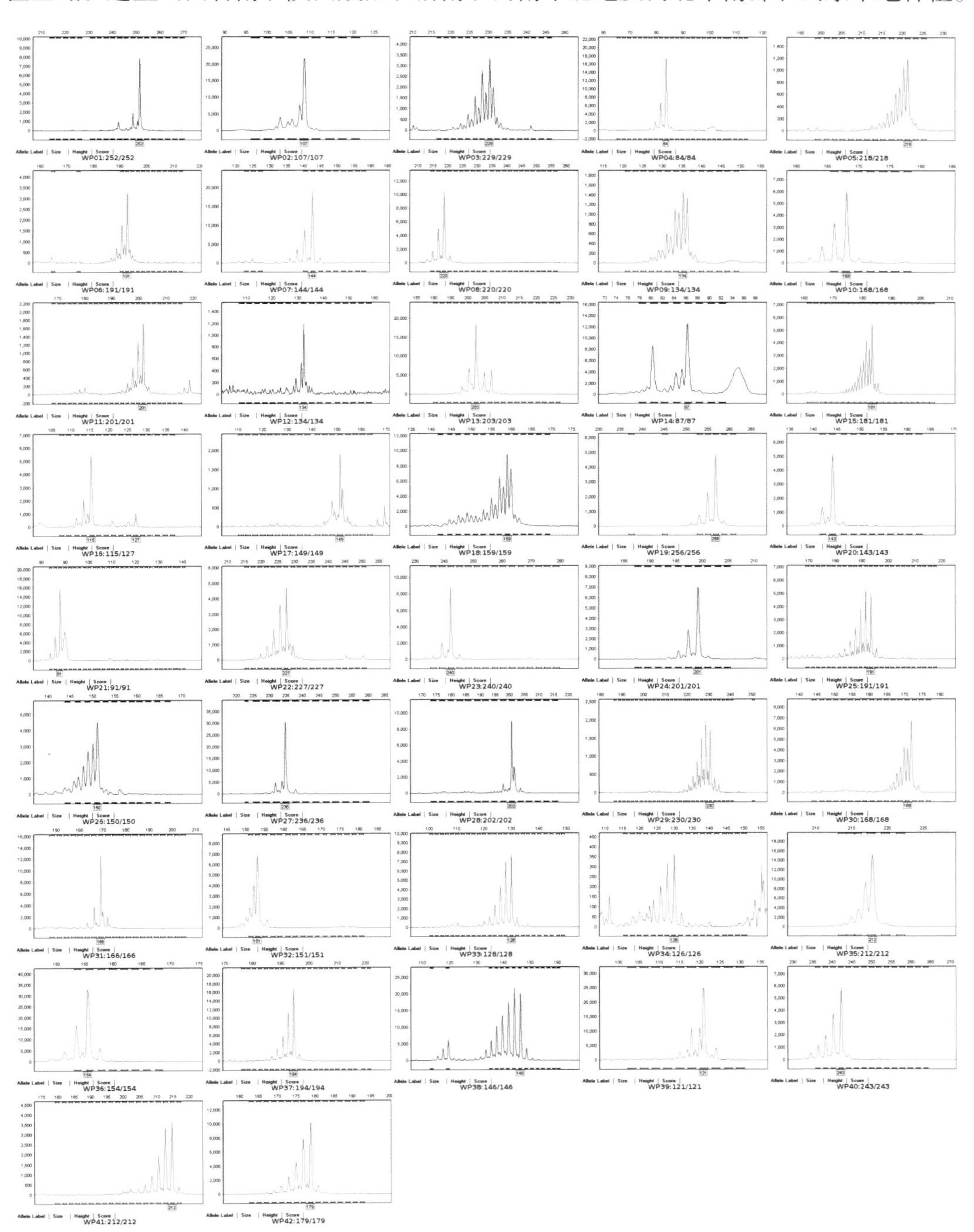

14. 中信麦28

审定编号：国审麦20180059

选育单位：河北众信种业科技有限公司

品种来源：Z703/邯4589

特征特性：半冬性，全生育期238天，比对照品种洛旱7号早熟1天。幼苗半匍匐，叶色深，叶宽、短，分蘖力较强。株高76.9厘米，株型半松散，抗倒性较好。旗叶稍披，穗层整齐度一般，成熟落黄较好。穗长方形，长芒、白壳、白粒，籽粒角质。亩穗数40.1万穗，穗粒数31.1粒，千粒重44.2克。抗病性鉴定，高感条锈病、白粉病和黄矮病，中感叶锈病。品质分析，籽粒容重822克/升、811克/升，蛋白质含量13.72%、14.78%，湿面筋含量29.4%、32.1%，稳定时间2.6分钟、2.4分钟。

产量表现：2014—2015年度参加黄淮冬麦区旱肥组品种区域试验，平均亩产429.5千克，比对照洛旱7号增产4.1%；2015—2016年度续试，平均亩产442.5千克，比洛旱7号增产5.6%。2016—2017年度生产试验，平均亩产417.6千克，比对照增产7.2%。

栽培技术要点：适宜播种期为10月上中旬。每亩适宜基本苗15万～18万。注意防治蚜虫、条锈病、叶锈病、白粉病、黄矮病等病虫害。

适宜种植区域：适宜山西晋南、陕西咸阳和渭南、河南旱肥地及河北中南部、山东旱地种植。

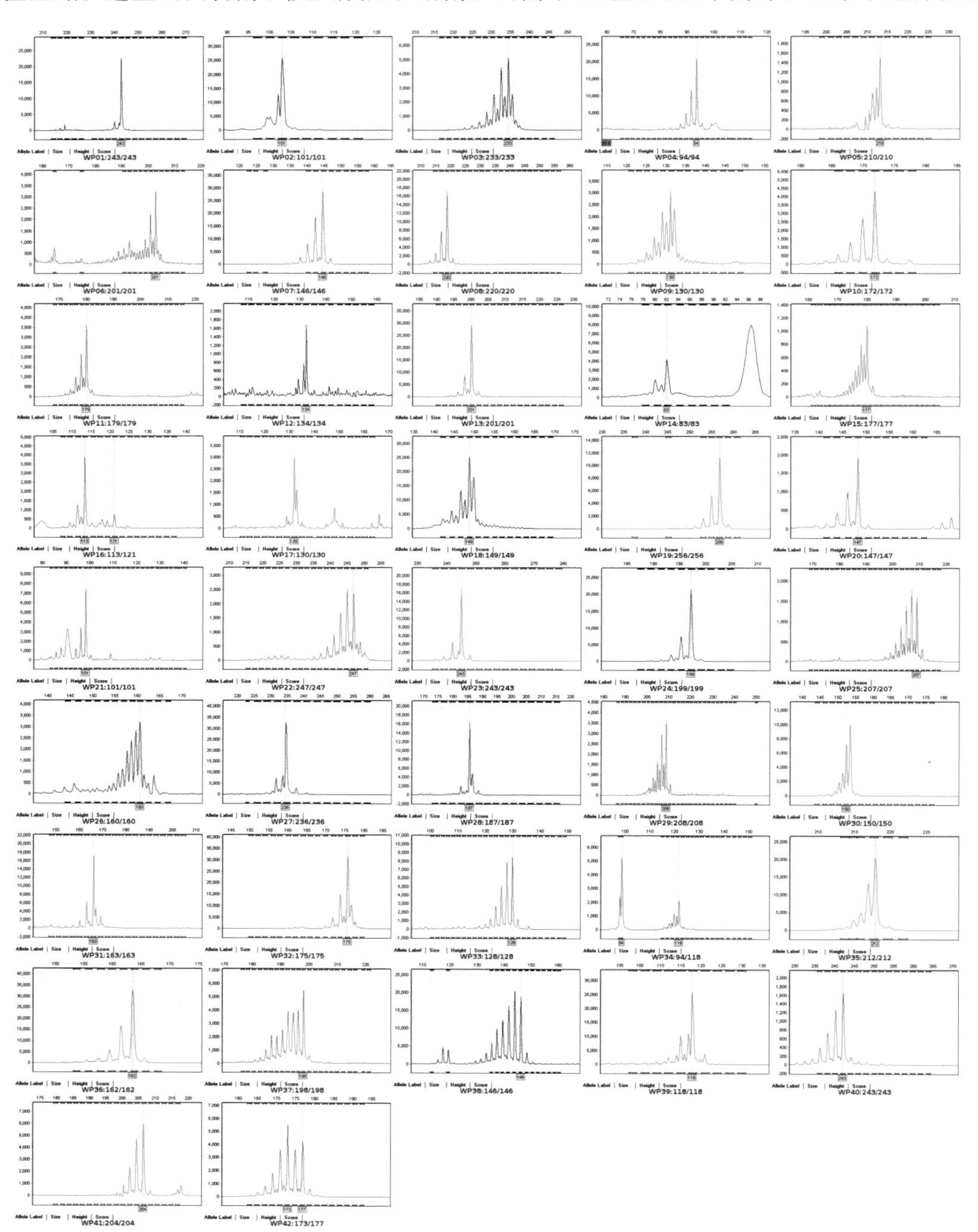

15. 洛旱22

审定编号：国审麦20180058

选育单位：洛阳农林科学院、洛阳市中垦种业科技有限公司

品种来源：周麦16/洛旱7号

特征特性：半冬性，全生育期238天，比对照品种洛旱7号熟期略早。幼苗半匍匐，分蘖力强。株高74.9厘米，株型半松散，抗倒性较好。熟相一般。穗长方形，长芒、白壳、白粒，籽粒角质，饱满度较好。亩穗数36.8万穗，穗粒数35.8粒，千粒重43.5克。抗病性鉴定，高感条锈病、白粉病和黄矮病，中感叶锈病。品质分析，籽粒容重807克/升、814克/升，蛋白质含量13.09%、13.59%，湿面筋含量28.5%、30.7%，稳定时间4.5分钟、3.8分钟。

产量表现：2014—2015年度参加黄淮冬麦区旱肥组品种区域试验，平均亩产435.7千克，比对照洛旱7号增产5.6%；2015—2016年度续试，平均亩产452.3千克，比洛旱7号增产7.9%。2016—2017年度生产试验，平均亩产424.0千克，比对照增产8.8%。

栽培技术要点：适宜播种期为10月上中旬。每亩适宜基本苗15万～18万。注意防治蚜虫、条锈病、叶锈病、白粉病、黄矮病等病虫害。

适宜种植区域：适宜山西晋南、陕西咸阳和渭南、河南旱肥地及河北中南部、山东旱地种植。

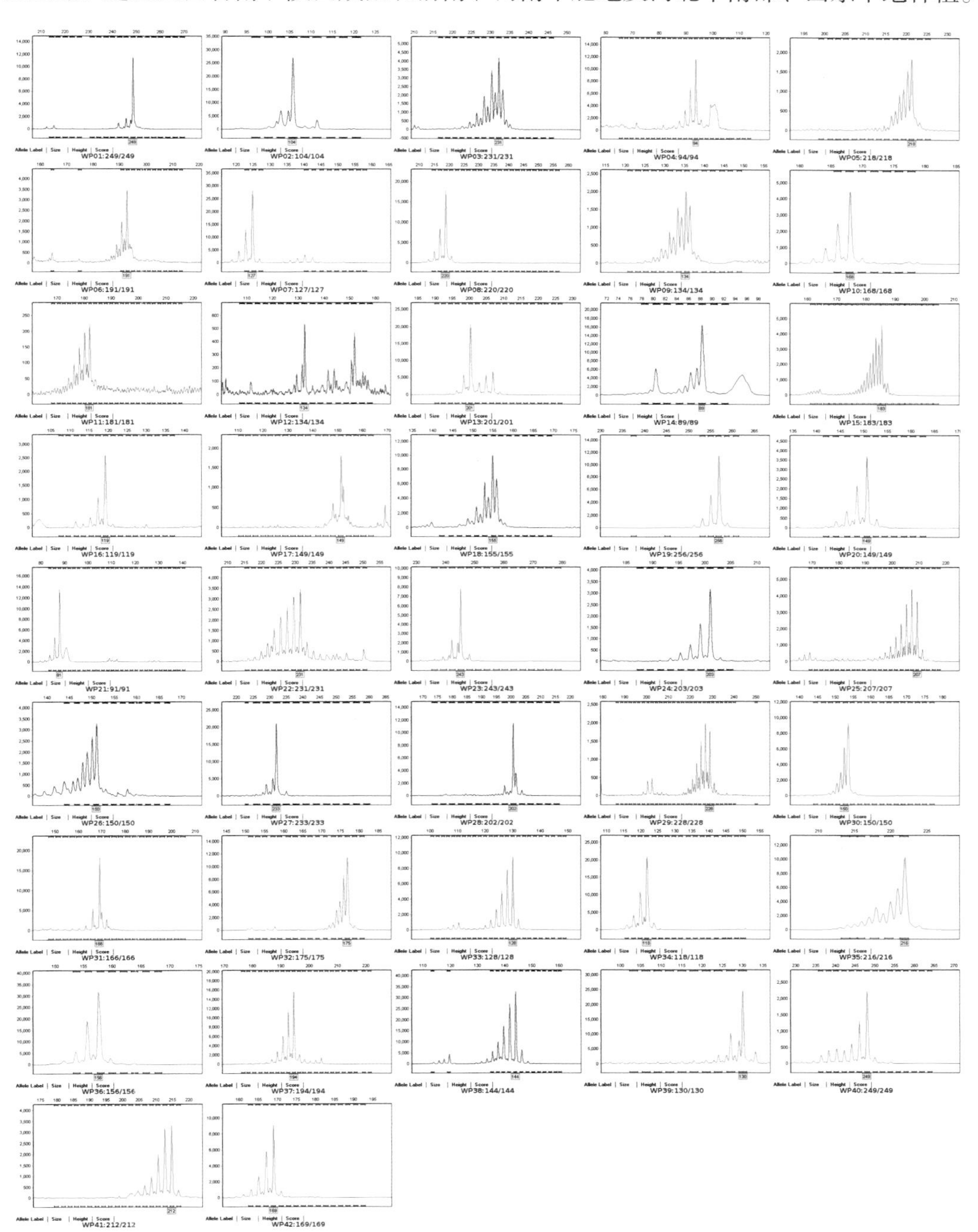

16. 泰科麦33

审定编号：国审麦20180056

选育单位：泰安市农业科学研究院

品种来源：郑麦366/淮阴9908

特征特性：半冬性，全生育期241天，比对照品种良星99熟期略早。幼苗半匍匐，分蘖成穗较多。株高80.5厘米，株型半松散。茎叶有蜡质，穗层整齐度一般，结实性好，熟相好。穗纺锤形，长芒、白壳、白粒，籽粒角质，饱满。亩穗数42.7万穗，穗粒数35.8粒，千粒重44.3克。抗病性鉴定，高感白粉病、赤霉病和纹枯病，中感条锈病和叶锈病。品质检测，籽粒容重829克/升、824克/升，蛋白质含量14.91%、15.01%，湿面筋含量30.4%、31.3%，稳定时间8.6分钟、9.9分钟。2016年主要品质指标达到中强筋小麦标准。

产量表现：2014—2015年度参加黄淮冬麦区北片水地组品种区域试验，平均亩产582.1千克，比对照良星99增产3.9%；2015—2016年度续试，平均亩产604.0千克，比良星99增产3.9%。2016—2017年度生产试验，平均亩产634.8千克，比对照增产3.5%。

栽培技术要点：适宜播种期10月上中旬，每亩适宜基本苗18万～20万。注意防治蚜虫、条锈病、叶锈病、赤霉病、白粉病、纹枯病等病虫害。

适宜种植区域：适宜黄淮冬麦区北片的山东全部、河北保定和沧州的南部及其以南地区、山西运城和临汾的盆地灌区种植。

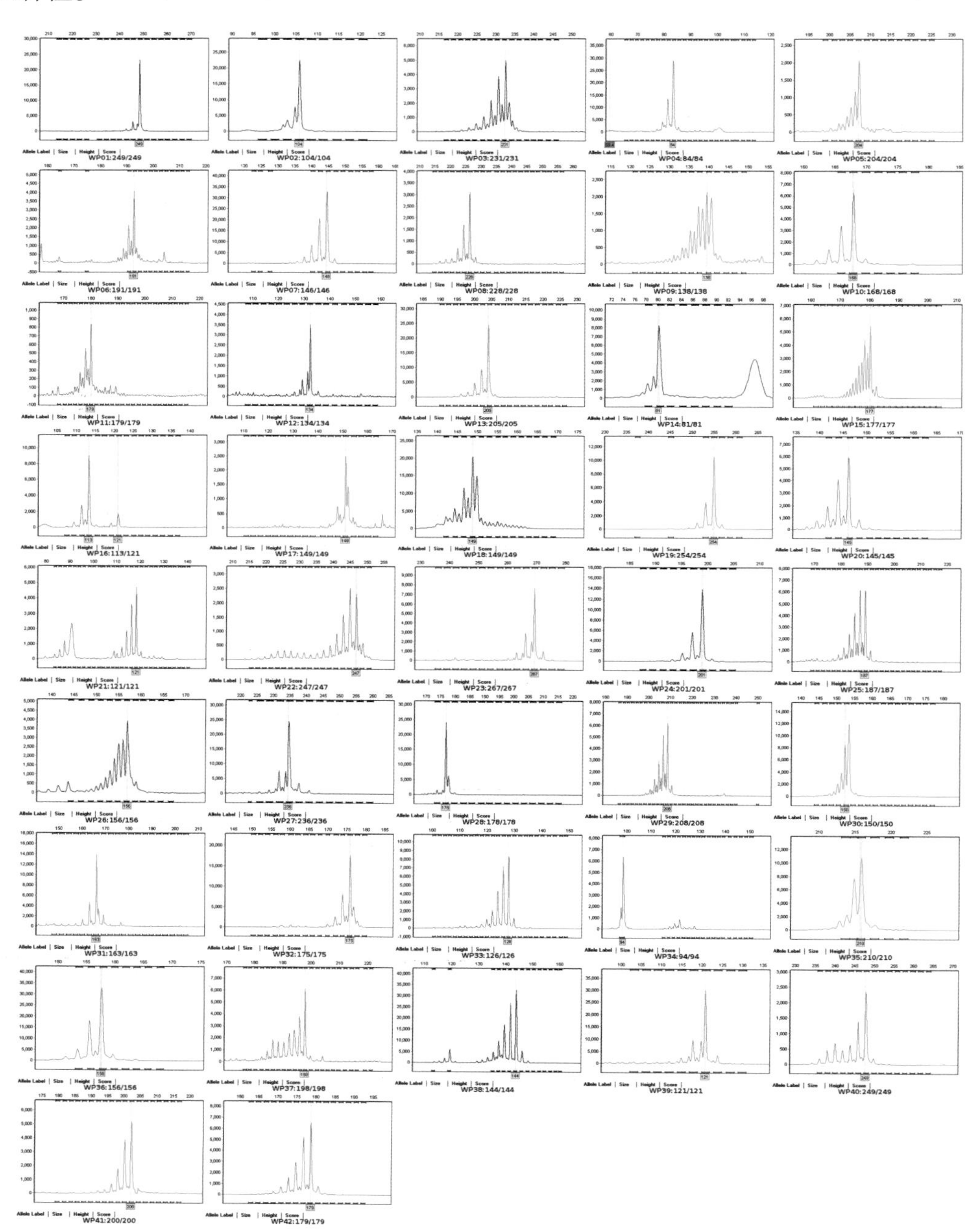

17. 莘麦818

审定编号：国审麦20180055

选育单位：山东莘州种业有限公司

品种来源：鲁麦22/泰山9818

特征特性：半冬性，全生育期242天，比对照品种良星99熟期略晚。幼苗半匍匐，亩成穗数中等。株高76.5厘米，株型半松散，茎秆粗壮。穗层整齐度一般，成熟略晚，熟相一般。穗长方形，长芒、白壳、白粒，籽粒角质，较饱满。亩穗数42.5万穗，穗粒数35.2粒，千粒重44.7克。抗病性鉴定，高感叶锈病、白粉病和赤霉病，中感纹枯病，中抗条锈病。品质检测，籽粒容重807克/升、798克/升，蛋白质含量14.51%、14.26%，湿面筋含量32.1%、33.2%，稳定时间3.2分钟、4.0分钟。

产量表现：2014—2015年度参加黄淮冬麦区北片水地组品种区域试验，平均亩产578.9千克，比对照良星99增产3.3%；2015—2016年度续试，平均亩产605.1千克，比良星99增产4.1%。2016—2017年度生产试验，平均亩产643.7千克，比对照增产4.9%。

栽培技术要点：适宜播种期10月上中旬，每亩适宜基本苗20万左右。注意防治蚜虫、叶锈病、赤霉病、白粉病、纹枯病等病虫害。

适宜种植区域：适宜黄淮冬麦区北片的山东全部、河北保定和沧州的南部及其以南地区、山西运城和临汾的盆地灌区种植。

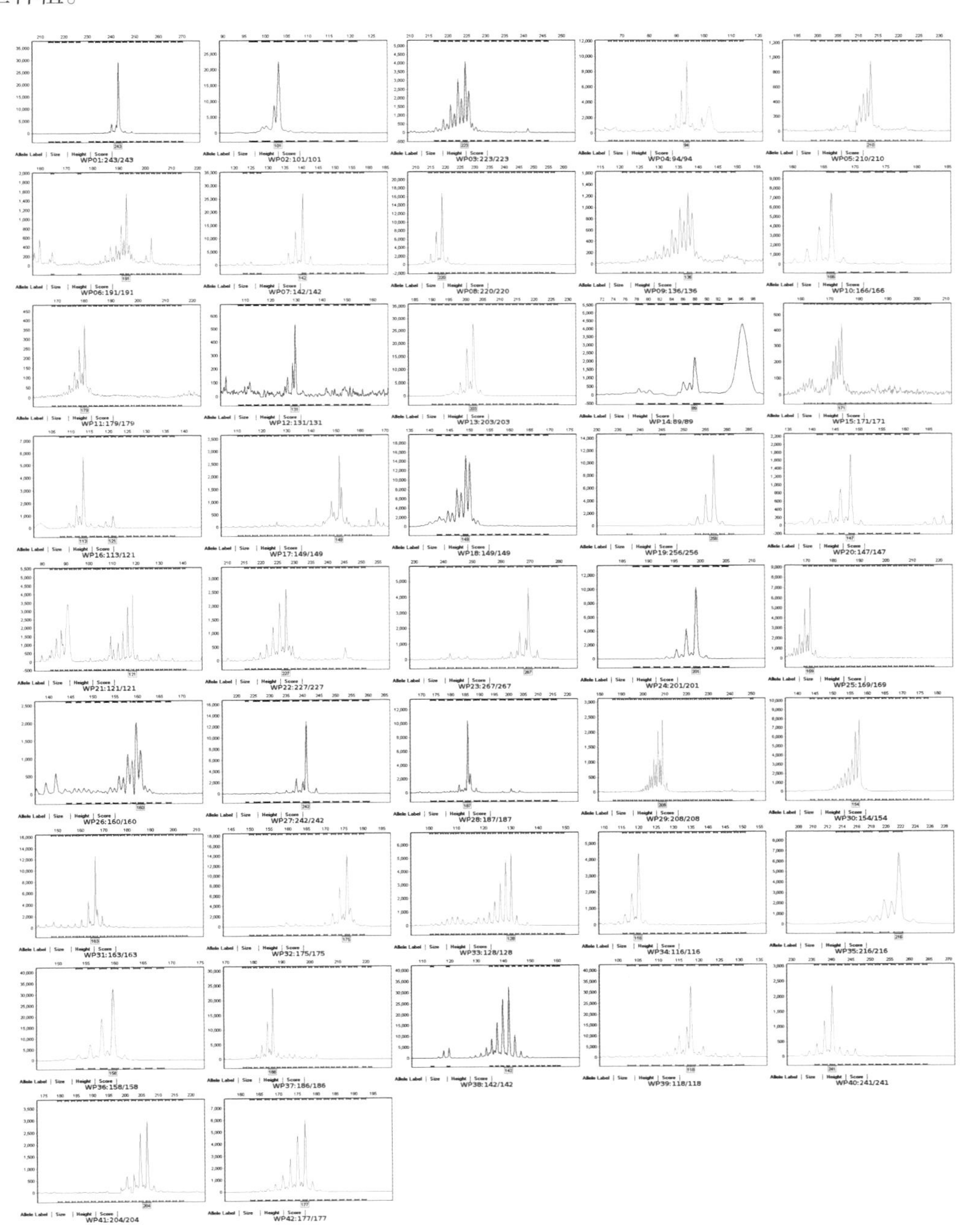

18. 石麦26

审定编号： 国审麦20180052

选育单位： 石家庄市农林科学研究院、河北省小麦工程技术研究中心

品种来源： 石优17/济麦22

特征特性： 半冬性，全生育期241天，比对照品种良星99熟期略早。幼苗半匍匐，叶片绿色，分蘖力强，亩成穗较多。株高80.5厘米，株型稍松散，茎秆弹性较好。旗叶长，植株蜡质层较厚，穗层整齐，熟相较好。穗纺锤形，长芒、白壳、白粒，籽粒角质，饱满度好。亩穗数45.2万穗，穗粒数33.4粒，千粒重44.5克。抗病性鉴定，高感叶锈病和赤霉病，中感条锈病、白粉病和纹枯病。品质检测，籽粒容重819克/升、803克/升，蛋白质含量13.56%、13.54%，湿面筋含量29.1%、32.2%，稳定时间2.4分钟、3.2分钟。

产量表现： 2014—2015年度参加黄淮冬麦区北片水地组品种区域试验，平均亩产579.2千克，比对照良星99增产4.3%；2015—2016年度续试，平均亩产599.7千克，比良星99增产3.2%。2016—2017年度生产试验，平均亩产632.1千克，比对照增产6.0%。

栽培技术要点： 适宜播种期10月上中旬，每亩适宜基本苗20万左右。注意防治蚜虫、叶锈病、赤霉病、白粉病、纹枯病等病虫害。

适宜种植区域： 适宜黄淮冬麦区北片的山东全部、河北保定和沧州的南部及其以南地区、山西运城和临汾的盆地灌区种植。

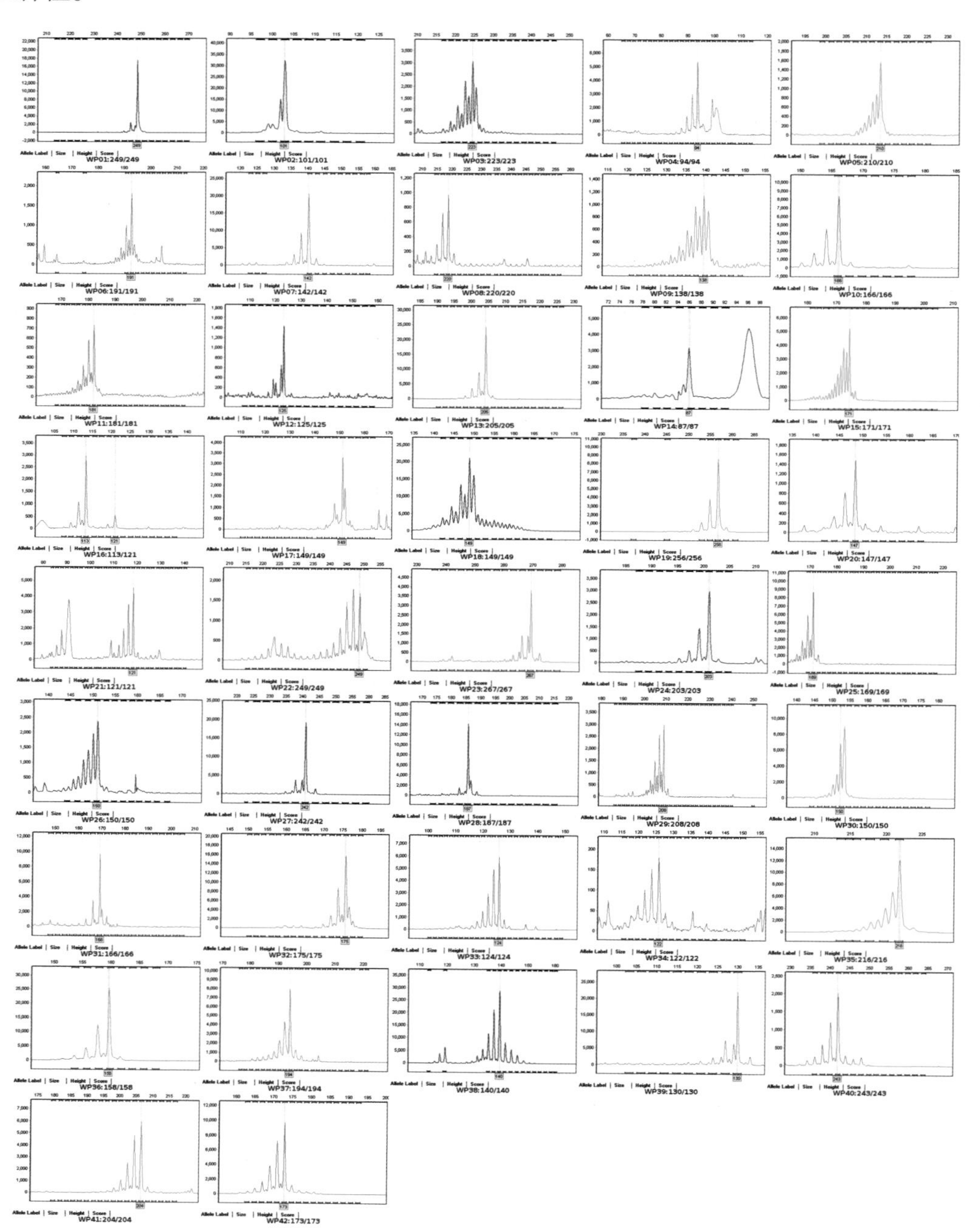

19. 俊达子麦603

审定编号：国审麦20180051

选育单位：河南俊达种业有限公司、河南子圣元种业科技有限公司

品种来源：自选系07557/07949//09906

特征特性：半冬性，全生育期242天，比对照品种良星99熟期略晚。幼苗半匍匐，叶窄，亩成穗较多。株高84厘米，株型半紧凑，茎秆弹性较好。穗层整齐，穗粒数偏少，熟相好。穗纺锤形，长芒、白壳、白粒，籽粒角质，较饱满，黑胚率偏高。亩穗数44.7万穗，穗粒数32.8粒，千粒重46.7克。抗病性鉴定，高感叶锈病和赤霉病，中感白粉病和纹枯病，中抗条锈病。品质检测，籽粒容重835克/升、826克/升，蛋白质含量15.22%、15.78%，湿面筋含量32.2%、36.5%，稳定时间5.7分钟、4.1分钟。

产量表现：2014—2015年度参加黄淮冬麦区北片水地组品种区域试验，平均亩产579.7千克，比对照良星99增产4.4%；2015—2016年度续试，平均亩产602.7千克，比良星99增产3.7%。2016—2017年度生产试验，平均亩产612.7千克，比对照增产2.7%。

栽培技术要点：适宜播种期10月上中旬，每亩适宜基本苗18万左右。注意防治蚜虫、叶锈病、赤霉病、白粉病、纹枯病等病虫害。

适宜种植区域：适宜黄淮冬麦区北片的山东全部、河北保定和沧州的南部及其以南地区、山西运城和临汾的盆地灌区种植。

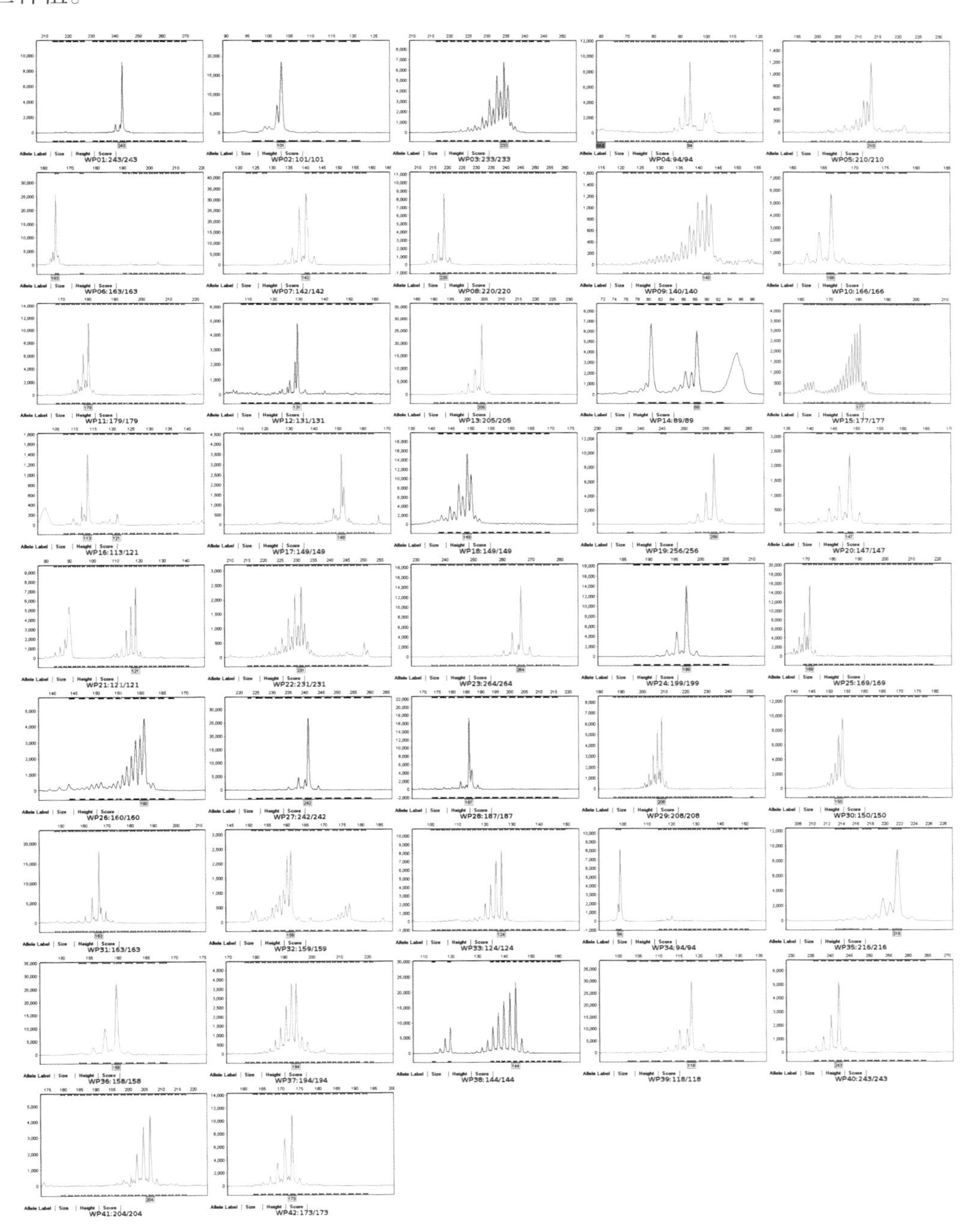

20. 裕田麦119

审定编号：国审麦20180050

选育单位：滨州泰裕麦业有限公司

品种来源：矮败/烟2070

特征特性：半冬性，全生育期242天，与对照品种良星99熟期相当。幼苗半匍匐，亩成穗多。株高82厘米，茎秆弹性一般。旗叶稍披，穗部有蜡质，穗层整齐，成熟期偏晚，熟相较好。穗纺锤形，长芒、白壳、白粒，籽粒角质，较饱满。亩穗数46.2万穗，穗粒数35.4粒，千粒重39.8克。抗病性鉴定，高感条锈病、叶锈病、白粉病和赤霉病，中感纹枯病。品质检测，籽粒容重822克/升、805克/升，蛋白质含量13.16%、13.02%，湿面筋含量26.3%、28.1%，稳定时间7.8分钟、10.4分钟。

产量表现：2014—2015年度参加黄淮冬麦区北片水地组品种区域试验，平均亩产577.5千克，比对照良星99增产4.0%；2015—2016年度续试，平均亩产607.9千克，比良星99增产4.6%。2016—2017年度生产试验，平均亩产637.0千克，比对照增产3.8%。

栽培技术要点：适宜播种期10月上中旬，每亩适宜基本苗15万左右。注意防治蚜虫、条锈病、叶锈病、白粉病、赤霉病、纹枯病等病虫害。

适宜种植区域：适宜黄淮冬麦区北片的山东全部、河北保定和沧州的南部及其以南地区、山西运城和临汾的盆地灌区种植。

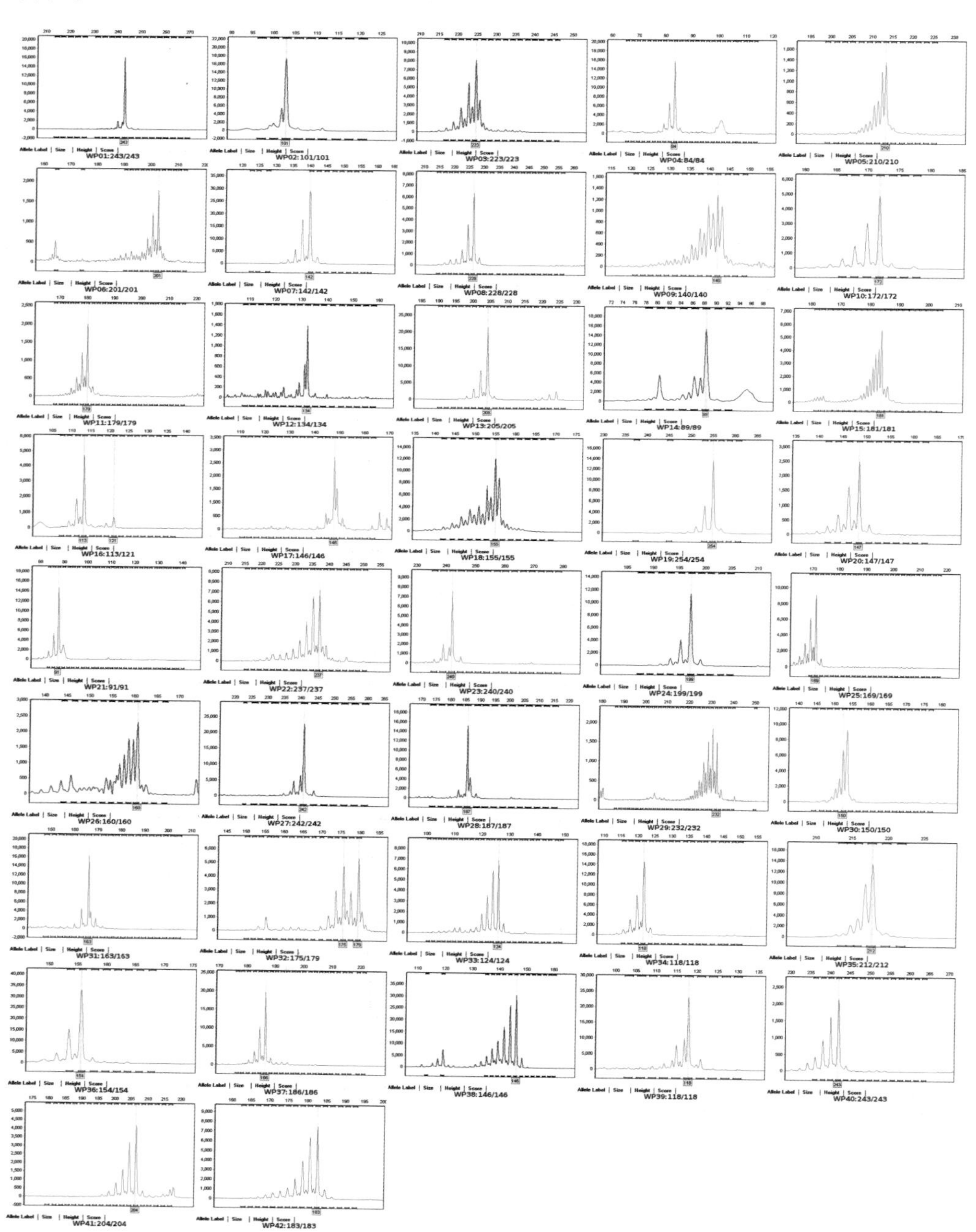

21. 邯麦19

审定编号：国审麦20180049

选育单位：邯郸市农业科学院

品种来源：邯02-6018/济麦22

特征特性：半冬性，全生育期242天，与对照品种良星99熟期相当。幼苗半匍匐，分蘖力中等，亩成穗较多。株高83.5厘米，株型偏紧，茎秆强度较好，抗倒性好。旗叶稍大，穗层整齐，熟相好。穗近长方形，长芒、白壳、白粒，籽粒角质，饱满度好。亩穗数45.3万穗，穗粒数35.7粒，千粒重42.3克。抗病性鉴定，高感叶锈病、白粉病和赤霉病，中感纹枯病，慢条锈病。品质检测，籽粒容重832克/升、817克/升，蛋白质含量14.02%、14.44%，湿面筋含量30.9%、35.7%，稳定时间2.9分钟、1.5分钟。

产量表现：2014—2015年度参加黄淮冬麦区北片水地组品种区域试验，平均亩产587.8千克，比对照良星99增产5.9%；2015—2016年度续试，平均亩产614.9千克，比良星99增产5.8%。2016—2017年度生产试验，平均亩产628.1千克，比对照增产5.3%。

栽培技术要点：适宜播种期10月上中旬，每亩适宜基本苗18万左右。注意防治蚜虫、叶锈病、白粉病、赤霉病、纹枯病等病虫害。

适宜种植区域：适宜黄淮冬麦区北片的山东全部、河北保定和沧州的南部及其以南地区、山西运城和临汾的盆地灌区种植。

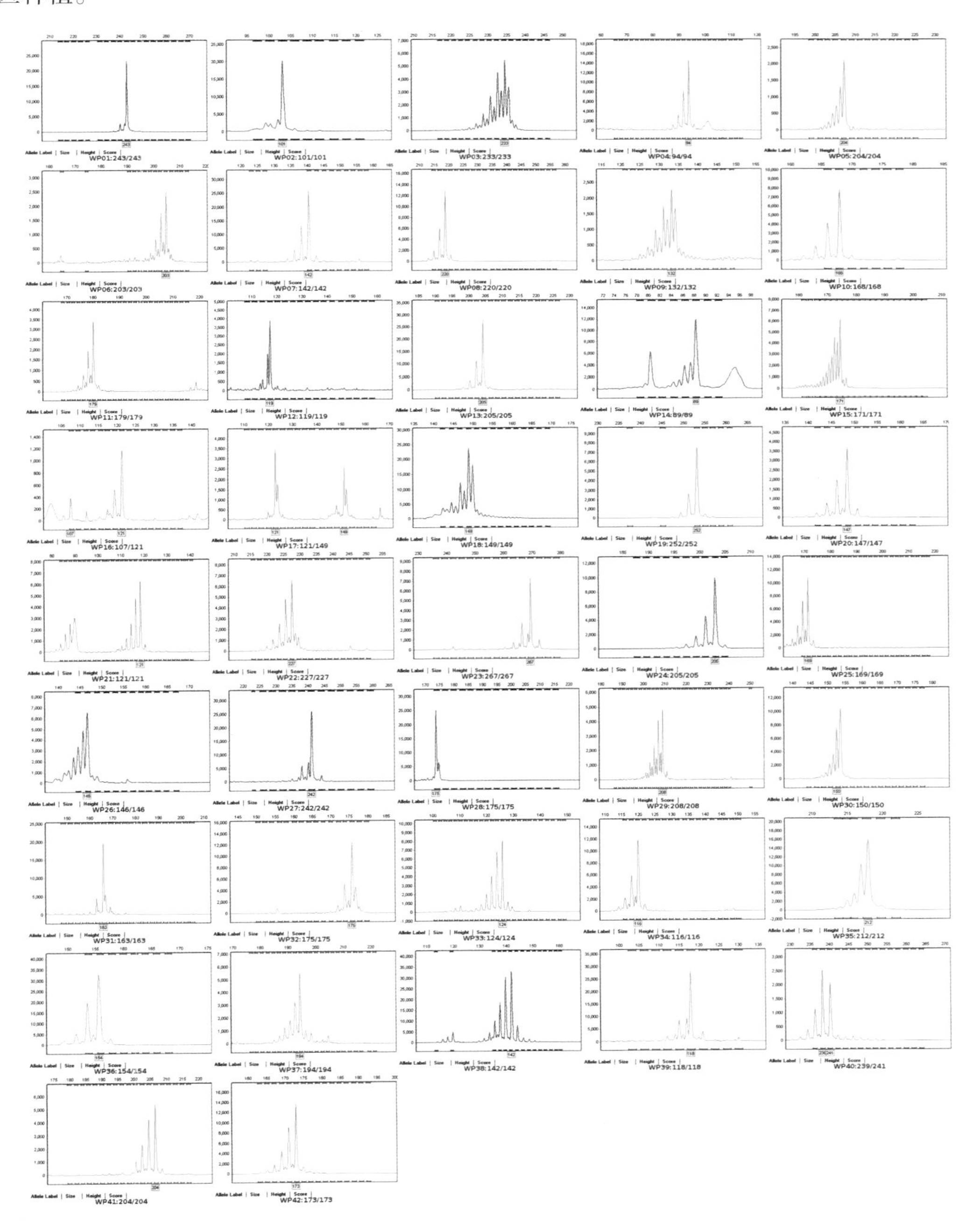

22. 瑞华麦516

审定编号：国审麦20180048

选育单位：江苏瑞华农业科技有限公司

品种来源：洛麦21/淮麦17

特征特性：弱春性，全生育期228天，比对照品种周麦18早熟1～2天，比对照品种偃展4110晚熟1天。幼苗半直立，叶片宽长，叶色浓绿，分蘖力一般，耐倒春寒能力中等。株高79.2厘米，株型稍松散，茎秆弹性好。旗叶宽大、斜上冲，穗层厚，熟相中等。穗纺锤形，长芒、白壳、白粒，籽粒半角质，饱满度较好。亩穗数40.3万穗，穗粒数34.9粒，千粒重41.6克。抗病性鉴定，高感条锈病、叶锈病和白粉病，中感赤霉病和纹枯病。品质检测，籽粒容重804克/升、805克/升，蛋白质含量13.40%、14.30%，湿面筋含量29.2%、32.6%，稳定时间4.3分钟、4.6分钟。

产量表现：2015—2016年度参加黄淮冬麦区南片早播组品种区域试验，平均亩产541.5千克，比对照周麦18增产5.5%；2016—2017年度参加晚播组试验，平均亩产558.5千克，比对照周麦18增产2.6%，比对照偃展4110增产11.2%。2016—2017年度生产试验，平均亩产560.2千克，比对照偃展4110增产8.7%。

栽培技术要点：适宜播种期10月中下旬，每亩适宜基本苗12万～20万，注意防治蚜虫、条锈病、叶锈病、白粉病、赤霉病、纹枯病等病虫害。

适宜种植区域：适宜黄淮冬麦区南片的河南除信阳和南阳南部部分地区以外的平原灌区，陕西西安、渭南、咸阳、铜川和宝鸡灌区，江苏和安徽两省淮河以北地区高中水肥地块中晚茬种植。

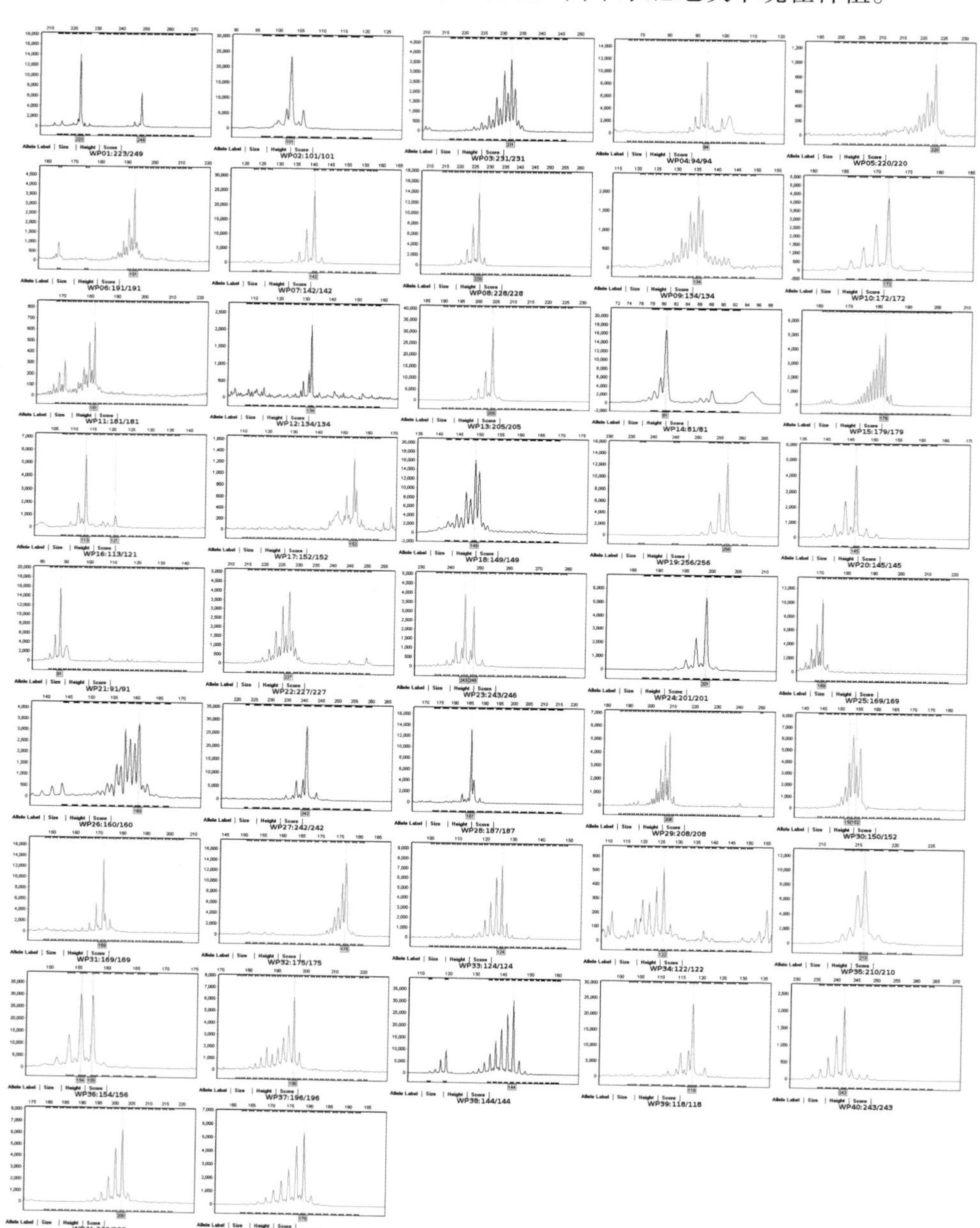

23. 驻麦328

审定编号：国审麦20180047

选育单位：驻马店市农业科学院

品种来源：矮抗58/济95519

特征特性：弱春性，全生育期225天，比对照品种偃展4110熟期略早。幼苗近直立，叶色黄绿，耐倒春寒能力一般。株高70.6厘米，株型紧凑。旗叶短宽、上冲，穗层整齐，熟相较好。穗纺锤形，短芒、白壳、白粒，籽粒半角质，饱满度中等。亩穗数43.2万穗，穗粒数31.1粒，千粒重43.0克。抗病性鉴定，高感白粉病、赤霉病、纹枯病，中抗条锈病，高抗叶锈病。品质检测，籽粒容重794克/升、784克/升，蛋白质含量14.75%、14.06%，湿面筋含量29.5%、32.1%，稳定时间2.3分钟、2.7分钟。

产量表现：2015—2016年度参加黄淮冬麦区南片晚播组品种区域试验，平均亩产519.6千克，比对照偃展4110增产7.7%；2016—2017年度续试，平均亩产545.9千克，比偃展4110增产8.7%。2016—2017年度生产试验，平均亩产548.3千克，比对照增产6.4%。

栽培技术要点：适宜播种期10月中下旬，每亩适宜基本苗18万～24万，注意防治蚜虫、白粉病、赤霉病、纹枯病等病虫害。

适宜种植区域：适宜黄淮冬麦区南片的河南除信阳和南阳南部部分地区以外的平原灌区，陕西西安、渭南、咸阳、铜川和宝鸡灌区，江苏和安徽两省淮河以北地区高中水肥地块中晚茬种植。

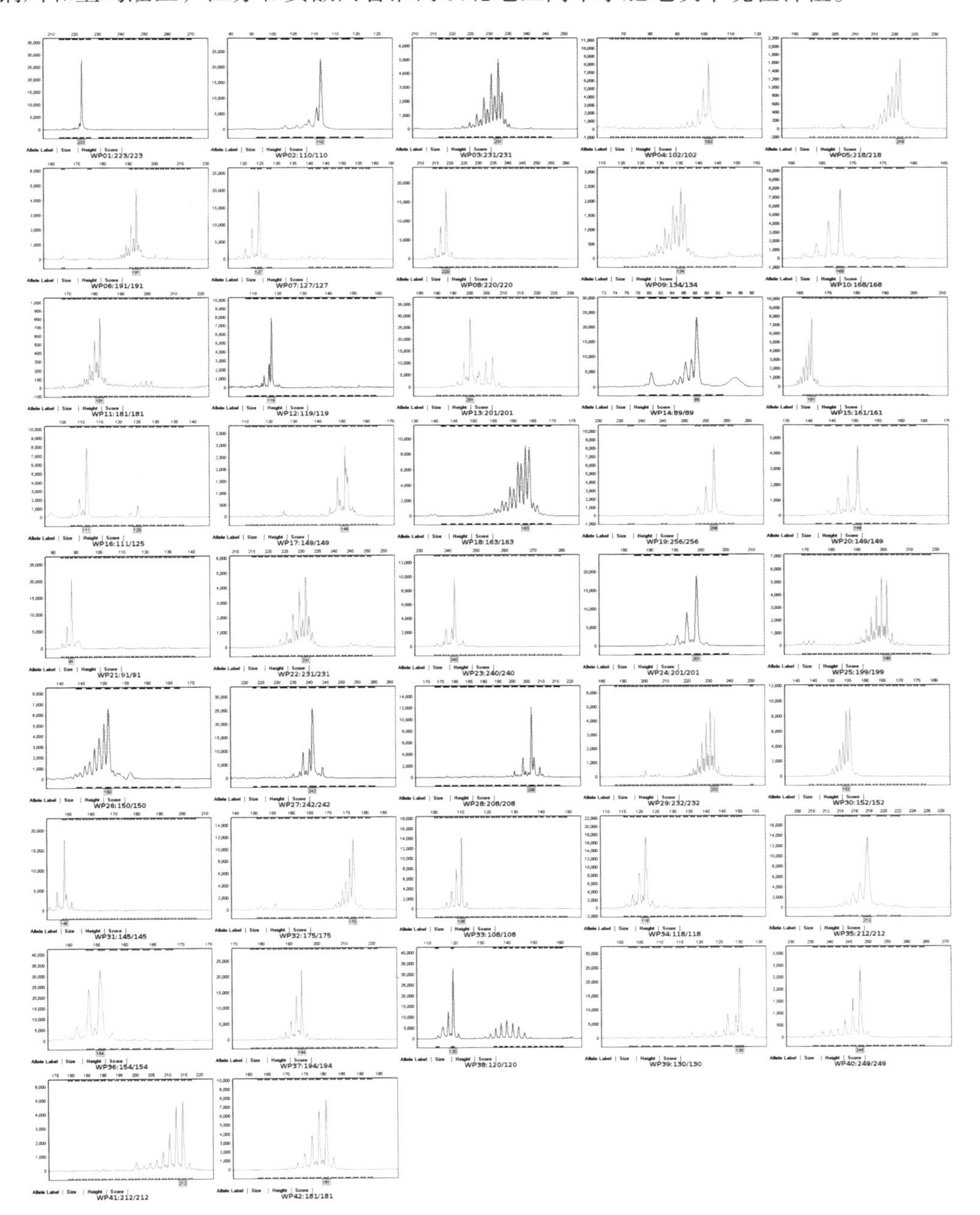

24. 华成863

审定编号： 国审麦20180046

选育单位： 宿州市天益青种业科学研究所

品种来源： 新9408/丰华8829//烟农19

特征特性： 弱春性，全生育期222天，比对照品种偃展4110熟期略晚。幼苗半直立，分蘖力较强，耐倒春寒能力中等。株高86.3厘米，株型紧凑，茎秆弹性中等，抗倒性中等。旗叶短小、上冲，穗层整齐，熟相较好。穗纺锤形，长芒、白壳、白粒，籽粒半角质，饱满度较好。亩穗数43.6万穗，穗粒数29.8粒，千粒重46.5克。抗病性鉴定，高感叶锈病、白粉病、赤霉病，中感条锈病、纹枯病。品质检测，籽粒容重806克/升、792克/升，蛋白质含量14.51%、13.75%，湿面筋含量30.6%、30.9%，稳定时间3.0分钟、3.8分钟。

产量表现： 2014—2015年度参加黄淮冬麦区南片春水组品种区域试验，平均亩产527.0千克，比对照偃展4110增产7.8%；2015—2016年度续试，平均亩产522.0千克，比偃展4110增产8.2%。2016—2017年度生产试验，平均亩产551.4千克，比对照增产7.1%。

栽培技术要点： 适宜播种期10月中下旬，每亩适宜基本苗18万～20万，注意防治蚜虫、条锈病、叶锈病、白粉病、赤霉病、纹枯病等病虫害。高水肥地块注意防止倒伏。

适宜种植区域： 适宜黄淮冬麦区南片的河南除信阳和南阳南部部分地区以外的平原灌区，陕西西安、渭南、咸阳、铜川和宝鸡灌区，江苏和安徽两省淮河以北地区高中水肥地块中晚茬种植。

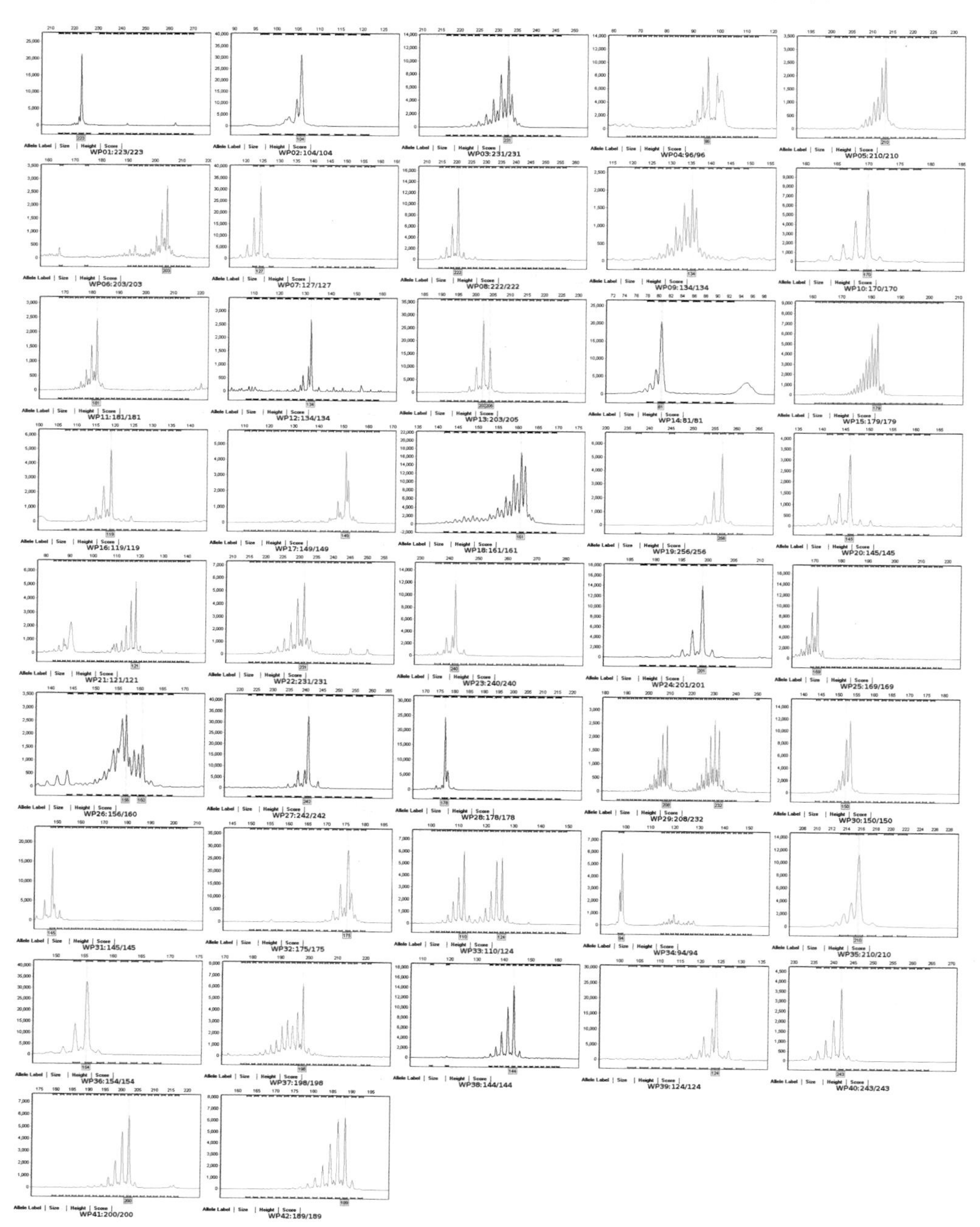

25. 先天麦12号

审定编号：国审麦20180044

选育单位：河南先天下种业有限公司

品种来源：邓麦1号/陕225

特征特性：弱春性，全生育期222天，与对照品种偃展4110熟期相当。幼苗半直立，叶片宽长，叶色浅绿，分蘖力中等，耐倒春寒能力一般。株高81.6厘米，株型紧凑，茎秆弹性较好，抗倒性较好。旗叶窄长、平展，穗层厚，熟相一般。穗纺锤形，长芒、白壳、白粒，籽粒角质，饱满度较好。亩穗数41.0万穗，穗粒数29.1粒，千粒重48.6克。抗病性鉴定，高感纹枯病、叶锈病、白粉病、赤霉病，中抗条锈病。品质检测，籽粒容重826克/升、830克/升，蛋白质含量14.26%、13.16%，湿面筋含量26.3%、25.6%，稳定时间4.4分钟、5.9分钟。

产量表现：2014—2015年度参加黄淮冬麦区南片春水组品种区域试验，平均亩产512.3千克，比对照偃展4110增产4.8%；2015—2016年度续试，平均亩产518.8千克，比偃展4110增产7.0%。2016—2017年度生产试验，平均亩产550.3千克，比对照增产6.8%。

栽培技术要点：适宜播种期10月中下旬，每亩适宜基本苗18万～24万，注意防治蚜虫、叶锈病、白粉病、赤霉病、纹枯病等病虫害。

适宜种植区域：适宜黄淮冬麦区南片的河南除信阳和南阳南部部分地区以外的平原灌区，陕西西安、渭南、咸阳、铜川和宝鸡灌区，江苏和安徽两省淮河以北地区高中水肥地块中晚茬种植。

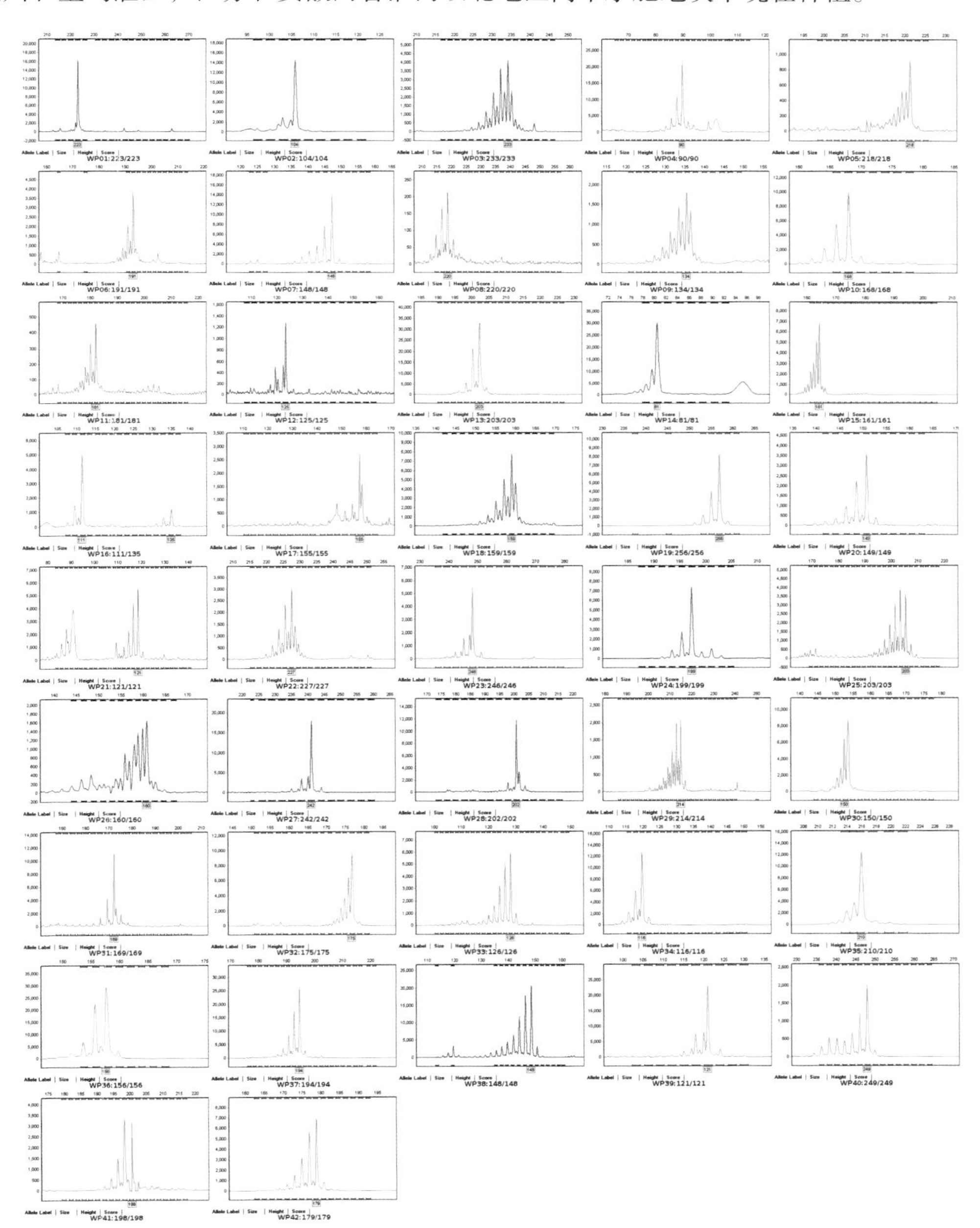

26. 淮麦40

审定编号：国审麦20180043

选育单位：江苏天丰种业有限公司、江苏徐淮地区淮阴农业科学研究所

品种来源：冬春轮回选择群体

特征特性：弱春性，全生育期221天，比对照品种偃展4110熟期略早。幼苗半直立，叶片宽长，叶色浓绿，分蘖力较强，耐倒春寒能力中等。株高82.2厘米，株型稍松散，蜡质厚，茎秆弹性好，抗倒性较好。旗叶细长、上冲，穗层厚，熟相较好。穗纺锤形，长芒、白壳、白粒，籽粒角质，饱满度较好。亩穗数43.1万穗，穗粒数30.7粒，千粒重44.7克。抗病性鉴定，高感赤霉病和白粉病，中感纹枯病，中抗条锈病，慢叶锈病。品质检测，籽粒容重814克/升、812克/升，蛋白质含量15.42%、13.87%，湿面筋含量28.4%、28.8%，稳定时间7.9分钟、13.1分钟。2016年主要品质指标达到中强筋小麦标准。

产量表现：2014—2015年度参加黄淮冬麦区南片春水组品种区域试验，平均亩产528.6千克，比对照偃展4110增产8.2%；2015—2016年度续试，平均亩产530.1千克，比偃展4110增产9.9%。2016—2017年度生产试验，平均亩产543.8千克，比对照增产5.5%。

栽培技术要点：适宜播种期10月中下旬，每亩适宜基本苗18万～24万，注意防治蚜虫、白粉病、赤霉病、纹枯病等病虫害。

适宜种植区域：适宜黄淮冬麦区南片的河南除信阳和南阳南部部分地区以外的平原灌区，陕西西安、渭南、咸阳、铜川和宝鸡灌区，江苏和安徽两省淮河以北地区高中水肥地块中晚茬种植。

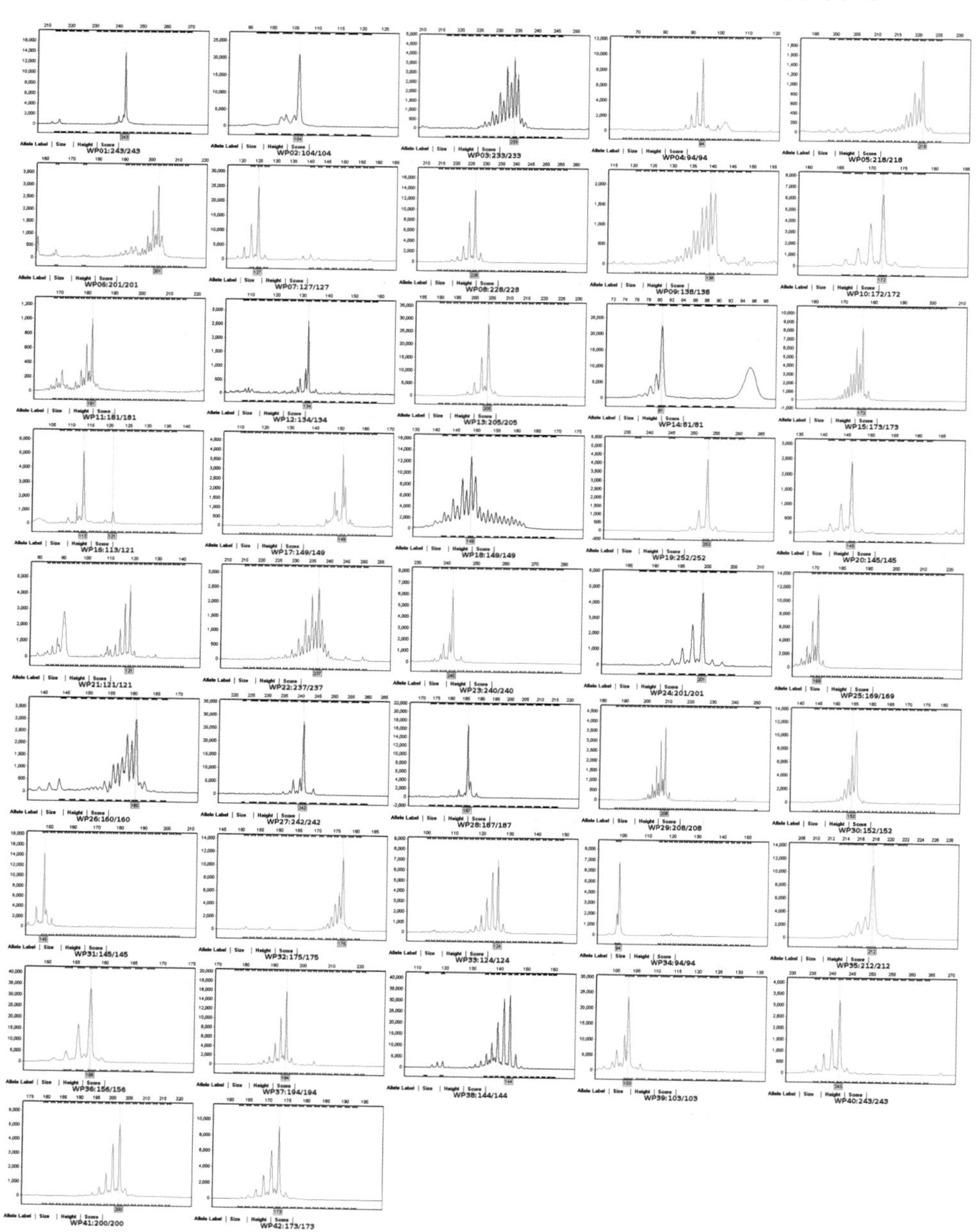

27. 周麦36号

审定编号：国审麦20180042

选育单位：周口市农业科学院

品种来源：矮抗58/周麦19//周麦22

特征特性：半冬性，全生育期232天，与对照品种周麦18熟期相当。幼苗半匍匐，叶片宽短，叶色浓绿，分蘖力中等，耐倒春寒能力中等。株高79.7厘米，株型松紧适中，茎秆蜡质层较厚，茎秆硬，抗倒性强。旗叶宽长、内卷、上冲，穗层整齐，熟相好。穗纺锤形，短芒、白壳、白粒，籽粒角质，饱满度较好。亩穗数36.2万穗，穗粒数37.9粒，千粒重45.3克。抗病性鉴定，高感白粉病、赤霉病、纹枯病，高抗条锈病和叶锈病。品质检测，籽粒容重796克/升、812克/升，蛋白质含量14.78%、13.02%，湿面筋含量31.0%、32.9%，稳定时间10.3分钟、13.6分钟。2016年主要品质指标达到强筋小麦标准。

产量表现：2015—2016年度参加黄淮冬麦区南片早播组品种区域试验，平均亩产542.7千克，比对照周麦18增产5.7%；2016—2017年度续试，平均亩产589.6千克，比周麦18增产5.7%。2016—2017年度生产试验，平均亩产582.1千克，比对照增产6.7%。

栽培技术要点：适宜播种期10月上中旬，每亩适宜基本苗15万～22万，注意防治蚜虫、白粉病、纹枯病、赤霉病等病虫害。

适宜种植区域：适宜黄淮冬麦区南片的河南除信阳和南阳南部部分地区以外的平原灌区，陕西西安、渭南、咸阳、铜川和宝鸡灌区，江苏和安徽两省淮河以北地区高中水肥地块中茬种植。

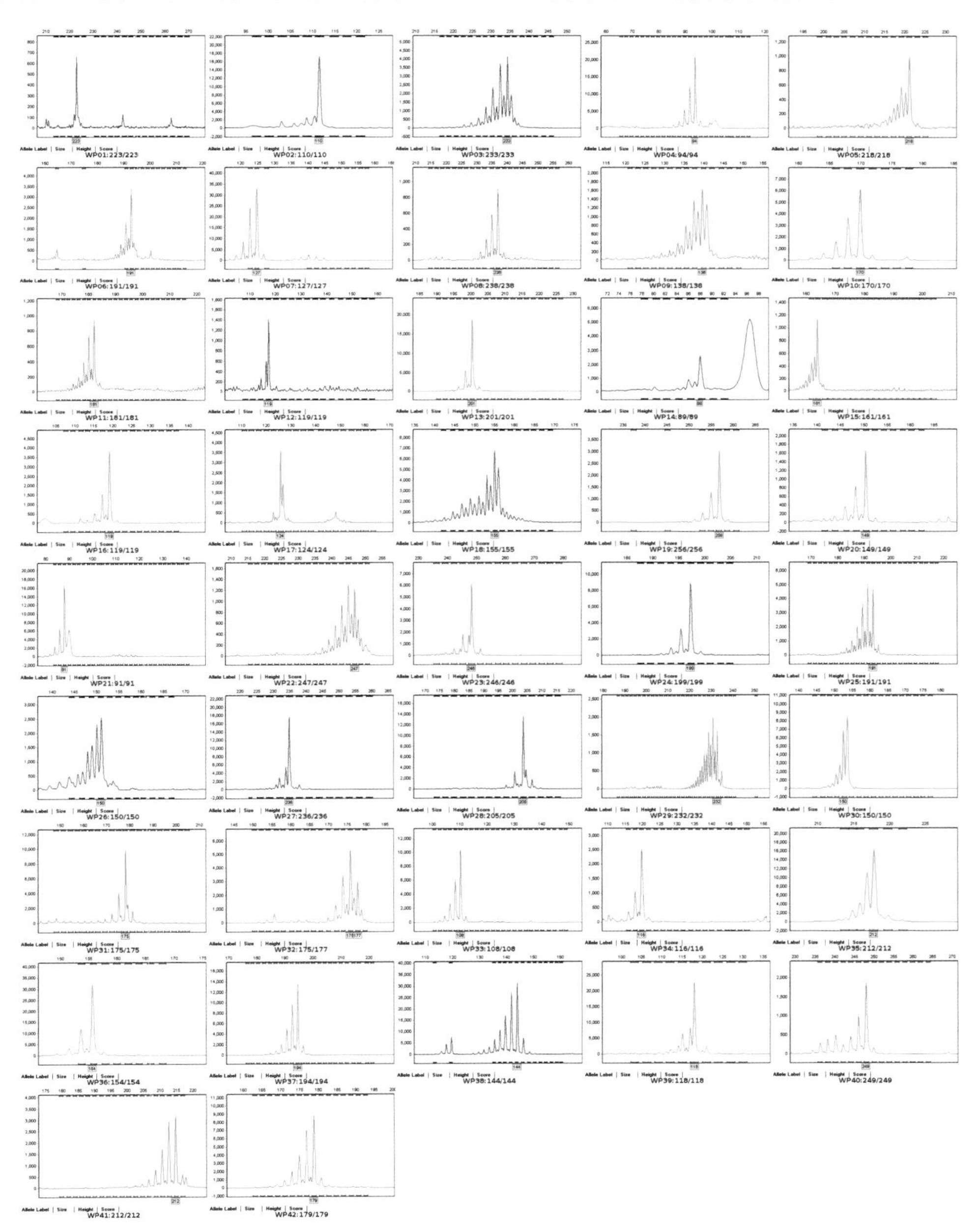

28. 新麦36

审定编号： 国审麦20180041

选育单位： 河南省新乡市农业科学院

品种来源： 周麦22/中育12

特征特性： 半冬性，全生育期231天，比对照品种周麦18熟期略早。幼苗半匍匐，叶片窄长，叶色黄绿，分蘖力中等，耐倒春寒能力中等。株高80.6厘米，株型松紧适中，茎秆蜡质层较厚，茎秆弹性较好，抗倒性较好。旗叶细小、上冲，穗层厚，熟相一般。穗纺锤形，短芒、白壳、白粒，籽粒半角质，饱满度较好。亩穗数37.6万穗，穗粒数35.8粒，千粒重44.5克。抗病性鉴定，高感叶锈病、白粉病、纹枯病、赤霉病，中抗条锈病。品质检测，籽粒容重781克/升、784克/升，蛋白质含量13.41%、13.80%，湿面筋含量30.6%、32.2%，稳定时间6.3分钟、4.4分钟。

产量表现： 2015—2016年度参加黄淮冬麦区南片早播组品种区域试验，平均亩产535.2千克，比对照周麦18增产5.8%；2016—2017年度续试，平均亩产574.0千克，比周麦18增产3.6%。2016—2017年度生产试验，平均亩产578.1千克，比对照增产6.0%。

栽培技术要点： 适宜播种期10月上中旬，每亩适宜基本苗12万～20万，注意防治蚜虫、叶锈病、白粉病、纹枯病、赤霉病等病虫害。

适宜种植区域： 适宜黄淮冬麦区南片的河南除信阳和南阳南部部分地区以外的平原灌区，陕西西安、渭南、咸阳、铜川和宝鸡灌区，江苏和安徽两省淮河以北地区高中水肥地块中茬种植。

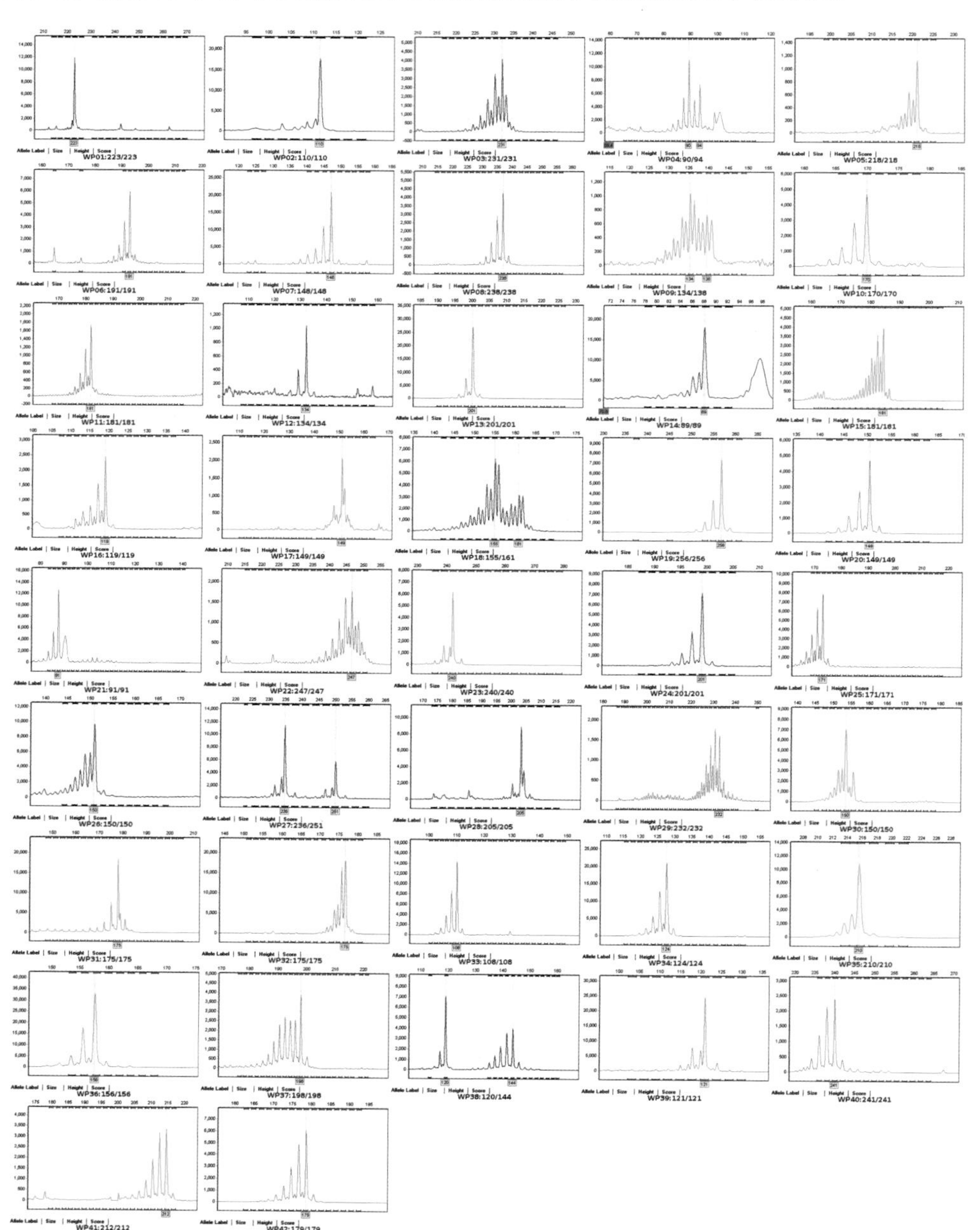

29. 西农511

审定编号：国审麦20180040

选育单位：西北农林科技大学

品种来源：西农2000-7/99534

特征特性：半冬性，全生育期233天，比对照品种周麦18晚熟1天。幼苗匍匐，分蘖力强，耐倒春寒能力中等。株高78.6厘米，株型稍松散，茎秆弹性较好，抗倒性好。旗叶宽大、平展，叶色浓绿，穗层整齐，熟相好。穗纺锤形，短芒、白壳，籽粒角质，饱满度较好。亩穗数36.9万穗，穗粒数38.3粒，千粒重42.3克。抗病性鉴定，高感白粉病、赤霉病，中感叶锈病、纹枯病，中抗条锈病。品质检测，籽粒容重815克/升、820克/升，蛋白质含量14.00%、14.68%，湿面筋含量28.2%、32.2%，稳定时间11.2分钟、13.6分钟。2017年主要品质指标达到强筋小麦标准。

产量表现：2015—2016年度参加黄淮冬麦区南片早播组品种区域试验，平均亩产533.1千克，比对照周麦18增产5.4%；2016—2017年度续试，平均亩产575.8千克，比周麦18增产3.9%。2016—2017年度生产试验，平均亩产571.5千克，比对照增产4.8%。

栽培技术要点：适宜播种期10月上中旬，每亩适宜基本苗12万～20万，注意防治蚜虫、白粉病、赤霉病、叶锈病、纹枯病等病虫害。

适宜种植区域：适宜黄淮冬麦区南片的河南除信阳和南阳南部部分地区以外的平原灌区，陕西西安、渭南、咸阳、铜川和宝鸡灌区，江苏和安徽两省淮河以北地区高中水肥地块中茬种植。

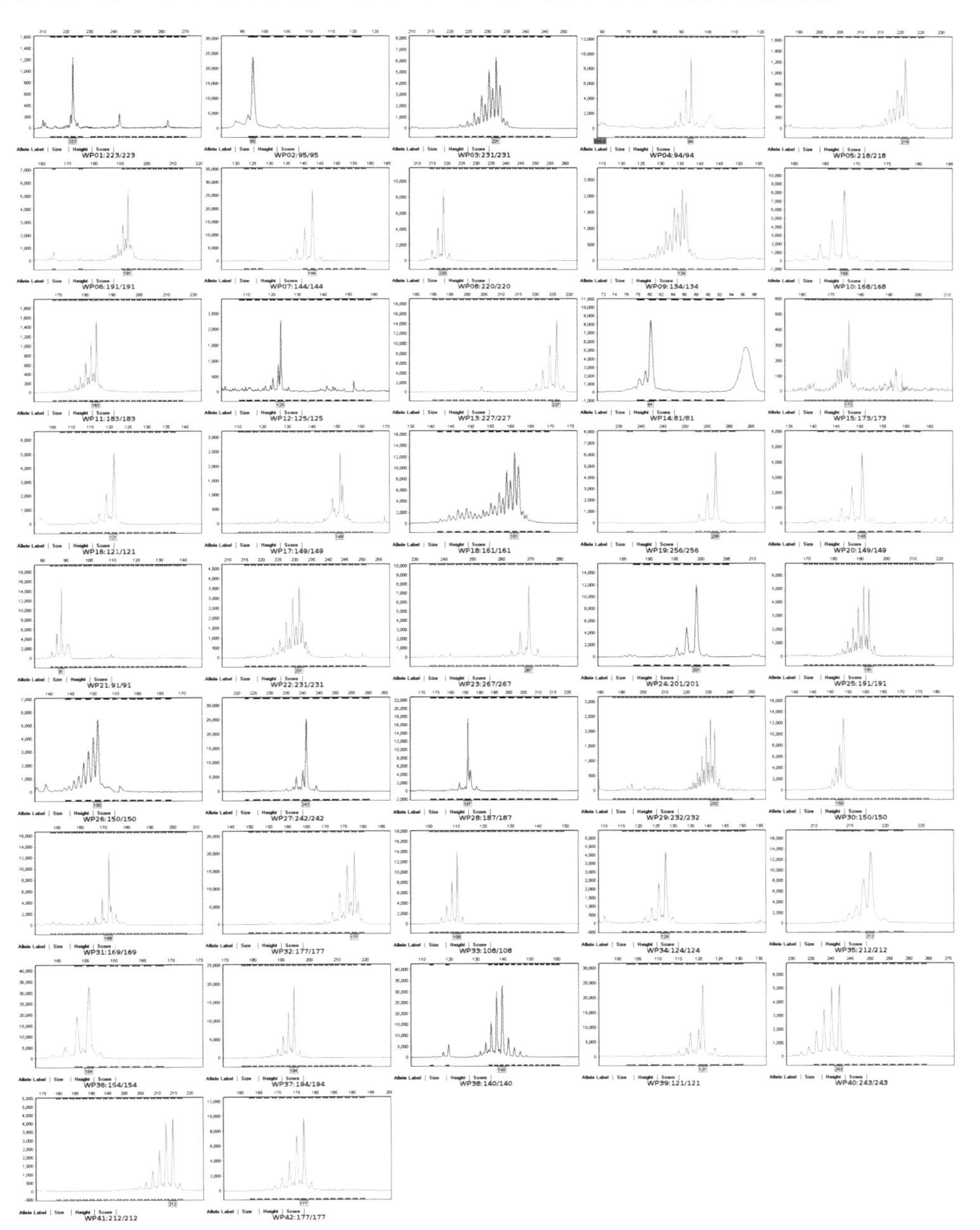

30. 光泰68

审定编号：国审麦20180039

选育单位：河南泰禾种业有限公司

品种来源：郑育9987/漯4518

特征特性：半冬性，全生育期229天，比对照品种周麦18熟期略早。幼苗半直立，分蘖力强，耐倒春寒能力一般。株高81.4厘米，株型稍松散，茎秆弹性一般，抗倒性中等。旗叶窄长、上冲，穗层厚，熟相较好。穗纺锤形，长芒、白壳、白粒，籽粒半角质，饱满度较好。亩穗数40.9万穗，穗粒数31.8粒，千粒重48.7克。抗病性鉴定，高感叶锈病、纹枯病、白粉病、赤霉病，中感条锈病。品质检测，籽粒容重823克/升、806克/升，蛋白质含量13.71%、12.74%，湿面筋含量28.6%、28.7%，稳定时间3.1分钟、4.1分钟。

产量表现：2014—2015年度参加黄淮冬麦区南片冬水组品种区域试验，平均亩产571.1千克，比对照周麦18增产9.4%；2015—2016年度续试，平均亩产548.8千克，比周麦18增产7.0%。2016—2017年度生产试验，平均亩产583.5千克，比对照增产10.0%。

栽培技术要点：适宜播种期10月上中旬，每亩适宜基本苗12万～20万，注意防蚜虫、纹枯病、叶锈病、白粉病、赤霉病、条锈病等病虫害。高水肥地块注意防倒伏。

适宜种植区域：适宜黄淮冬麦区南片的河南除信阳和南阳南部部分地区以外的平原灌区，陕西西安、渭南、咸阳、铜川和宝鸡灌区，江苏和安徽两省淮河以北地区高中水肥地块中茬种植。

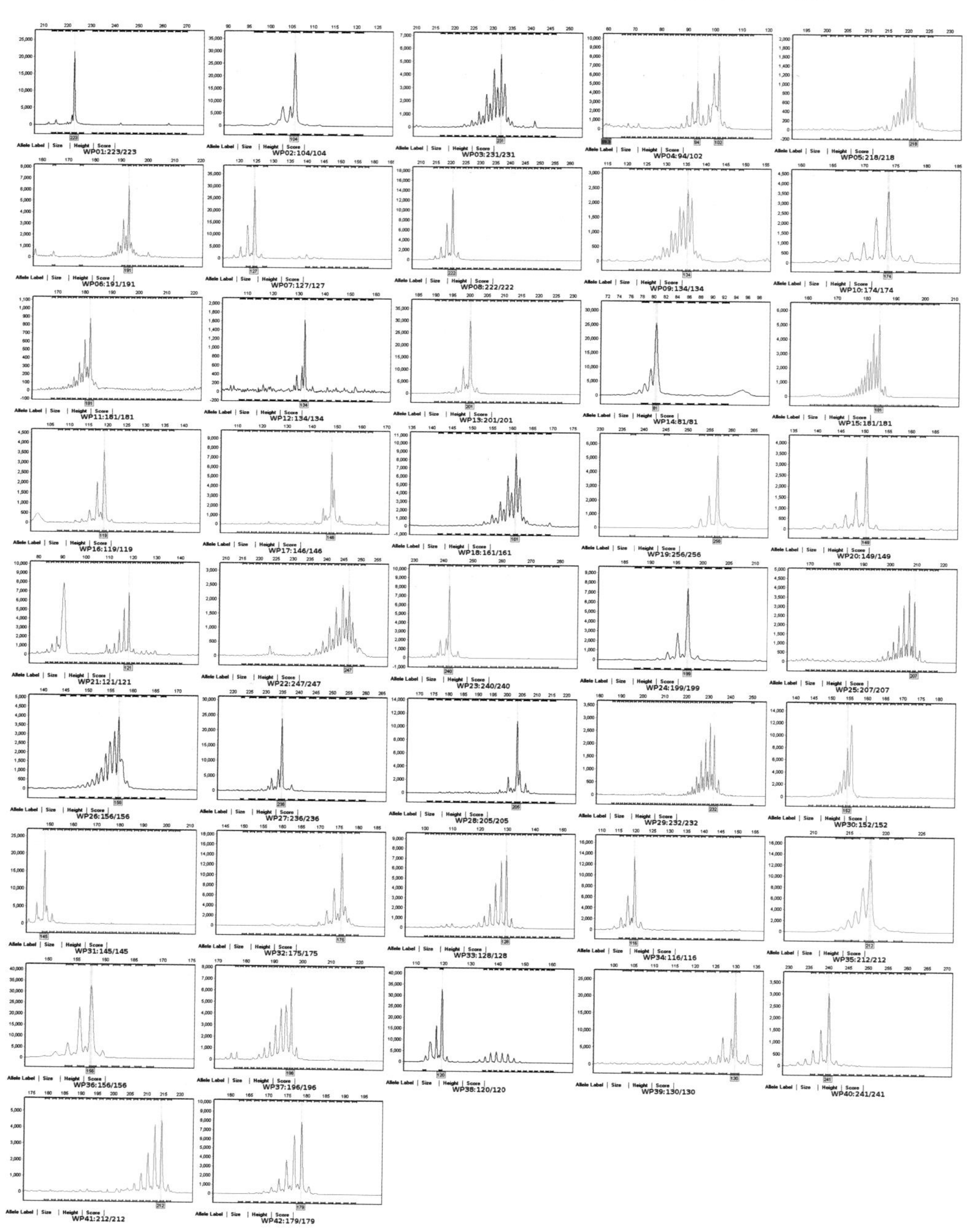

31. 高麦6号

审定编号：国审麦20180038

选育单位：河南德宏种业股份有限公司

品种来源：周麦13/百农64//周麦22

特征特性：半冬性，全生育期228天，比对照品种周麦18早熟1天。幼苗半匍匐，叶片宽长，叶色黄绿，分蘖力中等，耐倒春寒能力中等。株高77.1厘米，株型紧凑，茎秆弹性好，抗倒性强。旗叶短宽、上冲，穗层整齐，熟相好。穗长方形，长芒、白壳、白粒，籽粒角质，饱满度好。亩穗数37.8万穗，穗粒数36.8粒，千粒重44.4克。抗病性鉴定，高感纹枯病、白粉病、赤霉病，中感条锈病，高抗叶锈病。品质检测，籽粒容重810克/升、806克/升，蛋白质含量14.36%、14.23%，湿面筋含量29.5%、32.2%，稳定时间4.3分钟、2.5分钟。

产量表现：2014—2015年度参加黄淮冬麦区南片冬水组品种区域试验，平均亩产556.9千克，比对照周麦18增产6.7%；2015—2016年度续试，平均亩产548.3千克，比周麦18增产6.9%。2016—2017年度生产试验，平均亩产582.8千克，比对照增产6.8%。

栽培技术要点：适宜播种期10月上中旬，每亩适宜基本苗12万～20万，注意防治蚜虫、条锈病、纹枯病、白粉病、赤霉病等病虫害。

适宜种植区域：适宜黄淮冬麦区南片的河南除信阳和南阳南部部分地区以外的平原灌区，陕西西安、渭南、咸阳、铜川和宝鸡灌区，江苏和安徽两省淮河以北地区高中水肥地块中茬种植。

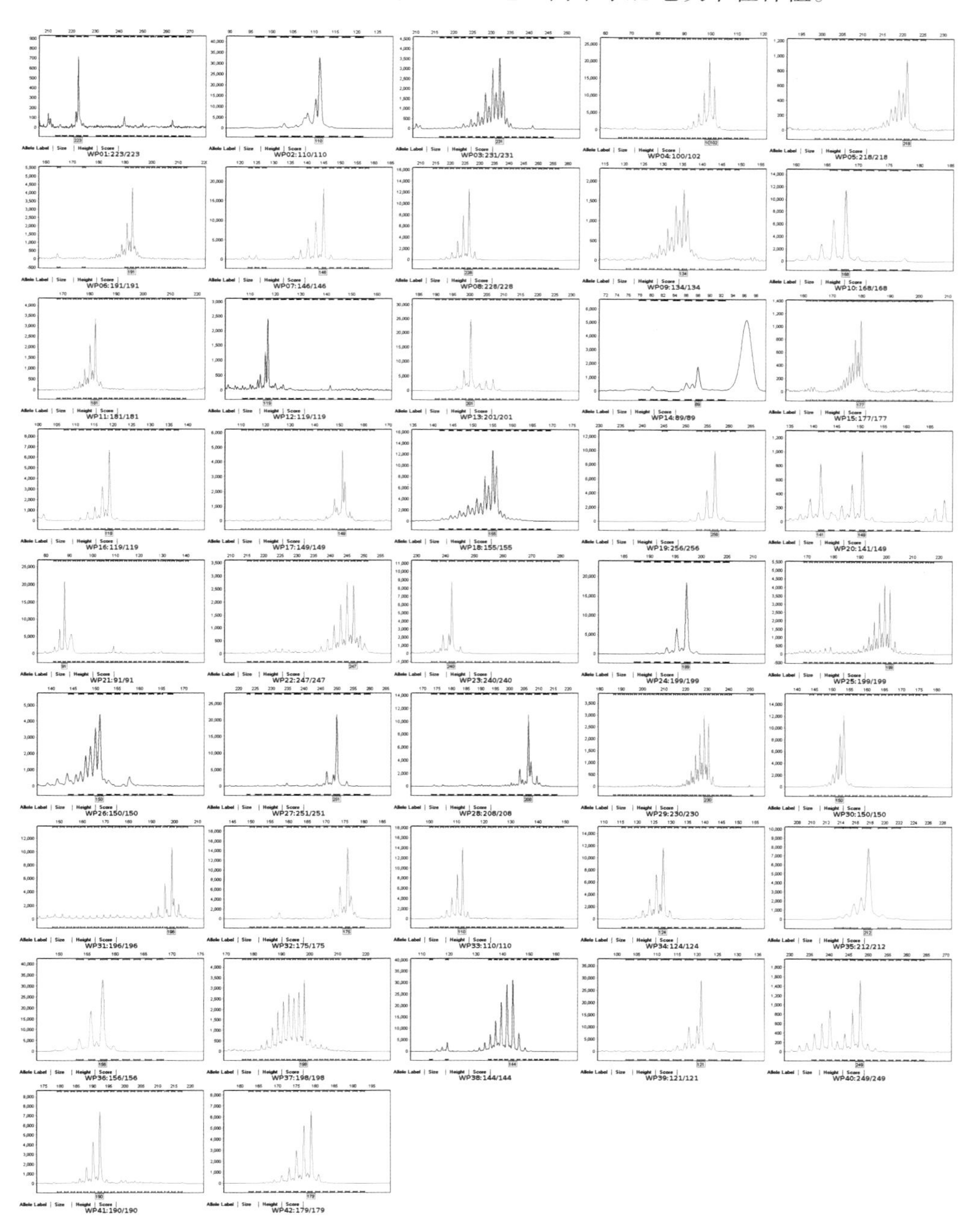

32. 濮麦6311

审定编号：国审麦20180037

选育单位：濮阳市农业科学院、中国农业科学院棉花研究所

品种来源：矮抗58/周麦18

特征特性：半冬性，全生育期229天，比对照品种周麦18熟期略早。幼苗半匍匐，叶片宽短，叶色黄绿，分蘖力较强，耐倒春寒能力一般。株高78.6厘米，株型稍松散，茎秆弹性差，抗倒性一般。旗叶短宽、上冲，穗层较整齐，熟相一般。穗纺锤形，长芒、白壳、白粒，籽粒角质，饱满度中等。亩穗数38.1万穗，穗粒数32.8粒，千粒重49.8克。抗病性鉴定，高感白粉病和赤霉病，中感叶锈病和纹枯病，慢条锈病。品质检测，籽粒容重796克/升、787克/升，蛋白质含量15.28%、14.04%，湿面筋含量30.9%、31.1%，稳定时间4.4分钟、5.1分钟。

产量表现：2014—2015年度参加黄淮冬麦区南片冬水组品种区域试验，平均亩产541.1千克，比对照周麦18增产3.6%；2015—2016年度续试，平均亩产538.7千克，比周麦18增产5.1%。2016—2017年度生产试验，平均亩产571.7千克，比对照增产4.8%。

栽培技术要点：适宜播种期10月上中旬，每亩适宜基本苗12万～20万，注意防治蚜虫、条锈病、叶锈病、白粉病、赤霉病、纹枯病等病虫害。高水肥地块注意防倒伏。

适宜种植区域：适宜黄淮冬麦区南片的河南除信阳和南阳南部部分地区以外的平原灌区，陕西西安、渭南、咸阳、铜川和宝鸡灌区，江苏和安徽两省淮河以北地区高中水肥地块中茬种植。

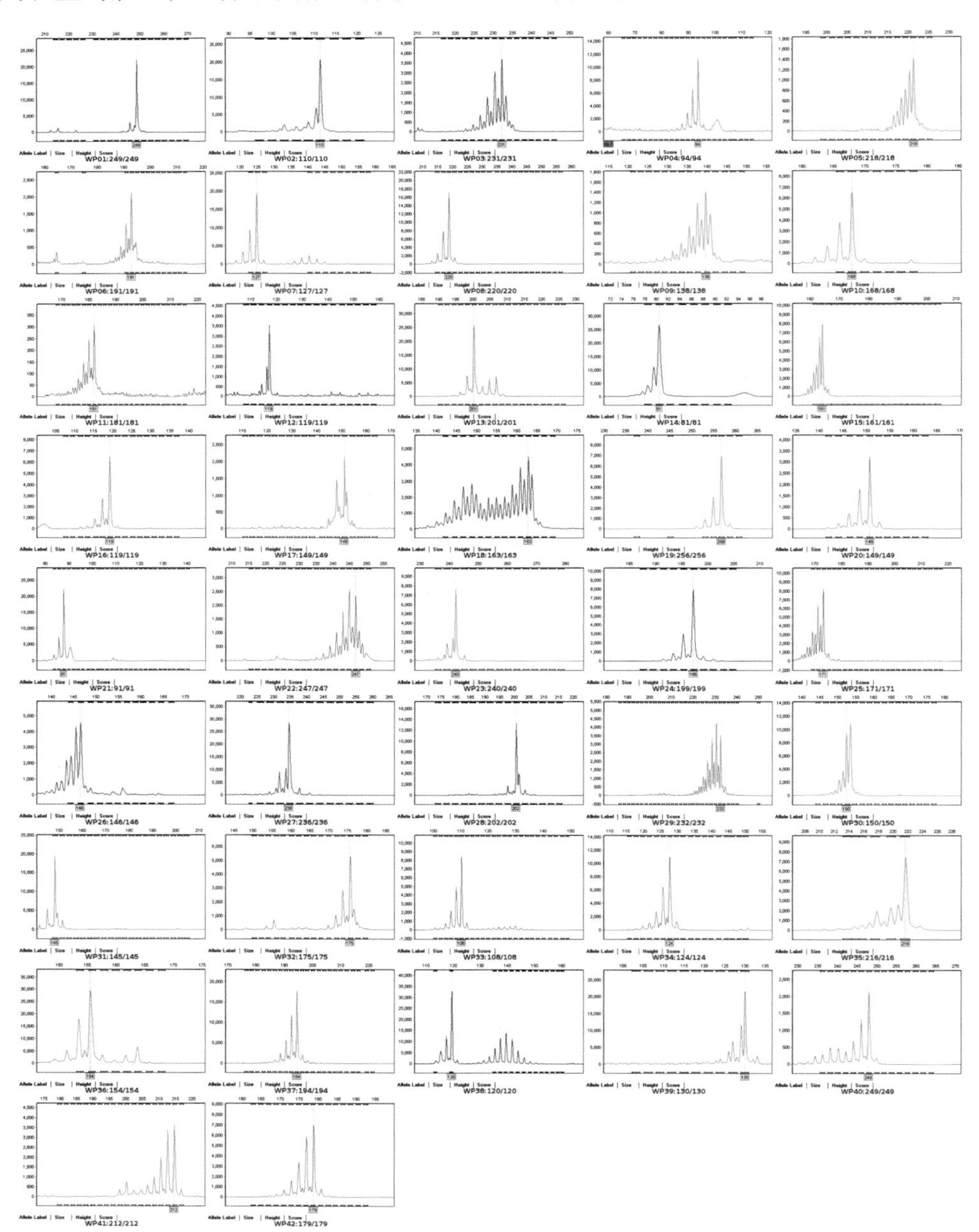

33. 濉1216

审定编号：国审麦20180036

选育单位：濉溪县农业科研试验站

品种来源：泛麦5号//泛麦5号/烟1604

特征特性：半冬性，全生育期230天，比对照品种周麦18晚熟1天。幼苗半匍匐，叶片宽长，叶色深绿，分蘖力强，耐倒春寒能力较好。株高85.9厘米，株型稍松散，茎秆蜡质重，茎秆弹性中等，抗倒性中等。旗叶短小、上冲，穗层厚，熟相中等。穗纺锤形，长芒、白壳、白粒，籽粒半角质，饱满度中等。亩穗数40.8万穗，穗粒数34.4粒，千粒重41.8克。品质检测，籽粒容重812克/升、816克/升，蛋白质含量14.73%、13.75%，湿面筋含量29.2%、28.9%，稳定时间4.4分钟、5.2分钟。

产量表现：2014—2015年度参加黄淮冬麦区南片冬水组品种区域试验，平均亩产547.1千克，比对照周麦18增产4.8%；2015—2016年度续试，平均亩产547.0千克，比周麦18增产6.7%。2016—2017年度生产试验，平均亩产581.5千克，比对照增产6.7%。

栽培技术要点：适宜播种期10月上中旬，每亩适宜基本苗12万～20万，注意防治蚜虫、条锈病、叶锈病、白粉病、赤霉病、叶枯病等病虫害。高水肥地块注意防倒伏。

适宜种植区域：适宜黄淮冬麦区南片的河南除信阳和南阳南部部分地区以外的平原灌区，陕西西安、渭南、咸阳、铜川和宝鸡灌区，江苏和安徽两省淮河以北地区高中水肥地块中茬种植。

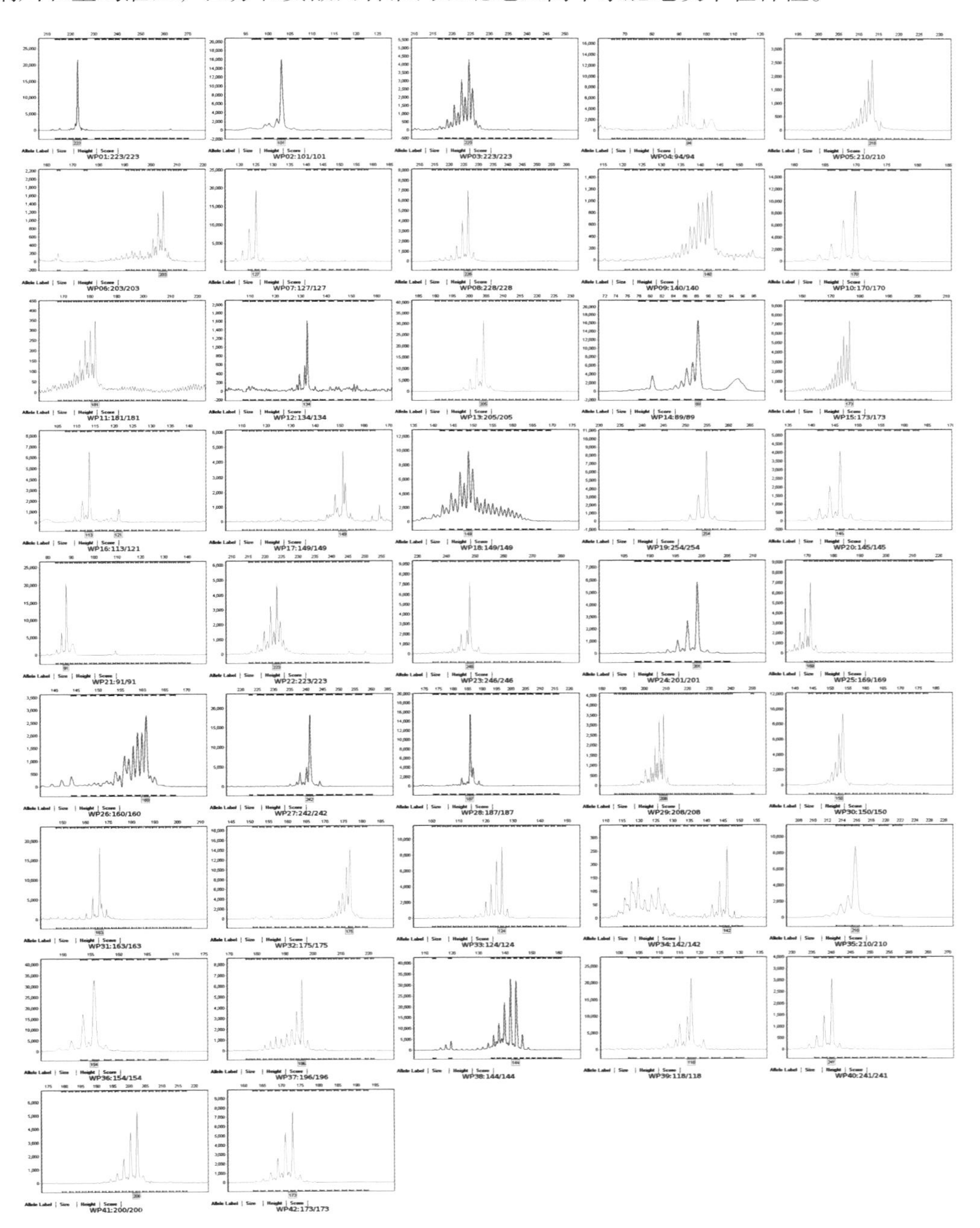

34. 中育1211

审定编号：国审麦20180035

选育单位：中棉种业科技股份有限公司

品种来源：中育12/矮抗58

特征特性：半冬性，全生育期229天，比对照品种周麦18熟期略早。幼苗近直立，分蘖力强，耐倒春寒能力中等。株高78.1厘米，株型松紧适中，茎秆弹性中等，抗倒性中等。旗叶宽长、上冲，穗层整齐，熟相好。穗纺锤形，短芒、白壳、白粒，籽粒半角质，饱满度较好。亩穗数40.8万穗，穗粒数34.2粒，千粒重44.3克。抗病性鉴定，高感叶锈病、白粉病、赤霉病，中感纹枯病，高抗条锈病。品质检测，籽粒容重809克/升、814克/升，蛋白质含量14.48%、13.34%，湿面筋含量30.8%、30.4%，稳定时间5.0分钟、4.1分钟。

产量表现：2014—2015年度参加黄淮冬麦区南片冬水组品种区域试验，平均亩产548.3千克，比对照周麦18增产5.0%；2015—2016年度续试，平均亩产545.1千克，比周麦18增产6.3%。2016—2017年度生产试验，平均亩产579.8千克，比对照增产6.3%。

栽培技术要点：适宜播种期10月上中旬，每亩适宜基本苗12万～20万，注意防治蚜虫、叶锈病、白粉病、赤霉病、纹枯病等病虫害。

适宜种植区域：适宜黄淮冬麦区南片的河南除信阳和南阳南部部分地区以外的平原灌区，陕西西安、渭南、咸阳、铜川和宝鸡灌区，江苏和安徽两省淮河以北地区高中水肥地块中茬种植。

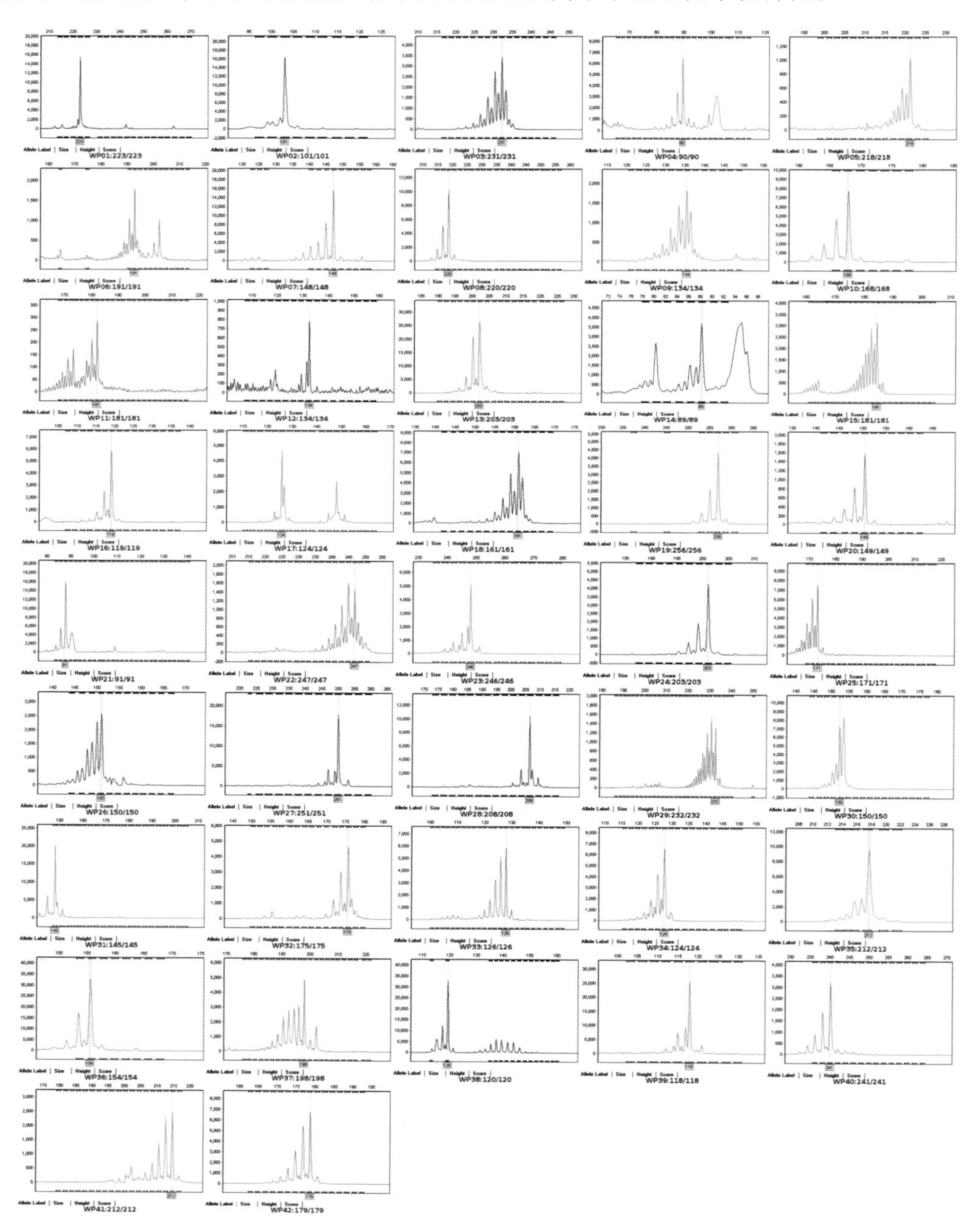

35. 新科麦169

审定编号：国审麦20180033

选育单位：河南省新乡市农业科学院、河南九圣禾新科种业有限公司

品种来源：新麦18/矮抗58

特征特性：半冬性，全生育期228天，比对照品种周麦18早熟1天。幼苗半直立，分蘖力较强，耐倒春寒能力一般。株高76.1厘米，株型较紧凑，茎秆弹性较好，抗倒性较好。旗叶细长、上冲，穗层厚，熟相较好。穗纺锤形，短芒、白壳、白粒，籽粒半角质，饱满度较好。亩穗数41.5万穗，穗粒数34.0粒，千粒重43.0克。抗病性鉴定，高感叶锈病、白粉病、赤霉病，中感纹枯病，慢条锈病。品质检测，籽粒容重812克/升、804克/升，蛋白质含量14.91%、14.12%，湿面筋含量28.0%、27.2%，稳定时间3.4分钟、11.6分钟。

产量表现：2014—2015年度参加黄淮冬麦区南片冬水组品种区域试验，平均亩产555.7千克，比对照周麦18增产6.4%；2015—2016年度续试，平均亩产545.5千克，比周麦18增产6.3%，2016—2017年度生产试验，平均亩产577.6千克，比对照增产5.9%。

栽培技术要点：适宜播种期10月上中旬，每亩适宜基本苗12万～20万，注意防治蚜虫、叶锈病、白粉病、赤霉病、纹枯病等病虫害。

适宜种植区域：适宜黄淮冬麦区南片的河南除信阳和南阳南部部分地区以外的平原灌区，陕西西安、渭南、咸阳、铜川和宝鸡灌区，江苏和安徽两省淮河以北地区高中水肥地块中茬种植。

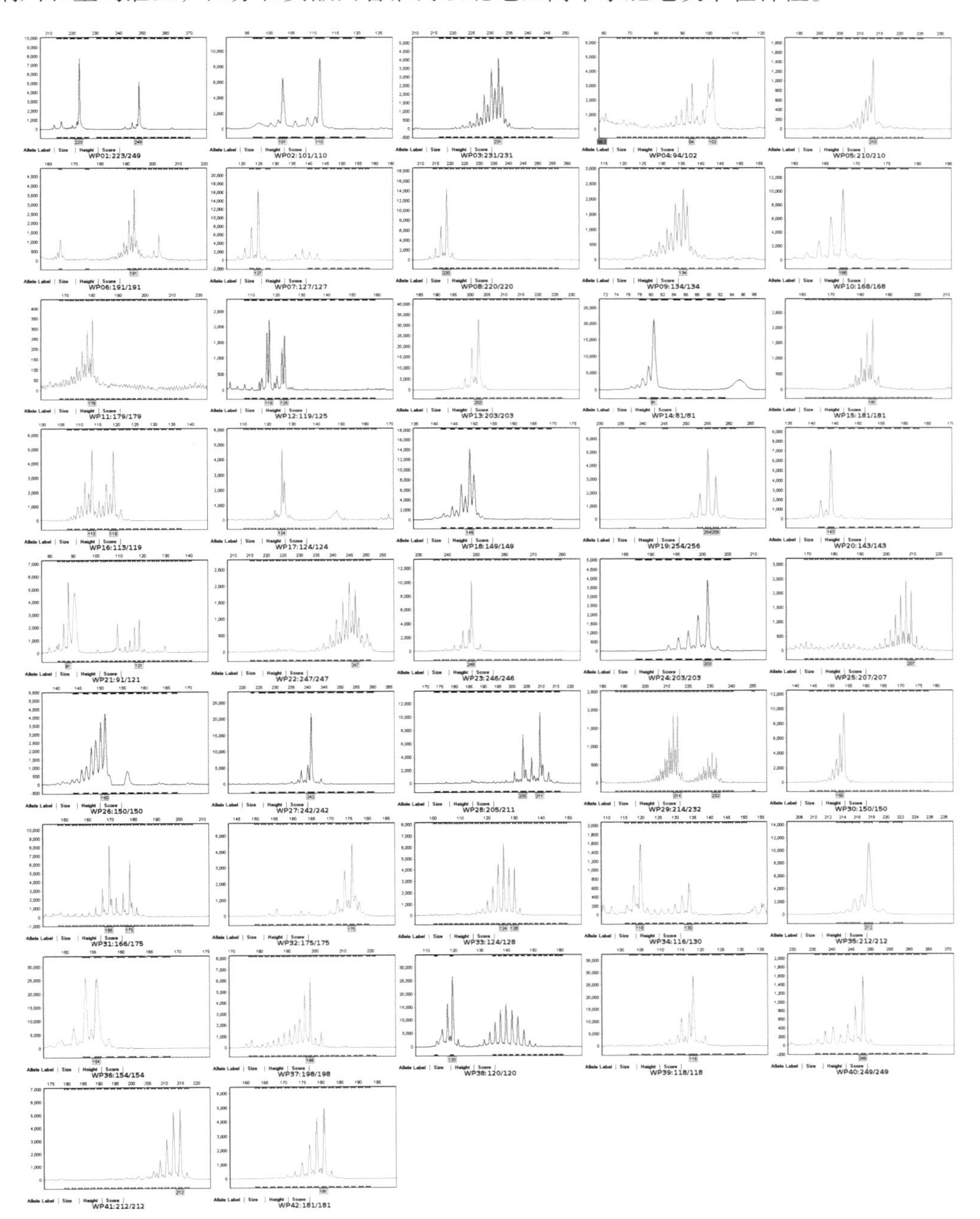

36. 俊达109

审定编号：国审麦20180032

选育单位：河南俊达种业有限公司

品种来源：豫教5号/济麦4号

特征特性：半冬性，全生育期229天，比对照品种周麦18熟期略早。幼苗半直立，分蘖力较强，耐倒春寒能力一般。株高79.1厘米，株型松紧适中，茎秆弹性较好，抗倒性中等。旗叶宽短、上冲，穗层厚，熟相中等。穗纺锤形，长芒、白壳、白粒，籽粒半角质，饱满度中等。亩穗数39.2万穗，穗粒数33.7粒，千粒重46.4克。抗病性鉴定，高感叶锈病、白粉病、赤霉病，中感条锈病和纹枯病。品质检测，籽粒容重808克/升、802克/升，蛋白质含量14.79%、14.31%，湿面筋含量32.6%、33.0%，稳定时间3.5分钟、2.5分钟。

产量表现：2014—2015年度参加黄淮冬麦区南片冬水组品种区域试验，平均亩产549.0千克，比对照周麦18增产5.1%；2015—2016年度续试，平均亩产540.5千克，比周麦18增产5.3%。2016—2017年度生产试验，平均亩产568.2千克，比对照增产4.1%。

栽培技术要点：适宜播种期10月上中旬，每亩适宜基本苗12万～20万，注意防治蚜虫、条锈病、叶锈病、白粉病、赤霉病、纹枯病等病虫害。

适宜种植区域：适宜黄淮冬麦区南片的河南除信阳和南阳南部部分地区以外的平原灌区，陕西西安、渭南、咸阳、铜川和宝鸡灌区，江苏和安徽两省淮河以北地区高中水肥地块中茬种植。

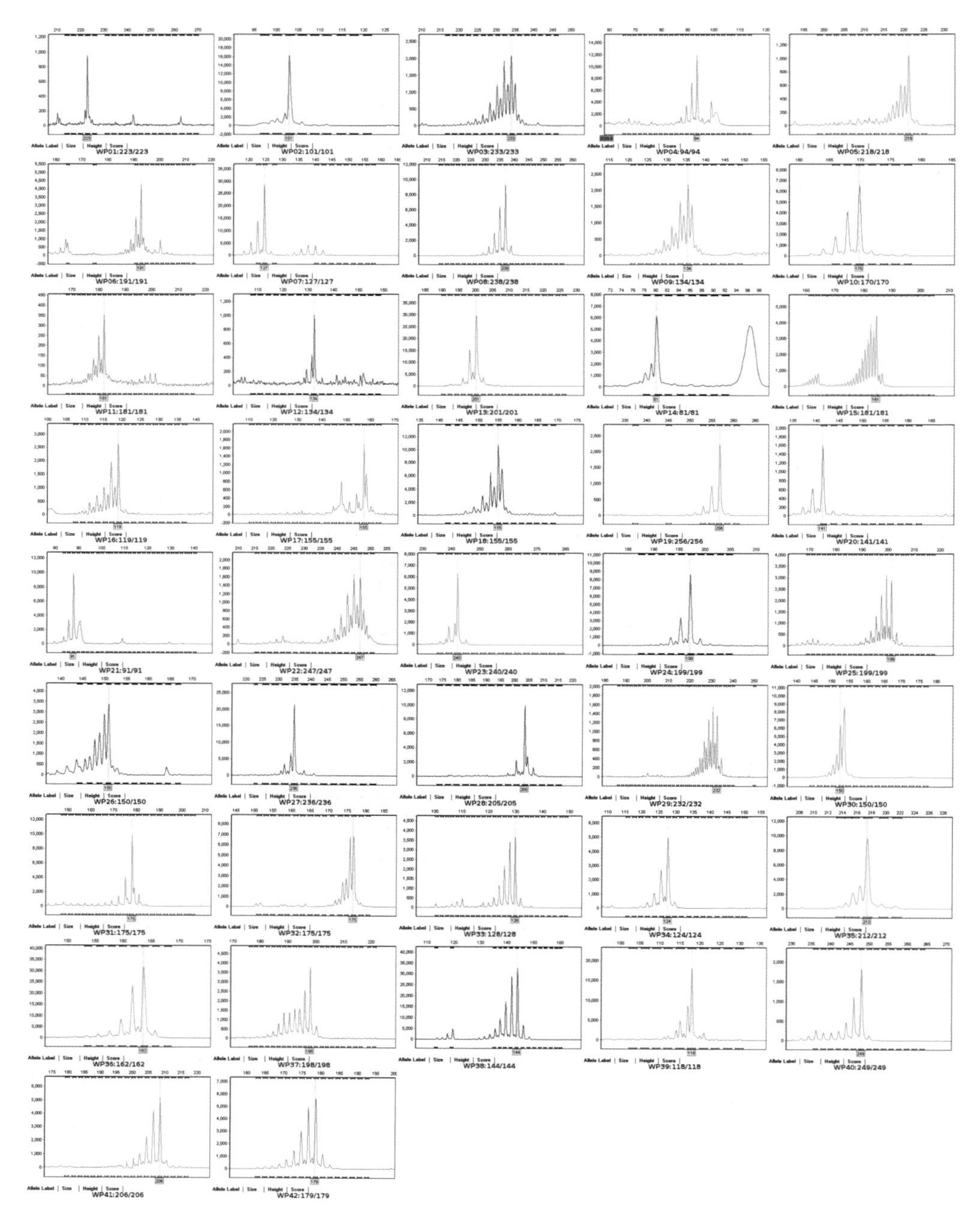

37. 涡麦66

审定编号：国审麦20180031

选育单位：亳州市农业科学研究院

品种来源：莱137/周麦16//郑育麦9987

特征特性：半冬性，全生育期230天，比对照品种周麦18晚熟1天。幼苗半直立，分蘖力较强，耐倒春寒能力较强。株高81.7厘米，株型较紧凑，茎秆弹性较好，抗倒性较好。旗叶细小、上冲，穗层厚，熟相较好。穗纺锤形，长芒、白壳、白粒，籽粒半角质，饱满度较好。亩穗数39.4万穗，穗粒数34.4粒，千粒重48.0克。抗病性鉴定，高感赤霉病，中感条锈病、叶锈病、白粉病、纹枯病。品质检测，籽粒容重805克/升、812克/升，蛋白质含量13.76%、12.95%，湿面筋含量27.4%、27.1%，稳定时间7.3分钟、3.2分钟。

产量表现：2014—2015年度参加黄淮冬麦区南片冬水组品种区域试验，平均亩产578.0千克，比对照周麦18增产10.7%；2015—2016年度续试，平均亩产557.0千克，比周麦18增产8.5%。2016—2017年度生产试验，平均亩产585.6千克，比对照增产7.3%。

栽培技术要点：适宜播种期10月上中旬，每亩适宜基本苗12万～20万，注意防治蚜虫、叶锈病、赤霉病、条锈病、白粉病、纹枯病等病虫害。

适宜种植区域：适宜黄淮冬麦区南片的河南除信阳和南阳南部部分地区以外的平原灌区，陕西西安、渭南、咸阳、铜川和宝鸡灌区，江苏和安徽两省淮河以北地区高中水肥地块中茬种植。

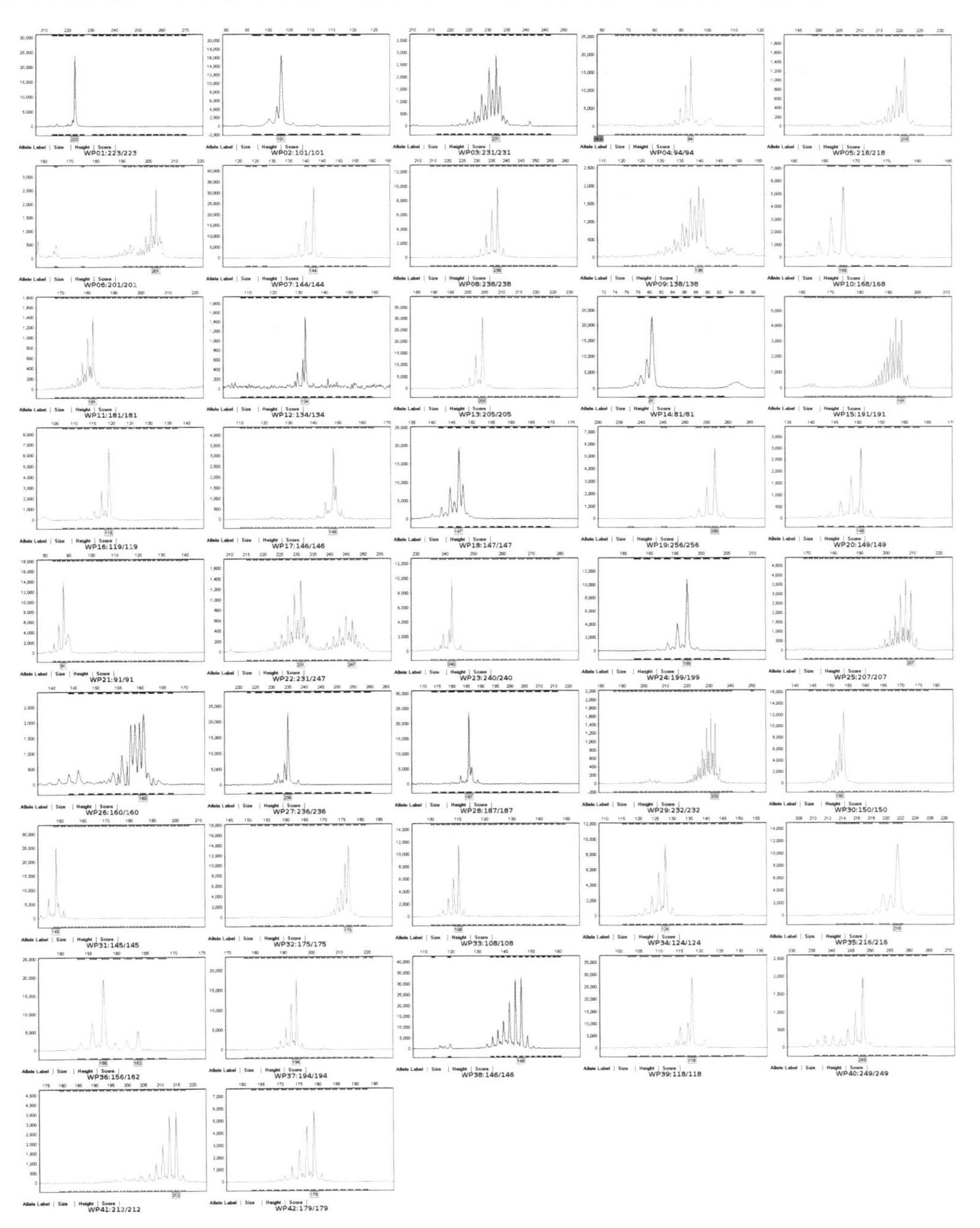

38. 郑麦369

审定编号：国审麦20180030

选育单位：河南省农业科学院小麦研究所

品种来源：郑麦366/良星99

特征特性：半冬性，生育期229天，比对照品种周麦18早熟1天。幼苗半直立，叶片窄长，叶色浓绿，分蘖力中等，耐倒春寒能力一般。株高83.1厘米，株型稍松散，茎秆弹性好，抗倒性较好。旗叶细小、上冲，穗层较厚，熟相好。穗纺锤形，短芒、白壳、白粒，籽粒角质，饱满度较好。亩穗数42.3万穗，穗粒数30.3粒，千粒重46.6克。抗病性鉴定，高感叶锈病、白粉病、赤霉病，中感纹枯病，中抗条锈病。品质检测，籽粒容重816克/升、814克/升，蛋白质含量14.71%、13.85%，湿面筋含量30.9%、31.4%，稳定时间4.8分钟、6.9分钟。

产量表现：2014—2015年度参加黄淮冬麦区南片冬水组品种区域试验，平均亩产533.0千克，比对照周麦18增产3.4%；2015—2016年度续试，平均亩产541.5千克，比周麦18增产5.5%。2016—2017年度生产试验，平均亩产568.3千克，比对照增产4.6%。

栽培技术要点：适宜播种期10月上中旬，每亩适宜基本苗12万～20万，注意防治蚜虫、叶锈病、白粉病、赤霉病、纹枯病等病虫害。

适宜种植区域：适宜黄淮冬麦区南片的河南除信阳和南阳南部部分地区以外的平原灌区，陕西西安、渭南、咸阳、铜川和宝鸡灌区，江苏和安徽两省淮河以北地区高中水肥地块中茬种植。

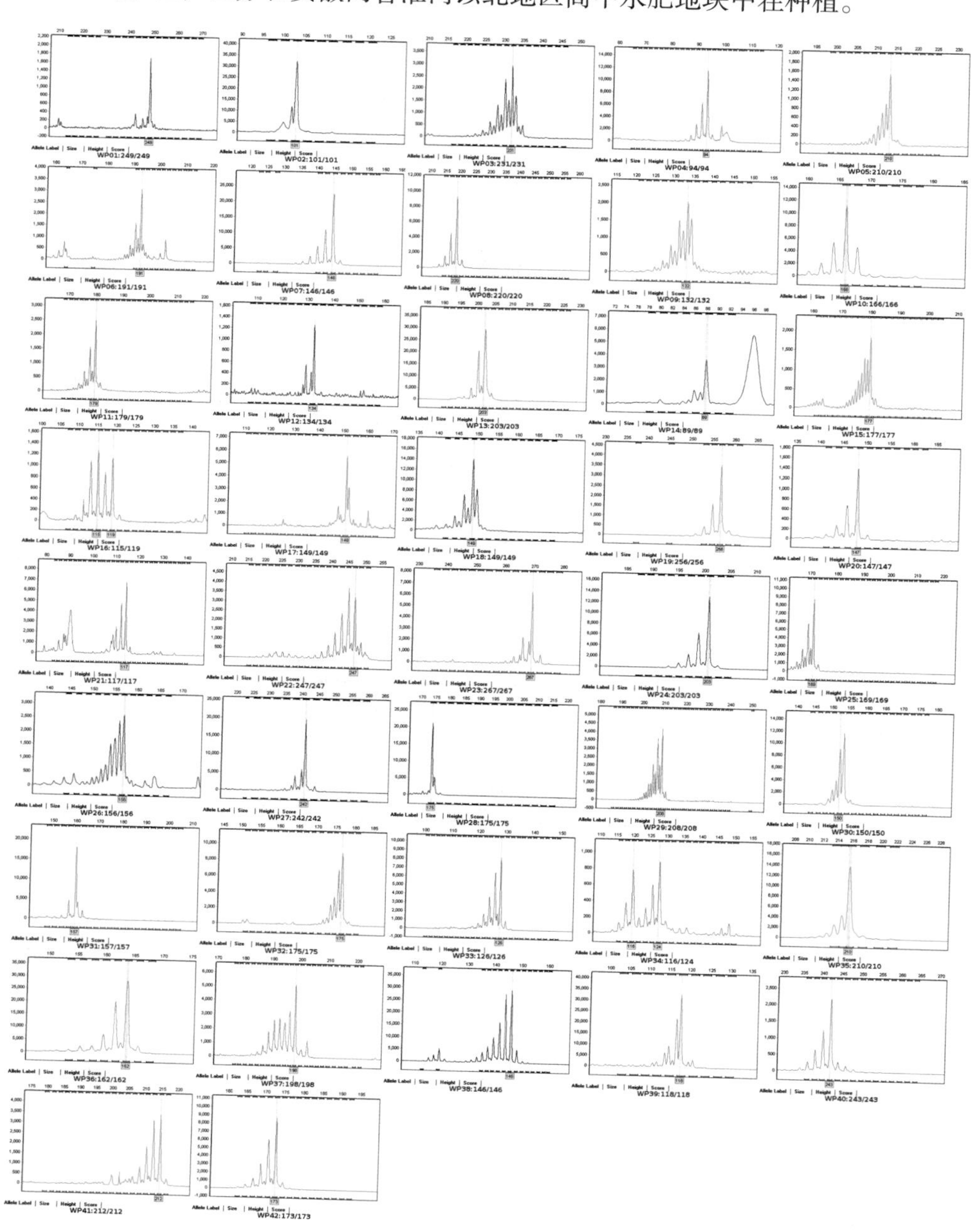

39. 皖垦麦1221

审定编号：国审麦20180029

选育单位：安徽皖垦种业股份有限公司

品种来源：良星99/淮0208

特征特性：半冬性，全生育期230天，比对照品种周麦18熟期略晚。幼苗半匍匐，叶窄短，叶色深绿，分蘖力较强，耐倒春寒能力中等。株高85.4厘米，株型较紧凑，茎秆弹性好，抗倒性较好。旗叶细小、上冲，穗层不整齐，熟相中等。穗纺锤形，长芒、白壳、白粒，籽粒角质，饱满度中等。亩穗数42.9万穗，穗粒数32.3粒，千粒重42.0克。抗病性鉴定，高感白粉病、叶锈病、赤霉病，中感条锈病和纹枯病。品质检测，籽粒容重824克/升、815克/升，蛋白质含量14.02%、13.48%，湿面筋含量29.6%、29.6%，稳定时间4.4分钟、5.4分钟。

产量表现：2014—2015年度参加黄淮冬麦区南片冬水组品种区域试验，平均亩产539.7千克，比对照周麦18增产4.7%；2015—2016年度续试，平均亩产532.4千克，比周麦18增产3.7%。2016—2017年度生产试验，平均亩产565.0千克，比对照增产4.0%。

栽培技术要点：适宜播种期10月上中旬，每亩适宜基本苗12万～20万，注意防治蚜虫、条锈病、叶锈病、白粉病、赤霉病、纹枯病等病虫害。

适宜种植区域：适宜黄淮冬麦区南片的河南除信阳和南阳南部部分地区以外的平原灌区，陕西西安、渭南、咸阳、铜川和宝鸡灌区，江苏和安徽两省淮河以北地区高中水肥地块中茬种植。

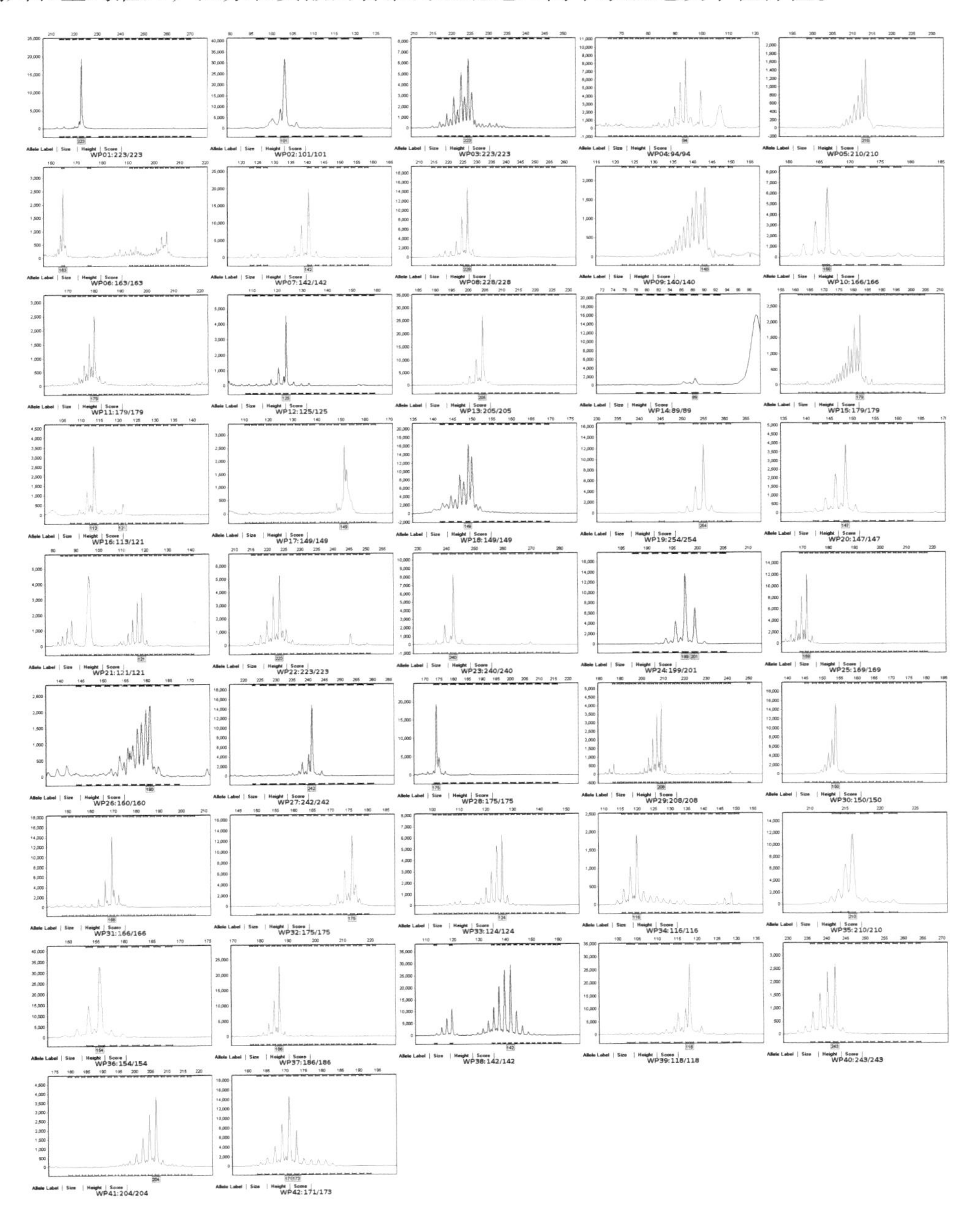

40. 赛德麦1号

审定编号：国审麦20180028

选育单位：河南赛德种业有限公司

品种来源：周麦18/周麦22

特征特性：半冬性，全生育期229天，与对照品种周麦18熟期相当。幼苗半直立，叶片宽、短，叶色黄绿，分蘖力较强，耐倒春寒能力中等。株高79.7厘米，株型较紧凑，茎秆弹性中等，抗倒性中等。旗叶宽长、上冲，穗层厚，熟相中等。穗纺锤形，长芒、白壳、白粒，籽粒半角质，饱满度中等。亩穗数37.7万穗，穗粒数34.5粒，千粒重45.4克。抗病性鉴定，高感白粉病和赤霉病，中感叶锈病和纹枯病，高抗条锈病。品质检测，籽粒容重794克/升、794克/升，蛋白质含量15.04%、14.55%，湿面筋含量34.1%、33.1%，稳定时间4.5分钟、6.5分钟。

产量表现：2014—2015年度参加黄淮冬麦区南片冬水组品种区域试验，平均亩产536.5千克，比对照周麦18增产4.0%；2015—2016年度续试，平均亩产530.2千克，比周麦18增产3.3%。2016—2017年度生产试验，平均亩产572.5千克，比对照增产5.3%。

栽培技术要点：适宜播种期10月上中旬，每亩适宜基本苗12万～20万，注意防治蚜虫、叶锈病、纹枯病、白粉病、赤霉病等病虫害。

适宜种植区域：适宜黄淮冬麦区南片的河南除信阳和南阳南部部分地区以外的平原灌区，陕西西安、渭南、咸阳、铜川和宝鸡灌区，江苏和安徽两省淮河以北地区高中水肥地块中茬种植。

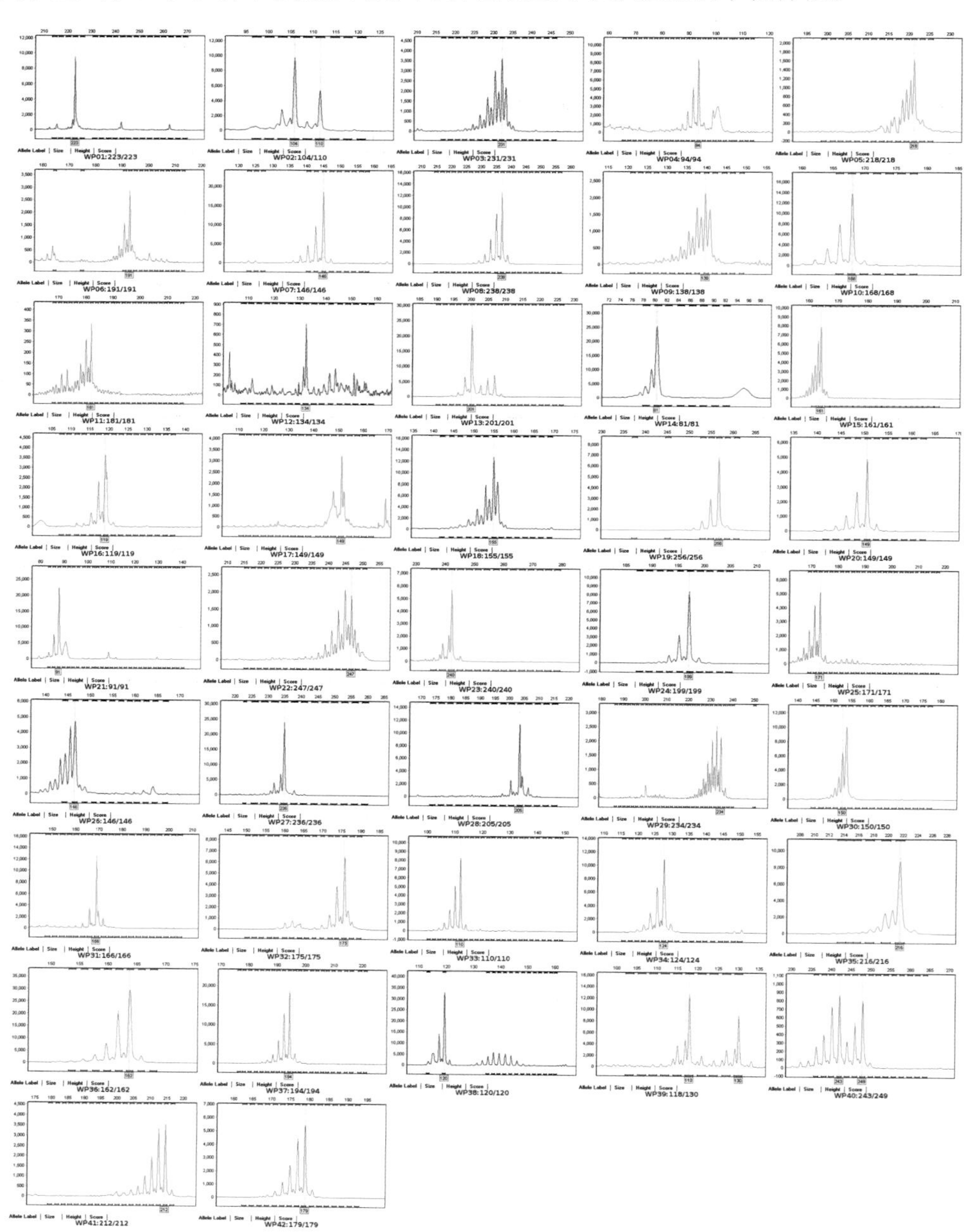

41. 郑麦618

审定编号： 国审麦20180027

选育单位： 河南省农业科学院小麦研究所

品种来源： 周麦16/选04115-8//周麦16

特征特性： 半冬性，全生育期229天，比对照品种周麦18熟期略早。幼苗半直立，叶色浓绿，分蘖力较强，耐倒春寒能力中等。株高76.4厘米，株型松紧适中，蜡质重，茎秆弹性较好，抗倒性较好。旗叶宽长、上冲，穗下节长，穗层较整齐，熟相较好。穗长方形，短芒、白壳、白粒，籽粒半角质，饱满度较好。亩穗数36.8万穗，穗粒数35.4粒，千粒重46.4克。抗病性鉴定，高感叶锈病、纹枯病、白粉病、赤霉病，中抗条锈病。品质检测，籽粒容重792克/升、786克/升，蛋白质含量14.94%、13.86%，湿面筋含量31.1%、32.5%，稳定时间4.3分钟、2.9分钟。

产量表现： 2014—2015年度参加黄淮冬麦区南片冬水组品种区域试验，平均亩产547.0千克，比对照周麦18增产4.8%；2015—2016年度续试，平均亩产541.6千克，比周麦18增产5.5%。2016—2017年度生产试验，平均亩产580.6千克，比对照增产6.8%。

栽培技术要点： 适宜播种期10月上中旬，每亩适宜基本苗15万～22万，注意防治蚜虫、叶锈病、纹枯病、白粉病、赤霉病等病虫害。

适宜种植区域： 适宜黄淮冬麦区南片的河南除信阳和南阳南部部分地区以外的平原灌区，陕西西安、渭南、咸阳、铜川和宝鸡灌区，江苏和安徽两省淮河以北地区高中水肥地块中茬种植。

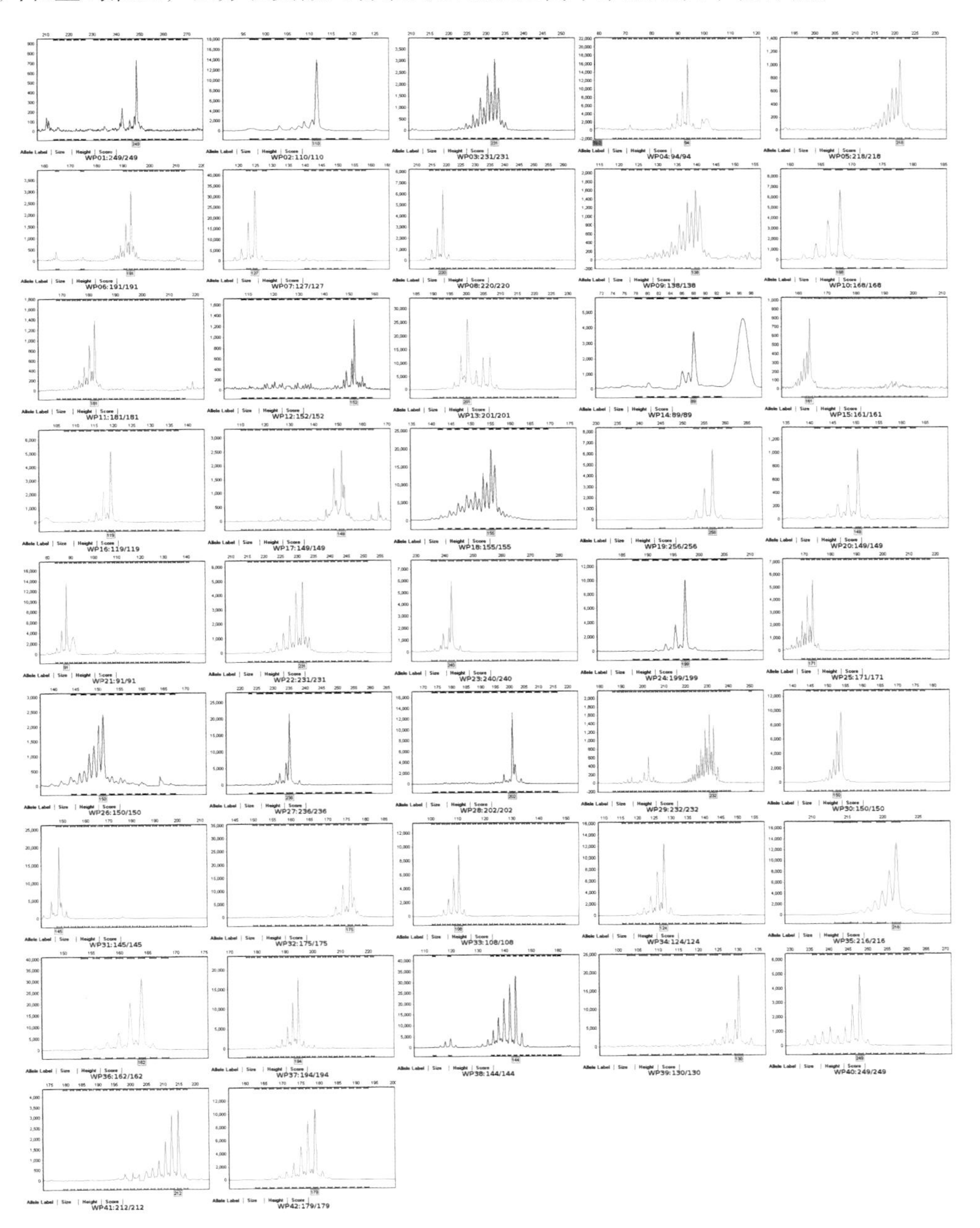

42. 轮选13

审定编号：国审麦20180026

选育单位：中国农业科学院作物科学研究所

品种来源：石麦12/周麦16

特征特性：半冬性，全生育期228天，比对照品种周麦18早熟1～2天。幼苗半匍匐，叶片宽短，叶色浓绿，分蘖力较强，耐倒春寒能力中等。株高80.9厘米，株型偏紧凑，茎秆弹性较好，抗倒性较好。旗叶短小、上冲，穗层整齐，熟相好。穗纺锤形，长芒、白壳、白粒，籽粒半角质，饱满度中等。亩穗数41.3万穗，穗粒数34.1粒，千粒重42.7克。抗病性鉴定，高感叶锈病、纹枯病、白粉病、赤霉病，中感条锈病。品质检测，籽粒容重803克/升、764克/升，蛋白质含量13.39%、13.82%，湿面筋含量30.0%、31.8%，稳定时间3.0分钟、3.2分钟。

产量表现：2014—2015年度参加黄淮冬麦区南片冬水组品种区域试验，平均亩产550.0千克，比对照周麦18增产6.7%；2015—2016年度续试，平均亩产541.3千克，比周麦18增产5.5%。2016—2017年度生产试验，平均亩产574.5千克，比对照增产5.6%。

栽培技术要点：适宜播种期10月上中旬，每亩适宜基本苗12万～20万，注意防治蚜虫、条锈病、叶锈病、纹枯病、白粉病、赤霉病等病虫害。

适宜种植区域：适宜黄淮冬麦区南片的河南除信阳和南阳南部部分地区以外的平原灌区，陕西西安、渭南、咸阳、铜川和宝鸡灌区，江苏和安徽两省淮河以北地区高中水肥地块中茬种植。

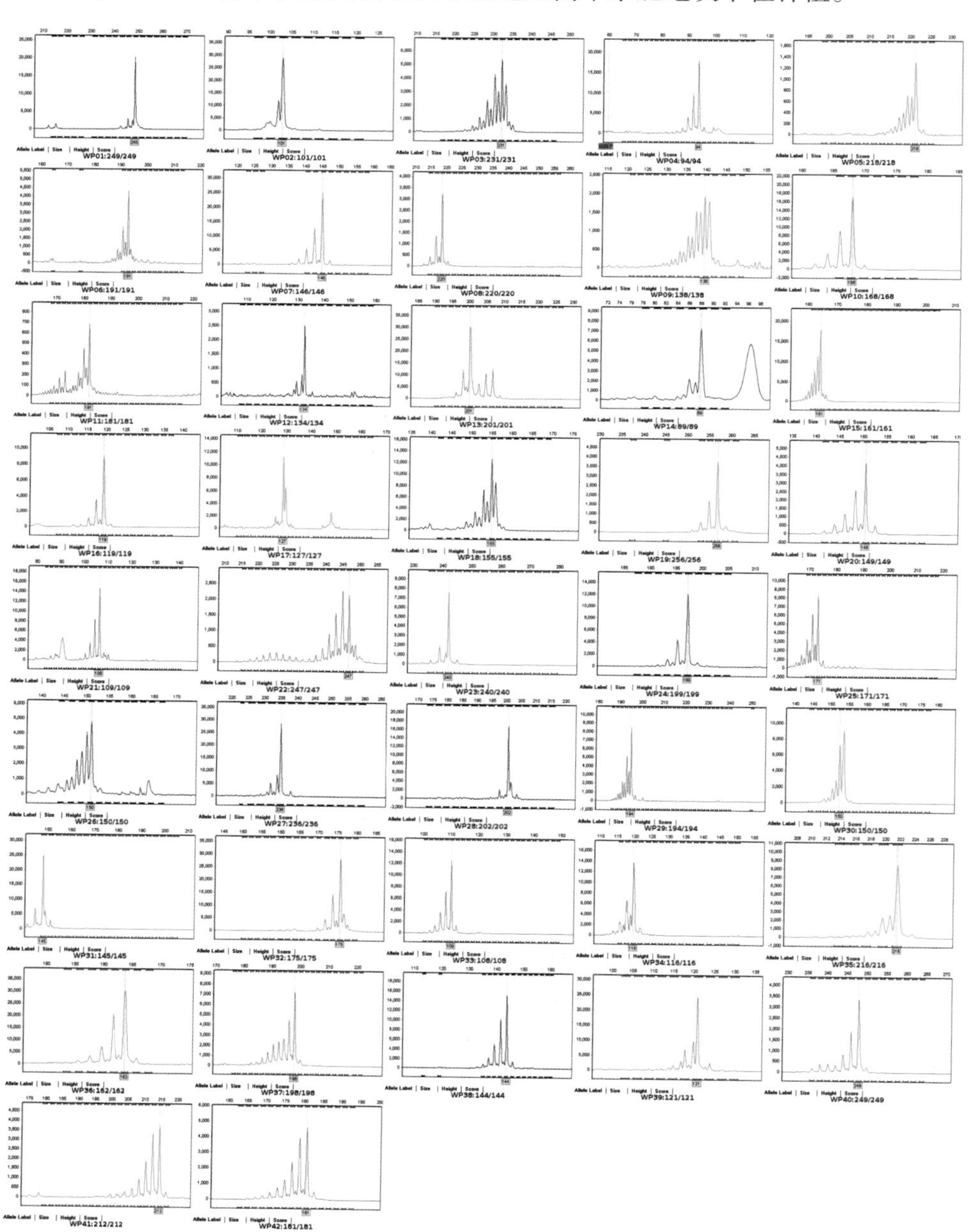

43. 锦绣21

审定编号： 国审麦20180023

选育单位： 河南锦绣农业科技有限公司

品种来源： 矮抗58/06101

特征特性： 半冬性，全生育期230天，与对照品种周麦18熟期相当。幼苗近匍匐，叶片宽长，分蘖力较强，耐倒春寒能力中等。株高78.5厘米，株型稍松散，茎秆弹性中等，抗倒性中等。旗叶宽大、平展，穗层厚，熟相一般。穗长方形，长芒、白壳、白粒，籽粒半角质，饱满度中等。亩穗数39.7万穗，穗粒数34.3粒，千粒重44.2克。抗病性鉴定，高感白粉病和赤霉病，中感叶锈病和纹枯病，中抗条锈病。品质检测，籽粒容重824克/升、828克/升，蛋白质含量14.30%、14.74%，湿面筋含量28.2%、30.6%，稳定时间8.2分钟、16.4分钟。2016年主要品质指标达到强筋小麦标准。

产量表现： 2014—2015年度参加黄淮冬麦区南片冬水组品种区域试验，平均亩产543.2千克，比对照周麦18增产5.3%；2015—2016年度续试，平均亩产536.3千克，比周麦18增产6.1%。2016—2017年度生产试验，平均亩产575.2千克，比对照增产5.9%。

栽培技术要点： 适宜播种期10月上中旬，每亩适宜基本苗12万～20万，注意防治蚜虫、白粉病、赤霉病、叶锈病、纹枯病等病虫害。高水肥地块注意防倒伏。

适宜种植区域： 适宜黄淮冬麦区南片的河南除信阳和南阳南部部分地区以外的平原灌区，陕西西安、渭南、咸阳、铜川和宝鸡灌区，江苏和安徽两省淮河以北地区高中水肥地块中茬种植。

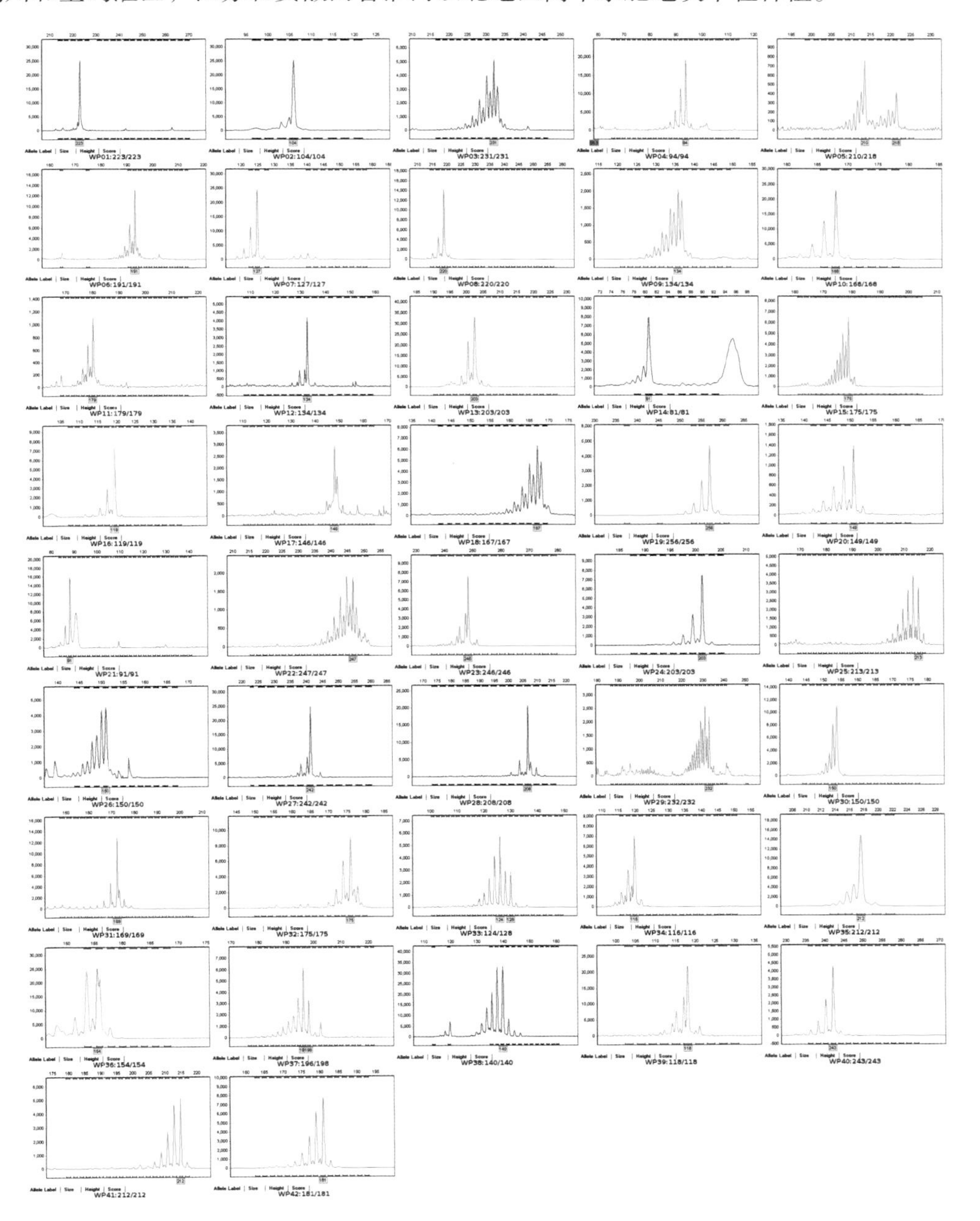

44. 瑞华麦518

审定编号： 国审麦20180022

选育单位： 江苏瑞华农业科技有限公司

品种来源： 淮麦18/ZY0055

特征特性： 半冬性，全生育期229天，比对照品种周麦18早熟1天。幼苗半匍匐，叶片窄卷，叶色深绿，分蘖力较强，耐倒春寒能力中等。株高83.7厘米，株型稍松散，蜡质层厚，茎秆弹性一般，抗倒性中等。旗叶短小、上冲，穗层厚，熟相好。穗长方形、细长，长芒、白壳、白粒，籽粒角质，饱满度中等。亩穗数43.7万穗，穗粒数33.4粒，千粒重40.4克。抗病性鉴定，高感条锈病、叶锈病、白粉病、赤霉病，中感纹枯病。品质检测，籽粒容重821克/升、816克/升，蛋白质含量13.51%、13.55%，湿面筋含量26.6%、33.5%，稳定时间8.8分钟、10.4分钟。2016年主要品质指标达到中强筋小麦标准。

产量表现： 2014—2015年度参加黄淮冬麦区南片冬水组品种区域试验，平均亩产550.2千克，比对照周麦18增产6.7%；2015—2016年度续试，平均亩产544.2千克，比周麦18增产7.6%。2016—2017年度生产试验，平均亩产580.2千克，比对照增产6.8%。

栽培技术要点： 适宜播种期10月上中旬，每亩适宜基本苗12万～20万，注意防治蚜虫、条锈病、叶锈病、白粉病、赤霉病、纹枯病等病虫害。高水肥地块注意防倒伏。

适宜种植区域： 适宜黄淮冬麦区南片的河南除信阳和南阳南部部分地区以外的平原灌区，陕西西安、渭南、咸阳、铜川和宝鸡灌区，江苏和安徽两省淮河以北地区高中水肥地块中茬种植。

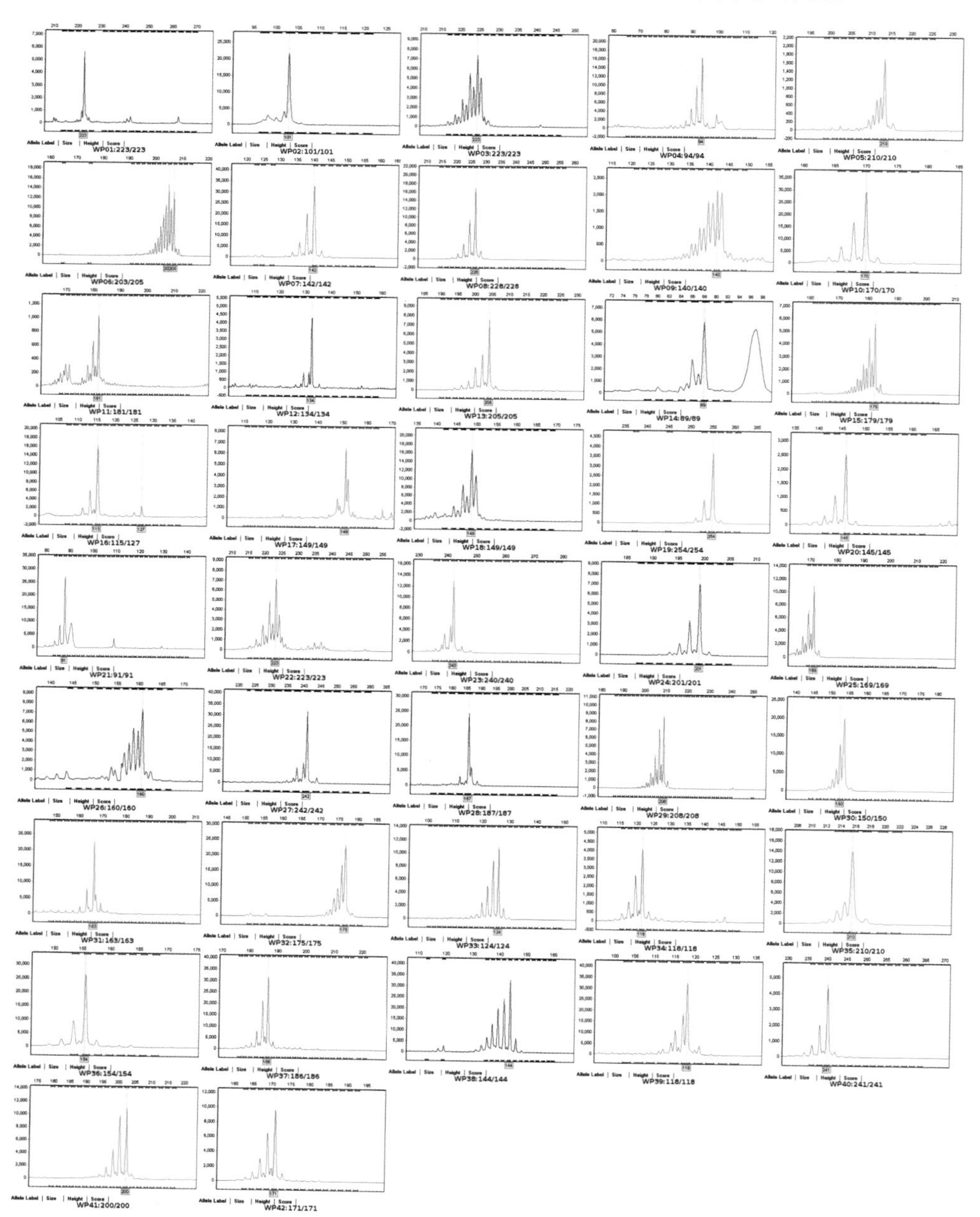

45. 郑育麦16

审定编号：国审麦20180020

选育单位：河南郑育农业科技有限公司

品种来源：济麦4号/豫教5号

特征特性：半冬性，全生育期230天，与对照品种周麦18熟期相当。幼苗半匍匐，叶片宽短，耐倒春寒能力一般。株高82.5厘米，株型稍松散，茎秆弹性较好，抗倒性较好。旗叶短小、上冲，穗层厚，熟相好。穗纺锤形，长芒、白壳、白粒，籽粒角质，饱满度较好。亩穗数39.9万穗，穗粒数33.3粒，千粒重47.1克。抗病性鉴定，高感叶锈病、纹枯病、白粉病和赤霉病，中抗条锈病。品质检测，籽粒容重806克/升、808克/升，蛋白质含量15.70%、14.65%，湿面筋含量34.2%、34.1%，稳定时间3.0分钟、2.2分钟。

产量表现：2014—2015年度参加黄淮冬麦区南片冬水组品种区域试验，平均亩产550.3千克，比对照周麦18增产6.7%；2015—2016年度续试，平均亩产540.3千克，比周麦18增产6.8%。2016—2017年度生产试验，平均亩产570.5千克，比对照增产5.0%。

栽培技术要点：适宜播种期10月上中旬，每亩适宜基本苗12万～20万，注意防治蚜虫、叶锈病、纹枯病、白粉病、赤霉病等病虫害。

适宜种植区域：适宜黄淮冬麦区南片的河南除信阳和南阳南部部分地区以外的平原灌区，陕西西安、渭南、咸阳、铜川和宝鸡灌区，江苏和安徽两省淮河以北地区高中水肥地块中茬种植。

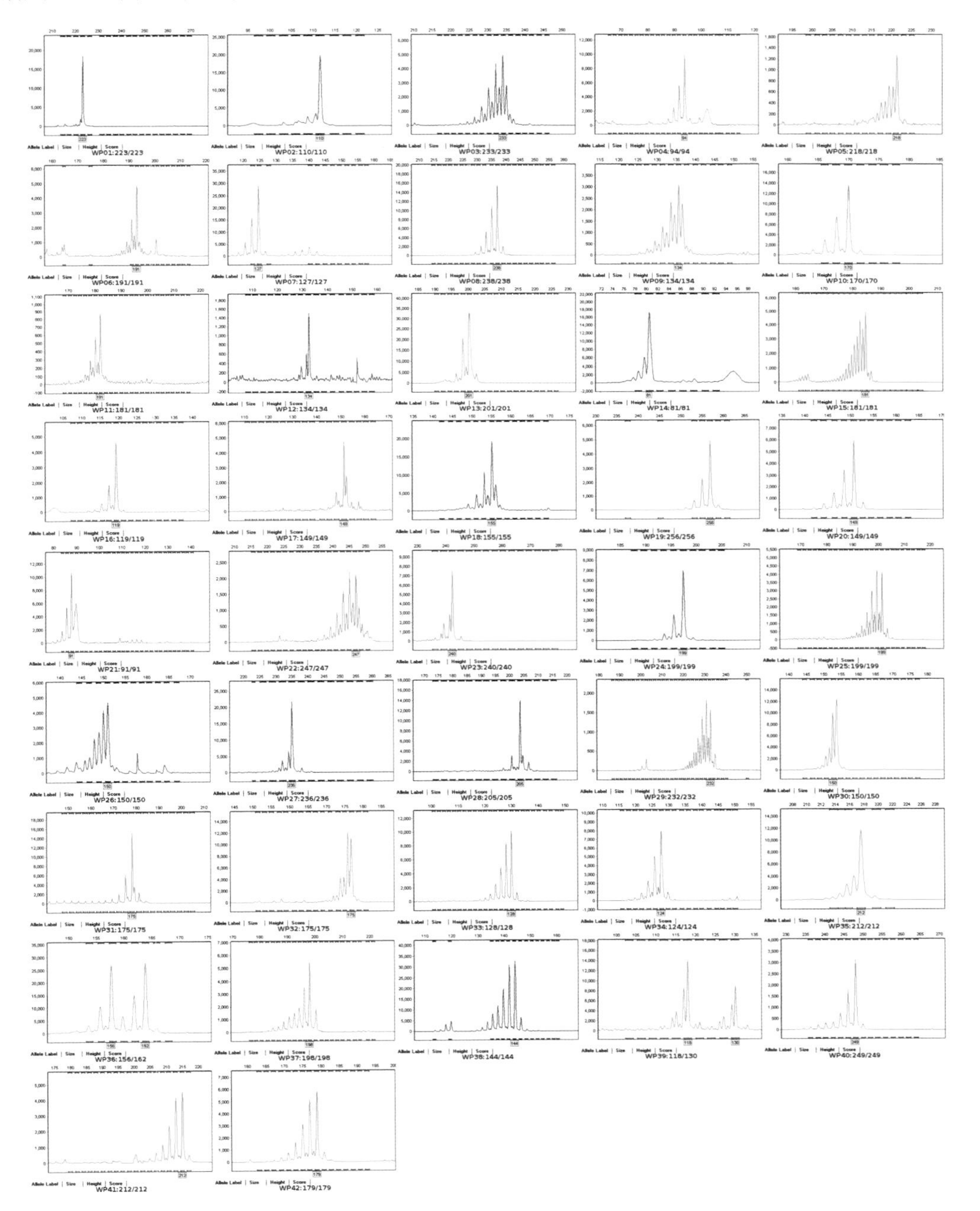

46. 轮选66

审定编号：国审麦20180019

选育单位：中国农业科学院作物科学研究所

品种来源：扬麦12/周麦16^{2}

特征特性：半冬性，全生育期230天，与对照品种周麦18熟期相当。幼苗半匍匐，分蘖力较强，耐倒春寒能力一般。株高79.9厘米，株型偏紧凑，茎秆弹性较好，抗倒性较好。旗叶短小、上冲，穗层厚，熟相一般。穗纺锤形，长芒、白壳、白粒，籽粒半角质，饱满度中等。亩穗数38.7万穗，穗粒数33.2粒，千粒重47.9克。抗病性鉴定，高感白粉病、赤霉病和纹枯病，慢条锈病，高抗叶锈病。品质检测，籽粒容重804克/升、801克/升，蛋白质含量14.51%、13.24%，湿面筋含量31.0%、28.1%，稳定时间2.9分钟、2.0分钟。

产量表现：2014—2015年度参加黄淮冬麦区南片冬水组品种区域试验，平均亩产542.6千克，比对照周麦18增产5.2%；2015—2016年度续试，平均亩产535.9千克，比周麦18增产6.0%。2016—2017年度生产试验，平均亩产570.3千克，比对照增产5.0%。

栽培技术要点：适宜播种期10月上中旬，每亩适宜基本苗12万～20万，注意防治蚜虫、白粉病、赤霉病、纹枯病等病虫害。

适宜种植区域：适宜黄淮冬麦区南片的河南除信阳和南阳南部部分地区以外的平原灌区，陕西西安、渭南、咸阳、铜川和宝鸡灌区，江苏和安徽两省淮河以北地区高中水肥地块中茬种植。

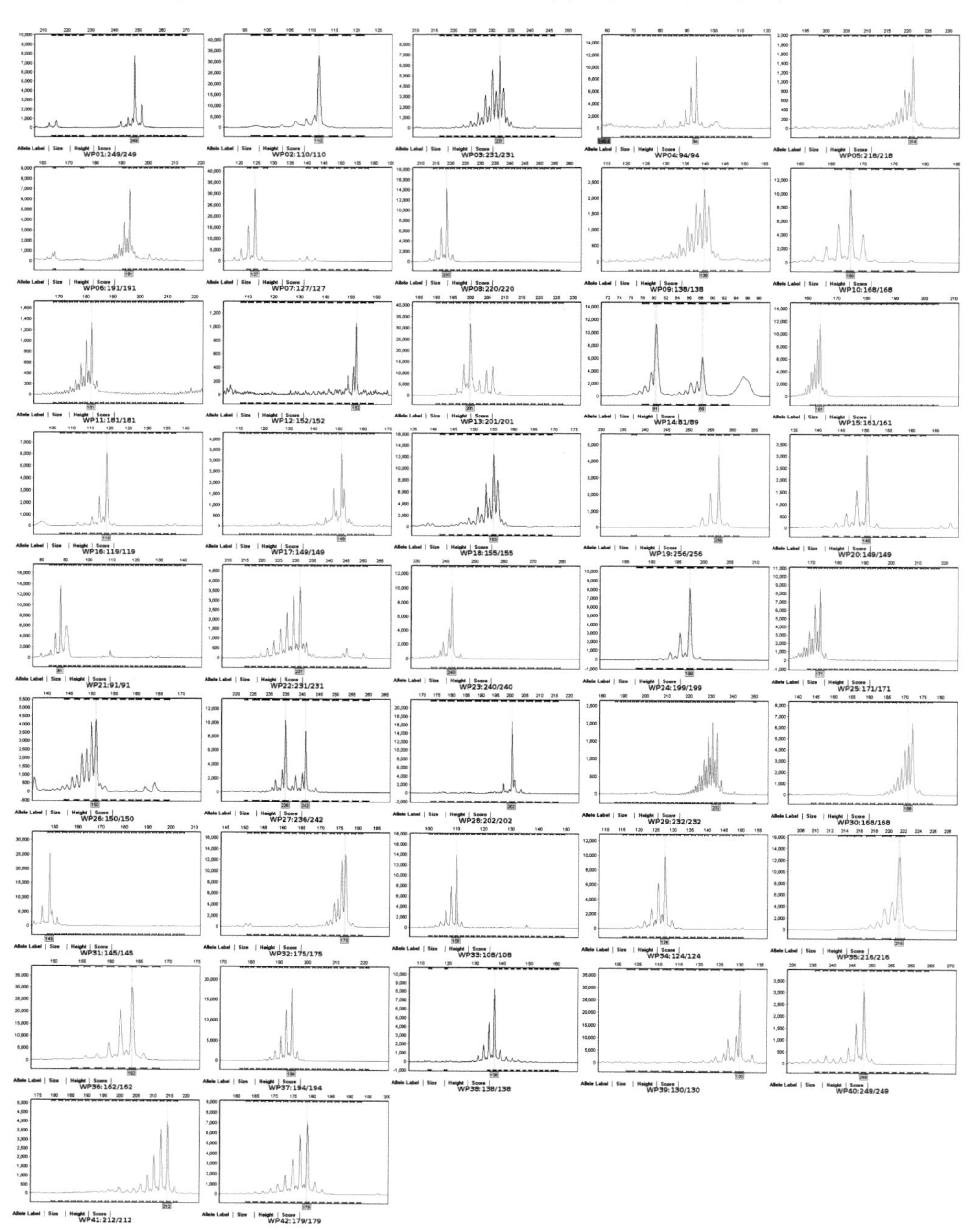

47. 荃麦725

审定编号：国审麦20180018

选育单位：安徽省农业科学院作物研究所

品种来源：皖麦19/徐麦25//皖麦44///宿043

特征特性：半冬性，全生育期229天，比对照品种周麦18早熟1天。幼苗半匍匐，叶片宽长，分蘖力较强，耐倒春寒能力一般。株高81.4厘米，株型较紧凑，茎秆弹性一般，抗倒性一般。旗叶窄短、上冲，穗层整齐，熟相中等。穗纺锤形，长芒、白壳、白粒，籽粒半角质，饱满度好。亩穗数43.2万穗，穗粒数33.7粒，千粒重41.2克。抗病性鉴定，高感赤霉病和白粉病，中感条锈病、叶锈病和纹枯病。品质检测，籽粒容重813克/升、802克/升，蛋白质含量15.23%、14.44%，湿面筋含量33.6%、31.1%，稳定时间2.1分钟、3.9分钟。

产量表现：2014—2015年度参加黄淮冬麦区南片冬水组品种区域试验，平均亩产534.1千克，比对照周麦18增产2.9%；2015—2016年度续试，平均亩产534.2千克，比周麦18增产4.6%。2016—2017年度生产试验，平均亩产569.7千克，比对照增产4.1%。

栽培技术要点：适宜播种期10月上中旬，每亩适宜基本苗12万～20万，注意防治蚜虫、条锈病、白粉病、赤霉病、叶锈病、纹枯病等病虫害。高水肥地块注意防倒伏。

适宜种植区域：适宜黄淮冬麦区南片的河南除信阳和南阳南部部分地区以外的平原灌区，陕西西安、渭南、咸阳、铜川和宝鸡灌区，江苏和安徽两省淮河以北地区高中水肥地块中茬种植。

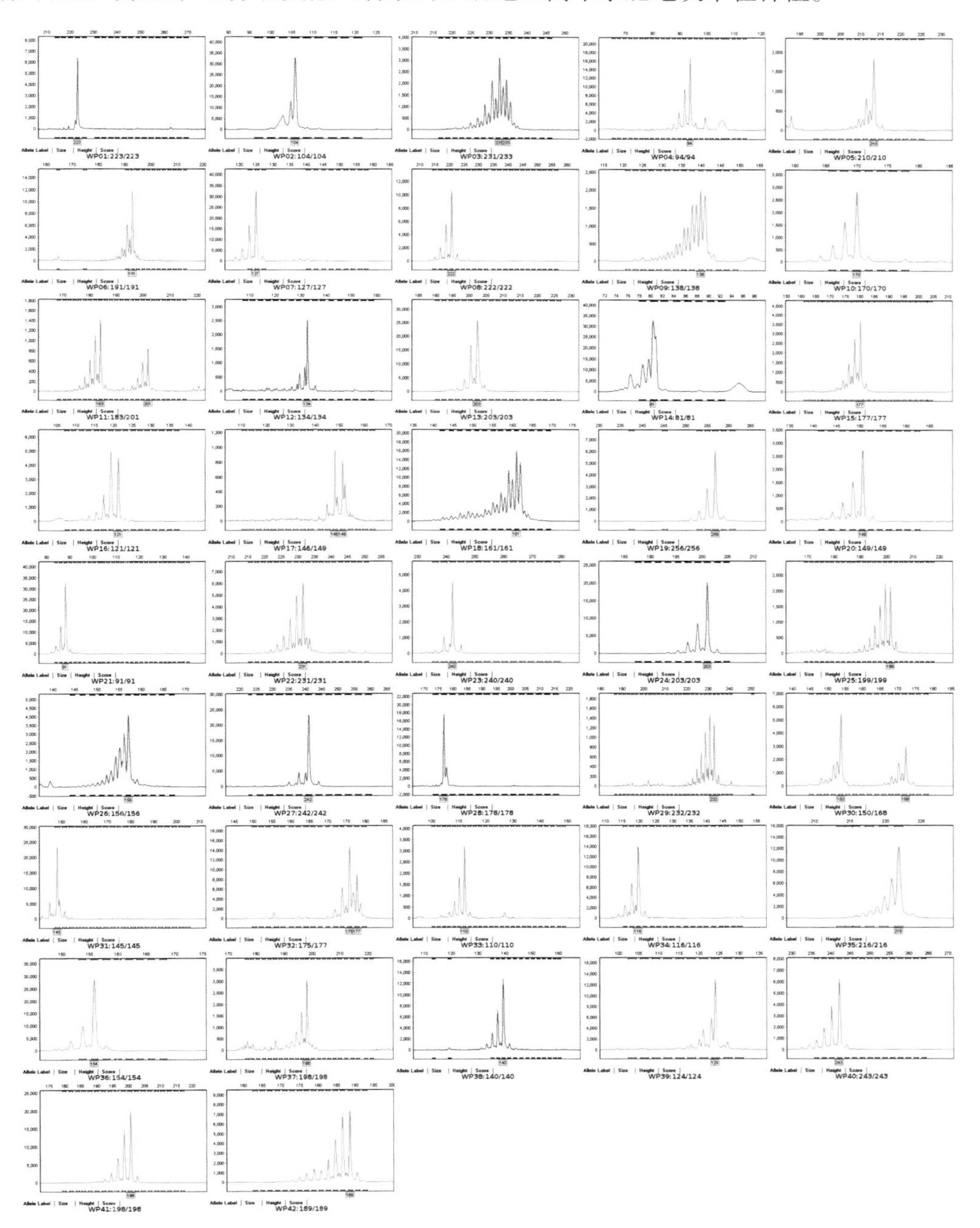

48. 豫丰11

审定编号： 国审麦20180017

选育单位： 河南省科学院同位素研究所有限责任公司、河南省核农学重点实验室、河南省豫丰种业有限公司

品种来源：（周麦18/豫同198）F_0辐射诱变

特征特性： 半冬性，全生育期229天，比对照品种周麦18早熟1天。幼苗半直立，叶片宽短，叶色黄绿，分蘖力中等，耐倒春寒能力一般。株高80.4厘米，株型稍松散，茎秆弹性一般，抗倒性中等。旗叶宽长、内卷、上冲，穗层厚，熟相好。穗椭圆形，短芒、白壳、白粒，籽粒角质，饱满度中等。亩穗数38.8万穗，穗粒数32.5粒，千粒重48.4克。抗病性鉴定，高感纹枯病、白粉病和赤霉病，中感叶锈病，中抗条锈病。品质检测，籽粒容重814克/升、808克/升，蛋白质含量15.06%、13.90%，湿面筋含量30.9%、29.7%，稳定时间8.0分钟、9.7分钟。2015年主要品质指标达到中强筋小麦标准。

产量表现： 2014—2015年度参加黄淮冬麦区南片冬水组品种区域试验，平均亩产546.9千克，比对照周麦18增产5.4%；2015—2016年度续试，平均亩产537.1千克，比周麦18增产5.2%。2016—2017年度生产试验，平均亩产576.2千克，比对照增产5.3%。

栽培技术要点： 适宜播种期10月上中旬，每亩适宜基本苗12万～20万，注意防治蚜虫、纹枯病、白粉病、赤霉病、叶锈病等病虫害，高水肥地块注意防倒伏。

适宜种植区域： 适宜黄淮冬麦区南片的河南除信阳和南阳南部部分地区以外的平原灌区，陕西西安、渭南、咸阳、铜川和宝鸡灌区，江苏和安徽两省淮河以北地区高中水肥地块中茬种植。

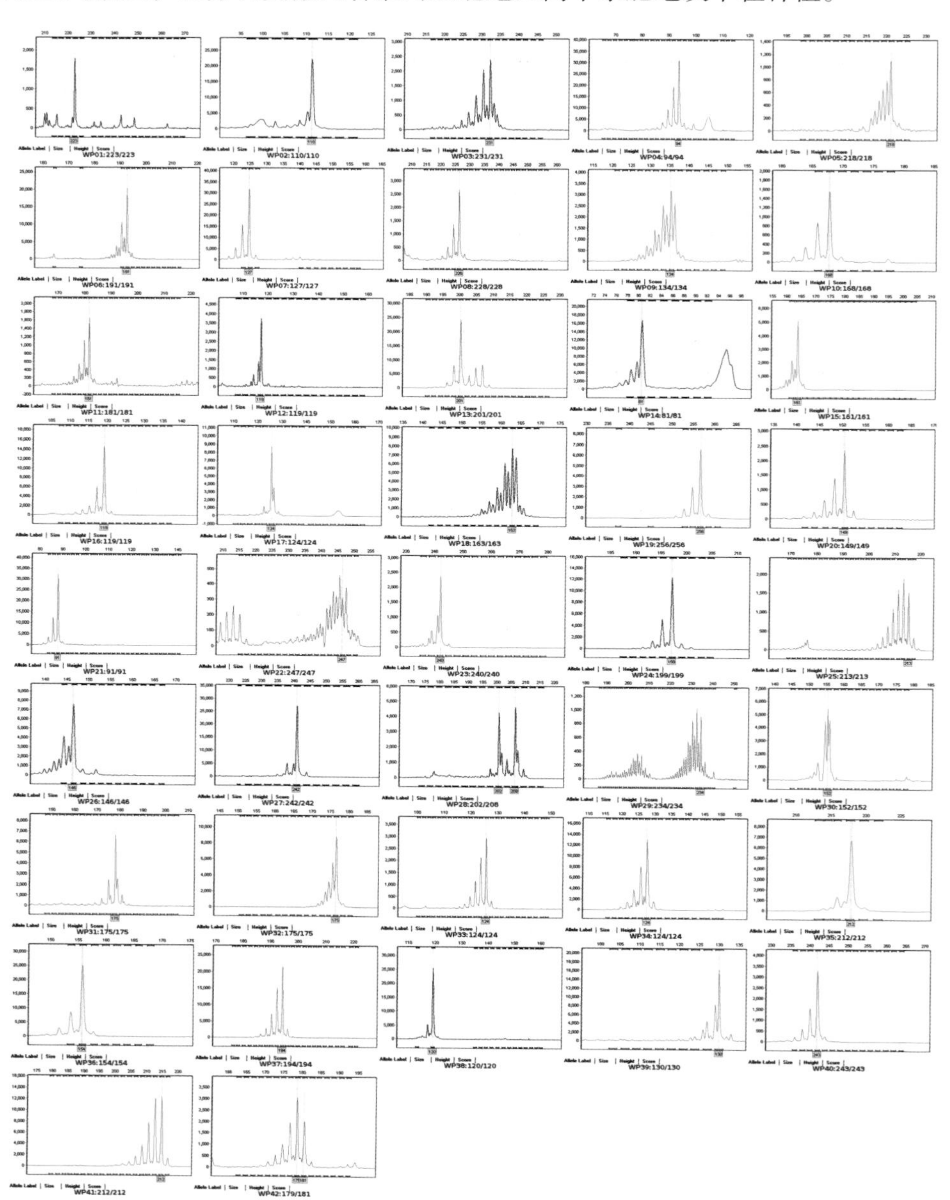

49. 轮选16

审定编号：国审麦20180016

选育单位：中国农业科学院作物科学研究所

品种来源：扬麦12/周麦16²

特征特性：半冬性，全生育期230天，与对照品种周麦18熟期相当。幼苗半匍匐，叶片窄长，分蘖力较强，耐倒春寒能力中等。株高79.6厘米，株型较紧凑，茎秆弹性中等，抗倒性中等。旗叶细长、上冲，穗层较整齐，熟相中等。穗纺锤形，短芒、白壳、白粒，籽粒半角质，饱满度较好。亩穗数38.4万穗，穗粒数34.7粒，千粒重44.6克。抗病性鉴定，高感纹枯病、白粉病和赤霉病，中感条锈病和叶锈病。品质检测，籽粒容重807克/升、803克/升，蛋白质含量14.63%、13.74%，湿面筋含量29.8%、28.0%，稳定时间2.0分钟、1.9分钟。

产量表现：2014—2015年度参加黄淮冬麦区南片冬水组品种区域试验，平均亩产545.8千克，比对照周麦18增产5.2%；2015—2016年度续试，平均亩产526.8千克，比周麦18增产3.2%。2016—2017年度生产试验，平均亩产572.0千克，比对照增产4.5%。

栽培技术要点：适宜播种期10月上中旬，每亩适宜基本苗12万～20万，注意防治蚜虫、纹枯病、白粉病、赤霉病、条锈病、叶锈病等病虫害。

适宜种植区域：适宜黄淮冬麦区南片的河南除信阳和南阳南部部分地区以外的平原灌区，陕西西安、渭南、咸阳、铜川和宝鸡灌区，江苏和安徽两省淮河以北地区高中水肥地块中茬种植。

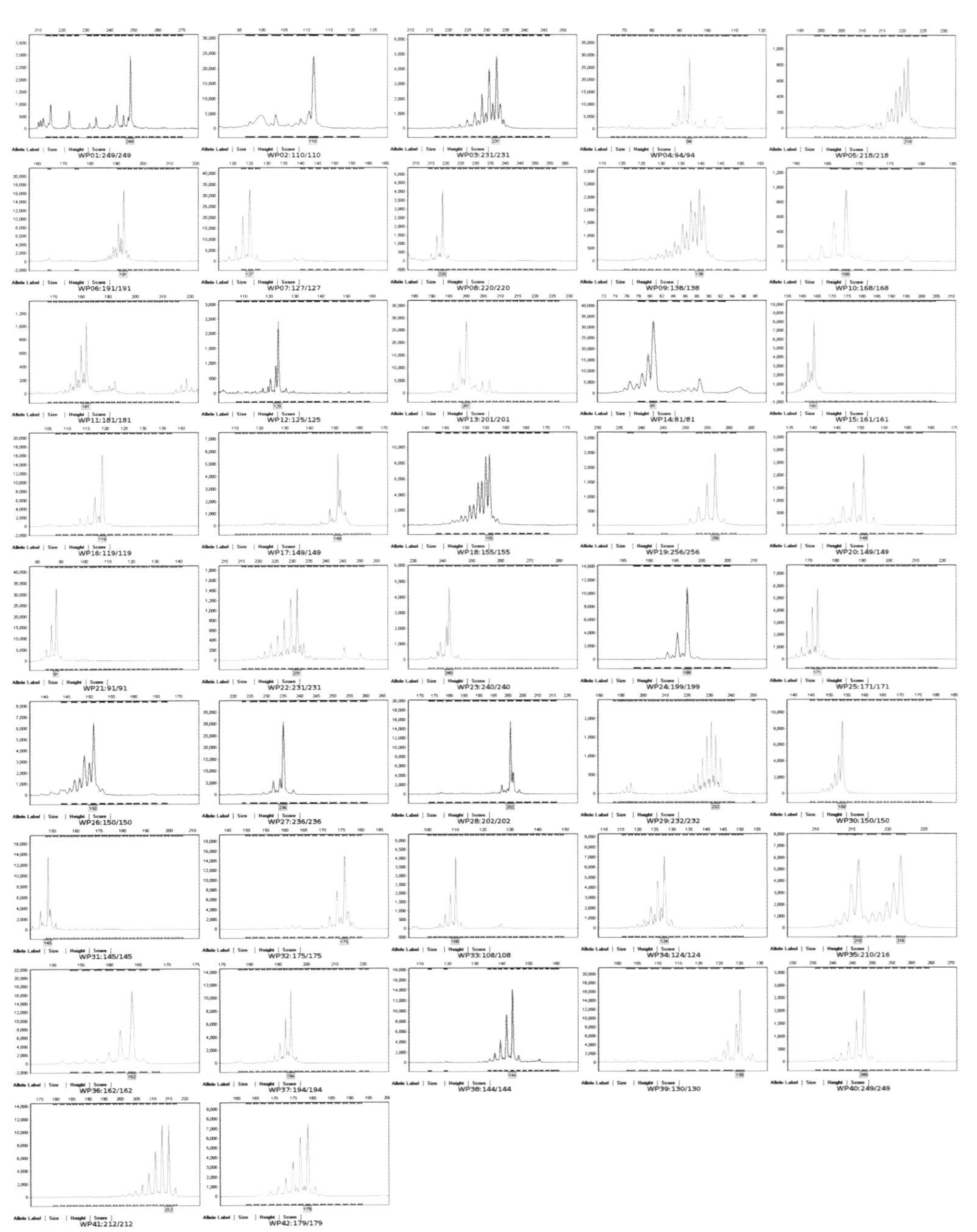

50. 鑫农518

审定编号：国审麦20180015

选育单位：安徽省同丰种业有限公司、河南新大农业发展有限公司、南乐永丰种业有限公司、中国科学院遗传与发育生物学研究所农业资源研究中心

品种来源：洛麦21/矮抗58

特征特性：半冬性，全生育期229天，比对照品种周麦18早熟1天。幼苗半匍匐，叶片宽长直立，叶色黄绿，分蘖力较强，耐倒春寒能力一般。株高81厘米，株型稍松散，茎秆弹性中等，抗倒性中等。旗叶细长、上冲，穗层厚，熟相好。穗纺锤形，短芒、白壳、白粒，籽粒角质，饱满度较好。亩穗数40.4万穗，穗粒数33.8粒，千粒重45.2克。抗病性鉴定，高感纹枯病、白粉病和赤霉病，中感叶锈病，中抗条锈病。品质检测，籽粒容重802克/升、791克/升，蛋白质含量14.80%、13.60%，湿面筋含量31.3%、30.7%，稳定时间3.0分钟、2.2分钟。

产量表现：2014—2015年度参加黄淮冬麦区南片冬水组品种区域试验，平均亩产551.8千克，比对照周麦18增产6.4%；2015—2016年度续试，平均亩产535.5千克，比周麦18增产4.9%。2016—2017年度生产试验，平均亩产573.9千克，比对照增产4.9%。

栽培技术要点：适宜播种期10月上中旬，每亩适宜基本苗12万～20万，注意防蚜虫、白粉病、赤霉病、纹枯病、叶锈病等病虫害，高水肥地块注意防倒伏。

适宜种植区域：适宜黄淮冬麦区南片的河南除信阳和南阳南部部分地区以外的平原灌区，陕西西安、渭南、咸阳、铜川和宝鸡灌区，江苏和安徽两省淮河以北地区高中水肥地块中茬种植。

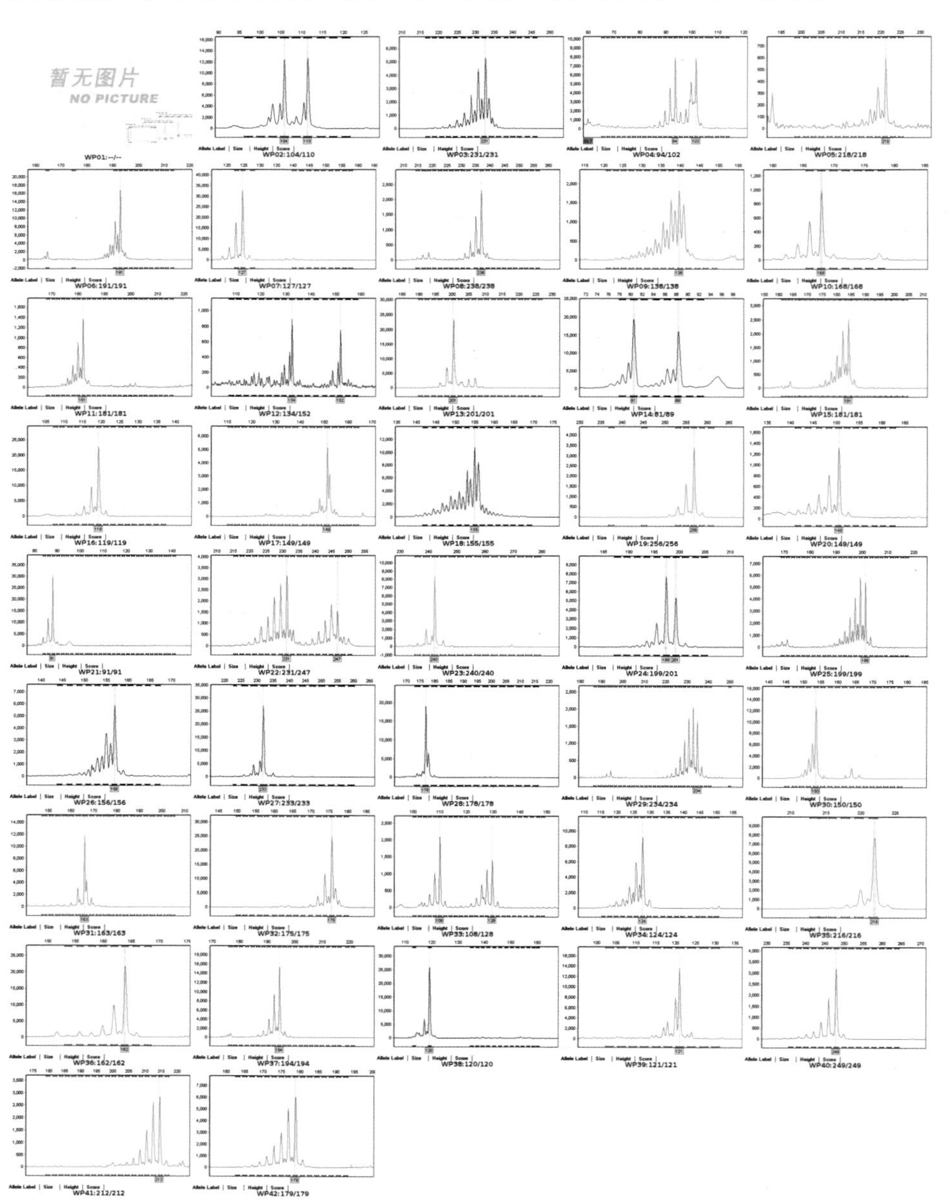

51. 商麦167

审定编号：国审麦20180014

选育单位：商丘市农林科学院

品种来源：许农5号/西农4211//商麦0626

特征特性：半冬性，全生育期230天，与对照品种周麦18熟期相当。幼苗半匍匐，叶片宽长，叶色黄绿，分蘖力强，耐倒春寒能力中等。株高81.4厘米，株型稍松散，茎秆弹性一般，抗倒性中等。穗下节短，旗叶宽长、上冲，熟相中等。穗纺锤形，短芒、白壳、白粒，籽粒半角质，饱满度中等。亩穗数40.8万穗，穗粒数35.5粒，千粒重43.0克。抗病性鉴定，高感条锈病、叶锈病、白粉病、赤霉病，中感纹枯病。品质检测，籽粒容重816克/升、811克/升，蛋白质含量14.66%、13.50%，湿面筋含量31.6%、32.8%，稳定时间2.1分钟、5.1分钟。

产量表现：2014—2015年度参加黄淮冬麦区南片冬水组品种区域试验，平均亩产555.0千克，比对照周麦18增产7.0%；2015—2016年度续试，平均亩产546.7千克，比周麦18增产7.0%。2016—2017年度生产试验，平均亩产586.2千克，比对照增产7.1%。

栽培技术要点：适宜播种期10月上旬至下旬，每亩适宜基本苗16万～25万。注意防治蚜虫、条锈病、叶锈病、白粉病、赤霉病、纹枯病等病虫害，高水肥地块注意防倒伏。

适宜种植区域：适宜黄淮冬麦区南片的河南除信阳和南阳南部部分地区以外的平原灌区，陕西西安、渭南、咸阳、铜川和宝鸡灌区，江苏和安徽两省淮河以北地区高中水肥地块早中茬种植。

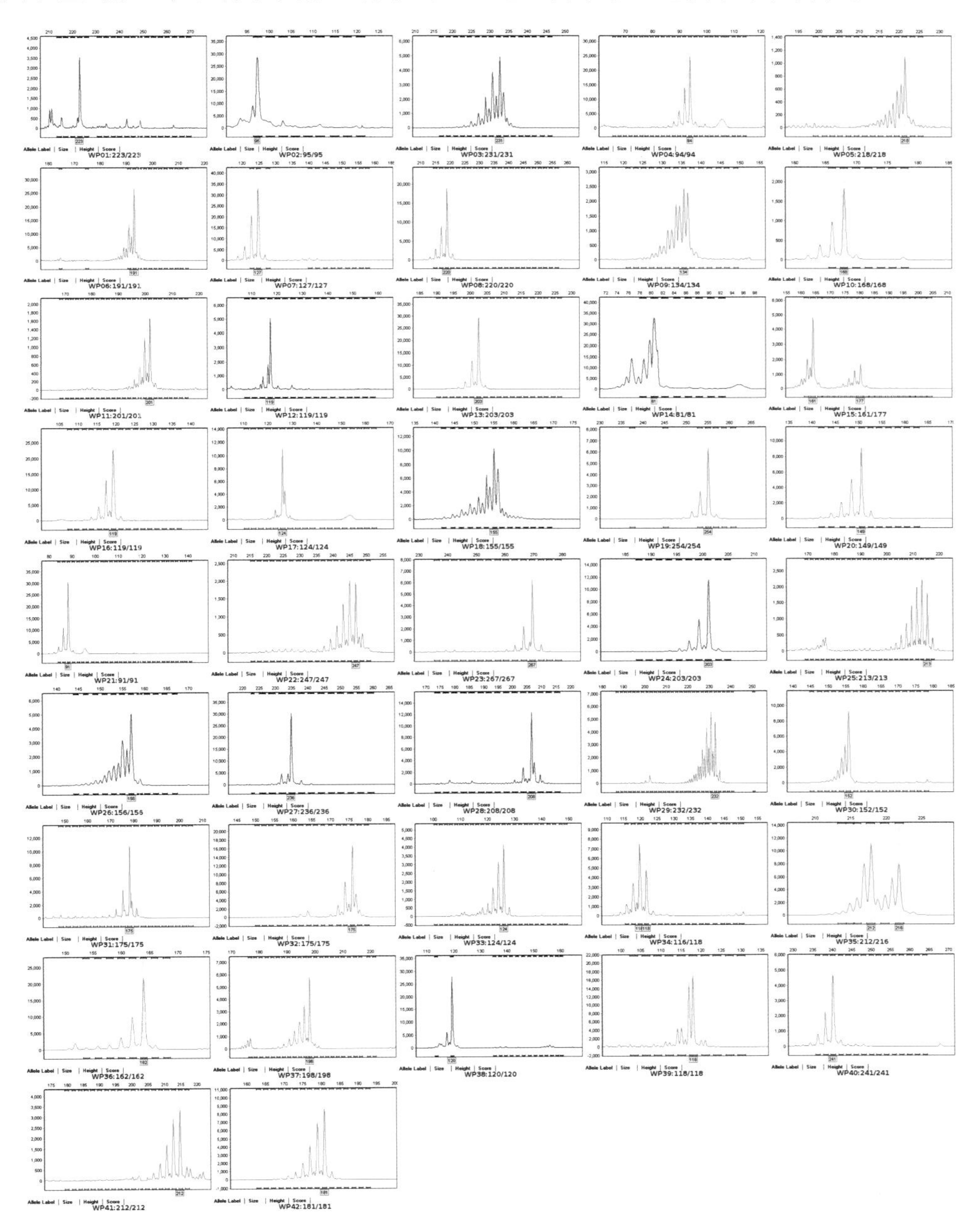

52. 新麦32

审定编号：国审麦20180013

选育单位：河南省新乡市农业科学院

品种来源：矮抗58/周麦22

特征特性：半冬性，全生育期230天，与对照品种周麦18熟期相当。幼苗半匍匐，叶片窄短，叶色浓绿，分蘖力较强，耐倒春寒能力一般。株高79.2厘米，株型松紧适中，蜡质层厚，茎秆弹性好，抗倒性较好。旗叶细长、上冲，穗层厚，熟相一般。穗纺锤形，长芒、白壳、白粒，籽粒半角质，饱满度中等。亩穗数38.1万穗，穗粒数33.8粒，千粒重46.1克。抗病性鉴定，高感纹枯病、白粉病、赤霉病，中抗条锈病和叶锈病。品质检测，籽粒容重806克/升、794克/升，蛋白质含量15.42%、14.81%，湿面筋含量33.9%、31.0%，稳定时间3.8分钟、4.1分钟。

产量表现：2014—2015年度参加黄淮冬麦区南片冬水组品种区域试验，平均亩产540.6千克，比对照周麦18增产4.2%；2015—2016年度续试，平均亩产539.0千克，比周麦18增产5.6%。2016—2017年度生产试验，平均亩产578.6千克，比对照增产5.7%。

栽培技术要点：适宜播种期10月上中旬，每亩适宜基本苗16万～22万。注意防治蚜虫、赤霉病、叶锈病、白粉病、纹枯病等病虫害。

适宜种植区域：适宜黄淮冬麦区南片的河南除信阳和南阳南部部分地区以外的平原灌区，陕西西安、渭南、咸阳、铜川和宝鸡灌区，江苏和安徽两省淮河以北地区高中水肥地块早中茬种植。

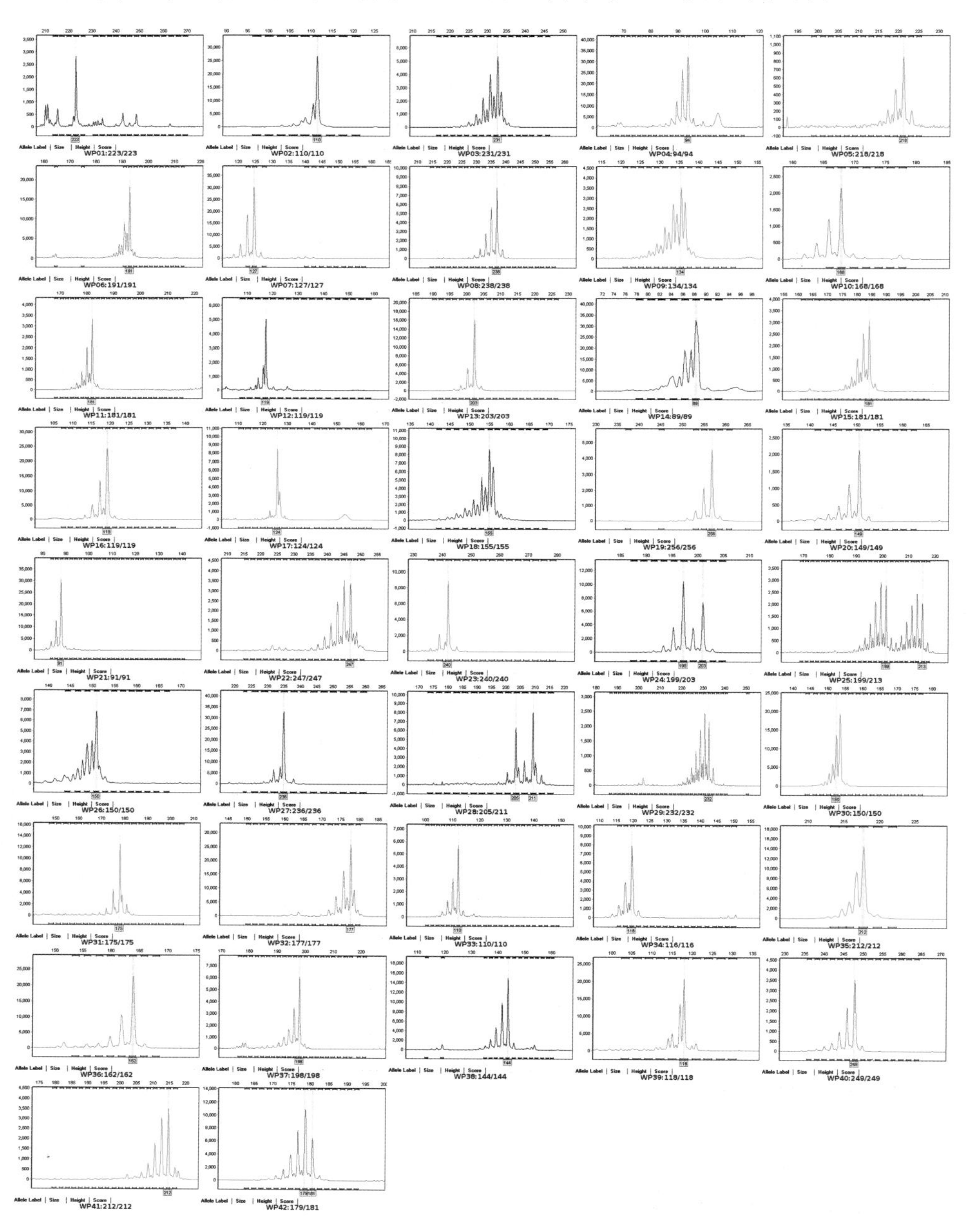

53. 扬辐麦6号

审定编号：国审麦20180012

选育单位：江苏里下河地区农业科学研究所、江苏农科种业研究院有限公司

品种来源：扬辐麦4号/扬麦14M_1

特征特性：春性，全生育期199天，与对照品种扬麦20熟期相当。幼苗半直立，叶片宽较短，叶色深绿，分蘖力中等。株高81厘米，株型较紧凑，抗倒性一般。旗叶宽、上举，穗层较整齐，熟相较好。穗纺锤形，长芒、白壳、红粒，籽粒半角质，饱满度较好。亩穗数30.0万穗，穗粒数38.5粒，千粒重40.7克。抗病性鉴定，高感条锈病和叶锈病，中感赤霉病、纹枯病和白粉病。品质检测，籽粒容重772克/升、770克/升，蛋白质含量13.27%、12.86%，湿面筋含量25.9%、28.0%，稳定时间2.9分钟、3.9分钟。

产量表现：2014—2015年度参加长江中下游冬麦组品种区域试验，平均亩产414.2千克，比对照扬麦20增产3.1%；2015—2016年度续试，平均亩产416.7千克，比扬麦20增产7.1%。2016—2017年度生产试验，平均亩产446.9千克，比对照增产6.6%。

栽培技术要点：适宜播种期10月下旬至11月上旬，每亩适宜基本苗15万～18万。注意防治蚜虫、赤霉病、白粉病、纹枯病、条锈病和叶锈病等病虫害。

适宜种植区域：适宜长江中下游冬麦区的江苏淮南、安徽淮南、上海、浙江、湖北中南部（荆州除外）、河南信阳种植。

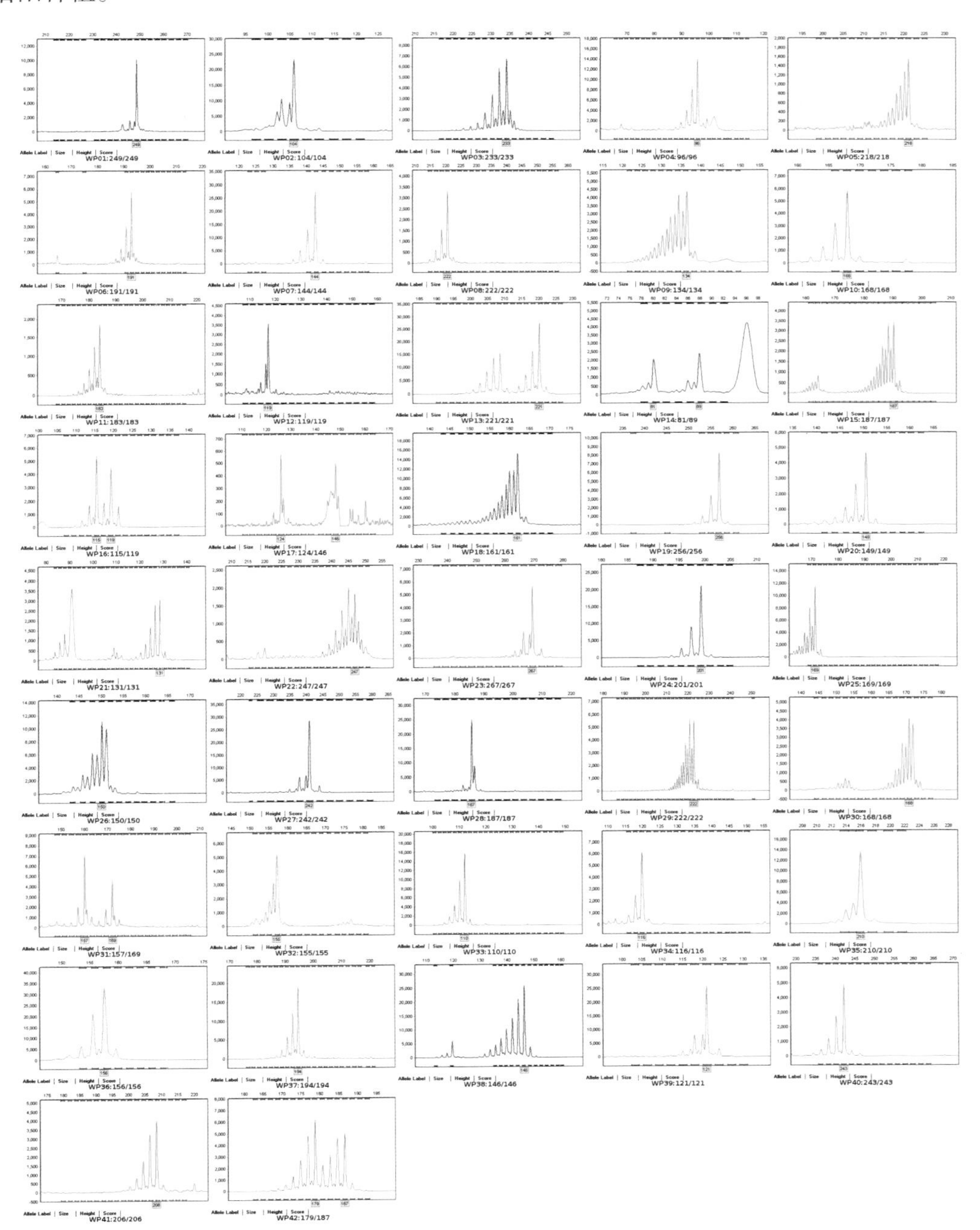

54. 扬辐麦8号

审定编号：国审麦20180011

选育单位：江苏金土地种业有限公司、江苏里下河地区农业科学研究所

品种来源：扬辐麦4号姐妹系1-1274/扬麦11

特征特性：春性，全生育期199天，与对照品种扬麦20熟期相当。幼苗直立，叶片宽，叶色浅绿，分蘖力中等。株高85厘米，株型较紧凑，抗倒性一般。旗叶宽、上举，穗层较整齐，熟相较好。穗纺锤形，长芒、白壳、红粒，籽粒半角质，饱满度较好。亩穗数30.6万穗，穗粒数37.2粒，千粒重39.6克。抗病性鉴定，中抗赤霉病，中感纹枯病，高感条锈病、叶锈病和白粉病。品质检测，籽粒容重772克/升、778克/升，蛋白质含量12.20%、12.91%，湿面筋含量22.7%、24.1%，稳定时间2.3分钟、2.0分钟。

产量表现：2014—2015年度参加长江中下游冬麦组品种区域试验，平均亩产390.0千克，比对照扬麦20减产2.4%；2015—2016年度续试，平均亩产389.6千克，比扬麦20增产0.86%。2016—2017年度生产试验，平均亩产435.3千克，比对照增产3.7%。

栽培技术要点：适宜播种期10月下旬至11月上旬，每亩适宜基本苗15万～18万。注意防治蚜虫、纹枯病、条锈病、叶锈病、白粉病、赤霉病等病虫害。

适宜种植区域：适宜长江中下游冬麦区的江苏淮南、安徽淮南、上海、浙江种植。

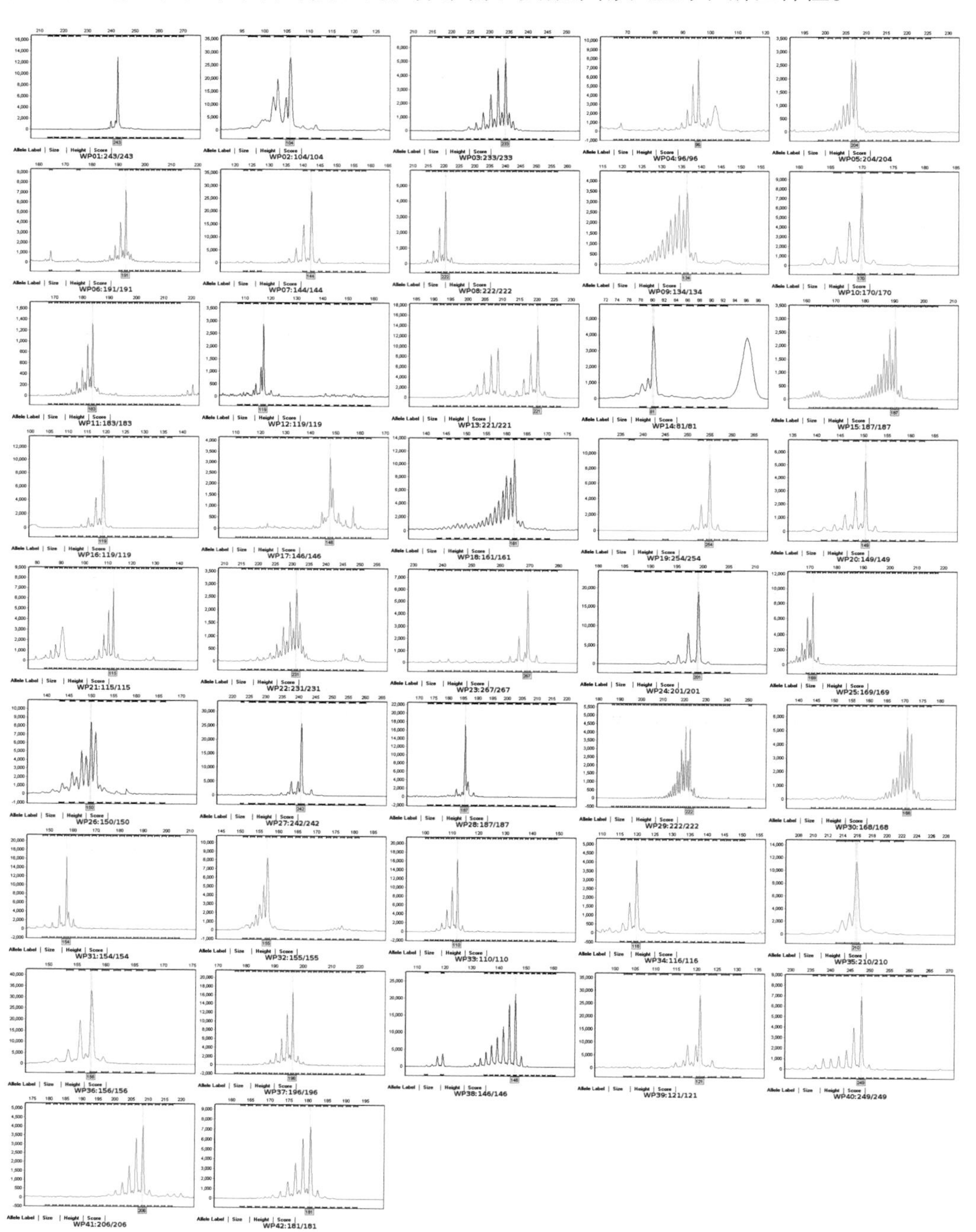

55. 扬麦28

审定编号：国审麦20180010

选育单位：江苏金土地种业有限公司、江苏里下河地区农业科学研究所

品种来源：（山红麦/扬麦16[2]）/扬麦18//扬麦16[2]

特征特性：春性，全生育期196天，与对照品种扬麦20熟期相当。幼苗直立，叶片宽披，叶色淡，分蘖力较强。株高88厘米，株型紧凑，抗倒性较好。穗层整齐，熟相好。穗长方形，长芒、白壳、红粒，籽粒半角质。亩穗数30.3万穗，穗粒数38.3粒，千粒重41.3克。抗病性鉴定，高感纹枯病、条锈病、叶锈病，中感白粉病，中抗赤霉病。品质检测，籽粒容重770克/升、778克/升，蛋白质含量12.53%、11.70%，湿面筋含量24.8%、24.7%，稳定时间4.0分钟、3.5分钟。

产量表现：2015—2016年度参加长江中下游冬麦组品种区域试验，平均亩产407.4千克，比对照扬麦20增产5.5%；2016—2017年度续试，平均亩产425.1千克，比扬麦20增产6.6%。2016—2017年度生产试验，平均亩产448.3千克，比对照增产6.9%。

栽培技术要点：适宜播种期10月下旬至11月上旬，每亩适宜基本苗14万～16万。注意防治蚜虫、纹枯病、条锈病、叶锈病、白粉病、赤霉病等病虫害。

适宜种植区域：适宜长江中下游冬麦区的江苏淮南、安徽淮南、上海、浙江、湖北中南部、河南信阳种植。

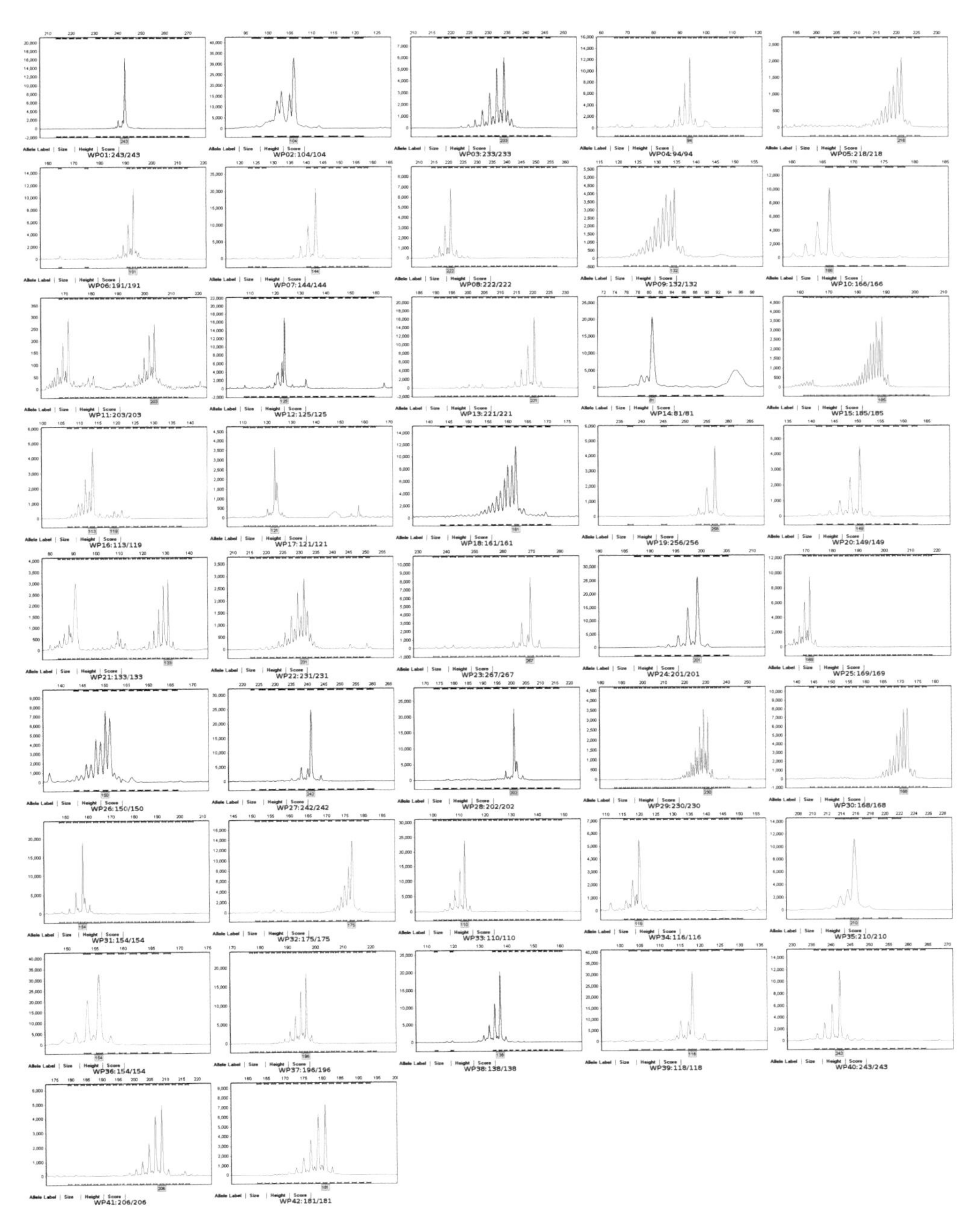

56. 皖西麦0638

审定编号： 国审麦20180009

选育单位： 六安市农业科学研究院

品种来源： 扬麦9号/Y18

特征特性： 春性，全生育期198天，比对照品种扬麦20早熟1～2天。幼苗半直立，叶色深绿，分蘖力中等。株高83厘米，株型较松散，抗倒性一般。旗叶下弯，蜡粉重，熟相较好。穗纺锤形，长芒、白壳、红粒，籽粒半角质。亩穗数31.0万穗，穗粒数37.2粒，千粒重39.8克。抗病性鉴定，高感纹枯病、条锈病、叶锈病和白粉病，中感赤霉病。品质检测，籽粒容重759克/升、773克/升，蛋白质含量11.18%、12.35%，湿面筋含量19.2%、21.9%，稳定时间1.1分钟、1.6分钟。2015年主要品质指标达到弱筋小麦标准。

产量表现： 2014—2015年度参加长江中下游冬麦组品种区域试验，平均亩产411.3千克，比对照扬麦20增产2.9%；2015—2016年度续试，平均亩产402.7千克，比扬麦20增产4.3%。2016—2017年度生产试验，平均亩产444.0千克，比对照增产5.8%。

栽培技术要点： 适宜播种期10月下旬至11月上旬，每亩适宜基本苗16万～20万。注意防治蚜虫、赤霉病、条锈病、叶锈病、纹枯病和白粉病等病虫害。

适宜种植区域： 适宜长江中下游冬麦区的江苏淮南、安徽淮南、上海、浙江、湖北中南部、河南信阳种植。

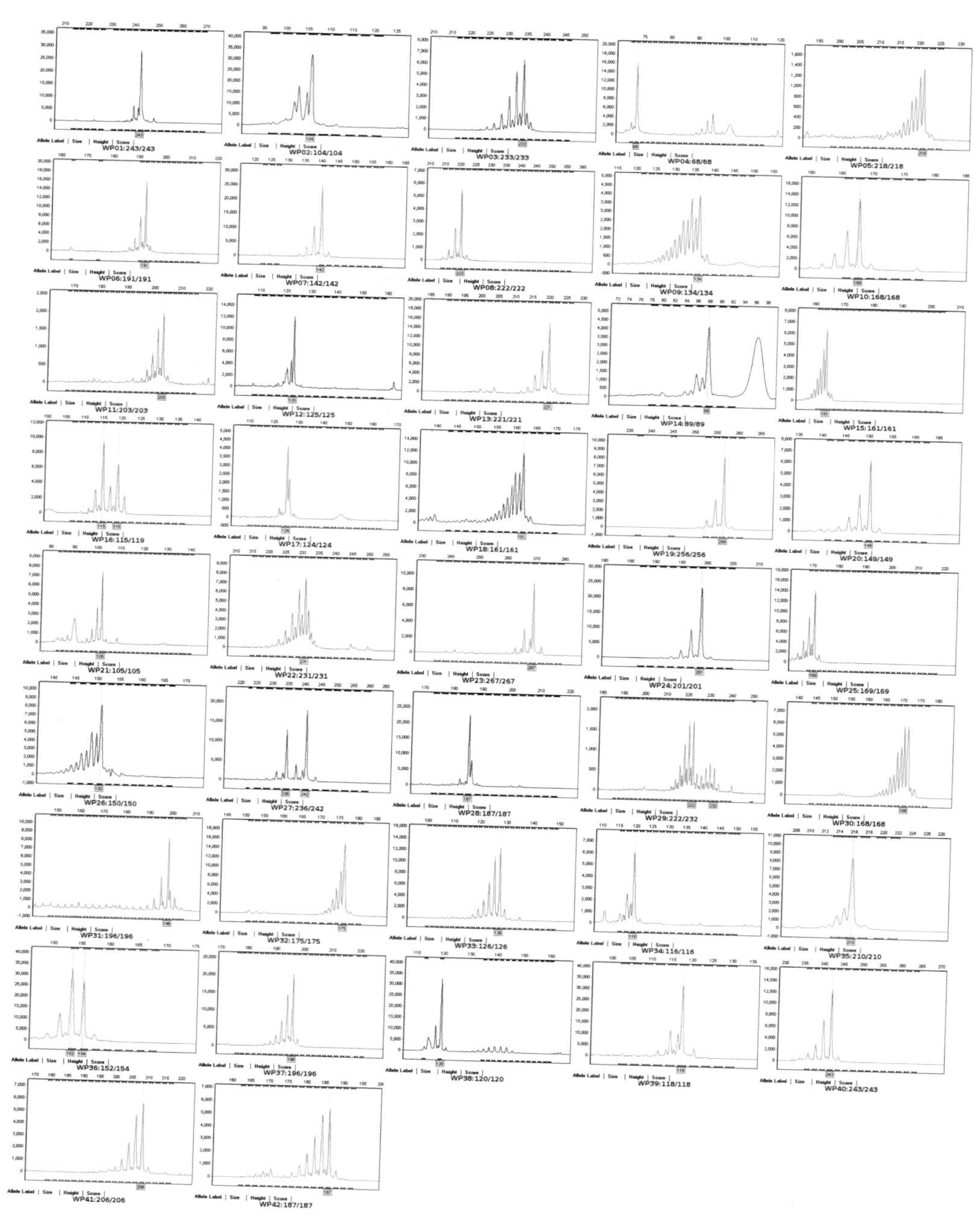

57. 农麦126

审定编号：国审麦20180008

选育单位：江苏神农大丰种业科技有限公司、扬州大学

品种来源：扬麦16/宁麦9号

特征特性：春性，全生育期198天，比对照品种扬麦20早熟2天。幼苗直立，叶片较宽，叶色淡绿，分蘖力较强。株高88厘米，株型较紧凑，秆质弹性好，抗倒性较好。旗叶平伸，穗层较整齐，熟相较好。穗纺锤形，长芒、白壳、红粒，籽粒角质，饱满度较好。亩穗数30.4万穗，穗粒数37.1粒，千粒重41.3克。抗病性鉴定，高感条锈病、叶锈病，中感赤霉病、纹枯病、白粉病。品质检测，籽粒容重770克/升、762克/升，蛋白质含量11.65%、12.85%，湿面筋含量21.3%、24.9%，稳定时间2.1分钟、2.6分钟。2015年主要品质指标达到弱筋小麦标准。

产量表现：2014—2015年度参加长江中下游冬麦组品种区域试验，平均亩产419.7千克，比对照扬麦20增产4.5%；2015—2016年度续试，平均亩产413.8千克，比扬麦20增产6.3%。2016—2017年度生产试验，平均亩产439.4千克，比对照增产4.8%。

栽培技术要点：适宜播种期10月下旬至11月上旬，每亩适宜基本苗12万～15万。注意防治蚜虫、条锈病、叶锈病、赤霉病、白粉病和纹枯病等病虫害。

适宜种植区域：适宜长江中下游冬麦区的江苏淮南、安徽淮南、上海、浙江、湖北中南部、河南信阳种植。

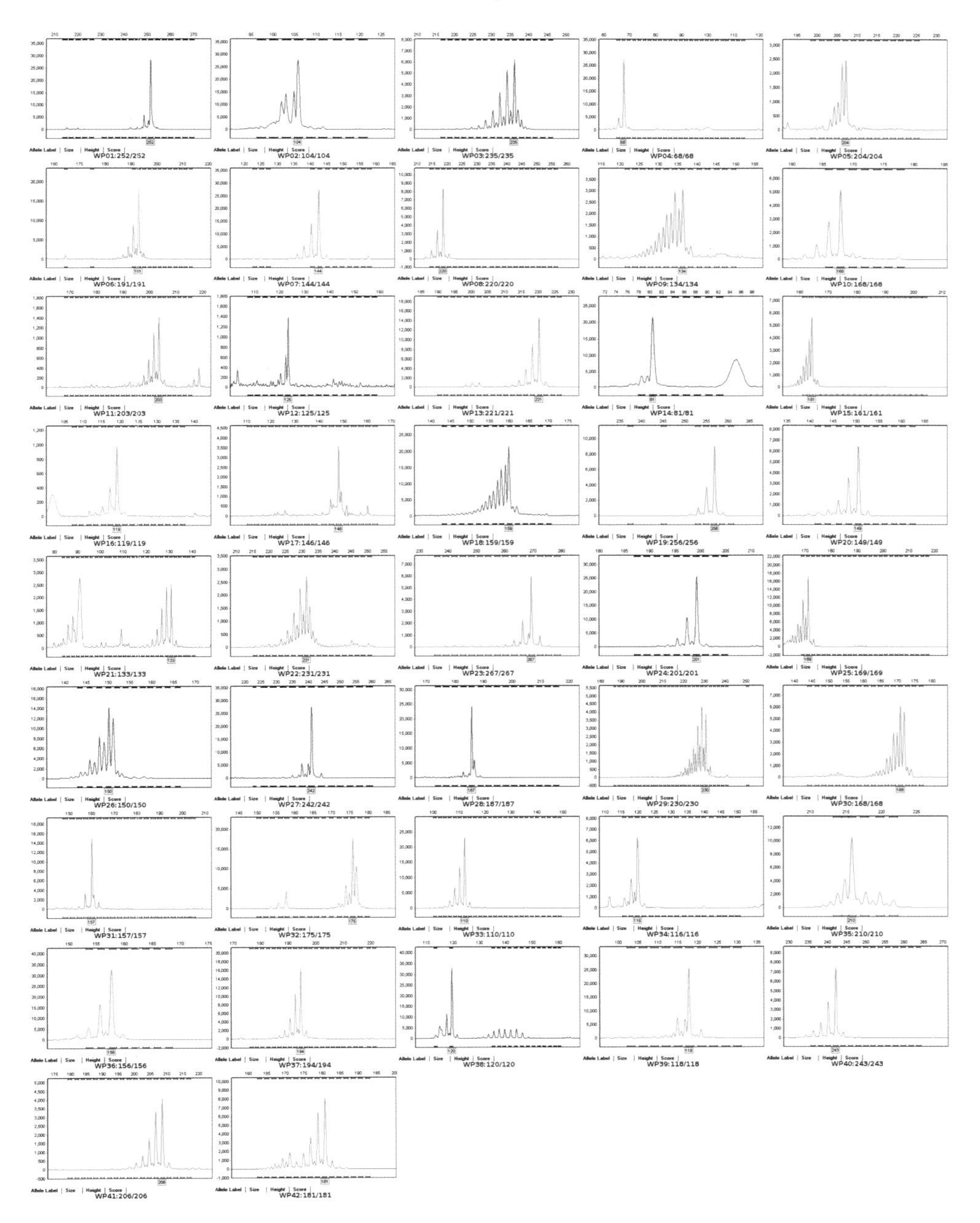

58. 华麦1028

审定编号：国审麦20180007

选育单位：江苏省大华种业集团有限公司

品种来源：扬麦11/华麦0722

特征特性：春性，全生育期197天，比对照品种扬麦20早熟2～3天。幼苗直立，叶片长宽，叶色深，分蘖力中等。株高83厘米，株型较松散，抗倒性好。旗叶上举，穗层整齐，熟相一般。穗纺锤形，长芒、白壳、红粒，籽粒半角质。亩穗数31.0万，穗粒数35.7粒，千粒重41.8克。抗病性鉴定，高感白粉病、条锈病和叶锈病，中感纹枯病，中抗赤霉病。品质检测，容重785克/升、772克/升，蛋白质含量12.85%、12.55%，湿面筋含量25.5%、24.7%，稳定时间3.2分钟、3.0分钟。

产量表现：2014—2015年度参加长江中下游冬麦组品种区域试验，平均亩产413.5千克，比对照扬麦20增产3.4%；2015—2016年度续试，平均亩产418.0千克，比扬麦20增产8.2%。2016—2017年度生产试验，平均亩产454.4千克，比对照增产8.3%。

栽培技术要点：适宜播种期10月下旬至11月上中旬，每亩适宜基本苗14万～15万。注意防治蚜虫、赤霉病、白粉病、纹枯病、叶锈病和条锈病等病虫害。

适宜种植区域：适宜长江中下游冬麦区的江苏淮南、安徽淮南、上海、浙江、湖北中南部、河南信阳种植。

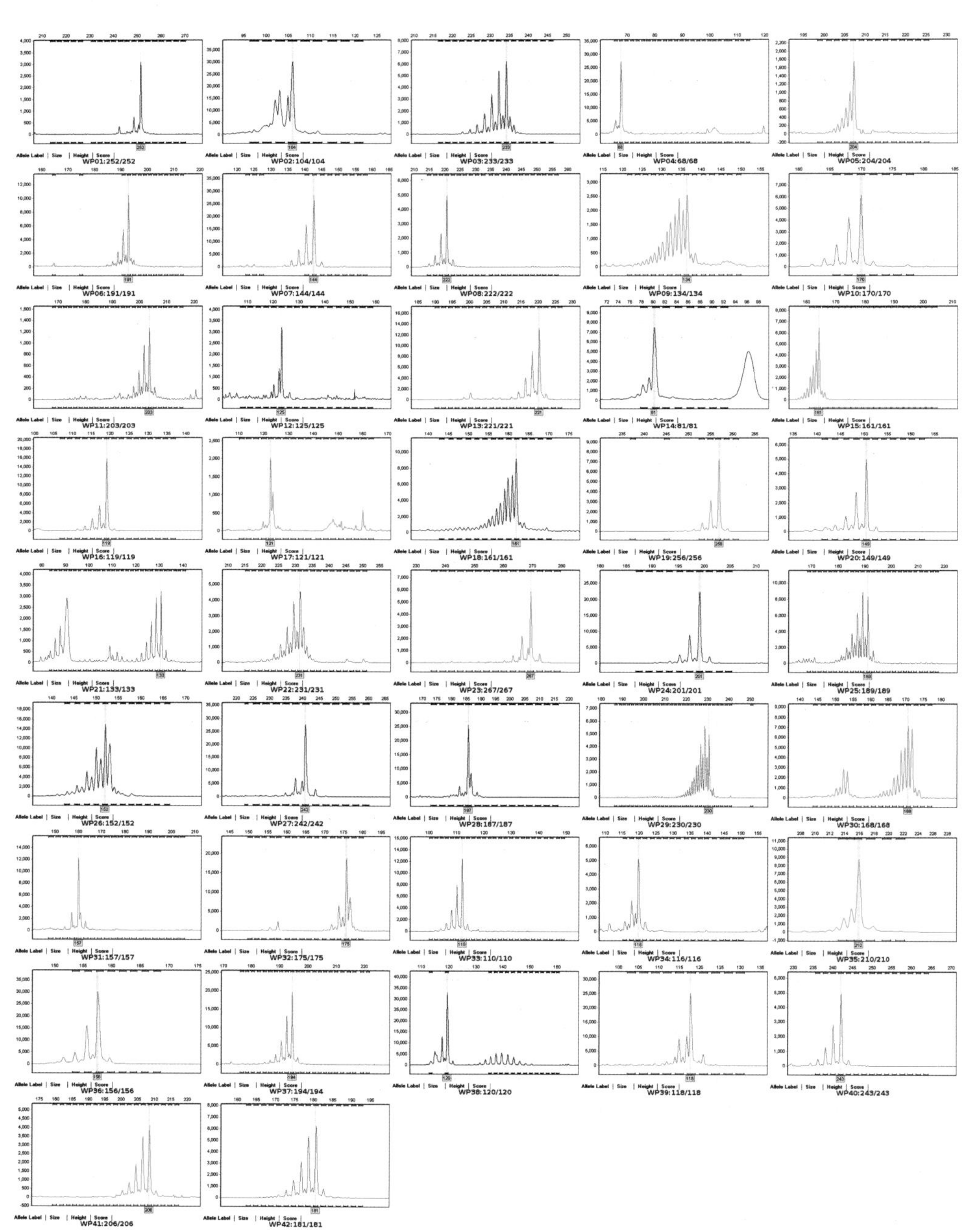

59. 国红3号

审定编号：国审麦20180006

选育单位：合肥国丰农业科技有限公司

品种来源：扬麦158/矮抗58

特征特性：春性，全生育期198天，比对照品种扬麦20早熟1～2天。幼苗半直立，叶色深绿，分蘖力中等。株高88厘米，株型紧凑，抗倒性一般。穗层整齐度较差，熟相中等。穗纺锤形，长芒、白壳、红粒，籽粒角质。亩穗数28.3万穗，穗粒数37.9粒，千粒重41.7克。抗病性鉴定，高感条锈病、叶锈病和白粉病，中感赤霉病和纹枯病。品质检测，籽粒容重772克/升、758克/升，蛋白质含量12.52%、13.23%，湿面筋含量26.3%、28.7%，稳定时间3.0分钟、4.8分钟。

产量表现：2014—2015年度参加长江中下游冬麦组品种区域试验，平均亩产414.3千克，比对照扬麦20增产3.6%；2015—2016年度续试，平均亩产405.9千克，比扬麦20增产5.1%。2016—2017年度生产试验，平均亩产440.7千克，比对照增产5.0%。

栽培技术要点：适宜播种期10月下旬至11月上旬，每亩适宜基本苗16万。注意防治蚜虫、赤霉病、白粉病、纹枯病、赤霉病、条锈病和叶锈病等病虫害。

适宜种植区域：适宜长江中下游冬麦区的江苏淮南、安徽淮南、上海、浙江、湖北中南部（荆州除外）、河南信阳种植。

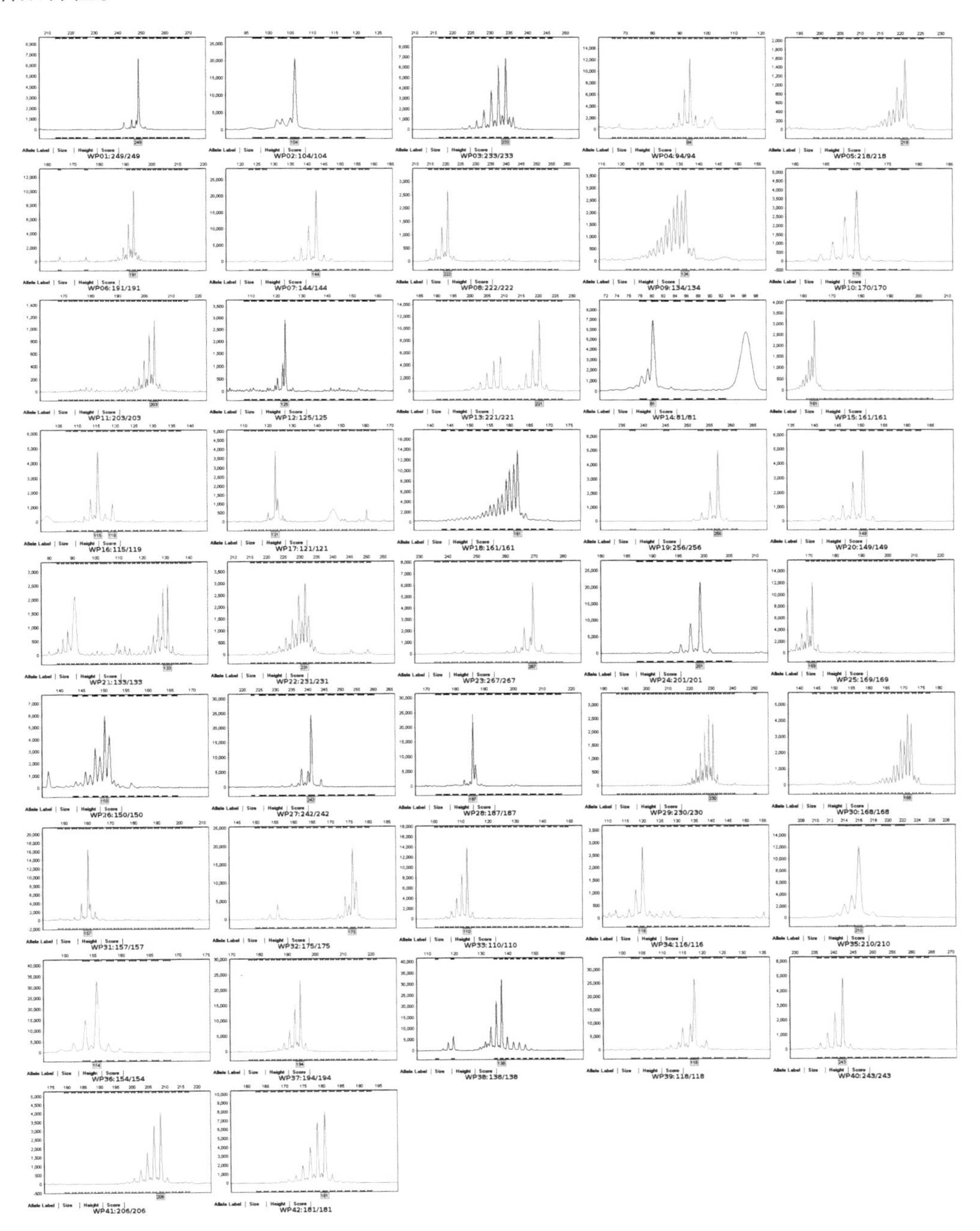

60. 光明麦1311

审定编号： 国审麦20180005

选育单位： 光明种业有限公司、江苏省农业科学院粮食作物研究所

品种来源： 3E158/宁麦9号

特征特性： 春性，全生育期201天，比对照品种扬麦20晚熟1～2天。幼苗直立，叶色深绿，分蘖力较强。株高84厘米，株型较松散，抗倒性较强。旗叶上举，穗层整齐，熟相中等。穗纺锤形，长芒、白壳、红粒，籽粒半角质，饱满度中等。亩穗数30.1万穗，穗粒数38.7粒，千粒重38.6克。抗病性鉴定，高感条锈病、叶锈病和白粉病，中感纹枯病，中抗赤霉病。品质检测，籽粒容重780克/升、783克/升，蛋白质含量11.38%、12.63%，湿面筋含量22.5%、26.4%，稳定时间2.5分钟、4.0分钟。2015年主要品质指标达到弱筋小麦标准。

产量表现： 2014—2015年度参加长江中下游冬麦组品种区域试验，平均亩产409.6千克，比对照扬麦20增产2.0%；2015—2016年度续试，平均亩产394.3千克，比扬麦20增产1.3%。2016—2017年度生产试验，平均亩产438.6千克，比对照增产4.6%。

栽培技术要点： 适宜播种期10月下旬至11月上旬，每亩适宜基本苗14万～16万。注意防治蚜虫、赤霉病、白粉病、纹枯病、条锈病和叶锈病等病虫害。

适宜种植区域： 适宜长江中下游冬麦区的江苏淮南、安徽淮南、上海、浙江、河南信阳种植。

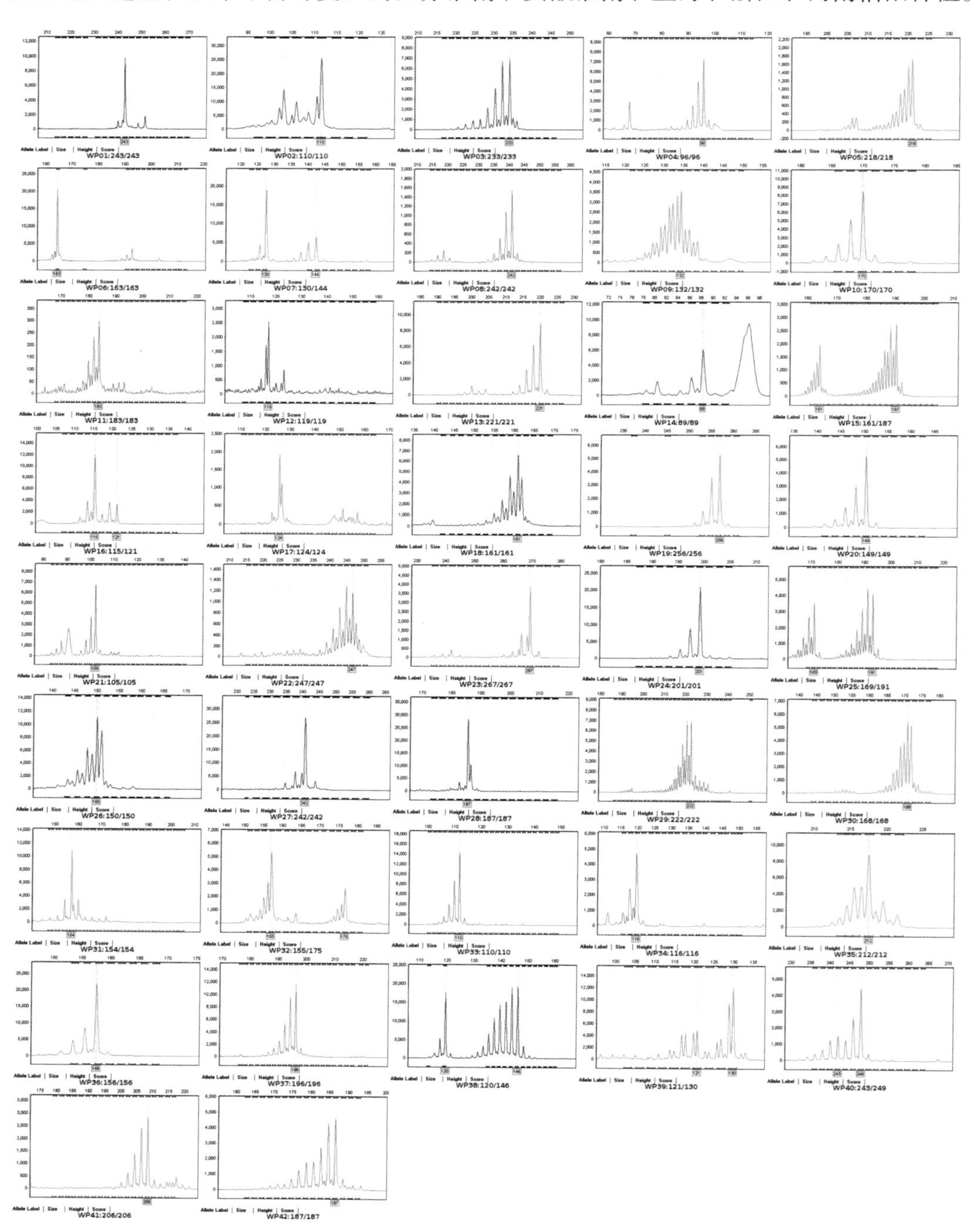

61. 安农1124

审定编号：国审麦20180004

选育单位：安徽农业大学、安徽隆平高科种业有限公司

品种来源：02P67//矮早781/扬麦158

特征特性：春性，全生育期199天，比对照品种扬麦20早熟1天。幼苗直立，叶色淡绿，分蘖力中等偏弱。株高88.0厘米，株型较松散，抗倒性较好。穗层整齐度一般，熟相中等。穗纺锤形，长芒、白壳、红粒，籽粒角质。亩穗数30.9万穗，穗粒数36.4粒，千粒重41.3克。抗病性鉴定，高感条锈病，中感赤霉病和纹枯病，慢叶锈病，中抗白粉病。品质检测，籽粒容重760克/升、761克/升，蛋白质含量12.05%、12.98%，湿面筋含量23.6%、25.0%，稳定时间2.4分钟、1.8分钟。

产量表现：2014—2015年度参加长江中下游冬麦组品种区域试验，平均亩产410.3千克，比对照扬麦20增产2.6%；2015—2016年度续试，平均亩产414.5千克，比扬麦20增产7.3%。2016—2017年度生产试验，平均亩产448.0千克，比对照增产6.8%。

栽培技术要点：适宜播种期10月下旬至11月初，每亩适宜基本苗16万左右。注意防治蚜虫、红蜘蛛、条锈病、赤霉病、纹枯病和叶锈病等病虫害。

适宜种植区域：适宜长江中下游冬麦区的江苏淮南、安徽淮南、上海、浙江、湖北中南部、河南信阳种植。

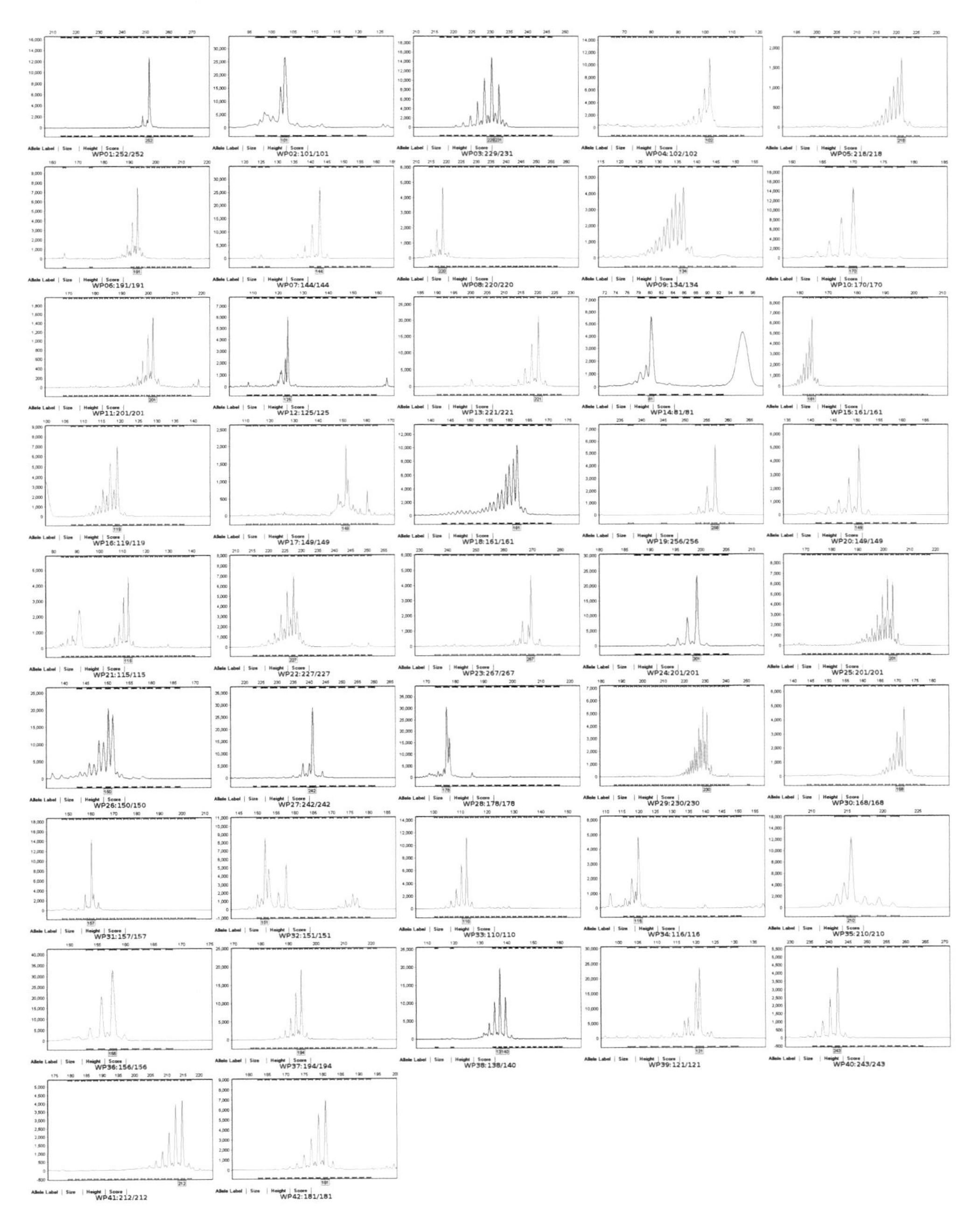

62. 隆垦麦1号

审定编号：国审麦20180003

选育单位：安徽源隆生态农业有限公司

品种来源：矮败小麦/扬麦158//宁麦13

特征特性：春性，全生育期200天，与对照品种扬麦20熟期相当。幼苗直立，分蘖力较强。株高80厘米，株型较松散，茎秆弹性好，抗倒性较好。穗层较整齐，熟相较好。穗纺锤形，长芒、白壳、红粒，籽粒半角质。亩穗数31.1万穗，穗粒数37.7粒，千粒重40.0克。抗病性鉴定，高感条锈病、叶锈病和白粉病，中感赤霉病和纹枯病。品质检测，籽粒容重778克/升、770克/升，蛋白质含量12.17%、12.60%，湿面筋含量23.3%、24.2%，稳定时间2.6分钟、2.9分钟。

产量表现：2014—2015年度参加长江中下游冬麦组品种区域试验，平均亩产419.3千克，比对照扬麦20增产4.4%；2015—2016年度续试，平均亩产417.8千克，比扬麦20增产7.4%。2016—2017年度生产试验，平均亩产450.8千克，比对照增产7.5%。

栽培技术要点：适宜播种期10月下旬至11月上中旬，每亩适宜基本苗15万～18万。注意防治蚜虫、条锈病、叶锈病、白粉病、赤霉病和纹枯病等病虫害。

适宜种植区域：适宜长江中下游冬麦区的江苏淮南、安徽淮南、上海、浙江、湖北中南部、河南信阳种植。

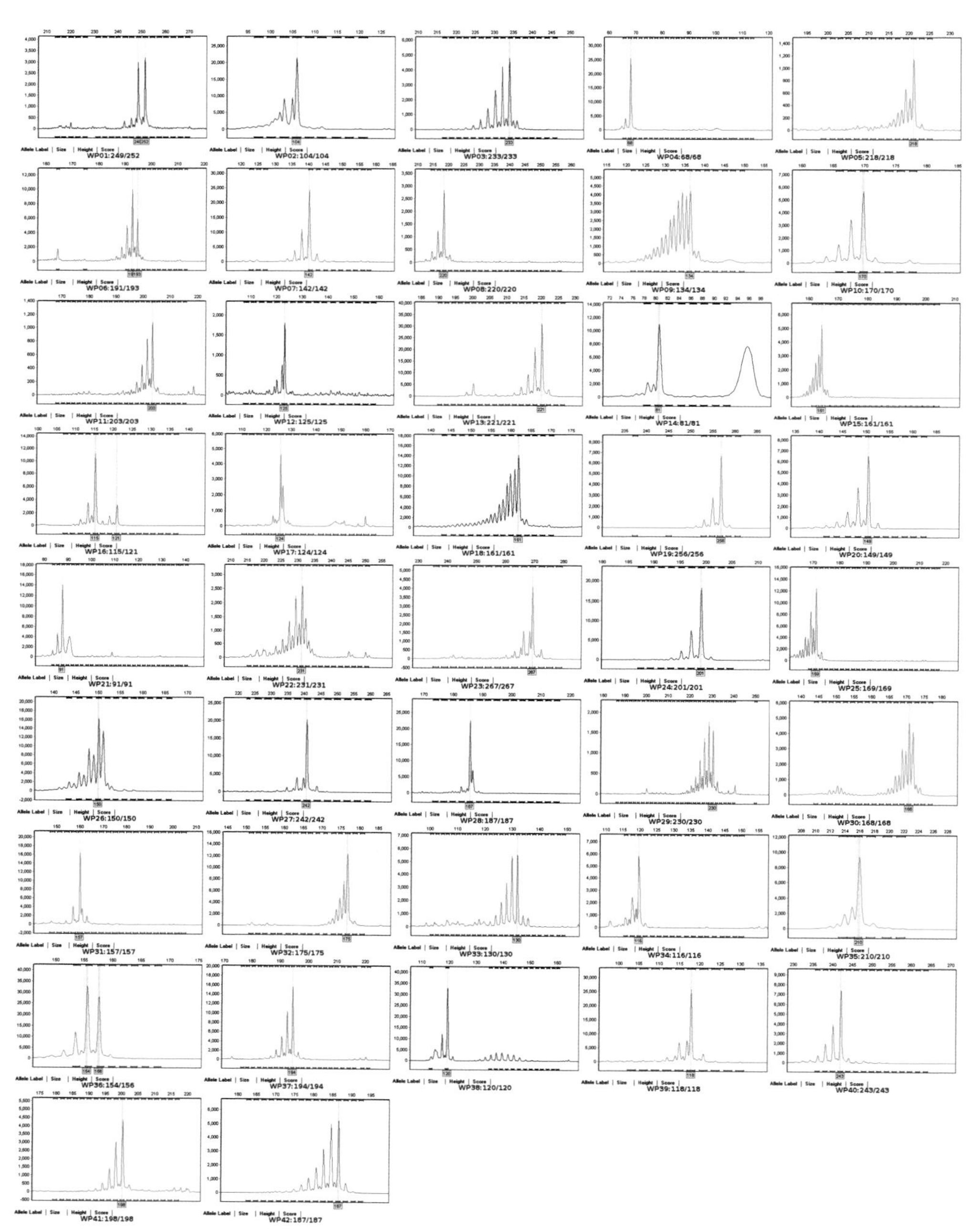

63. 品育8161

审定编号：国审麦20170022

选育单位：山西省农业科学院小麦研究所

品种来源：长4802/临优9202

特征特性：半冬性，全生育期245天，与对照品种晋麦47号熟期相当。幼苗匍匐，分蘖力一般。株高88厘米，株型半紧凑，抗倒性中等。茎秆蜡质，穗层较整齐，熟相一般。穗纺锤形，白壳、长芒、白粒，籽粒角质，饱满度一般。亩穗数36.0万穗，穗粒数28.8，千粒重42.4克。抗病性鉴定，中感条锈病和白粉病，高感叶锈病和黄矮病。品质检测，籽粒容重810克/升，蛋白质含量14.62%，湿面筋含量31.9%，稳定时间7.0分钟。

产量表现：2013—2014年度参加黄淮冬麦区旱薄组区域试验，平均亩产307.8千克，比对照晋麦47号增产3.7%；2014—2015年度续试，平均亩产364.3千克，比晋麦47号增产8.2%。2015—2016年度生产试验，平均亩产334.4千克，比晋麦47增产4.6%。

栽培技术要点：适宜播种期为9月下旬至10月上旬。每亩适宜基本苗20万。注意防治蚜虫、条锈病、白粉病、叶锈病和黄矮病等病虫害。

适宜种植区域：适宜山西晋南，陕西宝鸡、咸阳和铜川，河南及河北沧州的旱薄地种植。

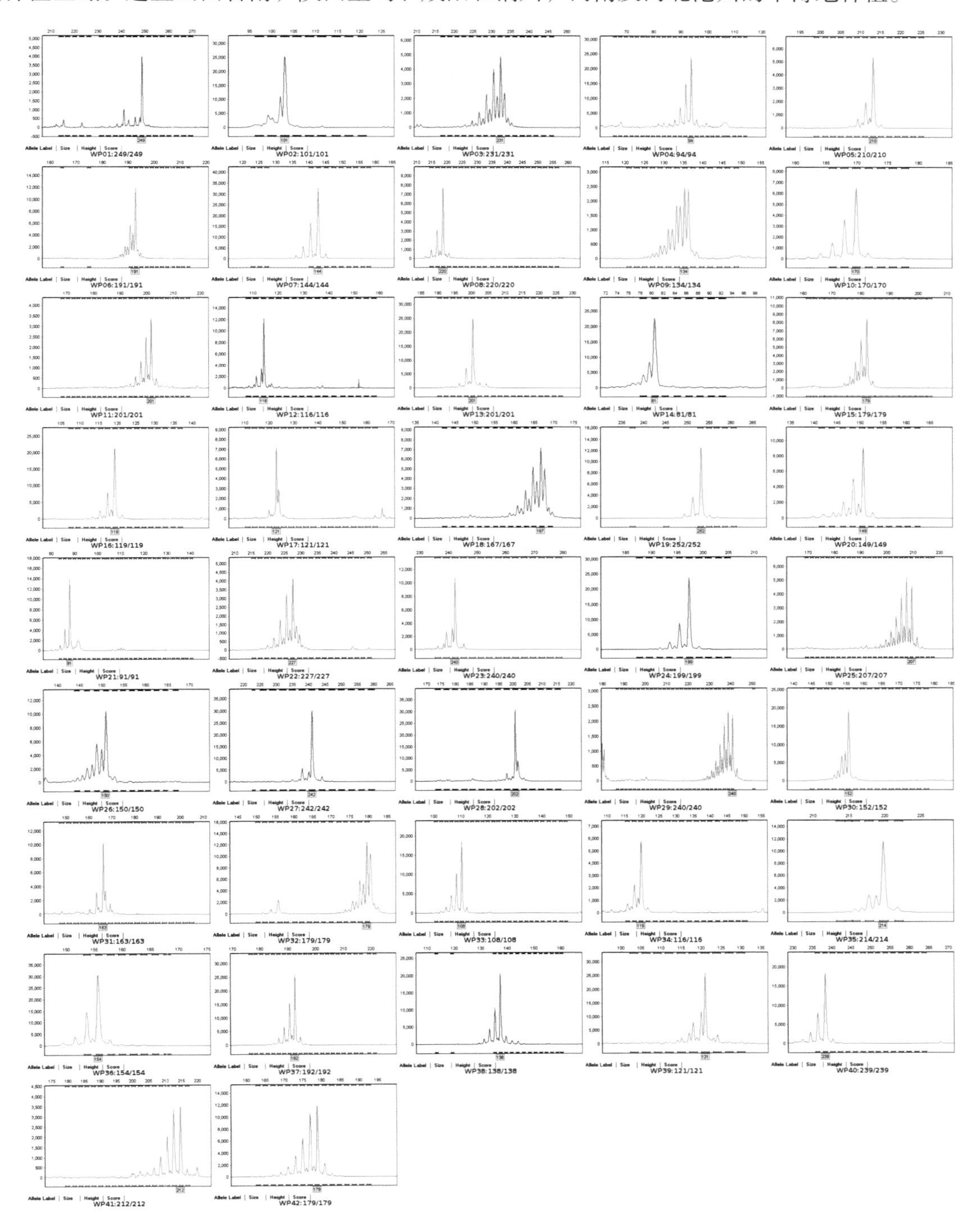

64. 山农30号

审定编号：国审麦20170019

选育单位：山东农业大学

品种来源：泰农18/临麦6号

特征特性：半冬性，全生育期241天，与对照品种良星99熟期相当。幼苗半匍匐，叶色中绿，抗寒性好，分蘖力中等。株高82厘米，株型半紧凑，旗叶上举，茎秆较硬，抗倒性一般。穗近长方形，白壳、长芒、白粒，籽粒半角质，饱满度较好。亩穗数36.6万穗，穗粒数39.7粒，千粒重47.8克。抗病性鉴定，中抗条锈病，中感纹枯病，高感叶锈病、白粉病、赤霉病。品质检测，容重824克/升，蛋白质含量12.98%，湿面筋含量27.1%，稳定时间4.2分钟。

产量表现：2013—2014年度参加黄淮冬麦区北片水地组品种区域试验，平均亩产595.4千克，比对照良星99增产2.7%；2014—2015年度续试，平均亩产587.2千克，比良星99增产4.8%。2015—2016年度生产试验，平均亩产608.1千克，比良星99增产5.6%。

栽培技术要点：适宜播种期10月上中旬，每亩适宜基本苗高水肥地18万左右，晚播应适当增加播种量。注意防治蚜虫、赤霉病、叶锈病、白粉病和纹枯病等病虫害。

适宜种植区域：适宜黄淮冬麦区北片的山东、河北中南部、山西南部水肥地块种植。

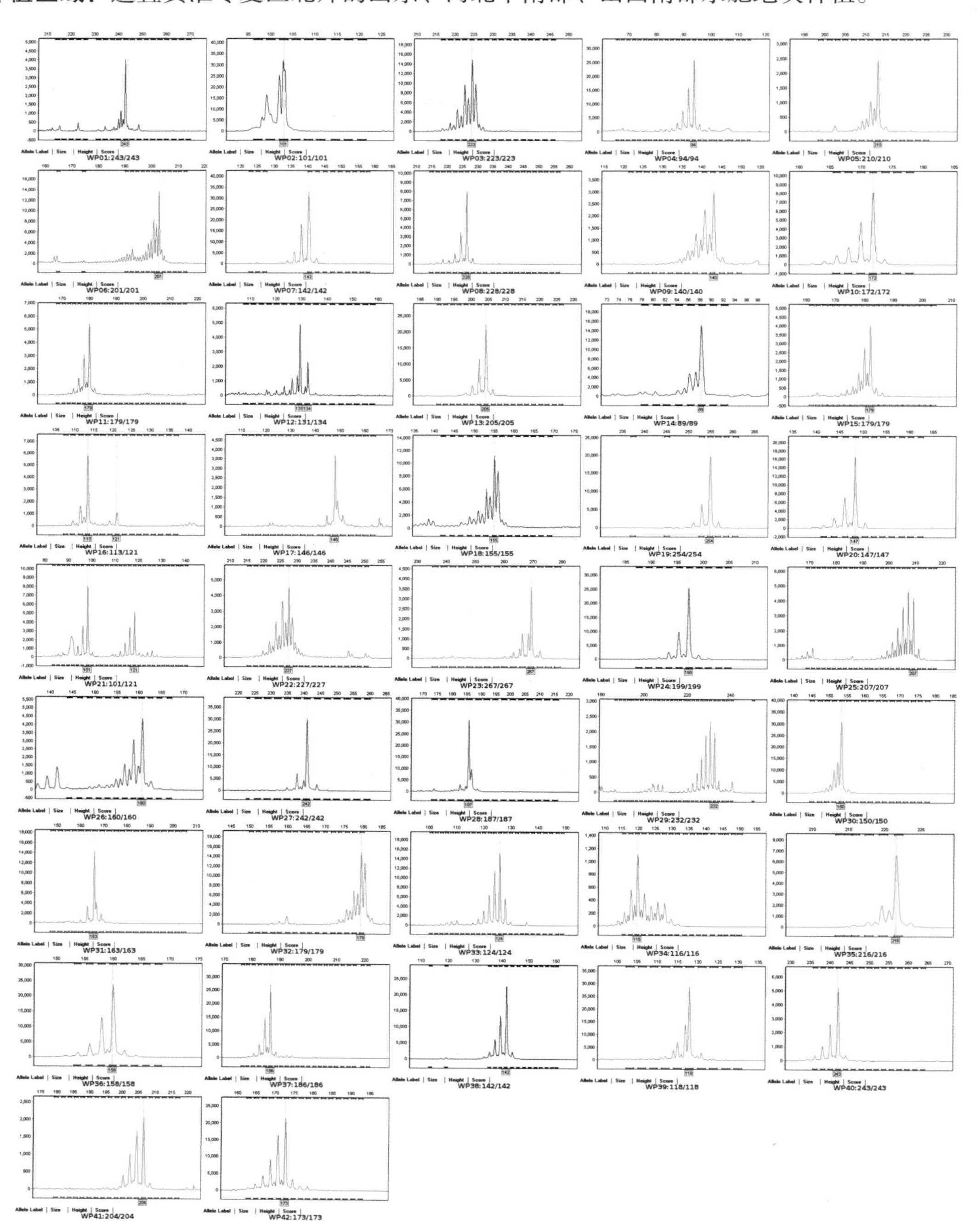

65. 齐麦2号

审定编号：国审麦20170017

选育单位：济南永丰种业有限公司

品种来源：潍麦8号/05-38

特征特性：半冬性，全生育期241天，与对照品种良星99熟期相当。幼苗半匍匐，分蘖力一般。株高80厘米，茎秆细、韧性较好。后期蜡质重，旗叶窄长，穗层不整齐，熟相较好。穗近长方形，白壳、长芒、白粒，籽粒角质，饱满度好。亩穗数41.9万穗，穗粒数36.9粒，千粒重45.1克。抗病性鉴定，中感白粉病和纹枯病，高感赤霉病、条锈病和叶锈病。品质检测，籽粒容重816克/升，蛋白质含量13.25%，湿面筋含量28.2%，稳定时间5.2分钟。

产量表现：2013—2014年度参加黄淮冬麦区北片水地组品种区域试验，平均亩产615.1千克，比对照良星99增产6.1%；2014—2015年度续试，平均亩产597.9千克，比良星99增产6.7%。2015—2016年度参加生产试验，平均亩产617.8千克，比良星99增产7.3%。

栽培技术要点：适宜播种期10月上中旬，每亩适宜基本苗高水肥地18万，中等地力20万。注意防治蚜虫、赤霉病、条锈病、叶锈病、白粉病和纹枯病等病虫害。

适宜种植区域：适宜黄淮冬麦区北片的山东、河北中南部、山西南部水肥地块种植。

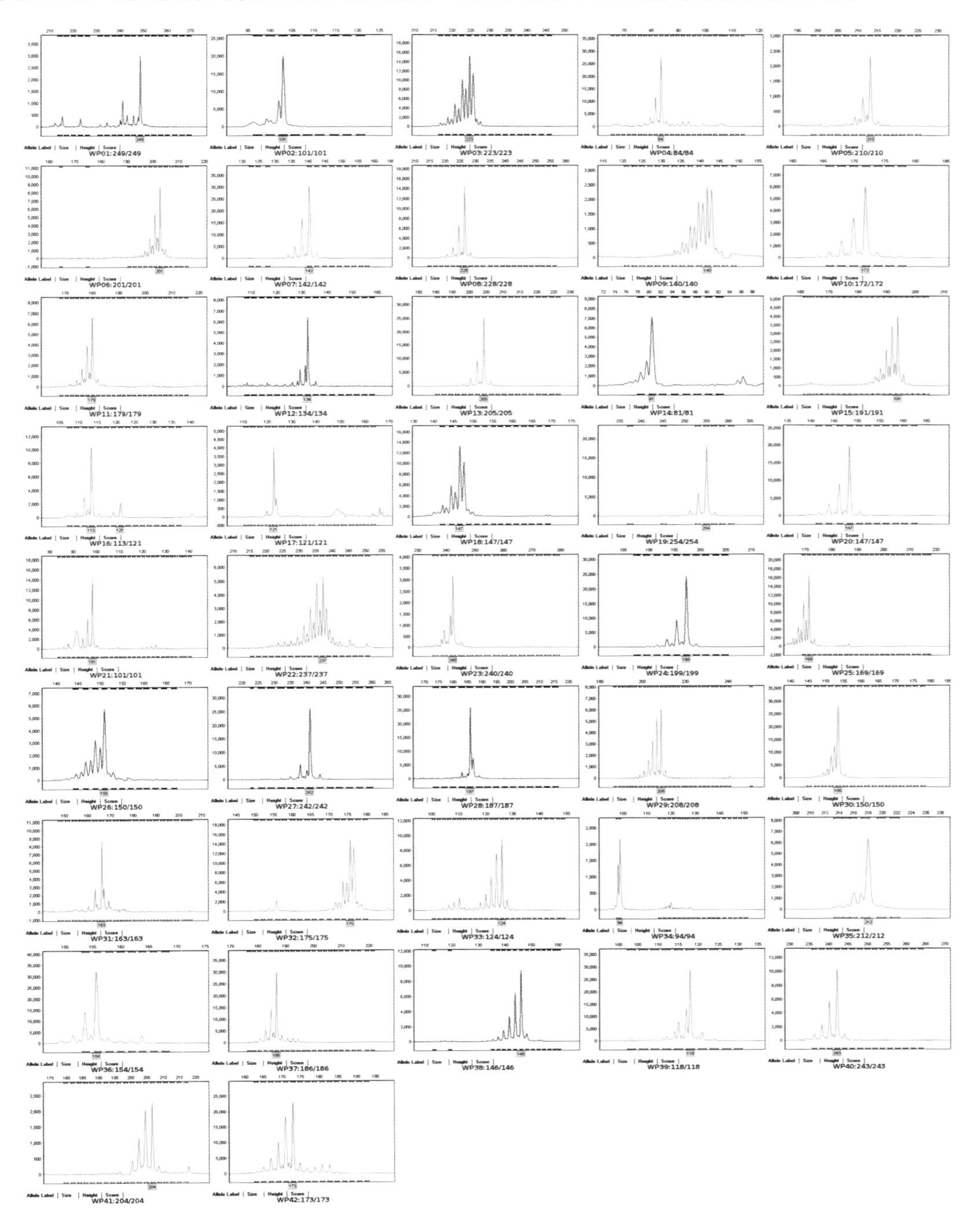

66. 俊达129

审定编号：国审麦20170016

选育单位：河南俊达种业有限公司

品种来源：淮麦18/A5-100//淮麦18

特征特性：半冬性，全生育期241天，与对照品种良星99熟期相当。幼苗半匍匐，叶色浓绿，分蘖力中等。株高84厘米，株型偏散，茎秆弹性较好。后期不耐高温，熟相较差。穗纺锤形，白壳、长芒、白粒，籽粒偏粉质，饱满度中等。亩穗数42.8万穗，穗粒数37.2粒，千粒重41.5克。抗病性鉴定，中感白粉病、纹枯病，高感条锈病、叶锈病和赤霉病。品质检测，容重807克/升，蛋白质含量13.25%，湿面筋含量26.8%，稳定时间5.7分钟。

产量表现：2013—2014年度参加黄淮冬麦区北片水地组品种区域试验，平均亩产607.8千克，比对照良星99增产4.3%；2014—2015年度续试，平均亩产573.0千克，比良星99增产3.2%。2015—2016年度生产试验，平均亩产597.2千克，比良星99增产3.7%。

栽培技术要点：适宜播种期10月上中旬，每亩适宜基本苗18万～22万。注意防治蚜虫、赤霉病、条锈病、叶锈病、白粉病和纹枯病等病虫害。

适宜种植区域：适宜黄淮冬麦区北片的山东、河北中南部、山西南部水肥地块种植。

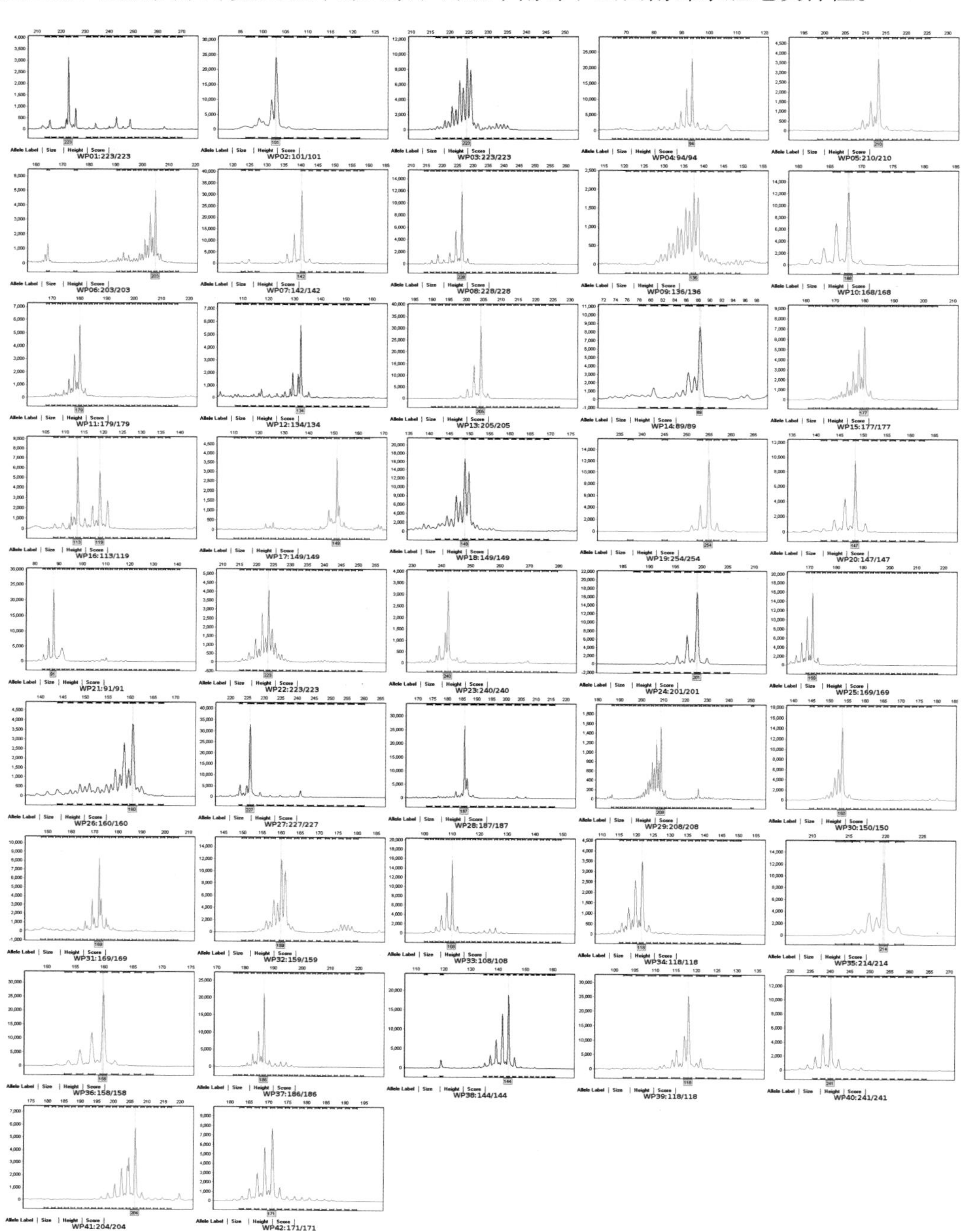

67. 西农585

审定编号：国审麦20170014

选育单位：西北农林科技大学农学院

品种来源：西农4211/西农9871

特征特性：弱春性，全生育期216天，与对照品种偃展4110熟期相当。幼苗半匍匐，叶片宽长，分蘖力较强，耐倒春寒能力一般。株高78.9厘米，株型较松散，茎秆弹性一般，抗倒性一般。茎叶蜡质明显，旗叶短宽、上举，穗层整齐，熟相中等。穗纺锤形，白壳、长芒、白粒，籽粒角质，饱满度一般。亩穗数42.2万穗，穗粒数31.2粒，千粒重44.4克。抗病性鉴定，慢条锈病，中感叶锈病、纹枯病，高感白粉病、赤霉病。品质检测，籽粒容重807克/升，蛋白质含量14.91%，湿面筋含量33.2%，稳定时间5.8分钟。

产量表现：2013—2014年度参加黄淮冬麦区南片春水组品种区域试验，平均亩产539.8千克，比对照偃展4110增产2.8%；2014—2015年度续试，平均亩产514.9千克，比偃展4110增产5.4%。2015—2016年度生产试验，平均亩产524.8千克，比偃展4110增产5.9%。

栽培技术要点：2013—2014年度参加黄淮冬麦区南片春水组品种区域试验，平均亩产539.8千克，比对照偃展4110增产2.8%；2014—2015年度续试，平均亩产514.9千克，比偃展4110增产5.4%。2015—2016年度生产试验，平均亩产524.8千克，比偃展4110增产5.9%。

适宜种植区域：适宜黄淮冬麦区南片的河南除信阳和南阳南部部分地区以外的平原灌区，陕西西安、渭南、咸阳、铜川和宝鸡灌区，江苏和安徽两省淮河以北高中水肥地块中晚茬种植。

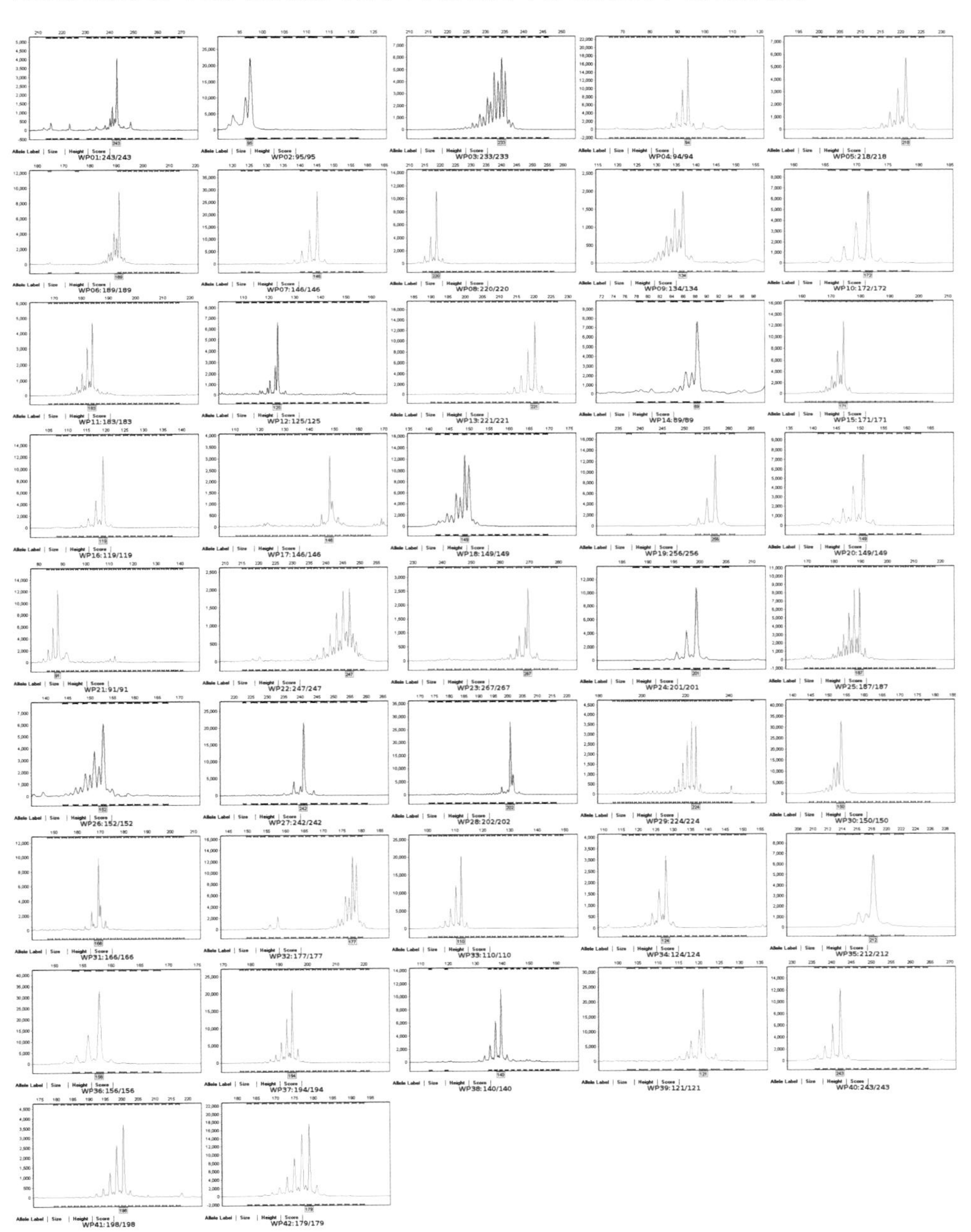

68. 沃德麦365

审定编号：国审麦20170011

选育单位：河南赛德种业有限公司、河南国育种业有限公司

品种来源：周麦22/CI18

特征特性：半冬性，全生育期225天，比对照品种周麦18早熟1天。幼苗半匍匐，叶片宽，叶色深绿，分蘖力较强，耐倒春寒能力一般。株高88.3厘米，株型较紧凑，茎秆弹性较好，抗倒性一般。蜡质层厚，旗叶短、上冲，穗层厚，熟相中等。穗长方形，白壳、长芒、白粒，籽粒半角质，饱满度一般。亩穗数39.3万穗，穗粒数29.6粒，千粒重51.7克。抗病性鉴定，条锈病近免疫，中感白粉病，中感叶锈病，高感赤霉病、纹枯病。品质检测，籽粒容重778克/升，蛋白质含量15.05%，湿面筋含量34.0%，稳定时间1.5分钟。

产量表现：2013—2014年度参加黄淮冬麦区南片冬水组品种区域试验，平均亩产578.1千克，比对照周麦18增产3.4%；2014—2015年度续试，平均亩产544.3千克，比周麦18增产4.9%。2015—2016年度生产试验，平均亩产555.1千克，比周麦18号增产4.8%。

栽培技术要点：适宜播种期10月上中旬，每亩适宜基本苗12万～18万。注意防治蚜虫、白粉病、叶锈病、赤霉病和纹枯病等病虫害。

适宜种植区域：适宜黄淮冬麦区南片的河南除信阳和南阳南部部分地区以外的平原灌区，陕西西安、渭南、咸阳、铜川和宝鸡灌区，江苏和安徽两省淮河以北地区高中水肥地块中晚茬种植。

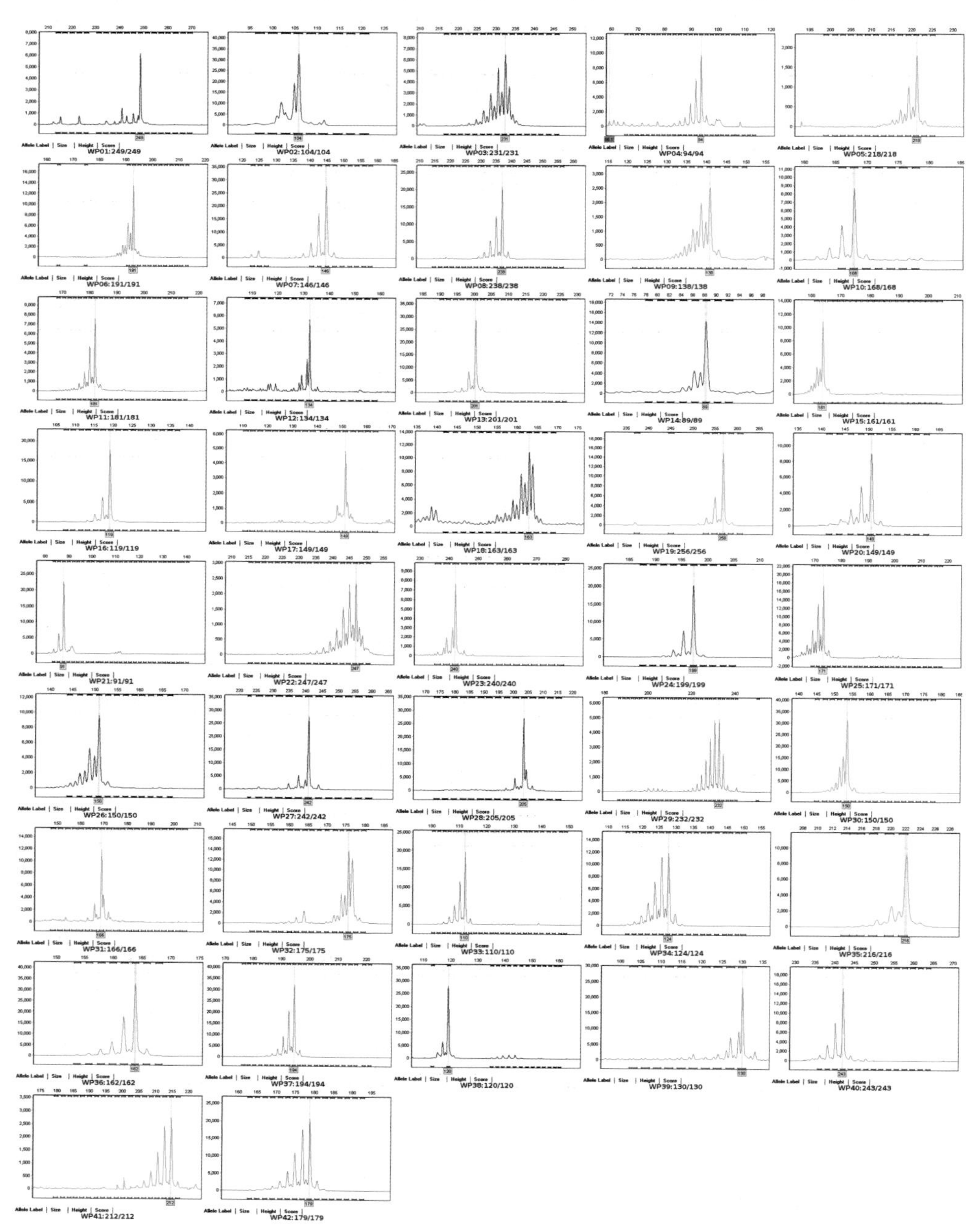

69. 丰德存麦12号

审定编号：国审麦20170010

选育单位：河南丰德康种业有限公司

品种来源：周麦16/陕优225//百农AK58

特征特性：半冬性，全生育期226天，与对照品种周麦18熟期相当。幼苗半匍匐，叶片宽长，分蘖力较强，耐倒春寒能力一般。株高80.8厘米，株型较松散，茎秆弹性较好，较抗倒伏。旗叶窄长、上冲，穗层整齐，熟相好。穗纺锤形，白壳、短芒、白粒，籽粒角质，饱满度较好。亩穗数42.0万穗，穗粒数30.8粒，千粒重47.4克。抗病性鉴定，慢条锈病，中感叶锈病，高感白粉病、赤霉病、纹枯病。品质检测，籽粒容重818克/升，蛋白质含量15.01%，湿面筋含量34.2%，稳定时间5.1分钟。

产量表现：2013—2014年度参加黄淮冬麦区南片冬水组品种区域试验，平均亩产585.5千克，比对照周麦18增产4.4%；2014—2015年度续试，平均亩产533.2千克，比周麦18增产3.4%。2015—2016年度生产试验，平均亩产562.5千克，比周麦18增产6.2%。

栽培技术要点：适宜播种期10月上中旬，每亩适宜基本苗12万～18万。注意防治蚜虫、条锈病、赤霉病、纹枯病和白粉病等病虫害。

适宜种植区域：适宜黄淮冬麦区南片的河南除信阳和南阳南部部分地区以外的平原灌区，陕西西安、渭南、咸阳、铜川和宝鸡灌区，江苏和安徽两省淮河以北地区高中水肥地块早中茬种植。

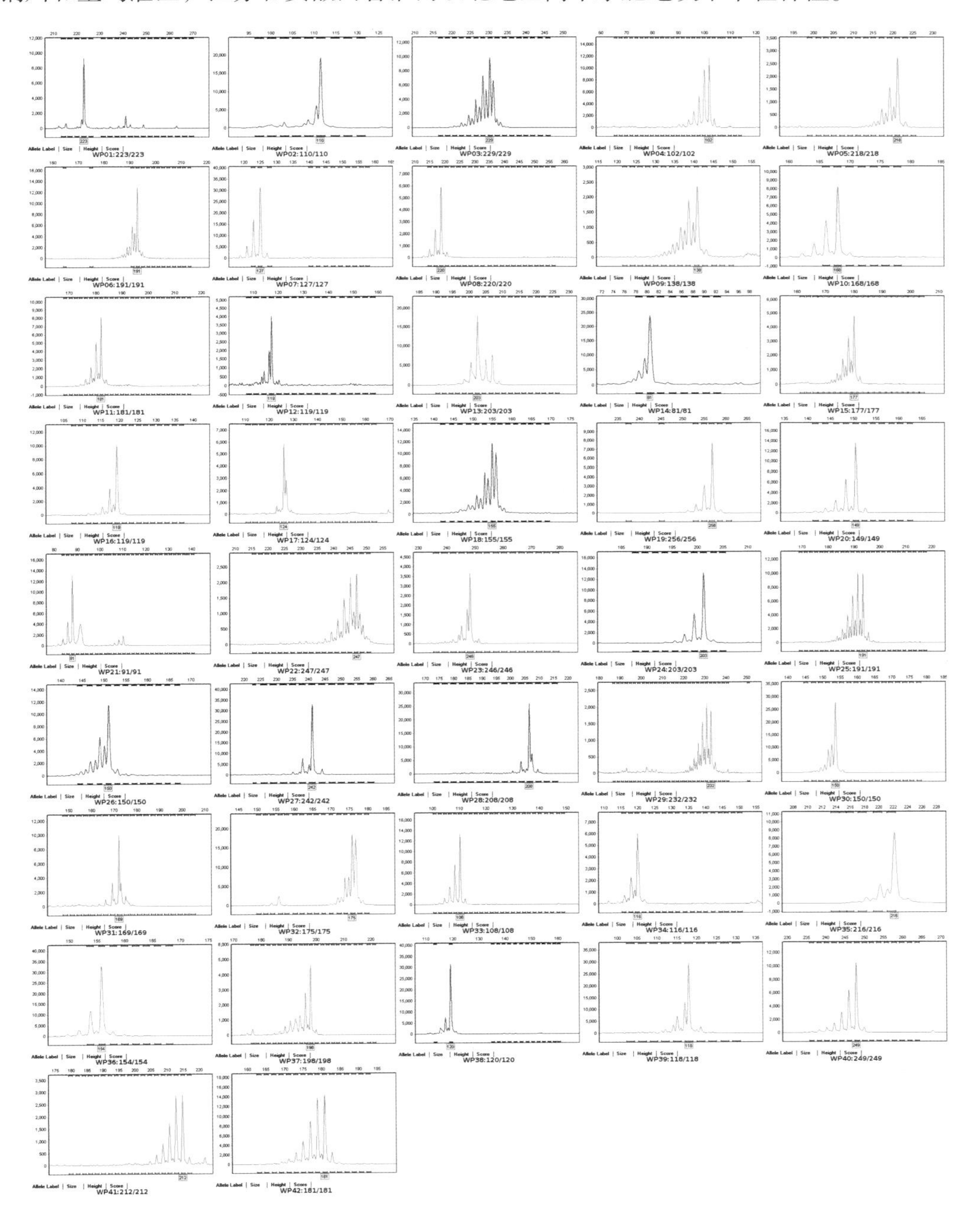

70. 濮兴5号

审定编号：国审麦20170009

选育单位：河南省民兴种业有限公司

品种来源：周麦16/豫麦49//周麦22

特征特性：半冬性，全生育期226天，与对照品种周麦18熟期相当。幼苗半匍匐，叶片宽长，叶色黄绿，分蘖力较强，耐倒春寒能力一般。株高82.1厘米，株型较紧凑，茎秆弹性一般，抗倒性一般。蜡质层较厚，旗叶宽长、上冲，穗层厚，熟相较好。穗长方形，白壳、短芒、白粒，籽粒半角质，饱满度中等。亩穗数39.9万穗，穗粒数32.3粒，千粒重48.3克。抗病性鉴定，中感条锈病，慢叶锈病，高感白粉病、赤霉病、纹枯病。品质检测，籽粒容重808克/升，蛋白质含量14.90%，湿面筋含量32.5%，稳定时间3.4分钟。

产量表现：2013—2014年度参加黄淮冬麦区南片冬水组品种区域试验，平均亩产575.4千克，比对照周麦18增产2.9%；2014—2015年度续试，平均亩产546.6千克，比周麦18增产5.3%。2015—2016年度生产试验，平均亩产561.3千克，比周麦18号增产6.0%。

栽培技术要点：适宜播种期10月上中旬，每亩适宜基本苗12万～18万。注意防治蚜虫、条锈病、赤霉病、白粉病和纹枯病等病虫害。

适宜种植区域：适宜黄淮冬麦区南片的河南除信阳和南阳南部部分地区以外的平原灌区，陕西西安、渭南、咸阳、铜川和宝鸡灌区，江苏和安徽两省淮河以北地区高中水肥地块早中茬种植。

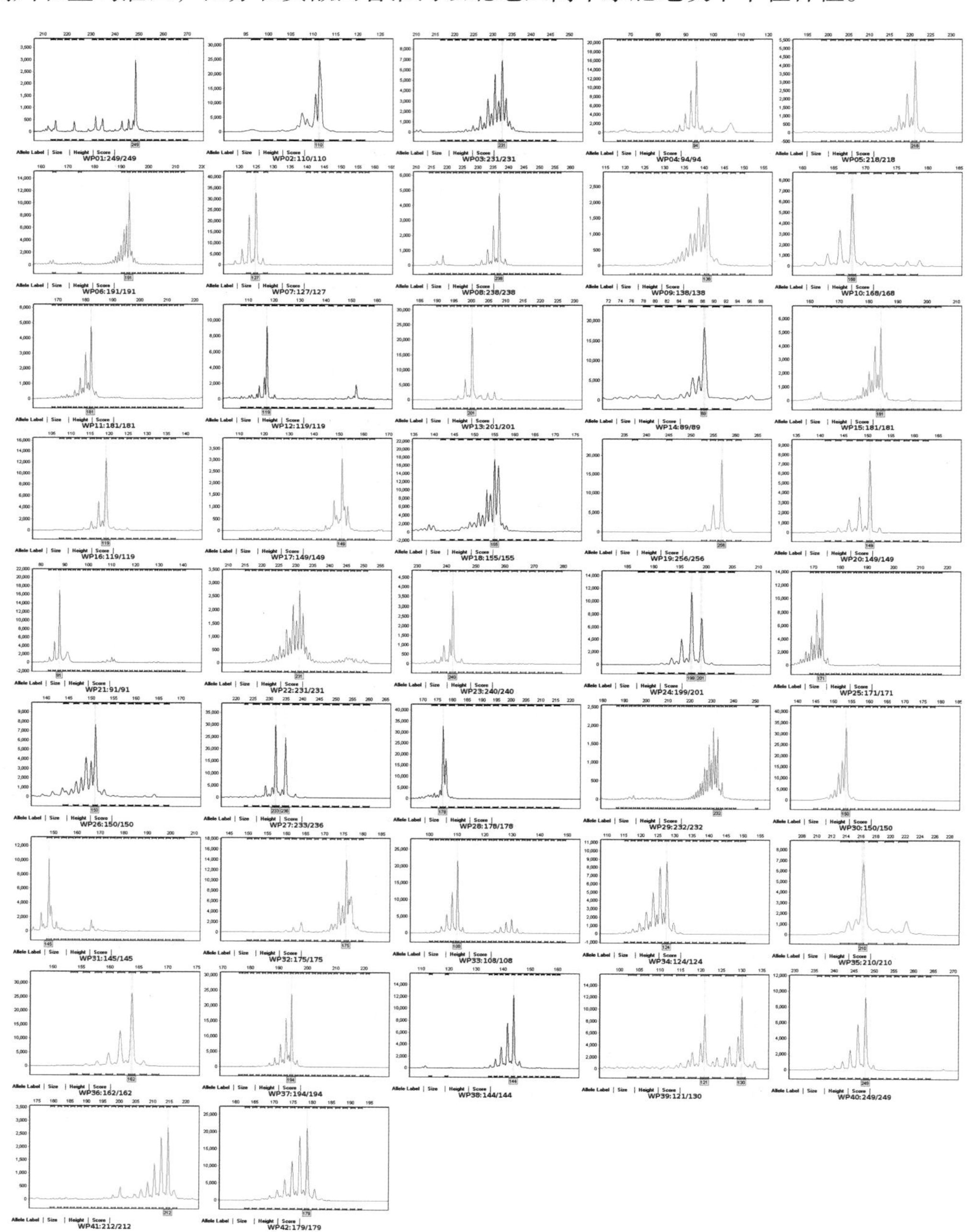

71. 泉麦890

审定编号： 国审麦20170008

选育单位： 河南开泉农业科学研究所有限公司

品种来源： 许科1号/04中36

特征特性： 半冬性，全生育期227天，比对照品种周麦18晚熟1天。幼苗半匍匐，叶片宽大，分蘖力中等，耐倒春寒能力较好。株高86厘米，株型较紧凑，茎秆粗壮，较抗倒伏。蜡质层厚，旗叶短宽、上冲，穗层整齐，熟相较好。穗长方形，白壳、短芒、白粒，籽粒角质，饱满度好。亩穗数37.5万穗，穗粒数33.4粒，千粒重49.5克。抗病性鉴定，中抗叶锈病，中感条锈病，高感白粉病、赤霉病和纹枯病。品质检测，籽粒容重811克/升，蛋白质含量14.00%，湿面筋含量31.8%，稳定时间2.5分钟。

产量表现： 2013—2014年度参加黄淮冬麦区南片冬水组品种区域试验，平均亩产586.3千克，比对照周麦18增产4.9%；2014—2015年度续试，平均亩产545.2千克，比周麦18增产5.1%。2015—2016年度生产试验，平均亩产558.4千克，比周麦18号增产5.4%。

栽培技术要点： 适宜播种期10月上中旬，每亩适宜基本苗12万～18万。注意防治蚜虫、条锈病、白粉病、赤霉病和纹枯病等病虫害。

适宜种植区域： 适宜黄淮冬麦区南片的河南除信阳和南阳南部部分地区以外的平原灌区，陕西西安、渭南、咸阳、铜川和宝鸡灌区，江苏和安徽两省淮河以北地区高中水肥地块早中茬种植。

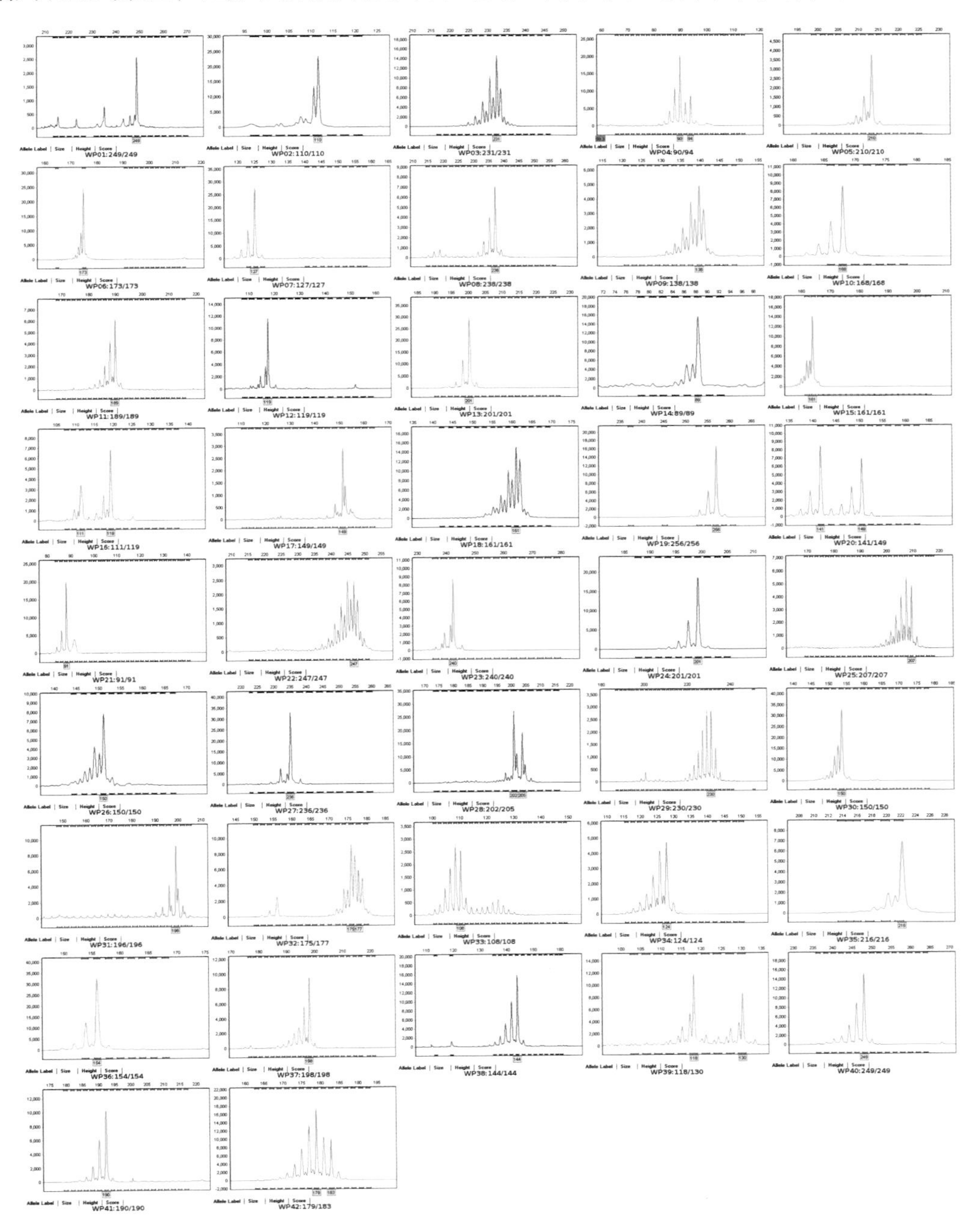

72. 徐麦35

审定编号：国审麦20170007

选育单位：江苏徐淮地区徐州农业科学研究所

品种来源：新麦93119/周麦16

特征特性：半冬性，全生育期226天，与对照品种周麦18熟期相当。幼苗半匍匐，叶片宽短直立，分蘖力较强，耐倒春寒能力中等。株高82.2厘米，株型较紧凑，茎秆粗，弹性一般，抗倒性一般。旗叶短宽，上冲，穗叶同层，穗层整齐，熟相较好。穗纺锤形，白壳、长芒、白粒，籽粒角质，饱满度中等。亩穗数42.7万穗，穗粒数35.8粒，千粒重41.6克。抗病性鉴定，中感条锈病，高感叶锈病、白粉病、赤霉病和纹枯病。品质检测，籽粒容重820克/升，蛋白质含量12.89%，湿面筋含量29.4%，稳定时间2.1分钟。

产量表现：2013—2014年度参加黄淮冬麦区南片冬水组品种区域试验，平均亩产599.3千克，比对照周麦18增产6.9%；2014—2015年度续试，平均亩产557.4千克，比周麦18增产7.4%。2015—2016年度生产试验，平均亩产568.3千克，比周麦18号增产7.5%。

栽培技术要点：适宜播种期10月上中旬，每亩适宜基本苗12万～18万。注意防治蚜虫、叶锈病、白粉病、赤霉病和纹枯病等病虫害。

适宜种植区域：适宜黄淮冬麦区南片的河南除信阳和南阳南部部分地区以外的平原灌区，陕西西安、渭南、咸阳、铜川和宝鸡灌区，江苏和安徽两省淮河以北地区高中水肥地块旱中茬种植。

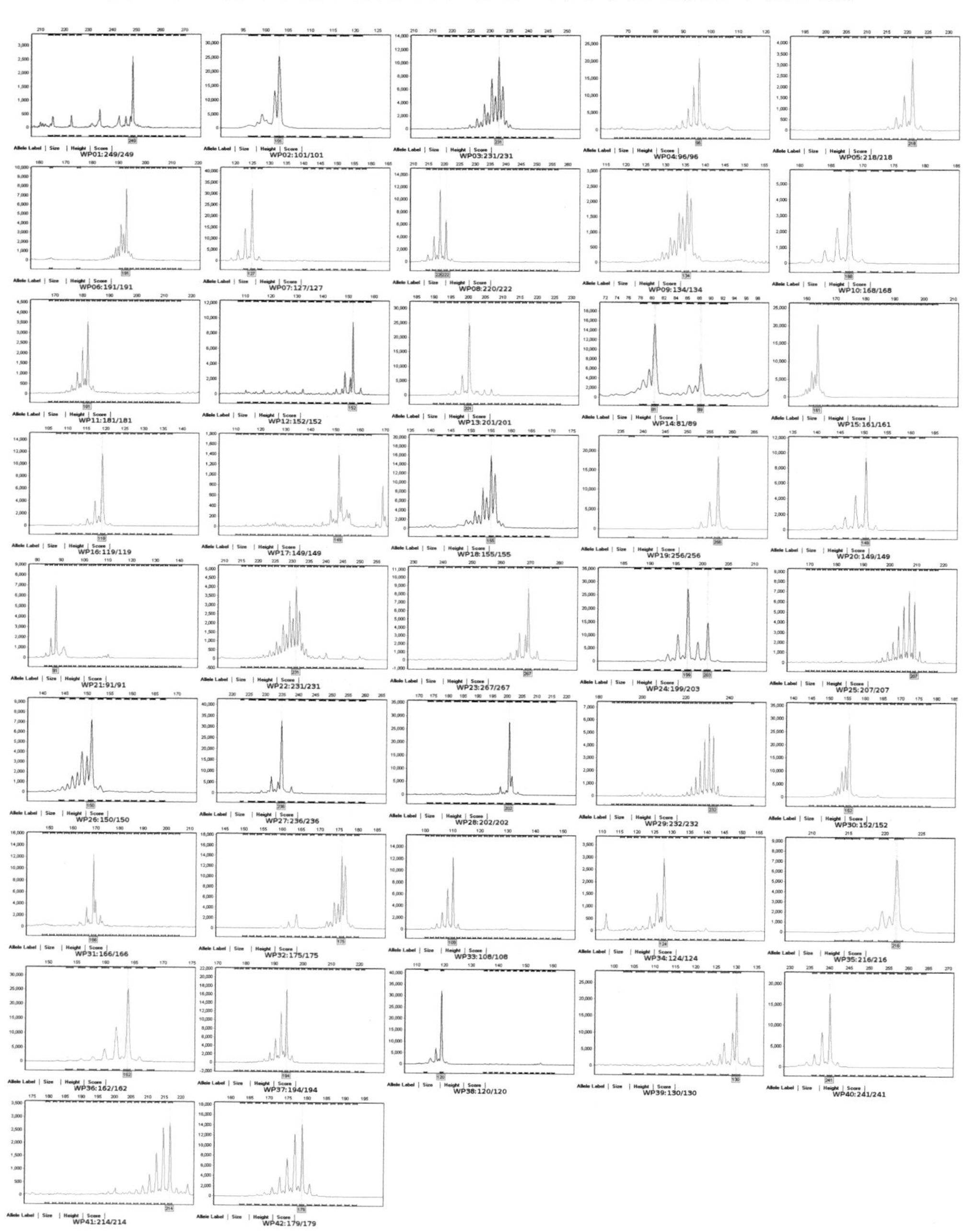

73. 德研16

审定编号：国审麦20170006

选育单位：河南德宏种业股份有限公司

品种来源：周麦18/皖麦50//淮麦0208

特征特性：半冬性，全生育期226天，与对照品种周麦18熟期相当。幼苗半匍匐，叶片细长，叶色深绿，分蘖力强，耐倒春寒能力较好。株高81.2厘米，株型较紧凑，茎秆粗壮，较抗倒伏。蜡质重，旗叶宽短，上冲，穗叶同层，穗层厚，熟相中等。穗纺锤形，白壳、短芒、白粒，籽粒角质，饱满度中等。亩穗数41.2万穗，穗粒数33.2粒，千粒重44.3克。抗病性鉴定，中感条锈病，高感叶锈病、白粉病、赤霉病、纹枯病。品质检测，籽粒容重786克/升，蛋白质含量15.65%，湿面筋含量35%，稳定时间5.3分钟。

产量表现：2013—2014年度参加黄淮冬麦区南片冬水组品种区域试验，平均亩产598.8千克，比对照周麦18增产6.8%；2014—2015年度续试，平均亩产545.2千克，比周麦18增产5.1%。2015—2016年度生产试验，平均亩产556.9千克，比周麦18号增产5.4%。

栽培技术要点：适宜播种期10月上中旬，每亩适宜基本苗16万～22万。注意防治蚜虫、条锈病、赤霉病、叶锈病、白粉病和纹枯病等病虫害。

适宜种植区域：适宜黄淮冬麦区南片的河南除信阳和南阳南部部分地区以外的平原灌区，陕西西安、渭南、咸阳、铜川和宝鸡灌区，江苏和安徽两省淮河以北地区高中水肥地块早中茬种植。

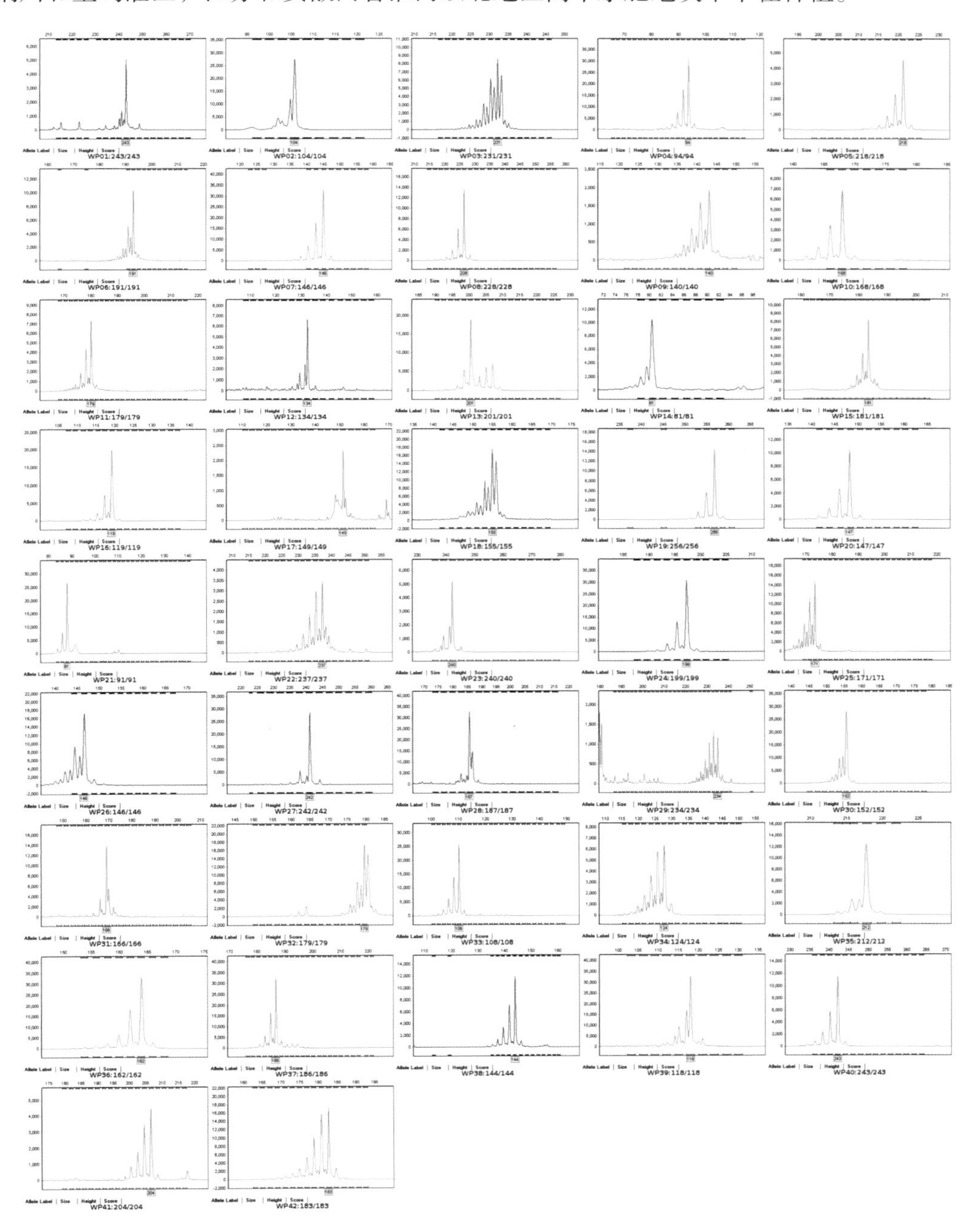

74. 宁麦26

审定编号：国审麦20170005

选育单位：江苏省农业科学院农业生物技术研究所、江苏红旗种业股份有限公司

品种来源：宁9531/宁麦9号

特征特性：春性，全生育期200天，与对照品种扬麦20熟期相当。幼苗半直立，叶片短宽，叶色深，分蘖力强。株高81.5厘米，株型较紧凑，抗倒性较弱。旗叶平伸，穗层较整齐，熟相中等。穗纺锤形，白壳、长芒、红粒，籽粒半角质。亩穗数31.6万穗，穗粒数36.5粒，千粒重41.8克。抗病性鉴定，中抗纹枯病，中感赤霉病，高感白粉病、条锈病、叶锈病。品质检测，籽粒容重792克/升，蛋白质含量11.54%，湿面筋含量22.3%，稳定时间6.3分钟。

产量表现：2013—2014年度参加长江中下游冬麦组品种区域试验，平均亩产418.3千克，比对照品种扬麦20增产5.5%；2014—2015年度续试，平均亩产417.7千克，比扬麦20增产4.5%。2015—2016年度生产试验，平均亩产438.2千克，比对照品种增产7.4%。

栽培技术要点：适宜播种期10月下旬至11月上旬，每亩适宜基本苗12万～15万。注意防治蚜虫、条锈病、叶锈病和白粉病等病虫害。

适宜种植区域：适宜长江中下游冬麦区的江苏淮南地区、安徽淮南地区、上海、浙江、湖北中南部地区、河南信阳地区种植。

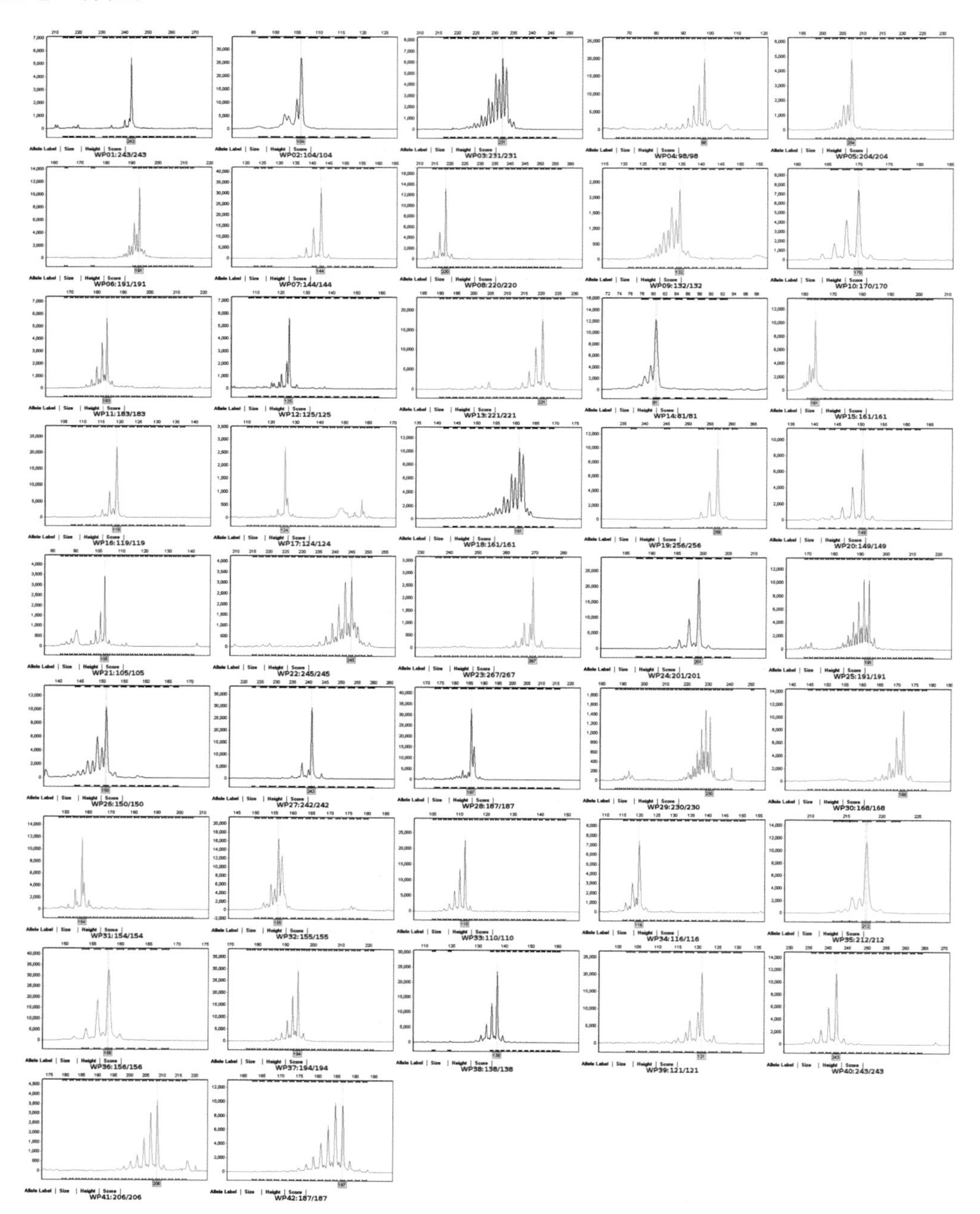

75. 天益科麦5号

审定编号：国审麦20170003

选育单位：安徽华成种业股份有限公司

品种来源：淮0566/洛麦23

特征特性：半冬性，全生育期226天，与对照品种周麦18熟期相当。幼苗半匍匐，叶片较长，分蘖力较强，耐倒春寒能力中等。株高88.5厘米，株型紧凑，较抗倒伏。旗叶短宽，上冲，穗层厚，熟相较好。穗近长方形，白壳、长芒、白粒，籽粒半角质，饱满度中等。亩穗数39.6万穗，穗粒数34.7粒，千粒重45.0克。抗病性鉴定，中感赤霉病，高感条锈病、白粉病、叶锈病和纹枯病。品质检测，籽粒容重813克/升，蛋白质含量14.90%，湿面筋含量32.0%，稳定时间4.7分钟。

产量表现：2013—2014年度参加黄淮冬麦区南片冬水组品种区域试验，平均亩产593.4千克，比对照周麦18增产5.8%；2014—2015年度续试，平均亩产557.2千克，比周麦18增产7.4%。2015—2016年度生产试验，平均亩产566.6千克，比周麦18号增产7.2%。

栽培技术要点：适宜播种期10月上中旬，每亩适宜基本苗12万～20万。注意防治蚜虫、条锈病、白粉病、叶锈病和纹枯病等病虫害。

适宜种植区域：适宜黄淮冬麦区南片的河南除信阳和南阳南部部分地区以外的平原灌区，陕西西安、渭南、咸阳、铜川和宝鸡灌区，江苏和安徽两省淮河以北地区高中水肥地块早中茬种植。

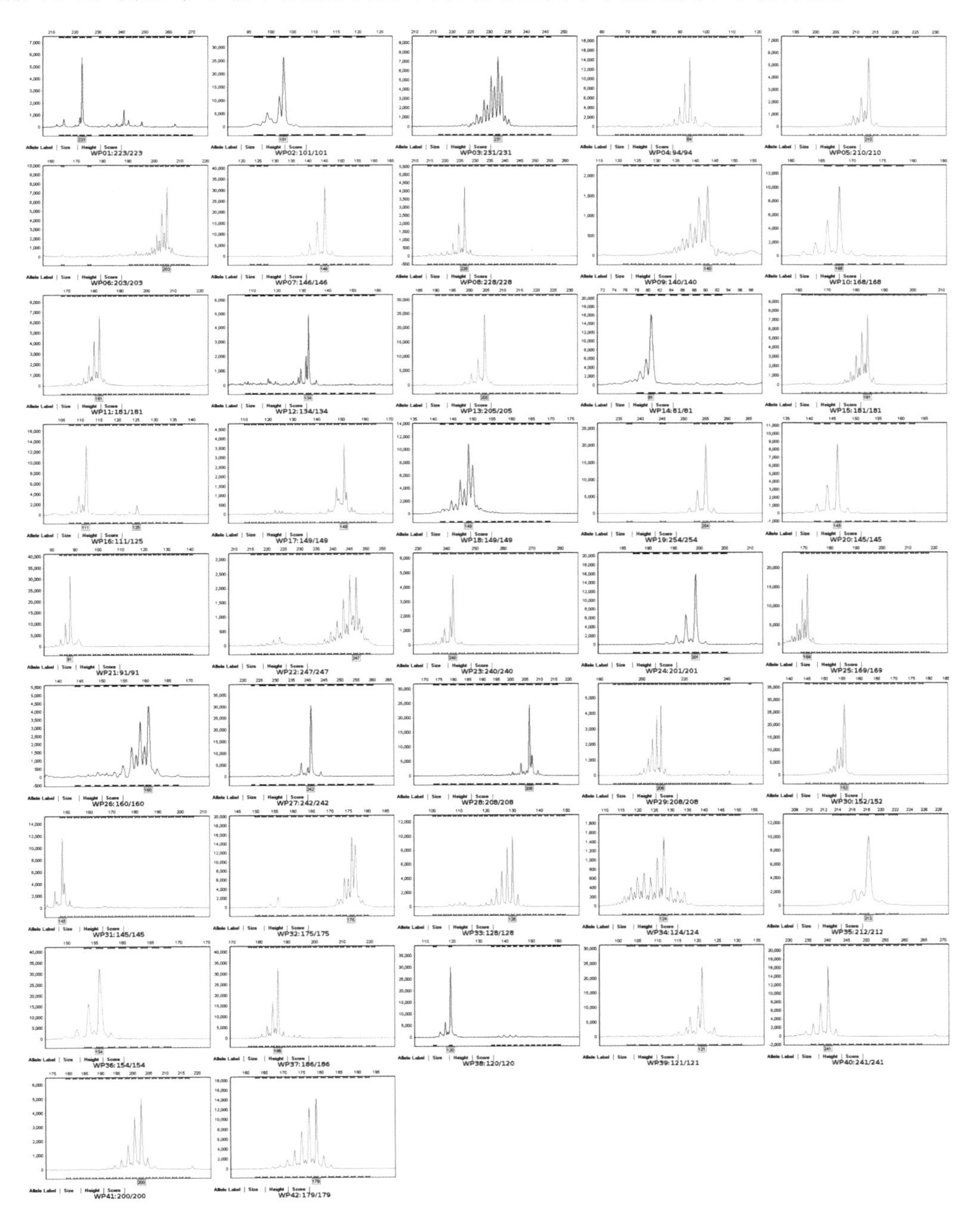

76. 恒进麦8号

审定编号：国审麦20170002

选育单位：王蕊

品种来源：周麦16/淮麦28

特征特性：半冬性，全生育期225天，比对照品种周麦18早熟1天。幼苗半匍匐，叶片窄短，叶色深绿，分蘖力中等，耐倒春寒能力中等。株高90.7厘米，株型偏紧凑，茎秆细韧弹性好，较抗倒伏。旗叶短小，上冲，穗层厚，熟相较好。穗纺锤形，白壳、长芒、白粒，籽粒角质，饱满度好。亩穗数41.3万穗，穗粒数32.2粒，千粒重47.7克。抗病性鉴定，中感赤霉病和条锈病，高感白粉病、叶锈病和纹枯病。品质检测，籽粒容重838克/升，蛋白质含量13.96%，湿面筋含量28.1%，稳定时间6.9分钟。

产量表现：2013—2014年度参加黄淮冬麦区南片冬水组品种区域试验，平均亩产591.5千克，比对照周麦18增产5.5%；2014—2015年度续试，平均亩产567.3千克，比周麦18增产10.0%。2015—2016年度生产试验，平均亩产563.6千克，比周麦18号增产6.6%。

栽培技术要点：适宜播种期10月上中旬，每亩适宜基本苗16万～25万。注意防治蚜虫、白粉病、叶锈病和纹枯病等病虫害。

适宜种植区域：适宜黄淮冬麦区南片的河南除信阳和南阳南部部分地区以外的平原灌区，陕西西安、渭南、咸阳、铜川和宝鸡灌区，江苏和安徽两省淮河以北地区高中水肥地块早中茬种植。

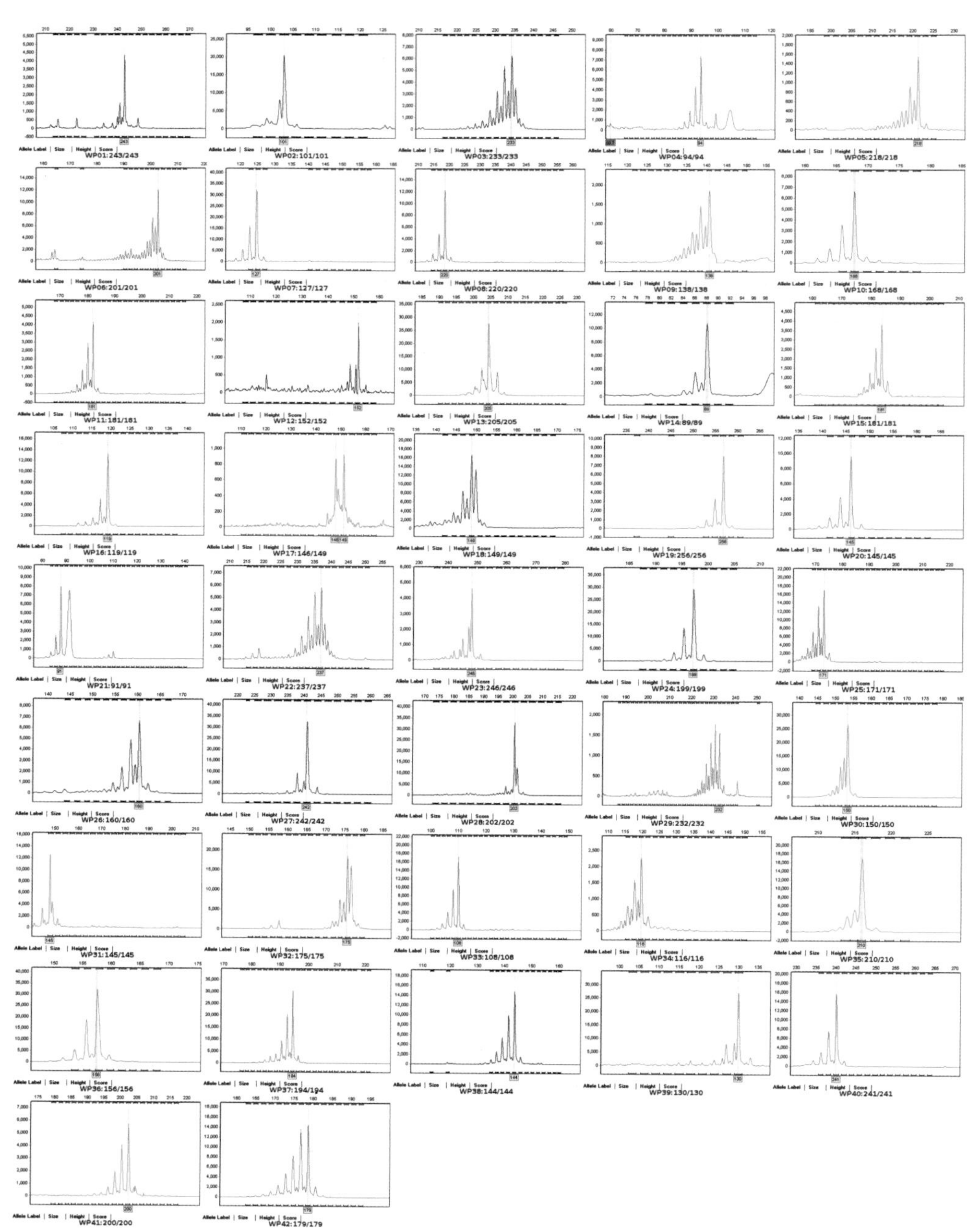

77. 航麦247

审定编号：国审麦2016029

选育单位：中国农业科学院作物科学研究所

品种来源：轮选987/G55

特征特性：冬性，全生育期253天，比对照品种中麦175晚熟2天。幼苗半匍匐，分蘖力较强，成穗率较高。株高69.4厘米。穗纺锤形，长芒，白壳，红粒。亩穗数48.4万穗，穗粒数28.6粒，千粒重39.2克，抗寒性中等。抗病性鉴定，慢条锈病，中感叶锈病，中抗白粉病。品质检测，籽粒容重754克/升，蛋白质含量15.28%，湿面筋含量33.6%，沉降值23.6毫升，吸水率58.0%，面团稳定时间2.3分钟，最大拉伸阻力128E.U.，延伸性133毫米，拉伸面积23平方厘米。

产量表现：2012—2013年度参加北部冬麦区水地组区域试验，平均亩产407.8千克，比对照品种中麦175增产3.8%；2013—2014年度续试，平均亩产527.5千克，比对照品种增产5.8%。2014—2015年度生产试验，平均亩产508.1千克，比中麦175增产9.5%。

栽培技术要点：适宜播种期9月下旬至10月上旬，每亩适宜基本苗20万～25万，晚播可适当增加播量。

适宜种植区域：适宜在北部冬麦区的北京、天津、河北中北部、山西北部冬麦区中等以上肥力水地种植，也适宜新疆阿拉尔冬麦区种植。

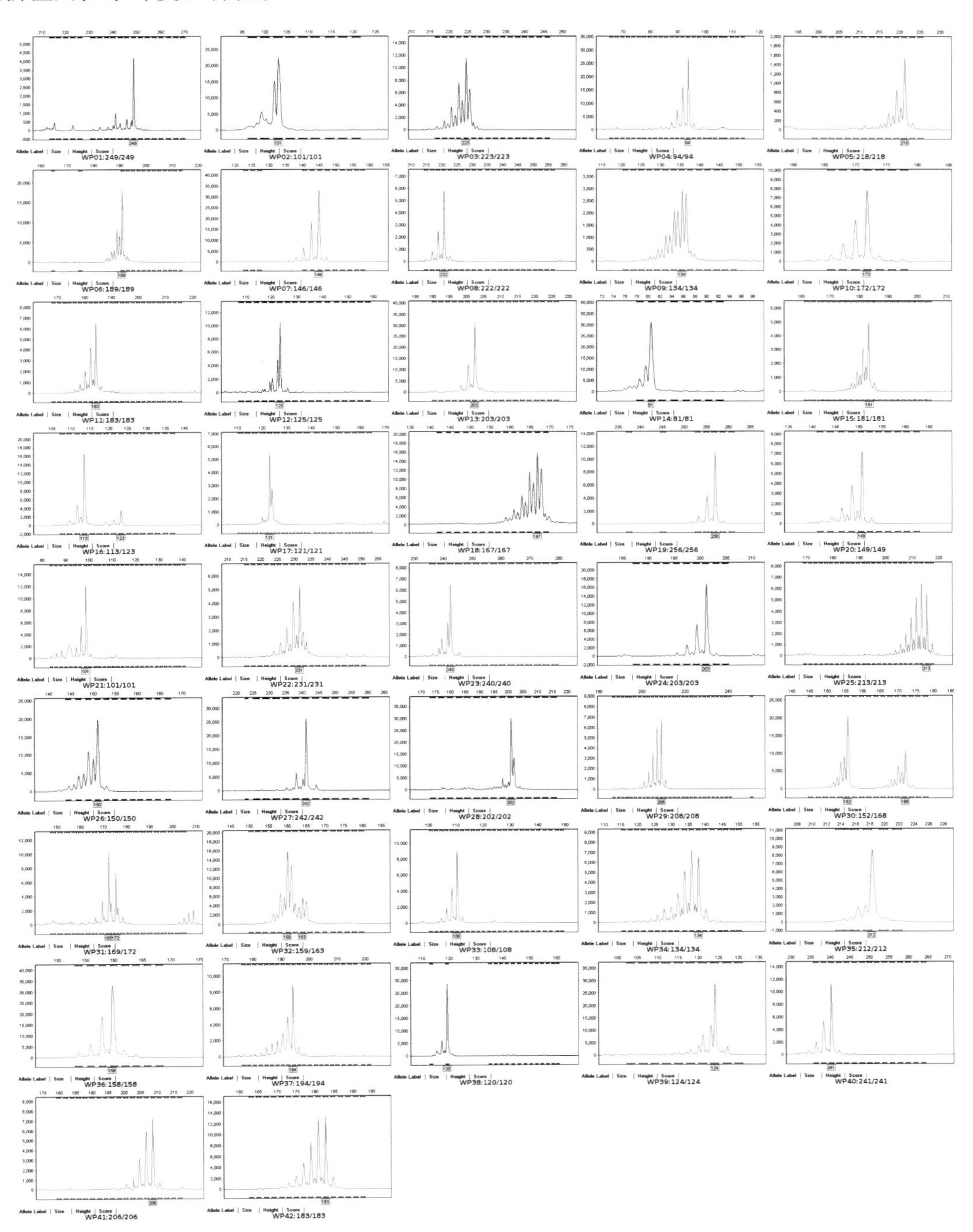

78. 冀麦418

审定编号： 国审麦2016026

选育单位： 河北省农林科学院粮油作物研究所

品种来源： 冀5157/石20-7221

特征特性： 半冬性，全生育期239天，与对照品种洛旱7号相当。幼苗半匍匐，生长健壮，分蘖力较强，成穗中等。返青较早，两极分化较快，株型半紧凑，通风透光性好，茎秆蜡质，叶片细长，旗叶上举，抗倒性较好。长相较好，熟相好。穗层整齐，穗长方形，长芒，白壳，白粒，籽粒半角质、饱满度好。亩穗数33.6万穗，穗粒数33.0粒，千粒重42.0克。抗病性鉴定，慢条锈病，高感叶锈病、白粉病和黄矮病。品质检测，籽粒容重796克/升，蛋白质含量13.41%，湿面筋含量28.3%，沉降值23.7毫升，吸水率56.7%，稳定时间2.3分钟，最大拉伸阻力148E.U.，延伸性140毫米，拉伸面积31平方厘米。

产量表现： 2012—2013年度参加黄淮冬麦区旱肥组区域试验，平均亩产330.6千克，比对照品种洛旱7号增产7.0%；2013—2014年度续试，平均亩产435.5千克，比洛旱7号增产5.8%。2014—2015年度生产试验，平均亩产422.7千克，比洛旱7号增产3.9%。

栽培技术要点： 适宜播种期10月上中旬，每亩适宜基本苗20万～25万。注意防治蚜虫、叶锈病、白粉病和黄矮病等病虫害。

适宜种植区域： 适宜山西晋南、陕西咸阳和渭南地区旱地、河南旱肥地、河北中南部旱地、山东旱地种植。

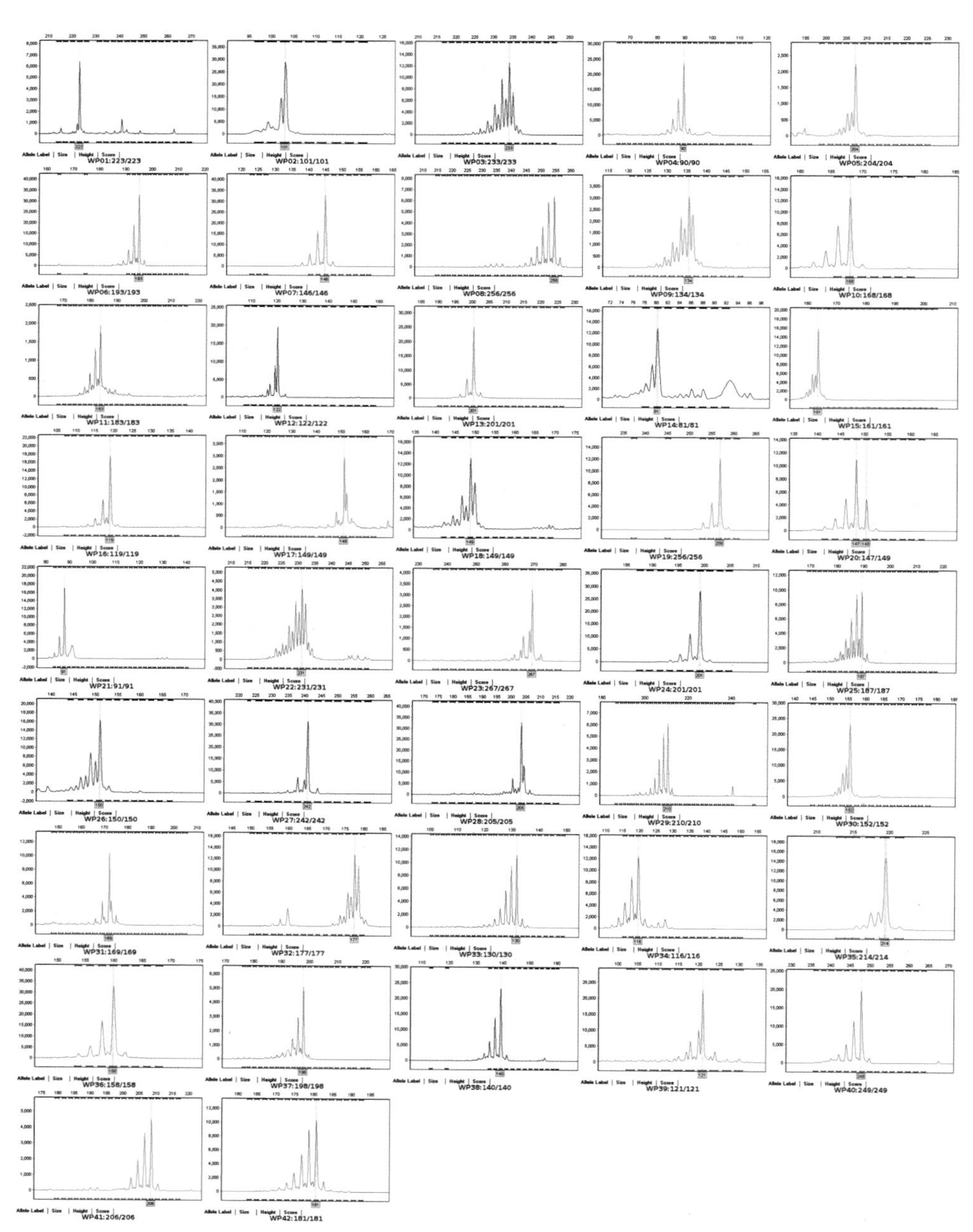

79. 山农29号

审定编号：国审麦2016024

选育单位：山东农业大学

品种来源：临麦6号/J1781（泰农18姊妹系）

特征特性：半冬性，全生育期242天，与对照品种良星99熟期相当。幼苗半匍匐，分蘖力中等，成穗率高，穗层整齐，穗下节短，茎秆弹性好，抗倒性较好。株高79厘米，株型较紧凑，旗叶上举，后期干尖略重，茎秆有蜡质，熟相中等。穗近长方形，小穗排列紧密，长芒，白壳，白粒，籽粒角质、饱满度较好。亩穗数46.1万穗，穗粒数33.8粒，千粒重44.5克。抗寒性鉴定，抗寒性级别1级。抗病性鉴定，慢条锈病，中感白粉病，高感叶锈病、赤霉病和纹枯病。品质检测，籽粒容重797克/升，蛋白质含量13.47%，湿面筋含量28.6%，沉降值29.7毫升，吸水率57.6%，稳定时间4.7分钟，最大拉伸阻力300E.U.，延伸性133毫米，拉伸面积56平方厘米。

产量表现：2012—2013年度参加黄淮冬麦区北片水地组区域试验，平均亩产521.4千克，比对照品种良星99增产4.7%；2013—2014年度续试，平均亩产620.0千克，比良星99增产6.4%。2014—2015年度生产试验，平均亩产611.5千克，比良星99增产6.9%。

栽培技术要点：适宜播种期10月上旬，每亩适宜基本苗18万～22万。注意防治蚜虫、叶锈病、赤霉病和纹枯病等病虫害。

适宜种植区域：适宜黄淮冬麦区北片的山东、河北中南部、山西南部水肥地块种植。

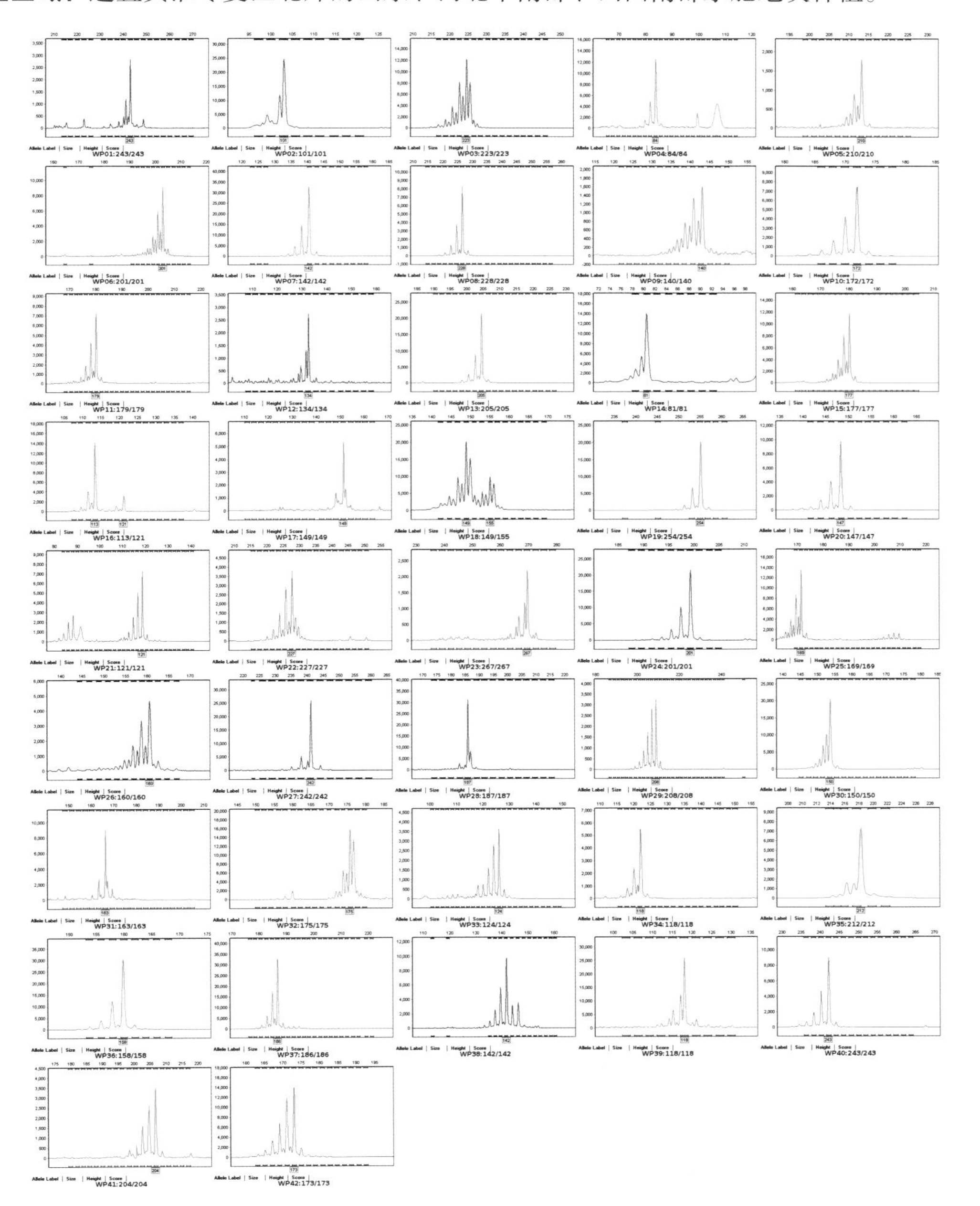

80. 冀麦325

审定编号：国审麦2016023

选育单位：河北省农林科学院粮油作物研究所

品种来源：冀5157/石02-7221

特征特性：半冬性，全生育期242天，比对照品种良星99早熟1天。幼苗半匍匐，抗寒性好，分蘖力中等，成穗率高。株高86厘米，茎秆较粗，弹性一般，抗倒性较弱，中后期蜡质变重，穗下节短，旗叶斜上举，多高于穗层，小穗排列较密，穗近长方形，长芒，白壳，白粒，籽粒角质、饱满度较好。抽穗较晚，落黄时间短，熟相中等。亩穗数44.3万穗，穗粒数37.5粒，千粒重41.2克。抗寒性鉴定，抗寒性级别1级。抗病性鉴定，慢条锈病，高感叶锈病、白粉病、纹枯病、赤霉病。品质分析，籽粒容重802克/升，蛋白质含量14.36%，湿面筋含量30.1%，沉降值24.5毫升，吸水率56.3%，稳定时间2.8分钟，最大拉伸阻力147E.U.，延伸性146毫米，拉伸面积32平方厘米。

产量表现：2012—2013年度参加黄淮冬麦区北片水地组区域试验，平均亩产532.5千克，比对照品种良星99增产6.9%；2013—2014年度续试，平均亩产621.5千克，比良星99增产6.6%。2014—2015年度生产试验，平均亩产604.0千克，比良星99增产5.6%。

栽培技术要点：适宜播种期10月上中旬，每亩适宜基本苗18万～22万。注意防治蚜虫、叶锈病、白粉病、纹枯病和赤霉病等病虫害。高水肥地块注意防倒伏。

适宜种植区域：适宜黄淮冬麦区北片的山东、河北中南部、山西南部水肥地块种植。

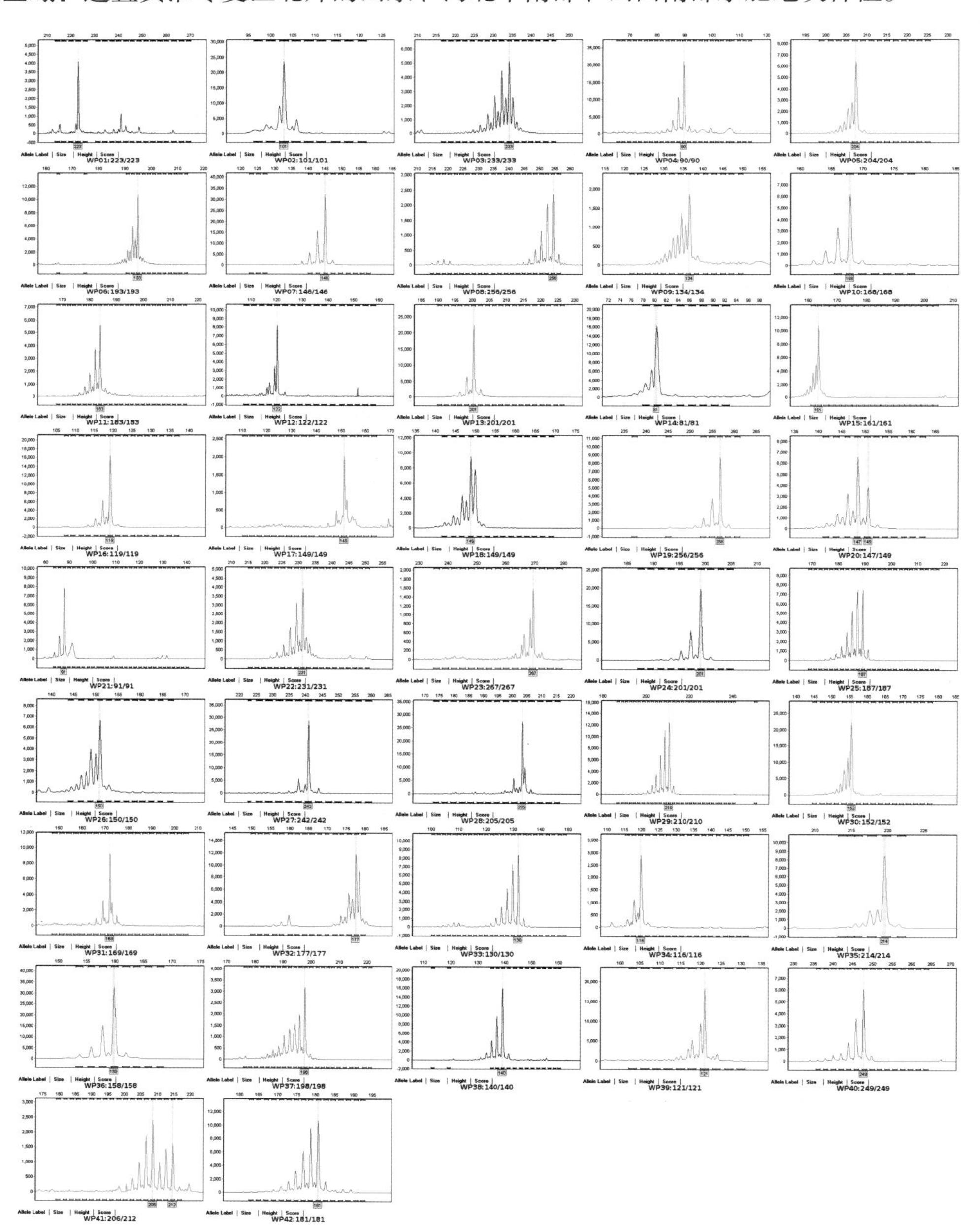

81. 邢麦13号

审定编号：国审麦2016021

选育单位：邢台市农业科学研究院

品种来源：衡9117-2/邯4589

特征特性：半冬性，全生育期241天，比对照品种良星99早熟2天。幼苗半匍匐，叶浓绿，抗寒性好。分蘖力较强，分蘖成穗率高。株型偏紧凑，旗叶上举，株高81厘米，茎秆有弹性，抗倒性较好。穗层整齐度一般。穗纺锤形，长芒，白壳，白粒，籽粒角质、饱满度较好。落黄早，熟相好。亩穗数48.3万穗，穗粒数35.3粒，千粒重38.4克。抗寒性鉴定，抗寒性级别1级。抗病性鉴定，中抗条锈病，中感纹枯病，高感叶锈病、白粉病、赤霉病。品质检测，籽粒容重796克/升，蛋白质含量15.38%，湿面筋含量33.4%，沉降值31.7毫升，吸水率60.4%，稳定时间3.3分钟，最大拉伸阻力164E.U.，延伸性181毫米，拉伸面积45平方厘米。

产量表现：2012—2013年度参加黄淮冬麦区北片水地组区域试验，平均亩产531.9千克，比对照品种良星99增产6.8%；2013—2014年度续试，平均亩产607.0千克，比良星99增产4.1%。2014—2015年度生产试验，平均亩产602.7千克，比良星99增产5.4%。

栽培技术要点：适宜播种期10月上中旬，每亩适宜基本苗18万～20万。注意防治叶锈病、赤霉病和白粉病等病虫害。

适宜种植区域：适宜黄淮冬麦区北片的山东、河北中南部、山西南部水肥地块种植。

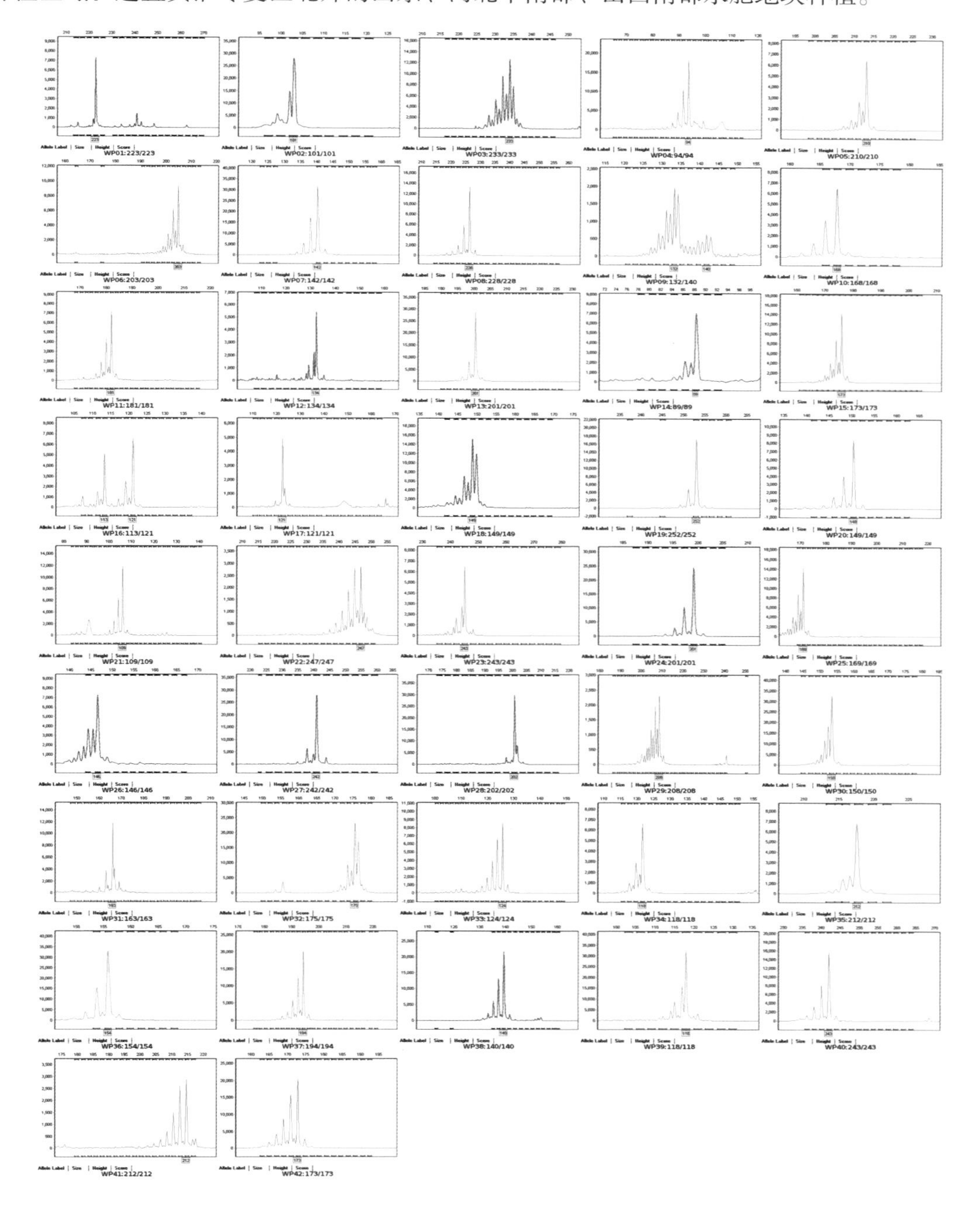

82. 中原18

审定编号：国审麦2016020

选育单位：河南锦绣农业科技有限公司

品种来源：百农矮抗58/豫麦68//98-68

特征特性：弱春性，全生育期217天，与对照品种偃展4110熟期相当。幼苗半直立，叶片宽，长势旺，叶色浓绿，冬季抗寒性一般。分蘖力中等，成穗率较高。春季起身拔节早，两极分化快，耐倒春寒能力一般。根系活力强，耐后期高温，灌浆快，熟相较好。株型稍紧凑，株高78.8厘米，茎秆弹性中等，抗倒性较弱。旗叶宽长、下披。穗纺锤形，穗层厚，长芒，白壳，白粒，籽粒半角质、饱满度中等。亩穗数41万穗，穗粒数27.5粒，千粒重52克。抗病性鉴定，高抗条锈病，中感叶锈病，高感白粉病、赤霉病、纹枯病。品质检测，籽粒容重788克/升，蛋白质含量14.55%，湿面筋含量30.6%，沉降值19.9毫升，吸水率53.7%，稳定时间1.2分钟，最大拉伸阻力127E.U.，延伸性133毫米，拉伸面积20平方厘米。

产量表现：2012—2013年度参加黄淮冬麦区南片春水组品种区域试验，平均亩产472.8千克，比对照品种偃展4110增产6.0%；2013—2014年度续试，平均亩产561.3千克，比偃展4110增产6.9%。2014—2015年度生产试验，平均亩产525.9千克，比偃展4110增产7.3%。

栽培技术要点：适宜播种期10月中下旬，每亩适宜基本苗18万～24万。注意防治蚜虫、白粉病、纹枯病和赤霉病等病虫害。高水肥地块注意防止倒伏。

适宜种植区域：适宜河南（南部稻茬麦区除外）、安徽北部、江苏北部、陕西关中地区高中水肥地块中晚茬种植。

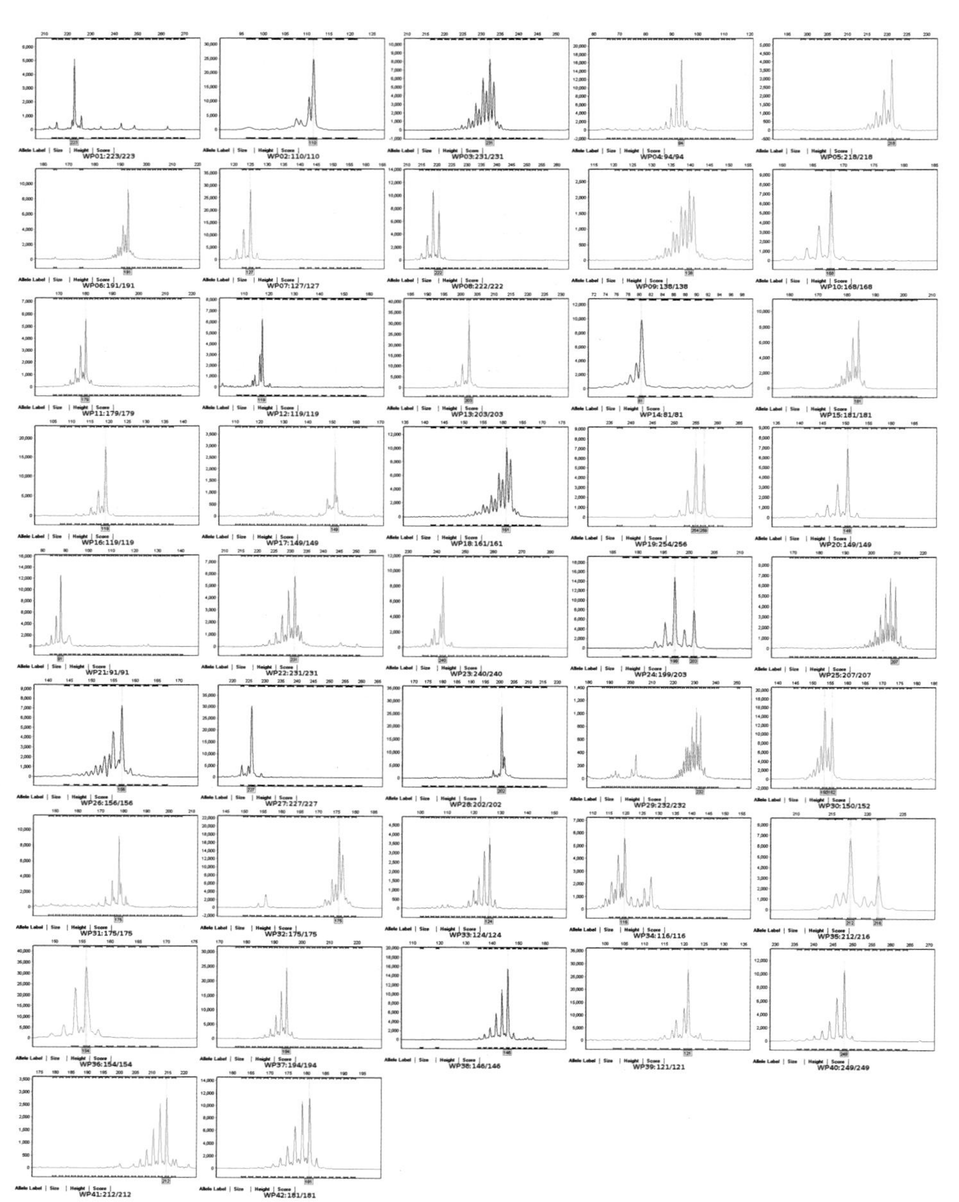

83. 中育1123

审定编号：国审麦2016019

选育单位：中棉种业科技股份有限公司

品种来源：04中36/周麦23

特征特性：弱春性，全生育期217天，比对照品种偃展4110晚熟1天。幼苗半匍匐，苗势壮，叶片宽卷，叶色浓绿，冬季抗寒性中等。春季起身拔节早，两极分化快，耐倒春寒能力一般。分蘖力中等，成穗率中等。耐后期高温中等，熟相较好。株型稍松散，株高77.2厘米，茎秆弹性好，抗倒性较好。蜡质层厚，旗叶宽短、上冲。穗纺锤形，穗层厚，长芒，白壳，白粒，籽粒半角质、饱满度较好。亩穗数39.3万穗，穗粒数31.5粒，千粒重47.1克。抗病性鉴定，条锈病近免疫，高感叶锈病、白粉病、赤霉病、纹枯病。品质检测，籽粒容重796克/升，蛋白质含量14.35%，湿面筋含量31.8%，沉降值28.7毫升，吸水率57.6%，稳定时间2.6分钟，最大拉伸阻力194E.U.，延伸性164毫米，拉伸面积46平方厘米。

产量表现：2012—2013年度参加黄淮冬麦区南片春水组品种区域试验，平均亩产462.5千克，比对照品种偃展4110增产3.7%；2013—2014年度续试，平均亩产551.3千克，比偃展4110增产5.0%。2014—2015年度生产试验，平均亩产529.5千克，比偃展4110增产8.1%。

栽培技术要点：适宜播种期10月中下旬，每亩适宜基本苗16万～24万。注意防治蚜虫、叶锈病、纹枯病、赤霉病和白粉病等病虫害。

适宜种植区域：适宜河南（南部稻茬麦区除外）、安徽北部、江苏北部、陕西关中地区高中水肥地块中晚茬种植。

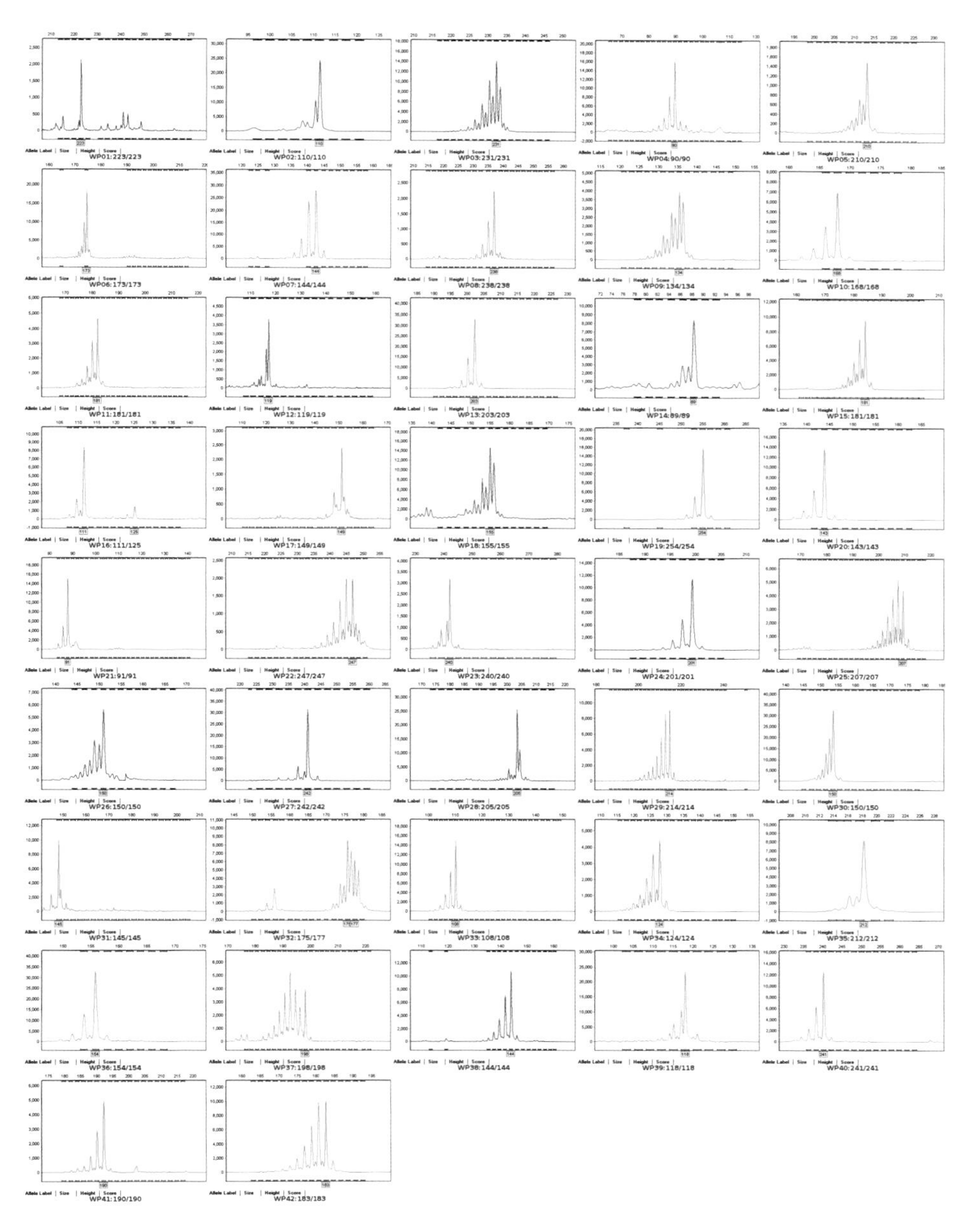

84. 轮选99

审定编号： 国审麦2016017

选育单位： 中国农业科学院作物科学研究所

品种来源： 石7221/石家庄8号

特征特性： 弱春性，全生育期216天，比对照品种偃展4110晚熟1天。幼苗半直立，叶片宽短，叶色浓绿，冬季抗寒性较好。分蘖力一般，成穗率高。春季起身晚，耐倒春寒能力中等。后期耐高温能力一般，灌浆速度较快，熟相较好。株高81.2厘米，茎秆较细，抗倒性较弱。株型紧凑，旗叶窄小，上冲，穗层整齐。穗纺锤形，长芒，白壳，白粒，籽粒角质、饱满度较好。亩穗数43.5万穗，穗粒数30.6粒，千粒重42.9克。抗病性鉴定，慢条锈病，高感叶锈病、白粉病、赤霉病、纹枯病。品质检测，籽粒容重800克/升，蛋白质含量13.82%，湿面筋含量29.1%，沉降值22.7毫升，吸水率56.5%，稳定时间2.1分钟，最大拉伸阻力147E.U.，延伸性142毫米，拉伸面积30平方厘米。

产量表现： 2012—2013年度参加黄淮冬麦区南片春水组品种区域试验，平均亩产478.7千克，比对照品种偃展4110增产7.3%；2013—2014年度续试，平均亩产556.5千克，比偃展4110增产6.0%。2014—2015年度生产试验，平均亩产528.2千克，比偃展4110增产7.8%。

栽培技术要点： 适宜播种期10月中下旬，每亩适宜基本苗16万～18万。注意防治叶锈病、白粉病、纹枯病和赤霉病等病虫害。高水肥地块注意防倒伏。

适宜种植区域： 适宜河南（南部稻麦区除外）、安徽北部、江苏北部、陕西关中地区高水肥地块中晚茬种植。

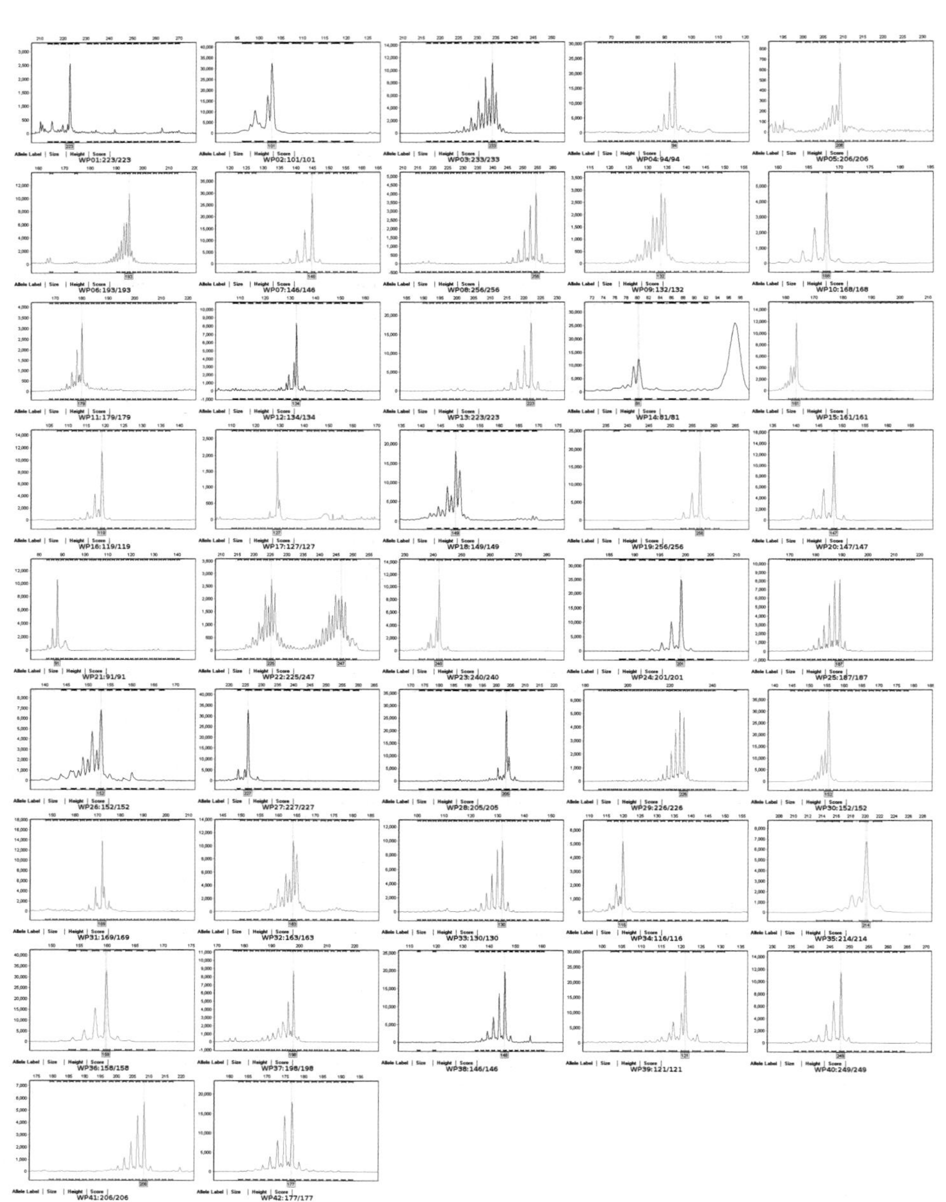

85. 豫教6号

审定编号：国审麦2016016

选育单位：河南教育学院小麦育种研究中心、孝感市农业科学院、河南滑丰种业科技有限公司

品种来源：花培3号/漯麦4号

特征特性：弱春性，全生育期216天，比对照品种偃展4110早熟1天。幼苗直立，长势旺，叶片宽长，叶色黄绿，分蘖力一般，成穗率高，成穗数较多，冬季抗寒性一般。春季起身拔节早，两极分化快，耐倒春寒能力一般。后期耐高温能力一般，灌浆较快，熟相好。株高82.3厘米，抗倒性一般。株型紧凑，旗叶宽长、上冲，穗层整齐。穗长方形，穗小，长芒，白壳，白粒，籽粒半角质、饱满度较好。亩穗数44.1万穗，穗粒数29.6粒，千粒重44.3克。抗病性鉴定，中抗条锈病，中感纹枯病，高感叶锈病、白粉病、赤霉病。品质检测，籽粒容重790克/升，蛋白质含量14.73%，湿面筋含量30.6%，沉降值20.4毫升，吸水率54.1%，稳定时间1.5分钟，最大拉伸阻力135E.U.，延伸性156毫米，拉伸面积29平方厘米。

产量表现：2012—2013年度参加黄淮冬麦区南片春水组品种区域试验，平均亩产478.6千克，比对照品种偃展4110增产7.3%；2013—2014年度续试，平均亩产555.1千克，比偃展4110增产5.7%。2014—2015年度生产试验，平均亩产525.9千克，比偃展4110增产7.3%。

栽培技术要点：适宜播种期10月中下旬，每亩适宜基本苗16万～22万。注意防治叶锈病、白粉病和赤霉病等病虫害。高水肥地块注意防倒伏。

适宜种植区域：适宜河南（南部稻茬麦区除外）、安徽北部、江苏北部、陕西关中地区高中水肥地块中晚茬种植。

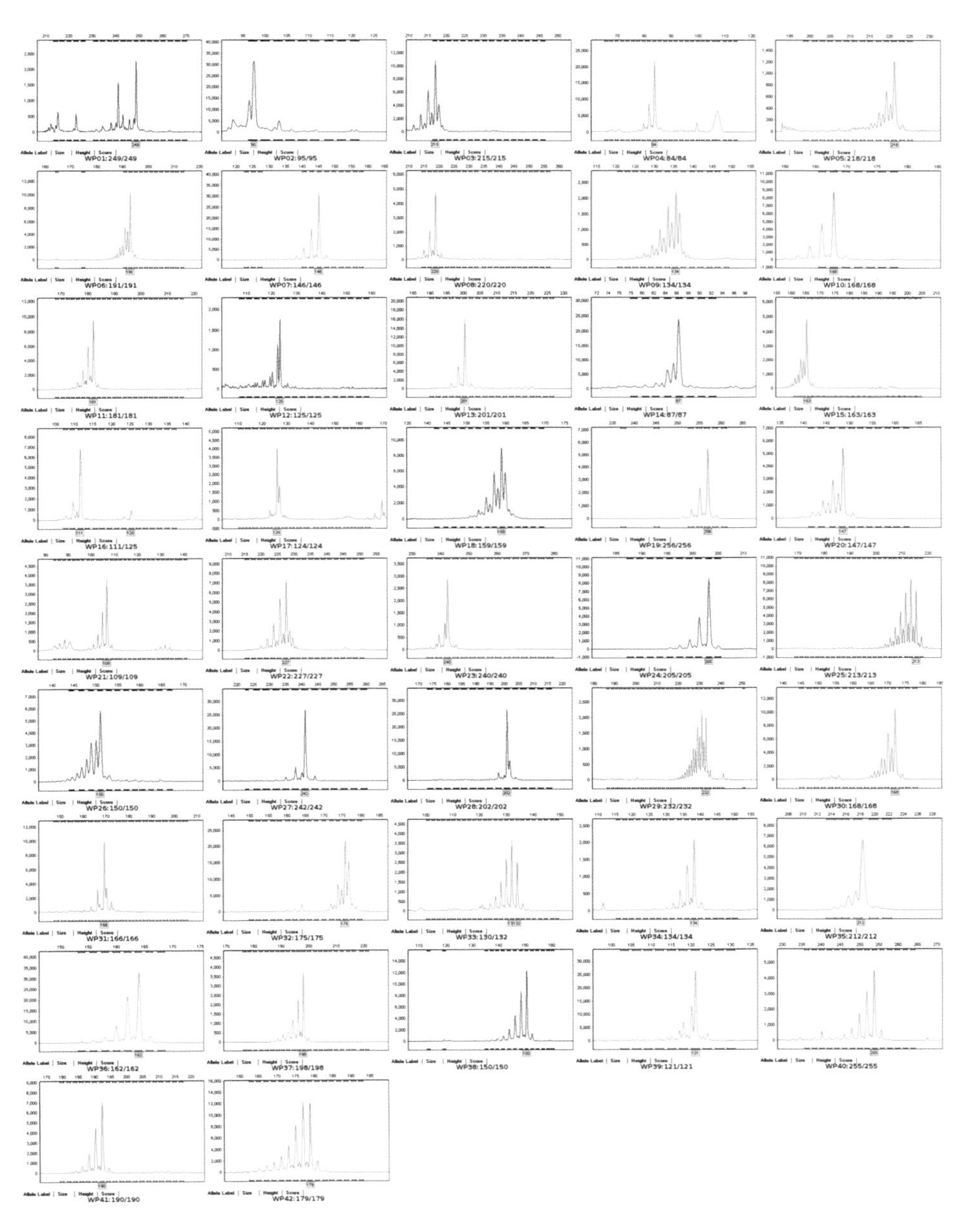

86. 圣源619

审定编号：国审麦2016015

选育单位：河南圣源种业有限公司

品种来源：矮抗58/豫农416

特征特性：半冬性，全生育期225天，比对照品种周麦18早熟2天。幼苗半匍匐，苗势壮，叶片窄直，叶色浓绿，冬季抗寒性一般。分蘖力强，成穗率中等。春季起身拔节早，两极分化较慢，耐倒春寒能力一般。耐后期高温，灌浆快，籽粒脱水快，熟相中等。株高73.6厘米，抗倒性较弱。株型半紧凑，旗叶宽长、下披，穗叶同层，穗层厚。穗长方形，小穗较密，长芒，白壳，白粒，籽粒角质、较饱满。亩穗数41万穗，穗粒数29.2粒，千粒重50.2克。抗病性鉴定，慢条锈病，中感叶锈病，高感白粉病、赤霉病、纹枯病。品质检测，籽粒容重786克/升，蛋白质含量14.92%，湿面筋含量32.0%，沉降值43毫升，吸水率57.4%，稳定时间5.8分钟，最大拉伸阻力352E.U.，延伸性166毫米，拉伸面积81平方厘米。

产量表现：2012—2013年度参加黄淮冬麦区南片冬水组品种区域试验，平均亩产484.6千克，比对照品种周麦18增产4.5%；2013—2014年度续试，平均亩产589.0千克，比周麦18增产5.0%。2014—2015年度生产试验，平均亩产555.2千克，比周麦18增产5.2%。

栽培技术要点：适宜播种期10月上中旬，每亩适宜基本苗12万～18万。注意防治白粉病、纹枯病和赤霉病等病虫害。高水肥地块注意防倒伏。

适宜种植区域：适宜黄淮冬麦区南片的河南驻马店及以北地区、安徽淮北地区、江苏淮北地区、陕西关中地区高中水肥地块早中茬种植。

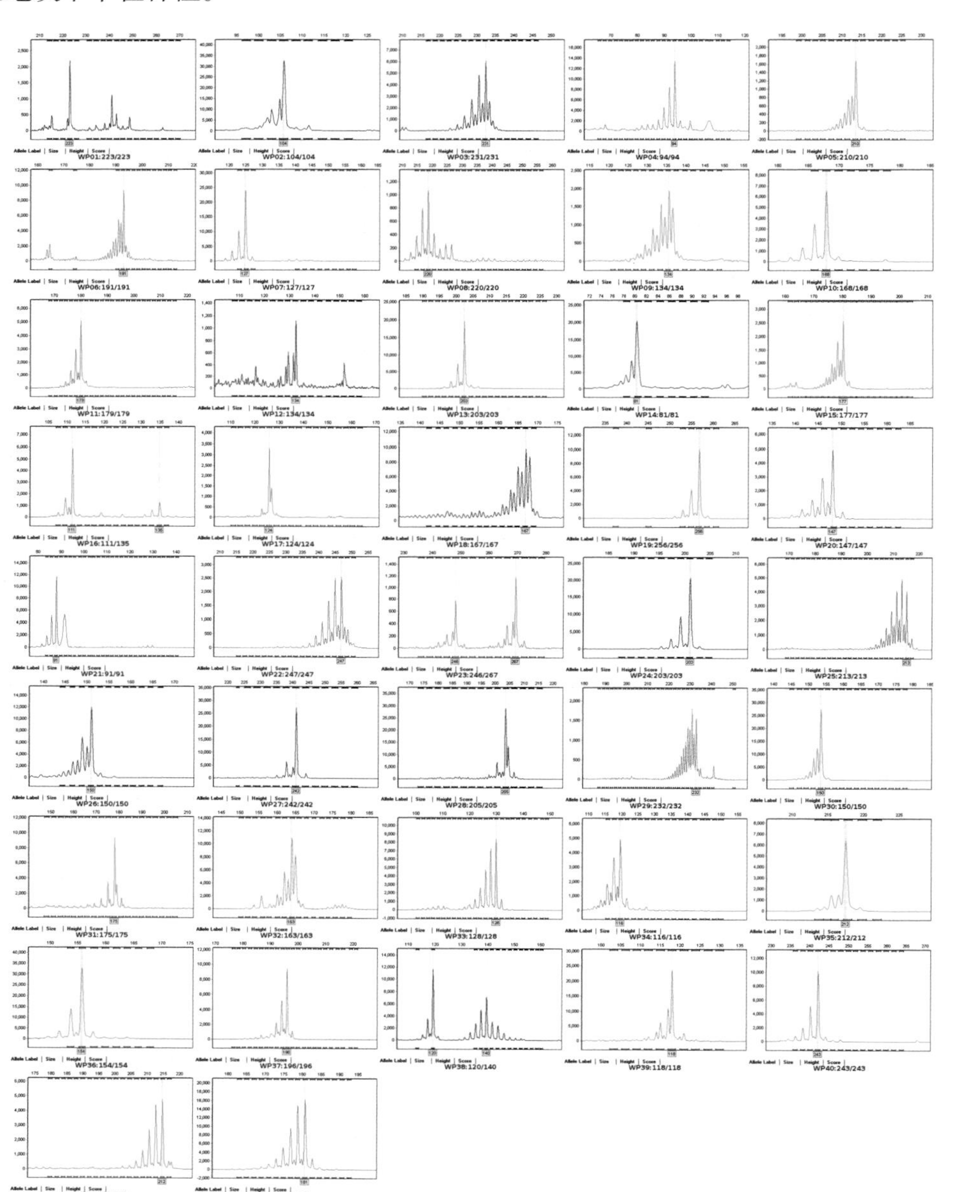

87. 郑品麦8号

审定编号：国审麦2016014

选育单位：河南金苑种业有限公司

品种来源：（矮抗58/周麦18）F_1种子诱变

特征特性：半冬性，全生育期226天，与对照品种周麦18相当。幼苗匍匐，苗势壮，叶片宽卷，叶色浓绿，冬季抗寒性中等。分蘖力较强，成穗率偏低。春季起身拔节早，两极分化快，耐倒春寒能力一般。耐高温能力一般，熟相较好。株高81厘米，抗倒性较弱。株型松散，旗叶宽长，下披，穗层厚，穗叶同层。穗纺锤形，小穗稀，长芒，白壳，白粒，籽粒半角质、饱满度较好。亩穗数39.1万穗，穗粒数31.4粒，千粒重47.1克。抗病性鉴定，条锈病近免疫，高感叶锈病、白粉病、赤霉病、纹枯病。品质检测，籽粒容重808克/升，蛋白质含量14.73%，湿面筋31.1%，沉降值32.7毫升，吸水率59%，稳定时间8分钟，最大拉伸阻力417E.U.，延伸性140毫米，拉伸面积80平方厘米。

产量表现：2012—2013年度参加黄淮冬麦区南片冬水组品种区域试验，平均亩产482.9千克，比对照品种周麦18增产4.2%；2013—2014年度续试，平均亩产583.0千克，比周麦18增产4.0%。2014—2015年度生产试验，平均亩产558.0千克，比周麦18增产5.7%。

栽培技术要点：适宜播种期10月上中旬，每亩适宜基本苗12万～18万。注意防治叶锈病、白粉病、纹枯病和赤霉病等病虫害。高水肥地块注意防倒伏。

适宜种植区域：适宜黄淮冬麦区南片的河南驻马店及以北地区、安徽淮北地区、江苏淮北地区、陕西关中地区高中水肥地块早中茬种植。

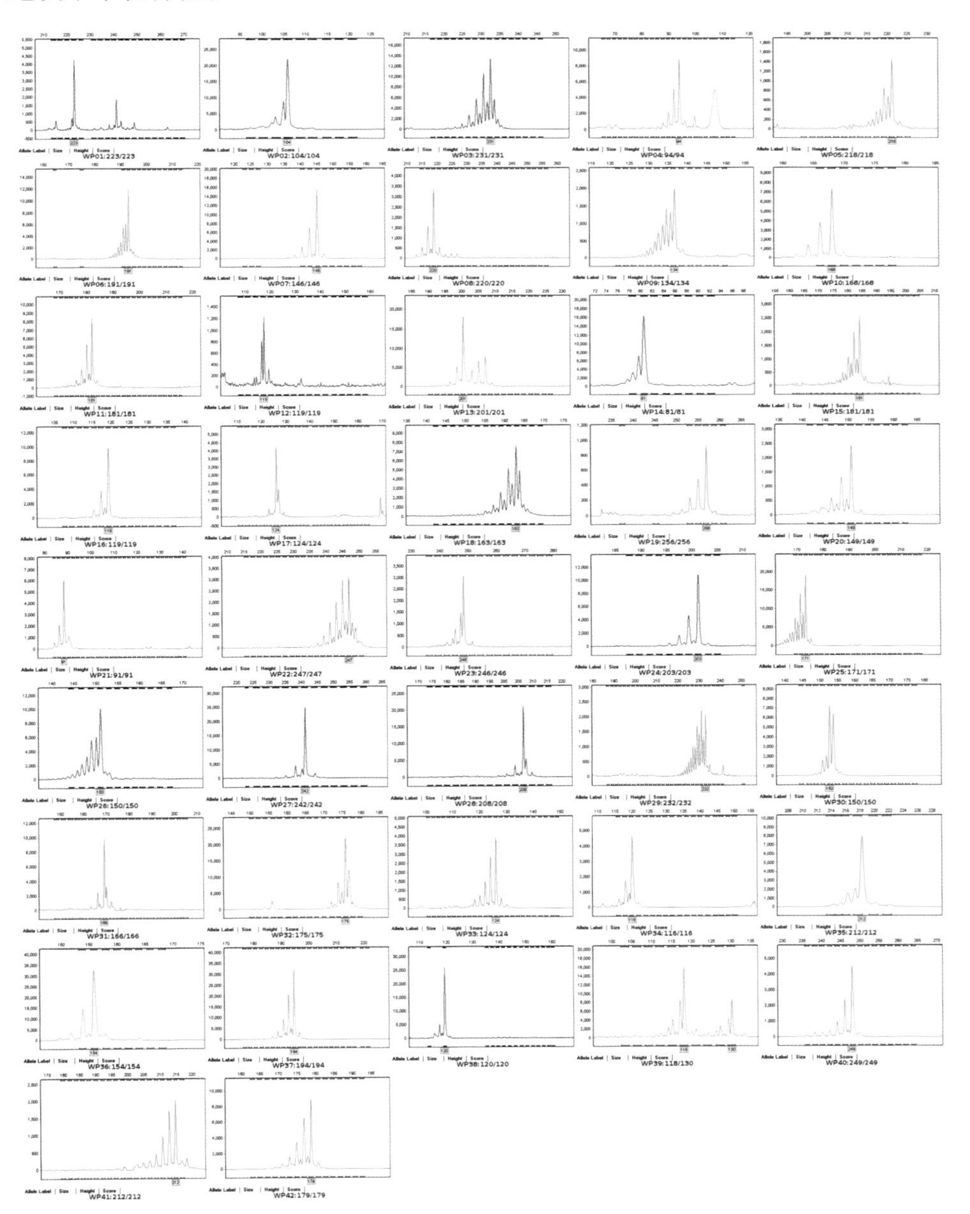

88. 许科129

审定编号：国审麦2016011

选育单位：河南省许科种业有限公司

品种来源：郑麦366/新麦19//周麦16

特征特性：半冬性，全生育期225天，比对照品种周麦18早熟1天。幼苗半匍匐，苗势壮，叶片宽长直，叶色浓绿，冬季抗寒性好。分蘖力较强，成穗率一般。春季起身拔节快，两极分化快，耐倒春寒能力中等。后期根系活力较强，耐后期高温，耐旱性较好，熟相较好。株高88.2厘米，茎秆弹性中等，抗倒性较弱，株型松紧适中，旗叶宽短，上冲，穗层厚。穗纺锤形，长芒，白壳，白粒，籽粒半角质、饱满度中等。亩穗数38.7万穗，穗粒数32.6粒，千粒重45.2克。抗病性鉴定，高抗条锈病，中抗叶锈病，高感白粉病、赤霉病、纹枯病。品质检测，籽粒容重793克/升，蛋白质含量14.52%，湿面筋含量32.6%，沉降值28毫升，吸水率56.4%，稳定时间2.9分钟，最大拉伸阻力234E.U.，延伸性168毫米，拉伸面积57平方厘米。

产量表现：2012—2013年度参加黄淮冬麦区南片冬水组品种区域试验，平均亩产485.9千克，比对照品种周麦18增产4.8%；2013—2014年度续试，平均亩产581.7千克，比周麦18增产4.0%。2014—2015年度生产试验，平均亩产553.6千克，比周麦18增产4.9%。

栽培技术要点：适宜播种期10月上中旬，每亩适宜基本苗12万～18万。注意防治白粉病、纹枯病和赤霉病等病虫害。高水肥地块注意防倒伏。

适宜种植区域：适宜黄淮冬麦区南片的河南驻马店及以北地区、安徽淮北地区、江苏淮北地区、陕西关中地区高中水肥地块早中茬种植。

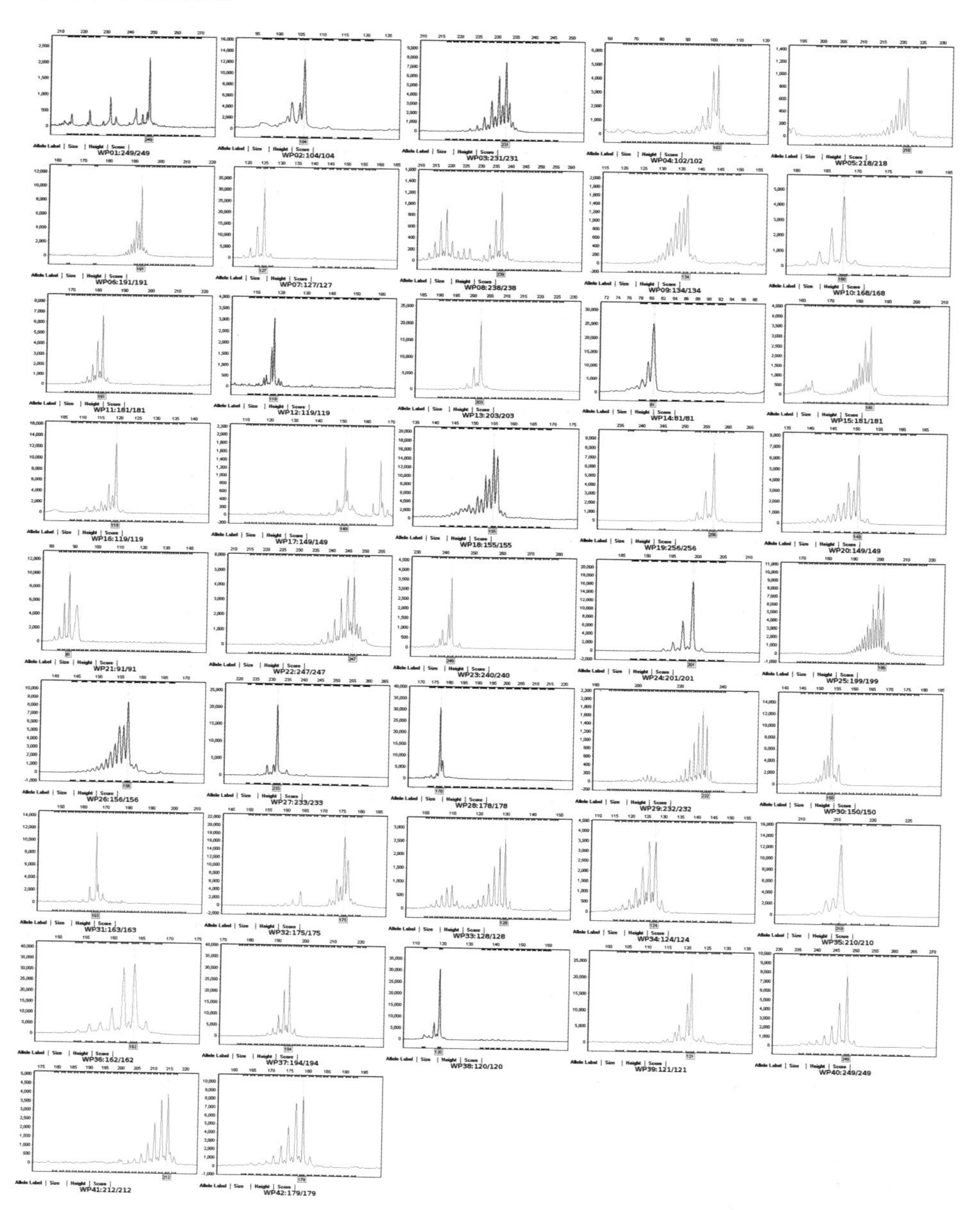

89. 保麦6号

审定编号：国审麦2016010

选育单位：江苏保丰集团公司

品种来源：周麦16/烟农19

特征特性：半冬性，全生育期228天，与对照品种周麦18相当。幼苗半匍匐，苗势壮，叶片宽短，叶色浓绿。冬前分蘖力较强，分蘖成穗率中等，冬季抗寒性一般。起身拔节早，两极分化快，抽穗晚，耐倒春寒能力中等。后期根系活力一般，耐高温能力一般。株高81.2厘米，株型较紧凑，旗叶宽短，外卷，上冲，穗层厚，穗下节短，茎秆粗壮，茎秆弹性一般，抗倒性中等。穗纺锤形，长芒，白壳，白粒，籽粒角质、饱满度中等。亩穗数39.9万穗，穗粒数35粒，千粒重38.3克。抗病性鉴定，中抗条锈病，高感叶锈病、白粉病、纹枯病、赤霉病。品质检测，籽粒容重795克/升，蛋白质含量14.4%，面粉湿面筋含量31.1%，沉降值43毫升，吸水率55.9%，稳定时间8.5分钟，最大拉伸阻力468E.U.，延伸性151毫米，拉伸面积96平方厘米。

产量表现：2011—2012年度参加黄淮冬麦区南片冬水组品种区域试验，平均亩产481.4千克，比对照品种周麦18增产0.5%；2012—2013年度续试，平均亩产490.5千克，比周麦18增产5.4%。2014—2015年度生产试验，平均亩产553.5千克，比周麦18增产5.3%。

栽培技术要点：适宜播种期10月上中旬，每亩适宜基本苗12万～18万。注意防治叶锈病、白粉病、纹枯病和赤霉病等病虫害。高水肥地块注意防倒伏。

适宜种植区域：适宜黄淮冬麦区南片的河南驻马店及以北地区、安徽淮北地区、江苏淮北地区、陕西关中地区高中水肥地块早中茬种植。

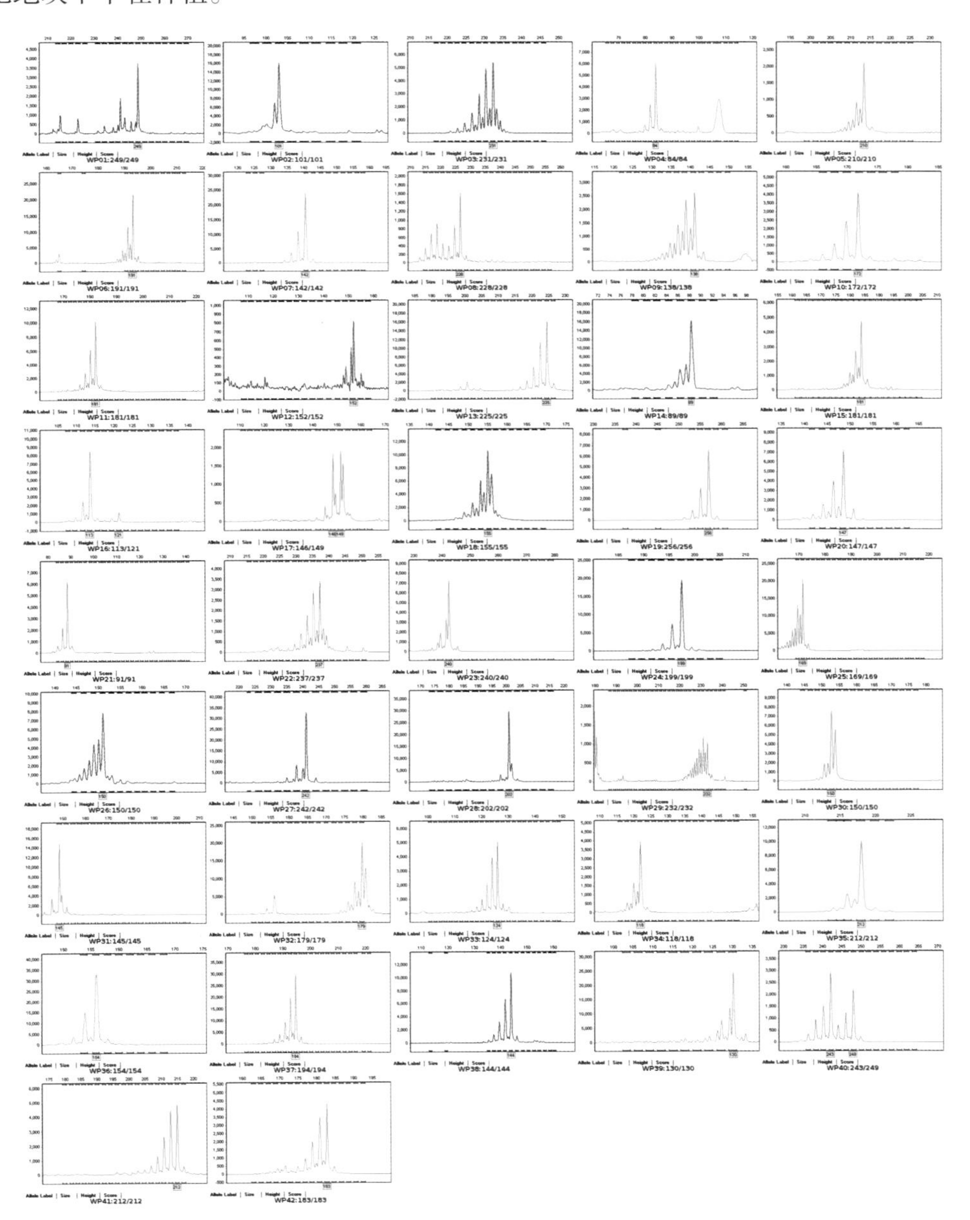

90. 洛麦29

审定编号： 国审麦2016009

选育单位： 洛阳农林科学院

品种来源： 矮抗58和开麦18

特征特性： 半冬性，全生育期227天，比对照品种周麦18晚熟1天。幼苗半匍匐，苗势一般，叶片宽短，叶色深绿，冬季抗寒性中等。分蘖力较强，成穗率中等。春季起身拔节迟，耐倒春寒能力一般。后期根系活力一般，耐高温能力一般，熟相中等。株高75厘米，抗倒性强。株型稍松散，蜡质层厚，旗叶宽长，略披。穗长方形，穗码稍稀，长芒，白壳，白粒，籽粒半角质、饱满度较好。亩穗数40.5万穗，穗粒数31.4粒，千粒重46.3克。抗病性鉴定，慢条锈病，高感叶锈病、白粉病、赤霉病、纹枯病。品质检测，籽粒容重812克/升，蛋白质含量14.29%，湿面筋含量32.8%，沉降值30.5毫升，吸水率59.7%，稳定时间2.3分钟，最大拉伸阻力168E.U.，延伸性167毫米，拉伸面积42平方厘米。

产量表现： 2012—2013年度参加黄淮冬麦区南片冬水组品种区域试验，平均亩产483.0千克，比对照品种周麦18增产4.2%；2013—2014年度续试，平均亩产593.7千克，比周麦18增产5.9%。2014—2015年度生产试验，平均亩产552.9千克，比周麦18增产5.2%。

栽培技术要点： 适宜播种期10月上中旬，每亩适宜基本苗16万～22万。注意防治叶锈病、白粉病、纹枯病和赤霉病等病虫害。

适宜种植区域： 适宜黄淮冬麦区南片的河南驻马店及以北地区、安徽淮北地区、江苏淮北地区、陕西关中地区高中水肥地块早中茬种植。

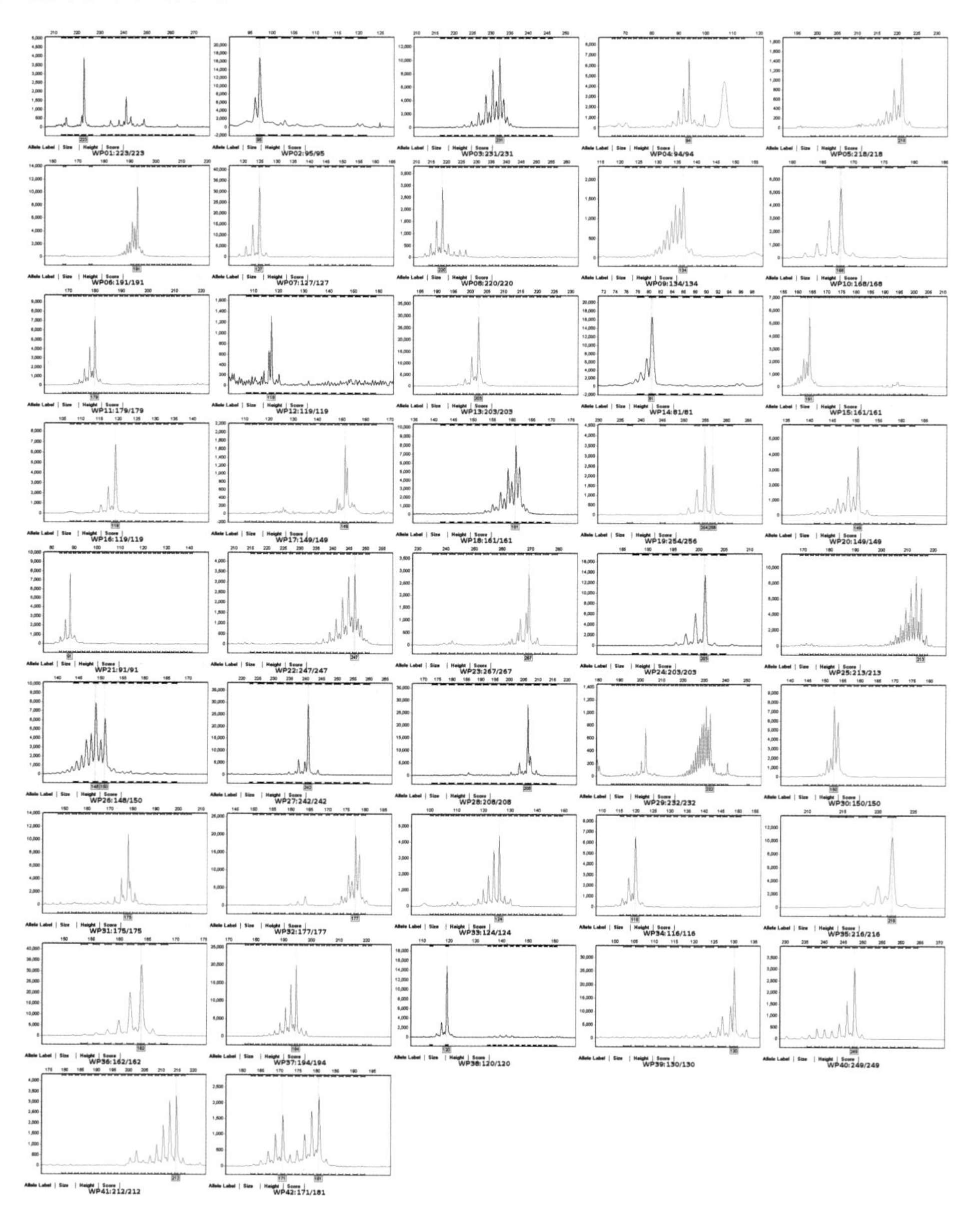

91. 冠麦1号

审定编号：国审麦2016008

选育单位：河南华冠种业有限公司

品种来源：周麦13/百农64

特征特性：半冬性，全生育期227天，比对照品种周麦18晚熟1天。幼苗半匍匐，叶片宽长，叶色浓绿，冬季抗寒性较好。分蘖力较强，成穗率偏低，成穗数中等。春季起身拔节早，两极分化快，抽穗较迟。耐倒春寒能力一般。后期耐高温能力一般，熟相较好。株高77.3厘米，抗倒性一般。株型稍松散，旗叶宽长，上冲，穗层整齐。穗纺锤形，长芒，白壳，白粒，籽粒半角质、饱满度较好。亩穗数37.8万穗，穗粒数33.1粒，千粒重48.2克。抗病性鉴定，中抗条锈病，高感叶锈病、白粉病、赤霉病、纹枯病。品质检测，籽粒容重817克/升，蛋白质含量14.74%，湿面筋含量31.4%，沉降值26.4毫升，吸水率54.2%，稳定时间2.2分钟，最大拉伸阻力199E.U.，延伸性157毫米，拉伸面积48平方厘米。

产量表现：2012—2013年度参加黄淮冬麦区南片冬水组品种区域试验，平均亩产482.7千克，比对照品种周麦18增产4.1%；2013—2014年度续试，平均亩产583.0千克，比周麦18增产4.0%。2014—2015年度生产试验，平均亩产557.3千克，比周麦18增产6.0%。

栽培技术要点：适宜播种期10月上中旬，每亩适宜基本苗16万～22万。注意防治叶锈病、白粉病、纹枯病和赤霉病等病虫害。

适宜种植区域：适宜黄淮冬麦区南片的河南驻马店及以北地区、安徽淮北地区、江苏淮北地区、陕西关中地区高中水肥地块早中茬种植。

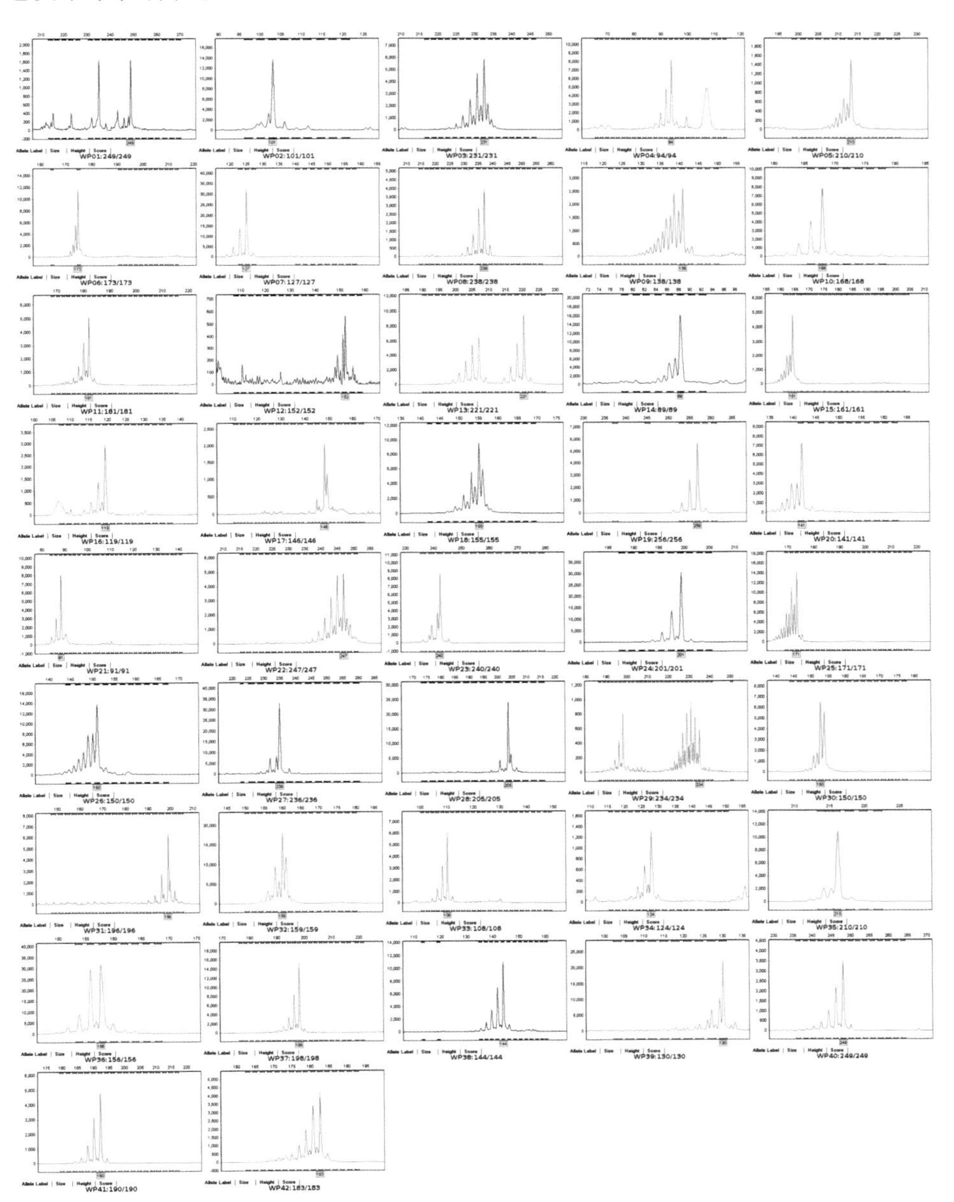

92. 德研8号

审定编号： 国审麦2016007

选育单位： 河南德宏种业股份有限公司

品种来源： 轮选01/周麦16

特征特性： 半冬性，全生育226天，与对照品种周麦18相当。幼苗半匍匐，苗势壮，叶片宽短，叶色浓绿。冬季抗寒性较好。春季起身拔节迟，两极分化快，耐倒春寒能力较好。后期根系活力强，耐后期高温，熟相较好。株高84.6厘米，茎秆弹性一般，抗倒性一般。株型略松散，旗叶宽长，上冲，穗层厚。穗长方形，码稀，长芒，白壳，白粒，籽粒角质、饱满度较好。亩穗数43.5万穗，穗粒数32.1粒，千粒重42.2克。抗病性鉴定，中抗条锈病，高感纹枯病、叶锈病、赤霉病、白粉病。品质检测，籽粒容重807克/升，蛋白质含量13.70%，湿面筋含量30.3%，沉降值30.8毫升，吸水率58.3%，稳定时间2.3分钟，最大拉伸阻力226E.U.，延伸性174毫米，拉伸面积58平方厘米。

产量表现： 2012—2013年度参加黄淮冬麦区南片冬水组品种区域试验，平均亩产487.7千克，比对照品种周麦18增产4.8%；2013—2014年度续试，平均亩产593.5千克，比周麦18增产6.1%。2014—2015年度生产试验，平均亩产551.6千克，比周麦18增产5.0%。

栽培技术要点： 适宜播种期10月上中旬，每亩适宜基本苗12万～18万。注意防治叶锈病、白粉病和赤霉病等病虫害。高水肥地块注意防倒伏。

适宜种植区域： 适宜黄淮冬麦区南片的河南驻马店及以北地区、安徽淮北地区、江苏淮北地区、陕西关中地区高中水肥地块早中茬种植。

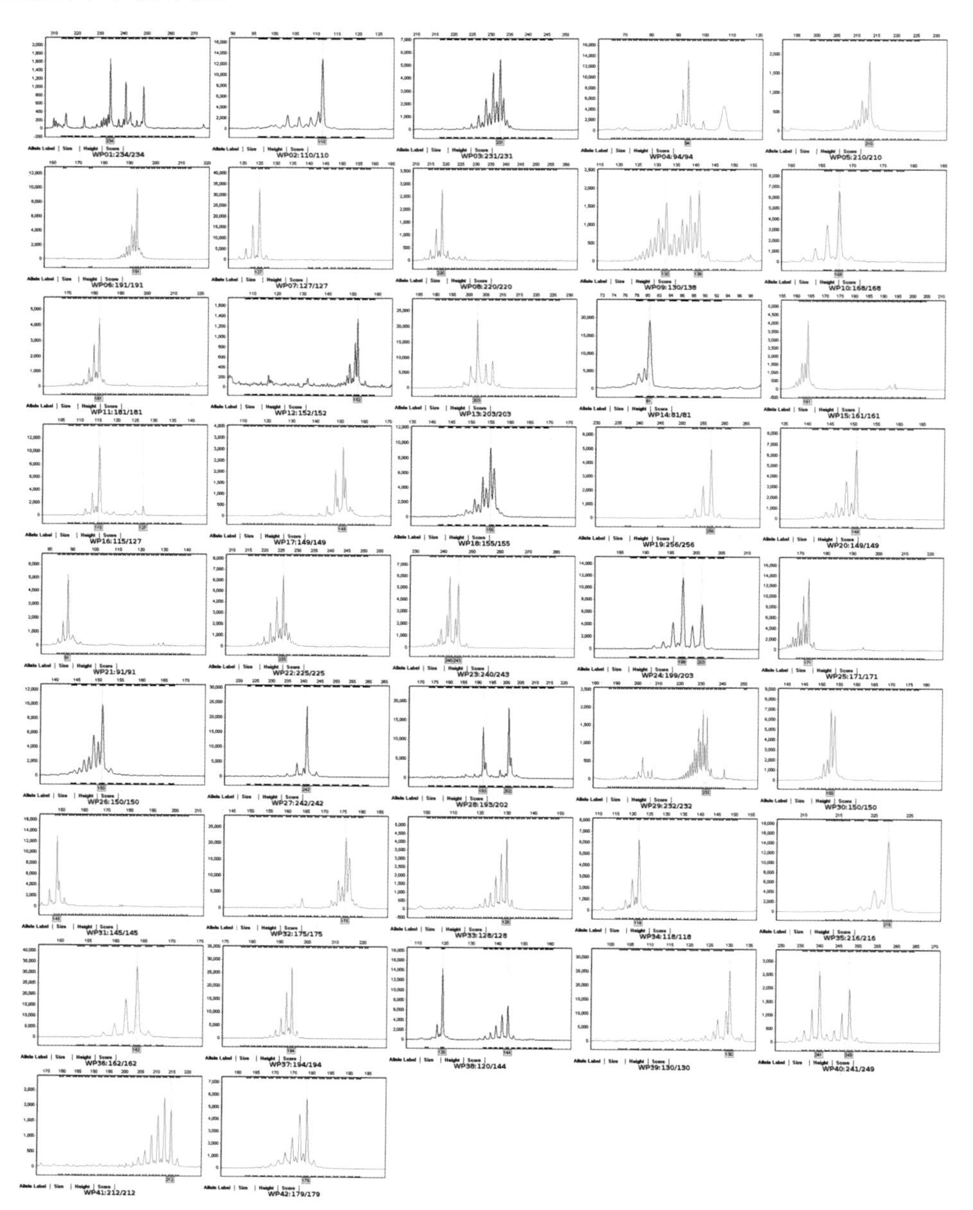

93. 周麦30号

审定编号：国审麦2016006

选育单位：周口市农业科学院

品种来源：周麦23号/周麦18-15

特征特性：半冬性，全生育期226天，与对照品种周麦18相当。幼苗半匍匐，苗势壮，叶片宽卷，叶色青绿，冬季抗寒性中等。分蘖力中等，成穗率一般，成穗数偏少。春季起身拔节早，两极分化快，耐倒春寒能力一般。后期根系活力强，耐后期高温，旗叶功能好，灌浆快，熟相较好。株高80厘米，茎秆硬，抗倒性强。株型偏紧凑，旗叶宽大，上冲，穗层整齐。穗纺锤形，穗码较密，长芒，白壳，白粒，籽粒角质、饱满度中等。亩穗数35.3万穗，穗粒数36.6粒，千粒重46.7克。抗病性鉴定，条锈病免疫，高抗叶锈病，高感白粉病、赤霉病、纹枯病。品质检测，籽粒容重802克/升，蛋白质含量15.66%，湿面筋含量33.3%，沉降值42.3毫升，吸水率58.2%，稳定时间7.4分钟，最大拉伸阻力379E.U.，延伸性159毫米，拉伸面积82平方厘米。

产量表现：2012—2013年度参加黄淮冬麦区南片冬水组品种区域试验，平均亩产472.0千克，比对照品种周麦18增产1.8%；2013—2014年度续试，平均亩产583.8千克，比周麦18增产4.1%。2014—2015年度生产试验，平均亩产553.5千克，比周麦18增产5.3%。

栽培技术要点：适宜播种期10月上中旬，每亩适宜基本苗16万～22万。注意防治白粉病、赤霉病和纹枯病等病虫害。

适宜种植区域：适宜黄淮冬麦区南片的河南驻马店及以北地区、安徽淮北地区、江苏淮北地区、陕西关中地区高中水肥地块早中茬种植。

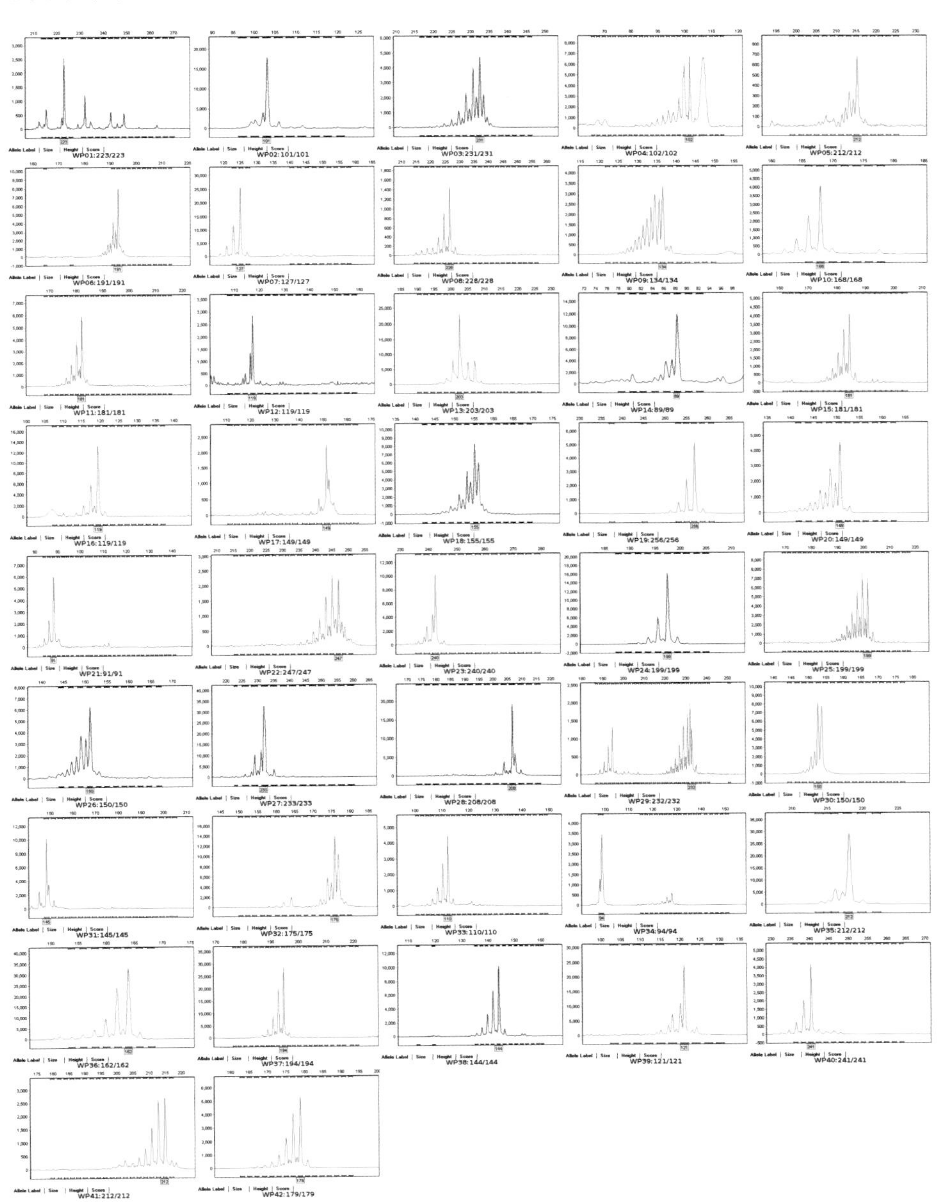

94. 亿麦9号

审定编号：国审麦2016005

选育单位：安徽绿亿种业有限公司

品种来源：郑麦9023/亿6325

特征特性：春性，全生育期203天，比对照品种扬麦20晚熟1天。幼苗半匍匐，分蘖力较强，苗叶较细长，叶色深绿。株型较紧凑，株高81厘米，抗倒性一般。穗层较整齐，熟相好。穗纺锤形，长芒，白壳，红粒，籽粒角质—半角质、饱满。亩穗数30.9万穗，穗粒数38.9粒，千粒重41.0克。抗病性鉴定，中感赤霉病，高感白粉病，高感条锈病，慢叶锈病，高感纹枯病。品质检测，籽粒容重778克/升，蛋白质含量14.28%，湿面筋含量30.1%，吸水率53.9%，沉降值48.8毫升，稳定时间7.4分钟，最大拉伸阻力463E.U.，延伸性197毫米。

产量表现：2012—2013年度参加长江中下游冬麦组品种区域试验，平均亩产412.5千克，比对照扬麦20减产0.8%；2013—2014年度续试，平均亩产404.9千克，比扬麦20增产2.1%。2014—2015年度生产试验，平均亩产416.6千克，比对照品种增产6.9%。

栽培技术要点：适宜播种期10月下旬至11月初，每亩适宜基本苗12万～15万。注意防治蚜虫、条锈病、白粉病、赤霉病和纹枯病等病虫害。

适宜种植区域：适宜长江中下游冬麦区的江苏淮南地区、安徽淮南地区、上海、浙江、湖北北部地区、河南信阳地区种植。

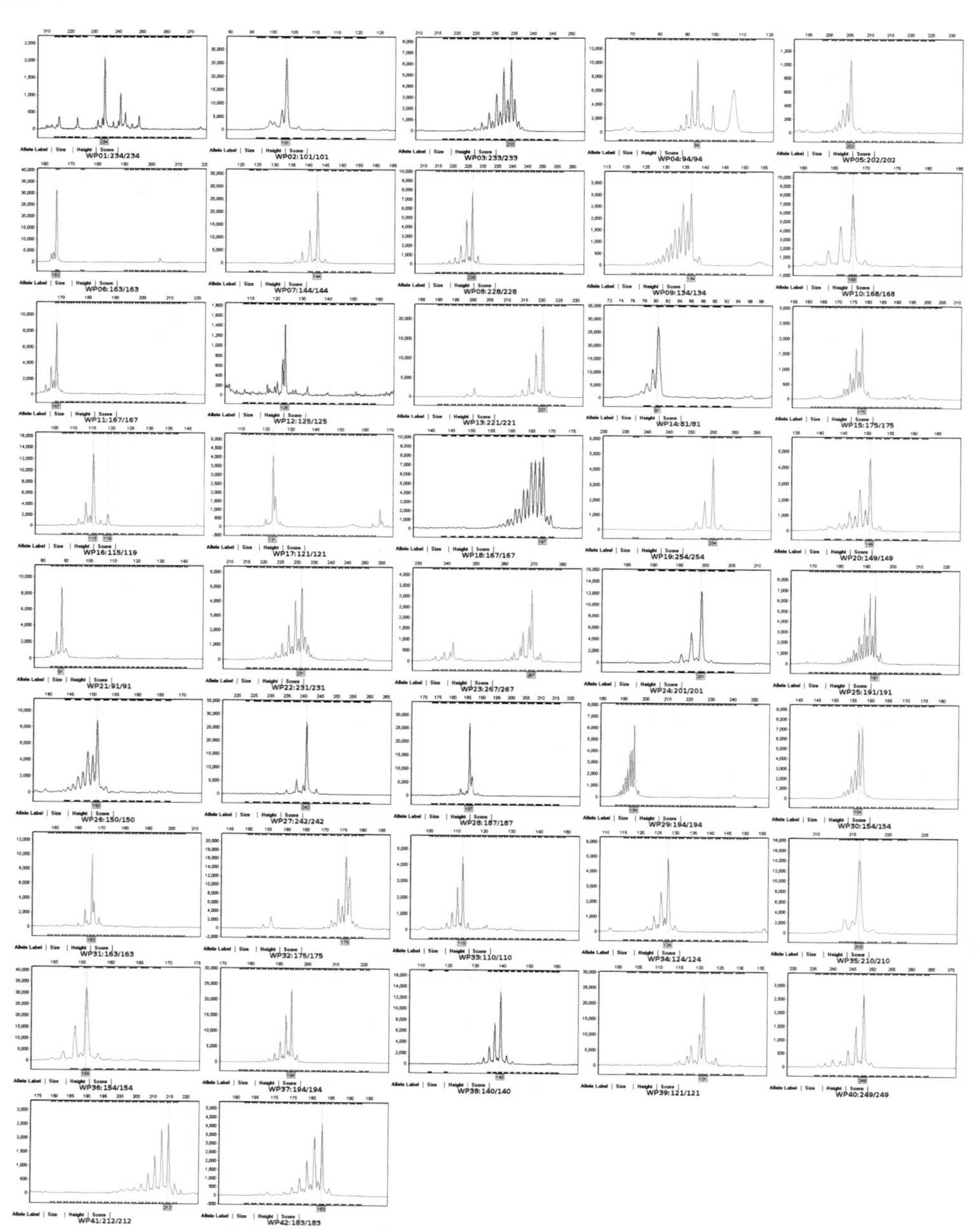

95. 扬麦25

审定编号：国审麦2016003

选育单位：江苏里下河地区农业科学研究所

品种来源：扬17*2//扬11/豫麦18

特征特性：春性，全生育期202天，与对照品种扬麦20相当。幼苗半匍匐，分蘖力强，生长旺盛。株型较紧凑，叶上举，穗层较整齐，株高83厘米，抗倒性较好，熟相好。穗纺锤形，长芒，白壳，红粒，籽粒椭圆形、半硬质—粉质，饱满。亩穗数33.0万穗，穗粒数38.9粒，千粒重38.8克。抗病性鉴定，中感赤霉病，高感白粉病、条锈病、叶锈病和纹枯病。品质检测，籽粒容重776克/升，蛋白质含量13.56%，湿面筋含量28.5%，吸水率52.1%，沉降值37.9毫升，稳定时间5.3分钟，最大拉伸阻力477E.U.，延伸性152毫米。

产量表现：2012—2013年度参加长江中下游冬麦组品种区域试验，平均亩产435.9千克，比对照扬麦20增产4.8%；2013—2014年度续试，平均亩产407.3千克，比扬麦20增产2.7%。2014—2015年生产试验，平均亩产421.4千克，比对照品种增产8.1%。

栽培技术要点：适宜播种期10月下旬至11月上旬，每亩适宜基本苗16万。注意防治蚜虫、白粉病、纹枯病、赤霉病、条锈病和叶锈病等病虫害。

适宜种植区域：适宜长江中下游冬麦区的江苏淮南地区、安徽淮南地区、上海、浙江、湖北中南部地区、河南信阳地区种植。

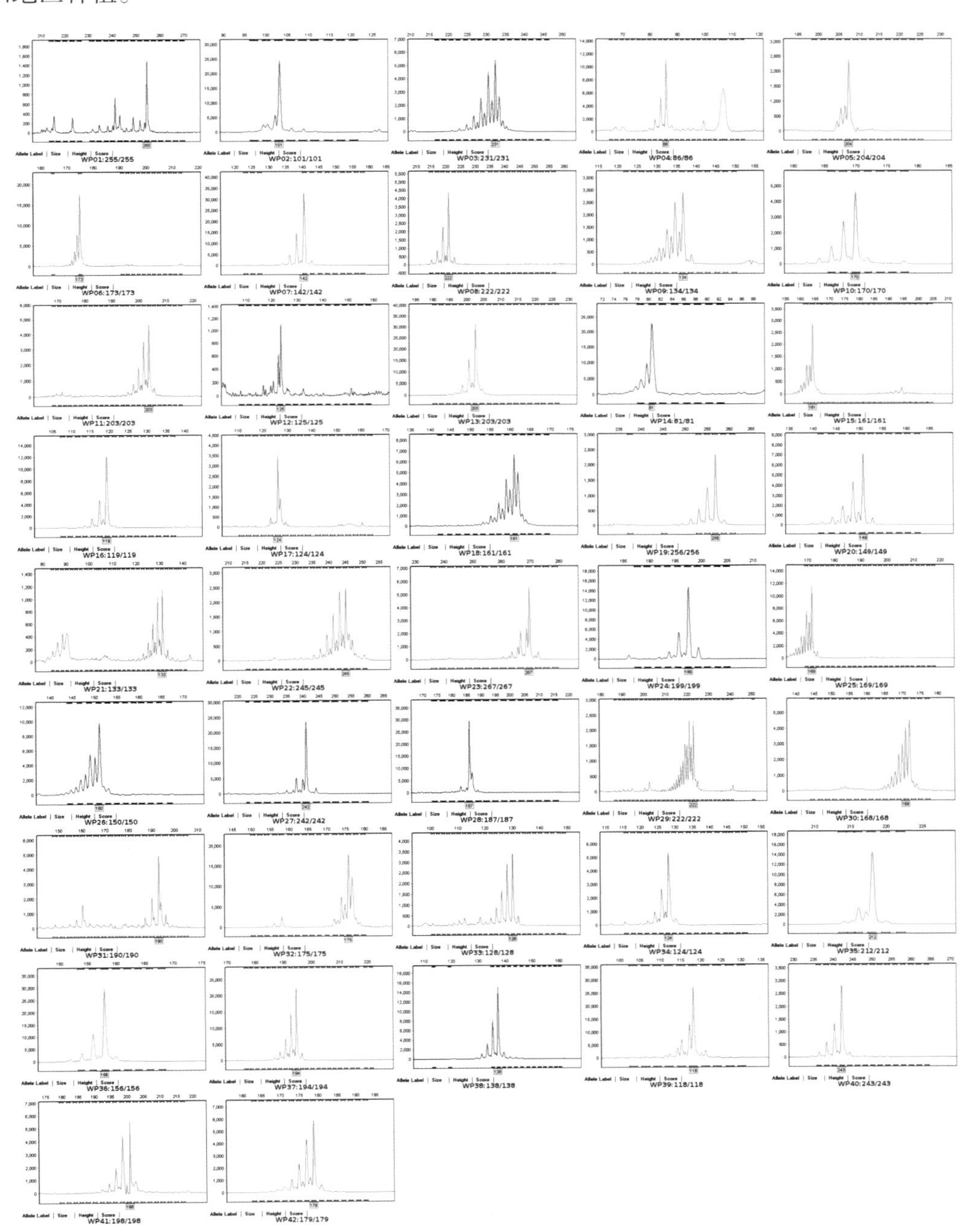

96. 苏麦11

审定编号：国审麦2016002

选育单位：江苏丰庆种业科技有限公司

品种来源：宁麦9/扬麦11

特征特性：春性，全生育期202天，比对照品种扬麦158晚熟1天。幼苗半匍匐，分蘖力较强，叶色绿，生长旺盛，株高81厘米，抗倒性较弱。株型较紧凑，旗叶上举，穗层较整齐，熟相较好。穗纺锤形，长芒，白壳，红粒，籽粒椭圆形、半硬质，较饱满。亩穗数32.3万穗，穗粒数37.1粒，千粒重41.9克。抗病性鉴定，中感赤霉病和纹枯病，高感白粉病、条锈病和叶锈病。品质检测，籽粒容重770克/升，蛋白质含量13.38%，湿面筋含量28.5%，吸水率61.4%，沉降值36.0毫升，稳定时间3.0分钟，最大拉伸阻力292E.U.，延伸性168毫米。

产量表现：2011—2012年度参加长江中下游冬麦组品种区域试验，平均亩产391.6千克，比对照品种扬麦158增产2.6%；2012—2013年度续试，平均亩产430.4千克，比扬麦158增产6.5%。2014—2015年度生产试验，平均亩产390.4千克，比对照品种增产0.2%。

栽培技术要点：适宜播种期10月下旬至11月中旬，每亩适宜基本苗15万。注意防治红蜘蛛、蚜虫、赤霉病、白粉病、叶锈病和条锈病等病虫害。高水肥地块注意防止倒伏。

适宜种植区域：适宜长江中下游冬麦区的江苏、安徽、浙江、河南信阳地区种植。

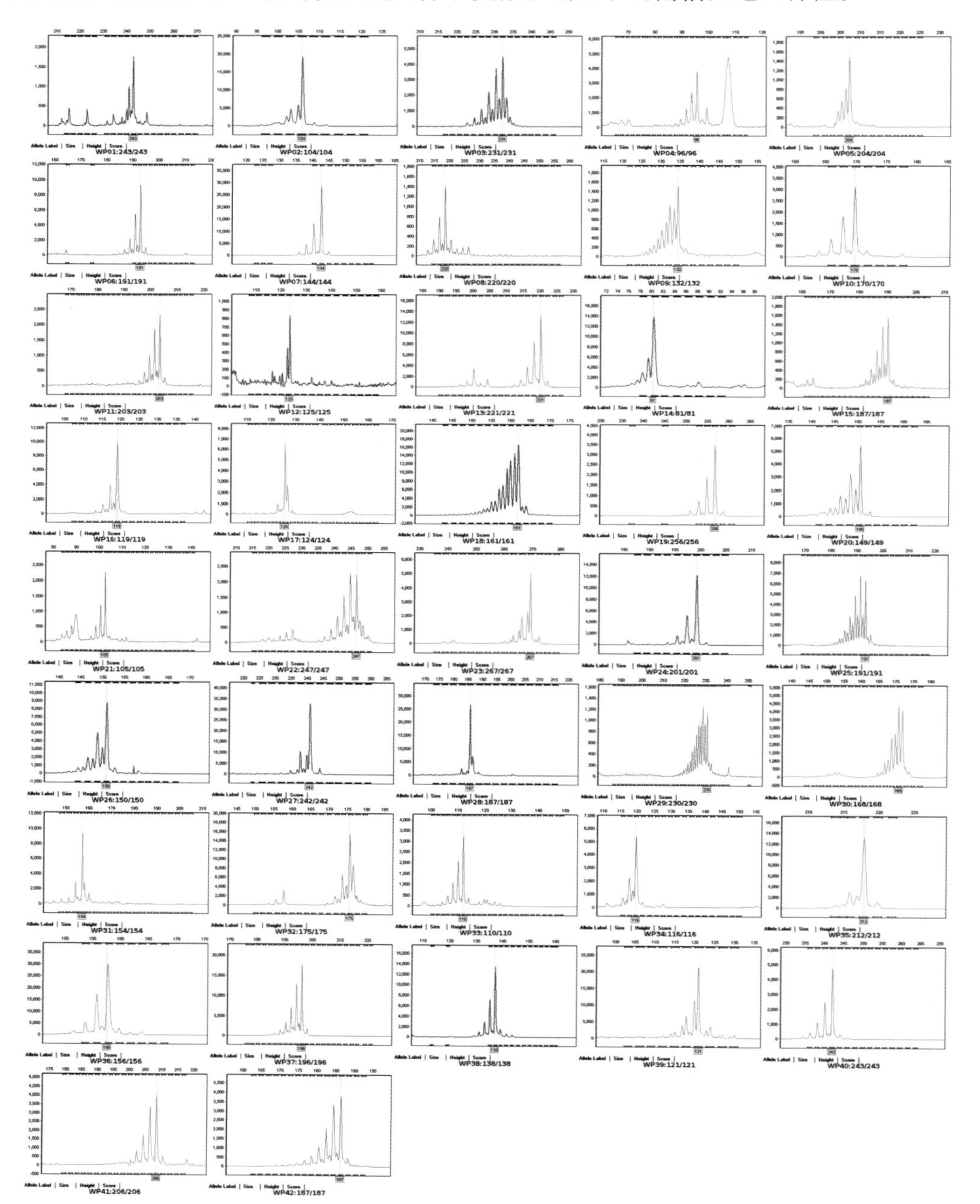

97. 国豪麦3号

审定编号：国审麦2016001

选育单位：四川国豪种业股份有限公司

品种来源：1227-185/99-1522//99-1572

特征特性：春性，全生育期185天，比对照品种川麦42晚熟2天。幼苗直立，苗叶较宽、上举，苗色深绿，冬季叶尖黄。分蘖力较强，生长势一般。株型较紧凑，株高79厘米，抗倒性一般。穗层整齐，熟相好。穗长方形，长芒，白壳，红粒，籽粒半角质，均匀、饱满。亩穗数25.6万穗，穗粒数40.8粒，千粒重42.2克。抗病性鉴定，白粉病免疫，中感条锈病、叶锈病、赤霉病。品质检测，籽粒容重785克/升，蛋白质含量12.42%，湿面筋含量22.2%，沉降值23.3毫升，吸水率52.2%，稳定时间1.3分钟，最大拉伸阻力388E.U.，延伸性134毫米。

产量表现：2012—2013年度参加长江上游冬麦组品种区域试验，平均亩产408.1千克，比对照品种川麦42减产3.6%；2013—2014年度续试，平均亩产359.8千克，比川麦42减产3.4%。2014—2015年度生产试验，平均亩产362.0千克，比对照品种增产3.2%。

栽培技术要点：适宜播种期10月下旬至11月上旬，每亩适宜基本苗12万～15万。注意防治红蜘蛛、蚜虫、条锈病、叶锈病和赤霉病等病虫害。

适宜种植区域：适宜长江上游冬麦区的四川、重庆、贵州、陕西汉中、安康地区种植。

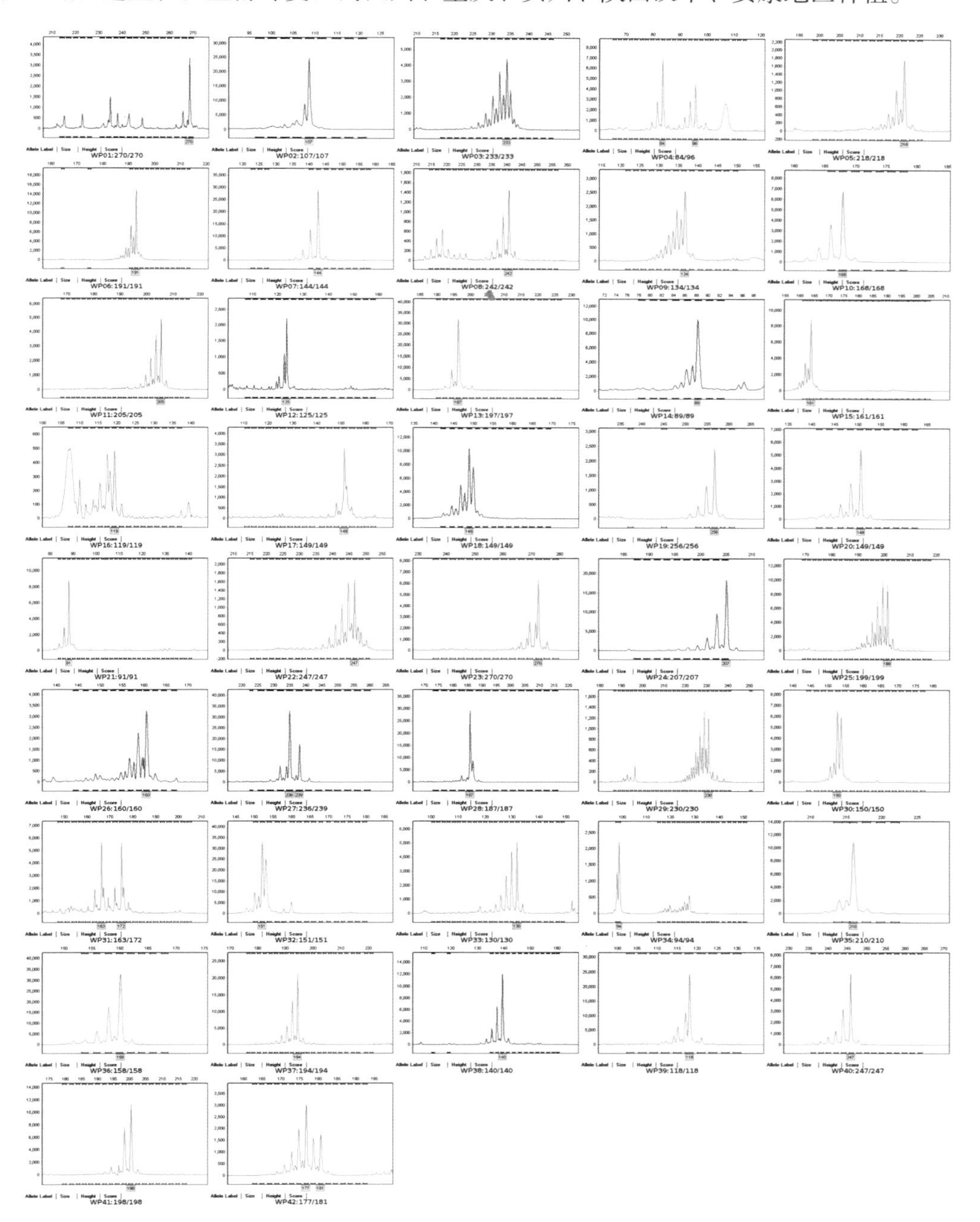

98. 沈免2137

审定编号：国审麦2014019

选育单位：沈阳农业大学

品种来源：沈免96/L252//铁春1号/3/辽春10号

特征特性：春性早熟品种，全生育期81天，与对照辽春17号相当。幼苗直立。株高76厘米，株型紧凑，抗倒性适中。穗纺锤形，长芒，红壳，红粒，籽粒角质、饱满度较好。亩穗数44.9万穗、穗粒数30.2粒、千粒重30.2克；抗病性鉴定，中抗秆锈病、叶锈病和白粉病；品质混合样测定，籽粒容重819克/升，蛋白质（干基）含量17.0%，硬度指数66.2。面粉湿面筋含量35.2%，沉降值63.5毫升，吸水率59.6%，面团稳定时间10.4分钟，最大拉伸阻力795E.U.，延伸性198毫米，拉伸面积202平方厘米。品质达到强筋小麦品种审定标准。

产量表现：2011年参加东北春麦早熟组品种区域试验，平均亩产329.0千克，比对照辽春17号增产3.5%；2012年续试，平均亩产356.0千克，比辽春17号增产5.6%。2013年生产试验，平均亩产289.8千克，比辽春17号增产3.9%。

栽培技术要点：适时早播，及时浇灌，亩基本苗40万～42万；注意防治蚜虫和白粉病。

适宜种植区域：适宜东北春麦区的内蒙古赤峰和通辽地区、辽宁、吉林种植，也适宜天津和河北张家口坝下作春麦种植。

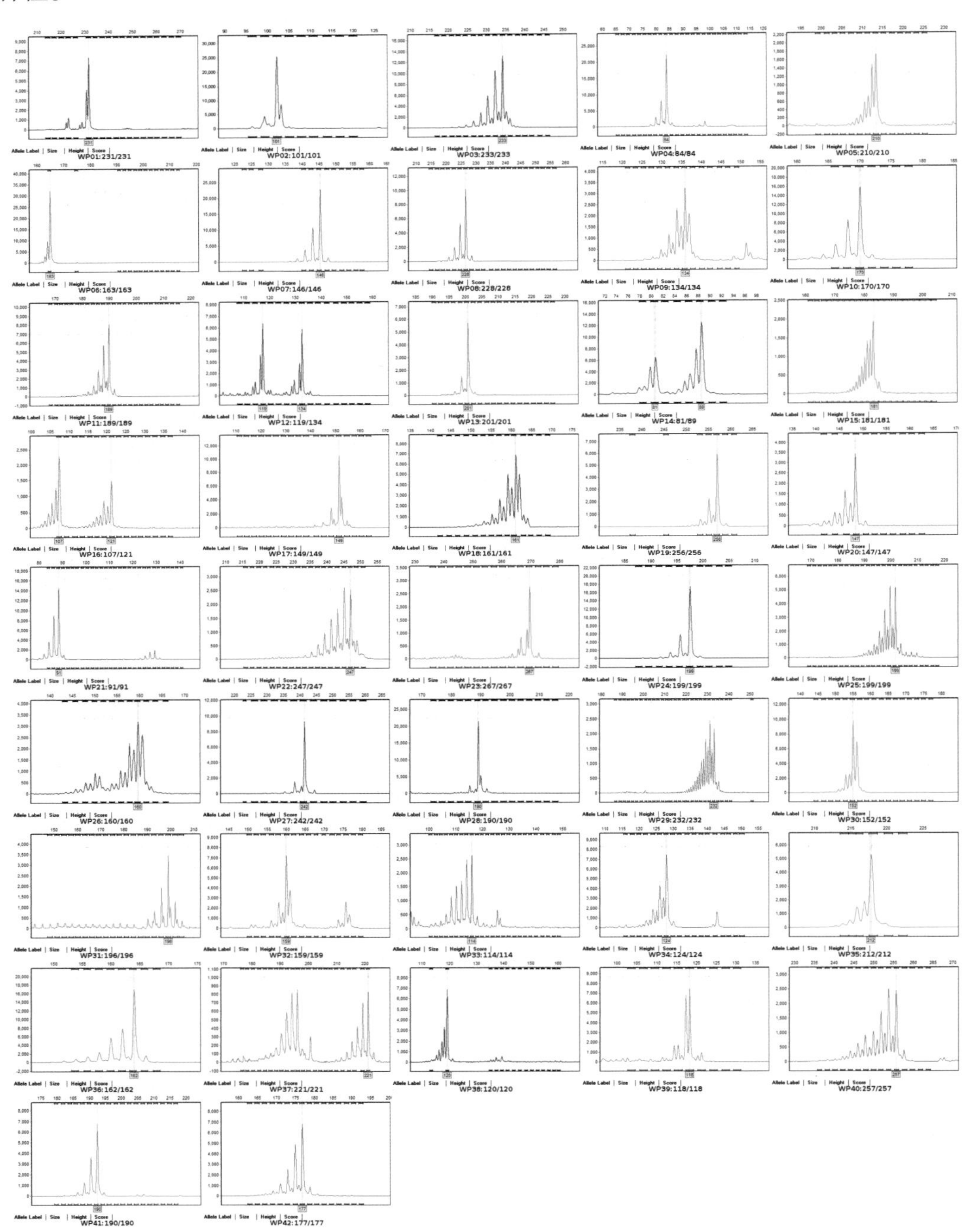

99. 津农7号

审定编号：国审麦2014018

选育单位：天津市农作物研究所、天津市国瑞谷物科技发展有限公司

品种来源：995-789/8901/3/sccb/长丰3//辽春10号

特征特性：冬性强筋品种，全生育期256天，比对照中麦175晚熟2天。幼苗半匍匐，分蘖力偏低，分蘖成穗率中等。株高73厘米。抗倒性较好，试验中个别试点发生小面积轻度倒伏。穗纺锤形，长芒，白壳，红粒。亩穗数39.6万穗、穗粒数29.5粒、千粒重43.4克；抗寒性鉴定，抗寒性中等；抗病性鉴定，高抗叶锈病，慢条锈病，高感白粉病；品质混合样测定，籽粒容重780克/升，蛋白质（干基）含量15.87%，硬度指数62.5，面粉湿面筋含量30.6%，沉降值47.9毫升，吸水率57.1%，面团稳定时间23.3分钟，最大抗延阻力636E.U.，延伸性161毫米，拉伸面积132平方厘米。

产量表现：2011—2012年度参加北部冬麦区水地组品种区域试验，平均亩产448.4千克，比对照中麦175减产2.8%；2012—2013年续试，平均亩产395.0千克，比中麦175增产0.5%。2013—2014年度生产试验，平均亩产421.1千克，比中麦175减产1.7%。

栽培技术要点：适宜播种期9月28日至10月5日，亩播量12.5～15千克、基本苗28万～34万；注意防治蚜虫和白粉病。

适宜种植区域：适宜北部冬麦区的北京、天津、河北中北部、山西北部冬麦区中等以上肥力水地种植，也适宜新疆阿拉尔冬麦区种植。

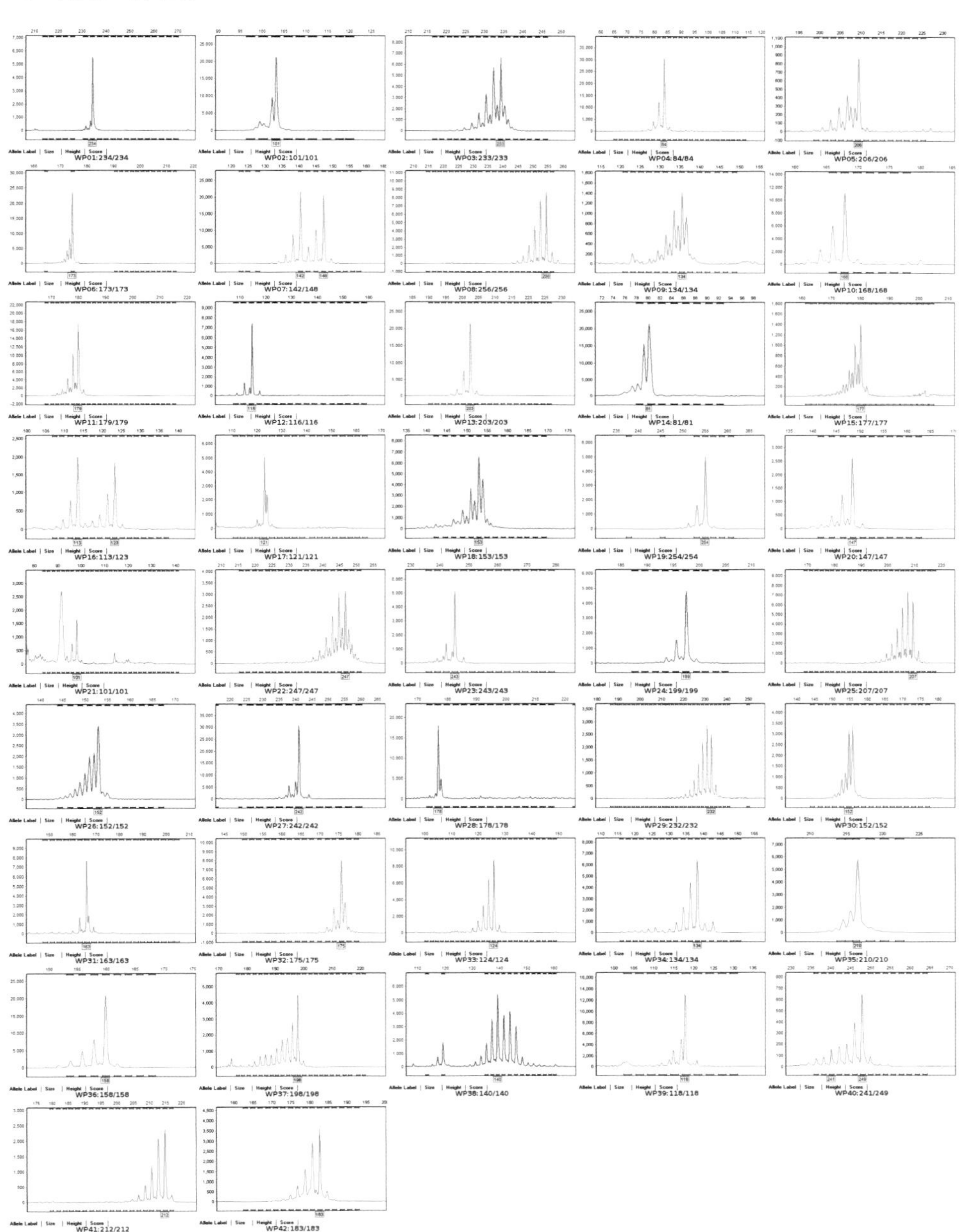

100. 轮选169

审定编号：国审麦2014017

选育单位：中国农业科学院作物科学研究所

品种来源：京冬8号/轮选987

特征特性：冬性品种，全生育期255天，比对照中麦175晚熟1天。幼苗半匍匐，分蘖力较强，成穗率较高。株高72厘米。抗倒性较好，试验中个别试点发生小面积轻度倒伏。穗纺锤形，长芒，白壳，红粒。亩穗数43.2万穗、穗粒数31.3粒、千粒重40.6克；抗寒性鉴定，抗寒性中等；抗病性鉴定，慢条锈病，中感白粉病，高感叶锈病；品质混合样测定，籽粒容重789克/升，蛋白质（干基）含量15.64%，硬度指数64.5，面粉湿面筋含量33.0%，沉降值29.4毫升，吸水率60.7%，面团稳定时间3.9分钟，最大抗延阻力230E.U.，延伸性144毫米，拉伸面积48平方厘米。

产量表现：2011—2012年度参加北部冬麦区水地组品种区域试验，平均亩产499.2千克，比对照中麦175增产8.3%；2012—2013年度续试，平均亩产417.8千克，比中麦175增产6.4%。2013—2014年度生产试验，平均亩产454.3千克，比中麦175增产6.1%。

栽培技术要点：适宜播种期9月28日至10月8日，亩基本苗20万～25万；注意防治锈病，成熟后及时收获。

适宜种植区域：适宜北部冬麦区的北京、天津、河北中北部、山西北部冬麦区中等以上肥力水地种植，也适宜新疆阿拉尔冬麦区种植。

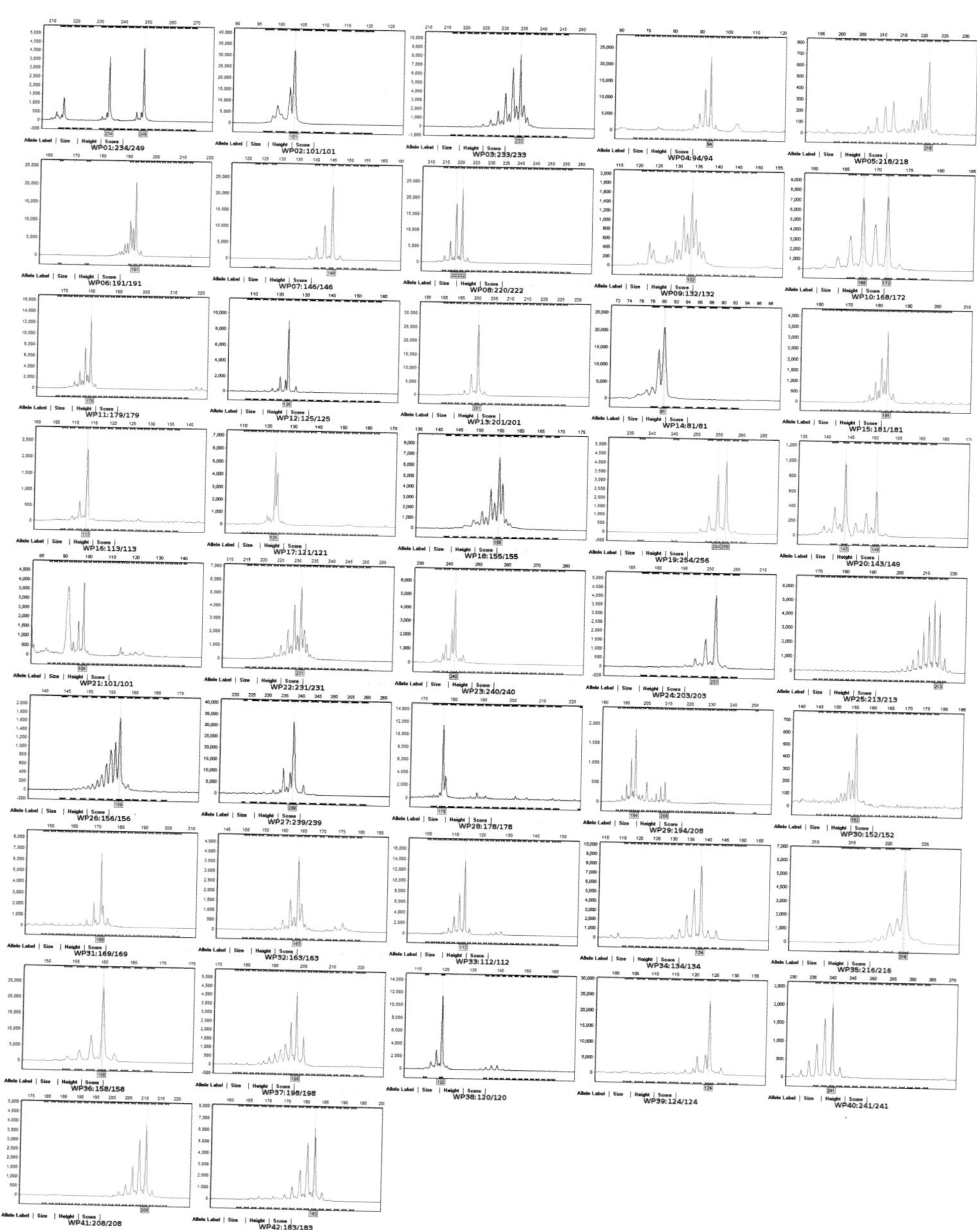

101. 洛旱15

审定编号：国审麦2014015

选育单位：洛阳农林科学院

品种来源：晋麦47/豫麦2号

特征特性：半冬性中熟品种，全生育期244天，与对照晋麦47号相当。幼苗半匍匐，苗期长势较弱，分蘖力一般，成穗率高。春季两极分化快。抗冻性一般，熟相好。株高80厘米，茎秆弹性较好，抗倒性较好。株型较紧凑，旗叶平展，叶片深绿色，穗层整齐。穗纺锤形，小穗排列紧密，长芒，白壳，白粒，籽粒角质，饱满度较好。亩穗数38.5万穗、穗粒数30.5粒、千粒重33.5克；抗旱性鉴定，抗旱性3级，抗旱性中等；抗病性鉴定，中感条锈病，高感叶锈病、白粉病和黄矮病；品质混合样测定，籽粒容重797克/升，蛋白质（干基）含量16.0%，硬度指数47.0，面粉湿面筋含量35.1%，沉降值33.7毫升，吸水率56.9%，面团稳定时间2.8分钟，最大抗延阻力145E.U.，延伸性182毫升，拉伸面积38平方厘米。

产量表现：2011—2012年度参加黄淮冬麦区旱薄组品种区域试验，平均亩产369.0千克，比对照晋麦47号增产4.6%；2012—2013年度续试，平均亩产271.9千克，比晋麦47号增产2.6%。2013—2014年度生产试验，平均亩产297.1千克，比晋麦47号增产6.2%。

栽培技术要点：适宜播种期9月下旬至10月上旬，亩播量9～12千克、基本苗27万～35万；及时防治锈病、白粉病和蚜虫；适时收获，预防穗发芽。

适宜种植区域：适宜黄淮冬麦区的山西南部冬麦区，陕西宝鸡、咸阳和铜川地区，河南西北部、河北沧州及甘肃天水旱薄地种植。

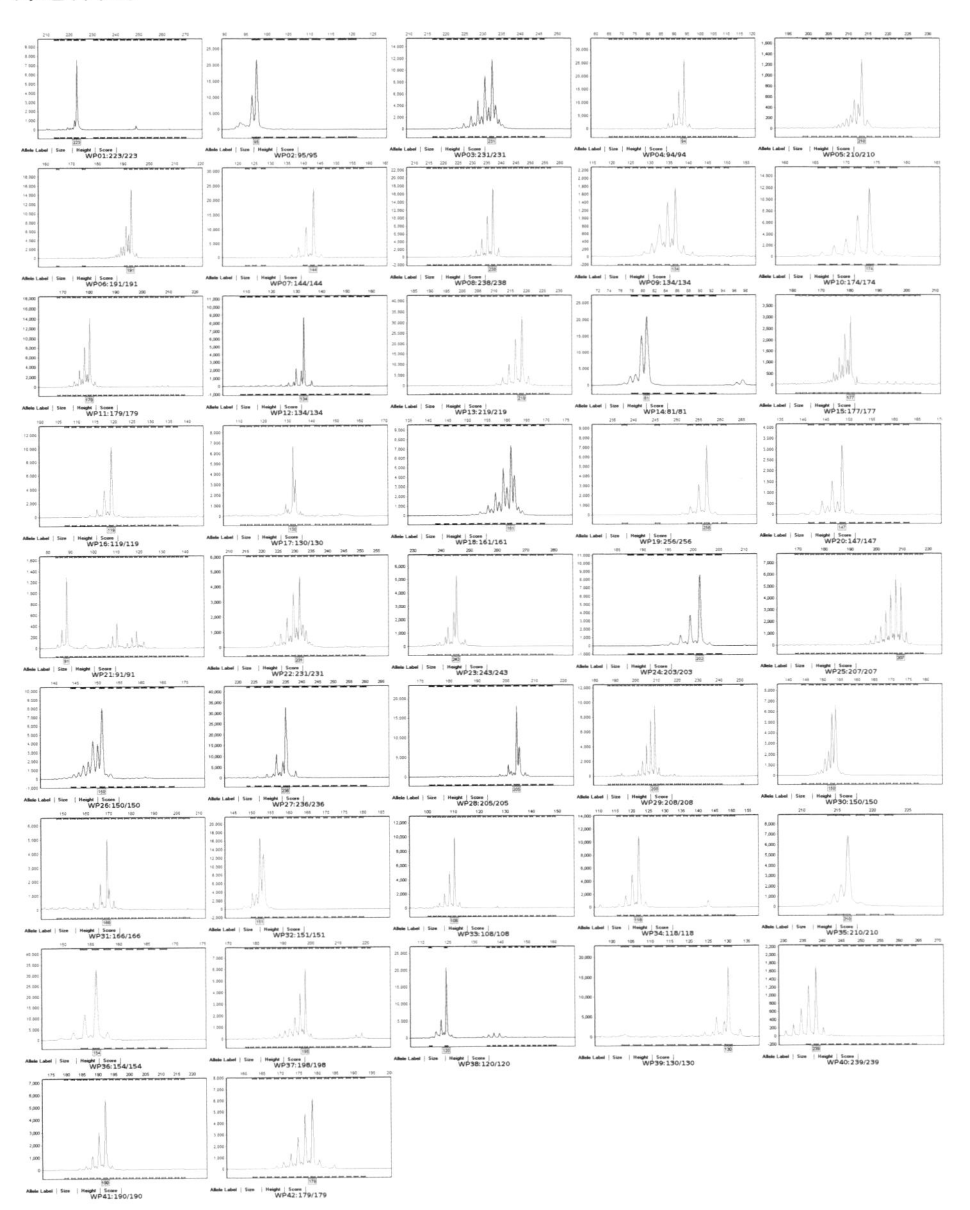

102. 运旱115

审定编号：国审麦2014014

选育单位：山西省农业科学院棉花研究所

品种来源：烟361/临139

特征特性：半冬性中熟品种，全生育期242天，比对照晋麦47号早熟1天。幼苗半匍匐，生长势中等，分蘖力强，抗寒性较好，成穗数较多，熟相好。株高88厘米，抗倒性一般。株型紧凑，叶片深绿色，穗层整齐。穗纺锤形，长芒，白壳，白粒，籽粒角质，饱满度一般。亩穗数37.8万穗、穗粒数28.4粒、千粒重37.3克；抗旱性鉴定，抗旱性3级，抗旱性中等；抗病性鉴定，中感条锈病和黄矮病，高感叶锈病和白粉病；品质混合样测定，籽粒容重778克/升，蛋白质（干基）含量16.0%，硬度指数55.5，面粉湿面筋含量34.3%，沉降值40.4毫升，吸水率57.4%，面团稳定时间9.3分钟，最大抗延阻力313E.U.，延伸性169毫米，拉伸面积70平方厘米。

产量表现：2011—2012年度参加黄淮冬麦区旱薄组品种区域试验，平均亩产363.3千克，比对照晋麦47号增产3.0%；2012—2013年度续试，平均亩产283.2千克，比晋麦47号增产6.8%。2013—2014年度生产试验，平均亩产295.3千克，比晋麦47增产5.6%。

栽培技术要点：适宜播种期9月下旬至10月上旬，亩播量9～12千克、基本苗24万～32万；及时防治锈病、白粉病和蚜虫；适时收获，预防穗发芽。

适宜种植区域：适宜黄淮冬麦区的山西南部冬麦区，陕西宝鸡、咸阳和铜川地区，河南西部、河北沧州及甘肃天水旱薄地种植。

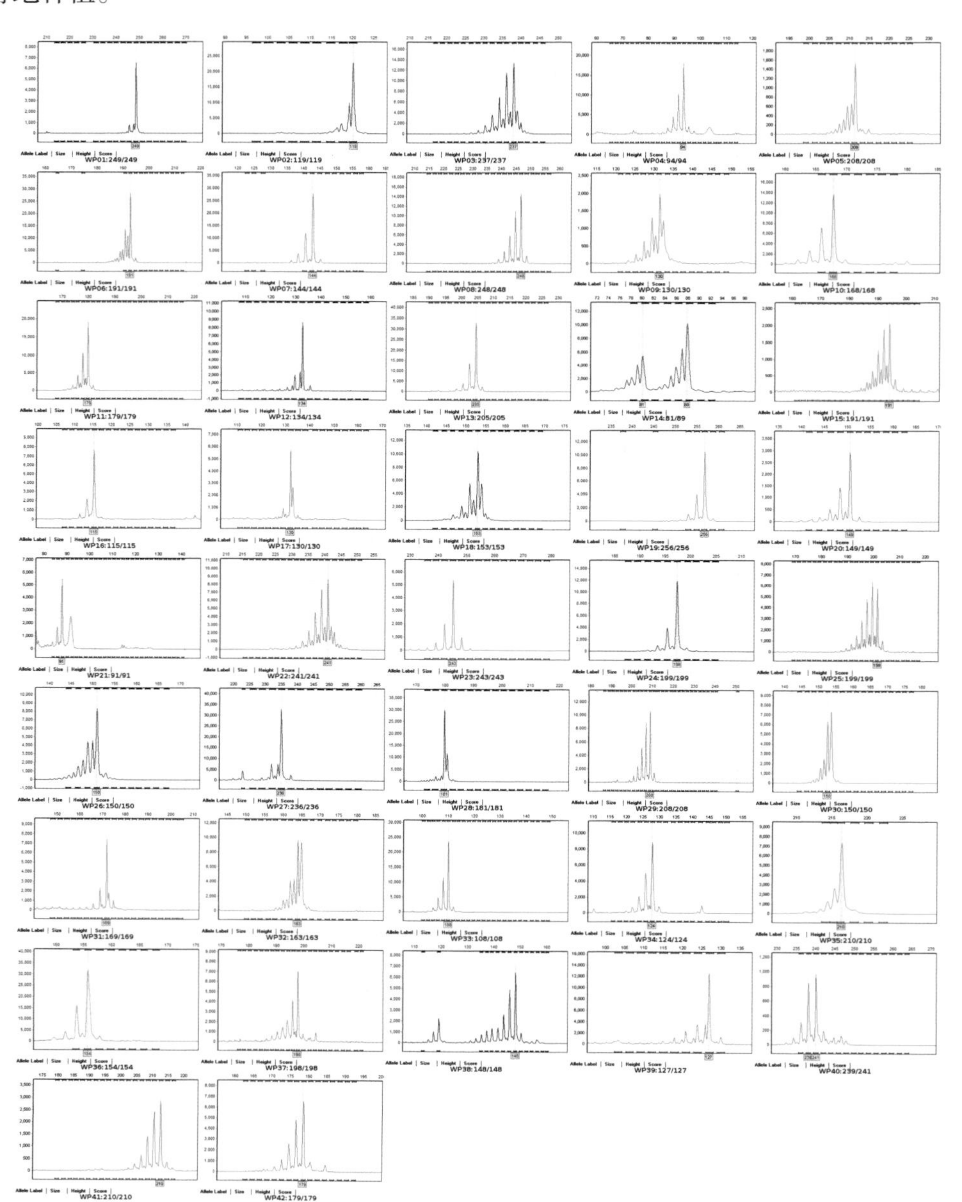

103. 山农26

审定编号：国审麦2014013

选育单位：山东农业大学

品种来源：9501矮2/N2

特征特性：半冬性中熟强筋品种，全生育期241天，与对照洛旱7号相当。幼苗半直立，生长健壮，分蘖力较差，分蘖成穗率一般。春季返青起身较晚，两极分化较快。株高82厘米，株型紧凑，抗倒性一般。穗层整齐，叶片长，茎叶蜡质较厚，熟相一般。穗长方形，长芒，白壳，白粒，籽粒角质、饱满度好、黑胚率较低。亩穗数34.2万穗，穗粒数30.8粒，千粒重39.0克；抗旱性鉴定，抗旱性4级，抗旱性较弱；抗病性鉴定，高感白粉病，中感黄矮病，慢条锈病、叶锈病；品质混合样测定，籽粒容重800克/升，蛋白质含量15.6%，硬度指数65.6，面粉湿面筋含量33.6%，沉降值59.9毫升，吸水率58.8%，面团稳定时间17.1分钟，最大拉伸阻力671E.U.，延伸性163毫米，拉伸面积136平方厘米。

产量表现：2008—2009年度参加黄淮冬麦区旱肥组品种区域试验，平均亩产334.8千克，比对照洛旱2号减产3.7%；2010—2011年度续试，平均亩产317.3千克，比洛旱7号减产3.2%。2012—2013年度生产试验，平均亩产312.8千克，比洛旱7号增产8.3%。

栽培技术要点：适宜播种期10月上中旬，亩基本苗20万苗，播种前施足底肥，拔节前后结合雨天亩施尿素15千克；注意防治锈病、白粉病和蚜虫。

适宜种植区域：适宜黄淮冬麦区的山西南部冬麦区、陕西咸阳和渭南地区、河南西北部、河北中南部、山东旱肥地种植。

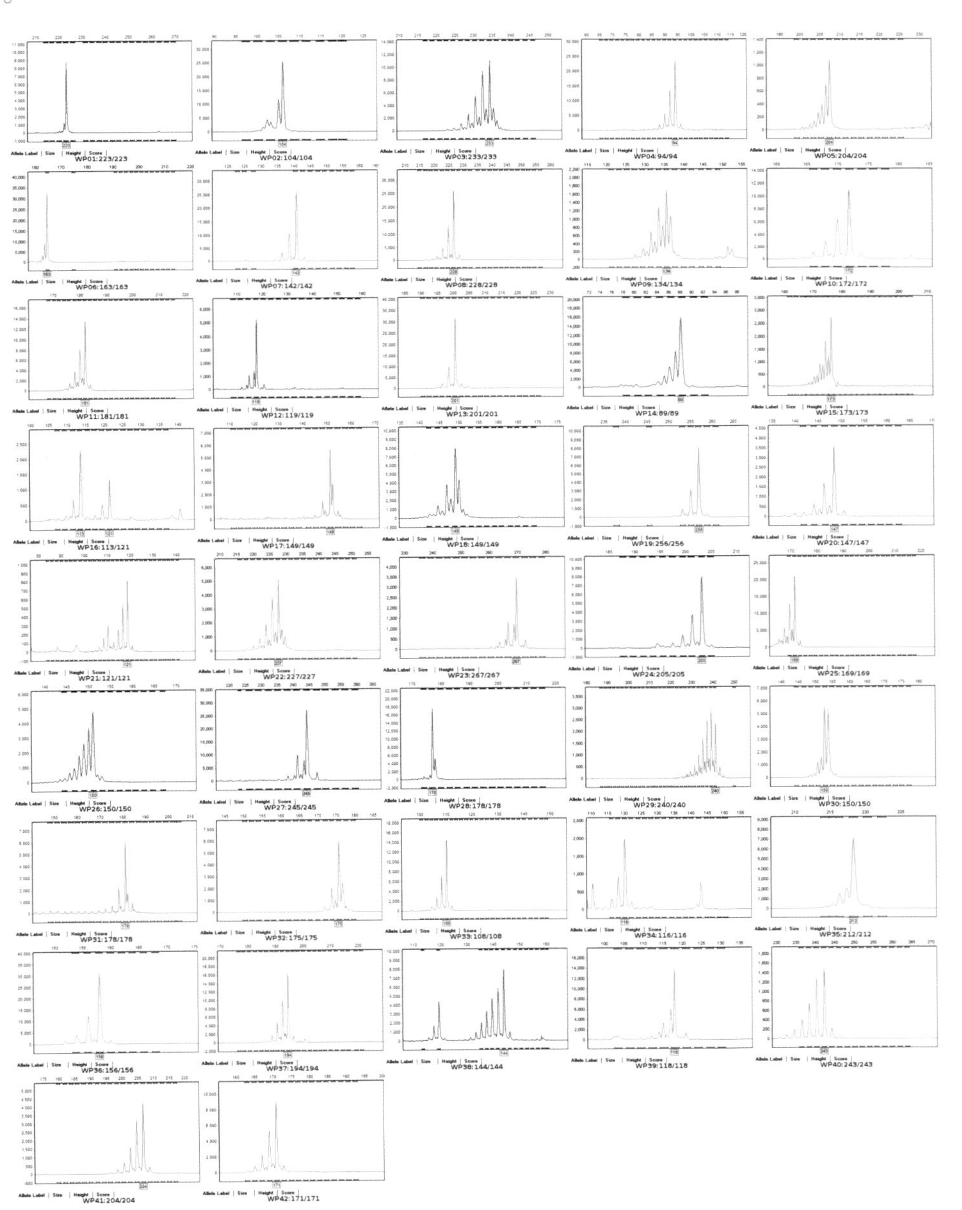

104. 阳光818

审定编号：国审麦2014012

选育单位：漯河市阳光种业有限公司

品种来源：漯麦4号/新麦18//漯麦4号

特征特性：半冬性早熟品种，全生育期236天，比对照洛旱7号早熟2天。幼苗半直立，叶片较宽，苗期生长势强，分蘖力较弱，成穗率较高，成穗数中等。春季起身较早，两极分化较快，抽穗早。落黄一般。株高70厘米，抗倒性好。株型半紧凑，旗叶半披，茎秆、叶色灰绿，穗层整齐。长方形穗，小穗排列紧密，长芒，白壳，白粒，籽粒半角质，饱满度好。亩数穗32.9万穗、穗粒数32.7粒，千粒重41.2克。抗旱性鉴定，抗旱性4级，抗旱性较弱。抗病性鉴定，慢条锈病，中感叶锈病和黄矮病，高感白粉病。品质混合样测定，籽粒容重773克/升，蛋白质（干基）含量14.9%，硬度指数58.5，面粉湿面筋含量31.9%，沉降值42.2毫升，吸水率55.6%，面团稳定时间8.2分钟，最大抗延阻力358E.U.，延伸性172毫米，拉伸面积87平方厘米。品质达到强筋品种审定标准。

产量表现：2011—2012年度参加黄淮冬麦区旱肥组区域试验，平均亩产427.3千克，比对照洛旱7号增产2.5%；2012—2013年度续试，平均亩产314.0千克，比洛旱7号增产1.6%。2013—2014年度生产试验，平均亩产403.7千克，比洛旱7号增产3.3%。

栽培技术要点：适宜播种期10月上中旬，亩基本苗17万～24万；注意防治锈病、白粉病和蚜虫；适时收获，预防穗发芽。

适宜种植区域：适宜黄淮冬麦区的山西南部冬麦区、陕西咸阳和渭南地区、河南西北部、河北中南部、山东旱肥地种植。

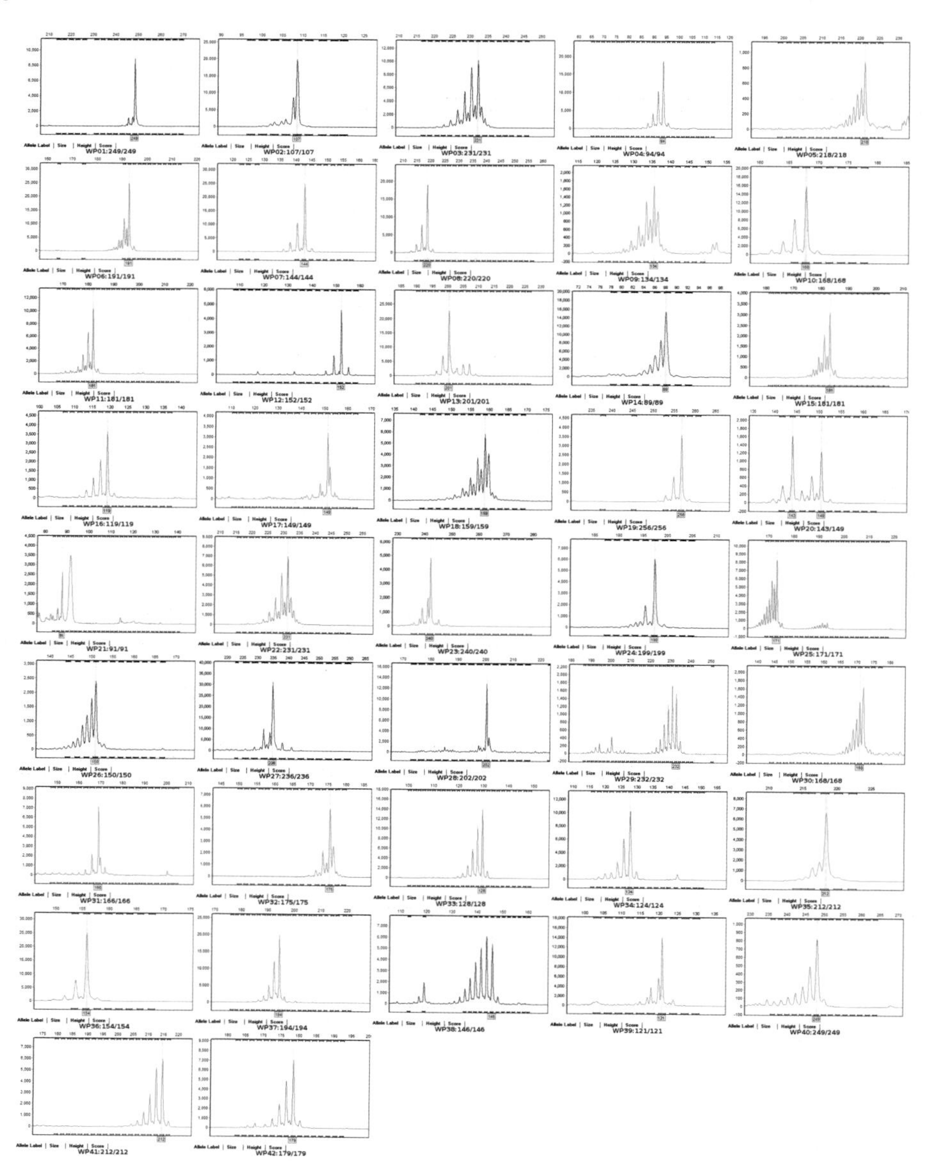

105. 邯麦16号

审定编号：国审麦2014010

选育单位：邯郸市农业科学院

品种来源：邯5267/邯4564

特征特性：半冬性晚熟品种，全生育期249天，与对照品种良星99相当。幼苗半匍匐，冬季抗寒性较好。分蘖力较强，成穗率较高，亩成穗较多。后期耐高温，植株转色较早，落黄较好。株高76厘米，茎秆弹性较好，抗倒性较好。株型较紧凑，旗叶较长，叶片上冲，穗层整齐。穗纺锤形，小穗排列较密，长芒，白壳，白粒，籽粒角质。两年区域试验，平均亩穗数47.2万穗，穗粒数35.1粒，千粒重36.8克。抗寒性鉴定，抗寒性级别1级，抗寒性好。抗病性鉴定，条锈病免疫、高感叶锈病、纹枯病、白粉病和赤霉病。品质混合样测定，籽粒容重809克/升，蛋白质（干基）含量15.2%，硬度指数68，面粉湿面筋含量35%，沉降值32.6毫升，吸水率59.6%，面团稳定时间2.7分钟，最大抗延阻力153E.U.，延伸性194毫米，拉伸面积45平方厘米。

产量表现：2011—2012年度参加黄淮冬麦区北片水地组区域试验，平均亩产520.3千克，比对照良星99增产2.8%；2012—2013年度续试，平均亩产529.3千克，比良星99增产6.3%。2013—2014年度生产试验，平均亩产591.6千克，比良星99增产6.3%。

栽培技术要点：适宜播种期10月上旬至10月中旬，亩基本苗12万～15万；拔节孕穗肥可适当推迟，高水肥地注意防倒伏；注意防治叶锈病、赤霉病、白粉病和纹枯病。

适宜种植区域：适宜黄淮冬麦区北片的山东、河北中南部、山西南部冬麦区高水肥地块种植。

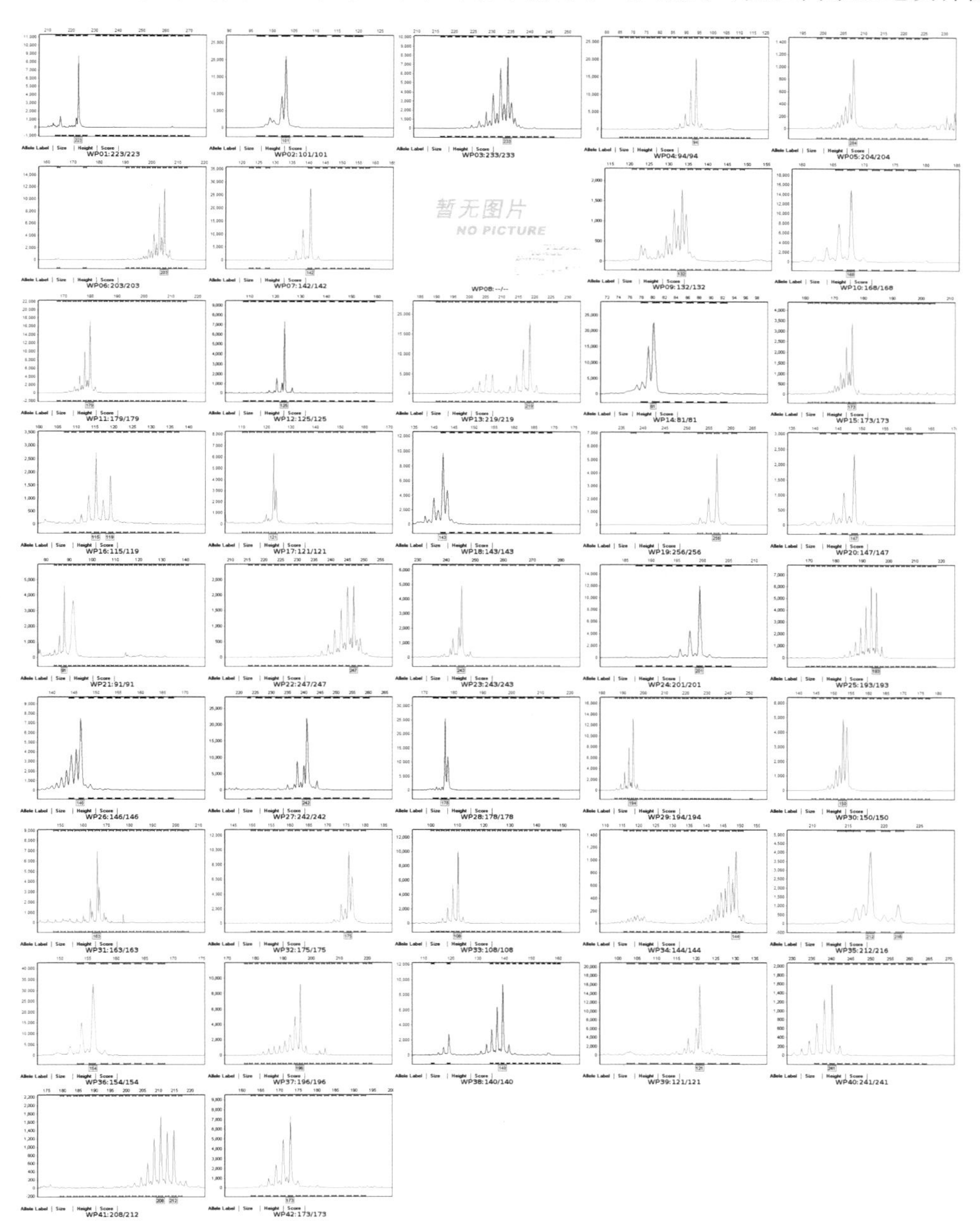

106. 天民198

审定编号：国审麦2014009

选育单位：河南天民种业有限公司

品种来源：R81/百农64//偃展4110

特征特性：弱春性早熟品种，全生育期218天，与对照偃展4110熟期相当。幼苗直立，长势一般，叶宽短挺，叶色黄绿，冬季抗寒性一般。分蘖力较强，成穗率较高。春季两极分化速度快，抽穗较早，耐倒春寒能力一般。后期耐高温能力较好，熟相较好。株高70厘米，茎秆粗，抗倒性较好。株型偏松散，旗叶宽长、上冲，长相清秀，穗下节长，穗层厚，穗大码稀，穗匀。穗长方形，长芒，白壳，白粒，籽粒椭圆形，粉质，饱满度较好，黑胚率较低。亩成穗数42.8万穗，穗粒数35.5粒，千粒重37.5克。抗病性鉴定，慢条锈病，中感叶锈病和白粉病，高感纹枯病和赤霉病。品质混合样测定，籽粒容重801克/升，蛋白质（干基）含量13.54%，硬度指数46.5，面粉湿面筋含量31.7%，沉降值28.4毫升，吸水率53.4%，面团稳定时间2.2分钟，最大抗延阻力181E.U.，延伸性166毫米，拉伸面积45平方厘米。

产量表现：2010—2011年度参加黄淮冬麦区南片春水组区域试验，平均亩产563.8千克，比对照偃展4110增产3.3%。2011—2012年度续试，平均亩产467.9千克，比偃展4110增产4.6%。2013—2014年度生产试验，平均亩产538.7千克，比偃展4110增产5.5%。

栽培技术要点：适宜播种期10月中下旬，亩基本苗18万～24万，注意防治赤霉病和纹枯病。

适宜种植区域：适宜黄淮冬麦区南片的河南（南部稻茬麦区除外）、安徽淮北地区、江苏淮北地区、陕西关中地区高中水肥地块中晚茬种植。倒春寒易发区慎用。

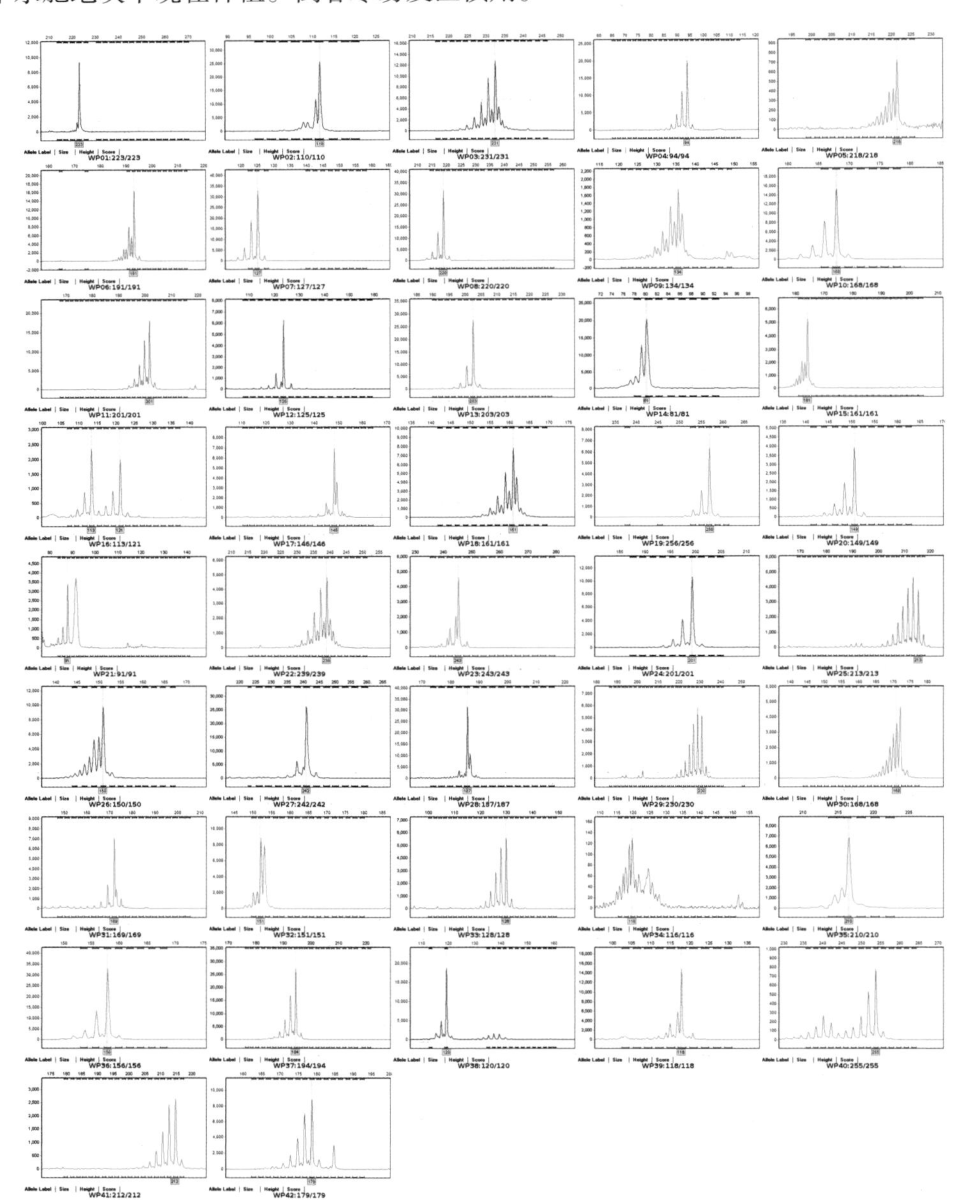

107. 博农6号

审定编号：国审麦2014008

选育单位：焦作市博农种子有限责任公司、河南省同舟缘种子科技有限公司

品种来源：博农653/郑麦9023//RECITAL

特征特性：弱春性中熟强筋品种，全生育期218天，比对照品种偃展4110晚熟1天。幼苗直立，苗势壮，叶片短直立，叶色浓绿，冬季抗寒性较好。冬前分蘖力中等，分蘖成穗率较高。春季起身拔节早，两极分化快，抽穗较早，耐倒春寒能力一般。后期耐高温能力一般，熟相一般。株高76厘米，茎秆弹性较差，抗倒性较差。株型较紧凑，旗叶较宽，略披，穗层整齐。穗纺锤形，穗码较密，长芒，白壳，白粒，籽粒椭圆形，角质，饱满度较好，黑胚率较低。亩穗数42.7万穗，穗粒数29.1粒，千粒重42.1克。抗病性鉴定，中抗条锈病，高感叶锈病、白粉病、赤霉病、纹枯病。品质混合样测定，籽粒容重803克/升，蛋白质（干基）含量14.51%，硬度指数65.5，面粉湿面筋含量31.8%，沉降值39.4毫升，吸水率55.3%，面团稳定时间8.3分钟，最大抗延阻力400E.U.，延伸性159毫米，拉伸面积87平方厘米。

产量表现：2011—2012年度参加黄淮冬麦区南片春水组区域试验，平均亩产456.3千克，比对照偃展4110增产2.0%；2012—2013年度续试，平均亩产466.5千克，比偃展4110增产4.6%。2013—2014年度生产试验，平均亩产538.6千克，比偃展4110增产5.5%。

栽培技术要点：适宜播种期10月中下旬，亩基本苗16万～20万，注意防治叶枯病、赤霉病、白粉病和纹枯病等病虫害，高水肥地注意防倒伏。

适宜种植区域：适宜黄淮冬麦区南片的河南（南部稻茬麦区除外）、安徽淮北地区、江苏淮北地区、陕西关中地区高中水肥地块中晚茬种植。倒春寒易发地区慎用。

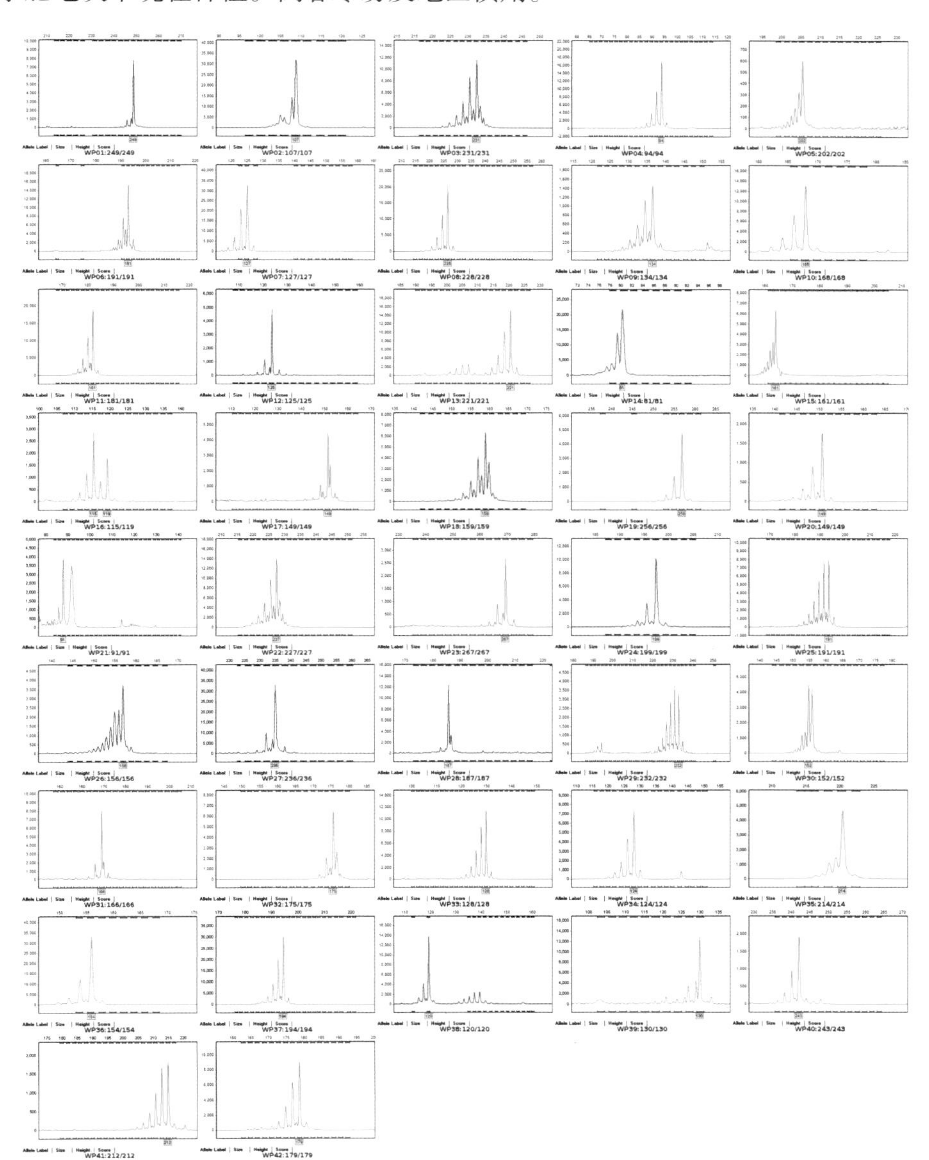

108. 瑞华520

审定编号：国审麦2014006

选育单位：江苏瑞华农业科技有限公司

品种来源：郑州891/黔丰1号

特征特性：半冬性中熟品种，全生育期227天，比对照周麦18早熟1天。幼苗匍匐，苗势壮，叶片窄卷曲，叶色浓绿，冬季抗寒性较好，冬前分蘖力较强，分蘖成穗率一般。春季起身拔节较迟，两极分化快，耐倒春寒能力中等。后期耐高温能力一般，熟相一般。株高78厘米，茎秆蜡质重，茎秆弹性一般，抗倒性一般。株型稍松散，旗叶窄长上冲，穗层厚。穗纺锤形，长芒，白壳，白粒，籽粒角质，饱满度中等，黑胚率较低。亩穗数42.2万穗，穗粒数31.1粒，千粒重40.2克；抗病性鉴定，高抗条锈病，高感叶锈病、白粉病、赤霉病、纹枯病；品质混合样测定，籽粒容重805.5克/升，蛋白质（干基）含量15.5%，硬度指数65.5，面粉湿面筋含量34%，沉降值33.7毫升，吸水率57.2%，面团稳定时间6.1分钟，最大抗延阻力335E.U.，延伸性144毫米，拉伸面积66平方厘米。

产量表现：2011—2012年度参加黄淮冬麦区南片冬水组品种区域试验，平均亩产503.7千克，比对照周麦18增产5.2%；2012—2013年度续试，平均亩产485.8千克，比周麦18增产4.4%。2012—2013年度生产试验，平均亩产497.3千克，比周麦18增产5.7%。

栽培技术要点：适宜播种期10月上中旬，亩基本苗12万～18万，注意防治叶锈病、赤霉病、白粉病和纹枯病。高水肥地注意防倒伏。

适宜种植区域：适宜黄淮冬麦区南片的河南驻马店及以北地区、安徽淮北地区、江苏淮北地区、陕西关中地区高中水肥地块早中茬种植。

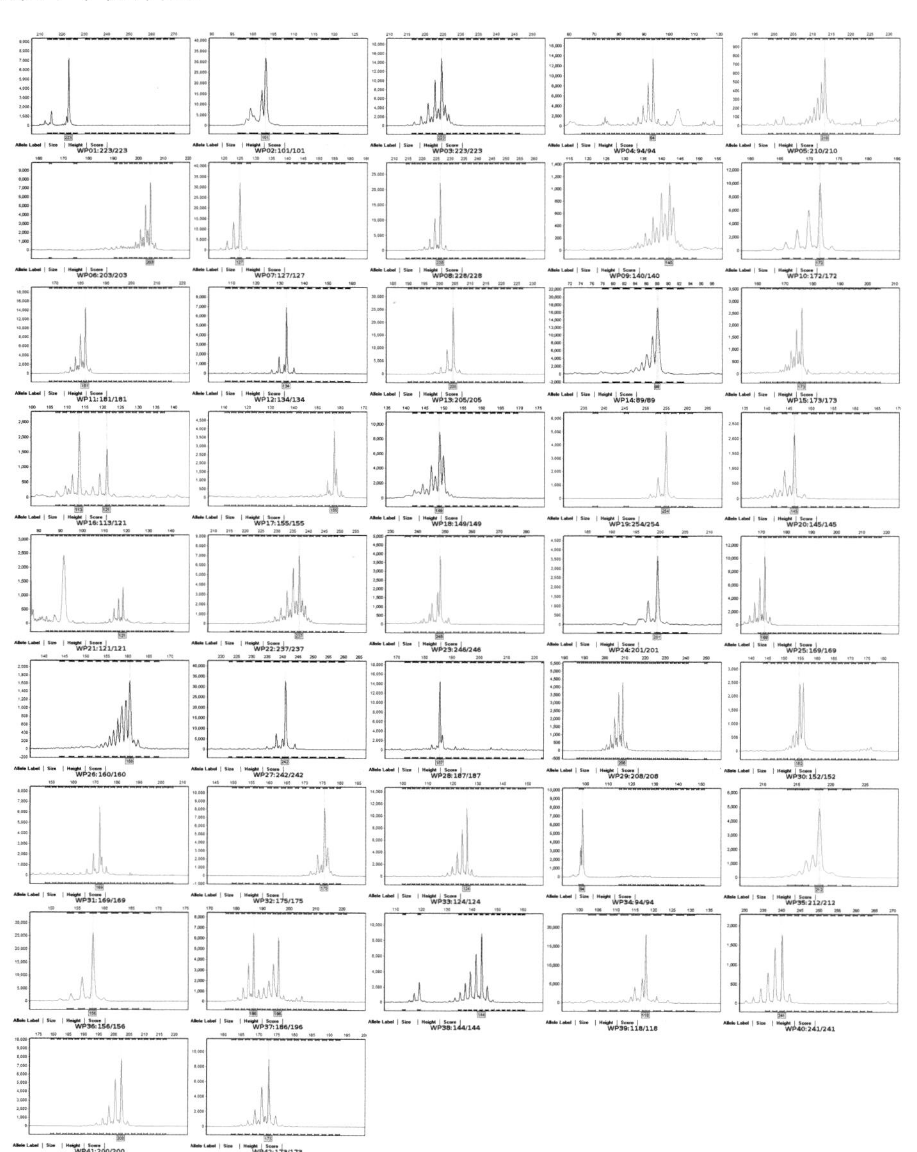

109. 存麦8号

审定编号：国审麦2014005

选育单位：河南省天存小麦改良技术研究所

品种来源：周麦24/周麦22

特征特性：半冬性中晚熟品种，全生育期226天，与对照品种周麦18熟期相当。幼苗匍匐，苗势壮，叶片窄短，叶色浓绿，冬季抗寒性好。分蘖力较强，成穗率偏低。春季起身拔节较快，两极分化较快，耐倒春寒耐力中等。后期耐高温能力中等，熟相较好。株高76厘米，茎秆弹性好，抗倒性较好。株型紧凑，旗叶短宽，上冲，穗叶同层，穗层整齐。穗长方形，穗码较密，短芒，白壳，白粒，籽粒椭圆形，角质，饱满度较好，黑胚率中等。亩穗数38万穗，穗粒数34.1粒，千粒重45克；抗病性鉴定，条锈病近免疫，高感叶锈病、白粉病、赤霉病、纹枯病；品质混合样测定，籽粒容重792.5克/升，蛋白质（干基）含量14.45%，硬度指数60，面粉湿面筋含量29.1%，沉降值36.5毫升，吸水率52.2%，面团稳定时间11.3分钟，最大抗延阻力596E.U.，延伸性131毫米，拉伸面积103平方厘米。品质达到强筋品种审定标准。

产量表现：2012—2013年度参加黄淮冬麦区南片冬水组品种区域试验，平均亩产487.7千克，比对照周麦18增产5.2%；2013—2014年度续试，平均亩产585千克，比周麦18增产4.6%。2013—2014年度生产试验，平均亩产585.3千克，比周麦18号增产3.5%。

栽培技术要点：适宜播种期10月上中旬，亩基本苗12万～20万，注意防治叶锈病、赤霉病、白粉病和纹枯病。

适宜种植区域：适宜黄淮冬麦区南片的河南驻马店及以北地区、安徽淮北地区、江苏淮北地区、陕西关中地区高中水肥地块早中茬种植。

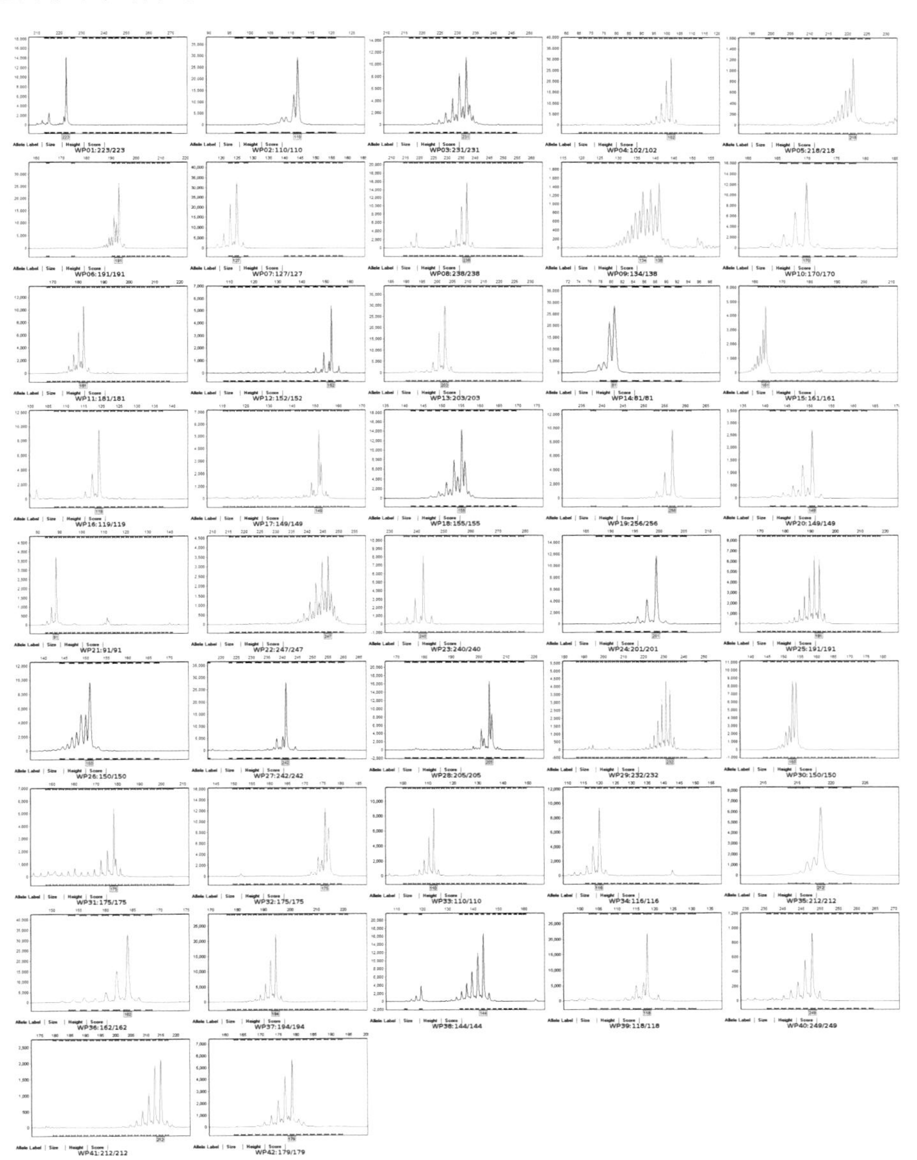

110. 豫麦158

审定编号： 国审麦2014004

选育单位： 漯河市农业科学院

品种来源： 核不育轮回群体Ⅱ中选出

特征特性： 半冬性中晚熟品种，全生育期229天，比对照周麦18晚熟1天。幼苗半匍匐，苗势壮，叶片细卷，叶色浓绿，冬季抗寒性较好。冬前分蘖较多，成穗率一般。春季起身拔节较快，两极分化快，耐倒春寒能力较好。后期耐高温能力较好，熟相好。株高80厘米，茎秆弹性中等，抗倒性较好。株型稍松散，旗叶窄长，上冲，穗层整齐。穗长方形，长芒，白壳，白粒，籽粒椭圆形，半角质，饱满度较好，黑胚率偏高。亩穗数36.4万穗，穗粒数34.4粒，千粒重45.1克；抗病性鉴定，中抗条锈病，高感叶锈病、白粉病、纹枯病、赤霉病；品质混合样测定，籽粒容重799.5克/升，蛋白质（干基）含量15.26%，硬度指数43.5，面粉湿面筋含量31.6%，沉降值39.5毫升，吸水率55%，面团稳定时间7.3分钟，最大抗延阻力446E.U.，延伸性142毫米，拉伸面积84平方厘米。

产量表现： 2011—2012年度参加黄淮冬麦区南片冬水组品种区域试验，平均亩产491.2千克，比对照周麦18增产2.6%；2012—2013年度续试，平均亩产490.2千克，比周麦18增产5.3%。2013—2014年度生产试验，平均亩产598.5千克，比周麦18号增产5.9%。

栽培技术要点： 适宜播种期10月上中旬，亩基本苗12万～20万，注意防治叶锈病、赤霉病、白粉病和纹枯病。

适宜种植区域： 适宜黄淮冬麦区南片的河南驻马店及以北地区、安徽淮北地区、江苏淮北地区、陕西关中地区高中水肥地块早中茬种植。

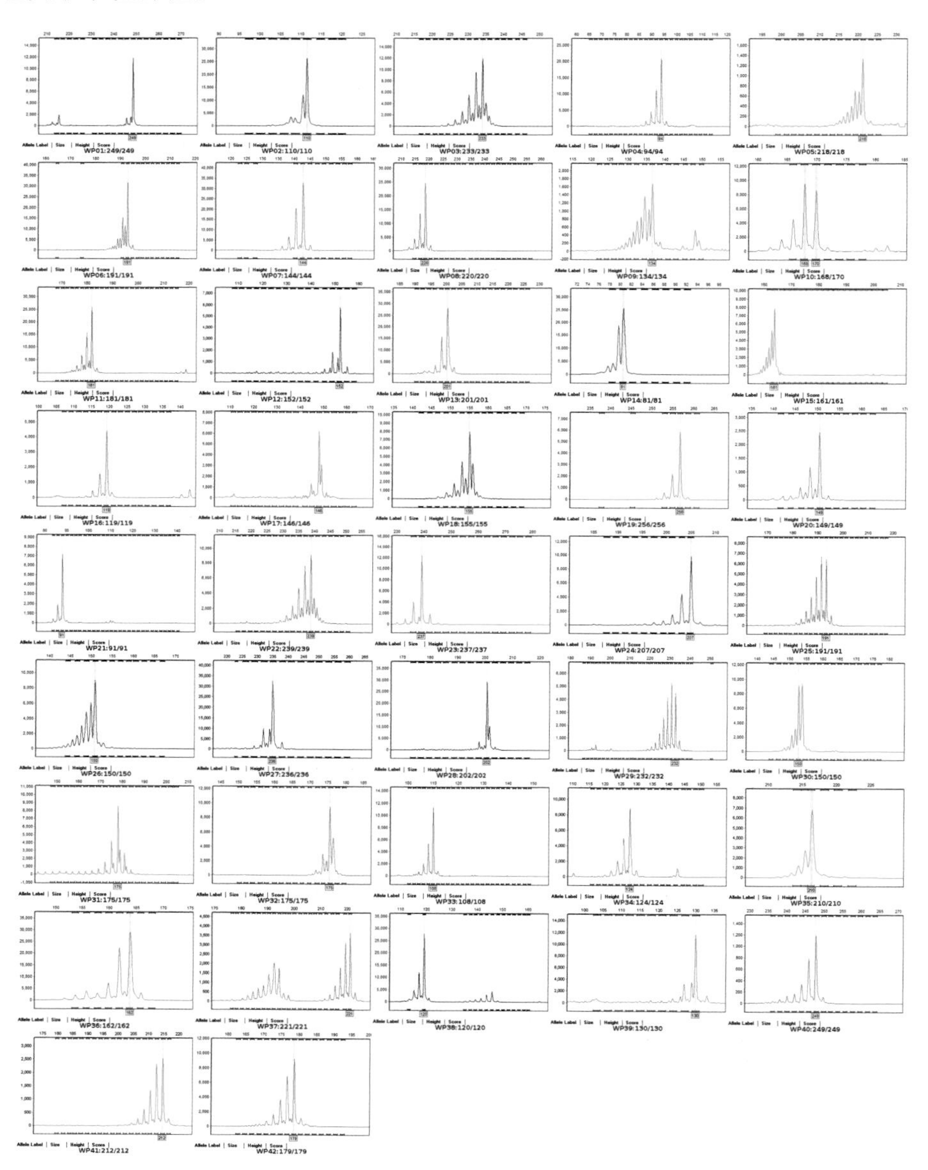

111. 丰德存麦5号

审定编号： 国审麦2014003

选育单位： 河南丰德康种业有限公司

品种来源： 周麦16/郑麦366

特征特性： 半冬性中晚熟品种，全生育期228天，与对照周麦18熟期相当。幼苗半匍匐，苗势较壮，叶片窄长直立，叶色浓绿，冬季抗寒性较好。冬前分蘖力较强，分蘖成穗率一般。春季起身拔节较快，两极分化快，抽穗较早，耐倒春寒能力一般。后期耐高温能力中等，熟相较好。株高76厘米，茎秆弹性一般，抗倒性中等。株型稍松散，旗叶宽短，外卷，上冲，穗层整齐，穗下节短。穗纺锤形，长芒，白壳，白粒，籽粒椭圆形，角质，饱满度较好，黑胚率中等。亩穗数38.1万穗，穗粒数32粒，千粒重42.3克；抗病性鉴定，慢条锈病，中感叶锈病、白粉病，高感赤霉病、纹枯病；品质混合样测定，籽粒容重794克/升，蛋白质（干基）含量16.01%，硬度指数62.5，面粉湿面筋含量34.5%，沉降值49.5毫升，吸水率57.8%，面团稳定时间15.1分钟，最大抗延阻力754E.U.，延伸性177毫米，拉伸面积171平方厘米。品质达到强筋品种审定标准。

产量表现： 2011—2012年度参加黄淮冬麦区南片冬水组品种区域试验，平均亩产482.9千克，比对照周麦18减产0.4%；2012—2013年度续试，平均亩产454.0千克，比周麦18减产2.4%。2013—2014年度生产试验，平均亩产574.6千克，比周麦18号增产2.4%。

栽培技术要点： 适宜播种期10月中旬，亩基本苗12万～18万，注意防治赤霉病和纹枯病，高水肥地注意防倒伏。

适宜种植区域： 适宜黄淮冬麦区南片的河南驻马店及以北地区、安徽淮北地区、江苏淮北地区、陕西关中地区高中水肥地块中茬种植。倒春寒易发地区慎用。

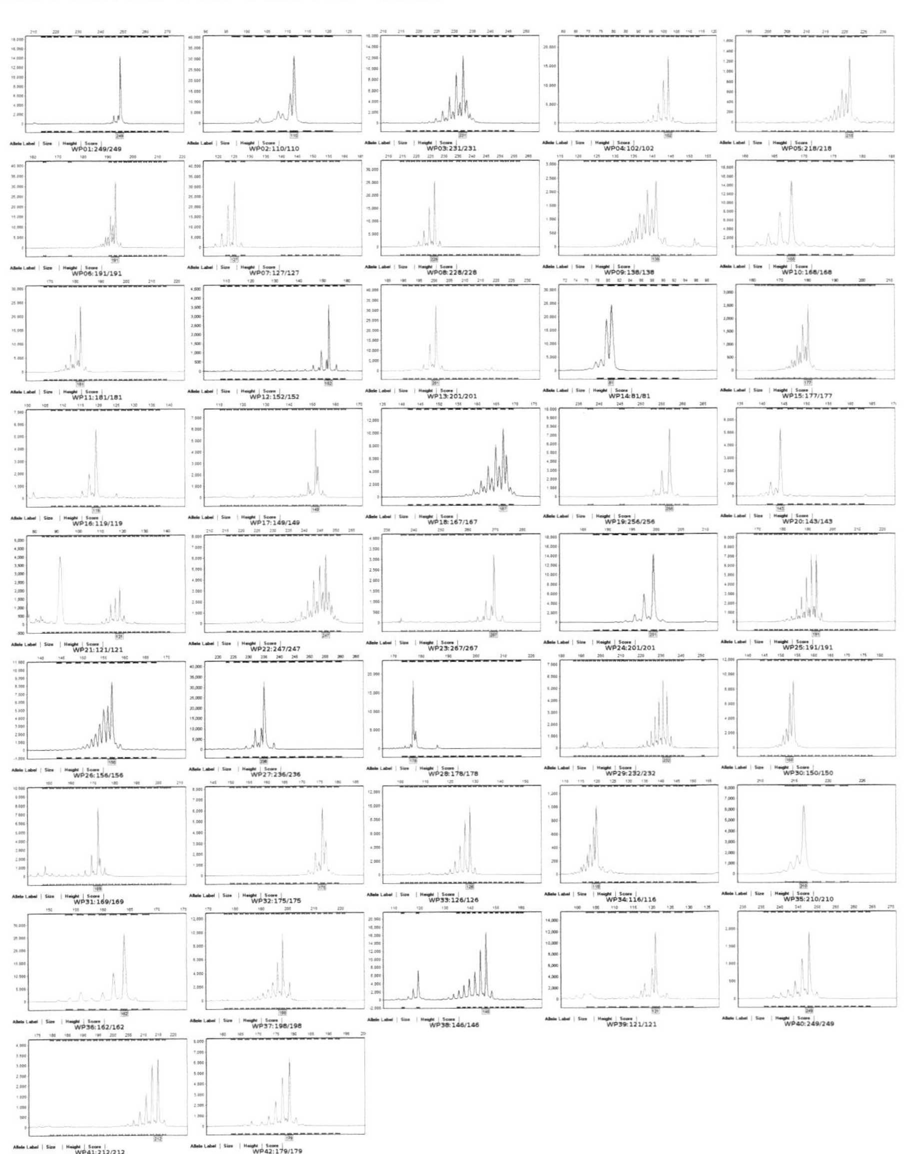

112. 淮麦33

审定编号：国审麦2014001

选育单位：江苏徐淮地区淮阴农业科学研究所

品种来源：烟农19/郑麦991

特征特性：半冬性中晚熟品种，全生育期228天，与对照周麦18熟期相当。幼苗半匍匐，苗势壮，叶片宽长，叶色青绿，冬季抗寒性较好。冬前分蘖力较强，成穗率中等。春季起身拔节较快，两极分化快，耐倒春寒能力中等。后期耐高温能力较好，熟相中等。株高83厘米，茎秆弹性较好，抗倒性较好。株型紧凑，旗叶宽，上冲，叶色深绿，茎秆蜡质重，穗层整齐。穗近长方形，穗长码密，长芒。白壳，白粒，籽粒椭圆形，角质，饱满度较好，黑胚率低。亩穗数38.7万穗，穗粒数36.7粒，千粒重39.2克；抗病性鉴定，中感条锈病，高感白粉病、叶锈病、赤霉病、纹枯病；品质混合样测定，籽粒容重803克/升，蛋白质（干基）含量14.78%，硬度指数65.5，面粉湿面筋含量33%，沉降值35.4毫升，吸水率57.5%，面团稳定时间4.9分钟，最大抗延阻力232E.U.，延伸性179毫米，拉伸面积61平方厘米。

产量表现：2011—2012年度参加黄淮冬麦区南片冬水组品种区域试验，平均亩产501.3千克，比对照周麦18增产4.7%；2012—2013年度续试，平均亩产507.1千克，比周麦18增产9.9%。2013—2014年度生产试验，平均亩产595.6千克，比周麦18号增产6.1%。

栽培技术要点：适宜播种期10月上中旬，亩基本苗12万～18万，注意防治叶锈病、赤霉病、白粉病和纹霉病、白粉病和纹枯病。

适宜种植区域：适宜黄淮冬麦区南片的河南驻马店及以北地区、安徽淮北地区、江苏淮北地区、陕西关中地区高中水肥地块早中茬种植。

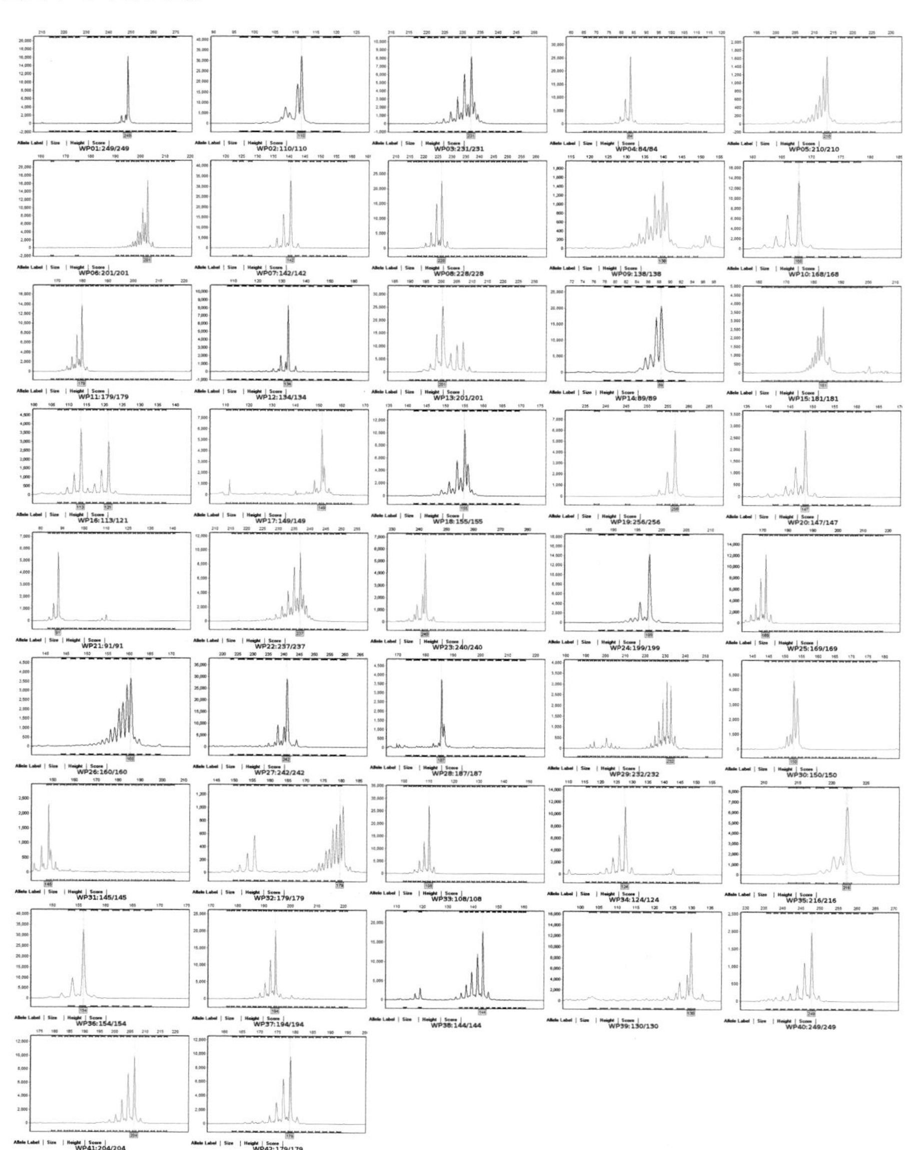

113. 中麦816

审定编号：国审麦2013021

选育单位：中国农业科学院作物科学研究所

品种来源：CA9722/轮选987

特征特性：冬性品种，全生育期256天，比对照中麦175晚熟1天。幼苗半匍匐，分蘖力中等，分蘖成穗率较高。株高75厘米，抗倒性较好。穗纺锤形，长芒，白壳，红粒，籽粒角质、饱满度较好。平均亩穗数44.0万穗，穗粒数32.0粒，千粒重40.3克。抗病性接种鉴定，高感叶锈病，中感条锈病、白粉病；抗寒性中等。品质混合样测定，籽粒容重793克/升，蛋白质含量15.03%，硬度指数65.0，面粉湿面筋含量33.2%，沉降值28.1毫升，吸水率57.8%，面团稳定时间3.3分钟，最大拉伸阻力197E.U.，延伸性157毫米，拉伸面积45平方厘米。

产量表现：2011—2012年度参加北部冬麦区水地组品种区域试验，平均亩产504.3千克，比对照中麦175增产9.4%；2012—2013年度续试，平均亩产427.3千克，比中麦175增产8.8%。2012—2013年度生产试验，平均亩产401.8千克，比中麦175增产7.8%。

栽培技术要点：适宜播种9月25日至10月5日，亩基本苗20万～25万。注意防治叶锈病、条锈病和白粉病等病虫害。

适宜种植区域：适宜北部冬麦区的北京、天津、河北中北部、山西晋中和晋中南部中等以上肥力水浇地、新疆阿拉尔地区水地种植。

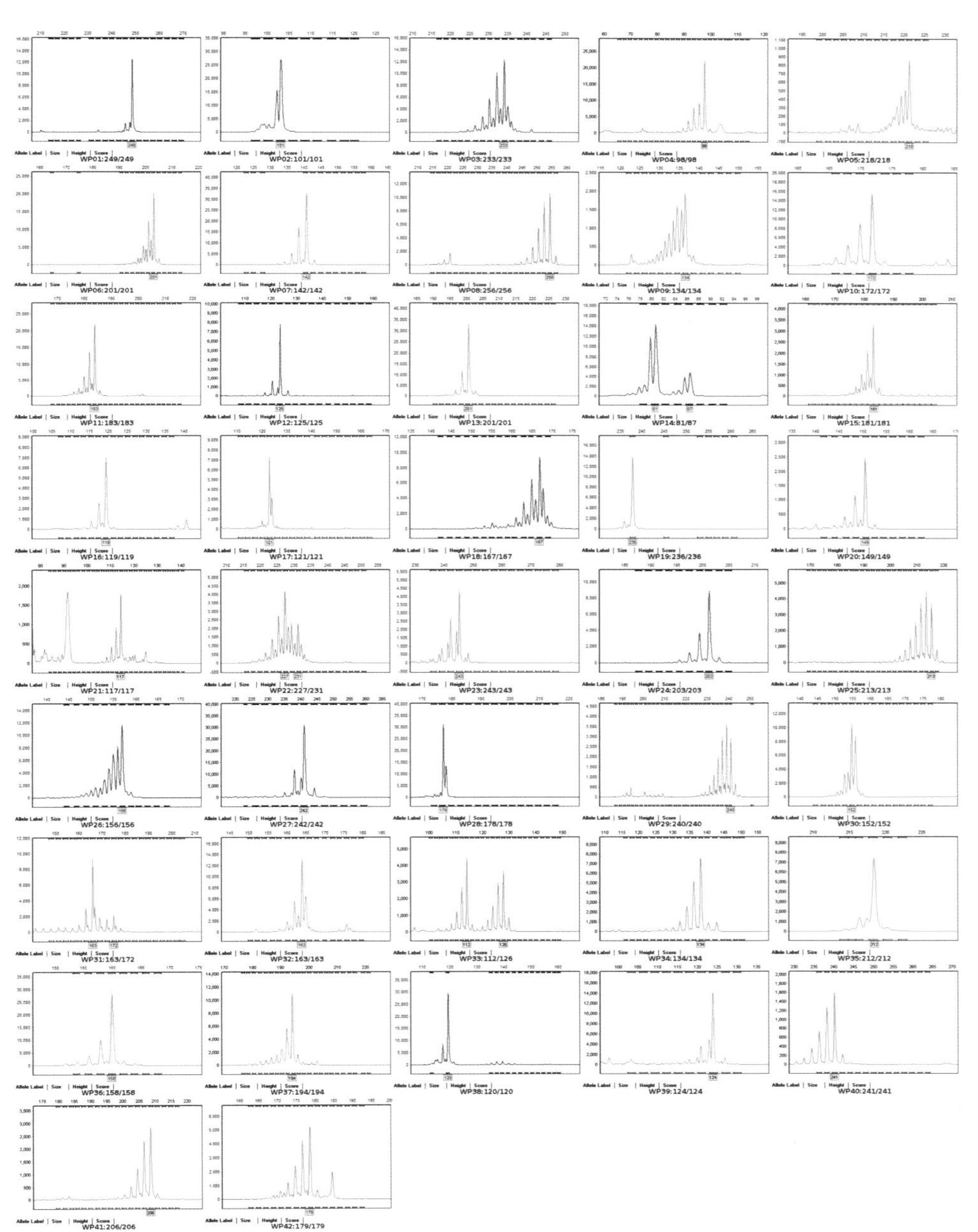

114. 西农219

审定编号：国审麦2013020

选育单位：西北农林科技大学

品种来源：濮优9号/Q0031-21//西农928

特征特性：半冬性中晚熟品种，全生育期251天，与对照晋麦47号熟期相当。幼苗半匍匐，苗期长势强，分蘖力强，分蘖成穗率较高。早春返青起身较迟，两极分化较快。株高76厘米，株型半紧凑，抗倒性较好。穗层整齐，叶深绿色、有蜡质，落黄好。穗纺锤形，长芒，白壳，白粒，籽粒半角质、饱满度一般，黑胚率较高。平均亩穗数37.3万穗，穗粒数31.0粒，千粒重37.1克。抗病性接种鉴定，高感条锈病、叶锈病、白粉病，中感黄矮病。抗旱性鉴定，抗旱性3级，抗旱性中等。品质混合样测定，籽粒容重801克/升，蛋白质含量12.7%，硬度指数65.5，面粉湿面筋含量27.3%，沉降值26.1毫升，吸水率55.4%，面团稳定时间4.6分钟，最大拉伸阻力305E.U.，延伸性120毫米，拉伸面积50平方厘米。

产量表现：2010—2011年度参加黄淮冬麦区旱薄组品种区域试验，平均亩产295.2千克，比对照晋麦47号增产4.7%；2011—2012年度续试，平均亩产383.3千克，比晋麦47号增产8.7%。2012—2013年度生产试验，平均亩产283.7千克，比晋麦47号增产7.1%。

栽培技术要点：9月下旬至10月上旬播种，亩基本苗17万～20万。及时防治条锈病、叶锈病、白粉病和黄矮病等病虫害。

适宜种植区域：适宜黄淮冬麦区的山西晋南、陕西渭北、河南西北部旱薄地种植。

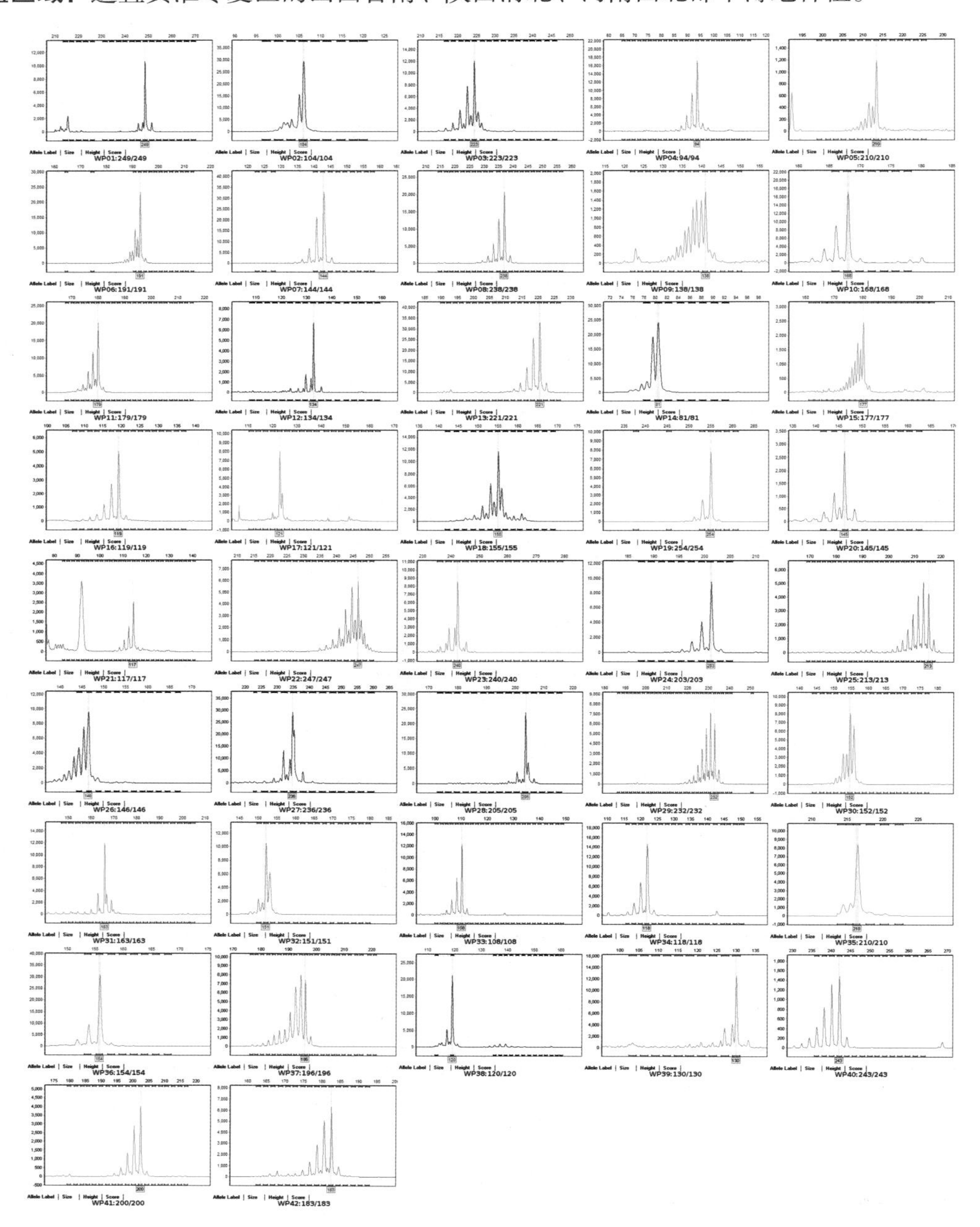

115. 新麦23

审定编号：国审麦2013016

选育单位：河南省新乡市农业科学院

品种来源：偃展4110/周麦16

特征特性：弱春性中早熟品种，全生育期218天，与对照偃展4110熟期相当。幼苗直立，长势壮，叶宽长，叶深绿色，冬季抗寒性一般。分蘖力中等，分蘖成穗率高。春季起身拔节早，两极分化快，抽穗早，对春季低温较敏感。根系活力一般，耐高温能力一般，灌浆慢，熟相一般。株高71厘米，株型松紧适中，抗倒性较好。穗层厚，旗叶宽长、平展，下层郁闭，穗、茎、叶蜡质厚。穗纺锤形，穗大码稀，长芒，白壳，白粒，籽粒粉质、饱满度好。平均亩穗数43.2万穗，穗粒数30.7粒，千粒重43.3克。抗病性接种鉴定，高感赤霉病、白粉病、纹枯病，中感叶锈病，中抗条锈病。品质混合样测定，籽粒容重797克/升，蛋白质含量14.35%，硬度指数46.4，面粉湿面筋含量31.0%，沉降值20.1毫升，吸水率54.6%，面团稳定时间1.3分钟，最大拉伸阻力107E.U.，延伸性144毫米，拉伸面积21平方厘米。

产量表现：2010—2011年度参加黄淮冬麦区南片春水组品种区域试验，平均亩产560.2千克，比对照偃展4110增产2.6%；2011—2012年度续试，平均亩产471.1千克，比偃展4110增产5.3%。2012—2013年度生产试验，平均亩产473.0千克，比偃展4110增产6.8%。

栽培技术要点：10月中下旬播种，亩基本苗18万～24万。注意防治条锈病、白粉病、赤霉病和纹枯病等病虫害。

适宜种植区域：适宜黄淮冬麦区南片的河南（南部稻茬麦区除外）、安徽北部、江苏北部、陕西关中地区高中水肥地块中晚茬种植。倒春寒频发地区注意防冻害。

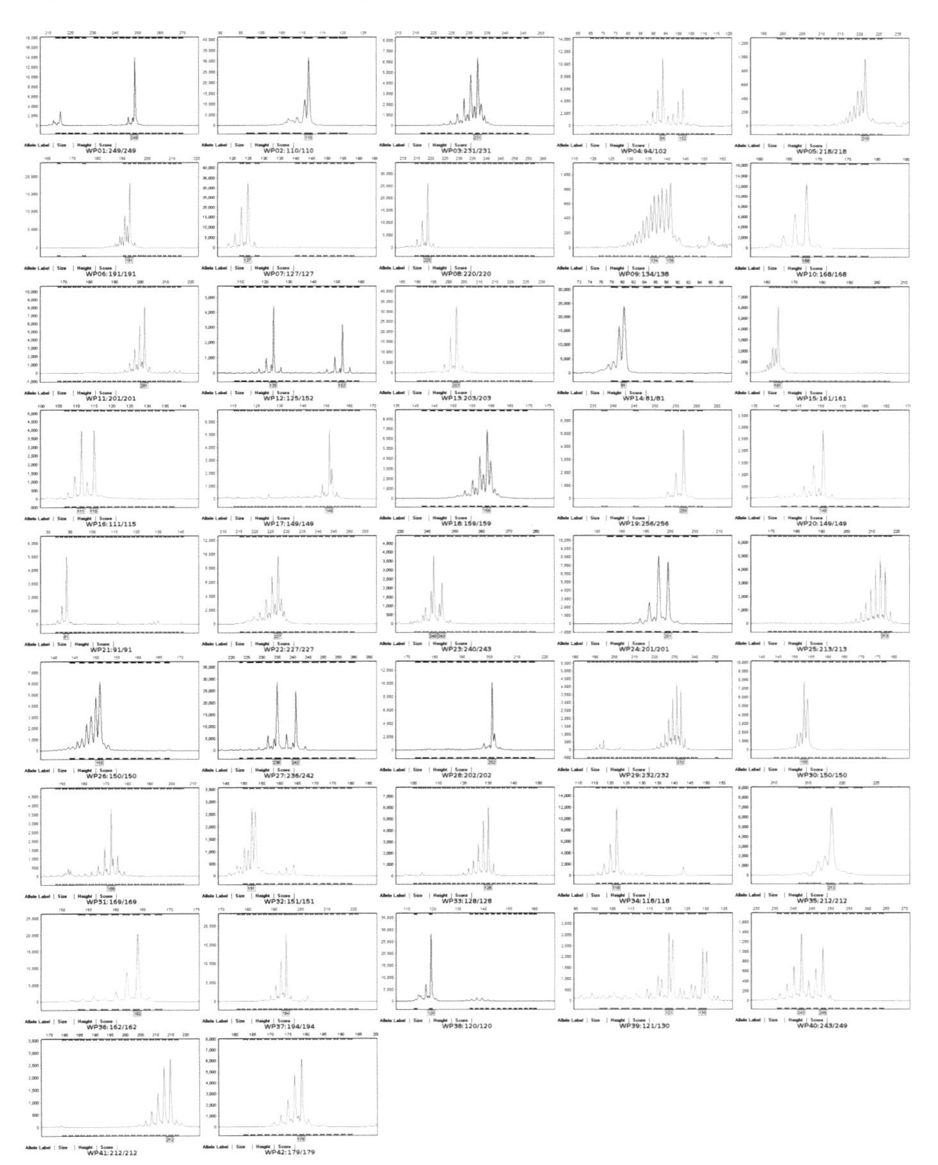

116. 郑麦101

审定编号：国审麦2013014

选育单位：河南省农业科学院小麦研究所

品种来源：Ta1648/郑麦9023

特征特性：弱春性中早熟品种，全生育期216天，与对照偃展4110熟期相当。幼苗半匍匐，长势一般，叶片细长直立，叶浓绿色。冬前分蘖力强，分蘖成穗率中等，冬季抗寒性较好。春季起身拔节迟，两极分化较快，抽穗早，对春季低温较敏感。根系活力较强，耐热性较好，成熟落黄快，熟相较好。株高80厘米，株型略松散，茎秆弹性好，抗倒性较好。穗层厚，旗叶窄、外卷、上冲。穗近长方形、较大码稀，长芒，白壳，白粒，籽粒角质、饱满度较好。平均亩穗数41.6万穗，穗粒数33.5粒，千粒重41.4克。抗病性接种鉴定，中抗条锈病，高感叶锈病、赤霉病、白粉病、纹枯病。品质混合样测定，籽粒容重784克/升，蛋白质含量15.58%，硬度指数62.5，面粉湿面筋含量34.6%，沉降值40.8毫升，吸水率55.9%，面团稳定时间7.1分钟，最大拉伸阻力305E.U.，延伸性180毫米，拉伸面积76平方厘米。品质达到强筋小麦品种标准。

产量表现：2011—2012年度参加黄淮冬麦区南片春水组品种区域试验，平均亩产466.2千克，比对照偃展4110增产4.2%；2012—2013年度续试，平均亩产461.5千克，比偃展4110增产3.5%。2012—2013年度生产试验，平均亩产465.6千克，比偃展4110增产5.2%。

栽培技术要点：10月中下旬播种，亩基本苗18万～24万。施足底肥，拔节期结合浇水可亩追施尿素8～10千克。注意防治白粉病、赤霉病和纹枯病等病虫害。

适宜种植区域：适宜黄淮冬麦区南片的河南（南部稻茬麦区除外）、安徽北部、江苏北部、陕西关中地区高中水肥地块中晚茬种植。倒春寒频发地区注意防冻害。

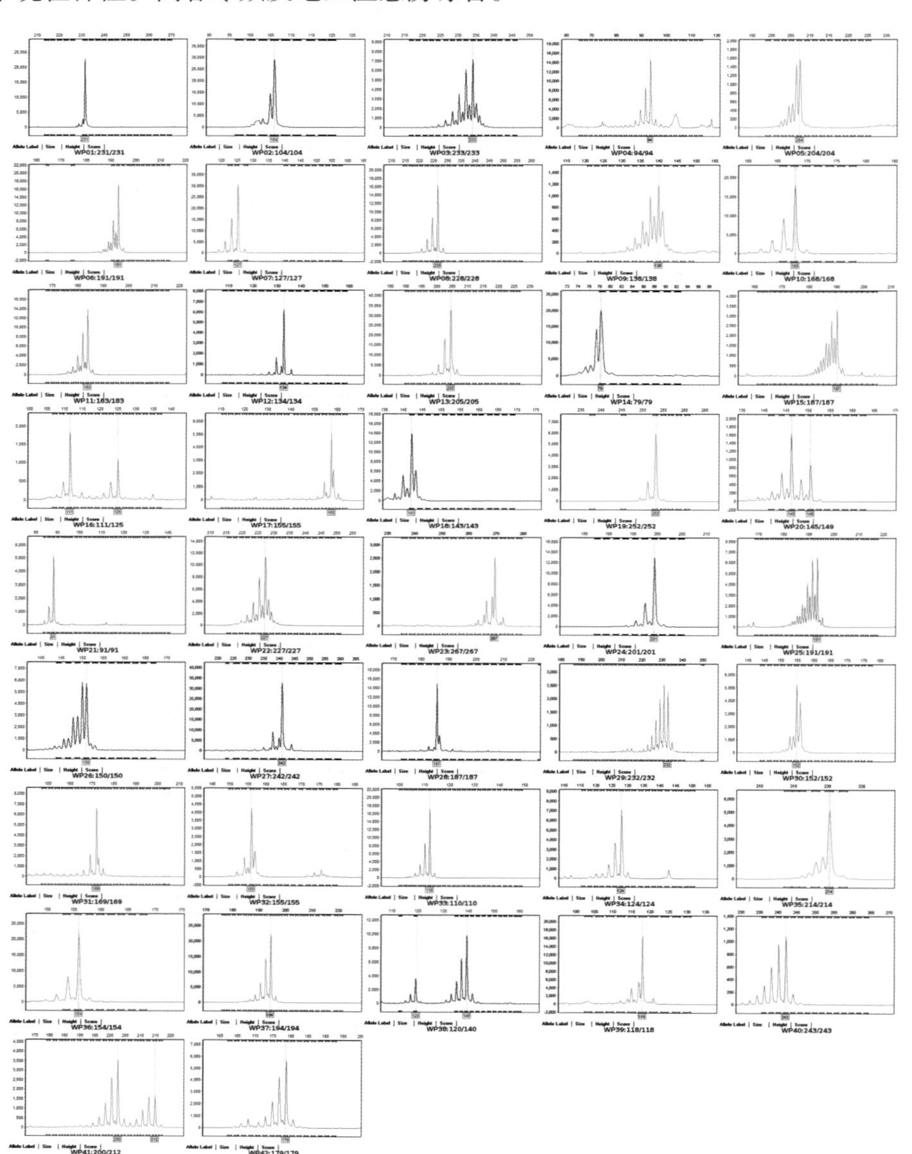

117. 华成3366

审定编号：国审麦2013013

选育单位：宿州市种子公司

品种来源：烟农361/宿266

特征特性：半冬性中晚熟品种，全生育期233天，比对照周麦18晚熟1天。幼苗半匍匐，长势一般，叶窄短，叶浓绿色。冬季抗寒性较好。分蘖力强，分蘖成穗率中等。早春发育缓慢，春生分蘖多，起身拔节晚，两极分化慢，抽穗晚，抗倒春寒能力中等。耐热性一般，后期叶功能丧失快，有早衰现象，熟相一般。株高83厘米，株型松紧适中，茎秆细，抗倒性中等。穗层厚，旗叶短小、上冲，穗叶同层，穗小穗多。穗纺锤形，长芒，白壳，白粒，籽粒角质、饱满度好，黑胚率低。平均亩穗数46.8万穗，穗粒数30.9粒，千粒重40.1克。抗病性接种鉴定，慢条锈病，高感叶锈病、赤霉病、白粉病和纹枯病。品质混合样测定，容重804克/升，蛋白质含量13.8%，硬度指数66.0，面粉湿面筋含量30.4%，沉降值34.0毫升，吸水率55.6%，面团稳定时间6.2分钟，最大拉伸阻力356E.U.，延伸性132毫米，拉伸面积64平方厘米。

产量表现：2009—2010年度参加黄淮冬麦区南片冬水组品种区域试验，平均亩产532.4千克，比对照周麦18增产6.0%；2011—2012年度续试，平均亩产515.8千克，比周麦18增产6.4%。2011—2012年度生产试验，平均亩产511.0千克，比周麦18增产4.3%。

栽培技术要点：10月8—20日播种，亩基本苗12万～18万。注意防治白粉病、纹枯病和赤霉病等病虫害。高水肥地注意防倒伏。

适宜种植区域：适宜黄淮冬麦区南片的河南中北部、安徽北部、江苏北部、陕西关中地区中高水肥地块早中茬种植。

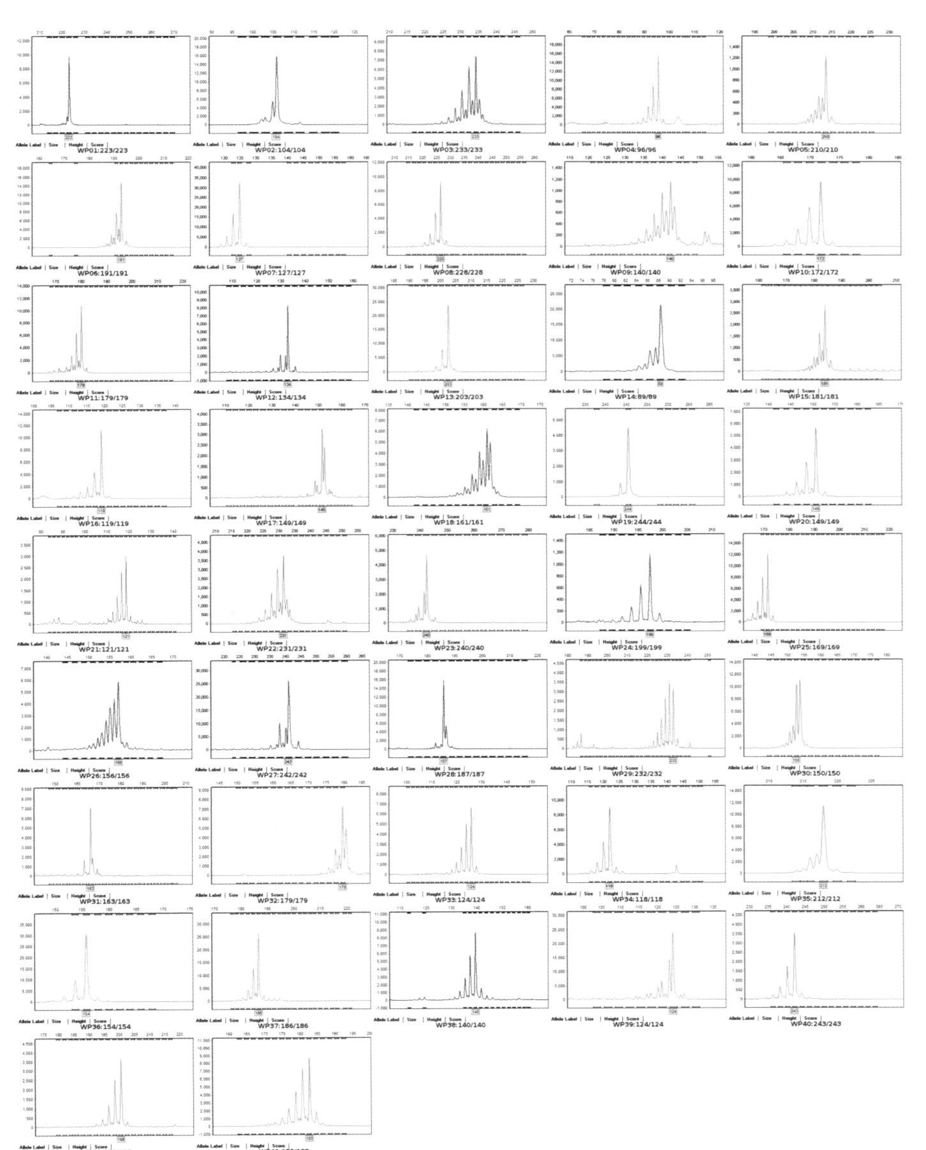

118. 涡麦99

审定编号：国审麦2013012

选育单位：安徽省亳州市农业科学研究所

品种来源：百农3217/淮9628//鲁麦21

特征特性：半冬性中晚熟品种。全生育期231天，比对照周麦18晚熟1天。幼苗半匍匐，长势偏弱，叶细短，深绿色，冬季抗寒性好。冬前分蘖力中等，分蘖成穗率中等。早春发育缓慢，春生分蘖多，两极分化较快，抽穗早，抗倒春寒能力中等。熟相一般。株高89厘米，株型较松散，抗倒性一般。穗层不整齐，旗叶短、上冲。穗纺锤形，长芒，白壳，白粒，籽粒粉质、饱满度较好。平均亩穗数42.9万穗，穗粒数32.9粒，千粒重44.1克。抗病性接种鉴定，中感条锈病、纹枯病，高感叶锈病、赤霉病、白粉病。品质混合样测定，籽粒容重799克/升，蛋白质含量13.64%，硬度指数52.4，面粉湿面筋含量26.5%，沉降值28.7毫升，吸水率53.0%，面团稳定时间6.1分钟，最大拉伸阻力306E.U.，延伸性139毫米，拉伸面积60平方厘米。

产量表现：2009—2010年度参加黄淮冬麦区南片冬水组品种区域试验，平均亩产520.9千克，比对照周麦18增产4.0%；2010—2011年度续试，平均亩产595.7千克，比周麦18增产6.5%。2012—2013年度生产试验，平均亩产506.0千克，比周麦18增产7.7%。

栽培技术要点：10月中旬播种，亩基本苗12万～18万。注意防治条锈病、白粉病、赤霉病等病虫害。注意防倒伏。

适宜种植区域：适宜黄淮冬麦区南片的河南中北部、安徽北部、江苏北部、陕西关中地区高中水肥地块早中茬种植。

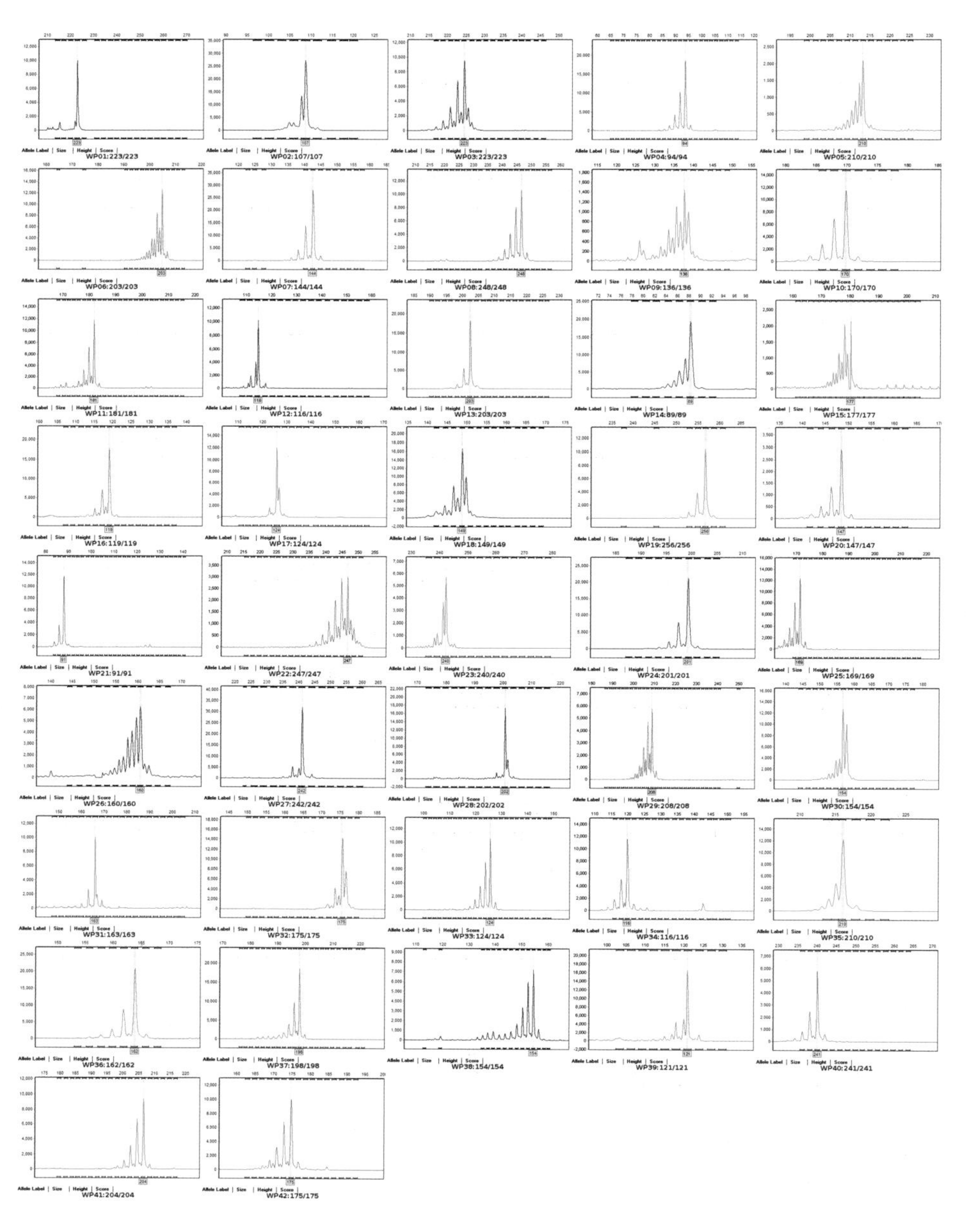

119. 淮麦35

审定编号：国审麦2013011

选育单位：江苏徐淮地区淮阴农业科学研究所

品种来源：周麦13/新麦9号

特征特性：半冬性中熟品种，全生育期230天，比对照周麦18早熟1天。幼苗半匍匐，长势较好，叶细卷，叶浓绿色，冬季抗寒性较好。分蘖力强，分蘖成穗率低。早春起身拔节较快，两极分化慢，抗倒春寒能力中等。后期耐高温能力较好，灌浆快，成熟落好。株高87厘米，株型松散，抗倒性中等。穗层厚，旗叶短小、上冲，茎叶蜡质重。穗纺锤形，穗长码稀，长芒，白壳，白粒，籽粒半角质、饱满度较好，黑胚率稍高。平均亩穗数39.5万穗，穗粒数35.5粒，千粒重42.6克。抗病性接种鉴定，高感叶锈病、赤霉病、白粉病，中感纹枯病，中抗条锈病。品质混合样测定，籽粒容重803克/升，蛋白质含量14.42%，硬度指数51.4，面粉湿面筋含量29.4%，沉降值31.2毫升，吸水率54.9%，面团稳定时间6.5分钟，最大拉伸阻力264E.U.，延伸性142毫米，拉伸面积54平方厘米。

产量表现：2010—2011年度参加黄淮冬麦区南片冬水组品种区域试验，平均亩产588.0千克，比对照周麦18增产4.5%；2011—2012年度续试，平均亩产508.1千克，比周麦18增产4.8%。2012—2013年度生产试验，平均亩产498.7千克，比周麦18增产6.2%。

栽培技术要点：10月中旬播种，亩基本苗12万～15万。注意防治叶锈病、赤霉病、白粉病和纹枯病等病虫害。高水肥地注意防倒伏。

适宜种植区域：适宜黄淮冬麦区南片的河南中北部、安徽北部、江苏北部、陕西关中地区水地早中茬种植。

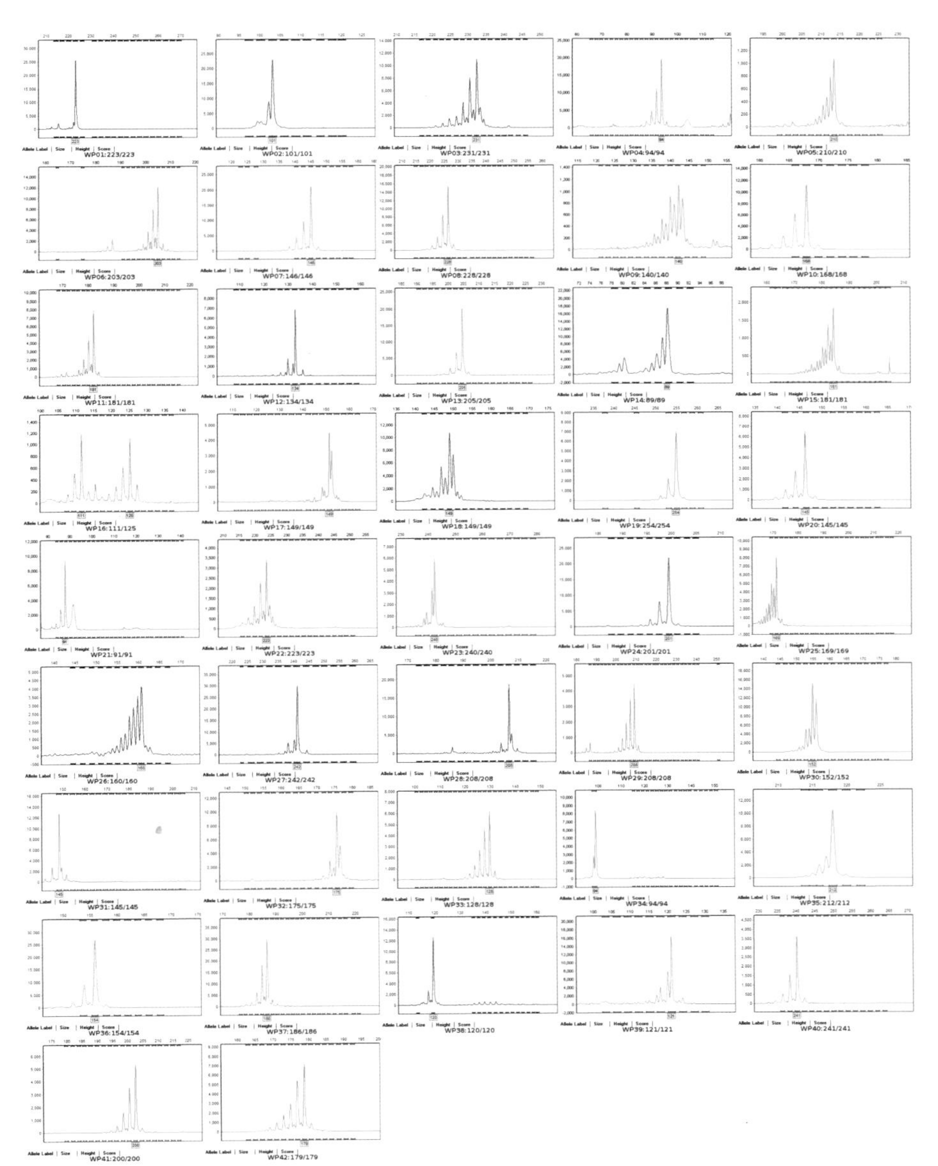

120. 百农207

审定编号：国审麦2013010

选育单位：河南百农种业有限公司、河南华冠种业有限公司

品种来源：周16/百农64

特征特性：半冬性中晚熟品种，全生育期231天，比对照周麦18晚熟1天。幼苗半匍匐，长势旺，叶宽大，叶深绿色。冬季抗寒性中等。分蘖力较强，分蘖成穗率中等。早春发育较快，起身拔节早，两极分化快，抽穗迟，耐倒春寒能力中等。中后期耐高温能力较好，熟相好。株高76厘米，株型松紧适中，茎秆粗壮，抗倒性较好。穗层较整齐，旗叶宽长、上冲。穗纺锤形，短芒，白壳，白粒，籽粒半角质，饱满度一般。平均亩穗数40.2万穗，穗粒数35.6粒，千粒重41.7克。抗病性接种鉴定，高感叶锈病、赤霉病、白粉病和纹枯病，中抗条锈病。品质混合样测定，容重810克/升，蛋白质含量14.52%，硬度指数64.0，面粉湿面筋含量34.1%，沉降值36.1毫升，吸水率58.1%，面团稳定时间5.0分钟，最大拉伸阻力311E.U.，延伸性186毫米，拉伸面积81平方厘米。

产量表现：2010—2011年度参加黄淮冬麦区南片冬水组品种区域试验，平均亩产584.1千克，比对照周麦18增产3.9%；2011—2012年度续试，平均亩产510.3千克，比周麦18增产5.3%。2012—2013年度生产试验，平均亩产502.8千克，比周麦18增产7.0%。

栽培技术要点：10月8—20日播种，亩基本苗12万～20万。注意防治纹枯病、白粉病和赤霉病等病虫害。

适宜种植区域：适宜黄淮冬麦区南片的河南中北部、安徽北部、江苏北部、陕西关中地区高中水肥地块早中茬种植。

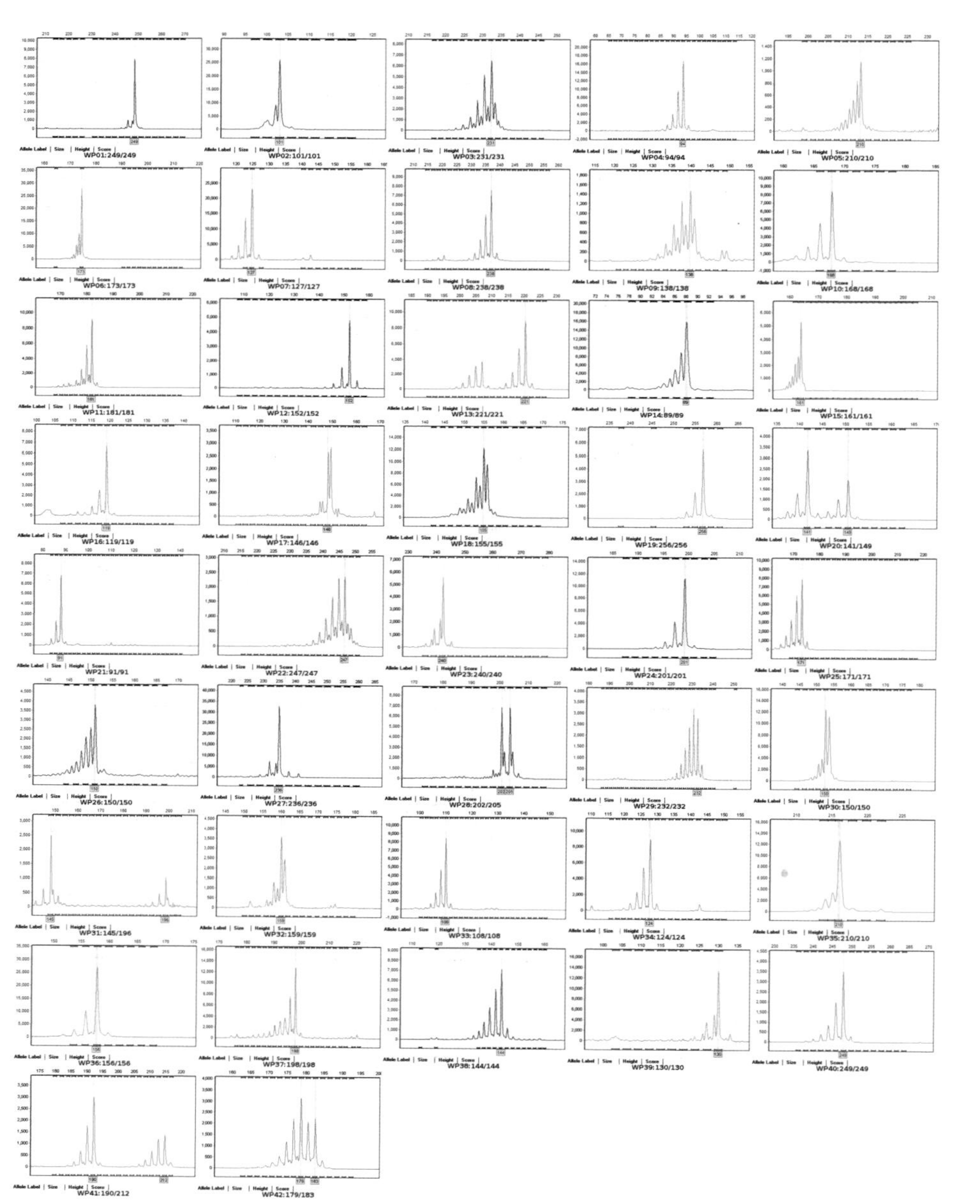

121. 周麦28号

审定编号：国审麦2013009

选育单位：周口市农业科学院

品种来源：周麦18/周麦22//周2168

特征特性：半冬性中晚熟品种，全生育期231天，比对照周麦18晚熟1天。幼苗半匍匐，苗势壮，叶窄长，冬季抗寒性较好。分蘖力较强，分蘖成穗率中等，早春起身拔节快，两极分化较快，抽穗迟，抗倒春寒能力中等，耐后期高温，熟相中等。株高76厘米，株型松紧适中，抗倒性好。穗层较整齐，穗下节间长，叶片上冲，茎叶蜡质重。穗近长方形，穗长码稀，长芒，白壳，白粒，籽粒角质、饱满度较好，黑胚率中等。平均亩穗数38.6万穗，穗粒数36.1粒，千粒重43.2克。抗病性接种鉴定，免疫条锈病、叶锈病，高感赤霉病、白粉病、纹枯病。品质混合样测定，籽粒容重793克/升，蛋白质含量14.75%，硬度指数63.2，面粉湿面筋含量32.8%，沉降值29.2毫升，吸水率56.8%，面团稳定时间2.9分钟，最大拉伸阻力184E.U.，延伸性164毫米，拉伸面积44平方厘米。

产量表现：2010—2011年度参加黄淮冬麦区南片冬水组品种区域试验，平均亩产581.7千克，比对照周麦18增产3.4%；2011—2012年度续试，平均亩产517.0千克，比周麦18增产6.7%。2012—2013年度生产试验，平均亩产502.5千克，比周麦18增产6.8%。

栽培技术要点：10月8—20日播种，亩基本苗14万～22万。注意防治白粉病、纹枯病和赤霉病等病虫害。

适宜种植区域：适宜黄淮冬麦区南片的河南中北部、安徽北部、江苏北部、陕西关中地区高中水肥地块早中茬种植。

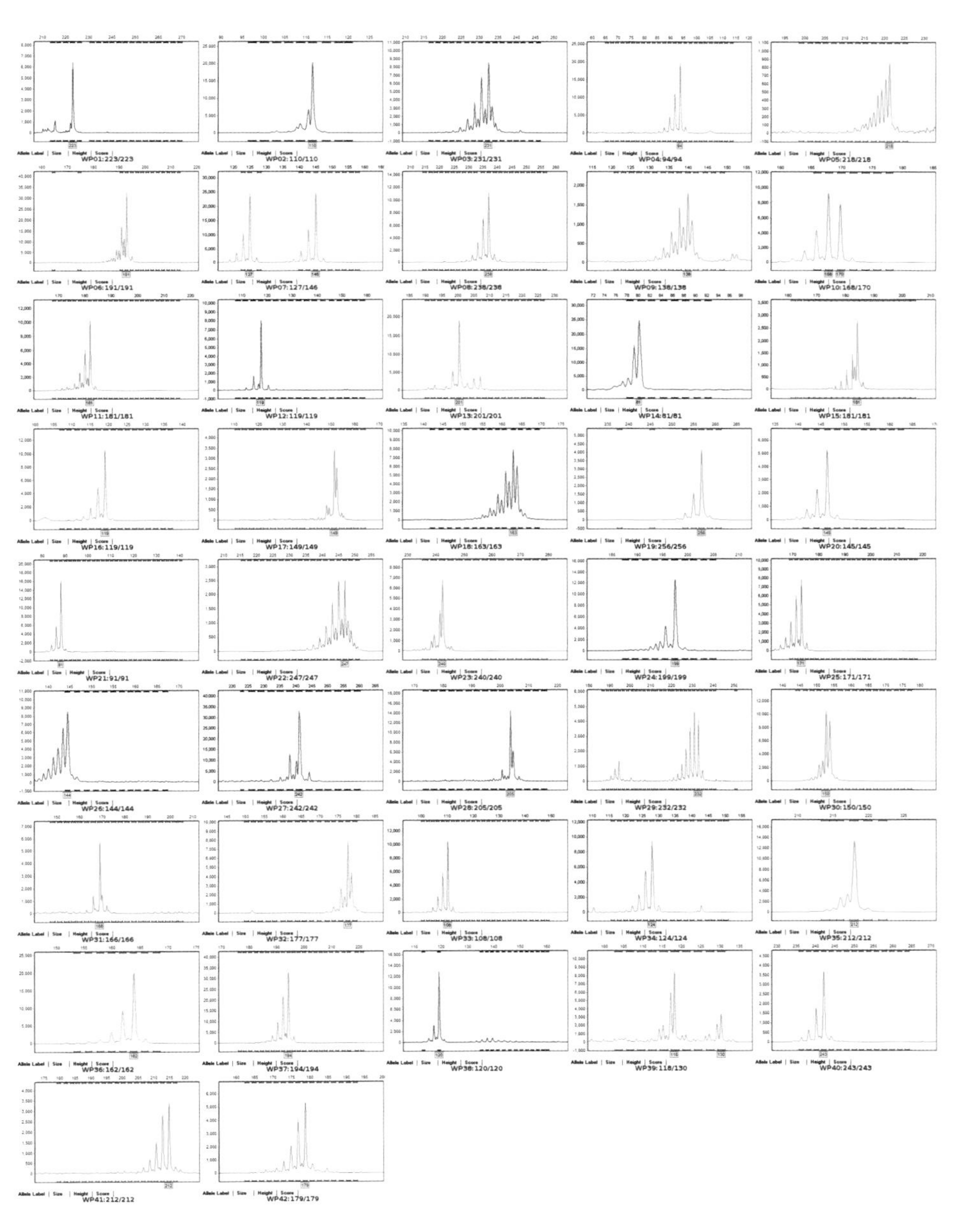

122. 徐麦33

审定编号： 国审麦2013008

选育单位： 江苏徐淮地区徐州农业科学研究所

品种来源： 内乡991/周麦16

特征特性： 半冬性中晚熟品种，全生育期227天，与对照周麦18熟期相当。幼苗半匍匐，苗势壮，叶片宽长，叶浓绿色，冬季抗寒性较好。冬前分蘖力中等，分蘖成穗率中等。早春起身拔节较快，两极分化快，抽穗晚，对春季低温较敏感。后期根系活力一般，灌浆慢，耐高温能力中等，成熟落黄较好。株高77厘米，株型松紧适中，蜡质较厚，抗倒性中等。穗层整齐，旗叶宽大上冲，下层郁闭，穗下节间较短。穗纺锤形，穗码密，长芒，白壳，白粒，籽粒角质、饱满度较好，黑胚率中等。平均亩穗数41.5万穗，穗粒数30.8粒，千粒重43.8克。抗病性接种鉴定，高感叶锈病、赤霉病、纹枯病，中感白粉病，中抗条锈病。品质混合样测定，籽粒容重802克/升，蛋白质含量15.04%，硬度指数66.0，面粉湿面筋含量31.3%，沉降值32.9毫升，吸水率55.9%，面团稳定时间5.8分钟，最大拉伸阻力255E.U.，延伸性136毫米，拉伸面积56平方厘米。

产量表现： 2011—2012年度参加黄淮冬麦区南片冬水组品种区域试验，平均亩产502.8千克，比对照周麦18增产5.0%；2012—2013年度续试，平均亩产484.4千克，比周麦18增产4.1%。2012—2013年度生产试验，平均亩产491.2千克，比周麦18增产4.6%。

栽培技术要点： 10月中旬播种，亩基本苗12万～20万。注意防治叶锈病、赤霉病和纹枯病等病虫害。

适宜种植区域： 适宜黄淮冬麦区南片的河南中北部、安徽北部、江苏北部、陕西关中地区水地早中茬种植。倒春寒频发地区注意防冻害。

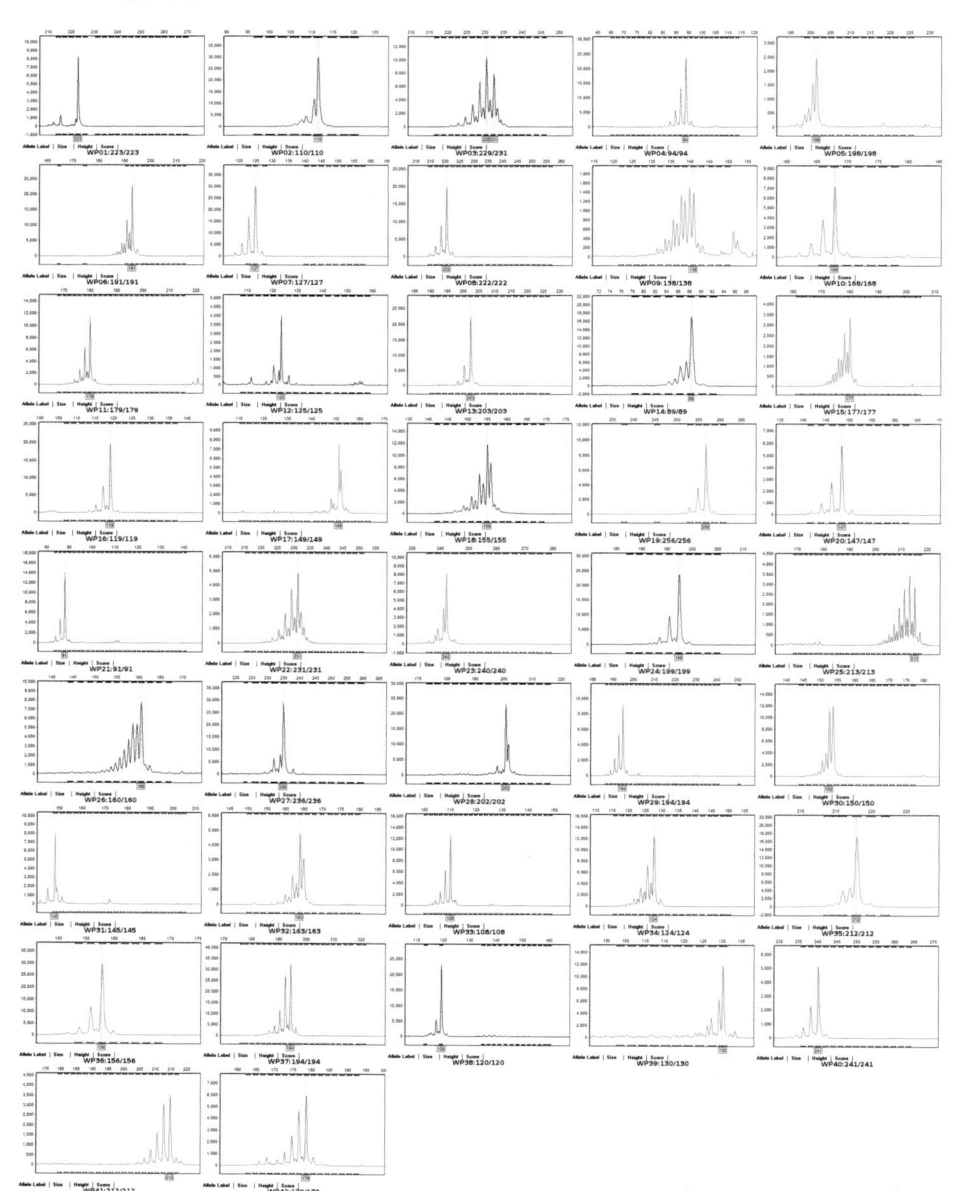

123. 隆平麦518

审定编号：国审麦2013007

选育单位：郑州友帮农作物新品种研究所

品种来源：豫麦34/豫麦41//豫麦35

特征特性：半冬性中早熟品种，全生育期226天，比对照周麦18早熟1天。幼苗半匍匐，苗势壮，叶片窄长。冬前分蘖力较强，春季起身拔节较早，两极分化快，对春季低温较敏感，后期耐高温能力较强，灌浆快。株高79厘米，株型紧凑，穗层不整齐，叶片上冲。穗椭圆形，穗小，长芒，白壳，白粒，籽粒角质，饱满度较好。平均亩穗数44.0万穗，穗粒数27.1粒，千粒重47.6克。抗病性接种鉴定，慢条锈病，高感叶锈病、赤霉病、白粉病、纹枯病。品质混合样测定，籽粒容重794克/升，蛋白质含量14.6%，硬度指数62.5，面粉湿面筋含量30.3%，沉降值43.7毫升，吸水率54.4%，面团稳定时间12.1分钟，最大拉伸阻力668E.U.，延伸性154毫米，拉伸面积133平方厘米。品质达到强筋小麦品种标准。

产量表现：2011—2012年度参加黄淮冬麦区南片冬水组品种区域试验，平均亩产507.9千克，比对照周麦18增产6.1%；2012—2013年度续试，平均亩产477.0千克，比周麦18增产2.5%。2012—2013年度生产试验，平均亩产479.7千克，比周麦18增产1.9%。

栽培技术要点：10月10—25日播种，亩基本苗12万～18万。注意防治叶锈病、白粉病、赤霉病等病虫害。

适宜种植区域：适宜黄淮冬麦区南片的河南中北部、安徽北部、江苏北部、陕西关中地区中、高水肥地块早中茬种植。倒春寒频发地区注意防冻害。

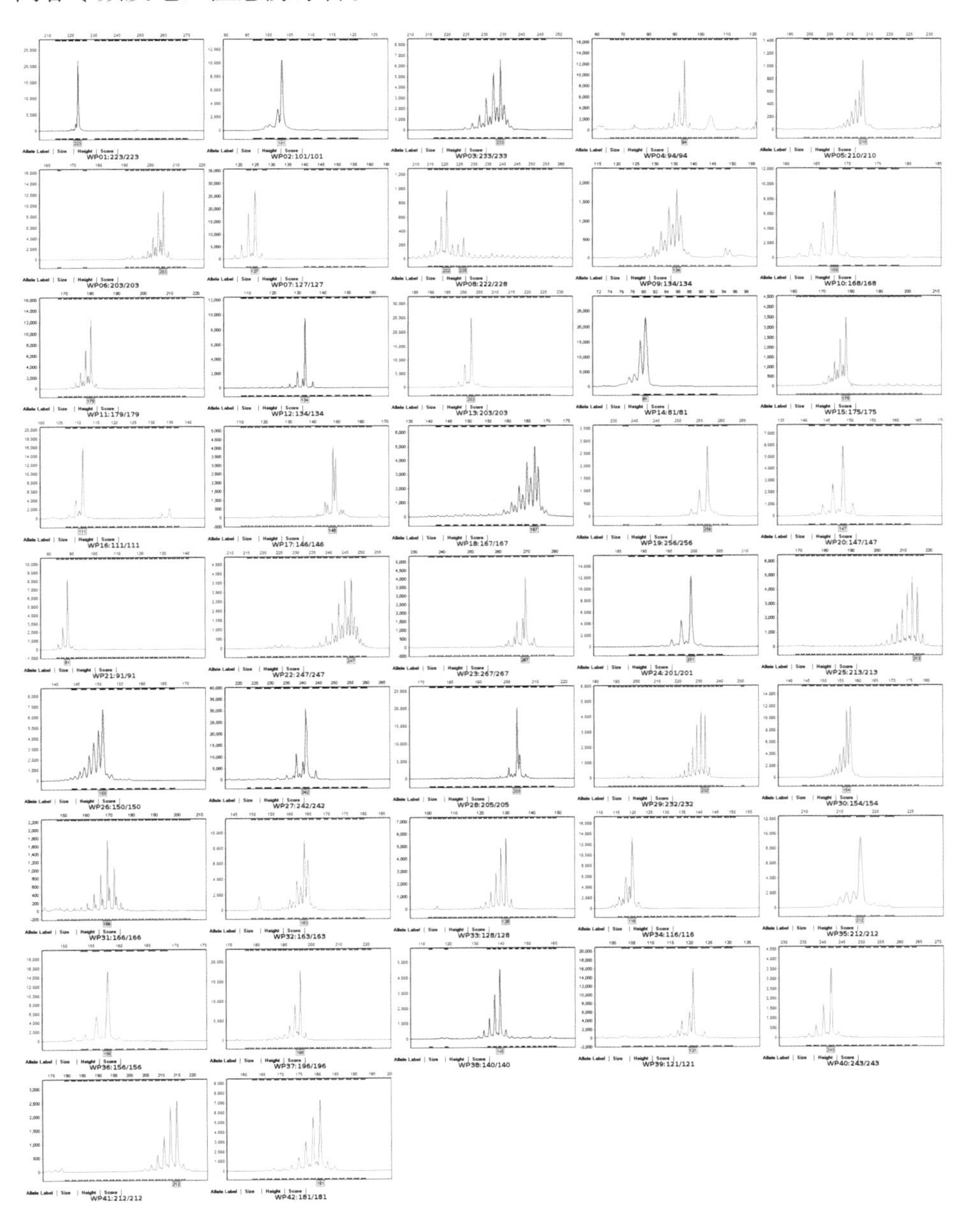

124. 扬麦23

审定编号： 国审麦2013006

选育单位： 江苏金土地种业有限公司

品种来源： 扬麦16/扬辐93-11

特征特性： 春性品种，全生育期202天，与对照扬麦158熟期相当。幼苗半直立，分蘖力强，叶绿色，生长旺盛。株高84厘米，株型紧凑，旗叶上举。穗层较整齐，熟相较好。穗纺锤形，长芒，白壳，红粒，籽粒椭圆形、硬质、较饱满。平均亩穗数32.4万穗，穗粒数39.4粒，千粒重37.7克。抗病性接种鉴定，高感白粉病、条锈病、叶锈病、纹枯病，中感赤霉病。品质混合样测定，籽粒容重779克/升，蛋白质含量13.6%，硬度指数63.2，面粉湿面筋含量30.2%，沉降值46.5毫升，吸水率54.6%，面团稳定时间10.0分钟，最大拉伸阻力638E.U.，延伸性144毫米，拉伸面积122平方厘米。品质达到强筋小麦品种标准。

产量表现： 2010—2011年度参加长江中下游冬麦组品种区域试验，平均亩产440.3千克，比对照扬麦158减产2.1%；2011—2012年度续试，平均亩产388.0千克，比扬麦158增产1.6%。2012—2013年度生产试验，平均亩产398.1千克，比对照增产10.4%。

栽培技术要点： 10月下旬至11月上旬播种，亩基本苗16万。加强赤霉病的防治，并注意防治条锈病、叶锈病、白粉病、纹枯病和穗期蚜虫等病虫害。

适宜种植区域： 适宜长江中下游冬麦区的江苏和安徽两省淮南地区、湖北中北部、浙江中北部、河南信阳地区种植。

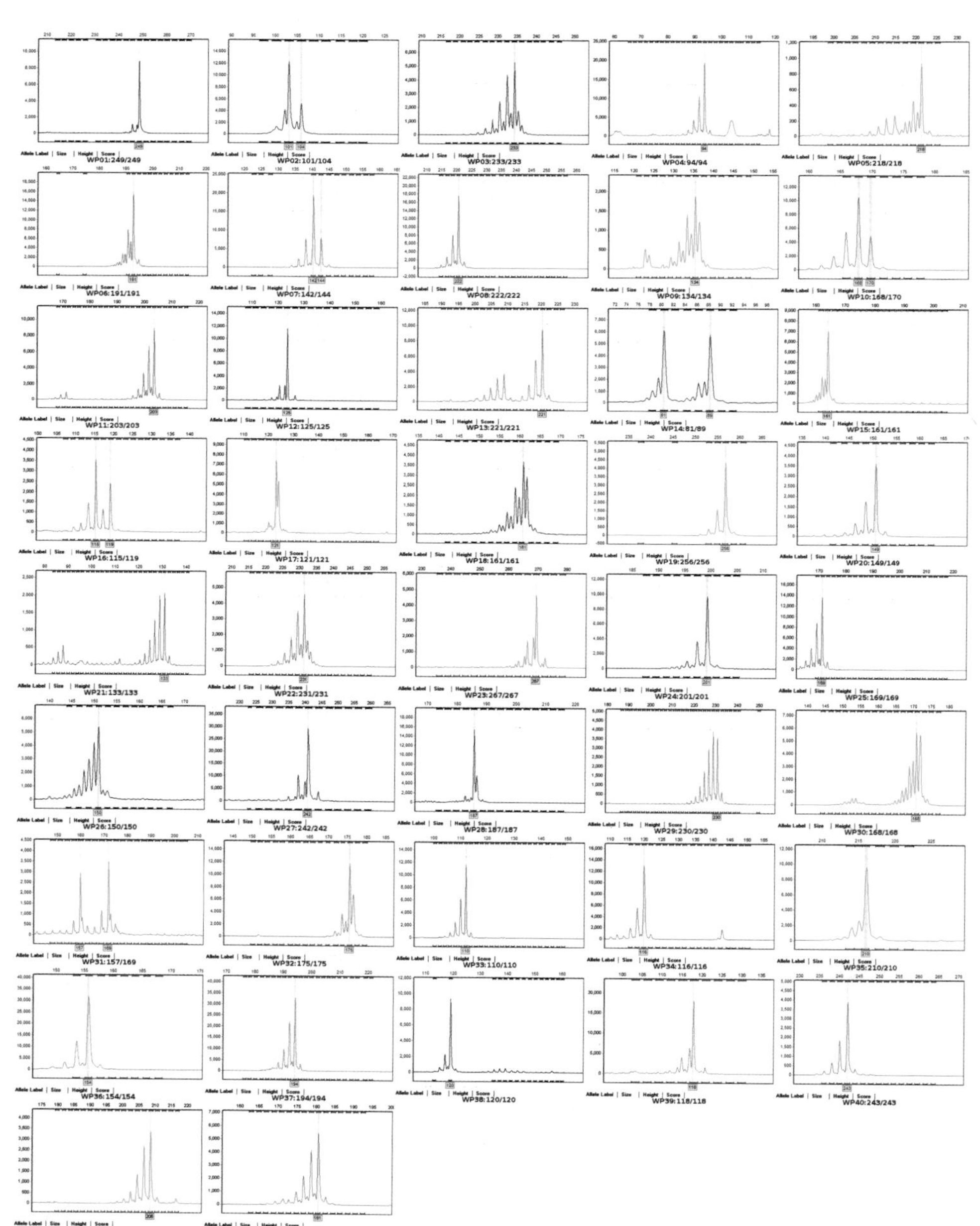

125. 宁麦23

审定编号：国审麦2013005

选育单位：江苏省农业科学院种质资源与生物技术研究所

品种来源：宁9534/扬麦158//宁9534

特征特性：春性品种，全生育期203天，比对照扬麦158晚熟1天。幼苗半直立，分蘖力强，苗叶细长、叶绿色。株高95厘米，株型紧凑，抗倒性一般。穗层较整齐，熟相较好。穗纺锤形，长芒，白壳，红粒，籽粒椭圆形、半硬质、较饱满。平均亩穗数31.9万穗，穗粒数40.6粒，千粒重40.8克。抗病性接种鉴定，高感白粉病、条锈病、叶锈病，中感纹枯病，中抗赤霉病。品质混合样测定，籽粒容重808克/升、蛋白质含量13.23%，硬度指数70.4，面粉湿面筋含量27.7%，沉降值28.4毫升，吸水率59.4%，面团稳定时间3.6分钟，最大拉伸阻力266E.U.，延伸性135毫米，拉伸面积50平方厘米。

产量表现：2010—2011年度参加长江中下游冬麦组品种区域试验，平均亩产470.3千克，比对照扬麦158增产4.6%；2011—2012年度续试，平均亩产392.7千克，比扬麦158增产2.9%。2012—2013年度生产试验，平均亩产386.7千克，比对照增产7.2%。

栽培技术要点：10月底至11月中旬播种，亩基本苗15万～20万。注意防治条锈病、叶锈病和白粉病等病虫害。

适宜种植区域：适宜长江中下游冬麦区的江苏和安徽两省淮南地区、湖北中北部、浙江中北部、河南信阳地区种植。

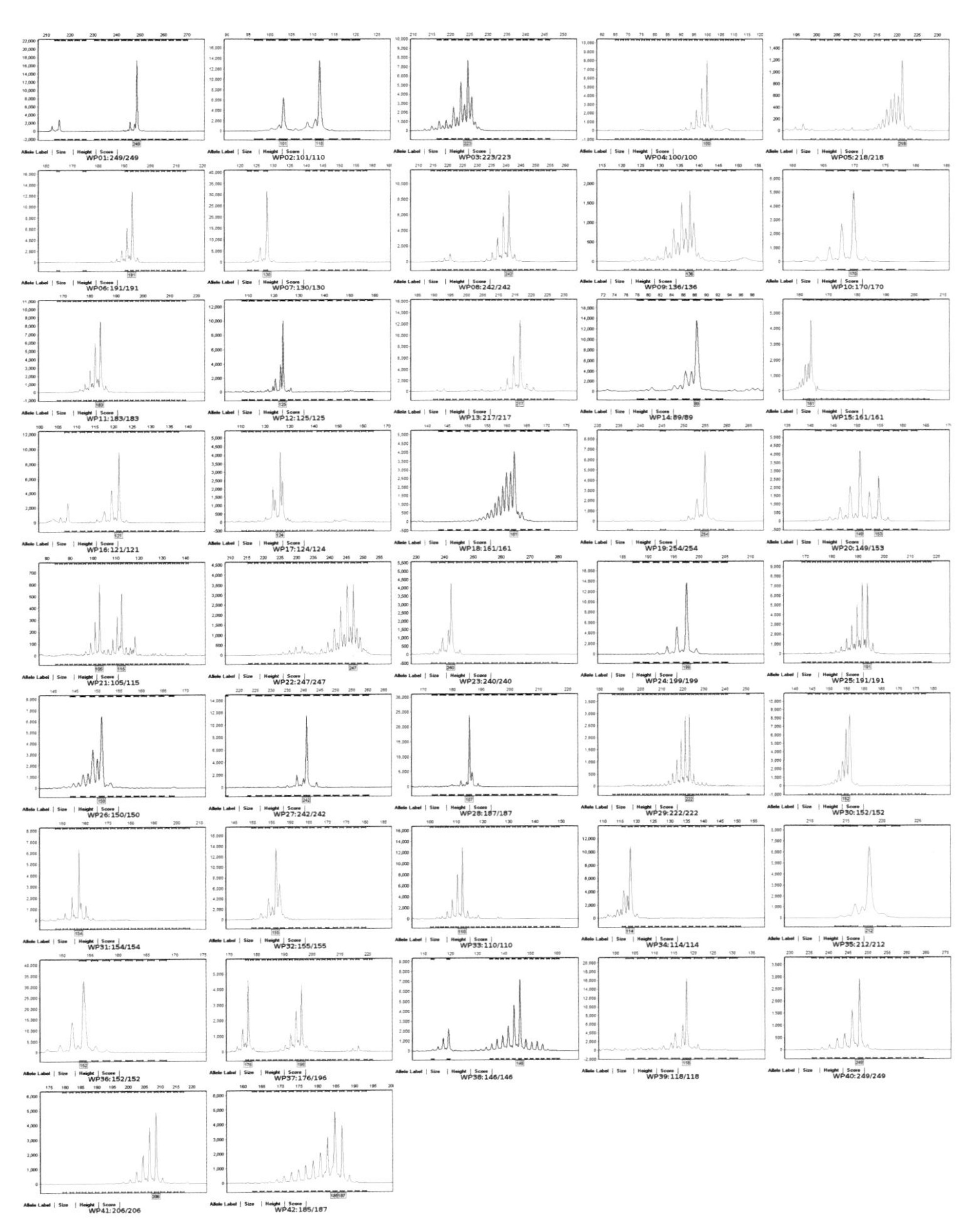

126. 浩麦一号

审定编号：国审麦2013004

选育单位：福建超大现代种业有限公司

品种来源：W4062/郑农11号

特征特性：春性品种，全生育期203天，比对照扬麦158晚熟1天。幼苗半直立，叶绿色，分蘖力较弱。株高89厘米，株型紧凑，旗叶上举。穗层整齐，熟相好，穗纺锤形，长芒，白壳，红粒，籽粒长卵形、硬质、较饱满。平均亩穗数32.0万穗，穗粒数39.4粒，千粒重40.3克；抗病性接种鉴定，高感条锈病，中感赤霉病、白粉病、叶锈病，中抗纹枯病。品质混合样测定，籽粒容重797克/升，蛋白质含量15.14%，硬度指数66.2，面粉湿面筋含量31.8%，沉降值54.5毫升，吸水率56.5%，面团稳定时间14.7分钟，最大拉伸阻力885E.U.，延伸性159毫米，拉伸面积185平方厘米。品质达到强筋小麦品种标准。

产量表现：2010—2011年度参加长江中下游冬麦组品种区域试验，平均亩产462.5千克，比对照扬麦158增产2.8%；2011—2012年度续试，平均亩产405.2千克，比扬麦158增产6.1%。2012—2013年度生产试验，平均亩产393.7千克，比对照增产7.0%。

栽培技术要点：10月25—30日播种，亩基本苗18万，争取年前主茎蘖1～2个越冬。注意防治条锈病、叶锈病、赤霉病、白粉病等病虫害。

适宜种植区域：适宜长江中下游冬麦区的江苏和安徽两省淮南地区、湖北中北部、浙江中北部、河南信阳地区种植。

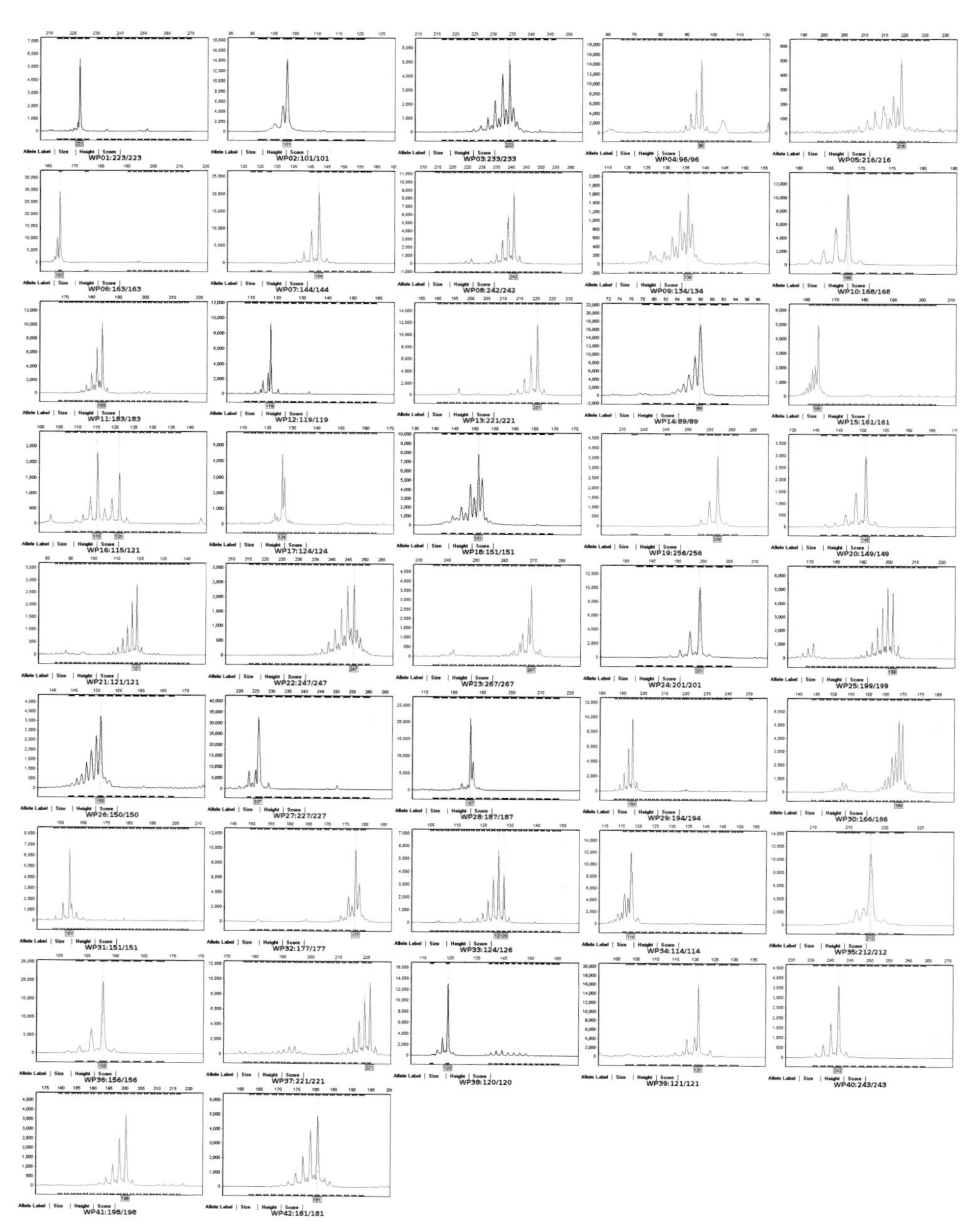

127. 宁麦22

审定编号：国审麦2013003

选育单位：江苏省农业科学院农业生物技术研究所

品种来源：宁麦12系

特征特性：春性品种，全生育期203天比对照扬麦158晚熟1天。幼苗半直立，分蘖力较强。株高88厘米，穗层较整齐，穗纺锤形，长芒，白壳，红粒，籽粒半角质、较饱满。平均亩穗数28.8万穗，穗粒数39.4粒，千粒重43.0克。抗病性接种鉴定，中感赤霉病，高感白粉病、条锈病、叶锈病、纹枯病。品质混合样测定，籽粒容重765克/升，蛋白质含量12.47%，硬度指数62.0，面粉湿面筋含量23.6%，沉降值40.1毫升，吸水率56.1%，面团稳定时间6.1分钟，最大拉伸阻力490E.U.，延伸性143毫米，拉伸面积92平方厘米。

产量表现：2008—2009年度参加长江中下游冬麦组品种区域试验，平均亩3产423.6千克，比对照扬麦158增产4.2%；2011—2012年度续试，平均亩产415.3千克，比扬麦158增产8.8%。2012—2013年度生产试验，平均亩产396.0千克，比对照增产7.6%。

栽培技术要点：10月下旬至11月初播种，亩基本苗15万～20万。注意防治条锈病、叶锈病、白粉病、纹枯病和赤霉病等病虫害。审定意见：该品种符合国家小麦品种审定标准，通过审定。适宜长江中下游冬麦区的江苏和安徽两省淮南地区、湖北中北部、浙江中北部、河南信阳地区种植。

栽培技术要点：10月下旬至11月初播种，亩基本苗15万～20万。注意防治条锈病、叶锈病、白粉病、纹枯病和赤霉病等病虫害。

适宜种植区域：适宜长江中下游冬麦区的江苏和安徽两省淮南地区、湖北中北部、浙江中北部、河南信阳地区种植。

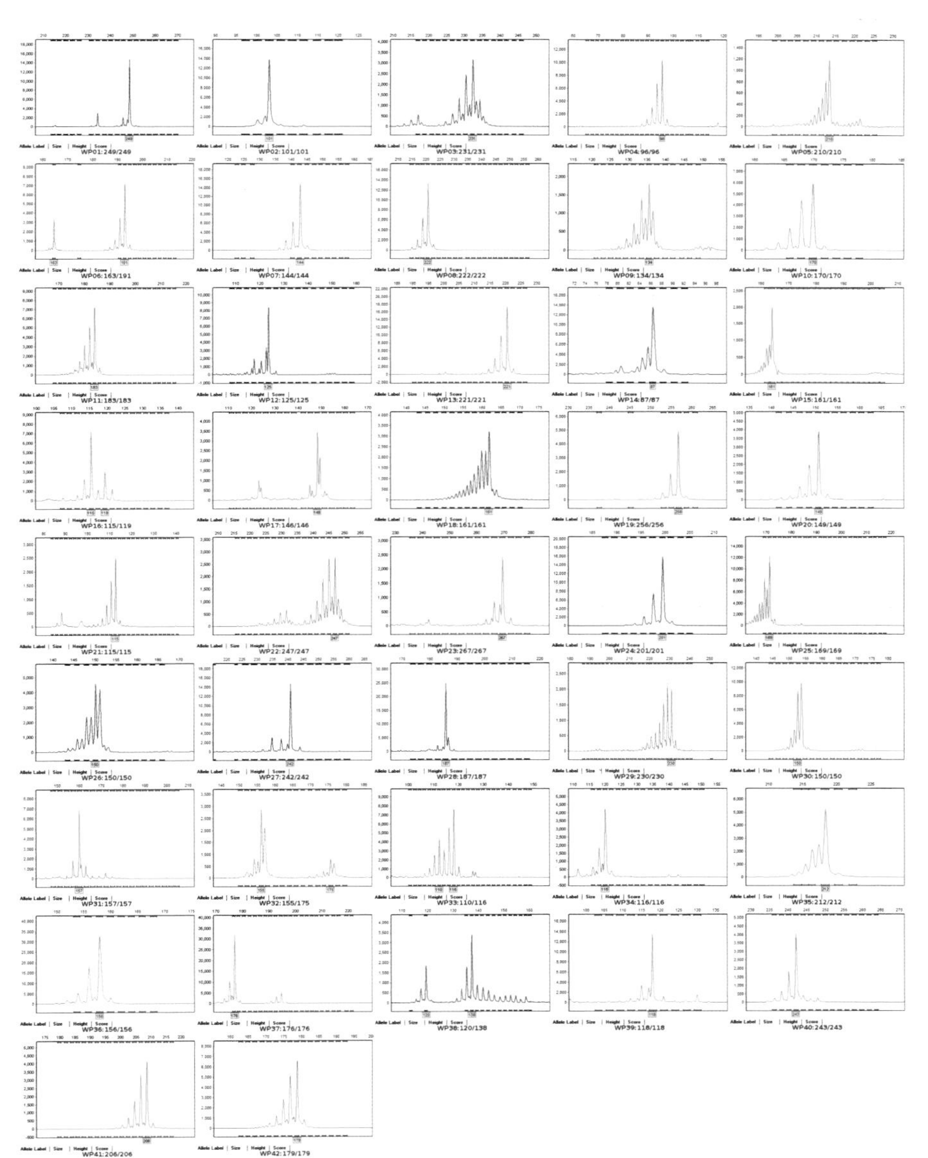

128. 镇麦11号

审定编号：国审麦2013002

选育单位：江苏丘陵地区镇江农业科学研究所

品种来源：扬麦15号/镇麦5号

特征特性：春性品种，全生育期204天，比对照扬麦158晚熟2天。幼苗半直立，分蘖力强，叶绿色。株高82厘米，株型紧凑，旗叶下弯。穗层较整齐，熟相好。穗纺锤形，长芒，白壳，红粒，籽粒椭圆形、半硬质、较饱满。平均亩穗数33.7万穗，穗粒数39.5粒，千粒重39.1克。抗病性接种鉴定，中感赤霉病、纹枯病，高感白粉病、条锈病、叶锈病；品质混合样测定，籽粒容重788克/升，蛋白质含量12.62%，硬度指数42.9，面粉湿面筋含量28.2%，沉降值30.1毫升，吸水率51.7%，面团稳定时间2.5分钟，最大拉伸阻力334E.U.，延伸性137毫米，拉伸面积64平方厘米。

产量表现：2010—2011年度参加长江中下游冬麦组品种区域试验，平均亩产473.0千克，比对照扬麦158增产5.2%；2011—2012年度续试，平均亩产394.4千克，比扬麦158增产3.3%。2012—2013年度生产试验，平均亩产381.2千克，比对照增产5.7%。

栽培技术要点：10月下旬至11月上旬播种，亩基本苗15万～18万。注意防治条锈病、叶锈病、白粉病等病虫害。

适宜种植区域：适宜长江中下游冬麦区的江苏和安徽两省淮南地区、浙江中北部、河南信阳地区种植。

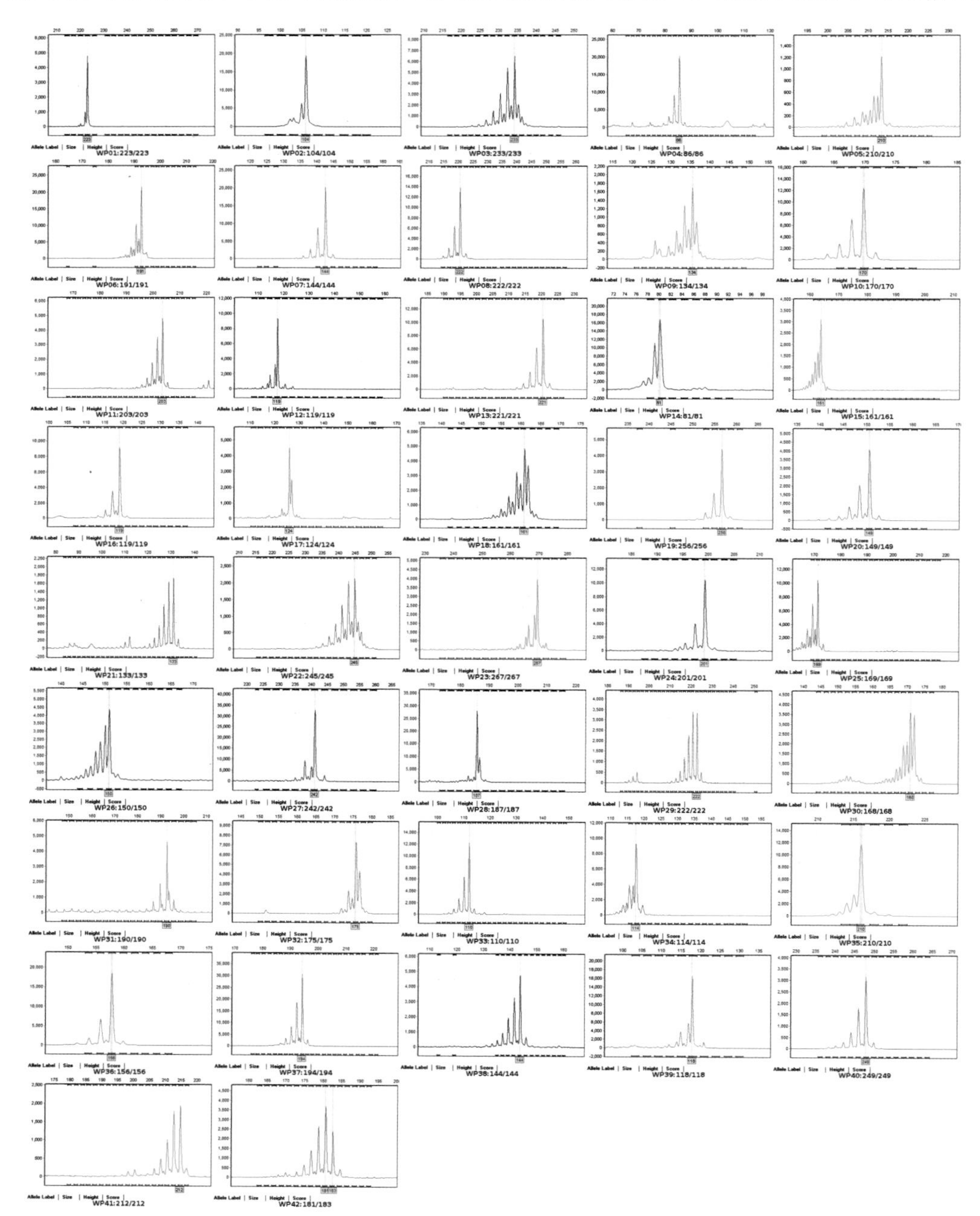

129. 扬麦22

审定编号：国审麦201204

选育单位：江苏里下河地区农业科学研究所

品种来源：扬麦9号*3/97033-2

特征特性：春性品种，成熟期比对照扬麦158晚熟1～2天。幼苗半直立，叶片较宽，叶色深绿，长势较旺，分蘖力较好，成穗数较多。株高平均82厘米。穗层较整齐，穗长方形，长芒，白壳，红粒，粉质，籽粒较饱满。2010年、2011年区域试验平均亩穗数30.4万穗、33.8万穗，穗粒数38.5粒、39.8粒，千粒重38.6克、39.6克。抗病性鉴定：高抗白粉病，中感赤霉病，高感条锈病、叶锈病、纹枯病。混合样测定：籽粒容重778克/升、796克/升，蛋白质含量13.73%、13.70%，硬度指数52.7、56.8；面粉湿面筋含量24.6%、30.6%，沉降值24.6毫升、34.0毫升，吸水率58.5%、54.9%，面团稳定时间1.4分钟、4.5分钟，最大拉伸阻力170E.U.、395E.U.，延展性156毫米、151毫米，拉伸面积38.4平方厘米、81.5平方厘米。

产量表现：2009—2010年度参加长江中下游冬麦组区域试验，平均亩产426.7千克，比对照扬麦158增产5.1%；2010—2011年度续试，平均亩产468.9千克，比扬麦158增产4.3%。2011—2012年度生产试验，平均亩产449.9千克，比对照增产11.2%。

栽培技术要点：10月下旬至11月上旬播种，亩基本苗16万左右。合理运筹肥料，根据土壤肥力状况，合理配合使用氮、磷、钾肥。适时搞好化学除草，控制杂草滋生危害，注意防治蚜虫、条锈病、叶锈病、纹枯病和赤霉病等病虫害。

适宜种植区域：适宜在长江中下游冬麦区的江苏和安徽两省淮南地区、湖北中北部、河南信阳地区、浙江中北部地区种植。

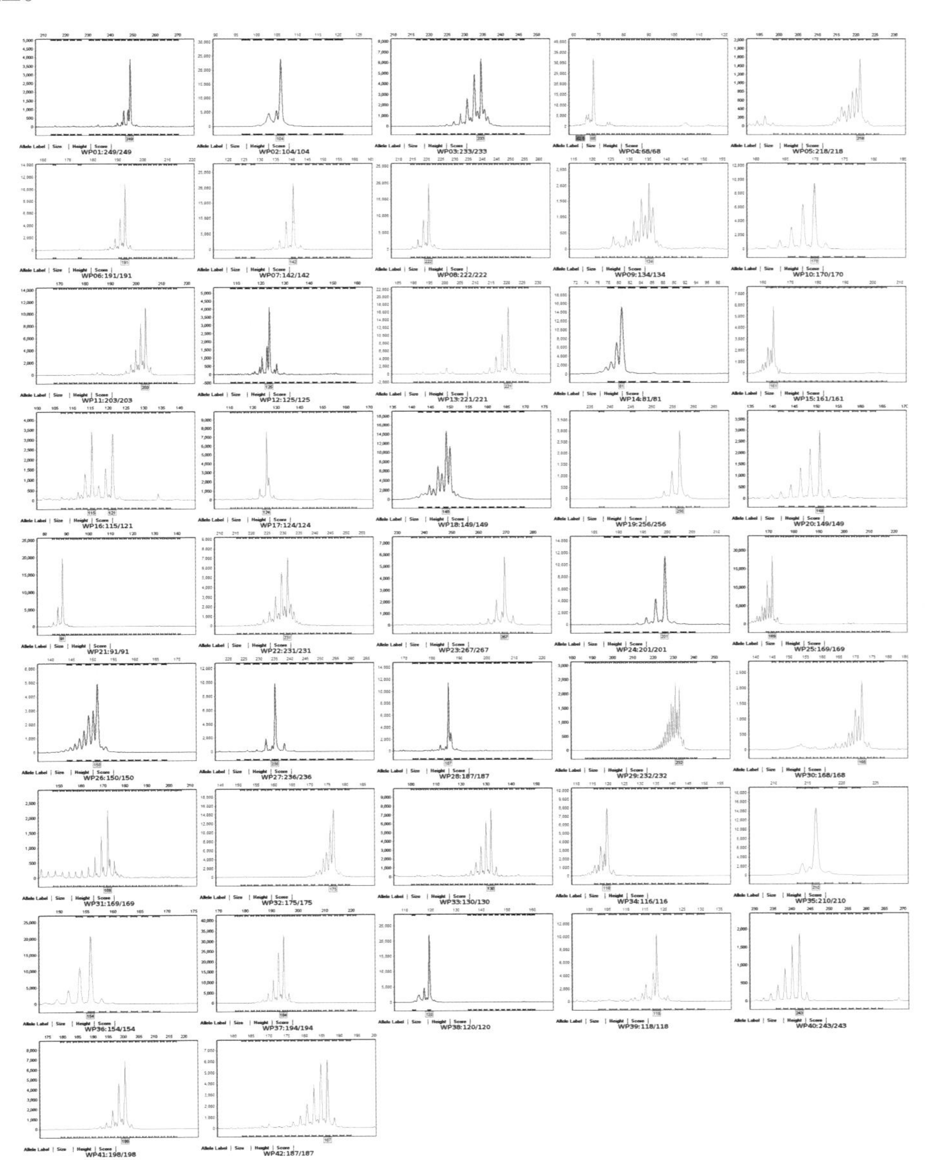

130. 沈太2号

审定编号：国审麦2012013

选育单位：周晓东

品种来源：高代品系70149太空育种

特征特性：春性早熟品种，成熟期比对照辽春17号早1天。幼苗直立，叶色浓绿。株高平均78厘米，株型紧凑，抗倒性好。穗纺锤形，长芒，白壳，红粒，角质。2009年、2010年区域试验平均亩穗数40.2万穗、41.7万穗，穗粒数34.0粒、31.9粒，千粒重39.7克、37.1克。抗病性鉴定：中抗秆锈病，中感叶锈病，高感白粉病。混合样测定：籽粒容重815克/升、812克/升，蛋白质含量17.8%、18.5%，硬度指数70.8、64.4；面粉湿面筋含量36.8%、37.9%，沉降值55.5、57.0，吸水率61.9%、62.9%，面团稳定时间4.0分钟、6.4分钟，最大拉伸阻力302E.U.、262E.U.，延伸性184毫米、212毫米，拉伸面积76平方厘米、78平方厘米。

产量表现：2009年参加东北春麦早熟组区域试验，平均亩产368.5千克，比对照辽春17号增产5.1%；2010年续试，平均亩产342.0千克，比辽春17号增产5.5%。2011年生产试验，平均亩产350.5千克，比辽春17号增产6.9%。

栽培技术要点：春播以顶凌播种为宜，适时早播，亩基本苗43万左右，施好种肥。播种前用药剂拌种，注意防治白粉病、黑穗病和叶锈病等病虫害。

适宜种植区域：适宜在东北春麦区的辽宁、吉林、内蒙古赤峰和通辽地区、河北张家口坝下、天津种植。

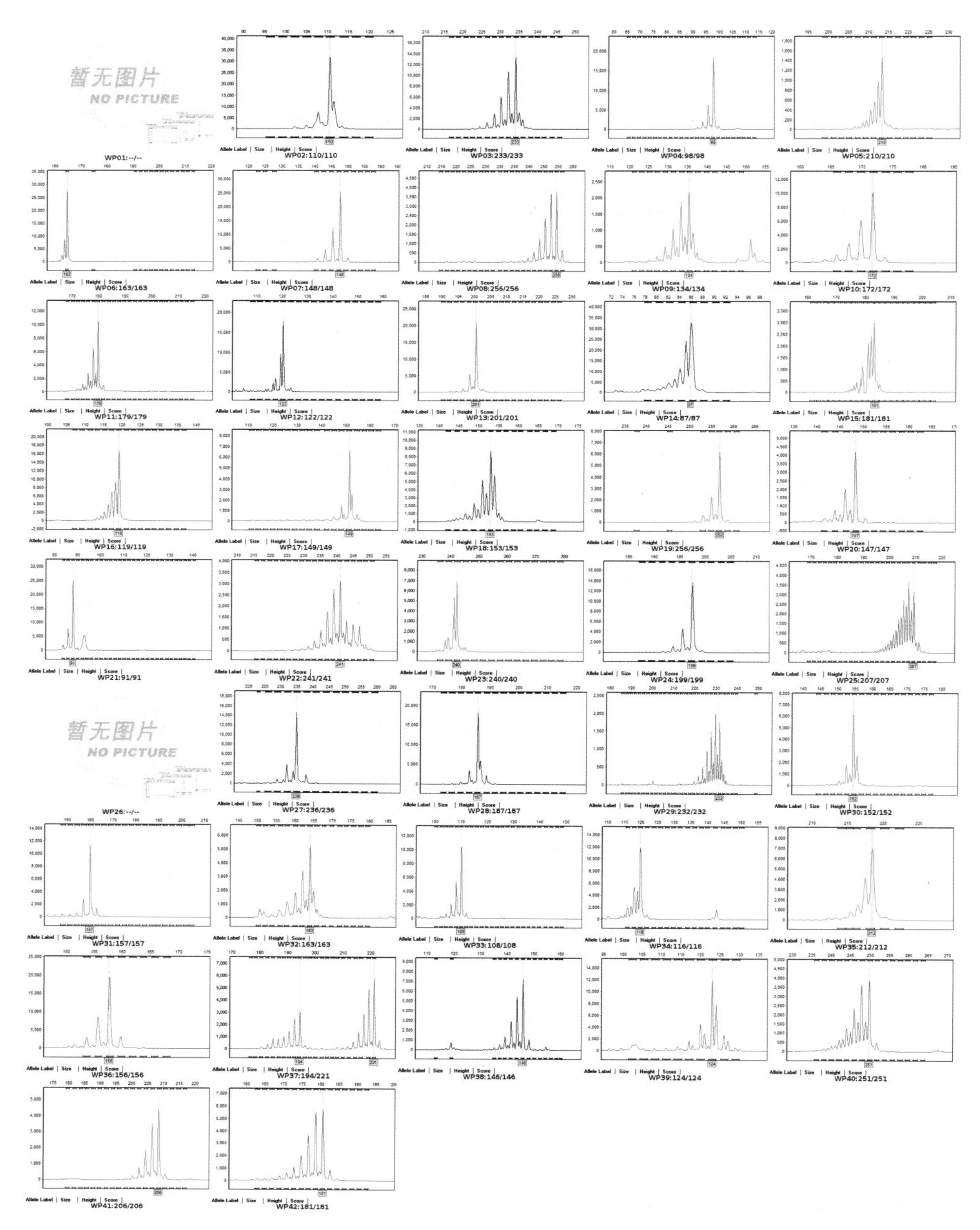

131. 晋麦92号

审定编号：国审麦2012012

选育单位：山西省农业科学院小麦研究所

品种来源：临优6148/晋麦33

特征特性：弱冬性中熟品种，成熟期与对照晋麦47相当。幼苗匍匐，生长健壮，叶宽，叶色浓绿，分蘖力较强，成穗率高，成穗数较多。两极分化较快。株高80～95厘米，株型紧凑，旗叶上举。茎秆较软，抗倒性较差。穗层整齐，穗较小。穗长方形，长芒，白壳，白粒，角质，饱满度较好。抗倒春寒能力较强。熟相一般。2010年、2011年区域试验平均亩穗数30.8万穗、32.9万穗，穗粒数28.8粒、28.6粒，千粒重33.6克、37.1克。抗旱性鉴定：抗旱性4级，抗旱性较弱。抗病性鉴定：高感条锈病、叶锈病、白粉病和黄矮病。混合样测定：籽粒容重789克/升、802克/升，蛋白质含量15.98%、15.19%，硬度指数66.9（2011年）；面粉湿面筋含量35.8%、34.2%，沉降值61.0毫升、53.9毫升，吸水率59.8%、58.4%，面团稳定时间11.8分钟、11.0分钟，最大拉伸阻力548E.U.、468E.U.，延伸性175毫米、178毫米，拉伸面积125平方厘米、112平方厘米。品质达到强筋小麦标准。

产量表现：2009—2010年度参加黄淮冬麦区旱薄组区域试验，平均亩产233.8千克，比对照晋麦47号增产0.2%；2010—2011年度续试，平均亩产276.0千克，比晋麦47号减产2.1%。2011—2012年度生产试验，平均亩产351.7千克，比晋麦47增产4.2%。

栽培技术要点：9月下旬至10月上旬播种，亩基本苗18万～24万。氮、磷、钾肥配合，施足底肥，底肥亩施尿素20～30千克或碳铵60～80千克、过磷酸钙75～100千克、硫酸钾5～10千克。扬花期进行三喷，防病治虫。及时收获，防止穗发芽。

适宜种植区域：适宜在黄淮冬麦区的山西晋南、陕西宝鸡旱地和河南旱薄地种植。

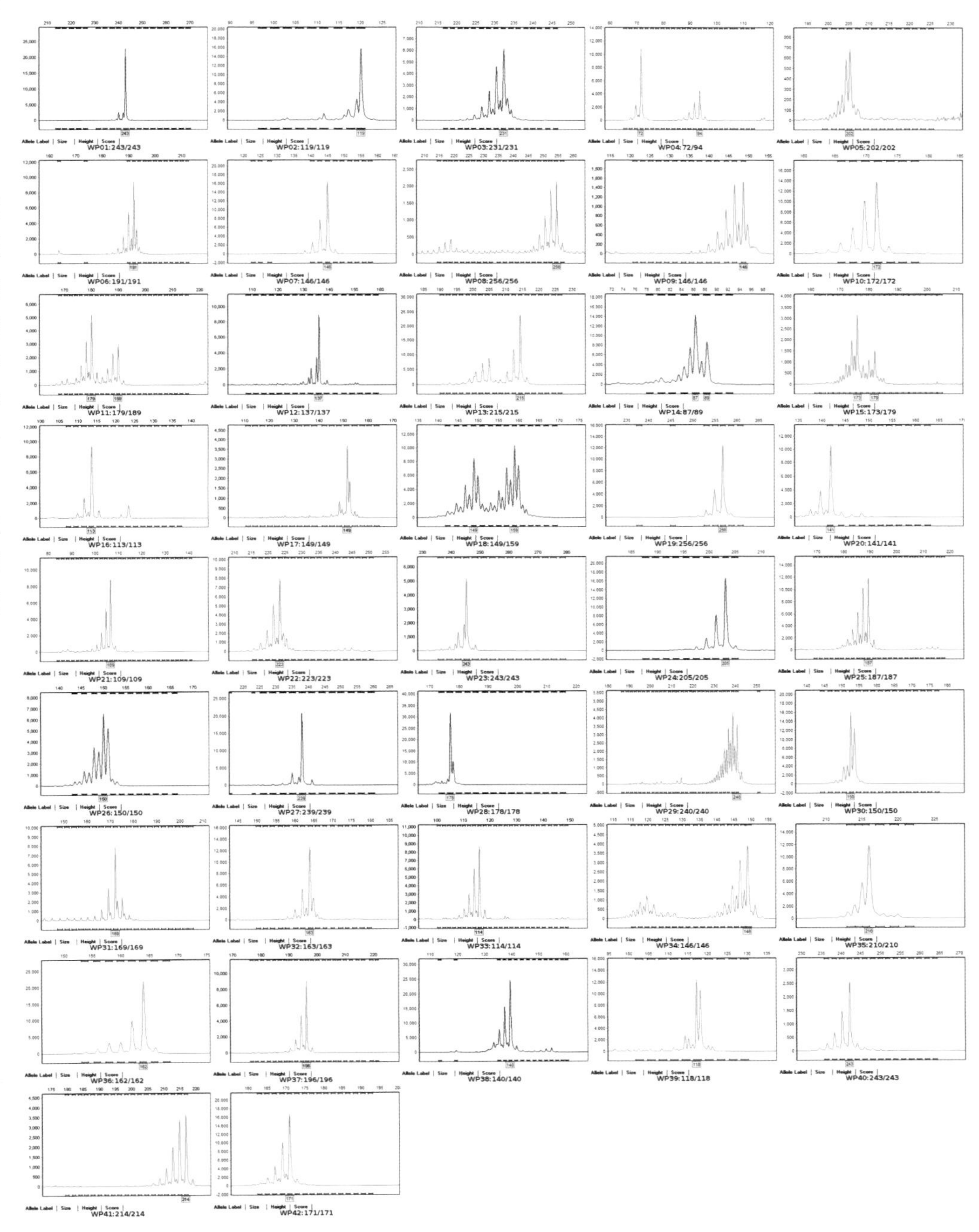

132. 漯麦18

审定编号：国审麦2012011

选育单位：漯河市农业科学院

品种来源：4336/周麦16

特征特性：弱春性中穗型中晚熟品种，成熟期比对照偃展4110晚熟1.7天。幼苗半直立，长势较壮，叶片短宽，叶色浓绿，分蘖力弱，成穗率高，冬季抗寒性较好。春季起身拔节早，两极分化快，对倒春寒较敏感，虚尖、缺粒现象较重。株高平均75厘米，株型稍松散，旗叶宽短上冲，长相清秀。茎秆弹性一般，抗倒性中等。根系活力强，较耐高温干旱，叶功能期长，灌浆速度快，落黄好。穗层较整齐，穗较大。穗纺锤形，长芒，白壳，白粒，籽粒半角质，饱满度好，黑胚率偏高。2010年、2011年区域试验平均亩穗数38万穗、44.9万穗，穗粒数32.1粒、32.9粒，千粒重46.9克、43.4克。抗病性鉴定：中感纹枯病，高条锈病、叶锈病、白粉病和赤霉病。混合样测定：籽粒容重798克/升、810克/升，蛋白质含量14.44%、13.50%，硬度指数61.6（2011年）；面粉湿面筋含量31.5%、29.2%，沉降值34.5毫升、28.9毫升，吸水率57.9%、55.8%，面团稳定时间3.9分钟、4.0分钟，最大拉伸阻力218E.U.、229E.U.，延伸性172毫米、142毫米，拉伸面积53平方厘米、47平方厘米。

产量表现：2009—2010年度参加黄淮冬麦区南片春水组区域试验，平均亩产503.3千克，比对照偃展4110增产2.9%；2010—2011年度续试，平均亩产579.2千克，比偃展4110增产6.1%。2011—2012年度生产试验，平均亩产483.6千克，比偃展4110增产5.2%。

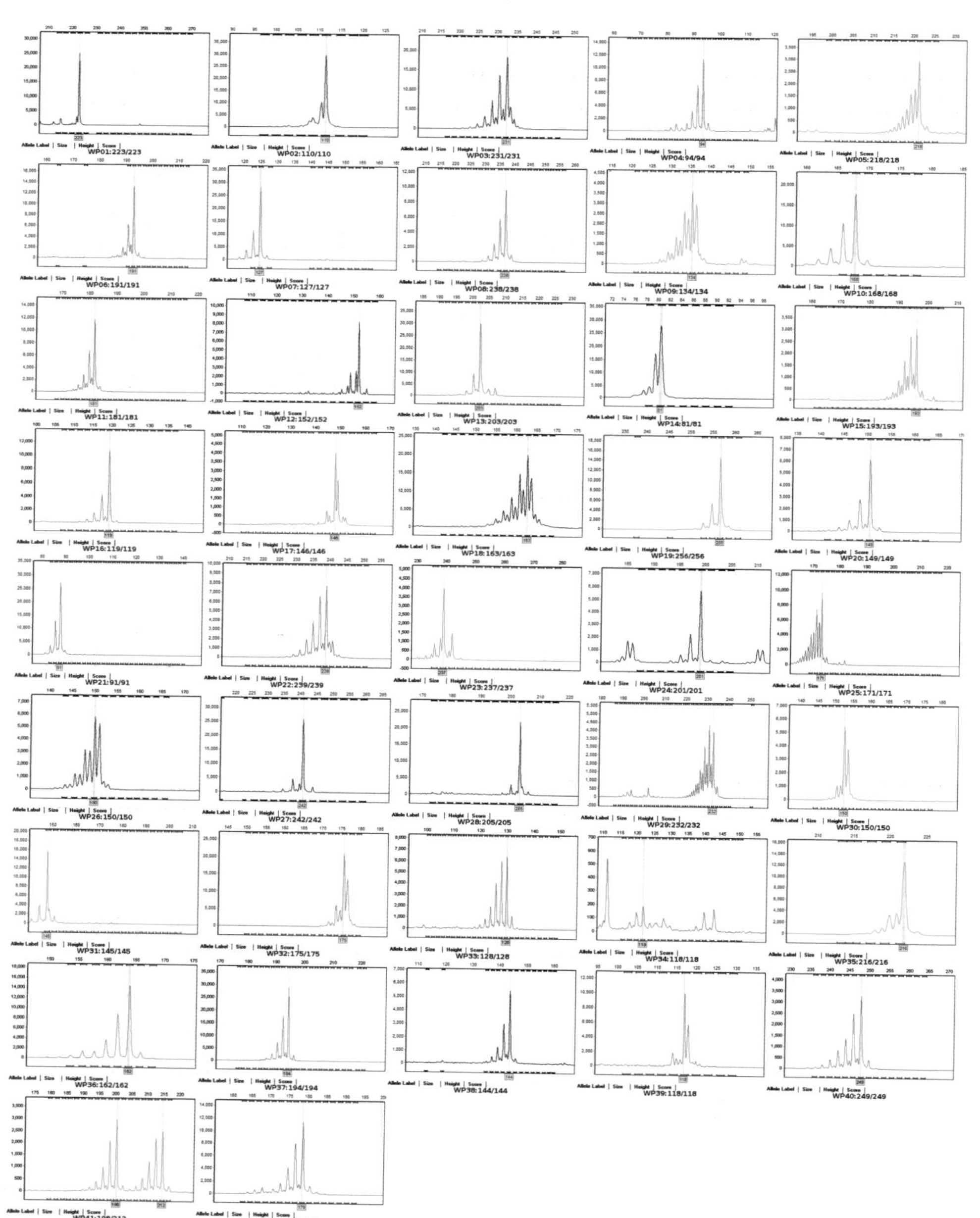

栽培技术要点：10月中下旬播种，亩基本苗18万～24万。注意防治白粉病、条叶锈病、赤霉病等病虫害。

适宜种植区域：适宜在黄淮冬麦区南片的河南（南部稻茬麦区除外）、安徽北部、江苏北部、陕西关中地区高中水肥地块中晚茬种植。

133. 中麦895

审定编号：国审麦2012010

选育单位：中国农业科学院作物科学研究所、中国农业科学院棉花研究所

品种来源：周麦16/荔垦4号

特征特性：半冬性多穗型中晚熟品种，成熟期与对照周麦18同期。幼苗半匍匐，长势壮，叶宽直挺，叶色黄绿，分蘖力强，成穗率中等，亩成穗数较多，冬季抗寒性中等。起身拔节早，两极分化快，抽穗迟，抗倒春寒能力中等。株高平均73厘米，株型紧凑，长相清秀，株行间透光性好，旗叶较宽，上冲。茎秆弹性中等，抗倒性中等。叶功能期长，耐后期高温能力好，灌浆速度快，成熟落黄好。前中期对肥水较敏感，肥力偏低的试点成穗数少。穗层较整齐，结实性一般。穗纺锤形，长芒，白壳，白粒，半角质，饱满度好，黑胚率高。2011年、2012年区域试验平均亩成穗数45.2万穗、43.4万穗，穗粒数29.8粒、29.7粒，千粒重47.1克、45.8克。抗病性鉴定：中感叶锈病，高感条锈病、白粉病、纹枯病和赤霉病。混合样测定：籽粒容重814克/升、814克/升，蛋白质含量14.27%、14.93%，硬度指数65.7、62.0。面粉湿面筋含量31.7%、33.8%，沉降值30.3毫升、31.7毫升，吸水率60.5%、58.8%，面团稳定时间4.2分钟、4分钟，最大拉伸阻力146E.U.、195E.U.，延伸性158毫米、165毫米，拉伸面积35平方厘米、47平方厘米。

产量表现：2010—2011年度参加黄淮冬麦区南片冬水组区域试验，平均亩产587.8千克，比对照周麦18增产5.1%；2011—2012年度续试，平均亩产506.2千克，比周麦18增产4.4%。2011—2012年度生产试验，平均亩产510.9千克，比周麦18增产4.3%。

栽培技术要点：10月上中旬播种，亩基本苗12万～18万。重施基肥，以农家肥为主，耕地前施入深翻；入冬时浇好越冬水，返青至拔节期适当控水控肥。注意防治蚜虫、条锈病、白粉病、纹枯病、赤霉病等病虫害。

适宜种植区域：适宜在黄淮冬麦区南片的河南中北部、安徽北部、江苏北部、陕西关中地区高中水肥地块早中茬种植。

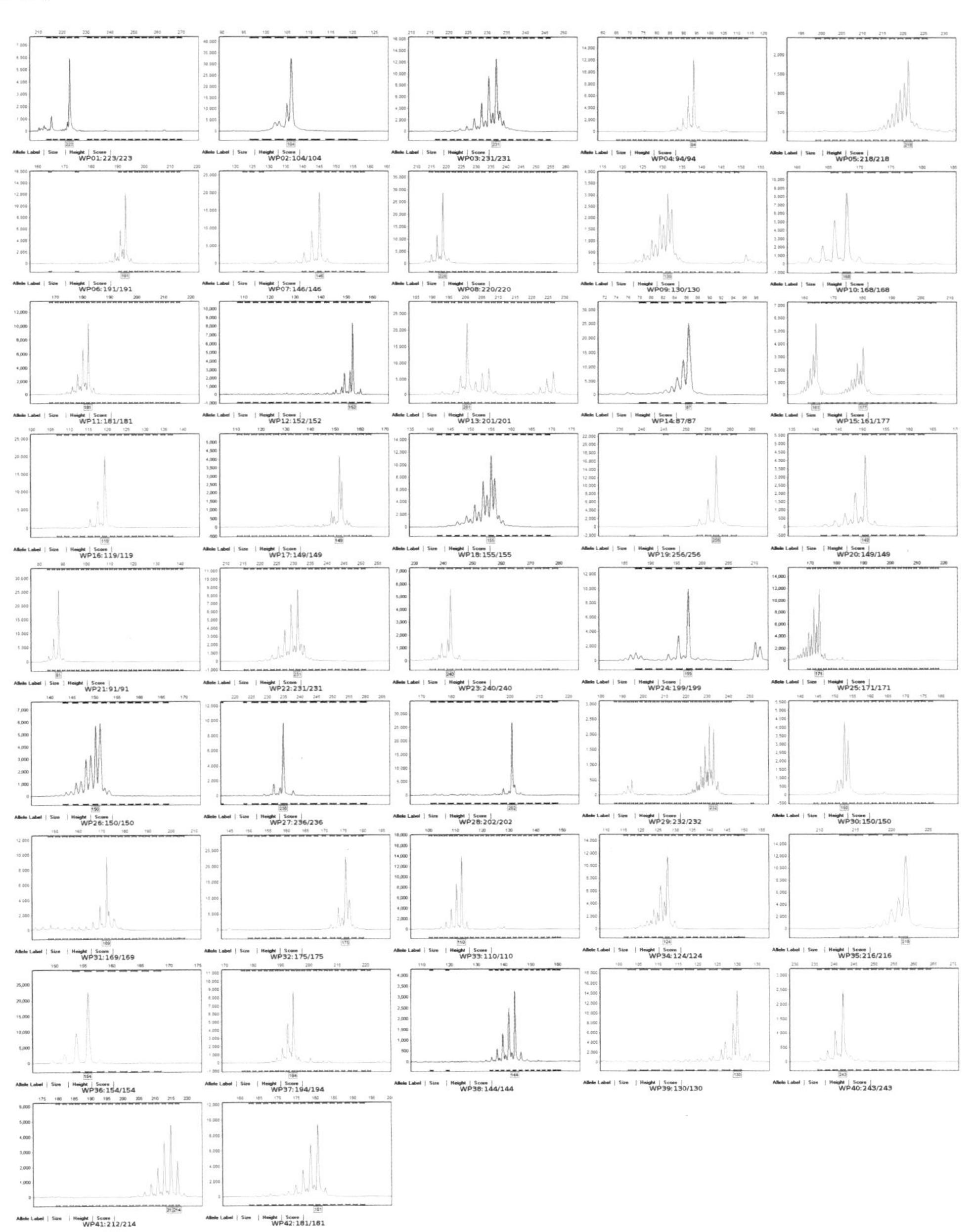

134. 郑麦7698

审定编号：国审麦2012009

选育单位：河南省农业科学院小麦研究中心

品种来源：郑麦9405/4B269//周麦16

特征特性：半冬性多穗型中晚熟品种，成熟期比对照周麦18晚0.3天。幼苗半匍匐，苗势较壮，叶窄短，叶色深绿，分蘖力较强，成穗率低，冬季抗寒性较好。春季起身拔节迟，春生分蘖略多，两极分化快，抽穗晚。抗倒春寒能力一般，穗部虚尖、缺粒现象较明显。株高平均77厘米，茎秆弹性一般，抗倒性中等。株型较紧凑，旗叶宽长上冲，蜡质重。穗层厚，穗多穗匀。后期根系活力较强，熟相较好，穗长方形，籽粒角质，均匀，饱满度一般。2010年、2011年区域试验平均亩穗数38.0万穗、41.5万穗，穗粒数34.3粒、35.5粒，千粒重44.4克、43.6克。前中期对肥水较敏感，肥力偏低的地块成穗数少。抗病性鉴定：慢条锈病，高感叶锈病、白粉病、纹枯病和赤霉病。混合样测定：籽粒容重810克/升、818克/升，蛋白质含量14.79%、14.25%，籽粒硬度指数69.7（2011年），面粉湿面筋含量31.4%、30.4%，沉降值40.0毫升、33.1毫升，吸水率61.1%、60.8%，面团稳定时间9.7分钟、7.4分钟，最大拉伸阻力574E.U.、362E.U.，延伸性148毫米、133毫米，拉伸面积108平方厘米、66平方厘米。

产量表现：2009—2010年度参加黄淮冬麦区南片区域试验，平均亩产513.3千克，比对照周麦18增产3.0%；2010—2011年度续试，平均亩产581.4千克，比周麦18增产3.4%。2011—2012年度生产试验，平均亩产499.7千克，比周麦18增产2.6%。

栽培技术要点：10月上中旬播种，亩基本苗12万～20万。注意防治白粉病、纹枯病和赤霉病等病虫害。

适宜种植区域：适宜在黄淮冬麦区南片的河南中北部、安徽北部、江苏北部、陕西关中地区高中水肥地块早中茬种植。

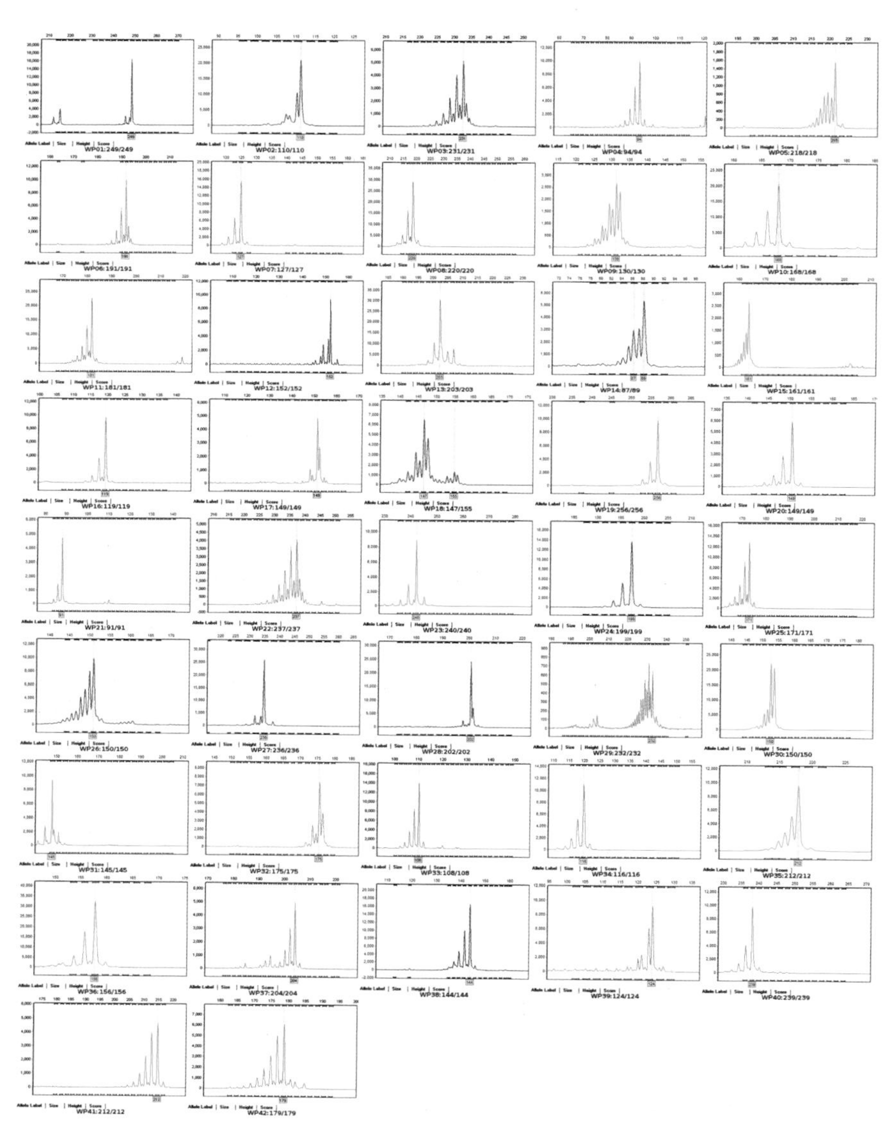

135. 平安8号

审定编号：国审麦2012007

选育单位：河南平安种业有限公司

品种来源：豫麦2号/周麦13号

特征特性：半冬性中穗型中晚熟品种，成熟期与对照周麦18同期。幼苗半匍匐，长势一般，叶宽短，叶浓绿色，分蘖力较强，成穗率偏低，冬季抗寒性一般。春季发育缓慢，起身拔节迟，两极分化慢，抗倒春寒能力中等，穗顶部虚尖重。株高平均78厘米，株型略松散，长相清秀，株行间透光性好，旗叶宽短上冲。茎秆弹性好，抗倒伏能力较强。耐旱性中等，遇后期高温叶功能丧失快，有早衰现象。穗层厚，穗码较密，结实性好，对肥水敏感，肥力偏低的试点成穗数少。穗纺锤形，短芒，白壳，白粒，籽粒偏粉质，饱满度较好，黑胚率较高。2010年、2011年区域试验平均亩穗数40.3万穗、44.8万穗，穗粒数34粒、32.9粒，千粒重43.8克、43.8克。抗病性鉴定：中感叶锈病，高感条锈病、白粉病、赤霉病和纹枯病。混合样测定：籽粒容重792克/升、801克/升，蛋白质含量12.86%、12.73%，硬度指数50.4（2011年）；面粉湿面筋含量26.3%、26.7%，沉降值21.0毫升、21.6毫升，吸水率50.4%、53.4%，面团稳定时间2.4分钟、2.7分钟，最大拉伸阻力183E.U.、164E.U.，延伸性132毫米、132毫米，拉伸面积36平方厘米、32平方厘米。

产量表现：2009—2010年度参加黄淮冬麦区南片冬水组区域试验，平均亩产524.7千克，比对照周麦18增产4.8%；2010—2011年度续试，平均亩产589.1千克，比周麦18增产5.3%。2011—2012年度生产试验，平均亩产507.7千克，比周麦18增产4.2%。

栽培技术要点：10月上中旬播种，亩基本苗12万～20万。注意防治条锈病、白粉病、纹枯病、赤霉病等病虫害。

适宜种植区域：适宜在黄淮冬麦区南片的河南中北部、安徽北部、江苏北部、陕西关中地区高水肥地块早中茬种植。

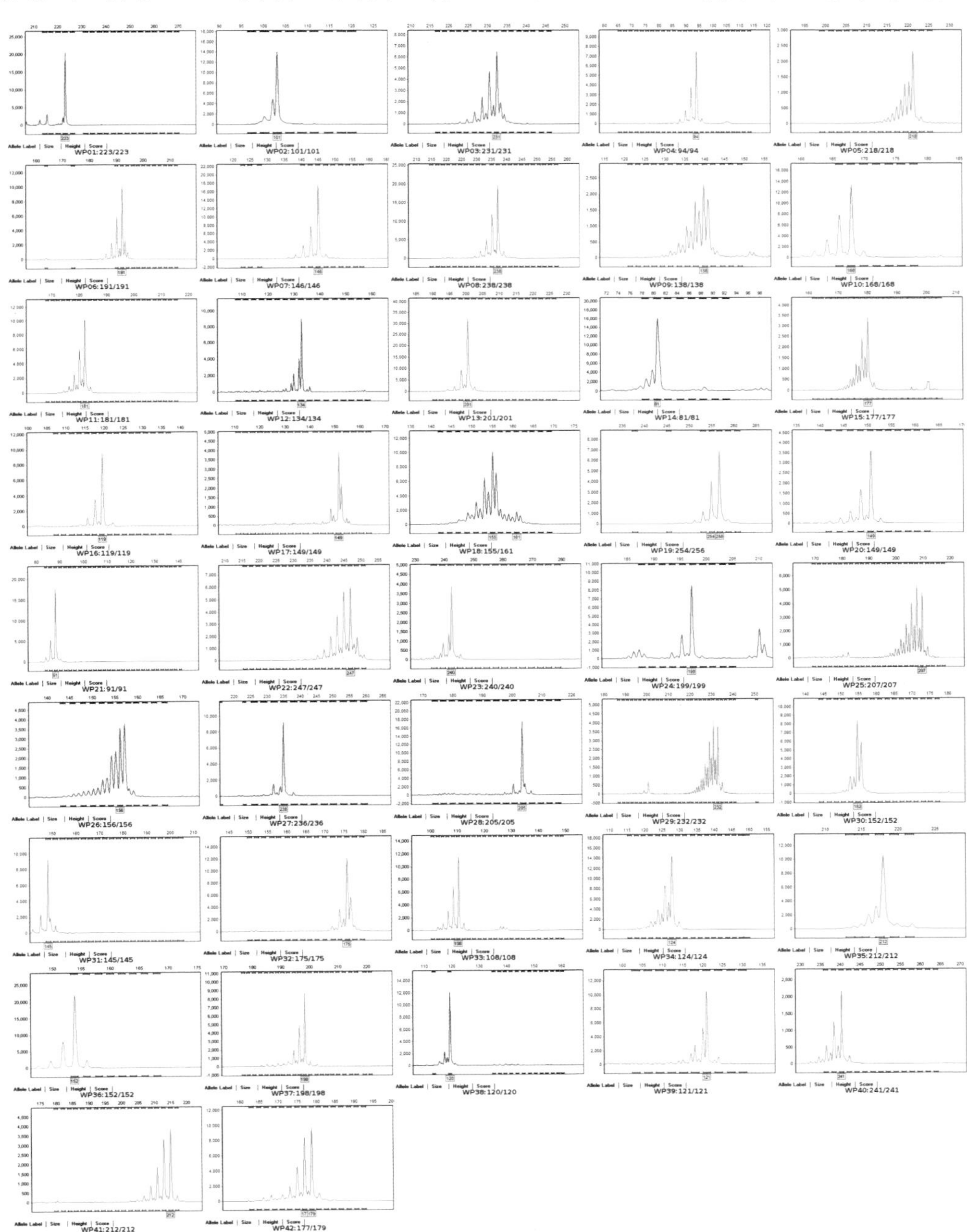

136. 周麦26号

审定编号：国审麦2012006

选育单位：河南省周口市农业科学院

品种来源：周麦24/周麦22

特征特性：半冬性中大穗型中晚熟品种，成熟期与对照周麦18同期。幼苗半匍匐，苗势较壮，叶窄长卷、青绿色，分蘖力较强，成穗率略偏低，亩成穗数适中。冬季抗寒性较好。春季起身拔节偏慢，两极分化快，对春季低温较敏感。株高平均82厘米，株型松紧适中，叶色清秀，旗叶宽大上冲。茎秆较粗，弹性中等，抗倒性中等。穗层厚，穗大穗匀，结实性好。穗近方形，长芒，白壳，白粒，籽粒半角质，均匀性好，饱满度较好，黑胚率偏高。叶功能期长，耐热性好，灌浆速度快，熟相好。2010年、2012年区域试验平均亩穗数38.2万穗、40.8万穗，穗粒数33粒、34.4粒，千粒重46.4克、40.7克。抗病性鉴定：慢条锈病、高感叶锈病、白粉病、赤霉病和纹枯病。混合样测定：籽粒容重778克/升、788克/升，蛋白质含量14.58%，14.85%，硬度指数60（2012年）；面粉湿面筋含量31.2%、30.8%，沉降值34.0毫升、42.2毫升，吸水率56.2%、52.5%，面团稳定时间3.8分钟、20.8分钟，最大拉伸阻力296E.U.、644E.U.，延伸性173毫米、148毫米，拉伸面积72平方厘米、122平方厘米。

产量表现：2009—2010年度参加黄淮冬麦区南片冬性水地组品种区域试验，平均亩产532.5千克，比对照周麦18增产6.0%；2011—2012年度续试，平均亩产503.9千克，比周麦18增产5.2%。2011—2012年度生产试验，平均亩产517.3千克，比周麦18增产6.2%。

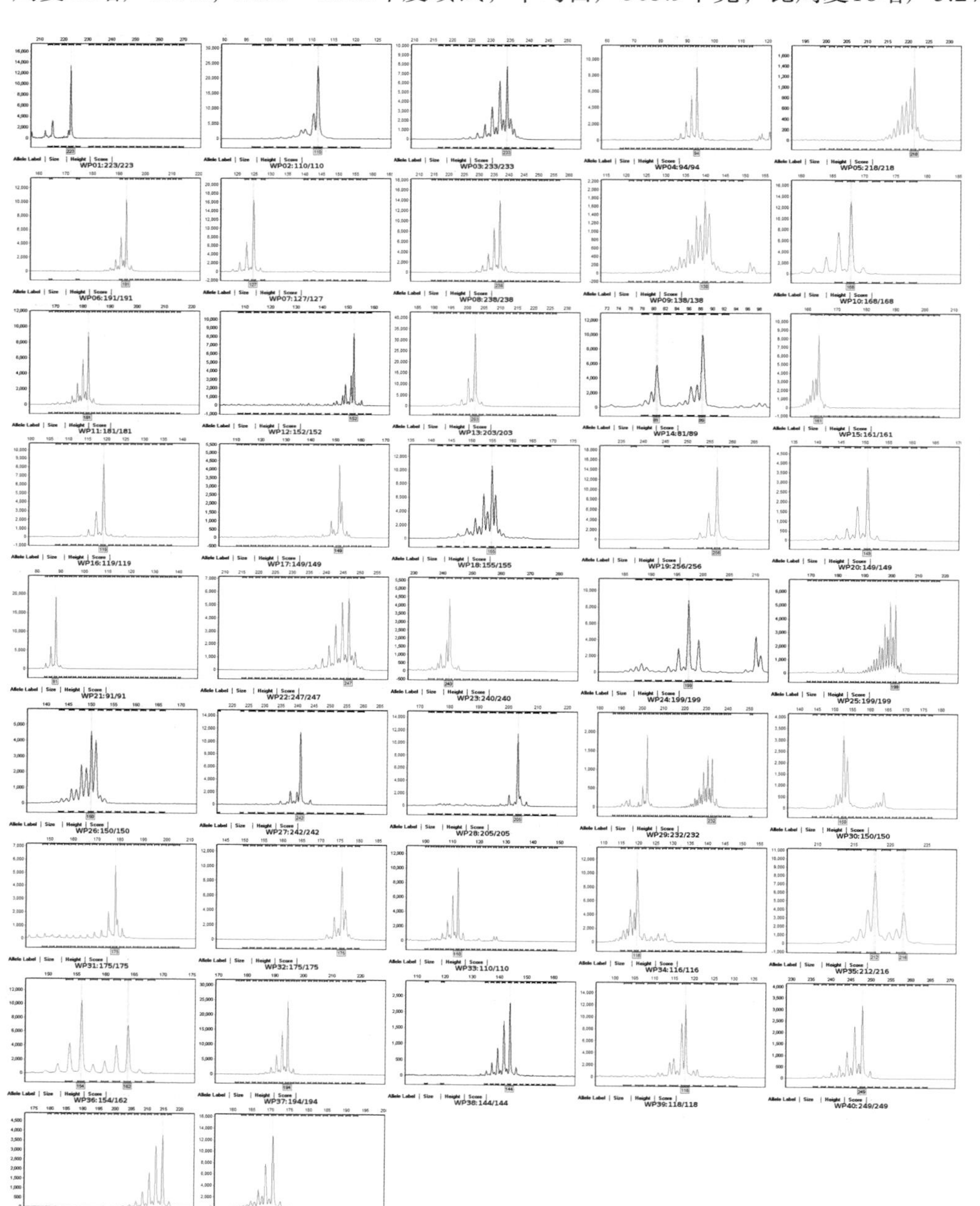

栽培技术要点：10月上中旬播种，亩基本苗15万～22万。注意防治纹枯病、白粉病和赤霉病等病虫害。

适宜种植区域：适宜在黄淮冬麦区南片的河南中北部、安徽北部、江苏北部、陕西关中地区高中水肥地块早中茬种植。

137. 苏麦188

审定编号：国审麦2012005

选育单位：江苏丰庆种业科技有限公司

品种来源：扬辐麦2号系选

特征特性：春性品种，成熟期比对照扬麦158晚1天。幼苗半直立，叶色浓绿、叶片上冲，分蘖力强，成穗率高。株高平均81厘米，株型紧凑，长相清秀，茎秆粗壮有蜡质。穗层整齐，熟相好。穗纺锤形，长芒，白壳，红粒，籽粒椭圆形、粉质、饱满。2011年、2012年区域试验平均亩穗数36.2万穗、34.4万穗，穗粒数37.7粒、38.1粒，千粒重42.1克、38.7克。抗病性鉴定：中抗赤霉病，高感条锈病、叶锈病、白粉病、纹枯病。混合样测定：籽粒容重816克/升、774克/升，蛋白质含量12.60%、12.46%，硬度指数50.1、44.2；面粉湿面筋含量26.1%、27.4%、沉降值28.0毫升、31.5毫升，吸水率53.3%、52.3%，面团稳定时间5.1分钟、5.9分钟，最大拉伸阻力315E.U.、458E.U.，延展性162毫米、128毫米，拉伸面积73.2平方厘米、81.2平方厘米。

产量表现：2010—2011年度参加长江中下游冬麦组区域试验，平均亩产494.2千克，比对照扬麦158增产9.9%；2011—2012年度续试，平均亩产421.1千克，比扬麦158增产10.3%。2011—2012年度生产试验，平均亩产449.4千克，比对照增产11.1%。

栽培技术要点：10月下旬至11月中旬播种，亩基本苗15万左右，迟播适当增加播种量。注意防治白粉病、纹枯病、条锈病、叶锈病和赤霉病等病虫害。

适宜种植区域：适宜在长江中下游冬麦区的江苏和安徽两省淮南地区、湖北中北部、河南信阳地区、浙江中北部地区种植。

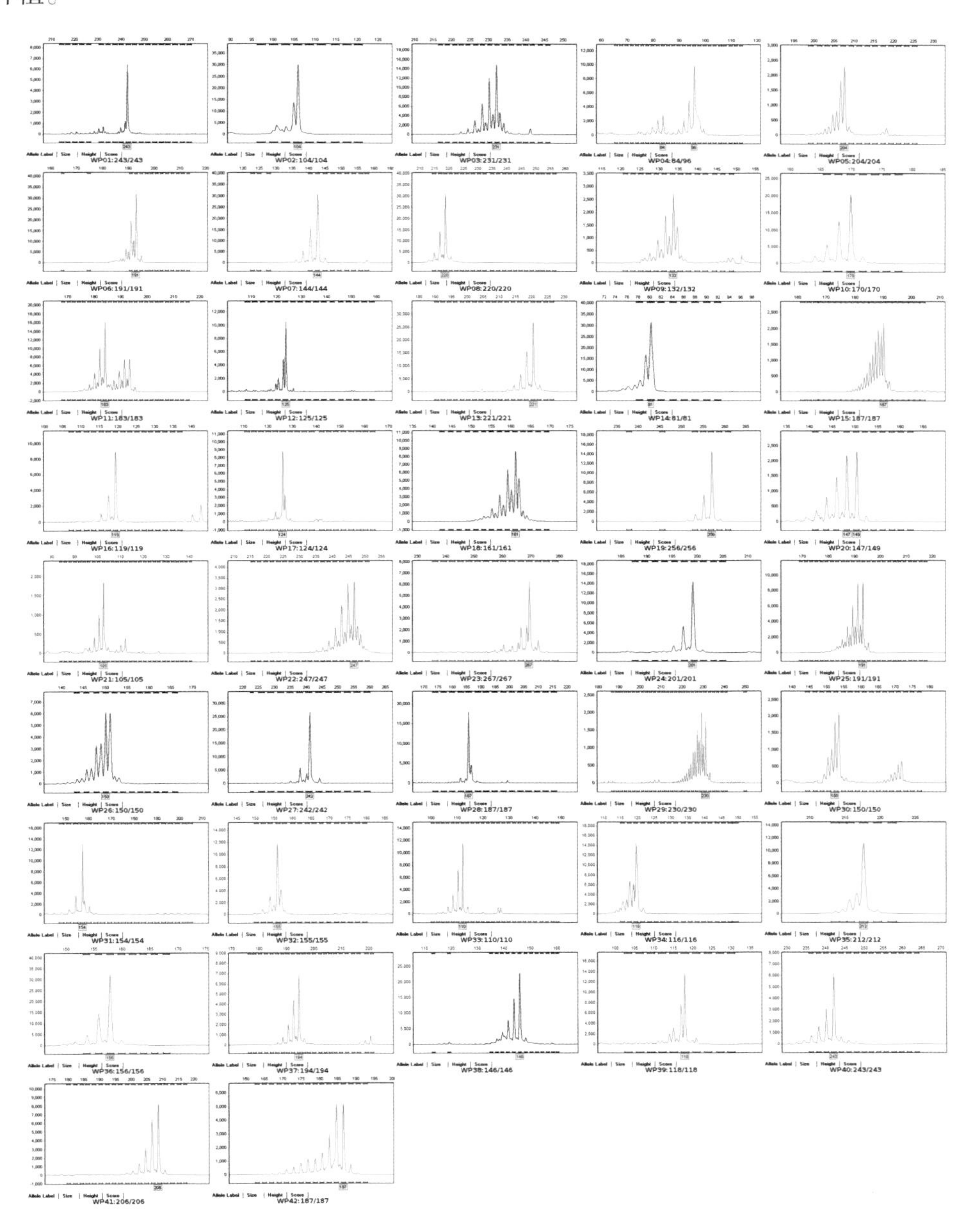

138. 川麦104

审定编号：国审麦2012002

选育单位：四川省农业科学院作物研究所

品种来源：川麦42/川农16

特征特性：春性品种，成熟期比对照川麦42晚1天。幼苗半直立，苗叶较窄、弯曲，叶色深，冬季基部叶轻度黄尖，分蘖力较强，生长势旺。株高平均84厘米，株型适中，抗倒性较好。穗层较整齐，熟相好。穗长方形，长芒，白壳，红粒，籽粒半角质—粉质，均匀、饱满。2011年、2012年区域试验平均亩穗数25.7万穗、24.8万穗，穗粒数38.1粒、40.3粒，千粒重47.5克、44.5克。抗病性鉴定：条锈病近免疫，中感白粉病，高感叶锈病、赤霉病。混合样测定：籽粒容重806克/升、791克/升，蛋白质含量13.02%、12.06%，硬度指数52.2、44.1；面粉湿面筋含量26.53%、25.90%，沉降值35.0毫升、29.8毫升，吸水率54.4%、50.8%，面团稳定时间5.8分钟、1.9分钟，最大拉伸阻力515E.U.、810E.U.，延伸性168毫米、126毫米，拉伸面积114平方厘米、133平方厘米。

产量表现：2010—2011年度参加长江上游冬麦组区域试验，平均亩产437.3千克，比对照川麦42增产10.8%；2011—2012年度续试，平均亩产380.1千克，比川麦42增产6.1%。2011—2012年度生产试验，平均亩产391.2千克，比对照增产13.1%。

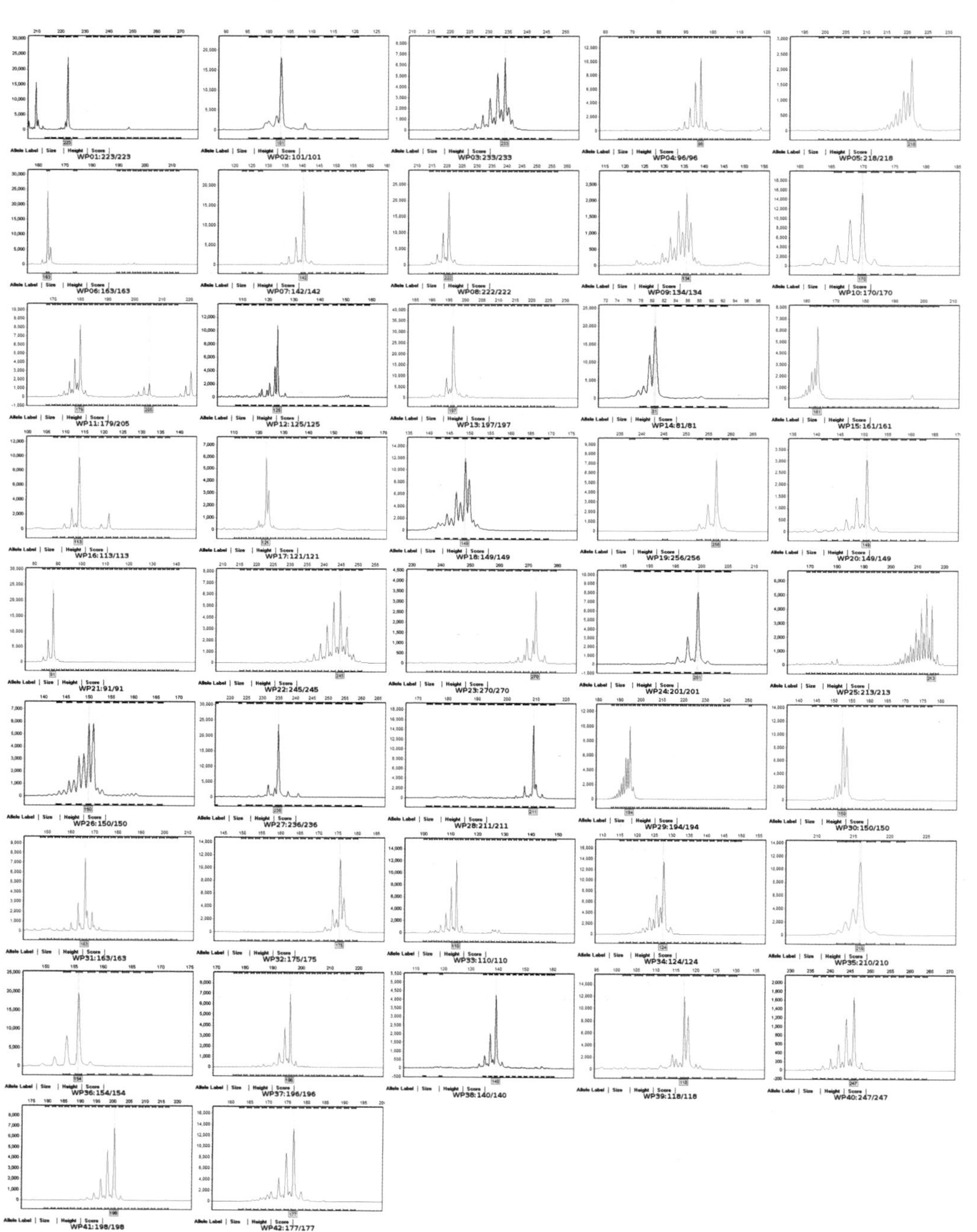

栽培技术要点：10月底至11月初播种，亩基本苗12万～14万。注意防治蚜虫、白粉病、赤霉病和叶锈病等病虫害。

适宜种植区域：适宜在西南冬麦区的四川、云南、贵州、重庆、陕西汉中和甘肃徽成盆地川坝河谷种植。

139. 绵麦51

审定编号：国审麦2012001

选育单位：绵阳市农业科学研究院

品种来源：1275-1/99-1522

特征特性：弱春性品种，全生育期190.7～217.0天，平均熟期比对照品种偃展4110晚熟0.3天。幼苗半直立，叶色浓绿，苗势壮，分蘖力弱，成穗率较高。春季起身拔节早，两极分化快。株高76.3～80.6厘米，株型松散，抗倒性一般。旗叶窄长，穗层整齐。耐渍性一般，熟相一般。穗近长方形，长芒，红壳，红粒，籽粒半角质，饱满度差。亩穗数31.7万～32.9万，穗粒数34.2～38.8粒，千粒重38.0～39.7克。

产量表现：2015—2016年度河南省南部组区试，8点汇总，达标点率87.5%，平均亩产368.7千克，比对照品种偃展4110减产1.9%，不显著；2016—2017年度续试，7点汇总，达标点率85.7%，平均亩产335.1千克，比对照品种偃展4110增产1.2%；2017—2018年度生产试验，10点汇总，达标点率80.0%，平均亩产401.7千克，比对照品种偃展4110增产7.3%。

栽培技术要点：适宜播种期10月中下旬，每亩适宜基本苗14万～16万。注意防治蚜虫、叶锈病、纹枯病、赤霉病和条锈病等病虫害，注意预防倒春寒，高水肥地块种植注意防止倒伏。

适宜种植区域：适宜河南省南部长江中下游麦区种植。

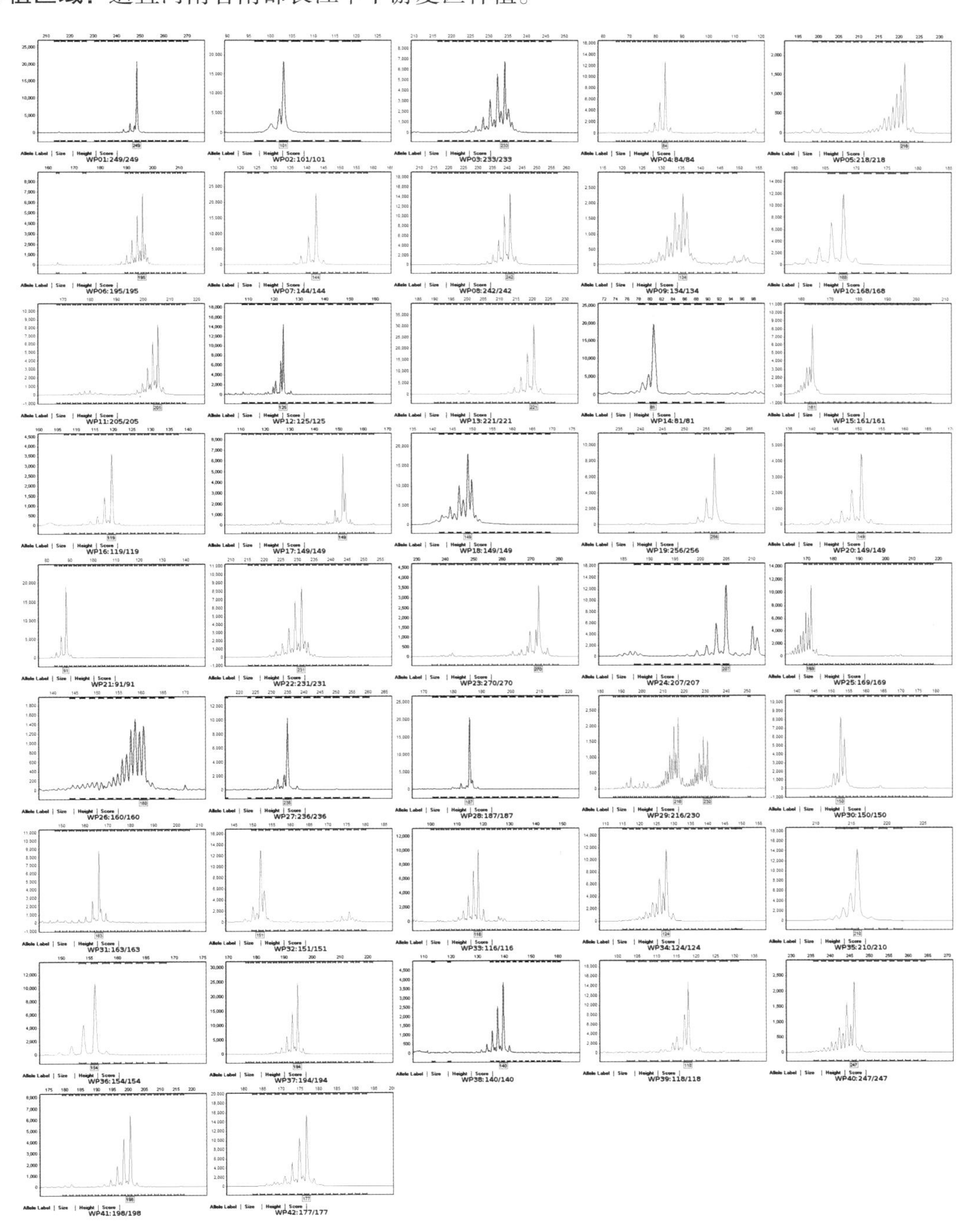

140. 绵麦51

审定编号：国审麦2012001

选育单位：绵阳市农业科学研究院

品种来源：1275-1/99-1522

特征特性：弱春性品种，全生育期190.7～217.0天，平均熟期比对照品种偃展4110晚熟0.3天。幼苗半直立，叶色浓绿，苗势壮，分蘖力弱，成穗率较高。春季起身拔节早，两极分化快。株高76.3～80.6厘米，株型松散，抗倒性一般。旗叶窄长，穗层整齐。耐渍性一般，熟相一般。穗近长方形，长芒，红壳，红粒，籽粒半角质，饱满度差。亩穗数31.7万～32.9万，穗粒数34.2～38.8粒，千粒重38.0～39.7克。

产量表现：2015—2016年度河南南部组区试，8点汇总，达标点率87.5%，平均亩产368.7千克，比对照品种偃展4110减产1.9%，不显著；2016—2017年度续试，7点汇总，达标点率85.7%，平均亩产335.1千克，比对照品种偃展4110增产1.2%；2017—2018年度生产试验，10点汇总，达标点率80.0%，平均亩产401.7千克，比对照品种偃展4110增产7.3%。

栽培技术要点：适宜播种期10月中下旬，每亩适宜基本苗14万～16万。注意防治蚜虫、叶锈病、纹枯病、赤霉病和条锈病等病虫害，注意预防倒春寒，高水肥地块种植注意防止倒伏。

适宜种植区域：适宜河南南部长江中下游麦区种植。

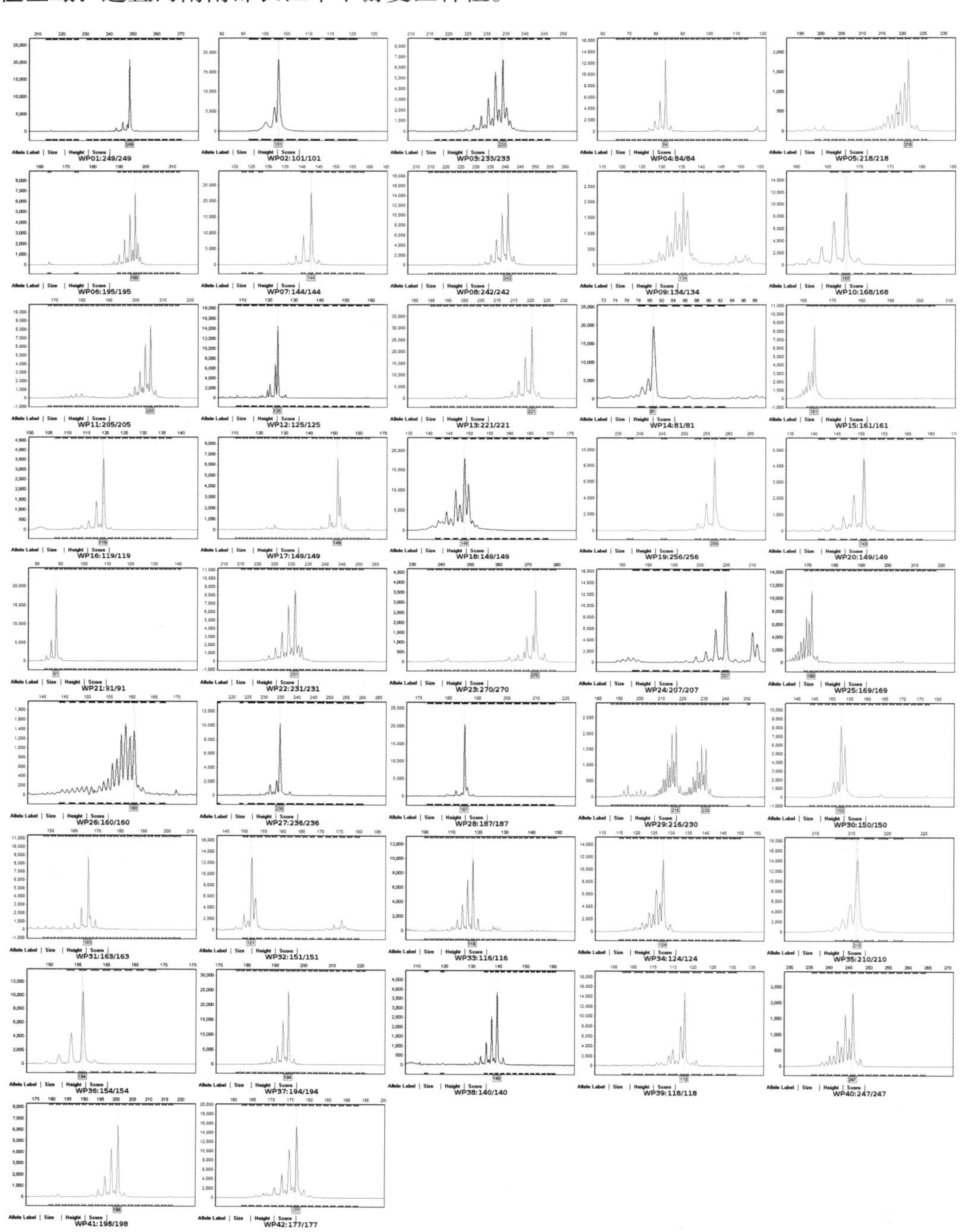

141. 衡136

审定编号：国审麦2011017

选育单位：河北省农林科学院旱作农业研究所

品种来源：衡4119/石家庄1号

特征特性：弱冬性中晚熟品种，成熟期平均比对照洛旱2号晚熟1天左右。幼苗半匍匐，叶色深绿，分蘖力中等，成穗率较高。株高77厘米，株型松散，旗叶深绿、上举，抗倒性一般。穗层整齐，穗较小。成熟落黄好。亩穗数37.5万穗、穗粒数33.8粒、千粒重35.1克。穗长方形，长芒，白壳，白粒，角质，饱满度一般。抗旱性鉴定：抗旱性较弱。抗病性鉴定：高感条锈病、叶锈病、黄矮病，中感白粉病。2009年、2010年品质测定结果分别为：籽粒容重793克/升、811克/升，蛋白质含量12.58%、12.62%；面粉湿面筋含量26.4%、26.6%，沉降值19.9毫升、19.5毫升，吸水率63.4%、59.4%，稳定时间1.4分钟、1.6分钟，最大抗延阻力85E.U.、108E.U.，延伸性94毫米、107毫米，拉伸面积12平方厘米、16平方厘米。

产量表现：2008—2009年度参加黄淮冬麦区旱肥组品种区域试验，平均亩产358.1千克，比对照洛旱2号增产3.0%；2009—2010年度续试，平均亩产396.8千克，比对照洛旱2号增产6.6%。2010—2011年度生产试验，平均亩产356.0千克，比对照洛旱7号增产5.0%。

栽培技术要点：适宜播种期10月8—15日，每亩适宜播种量7~10千克，晚播适当增加播量。及时防治锈病、白粉病和蚜虫。适时收获，防止穗发芽。

适宜种植区域：适宜在黄淮冬麦区的山西晋南、陕西咸阳和渭南、河南旱肥地及河北、山东旱地种植。

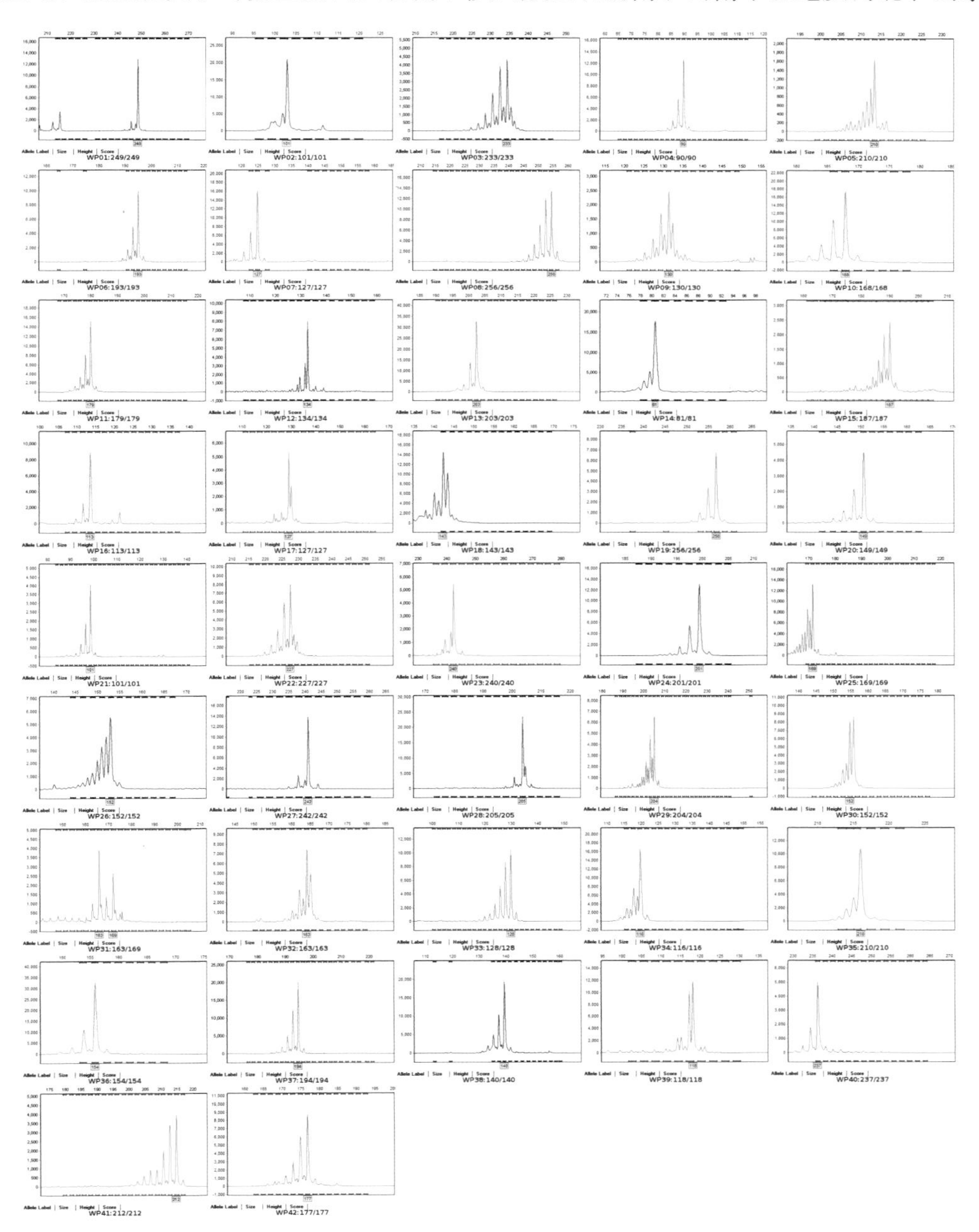

142. 鲁原502

审定编号：国审麦2011016

选育单位：山东省农业科学院原子能农业应用研究所、中国农业科学院作物科学研究所

品种来源：9940168

特征特性：半冬性中晚熟品种，成熟期平均比对照石4185晚熟1天左右。幼苗半匍匐，长势壮，分蘖力强。区试田间试验记载冬季抗寒性好。亩成穗数中等，对肥力敏感，高肥水地亩成穗数多，肥力降低，亩成穗数下降明显。株高76厘米，株型偏散，旗叶宽大，上冲。茎秆粗壮、蜡质较多，抗倒性较好。穗较长，小穗排列稀，穗层不齐。成熟落黄中等。穗纺锤形，长芒，白壳，白粒，籽粒角质，欠饱满。亩穗数39.6万穗、穗粒数36.8粒、千粒重43.7克。抗寒性鉴定：抗寒性较差。抗病性鉴定：高感条锈病、叶锈病、白粉病、赤霉病、纹枯病。2009年、2010年品质测定结果分别为：籽粒容重794克/升、774克/升，硬度指数67.2（2009年），蛋白质含量13.14%、13.01%；面粉湿面筋含量29.9%、28.1%，沉降值28.5毫升、27毫升，吸水率62.9%、59.6%，稳定时间5分钟、4.2分钟，最大抗延阻力236E.U.、296E.U.，延伸性106毫米、119毫米，拉伸面积35平方厘米、50平方厘米。

产量表现：2008—2009年度参加黄淮冬麦区北片水地组品种区域试验，平均亩产558.7千克，比对照石4185增产9.7%；2009—2010年度续试，平均亩产537.1千克，比对照石4185增产10.6%。2009—2010年度生产试验，平均亩产524.0千克，比对照石4185增产9.2%。

栽培技术要点：适宜播种期10月上旬，每亩适宜基本苗13万～18万。加强田间管理，浇好灌浆水。及时防治病虫害。

适宜种植区域：适宜在黄淮冬麦区北片的山东、河北中南部、山西中南部高水肥地块种植。

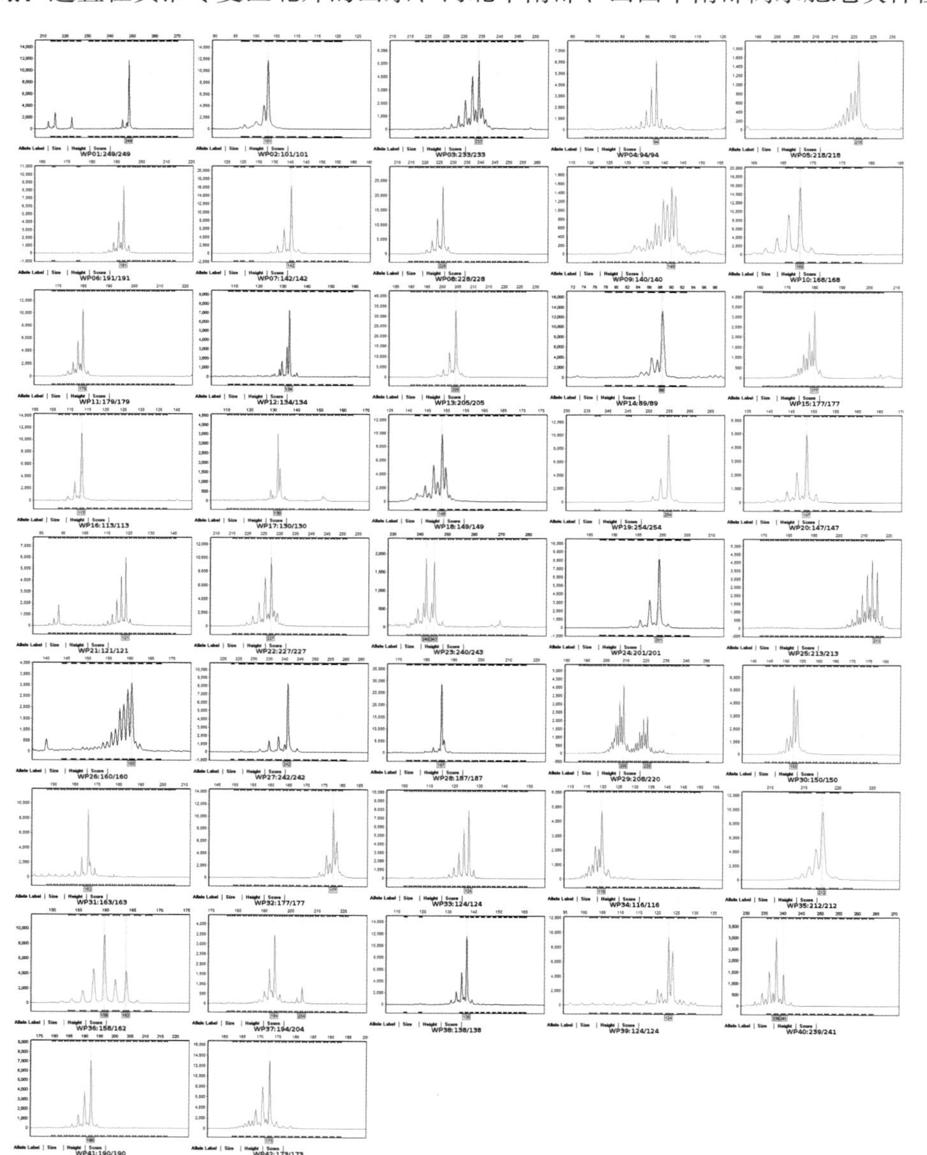

143. 汶农14号

审定编号：国审麦2011015

选育单位：泰安市汶农种业有限责任公司

品种来源：84139//9215/876161

特征特性：半冬性晚熟品种，成熟期平均比对照石4185晚1～2天。幼苗匍匐，叶色深绿，分蘖力强。区试田间试验记载冬季抗寒性好。株高80厘米，茎秆较粗，茎秆蜡质重，弹性好，抗倒性较好。穗层整齐，穗大小均匀，结实性好。穗纺锤形，长芒，白壳，白粒，商品性好。亩穗数43.5万穗、穗粒数35.2粒、千粒重41.5克。接种抗病性鉴定：高感赤霉病、纹枯病，中感叶锈病、白粉病，慢条锈病。2009年、2010年品质测定结果分别为：籽粒容重822克/升、806克/升，硬度指数67.1（2009年），蛋白质含量14.15%、13.6%；面粉湿面筋含量34.8%、31.3%，沉降值32.1毫升、26.5毫升，吸水率65.3%、60.4%，稳定时间1.8分钟、2.4分钟，最大抗延阻力202E.U.、247E.U.，延伸性142毫米、148毫米，拉伸面积42平方厘米、52平方厘米。

产量表现：2008—2009年度参加黄淮冬麦区北片水地组品种区域试验，平均亩产555.0千克，比对照石4185增产9.1%；2009—2010年度续试，平均亩产543.6千克，比对照石4185增产10.5%。2009—2010年度生产试验，平均亩产528.8千克，比对照石4185增产10.2%。

栽培技术要点：适宜播种期10月上旬，高水肥地每亩适宜基本苗12万～15万，中等地力每亩适宜基本苗14万～18万。加强田间肥水管理，注意后期适时防治病虫害。

适宜种植区域：适宜在黄淮冬麦区北片的山东、河北中南部、山西南部、河南安阳市高中水肥地块种植。

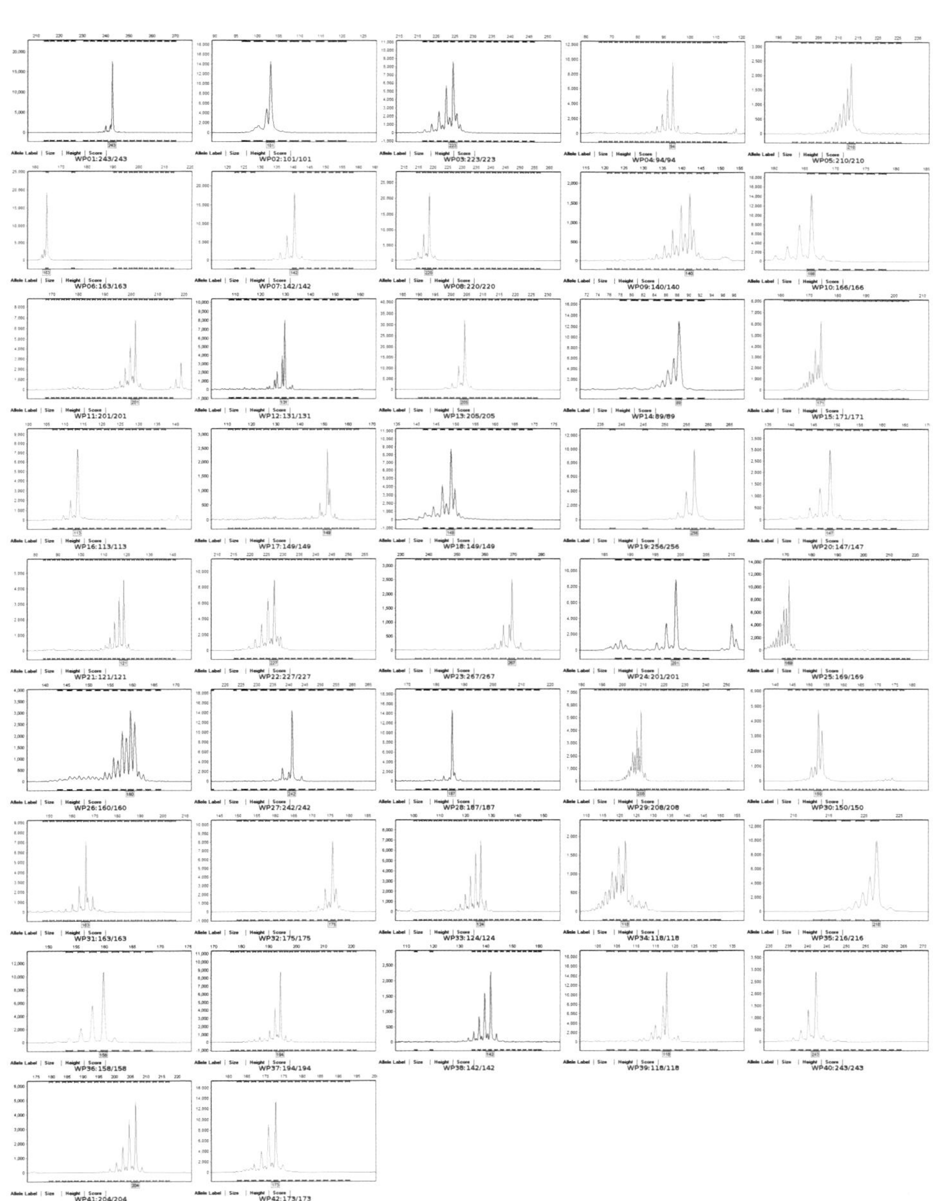

144. 石麦22号

审定编号：国审麦2011014

选育单位：石家庄市农林科学研究院

品种来源：临8014/冀麦38//石4185

特征特性：半冬性早熟品种，成熟期平均比对照石4185早熟1天左右。幼苗半匍匐，叶宽苗壮，分蘖力强，成穗率较高。株型偏松散，旗叶中长、窄、上举，穗下节较短，穗层整齐。茎秆较细，茎叶蜡质轻，弹性中等，抗倒性一般。穗纺锤形，短芒，白壳，白粒，半角质。灌浆后期旗叶干尖明显，熟相较好。亩穗数42.9万穗、穗粒数35.2粒、千粒重40.3克。抗寒性鉴定：抗寒性较好。抗病性鉴定：高感条锈病、叶锈病、白粉病、纹枯病，中感赤霉病。2010年、2011年品质测定结果分别为：籽粒容重786克/升、802克/升，硬度指数66（2011年），蛋白质含量13.29%、12.44%；面粉湿面筋含量28.1%、26.9%，沉降值17.5毫升、14.8毫升，吸水率53.8%、52.6毫升/100克，稳定时间1.8分钟、1.6分钟，最大抗延阻力114E.U.、102E.U.，延伸性125毫米、118毫米，拉伸面积20平方厘米、16平方厘米。

产量表现：2009—2010年度参加黄淮冬麦区北片水地组品种区域试验，平均亩产522.6千克，比对照石4185增产7.6%；2010—2011年度续试，平均亩产586.9千克，比对照良星99增产4.8%。2010—2011年度生产试验，平均亩产582.0千克，比对照石4185增产5.8%。

栽培技术要点：适宜播种期10月5—15日。该品种分蘖力强，成穗率较高，应控制播种量，提高播种质量，预防倒伏，高水肥地每亩适宜基本苗16万～20万，中等地力每亩适宜基本苗20万～22万。小麦抽穗后及时叶面喷施杀虫剂、杀菌剂，防治各种病虫害。

适宜种植区域：适宜在黄淮冬麦区北片的山东、河北中南部、山西南部高中水肥地块种植。

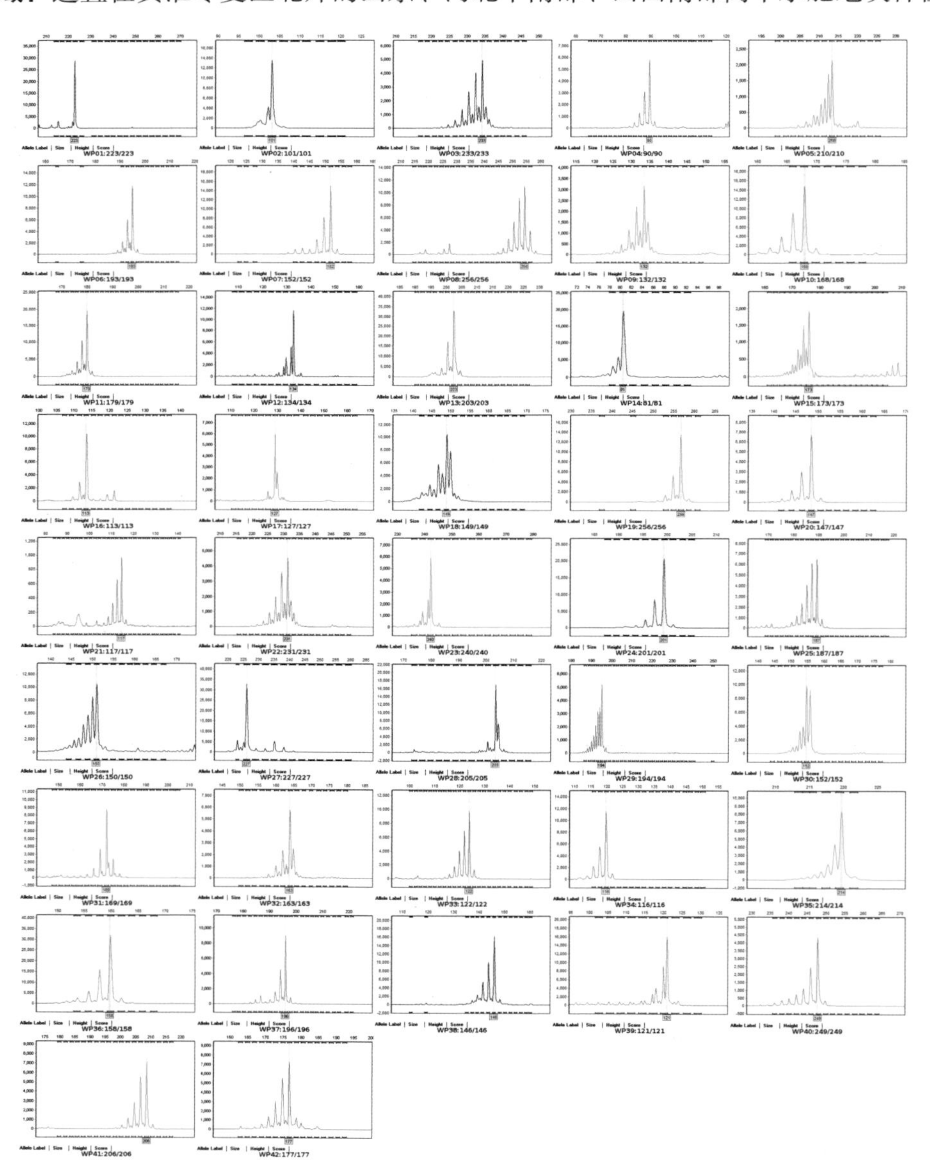

145. 山农22号

审定编号：国审麦2011013

选育单位：山东农业大学

品种来源：Ta1（MS2）小麦轮选群体

特征特性：半冬性晚熟品种，成熟期平均比对照石4185晚熟2天左右。幼苗半匍匐，叶片宽大，分蘖力强，成穗率中等。区试田间试验记载越冬抗寒性好。返青起身后叶直立，株叶型好。株高80厘米，株型松散，旗叶上举，通透性好，叶功能期长，茎叶蜡质重。茎秆有弹性，抗倒性中等，高水肥地有倒伏风险。抽穗成熟晚，熟相一般。穗层整齐，穗层厚。穗纺锤形，长芒，白壳，白粒，角质。亩穗数40.5万穗、穗粒数37.2粒、千粒重40.0克。抗寒性鉴定：抗寒性较差。抗病性鉴定：高感条锈病、白粉病、赤霉病，中感叶锈病、纹枯病。2010年、2011年品质测定结果分别为：籽粒容重812克/升、812克/升，硬度指数68.4（2011年），蛋白质含量12.99%、13.02%；面粉湿面筋含量27.6%、27.1%，沉降值31.5毫升、27.2毫升，吸水率59.8%、59.2%，稳定时间8.0分钟、6.4分钟，最大抗延阻力448E.U.，361E.U.，延伸性120毫米、126毫米，拉伸面积72平方厘米、62平方厘米。

产量表现：2009—2010年度参加黄淮冬麦区北片水地组区域试验，平均亩产529.3千克，比对照石4185增产9.0%；2010—2011年度续试，平均亩产585.3千克，比对照良星99增产4.5%。2010—2011年度生产试验，平均亩产588.8千克，比对照石4185增产7.1%。

栽培技术要点：适宜播种期10月5—10日，高水肥地每亩适宜基本苗12万～15万，中等地力每亩适宜基本苗14万～18万。加强中后期管理，预防倒伏。注意防治条锈病、白粉病。

适宜种植区域：适宜在黄淮冬麦区北片的山东、河北中南部、山西南部高中水肥地块种植。

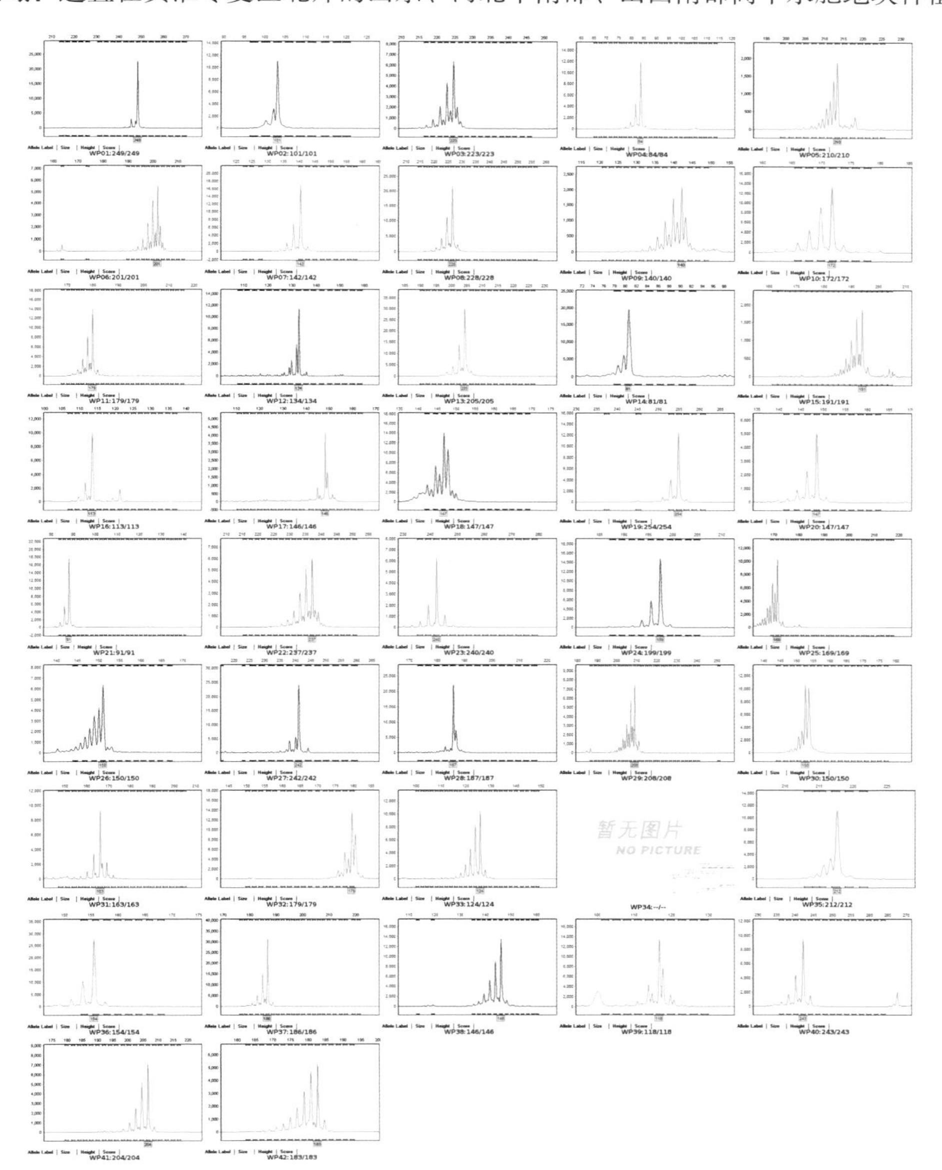

146. 山农20

审定编号：国审麦2011012

选育单位：山东农业大学

品种来源：PH82-2-2/954072

特征特性：半冬性中晚熟品种，成熟期平均比对照石4185晚熟1天左右。幼苗匍匐，分蘖力较强。区试田间试验记载越冬抗寒性较好。春季发育稳健，两极分化快，抽穗稍晚，亩成穗多，穗层整齐。株高78厘米，株型紧凑，旗叶上举、叶色深绿。抗倒性较好。后期成熟落黄正常。穗纺锤形，长芒，白壳，白粒，籽粒角质、较饱满。亩穗数43.3万穗、穗粒数35.1粒、千粒重41.4克。抗寒性鉴定：抗寒性较差。抗病性鉴定：高感赤霉病、纹枯病，中感白粉病，慢条锈病，中抗叶锈病。2009年、2010年品质测定结果分别为：籽粒容重828克/升、808克/升，硬度指数67.7（2009年），蛋白质含量13.53%、13.3%；面粉湿面筋含量30.3%、29.7%，沉降值30.3毫升、28毫升，吸水率64.1%、59.8%，稳定时间3.2分钟、2.9分钟，最大抗延阻力256E.U.、266E.U.，延伸性133毫米、148毫米，拉伸面积47平方厘米、56平方厘米。

产量表现：2008—2009年度参加黄淮冬麦区北片水地组区域试验，平均亩产535.7千克，比对照石4185增产5.3%；2009—2010年度续试，平均亩产517.1千克，比对照石4185增产5.1%。2010—2011年度生产试验，平均亩产569.8千克，比对照石4185增产3.6%。

栽培技术要点：适宜播种期10月上旬，每亩基本苗15万～18万。抽穗前后注意防治蚜虫，同时注意防治纹枯病和赤霉病。春季管理可略晚，控制株高，防倒伏。

适宜种植区域：适宜在黄淮冬麦区北片的山东、河北中南部、山西南部高水肥地块种植。根据农业部第1505号公告，该品种还适宜在黄淮冬麦区南片的河南（南阳、信阳除外）、安徽北部、江苏北部、陕西省关中地区高中水肥地块早中茬种植。

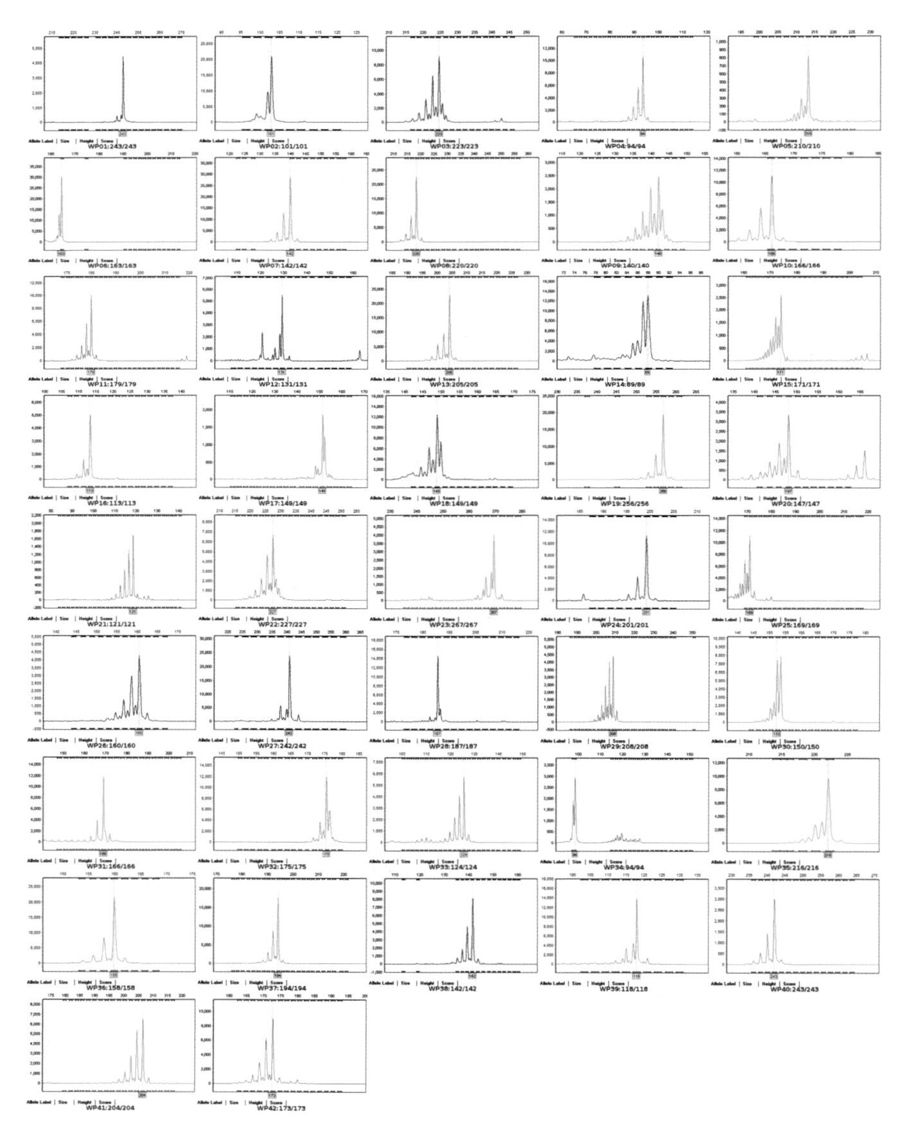

147. 石优20号

审定编号：国审麦2011011

选育单位：石家庄市农林科学研究院

品种来源：冀935-352/济南17

特征特性：冬性中晚熟品种。黄淮冬麦区北片水地组区试，成熟期平均比对照石4185晚熟1天左右。幼苗匍匐，分蘖力强。株高77厘米，旗叶较长，后期干尖较重。茎秆弹性较好，抗倒性较好。成熟落黄较好。穗层整齐，穗下节短，穗纺锤形，白壳，白粒，籽粒角质。亩穗数43.2万穗、穗粒数34.5粒、千粒重38.1克。抗寒性鉴定：抗寒性较差。抗病性鉴定：高感叶锈病、白粉病、赤霉病、纹枯病，慢条锈病。2009年、2010年品质测定结果分别为：籽粒容重804克/升、785克/升，硬度指数66.4（2009年），蛋白质含量14.02%、14.22%；面粉湿面筋含量31.8%、31.8%，沉降值40.5毫升、34.5毫升，吸水率61.2%、58%，稳定时间15.4分钟、8.0分钟，最大抗延阻力604E.U.、408E.U.，延伸性150毫米、168毫米，拉伸面积121平方厘米、94平方厘米。品质达到强筋小麦品种审定标准。北部冬麦区水地组区试，成熟期与对照京冬8号同期。分蘖成穗率较高。株高70厘米，抗倒性较好。亩穗数39.5万穗、穗粒数33.1粒、千粒重38.2克。抗寒性鉴定：抗寒性中等。抗病性鉴定：高感叶锈病、白粉病，中感条锈病。2009年、2010年分别测定混合样：籽粒容重793克/升、796克/升，硬度指数66.3（2009年），蛋白质含量14.53%、14.59%；面粉湿面筋含量32.5%、32.9%，沉降值44.1毫升、54毫升，吸水率60.4%、59.4%，稳定时间8.1分钟、12.9分钟，最大抗延阻力302E.U.、516E.U.，延伸性160毫米、176毫米，拉伸面积68平方厘米、118平方厘米。品质达到强筋小麦品种审定标准。

产量表现：2008—2009年度参加黄淮冬麦区北片水地组品种区域试验，平均亩产524.3千克，比对照石4185增产3.1%；2009—2010年度续试，平均亩产508.3千克，比对照石4185增产3.3%。2010—2011年度参加黄淮冬麦区北片水地组生产试验，平均亩产564.3千克，比对照石4185增产4.3%。2008—2009年度参加北部冬麦区水地组品种区域试验，平均亩产448.1千克，比对照京冬8号增产6.7%；2009—2010年度续试，平均亩产435.1千克，比对照京冬8号增产7.4%。2010—2011年度参加北部冬麦区水地组生产试验，平均亩产419.8千克，比对照中麦175减产2.5%。

栽培技术要点：黄淮冬麦区北片适宜播种期10月5—15日，适期播种高水肥地每亩基本苗16万～20万，中等地力每亩基本苗18万～22万。北部冬麦区适宜播种期9月28日至10月6日，适期播种每亩基本苗18万～22万，晚播麦田应适当加大播量。及时防治麦蚜，注意防治叶锈病、白粉病、纹枯病等主要病害。

适宜种植区域：适宜在黄淮冬麦区北片的山东、河北中南部、山西南部高中水肥地块种植，也适宜在北部冬麦区的河北中北部、山西中北部、北京、天津水地种植。

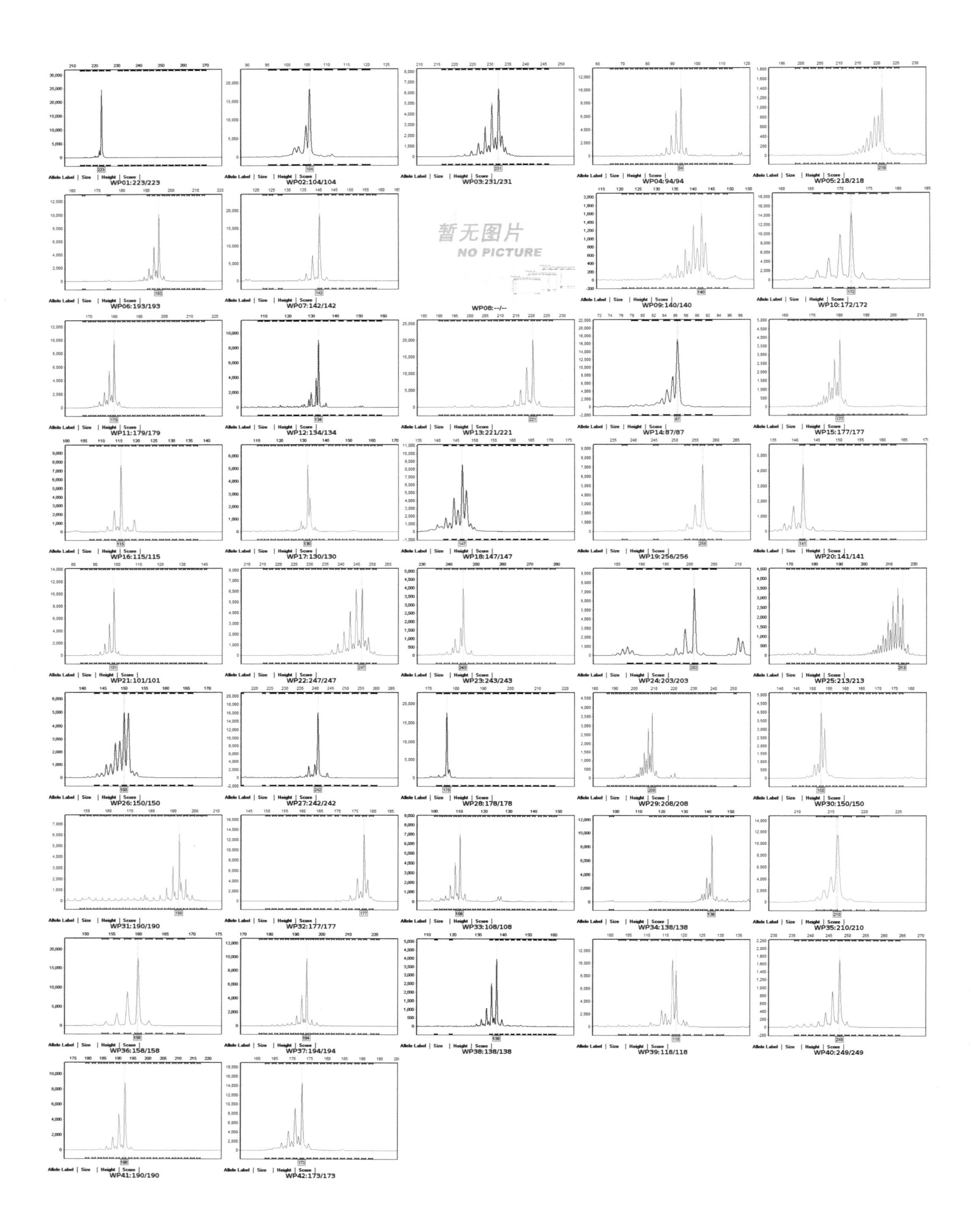
WP01:223/223
WP02:104/104
WP03:231/231
WP04:94/94
WP05:218/218
WP06:193/193
WP07:142/142
暂无图片
NO PICTURE
WP08:--/--
WP09:140/140
WP10:172/172
WP11:179/179
WP12:134/134
WP13:221/221
WP14:87/87
WP15:177/177
WP16:115/115
WP17:130/130
WP18:147/147
WP19:256/256
WP20:141/141
WP21:101/101
WP22:247/247
WP23:243/243
WP24:203/203
WP25:213/213
WP26:150/150
WP27:242/242
WP28:178/178
WP29:208/208
WP30:150/150
WP31:190/190
WP32:177/177
WP33:108/108
WP34:138/138
WP35:210/210
WP36:158/158
WP37:194/194
WP38:138/138
WP39:118/118
WP40:249/249
WP41:190/190
WP42:173/173

148. 冀麦585

审定编号：国审麦2011010

选育单位：河北省农林科学院粮油作物研究所

品种来源：太谷核不育群体

特征特性：半冬性晚熟品种，成熟期平均比对照石4185晚熟1天左右。幼苗半匍匐，叶色绿，分蘖力较强。春季生长稳健，分蘖成穗较多。株高81厘米，株型紧凑，旗叶稍宽、上举。茎秆粗壮，弹性好，抗倒性好。耐后期高温，成熟落黄好。穗层不齐，小穗排列紧密，结实性较好，穗粒数多。穗纺锤形，长芒，白壳，白粒，角质，籽粒饱满。亩穗数40.2万穗、穗粒数37.5粒、千粒重42.1克。抗寒性鉴定：抗寒性好。抗病性鉴定：高感条锈病、赤霉病、纹枯病，中感白粉病。2009年、2010年品质测定结果分别为：籽粒容重822克/升、802克/升，硬度指数55.0（2009年），蛋白质含量14.8%、14.0%；面粉湿面筋含量30.9%、29.2%，沉降值21.6毫升、19.5毫升，吸水率58.4%、57.1%，稳定时间1.4分钟、1.8分钟，最大抗延阻力130E.U.、98E.U.，延伸性114毫米、122毫米，拉伸面积22平方厘米、17平方厘米。

产量表现：2008—2009年度参加黄淮冬麦区北片水地组品种区域试验，平均亩产540.8千克，比对照石4185增产6.3%；2009—2010年度续试，平均亩产524.1千克，比对照石4185增产6.5%。2010—2011年度生产试验，平均亩产582.2千克，比对照石4185增产7.6%。

栽培技术要点：适宜播种期10月上中旬，高水肥地每亩适宜基本苗18万，中等地力每亩适宜基本苗20万，晚播适当加大播量。播前进行种子包衣或用杀虫剂、杀菌剂拌种，防治地下害虫和黑穗病。浇好越冬水。及时防治麦蚜和病害。

适宜种植区域：适宜在黄淮冬麦区北片的山东、河北中南部、山西南部高中水肥地块种植。

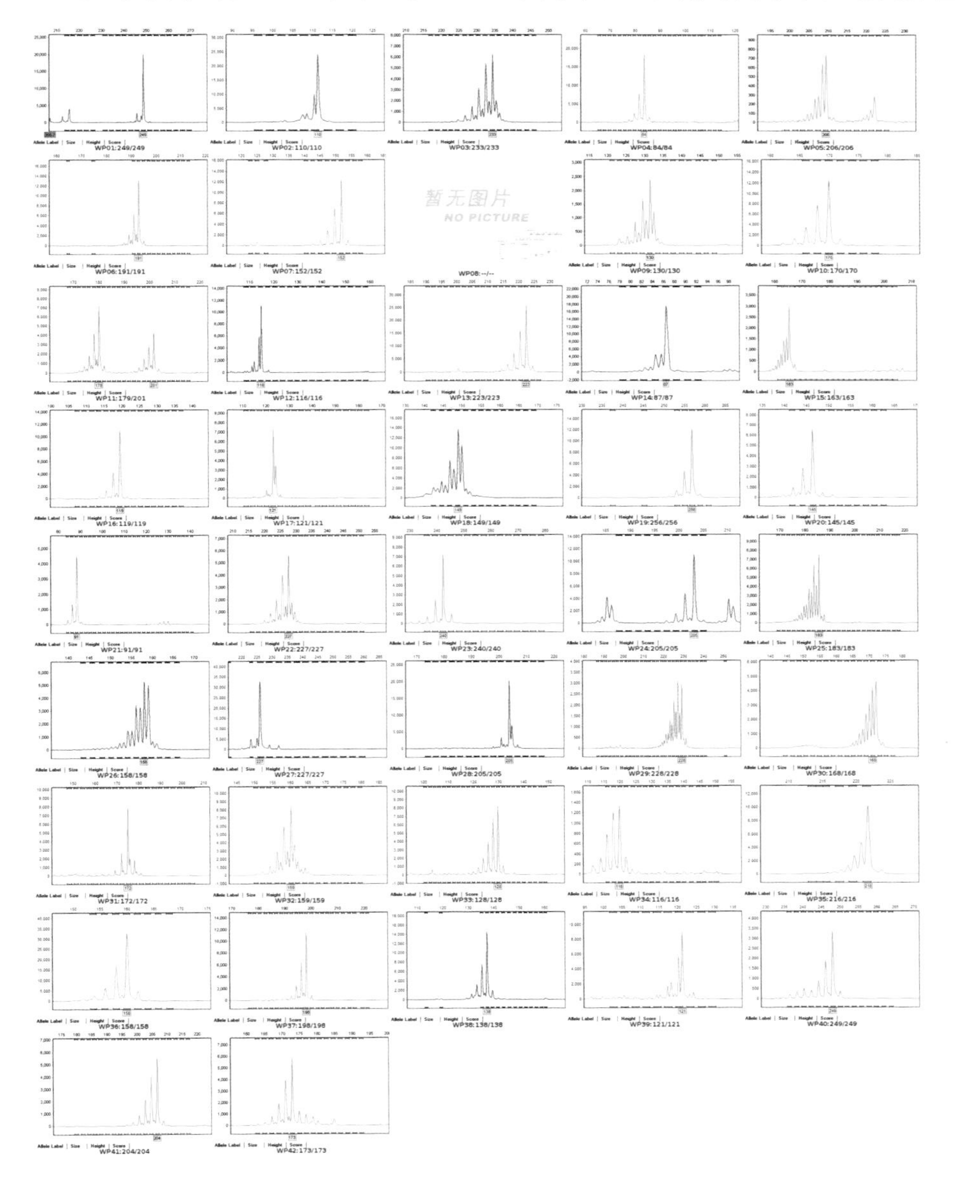

149. 舜麦1718

审定编号：国审麦2011009

选育单位：山西省农业科学院棉花研究所

品种来源：32S/Gabo

特征特性：半冬性中熟品种，成熟期与对照石4185同期。幼苗半匍匐，叶色中绿，分蘖力强，亩成穗较多。株高75厘米，株型松散。抗倒性差。部分试点表现早衰。穗纺锤形，小穗排列紧密，长芒，白壳，白粒，角质。亩穗数42.6万穗、穗粒数37.9粒、千粒重37.1克。抗寒性鉴定：抗寒性中等。抗病性鉴定：高感条锈病、叶锈病、白粉病、赤霉病，中感纹枯病。区试田间试验部分试点叶枯病较重。2009年、2010年分别测定混合样：籽粒容重820克/升、780克/升，硬度指数65.8（2009年），蛋白质含量14.63%、14.28%；面粉湿面筋含量31.2%、30.2%，沉降值48.3毫升、42毫升，吸水率62.2%、58.4%，稳定时间8.2分钟、11.3分钟，最大抗延阻力398E.U.、518E.U.，延伸性162毫米、151毫米，拉伸面积86平方厘米、105平方厘米。品质达到强筋品种审定标准。

产量表现：2008—2009年度参加黄淮冬麦区北片水地组品种区域试验，平均亩产523.8千克，比对照石4185增产2.9%；2009—2010年度续试，平均亩产504.7千克，比对照石4185增产3.9%。2010—2011年度生产试验，平均亩产564.3千克，比对照石4185增产4.3%。

栽培技术要点：适宜播种期10月上旬，高水肥地每亩适宜基本苗18万～20万，中等地力每亩适宜基本苗18万～22万。播前药剂拌种防治前期蚜虫传播黄矮病毒。浇好越冬水。后期注意防病、防倒伏。

适宜种植区域：适宜在黄淮冬麦区北片的山东、河北中南部、山西南部高中水肥地块种植。高水肥地注意防倒伏。

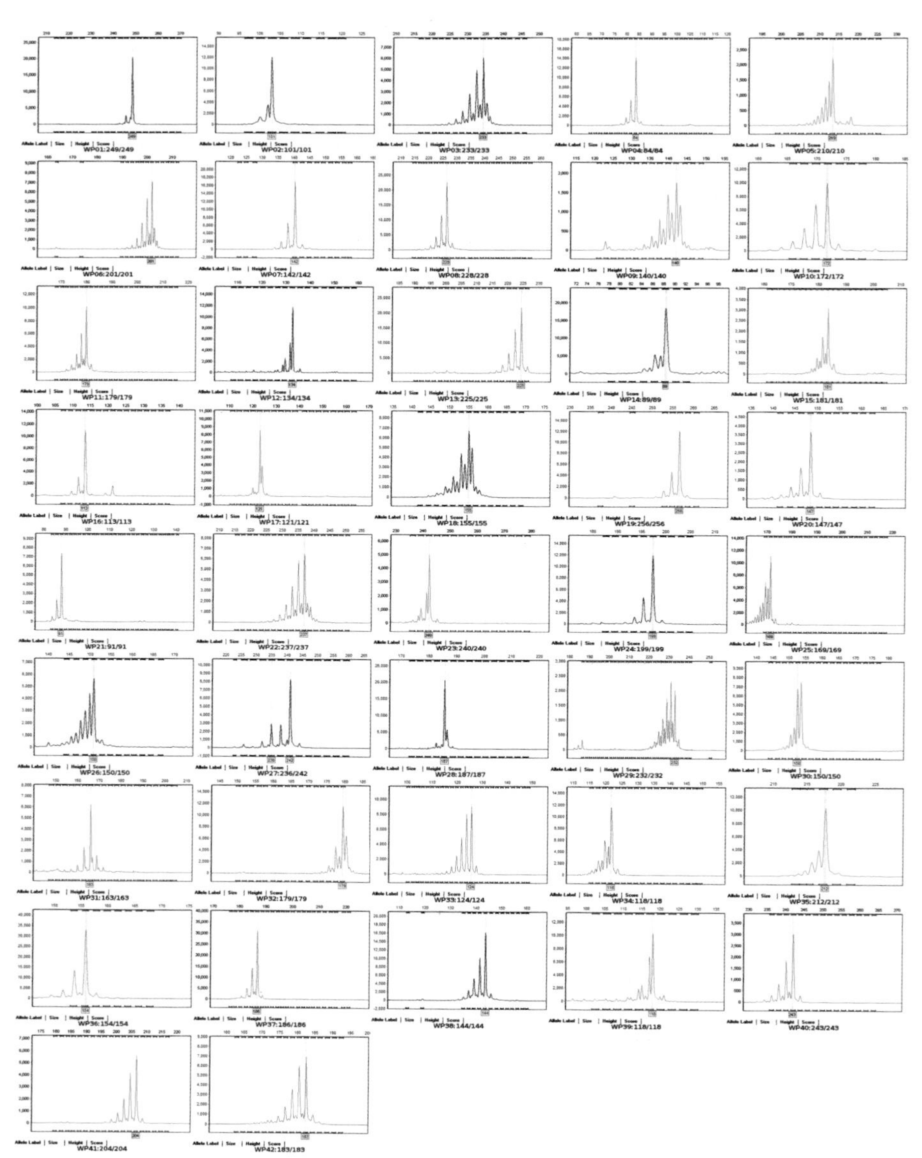

150. 西农509

审定编号：国审麦2011007

选育单位：西北农林科技大学农学院

品种来源：VP145/86585

特征特性：弱春性中早熟品种，成熟期平均比对照偃展4110晚熟1天左右。幼苗半直立，叶长挺、浅绿色，分蘖力较强，成穗率一般。冬季抗寒性一般。春季起身拔节早，春生分蘖多，两极分化慢，抗倒春寒能力中等。株高81厘米，株型偏松散，旗叶宽长、上冲，抗倒性中等。耐旱性和抗后期高温能力较好，叶功能期长，熟相好。穗层整齐，小穗排列密，结实性好。穗圆锥形，长芒，白壳，白粒，籽粒角质，饱满度较好。亩穗数40.0万穗、穗粒数36.2粒、千粒重37.3克。抗病性鉴定：高感叶锈病、白粉病、赤霉病、纹枯病，中抗条锈病。2009年、2010年品质测定结果分别为：籽粒容重816克/升、822克/升，硬度指数67.4（2009年），蛋白质含量14.45%、14.38%；面粉湿面筋含量30.9%、30.6%，沉降值42.0毫升、38.6毫升，吸水率56.9%、56.7%，稳定时间15.5分钟、14.2分钟，最大抗延阻力792E.U.、581E.U.，延伸性170毫米。168毫米，拉伸面积174平方厘米、129平方厘米。品质达到强筋品种审定标准。

产量表现：2008—2009年度参加黄淮冬麦区南片春水组品种区域试验，平均亩产505千克，比对照偃展4110减产2.1%；2009—2010年度续试，平均亩产502.9千克，比对照偃展4110增产2.8%。2010—2011年度生产试验，平均亩产521.3千克，比对照偃展4110增产4.4%。

栽培技术要点：适宜播种期10月10—25日，每亩适宜基本苗18万～22万。注意防治白粉病、叶锈病、纹枯病、赤霉病。高水肥地注意防倒伏。

适宜种植区域：适宜在黄淮冬麦区南片的河南（南部稻茬麦区除外）、安徽北部、江苏北部、陕西关中地区高中水肥地块中晚茬种植。

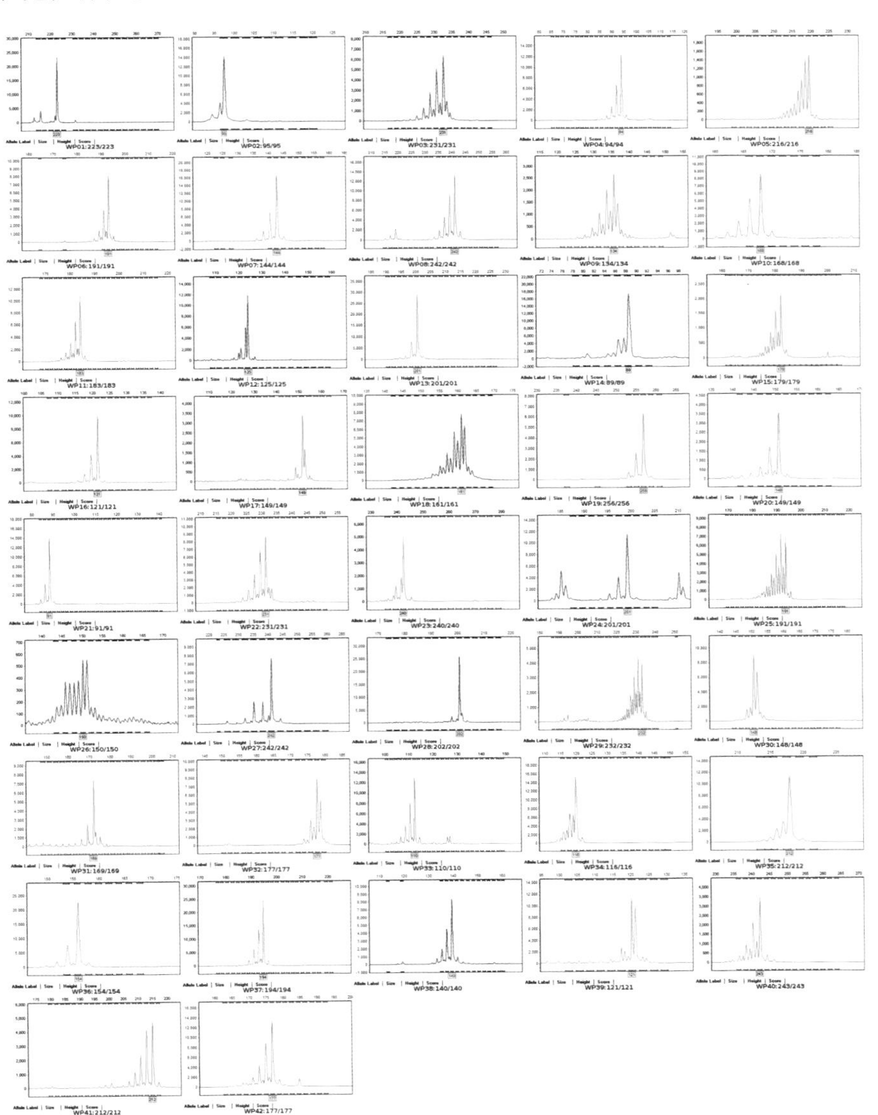

151. 宿553

审定编号：国审麦2011006

选育单位：宿州市农业科学院

品种来源：烟农19/宿1264

特征特性：半冬性晚熟品种，成熟期平均比对照周麦18晚熟1天左右。幼苗半匍匐，长势壮，叶细长，分蘖较强，成穗率一般。冬季抗寒性中等。春季起身拔节快，两极分化快，抽穗晚，抗倒春寒能力较弱。株高87厘米，株型偏紧凑，旗叶短小、上冲。茎秆弹性一般，抗倒性较差。耐旱性中等，较耐后期高温，叶功能期长，灌浆快，熟相好。穗层整齐，穗多穗匀，穗小，结实性一般。穗纺锤形，籽粒半角质，较饱满。亩穗数41.9万穗、穗粒数32.5粒、千粒重43.4克。抗病性鉴定：高感条锈病、叶锈病、白粉病、赤霉病、纹枯病。2009年、2010年品质测定结果分别为：籽粒容重798克/升、802克/升，籽粒硬度指数59.1（2009年），蛋白质含量14.21%、14.33%；面粉湿面筋含量30.9%、31%，沉降值40.3毫升、42.5毫升，吸水率59.6%、54.0%，稳定时间7.9分钟、7.2分钟，最大抗延阻力453E.U.、415E.U.，延伸性182毫米、172毫米，拉伸面积107平方厘米，96平方厘米。品质达到强筋品种审定标准。

产量表现：2008—2009年度黄淮冬麦区南片冬水组品种区域试验，平均亩产531.5千克，比对照周麦18减产0.7%；2009—2010年度续试，平均亩产522.9千克，比对照周麦18增产4.1%。2010—2011年度生产试验，平均亩产535.1千克，比对照周麦18增产2.3%。

栽培技术要点：适宜播种期10月10—20日，每亩适宜基本苗12万～18万。注意防治条锈病、叶锈病、白粉病、纹枯病、赤霉病。

适宜种植区域：适宜在黄淮冬麦区南片的河南中北部、安徽北部、江苏北部、陕西关中地区高中水肥地块早中茬种植。高水肥地注意防倒伏。在倒春寒频发地区注意防止冻害。

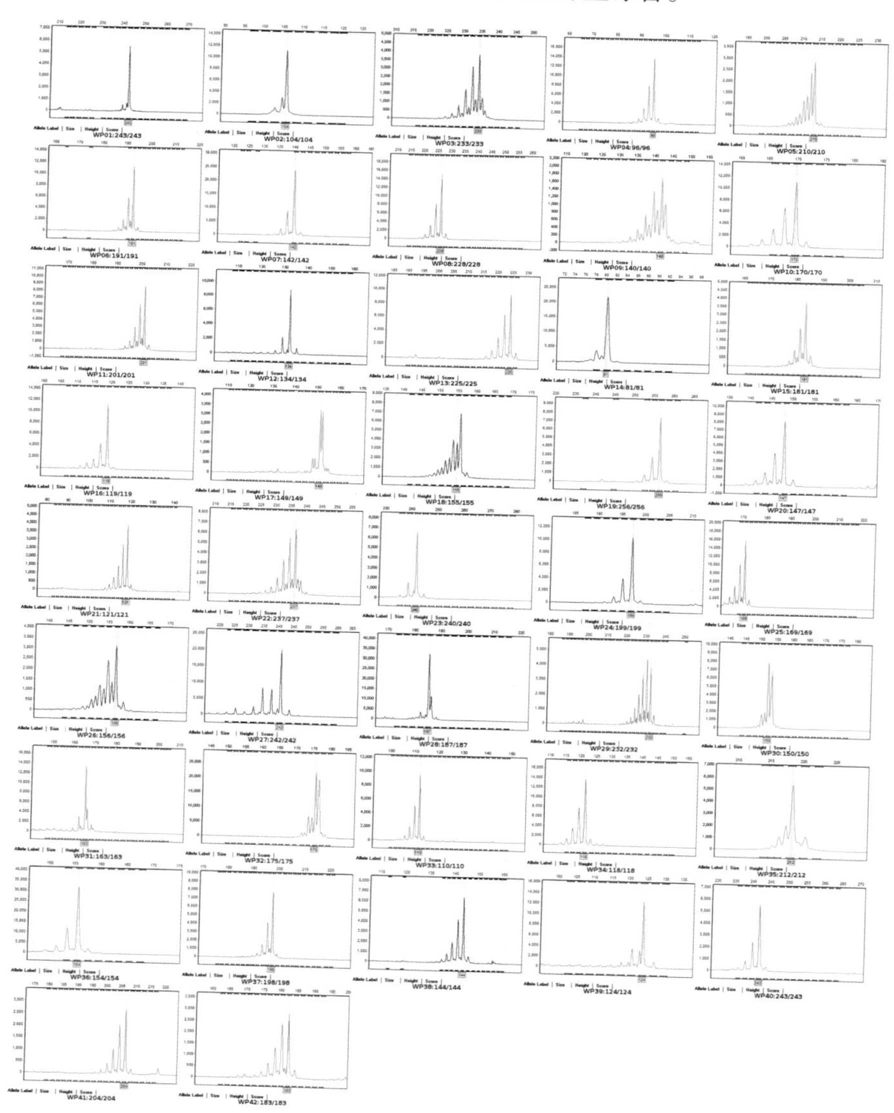

152. 丰德存麦1号

审定编号：国审麦2011004

选育单位：河南省天存小麦改良技术研究所、河南丰德康种业有限公司

品种来源：周9811/矮抗58

特征特性：半冬性中晚熟品种，成熟期与对照周麦18相当。幼苗半匍匐，叶窄小、稍卷曲，分蘖力强，成穗率偏低。冬季抗寒性较好。春季起身拔节略晚，两极分化快，抗倒春寒能力一般。株高77厘米左右，株型松紧适中，旗叶短宽、上冲、浅绿色。茎秆细韧，抗倒性较好。叶功能期长，灌浆慢，熟相好。穗层整齐，结实性一般。穗纺锤形，短芒，白壳，白粒，籽粒半角质，饱满度较好，黑胚率稍偏高。亩穗数42.8万穗、穗粒数32.1粒、千粒重44.8克。抗病性鉴定：高感条锈病、叶锈病、白粉病、赤霉病，中感纹枯病。2010年、2011年品质测定结果分别为：籽粒容重802克/升、806克/升，硬度指数65.1（2011年），蛋白质含量14.98%、14.30%；面粉湿面筋含量32.9%、31.5%，沉降值46.0毫升、35.1毫升，吸水率57.8%、58.7%，稳定时间8.5分钟、7.9分钟，最大抗延阻力448E.U.、374E.U.，延伸性158毫米、144毫米，拉伸面积92平方厘米、74平方厘米。品质达到强筋品种审定标准。

产量表现：2009—2010年度参加黄淮冬麦区南片冬水组品种区域试验，平均亩产522.7千克，比对照周麦18增产4.4%；2010—2011年度续试，平均亩产589.6千克，比对照周麦18增产5.4%。2010—2011年度生产试验，平均亩产549千克，比对照周麦18增产4.9%。

栽培技术要点：适宜播种期10月上中旬，每亩适宜基本苗14万～20万。注意防治白粉病、叶锈病和赤霉病。

适宜种植区域：适宜在黄淮冬麦区南片的河南（南阳、信阳除外）、安徽北部、江苏北部、陕西关中地区高中水肥地块早中茬种植。

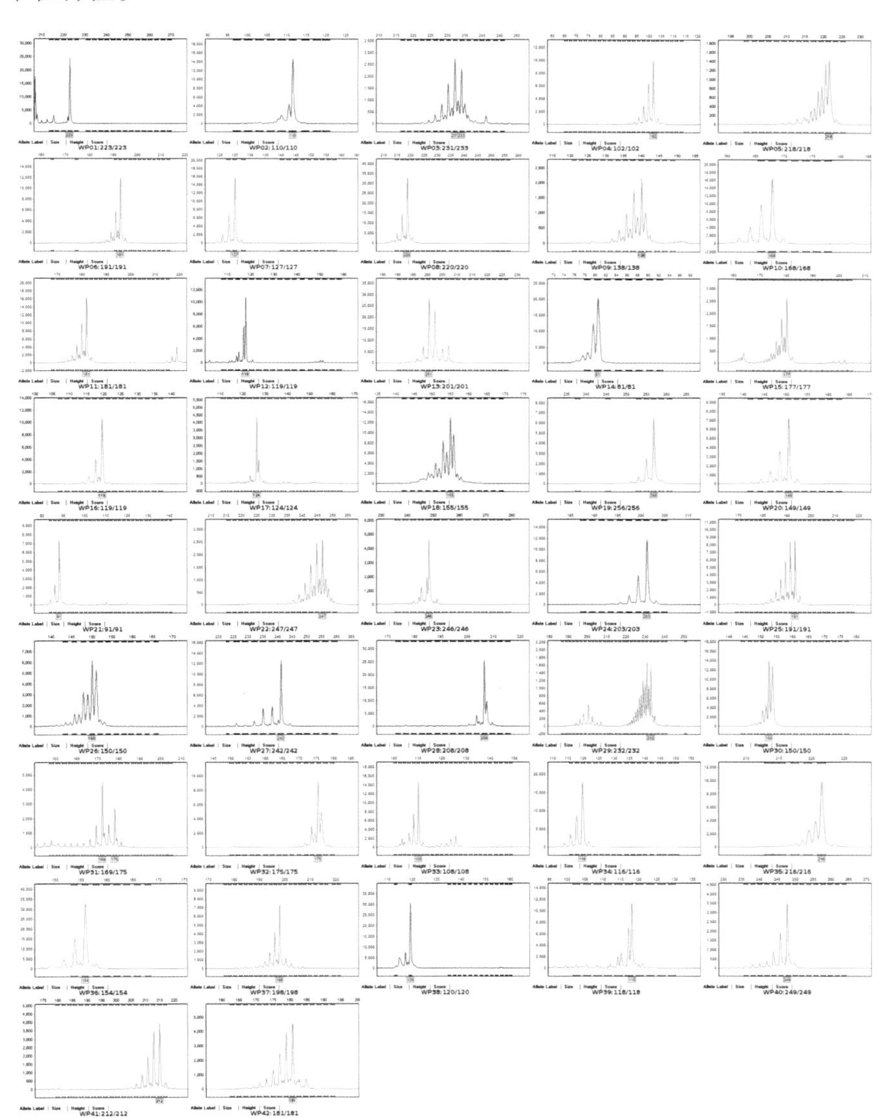

153. 周麦27号

审定编号：国审麦2011003

选育单位：周口市农业科学院

品种来源：周麦16/矮抗58

特征特性：半冬性中熟品种，成熟期平均比对照周麦18早熟1天左右。幼苗半匍匐，叶窄长，分蘖力一般，成穗率中等。冬季抗寒性较好。春季起身拔节早，两极分化快，抗倒春寒能力一般。株高74厘米，株型偏松散，旗叶长卷上冲。茎秆弹性中等，抗倒性中等。耐旱性一般，灌浆快，熟相一般。穗层整齐，穗较大，小穗排列较稀，结实性好。穗纺锤形，长芒，白壳，白粒，籽粒半角质，饱满度较好。亩穗数40.2万穗、穗粒数37.3粒、千粒重42.6克。抗病性鉴定：高感条锈病、白粉病、赤霉病、纹枯病，中感叶锈病。2010年、2011年品质测定结果分别为：籽粒容重794克/升、790克/升，硬度指数68.6（2011年），蛋白质含量13.21%、12.71%；面粉湿面筋含量28.9%、27.3%，沉降值30.0毫升、27.2毫升，吸水率60.1%、58.2%，稳定时间4.1分钟、5.2分钟，最大抗延阻力256E.U.、240E.U.，延伸性130毫米，123毫米，拉伸面积47平方厘米、43平方厘米。

产量表现：2009—2010年度参加黄淮冬麦区南片冬水组品种区域试验，平均亩产550.5千克，比对照周麦18增产9.9%；2010—2011年度续试，平均亩产589.6千克，比对照周麦18增产5.4%。2010—2011年度生产试验，平均亩产559.8千克，比对照周麦18增产5.4%。

栽培技术要点：适宜播种期10月10—25日，每亩适宜基本苗15万～20万。注意防治条锈病、白粉病、纹枯病、赤霉病。

适宜种植区域：适宜在黄淮冬麦区南片的河南（南阳、信阳除外）、安徽北部、江苏北部、陕西关中地区高中水肥地块早中茬种植。

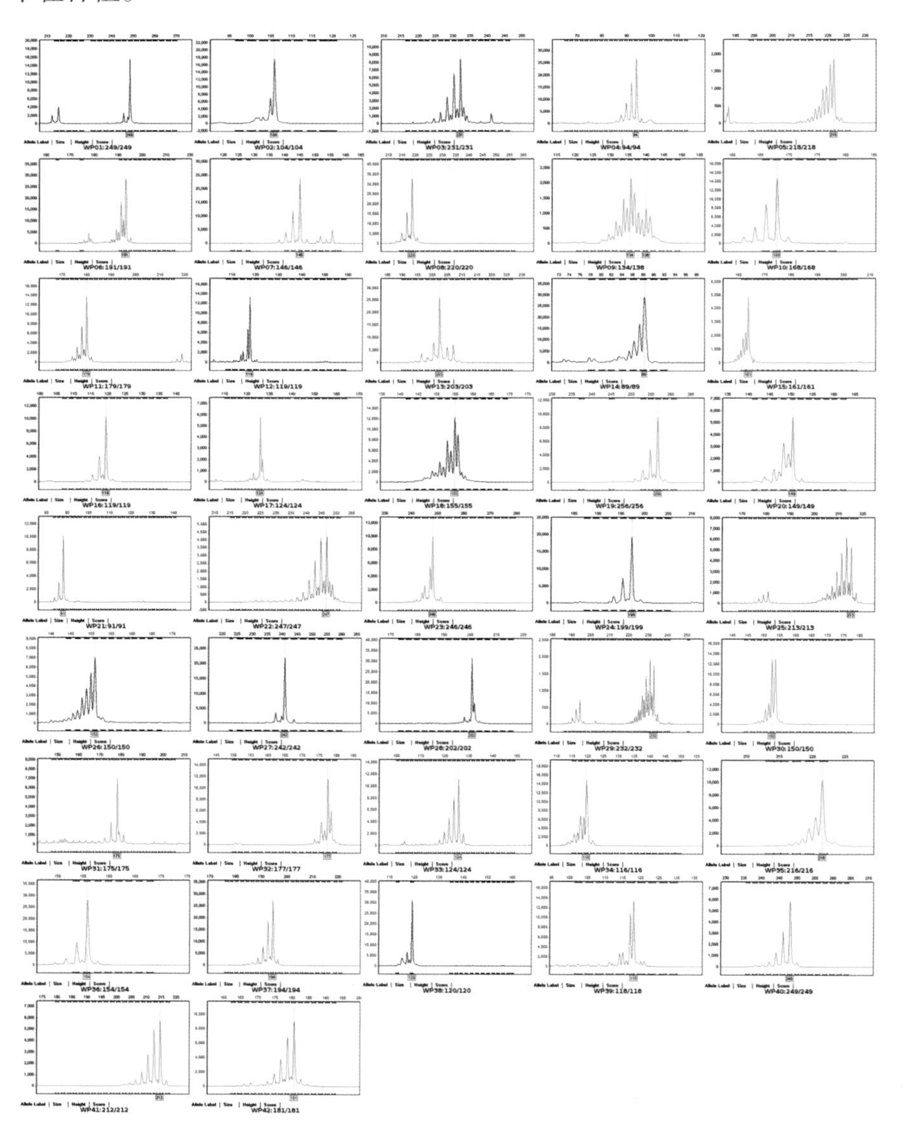

154. 中原6号

审定编号：国审麦2011002

选育单位：河南谷得科技种业有限公司

品种来源：兰考8679/陕农7859

特征特性：半冬性中熟品种，成熟期与对照周麦18同期。幼苗半匍匐，叶窄长、浅绿色，分蘖力中等，成穗率中等。冬季抗寒性较好。春季发育稍慢，起身拔节较迟，两极分化后发育速度加快，抗倒春寒能力一般。株高83厘米，株型偏松散，旗叶较宽长，下披，干叶尖重。秆质偏软，抗倒性中等。穗层整齐，穗长，小穗排列稀，结实性一般。纺锤形，长芒，白壳，白粒，籽粒半角质，饱满度较好，黑胚率稍偏高。亩穗数40.8万穗、穗粒数33.0粒、千粒重45.6克。抗病性鉴定：高感白粉病、纹枯病、赤霉病，中感条锈病、叶锈病。2010年、2011年品质测定结果分别为：籽粒容重785克/升、794克/升，硬度指数53.2（2011年），蛋白质含量13.42%、12.38%；面粉湿面筋含量27.8%、27.0%，沉降值22.0毫升、19.7毫升，吸水率53.8%、54.2%，稳定时间2.4分钟、2.7分钟，最大抗延阻力150E.U.、159E.U.，延伸性139毫米、122毫米，拉伸面积30平方厘米、28平方厘米。

产量表现：2009—2010年度参加黄淮冬麦区南片冬水组品种区域试验，平均亩产531.7千克，比对照周麦18增产5.8%；2010—2011年度续试，平均亩产594.6千克，比对照周麦18增产5.7%。2010—2011年度生产试验，平均亩产558.4千克，比对照周麦18增产5.2%。

栽培技术要点：适宜播种期10月上中旬，高水肥地每亩适宜基本苗12万～16万，中水肥地每亩适宜基本苗16万～20万。注意防治白粉病、纹枯病。高水肥地注意控制播量，防止倒伏。

适宜种植区域：适宜在黄淮冬麦区南片的河南（南阳、信阳除外）、安徽北部、江苏北部、陕西关中地区高中水肥地块早中茬种植。

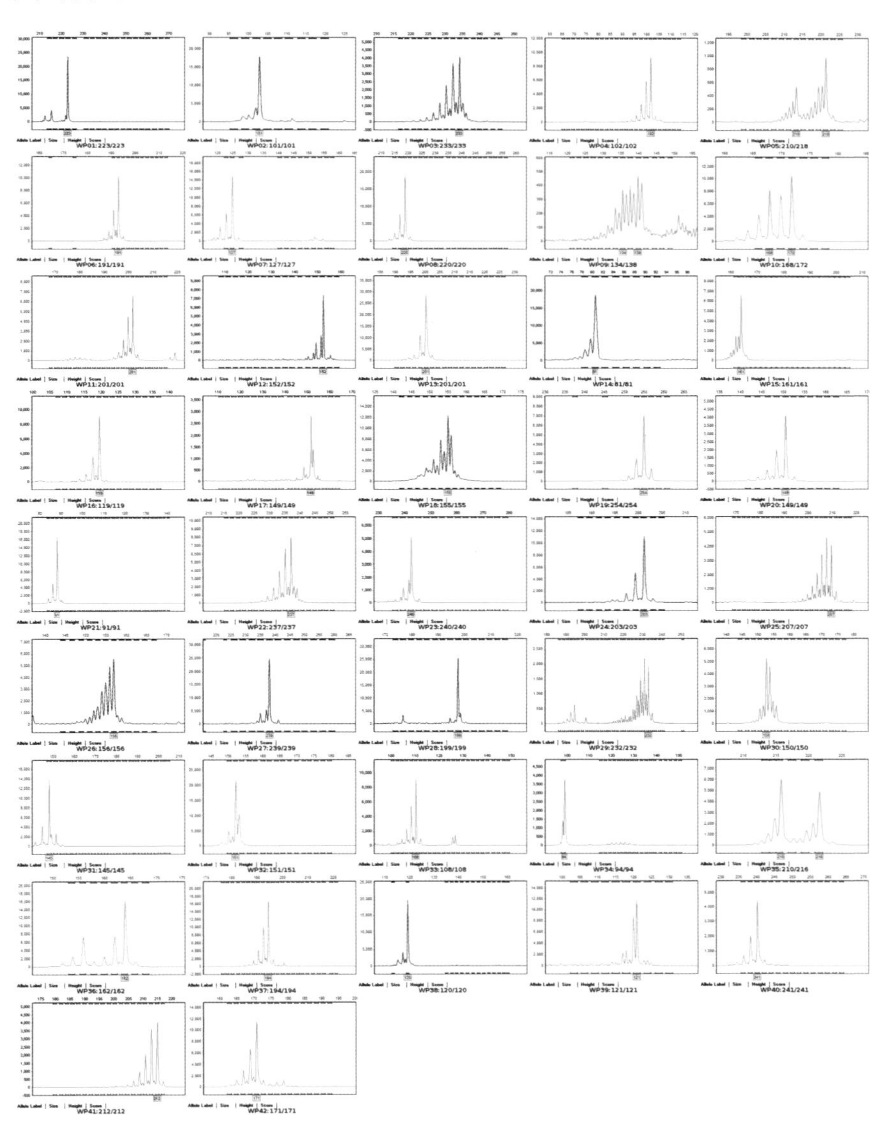

155. 川麦60

审定编号：国审麦2011001

选育单位：四川省农业科学院作物研究所

品种来源：98-1231//贵农21/生核3295

特征特性：春性品种，成熟期平均比对照川农16晚熟1天。幼苗半直立，苗叶较窄，分蘖力强。株高92厘米，株型较紧凑。穗层整齐，熟相好。穗长方形，长芒，白壳，红粒，籽粒半角质，均匀、较饱满。亩穗数25.2万穗、穗粒数35.7粒、千粒重46.6克。抗病性鉴定：高抗条锈病，高感白粉病、赤霉病、叶锈病。2009年、2010年品质测定结果分别为：籽粒容重786克/升、792克/升，硬度指数52.9、53.9，蛋白质含量12.23%、12.25%；面粉湿面筋含量24.0%、24.3%，沉降值28.5毫升、30.0毫升，吸水率55.3%、59.5%，稳定时间3.4分钟、3.0分钟，最大抗延阻力300E.U.、372E.U.，延伸性144毫米、182毫米，拉伸面积57.8平方厘米、90.6平方厘米。

产量表现：2008—2009年度参加长江上游冬麦组品种区域试验，平均亩产366.0千克，比对照川农16增产15.3%；2009—2010年度续试，平均亩产387.8千克，比对川农16增产6.8%。2010—2011年生产试验，平均亩产373.8千克，比对照增产3.23%。

栽培技术要点：适宜播种期10月底到至11月初，每亩适宜基本苗10万～14万。注意防治蚜虫、白粉病和叶锈病。

适宜种植区域：适宜在西南冬麦区的四川、贵州、重庆、陕西汉中和安康地区、湖北襄樊地区、甘肃徽成盆地川坝河谷种植。

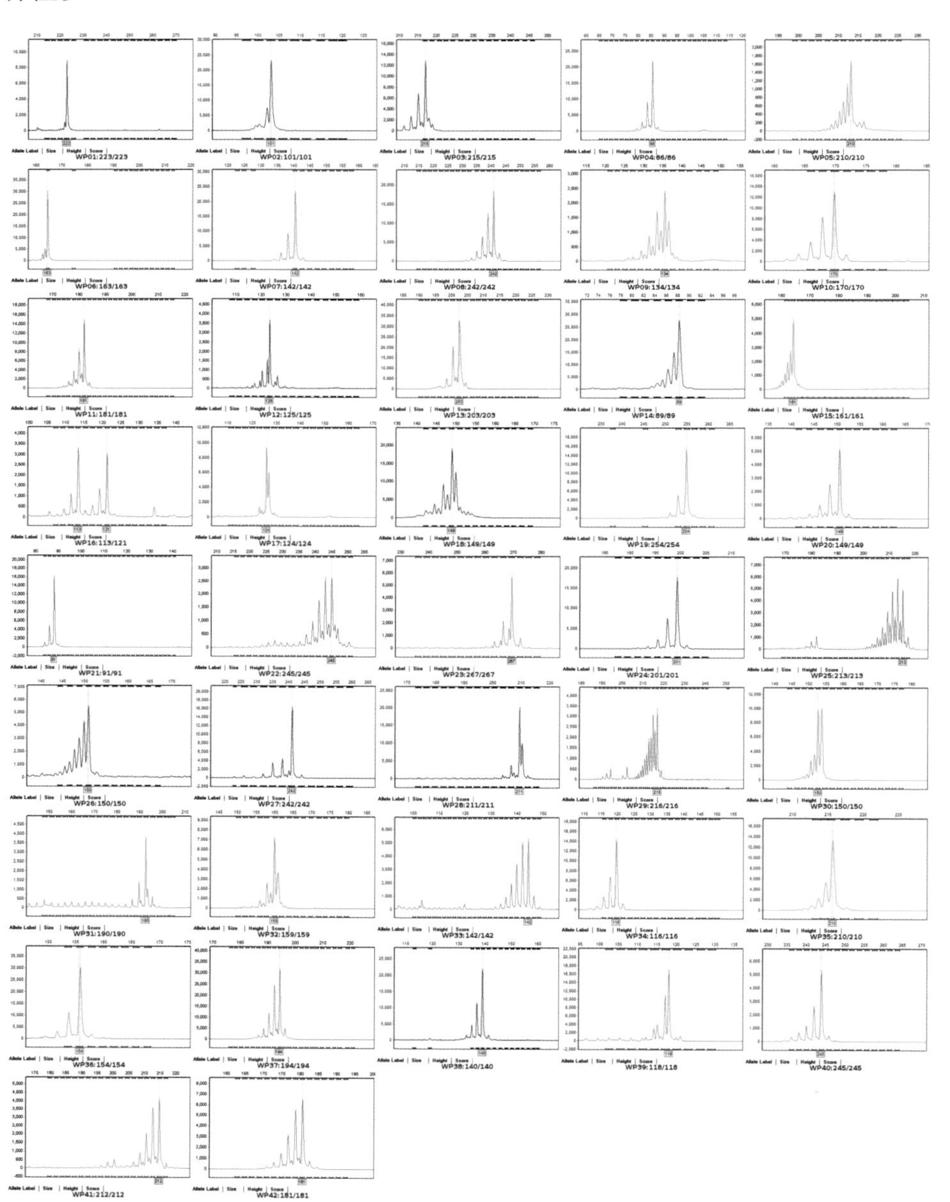

156. 赤麦7号

审定编号：国审麦2010017

选育单位：赤峰市农牧科学研究院

品种来源：B37/94-5

特征特性：春性，早熟，成熟期与对照辽春17号相当。幼苗直立，叶片灰绿色，分蘖力强，分蘖成穗率较高。生育前期发育缓慢，抽穗后灌浆速度较快。株高83厘米左右，株型紧凑，抽穗后旗叶轻度弯曲，叶长形披散。茎秆强壮，抗倒性较好。落黄好。穗纺锤形，长芒，白壳，白粒、角质。2007年、2008年区域试验平均亩穗数35.7万穗、39.1万穗，穗粒数34.2粒、33.6粒、千粒重36.2克、37.6克。接种抗病性鉴定：高感白粉病，中感秆锈病、叶锈病。2007年、2008年分别测定混合样：籽粒容重784克/升、792克/升，2008年硬度指数68.5，蛋白质含量17.56%、16.39%；面粉湿面筋含量37.6%、35.0%，沉降值53.5毫升、47.5毫升，吸水率58.1%、61.3%，稳定时间11.5分钟、5.8分钟，最大抗延阻力615E.U.、435E.U.，延伸性179毫米、202毫米，拉伸面积146.8平方厘米、115.5平方厘米。品质达到强筋品种审定标准。

产量表现：2007年参加东北春麦早熟组品种区域试验，平均亩产305.5千克，比对照辽春17号增产3.4%；2008年续试，平均亩产333.6千克，比对照辽春17号增产5.3%。2009年生产试验，平均亩产373.6千克，比对照辽春17号增产12.3%。

栽培技术要点：春播以清明前后播种为宜，适时早播，每亩适宜基本苗40万～42万。夏播以5月20日左右播种为宜，栽培上采取巧施种肥，结合降雨追肥，及时收获等措施。注意防治白粉病、叶锈病和秆锈病。

适宜种植区域：适宜在辽宁沈阳、铁岭和锦州，内蒙古赤峰的春麦区种植。

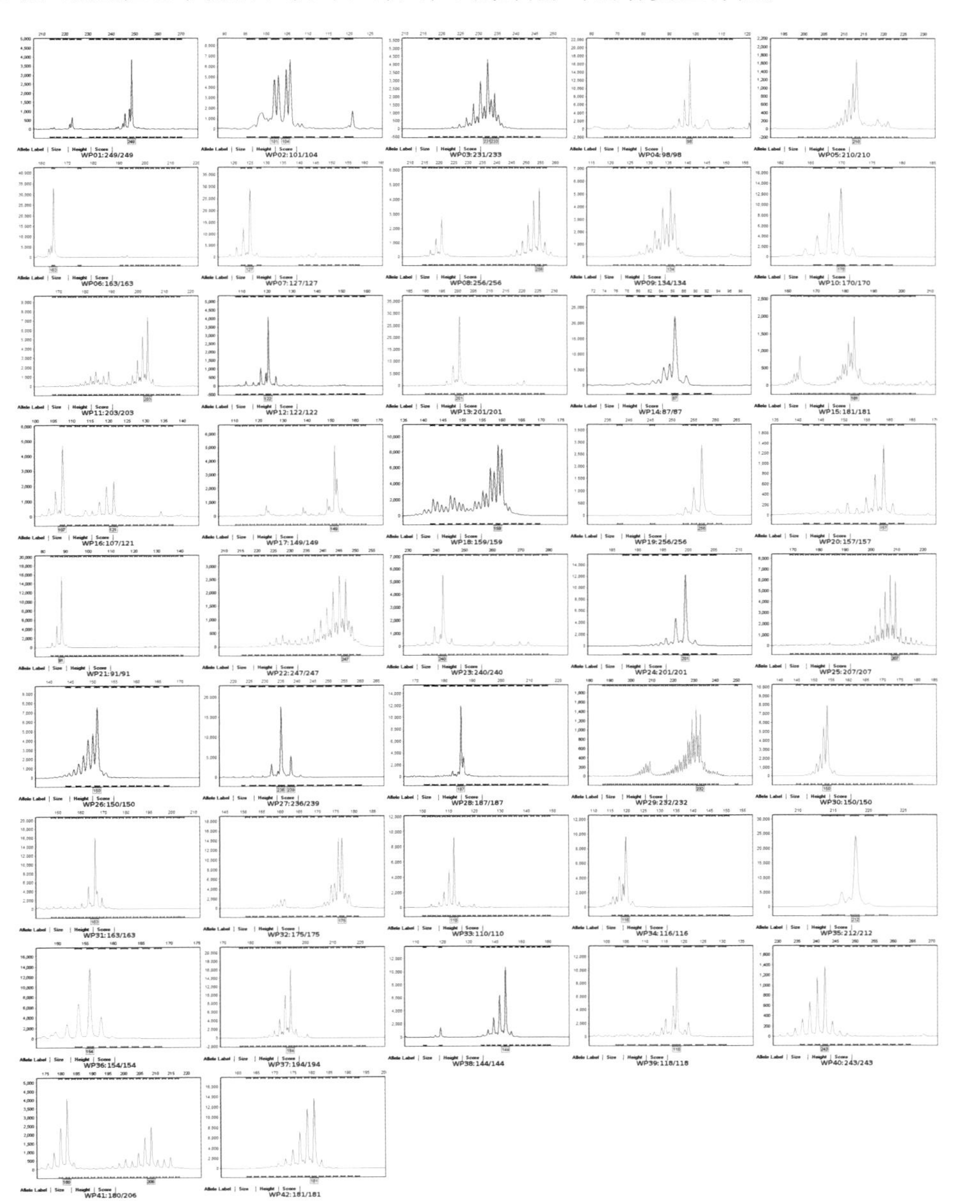

157. 保麦10号

审定编号：国审麦2010014

选育单位：保定市农业科学研究所

品种来源：石4185/96Y6

特征特性：冬性，中熟。幼苗半匍匐，分蘖力中等，成穗率中等。株高76厘米左右，株型紧凑，叶片上举，后期旗叶干尖。抗倒性较好。穗层整齐。穗纺锤形，长芒，白壳，白粒，籽粒半角质。2008年、2009年区域试验平均亩穗数41.7万穗、38.1万穗，穗粒数36.1粒、35.0粒、千粒重39.6克、39.5克。抗寒性鉴定，抗寒性中等。接种抗病性鉴定：高感叶锈病、白粉病，中感至高感条锈病。2008年、2009年分别测定混合样：籽粒容重798克/升、792克/升，硬度指数65.0、62.0，蛋白质含量13.67%、13.35%；面粉湿面筋含量30.8%、30.9%，沉降值25.8毫升、27.2毫升，吸水率55.7%、58.4%，稳定时间2.6分钟、2.2分钟，最大抗延阻力201E.U.、136E.U.，延伸性174毫米、138毫米，拉伸面积52平方厘米、28平方厘米。

产量表现：2007—2008年度参加北部冬麦区水地组品种区域试验，平均亩产501.5千克，比对照京冬8号增产5.9%；2008—2009年度续试，平均亩产450.7千克，比对照京冬8号增产7.3%。2009—2010年度生产试验，平均亩产385.4千克，比对照京冬8号增产3.3%。

栽培技术要点：适宜播种期9月25日至10月5日，每亩适宜基本苗25万苗左右。浇好冻水，注意及时防治病虫害。

适宜种植区域：适宜在北部冬麦区的北京、天津、河北中北部、山西中部的水地种植，也适宜在新疆维吾尔自治区（以下简称新疆）阿拉尔地区水地种植。

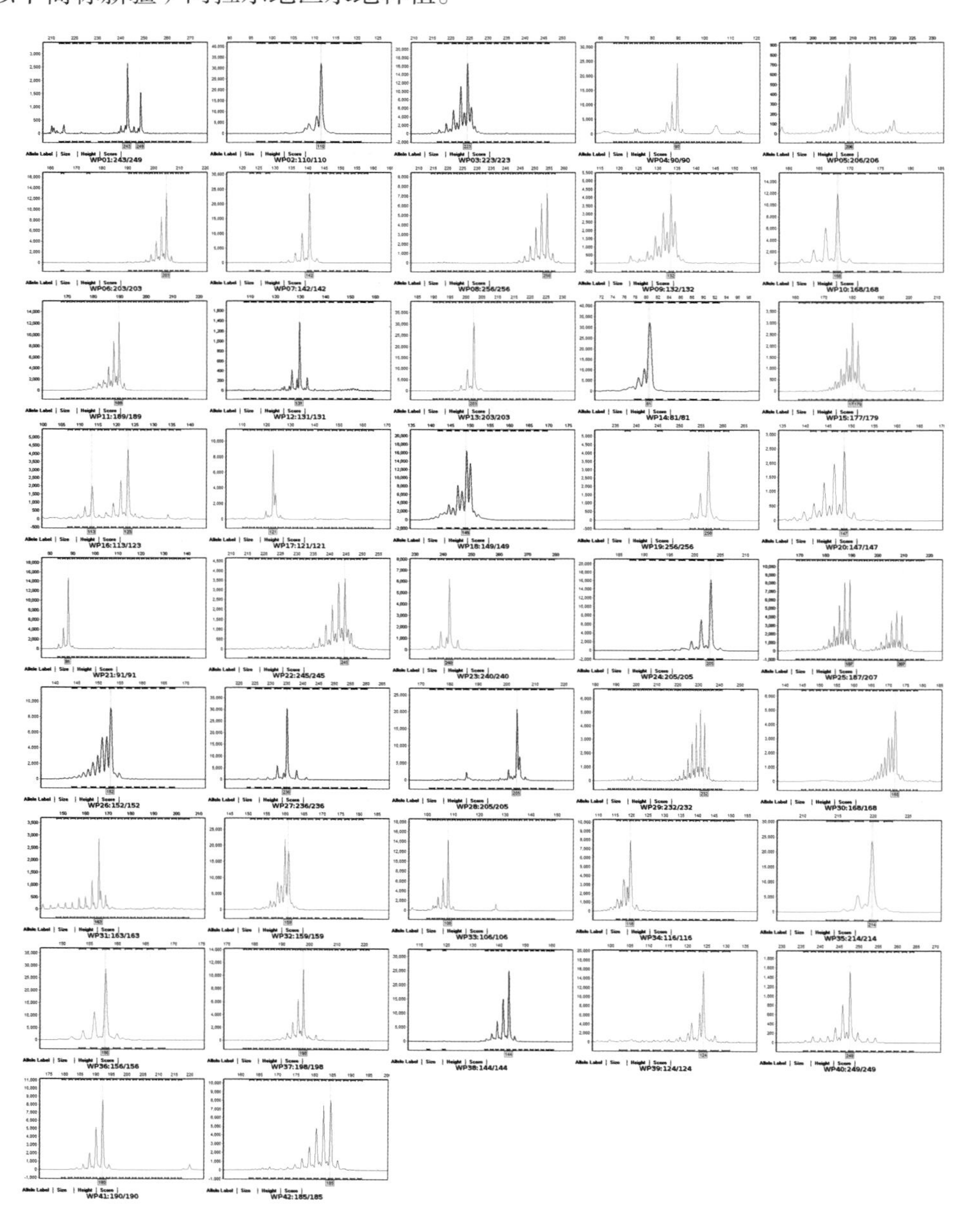

158. 沧麦6005

审定编号：国审麦2010013

选育单位：沧州市农林科学院

品种来源：临汾6154/321-4-6

特征特性：半冬性，晚熟，成熟期比对照晋麦47号晚熟2天。幼苗匍匐，生长健壮，分蘖力较强，成穗率较高。返青慢，拔节较晚。株高80厘米左右，株型半紧凑，旗叶上举，叶片较窄、平展，叶色灰绿。茎秆灰绿色、较细、弹性较好，抗倒性较好。熟相较好。抗倒春寒能力较差。穗层整齐。穗纺锤形，短芒，白壳，白粒、角质，饱满度一般。2008年、2009年区域试验平均亩穗数32.3万穗、31.3万穗，穗粒数28.1粒、26.5粒，千粒重38.7克、38.3克。抗旱性鉴定：抗旱性4级，抗旱性较弱。接种抗病性鉴定：高感条锈病、叶锈病、白粉病、黄矮病。2008年、2009年分别测定混合样：籽粒容重810克/升、804克/升，硬度指数67.0、65.1，蛋白质含量14.17%、14.23%；面粉湿面筋含量32.8%、34.5%，沉降值25.2毫升、28.2毫升，吸水率58.4%、60.2%，稳定时间1.8分钟、1.8分钟，最大抗延阻力120E.U.、96E.U.，延伸性172毫升、172毫升，拉伸面积30平方厘米、24平方厘米。

产量表现：2007—2008年度参加黄淮冬麦区旱薄组品种区域试验，平均亩产300.8千克，比对照晋麦47号增产6.3%；2008—2009年度续试，平均亩产252.1千克，比对照晋麦47号增产5.5%。2009—2010年度生产试验，平均亩产261.7千克，比对照晋麦47号增产2.1%。

栽培技术要点：适宜播种期9月下旬至10月上旬，每亩适宜基本苗20万苗。及时防治锈病、白粉病和蚜虫。

适宜种植区域：适宜在黄淮冬麦区的山西南部、陕西咸阳和铜川、河南西北部的旱薄地种植。

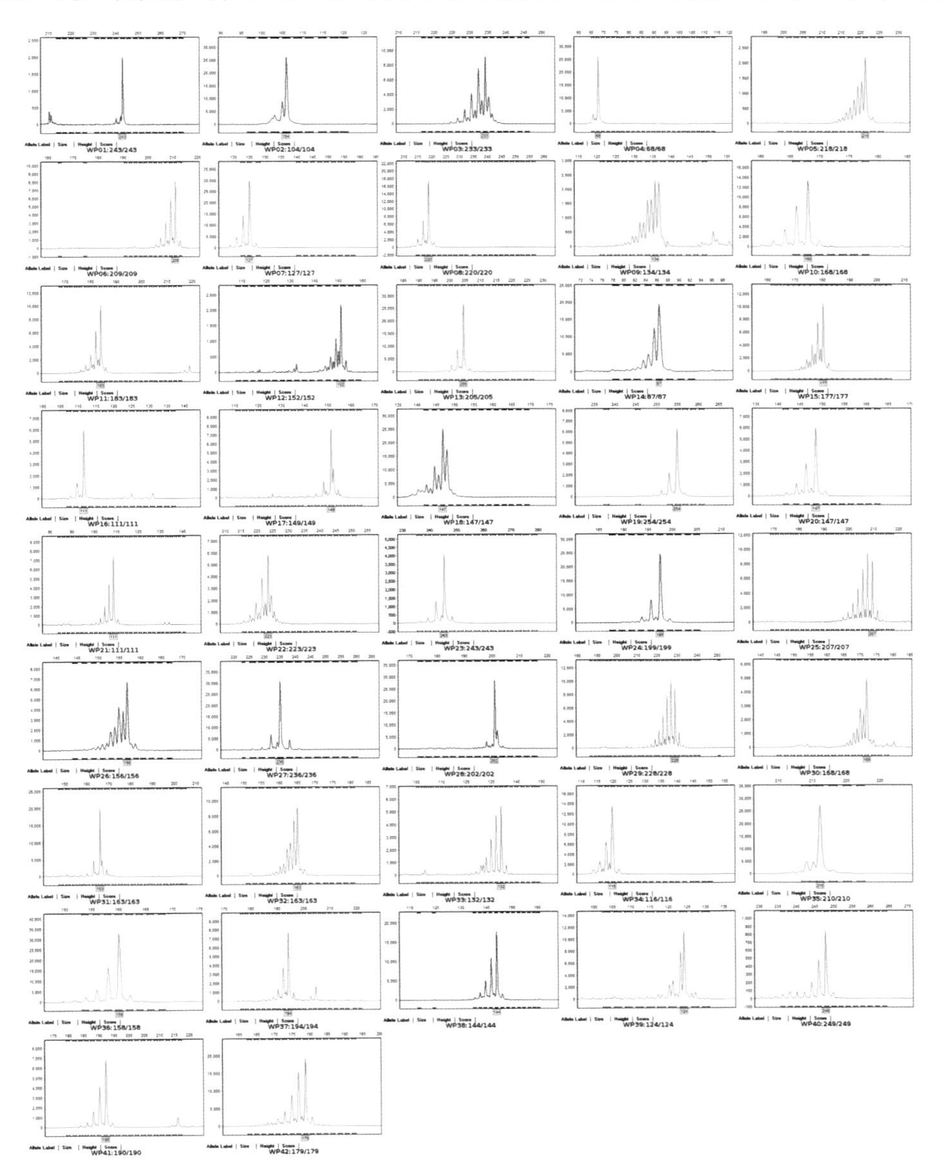

159. 鲁垦麦9号*

审定编号：国审麦2010010

选育单位：山东仁和种业有限责任公司、山东省农垦科技发展中心

品种来源：徐9935/烟优361

特征特性：半冬性，中晚熟，成熟期比对照石4185晚熟1天。幼苗匍匐，叶片绿色，分蘖力中等，成穗率较高。株高83厘米左右，株型紧凑，旗叶上冲。茎秆弹性一般，抗倒性一般。熟相好。穗层整齐度一般。穗纺锤形，长芒，白壳，白粒，籽粒半角质、光泽度中等、饱满。2008年、2009年区域试验平均亩穗数41.2万穗、44.0万穗，每穗粒数37.6粒、36.2粒，千粒重41.1克、39.6克，属多穗型品种。抗寒性鉴定：抗寒性1级，抗寒性好。接种抗病性鉴定：高感白粉病、赤霉病、纹枯病、叶锈病，中感条锈病。2008年、2009年分别测定混合样：籽粒容重826克/升、821克/升，硬度指数57、55，蛋白质含量14.31%、13.32%；面粉湿面筋含量31.4%、27.4%，沉降值34.8毫升、32.9毫升，吸水率56.8%、58.2%，稳定时间4.6分钟、4.1分钟，最大抗延阻力344E.U.、205E.U.，延伸性147毫米、144毫米，拉伸面积68平方厘米、42平方厘米。

产量表现：2007—2008年度参加黄淮冬麦区北片水地组品种区域试验，平均亩产530.9千克，比对照石4185增产2.9%；2008—2009年度续试，平均亩产538.8千克，比对照石4185增产5.9%。2009—2010年度生产试验，平均亩产517.4千克，比对照石4185增产7.9%。

栽培技术要点：适宜播种期10月上旬，每亩适宜基本苗16万～24万。加强中后期病虫害防治。

适宜种植区域：适宜在黄淮冬麦区北片的山东，河北中南部，山西南部中高水肥地块种植。

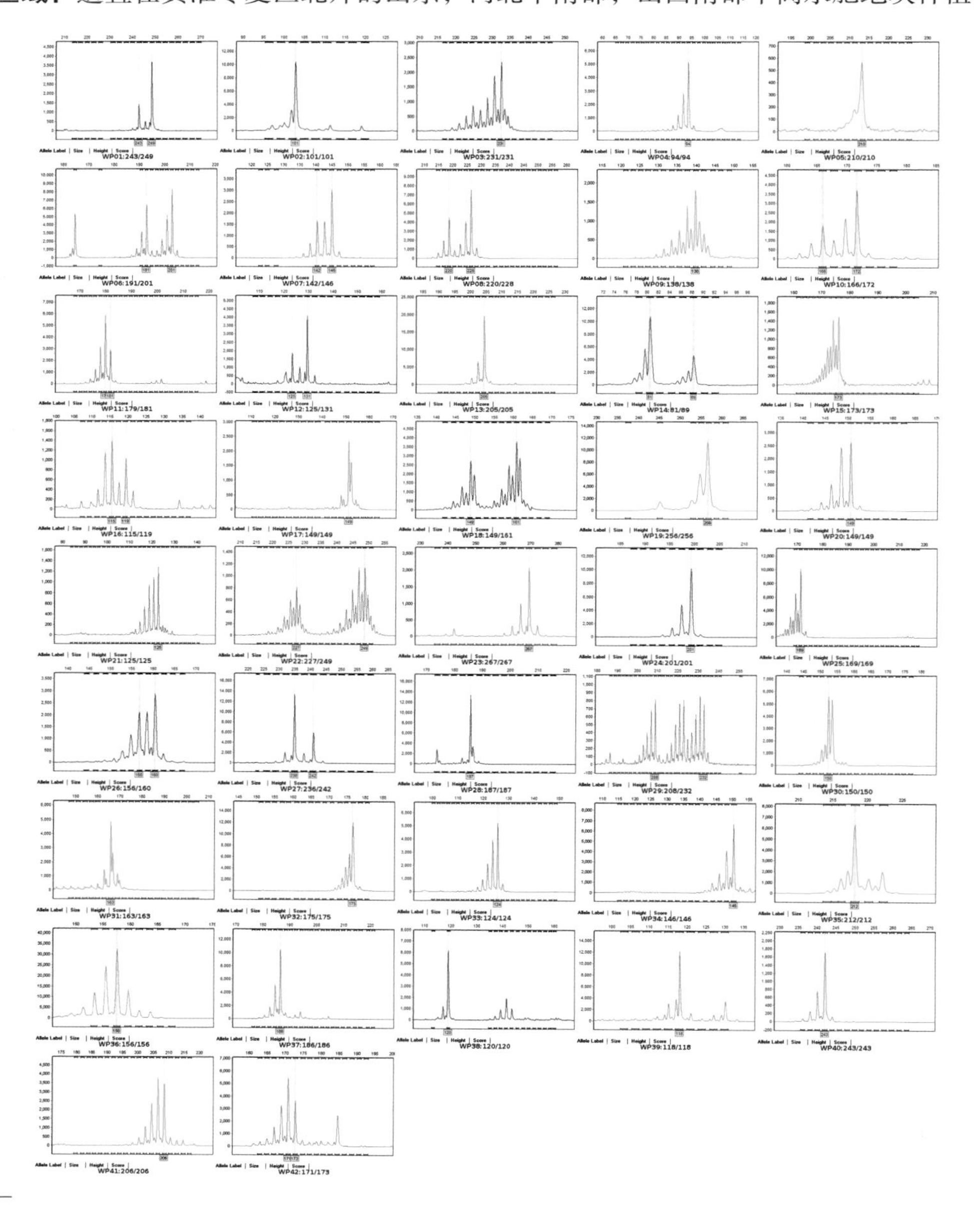

* 受品种纯度和一致性的影响，个别位点存在杂合现象。

160. 苏育麦1号

审定编号：国审麦2010008

选育单位：连云港市苏乐种业科技有限公司

品种来源：烟1668/鲁麦21号

特征特性：半冬性，晚熟，成熟期比对照新麦18晚熟2天，比周麦18晚熟1天。幼苗匍匐，叶短小、浓绿色，分蘖力强，成穗率低。冬季抗寒性较好。春季起身拔节迟，春生分蘖多，两极分化慢，抽穗较晚。抗倒春寒能力中等。株高85厘米左右，株型较紧凑，旗叶短宽、上冲、深绿色。茎秆弹性差，抗倒性差。熟相一般。穗层厚，穗多，穗小。穗纺锤形，长芒、白壳、白粒，籽粒粉质、卵圆形、饱满度一般、粒小。2008年、2009年区域试验平均亩穗数48.1万穗、50.5万穗，穗粒数33.4粒、33.8粒，千粒重36.6克、35.1克，属多穗型品种。接种抗病性鉴定：高感条锈病、纹枯病，中感白粉病、赤霉病，慢叶锈病。区试田间试验部分试点高感叶锈病、赤霉病、白粉病和叶枯病。2008年、2009年分别测定混合样：籽粒容重806克/升、798克/升，硬度指数51.0、51.4，蛋白质含量13.70%、14.03%；面粉湿面筋含量28.2%、28.5%，沉降值29.2毫升、31.9毫升，吸水率54.6%、55.4%，稳定时间4.1分钟、5.2分钟，最大抗延阻力252E.U.、386E.U.，延伸性147毫米、141毫米，拉伸面积53平方厘米、74平方厘米。

产量表现：2007—2008年度参加黄淮冬麦区南片冬水组品种区域试验，平均亩产569.5千克，比对照新麦18增产4.4%；2008—2009年度续试，平均亩产523.5千克，比对照新麦18增产4.3%。2009—2010年度生产试验，平均亩产500.4千克，比对照周麦18增产4.5%。

栽培技术要点：适宜播种期10月上中旬，每亩适宜基本苗高肥水地块8万苗左右，中肥水地块10万苗左右，低肥水地块15万苗左右。注意防治条锈病、纹枯病、赤霉病、白粉病。该品种抗倒伏性差，春季水肥管理可略晚或适时喷施矮壮类化控药剂，控制株高，防止倒伏。

适宜种植区域：适宜在黄淮冬麦区南片的河南（信阳、南阳除外）、安徽北部、江苏北部、陕西关中地区高中水肥地块早中茬种植。在河南（信阳、南阳除外）、安徽北部、江苏北部易发生倒伏的高水肥地块种植应采取措施控制株高，防止倒伏。

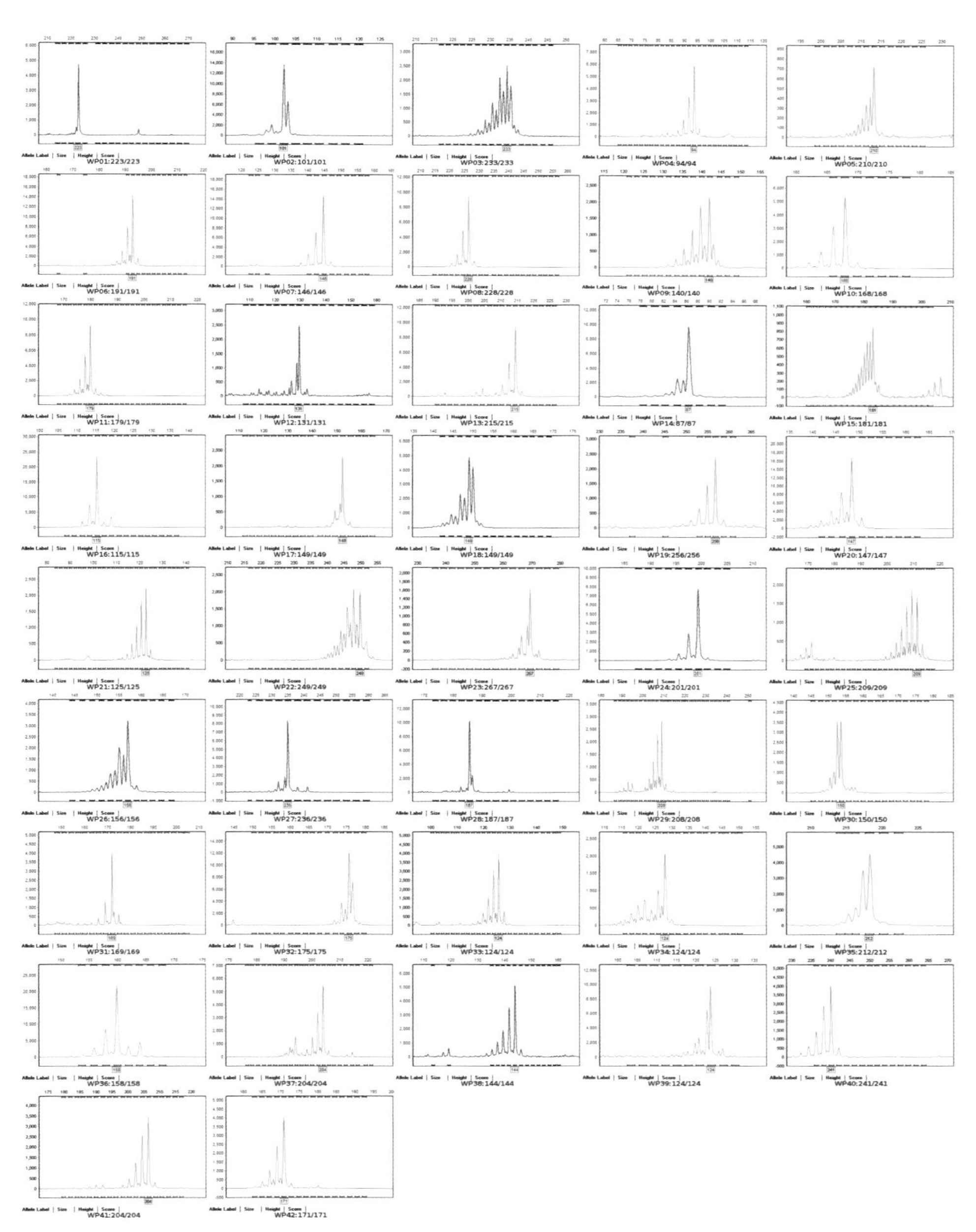

161. 山农19*

审定编号： 国审麦2010005

选育单位： 山东农业大学

品种来源： ［83（3）-113/1604］F_3//886059

特征特性： 半冬性，中早熟，成熟期比对照新麦18早熟1天，比周麦18早熟1.9天。幼苗半直立，分蘖力较强，成穗率中等。冬季抗寒性较好。春季起身拔节早，春生分蘖较多，两极分化快，抗倒春寒能力差。株高86厘米左右，株型较紧凑，旗叶平展细长、深绿色。茎秆弹性好，抗倒性中等。熟相一般。穗层厚，穗多，穗小。穗长方形，长芒，白壳，白粒，籽粒半角质、近圆形、均匀，饱满度一般，黑胚率偏高。2008年、2009年区域试验平均亩穗数42.8万穗、44.2万穗，穗粒数30.7粒、31.8粒，千粒重43.8克、40.3克，属多穗型品种。接种抗病性鉴定：高感赤霉病，中感条锈病、叶锈病、白粉病和纹枯病。区试田间试验部分试点高感条锈病、叶锈病、白粉病、纹枯病。2008年、2009年分别测定混合样：籽粒容重784克/升、781克/升，硬度指数67.0、67.7，蛋白质含量13.94%、13.93%；面粉湿面筋含量31.1%、30.8%，沉降值27.8毫升、33.2毫升，吸水率60.6%、61.0%，稳定时间1.9分钟、2.4分钟，最大抗延阻力168E.U.、274E.U.，延伸性153毫米、166毫米，拉伸面积38平方厘米、66平方厘米。

产量表现： 2007—2008年度参加黄淮冬麦区南片冬水组品种区域试验，平均亩产559.0千克，比对照新麦18增产2.5%；2008—2009年度续试，平均亩产524.0千克，比对照新麦18增产4.4%。2009—2010年度生产试验，平均亩产493.9千克，比对照周麦18增产3.1%。

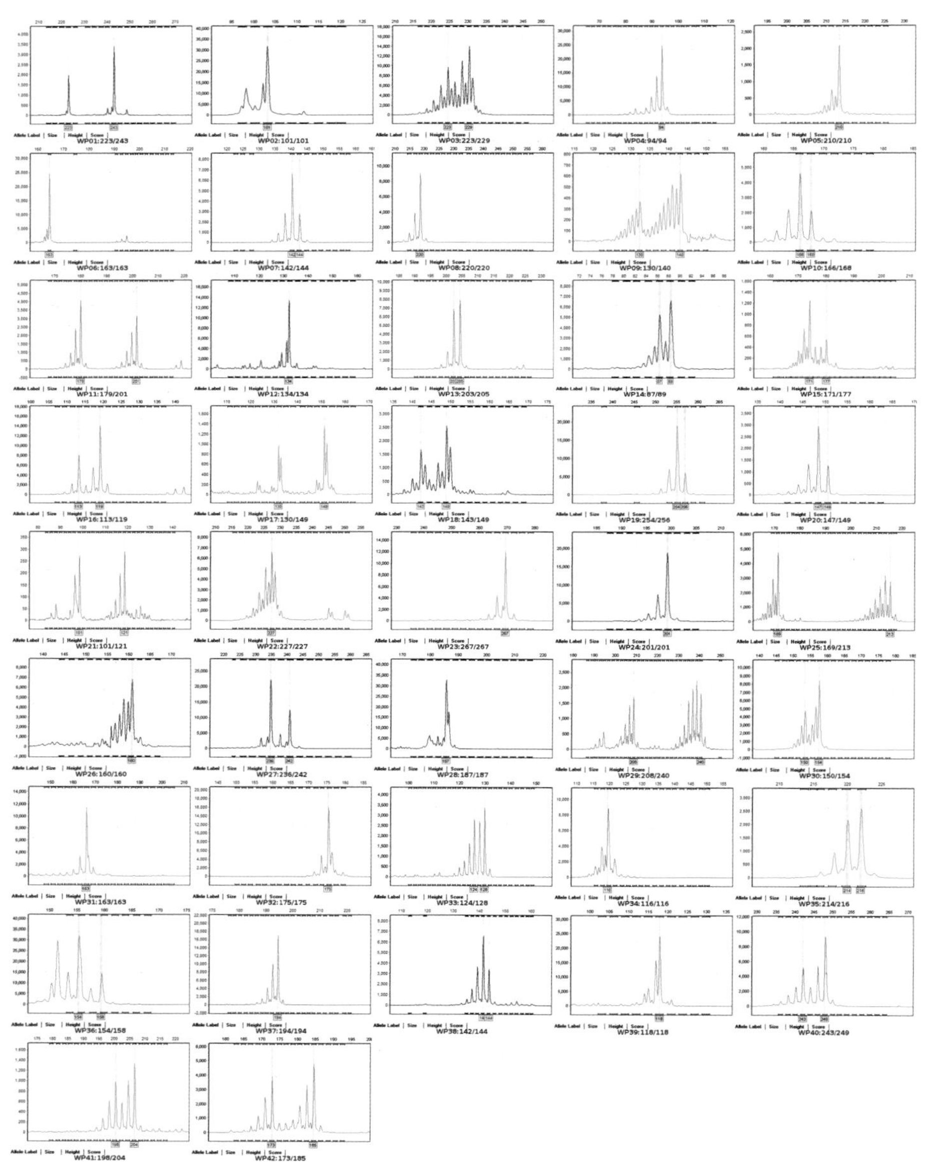

栽培技术要点： 适宜播种期10月上中旬，每亩适宜基本苗18万～22万。注意防治条锈病、叶锈病、白粉病、赤霉病、纹枯病。

适宜种植区域： 适宜在黄淮冬麦区南片的河南（南阳、信阳除外）、安徽北部、江苏北部、陕西关中地区高中水肥地块早中茬种植。在江苏北部、安徽北部和河南东部倒春寒频发地区种植应采取调整播期等措施，注意预防倒春寒。

* 受品种纯度和一致性的影响，个别位点存在杂合现象。

162. 扬麦20

审定编号：国审麦2010002

选育单位：江苏省里下河地区农业科学所

品种来源：扬9×扬10

特征特性：春性，成熟期比对照扬麦158早熟1天。幼苗半直立，分蘖力较强。株高86厘米左右。穗层整齐，穗纺锤形，长芒，白壳，红粒，籽粒半角质、较饱满。2009年、2010年区域试验平均亩穗数28.6万穗、28.8万穗，穗粒数42.8粒、41.0粒，千粒重41.9克、41.0克。接种抗病性鉴定：高感条锈病、叶锈病、纹枯病，中感白粉病、赤霉病。2009年、2010年分别测定混合样：籽粒容重794克/升、782克/升，硬度指数54.2、52.6，蛋白质含量12.10%、12.97%；面粉湿面筋含量22.7%、25.5%，沉降值26.8毫升、29.5毫升，吸水率53.4%、55.5%，稳定时间1.2分钟、1.0分钟，最大抗延阻力300E.U.、262E.U.，延伸性120毫米、164毫米，拉伸面积48.5平方厘米、59.0平方厘米。

产量表现：2008—2009年度参加长江中下游冬麦组品种区域试验，平均亩产423.3千克，比对照扬麦158增产6.3%；2009—2010年度续试，平均亩产419.7千克，比对照扬麦158增产3.4%。2009—2010年度生产试验，平均亩产389.4千克，比对照品种增产4.6%。

栽培技术要点：适宜播种期10月下旬至11月上旬，最佳播期10月24—31日，每亩适宜基本苗16万苗左右。合理运筹肥料，每亩施纯氮14千克左右，肥料运筹为基肥：平衡肥：拔节孕穗肥比例7：1：2。注意防治条锈病、叶锈病、赤霉病。该品种不抗土传小麦黄花叶病毒病。

适宜种植区域：适宜在长江中下游冬麦区的江苏和安徽两省淮南地区、湖北中北部、河南信阳、浙江中北部种植。

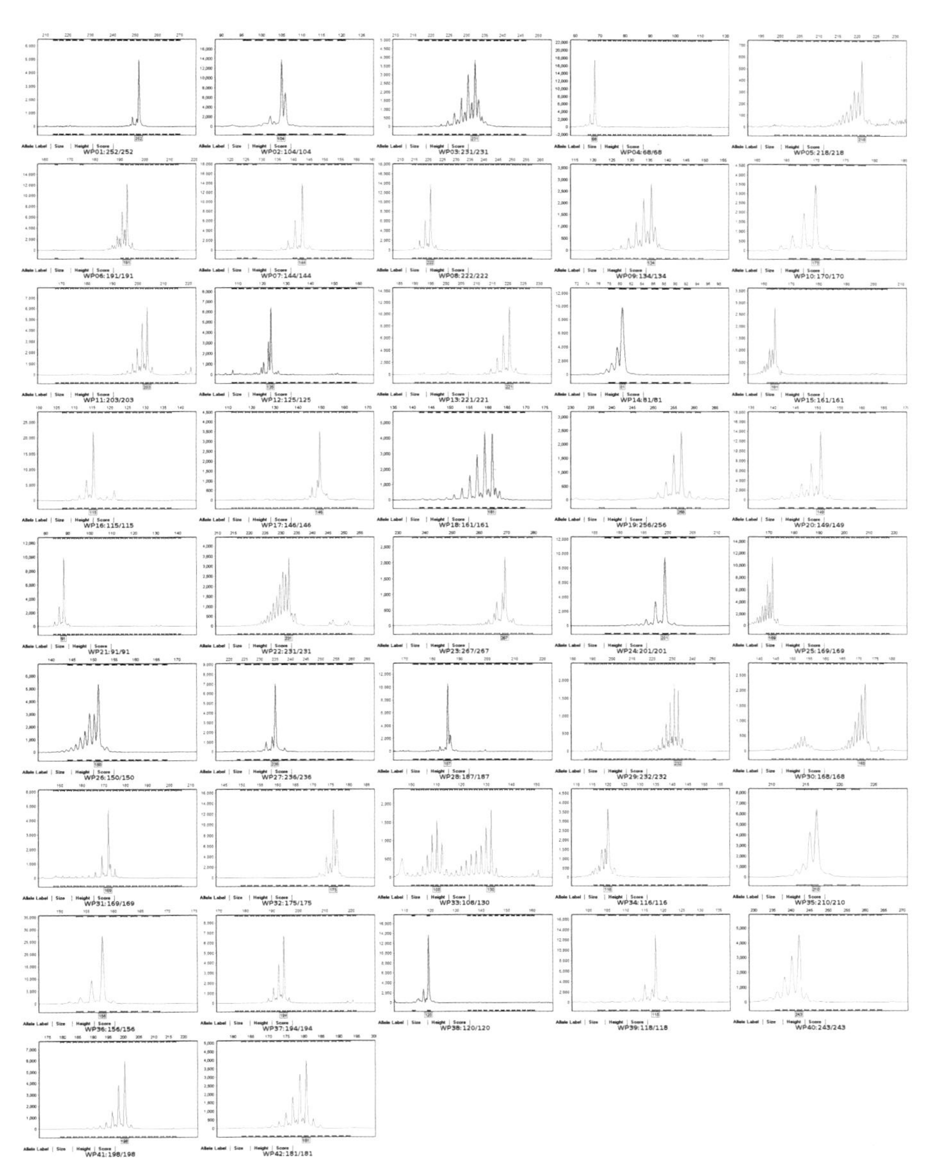

163. 定西40号

审定编号： 国审麦2009032

选育单位： 甘肃省定西市旱作农业科研推广中心

品种来源： 8152-8/永257

特征特性： 春性，成熟期比对照定西35号早熟3天。幼苗半匍匐，分蘖力强。平均株高88厘米，株型紧凑。穗纺锤形，长芒，白壳，白粒，不易落粒，籽粒硬质，较饱满。两年区试平均亩穗数25.1万穗，穗粒数27.8粒，千粒重39.3克。抗旱性鉴定，抗旱性3级，抗旱性中等。抗倒性较差。落黄好。接种抗病性鉴定：条锈病免疫，高感叶锈病、白粉病、黄矮病。2006年、2007年分别测定品质（混合样）：籽粒容重768克/升、776克/升，蛋白质含量17.8%、15.9%；面粉湿面筋含量34.9%、33.4%，沉降值30.4毫升、23.0毫升，吸水率58.1%、57.3%，稳定时间2.1分钟、1.4分钟，最大抗延阻力110E.U.、78E.U.，延伸性15.2厘米、13.4厘米，拉伸面积21.6平方厘米、11.7平方厘米。

产量表现： 2006年参加西北春麦旱地组品种区域试验，平均亩产174.0千克，比对照定西35号增产0.95%；2007年续试，平均亩产190.1千克，比对照定西35号增产16.5%。2008年生产试验，平均亩产206.2千克，比对照定西35号增产5.8%。

栽培技术要点： 适时早播，适宜播种期3月中下旬。合理密植，每亩适宜基本苗14万～23万。播前药剂拌种防黑穗病，播后遇雨及时耙耱破板结保全苗，分蘖前锄草松土增地温，抽穗后应注意防治蚜虫和白粉病。

适宜种植区域： 适宜在甘肃定西、会宁、永靖、通渭，宁夏海原、西吉，青海大通的春麦区旱地种植。

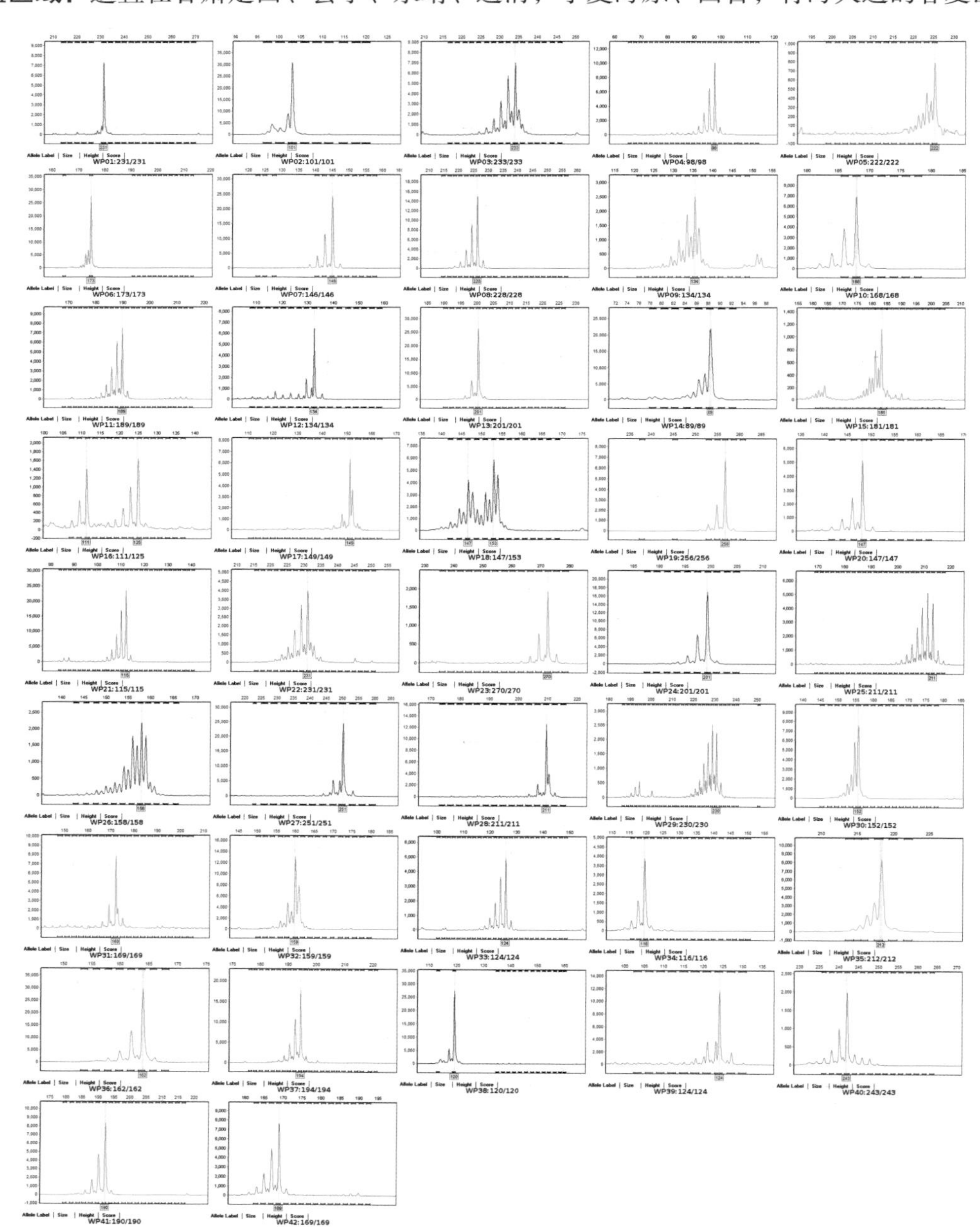

164. 高原412

审定编号：国审麦2009031

选育单位：中国科学院西北高原生物研究所

品种来源：602/181//临汾5309

特征特性：春性，成熟期比对照定西35号早熟5天。幼苗半直立，芽鞘白色。株高平均86厘米。穗纺锤形，无芒，白壳，红粒，籽粒角质、腹沟较深，冠毛少。两年区试平均亩穗数29.5万穗，穗粒数31.4粒，千粒重40.1克。抗旱性鉴定，抗旱性4级，抗旱性较差。落黄好。接种抗病性鉴定：高抗白粉病，中抗条锈病，高感叶锈病、黄矮病。2007年、2008年分别测定品质（混合样）：籽粒容重776克/升、772克/升，蛋白质含量16.75%、16.11%；面粉湿面筋含量32.2%、36.5%，沉降值62.2毫升、66.6毫升，吸水率63.3%、60.0%，稳定时间5.6分钟、5.7分钟，最大抗延阻力342E.U.、342E.U.，延伸性16.0厘米、194.4厘米，拉伸面积23.8平方厘米、68.5平方厘米。

产量表现：2007年参加西北春麦旱地组品种区域试验，平均亩产184.6千克，比对照定西35号增产14.0%；2008年续试，平均亩产271.5千克，比对照定西35号增产6.23%。2008年生产试验，平均亩产222.5千克，比对照定西35号增产10.1%。

栽培技术要点：当平均气温达到1～3℃，土壤解冻5～6厘米时，抢墒播种，播种深度3～4厘米。每亩适宜播种量15～20千克，每亩保基本苗25万～35万。

适宜种植区域：适宜在青海互助、大通、湟中，甘肃定西、通渭、会宁、榆中、永靖，宁夏西海固的春麦区旱地种植。

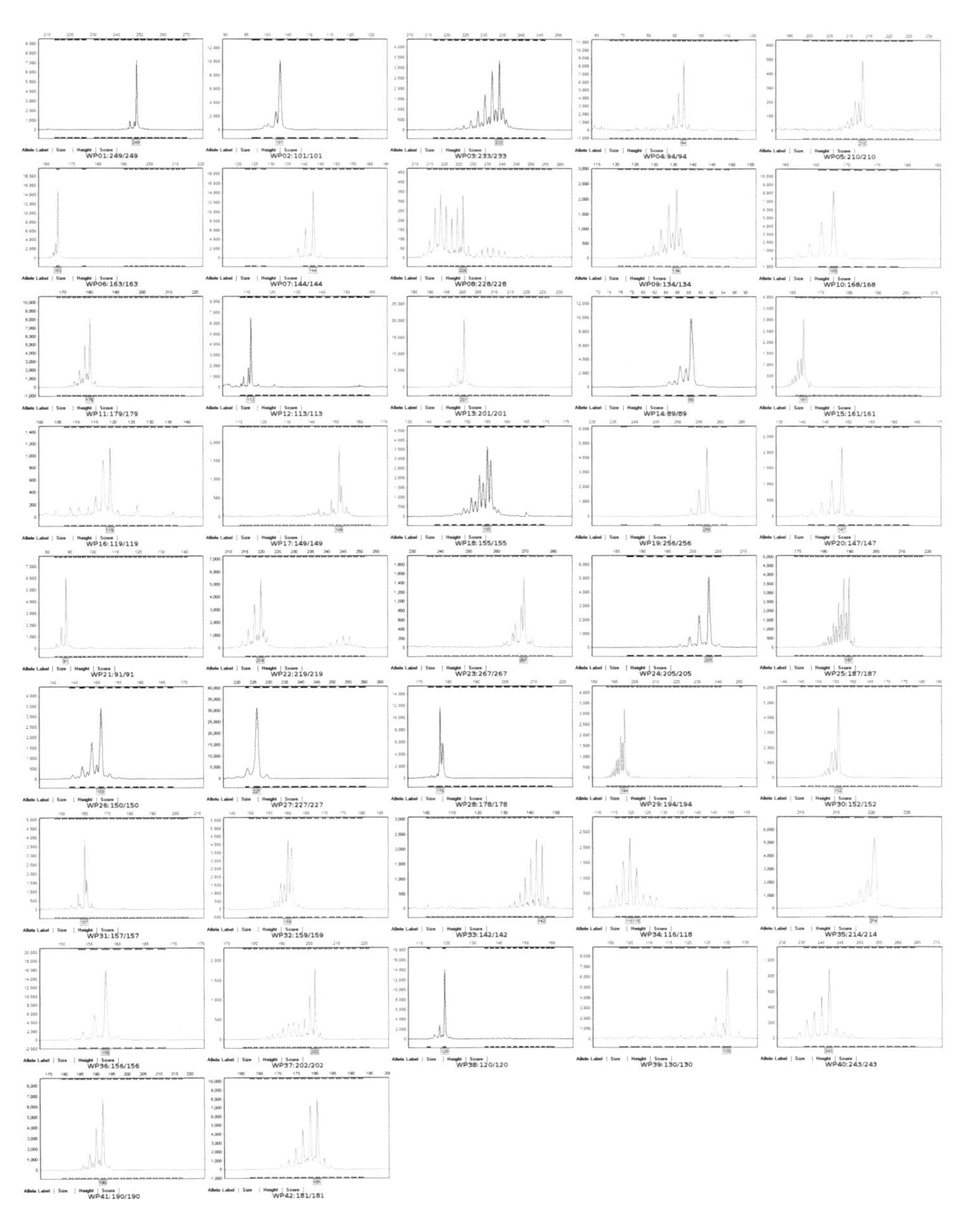

165. 晋春15号

审定编号：国审麦2009029

选育单位：山西省农业科学院高寒区作物研究所

品种来源：yecorar070/晋春9号

特征特性：芽鞘紫色，幼苗半匍匐，苗叶深绿。株高80～85厘米，株型紧凑。茎秆蜡质大，弹性好。旗叶上冲，小而厚，植株清秀。穗长方形，芒长5厘米左右，穗长10厘米，平均每穗粒数40粒，变幅26～54粒。粒深红色，千粒重42克。春性，中熟。对光反应不敏感，生育期90天左右，比晋春9号早4～5天。幼苗生长势强，分蘖力强，成穗率高，根系发达，灌浆快，落黄好。2004年山西省农业科学院植物保护研究所接菌鉴定中感条锈、叶锈和白粉。2003年农业部谷物品质监督检验测试中心分析，粗蛋白质（干基）16.18%，湿面筋36.3%，沉降值31.9毫升，稳定时间5.1分钟。

产量表现：2002—2003年参加山西省北部水地直接生产试验，两年平均亩产350.6千克，比对照晋春9号增产16.7%，试验点10个，全部增产。2002年平均亩产349.8千克，比对照晋春9号增产16.4%；2003年平均亩产351.3千克，比对照晋春9号增产16.9%。

栽培技术要点：适期早播。5厘米地温稳定1℃即可播种，在大同地区为3月中下旬播种。合理密植。每亩基本苗35万～40万。施足基肥。用有机肥、磷肥作种肥，因地力水平低需施N肥时，应N、P配合。早促早管。浇好三叶、孕穗水，在三叶期和拔节期随水亩施尿素各12.5～15.0千克，腊熟期适时收获。

适宜种植区域：适宜山西省北部春麦区水地推广种植。

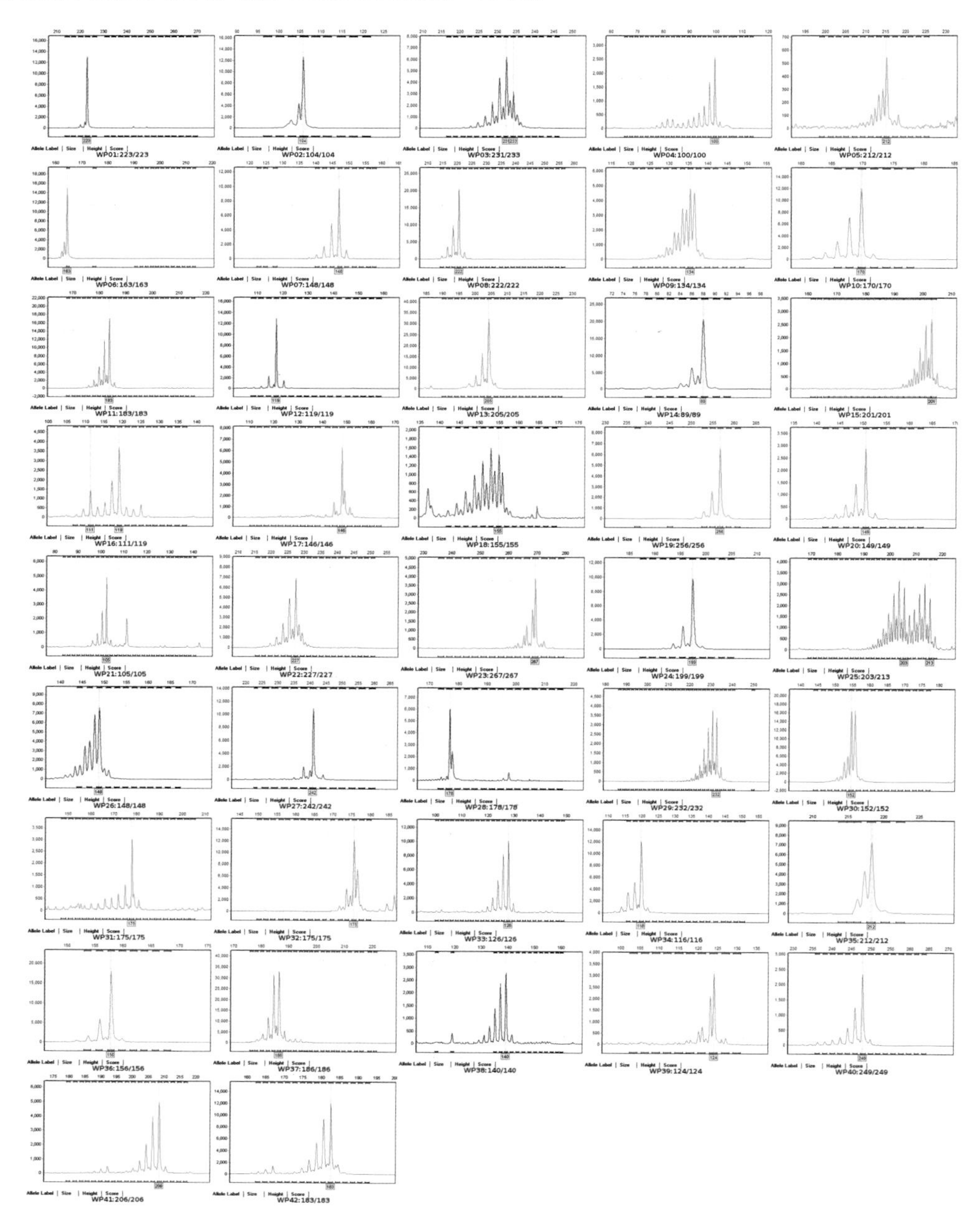

166. 巴丰5号

审定编号： 国审麦2009028

选育单位： 内蒙古巴彦淖尔市农牧业科学研究院

品种来源： 永1087//Y2008-6/巴麦10号

特征特性： 春性，成熟期与对照宁春4号相当。幼苗直立，分蘖力较弱，成穗率较低。株高83厘米左右。穗纺锤形，长芒，白壳，白粒，落粒性中等，籽粒硬质、饱满，黑胚率较低。接种抗病性鉴定：叶锈病免疫，中抗至中感条锈病，高感黄矮病、白粉病。抗寒性中等。抗青干能力较弱。抗倒性差。成熟落黄较好。2006年、2007年分别测定品质（混合样）：籽粒容重835克/升、822克/升，蛋白质含量15.38%、14.08%；面粉湿面筋含量33.6%、30.1%，沉降值34.0毫升、30.7毫升，吸水率60.9%、58.1%，稳定时间10.9分钟、8.0分钟，最大抗延阻力552E.U.、505E.U.，延伸性11.8厘米、14.5厘米，拉伸面积81平方厘米、91.8平方厘米。品质达到强筋品种审定标准。

产量表现： 2006年参加西北春麦水地组品种区域试验，平均亩产428.6千克，比对照宁春4号减产3.3%；2007年续试，平均亩产417.3千克，比对照宁春4号增产5.4%。2008年生产试验，平均亩产504.5千克，平均对照增产1.4%。

栽培技术要点： 注意旺苗控水，及时防治锈病、白粉病、黄矮病等病害。

适宜种植区域： 适宜在宁夏、甘肃、内蒙古中西部、青海东部和柴达木盆地、新疆北疆的水浇地作春麦种植。

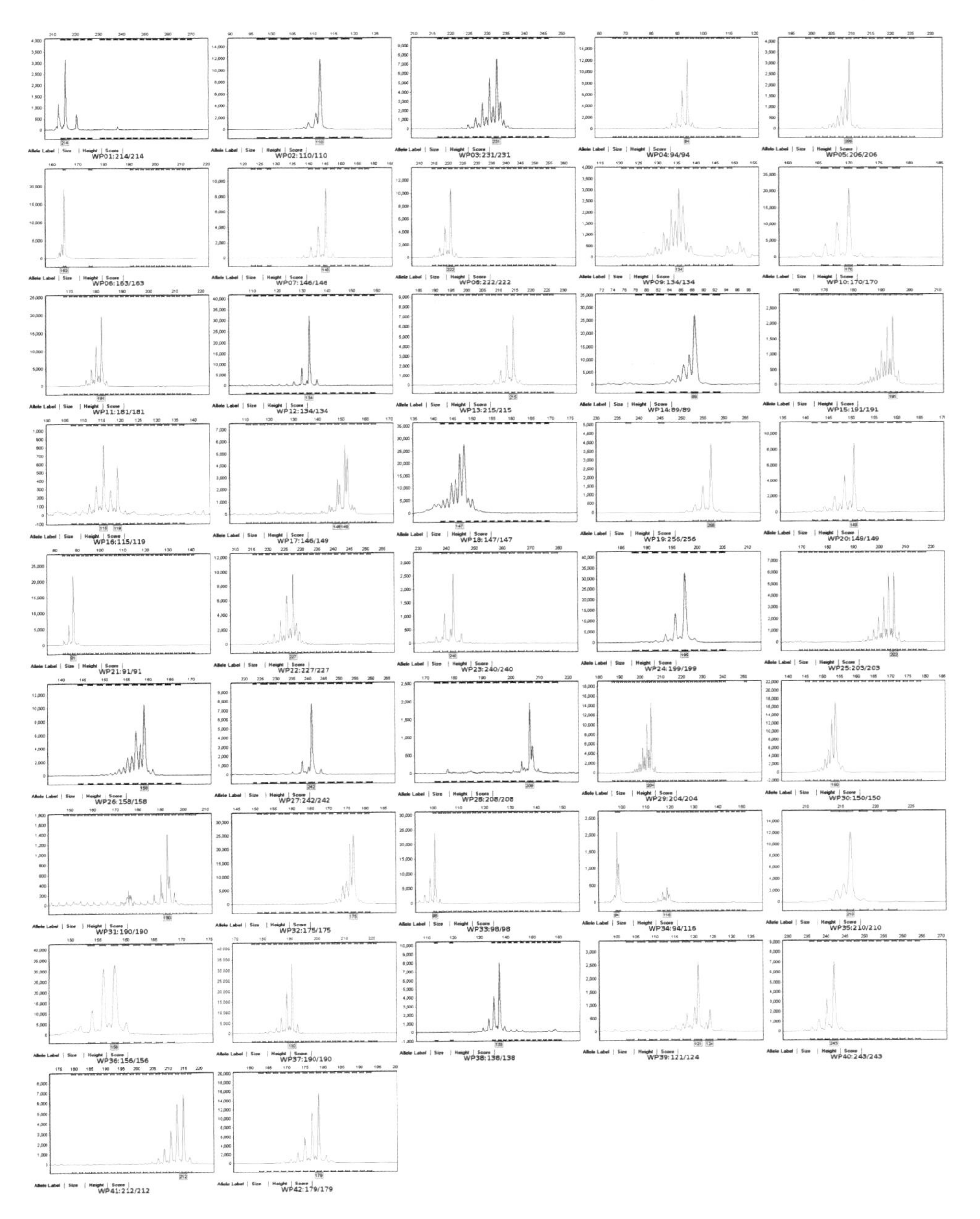

167. 龙辐麦16

审定编号：国审麦2009026

选育单位：黑龙江省农业科学院作物育种研究所

品种来源：龙7439/克88-596诱变处理

特征特性：春性，中晚熟，成熟期与对照克旱20号相当。幼苗半匍匐，分蘖力强。株高88厘米左右。穗纺锤形，长芒，白壳，红粒，籽粒角质。两年区试平均亩穗数42.1万穗，穗粒数30.3粒，千粒重36.9克。抗倒性较好，接种抗病性鉴定：高抗秆锈病、叶锈病，中感根腐病，高感赤霉病。2006年、2007年分别测定品质（混合样）：籽粒容重812克/升、825克/升，蛋白质含量14.7%、15.3%；面粉湿面筋含量33.1%、33.9%，沉降值35.4毫升、40.7毫升，吸水率67.5%、67.2%，稳定时间2.8分钟、2.3分钟，最大抗延阻力132E.U.、88E.U.，延伸性18.8厘米、17.1厘米，拉伸面积34.4平方厘米、20.8平方厘米。

产量表现：2006年参加东北春麦晚熟组品种区域试验，平均亩产372.6千克，比对照新克旱9号增产9.9%；2007年续试，平均亩产327.8千克，比对照新克旱9号增产4.4%。2008年生产试验，平均亩产285.2千克，比对照克旱20号增产9.5%。

栽培技术要点：适时播种，每亩适宜基本苗40万～45万。秋季深施肥或春季分层施肥，三叶期压青苗，防止倒伏。成熟时及时收获。

适宜种植区域：适宜在东北春麦区的黑龙江北部、内蒙古呼伦贝尔种植。

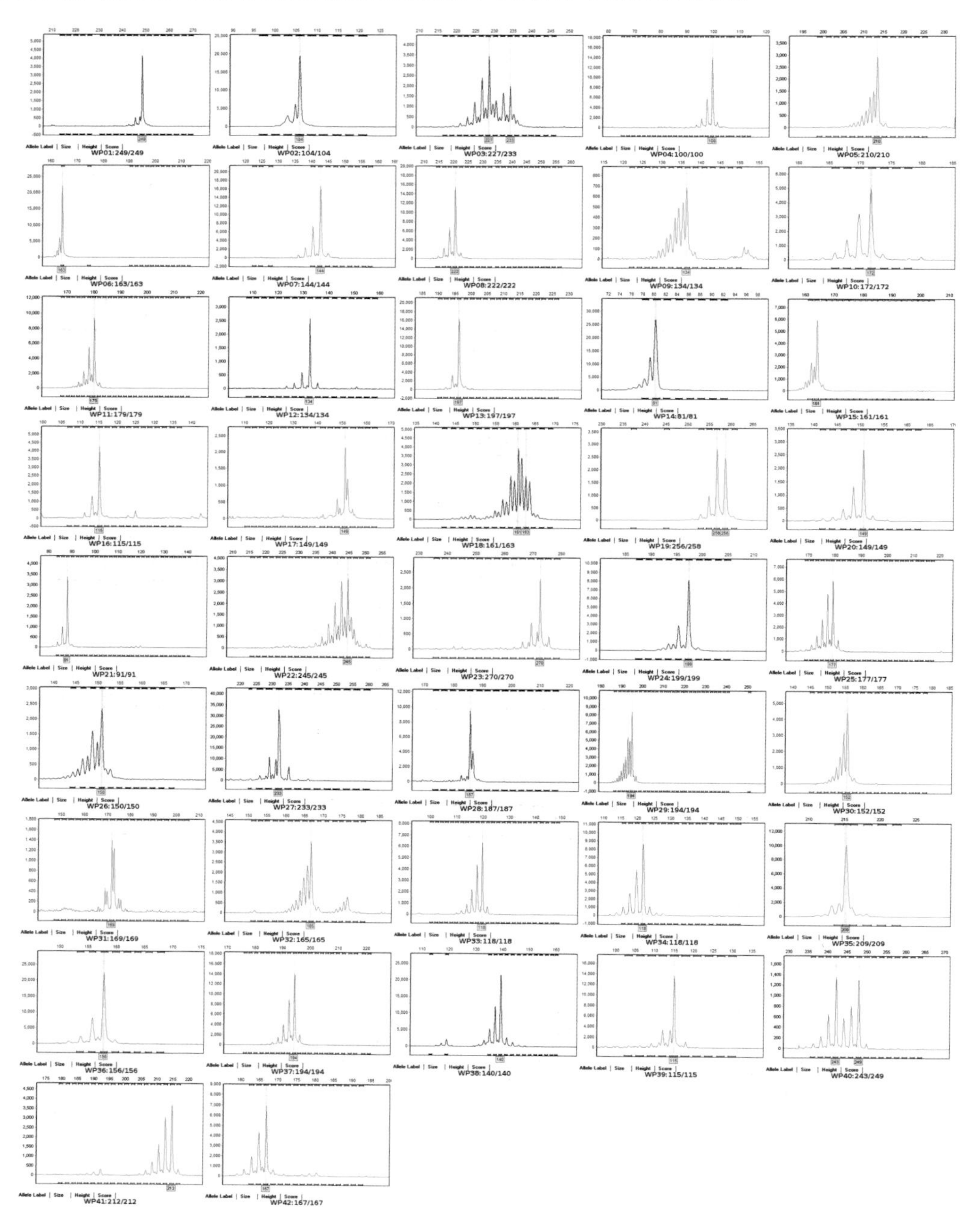

168. 石麦15号

审定编号：国审麦2009025

选育单位：石家庄市农林科学研究院、河北省农林科学院遗传生理研究所

品种来源：GS冀麦38/92R137

特征特性：冬性，中晚熟，成熟期比对照京冬8号晚熟1天左右。幼苗半匍匐，分蘖力中等，成穗率较高。株高75厘米左右，株型较紧凑，穗层较整齐。穗纺锤形，短芒，白壳，白粒，籽粒半角质。两年区试平均亩穗数43.4万穗、穗粒数32.4粒、千粒重39.2克。抗寒性鉴定，抗寒性中等。抗倒性较强。接种抗病性鉴定：中抗白粉病，中感叶锈病，高感条锈病。2007年、2008年分别测定品质（混合样）：籽粒容重749克/升、780克/升，硬度指数68.0（2008年），蛋白质含量14.62%、14.68%；面粉湿面筋含量32.1%、32.0%，沉降值20.3毫升、20.5毫升，吸水率55.8%、57.6%，稳定时间1.7分钟、1.6分钟，最大抗延阻力100E.U.、92E.U.，延伸性13.4厘米、11.8厘米，拉伸面积18平方厘米、15平方厘米。

产量表现：2006—2007年度参加北部冬麦区水地组品种区域试验，平均亩产450.6千克，比对照京冬8号增产5.2%；2007—2008年度续试，平均亩产489.5千克，比对照京冬8号增产3.4%。2008—2009年度生产试验，平均亩产393.1千克，比对照京冬8号增产2.8%。

栽培技术要点：北部冬麦区适宜播种期9月25日至10月5日。适期播种量高水肥地每亩基本苗15万～20万，中水肥地18万～22万，晚播麦田应适当加大播量；注意除虫防病，播种前进行种子包衣或用杀虫剂、杀菌剂混合拌种，以防治地下害虫和黑穗病；小麦扬花后及时防治麦蚜。

适宜种植区域：适宜在北部冬麦区的北京、天津、河北中北部、山西中部和东南部的水地种植，也适宜在新疆阿拉尔地区水地种植。根据农业部第943号公告，该品种还适宜在黄淮冬麦区北片的山东、河北中南部、山西南部中高水肥地种植。

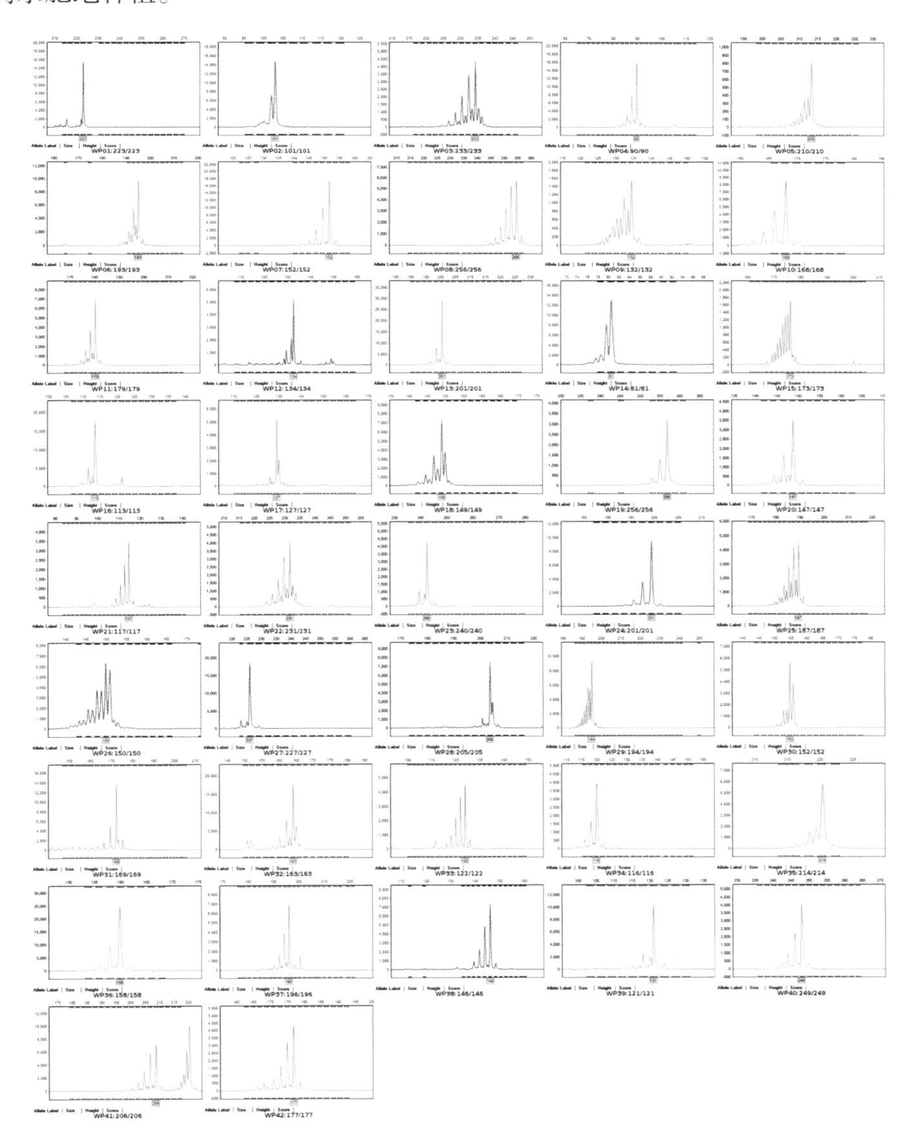

169. 河农825

审定编号：国审麦2009024

选育单位：河北农业大学

品种来源：临远95-3019/石4185

特征特性：冬性，中晚熟，成熟期比对照京冬8号晚熟1天左右。幼苗半匍匐，分蘖力中等，成穗率较高。株高77厘米左右。穗层较整齐，穗大粒多。穗纺锤形，长芒，白壳，白粒，籽粒角质。两年区试平均亩穗数40.8万穗、穗粒数37.0粒、千粒重38.2克。抗寒性鉴定，抗寒性中等。抗倒性较好。接种抗病性鉴定：高感条锈病、叶锈病、白粉病。2008年、2009年分别测定品质（混合样）：籽粒容重794克/升、814克/升，硬度指数64.1（2009年），蛋白质含量13.27%、14.10%；面粉湿面筋含量32.2%、33.8%，沉降值28.8毫升、30.3毫升，吸水率56.9%、60.0%，稳定时间2.0分钟、1.8分钟，最大抗延阻力194E.U.、154E.U.，延伸性16.7厘米、17.3厘米，拉伸面积47平方厘米、39平方厘米。

产量表现：2007—2008年度参加北部冬麦区水地组品种区域试验，平均亩产508.5千克，比对照京冬8号增产7.4%；2008—2009年度续试，平均亩产434.3千克，比对照京冬8号增产3.4%。2008—2009年度生产试验，平均亩产402.2千克，比对照京冬8号增产5.2%。

栽培技术要点：适宜播种期10月上旬。每亩适宜基本苗20万～25万。注意防病，防止倒伏。

适宜种植区域：适宜在北部冬麦区的天津、河北中北部、山西中部的水地种植，也适宜在新疆阿拉尔地区水地种植。

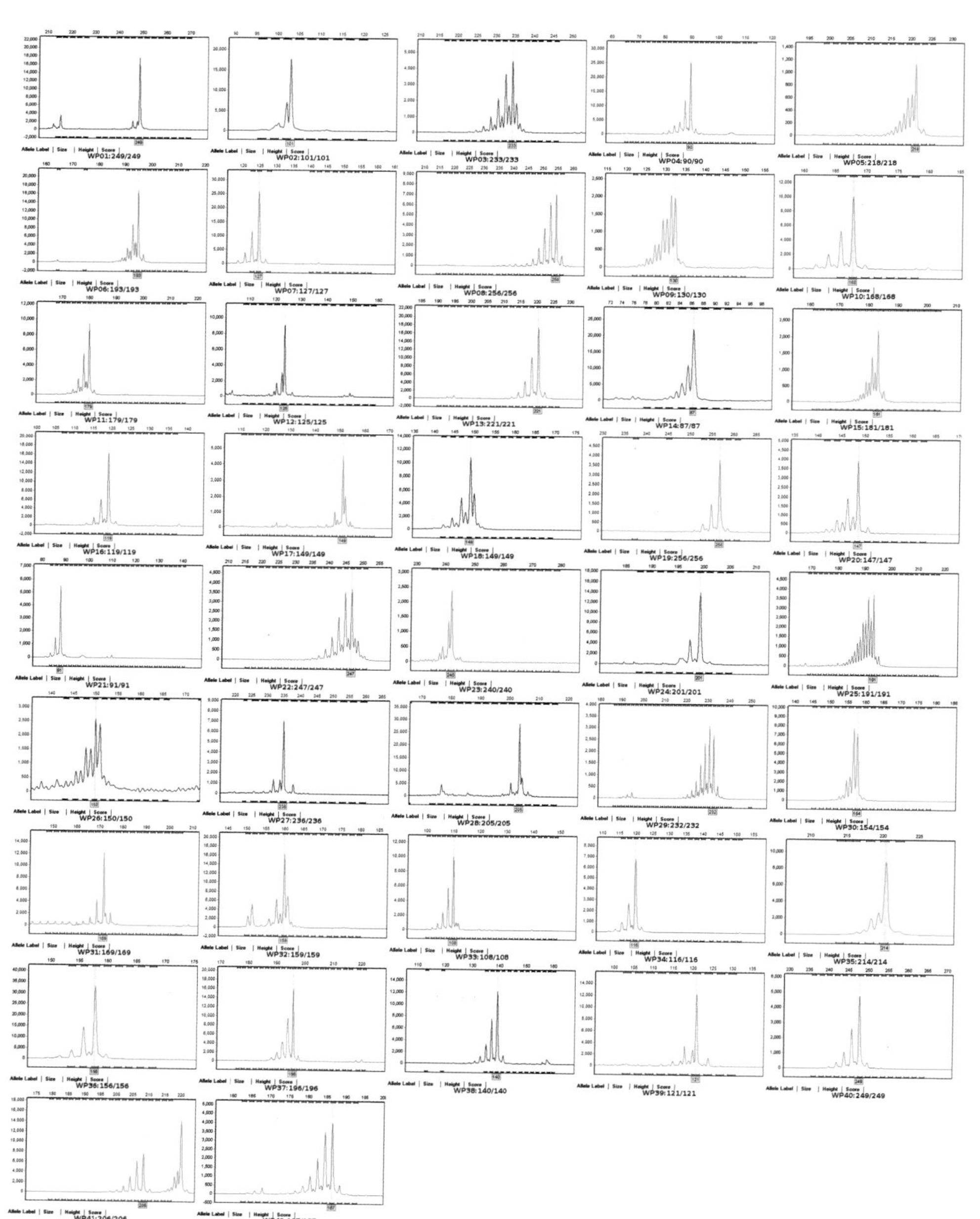

170. 洛旱13

审定编号： 国审麦2009023

选育单位： 洛阳市农业科学研究院

品种来源： 洛旱2号/晋麦47

特征特性： 半冬性，中熟，成熟期与对照晋麦47号相当。幼苗半匍匐，分蘖力强，成穗率一般。株高75厘米左右，株型紧凑，叶色浅绿，叶片较小。穗层整齐，结实性好。穗长方形，长芒，白壳，白粒，籽粒角质，饱满度较好。两年区试平均亩穗数30.1万穗，穗粒数28.2粒，千粒重42.4克。抗旱性鉴定，抗旱性中等。冬季抗寒性好。抗倒性较好。落黄好。接种抗病性鉴定：高感条锈病、叶锈病、白粉病，感黄矮病。2008年、2009年分别测定品质（混合样）：籽粒容重804克/升、790克/升，硬度指数66.0、65.5，蛋白质含量12.92%、13.01%；面粉湿面筋含量30.3%、30.4%，沉降值29.6毫升、28.0毫升，吸水率62.3%、62.0%，稳定时间1.6分钟、1.6分钟，最大抗延阻力166E.U.、124E.U.，延伸性17.2厘米、16.6厘米，拉伸面积42平方厘米、30平方厘米。

产量表现： 2007—2008年度参加黄淮冬麦区旱薄组品种区域试验，平均亩产307.9千克，比对照晋麦47号增产8.8%；2008—2009年度续试，平均亩产246.0千克，比对照晋麦47号增产2.9%。2008—2009年度生产试验，平均亩产278.5千克，比对照晋麦47号增产6.1%。

栽培技术要点： 适宜播种期9月下旬至10月上旬。每亩适宜基本苗16万～24万。注意防治锈病、白粉病、蚜虫等病虫害，在丰水年份防止倒伏。

适宜种植区域： 适宜在黄淮冬麦区的山西南部、陕西渭北旱塬、河南西北部旱薄地种植。

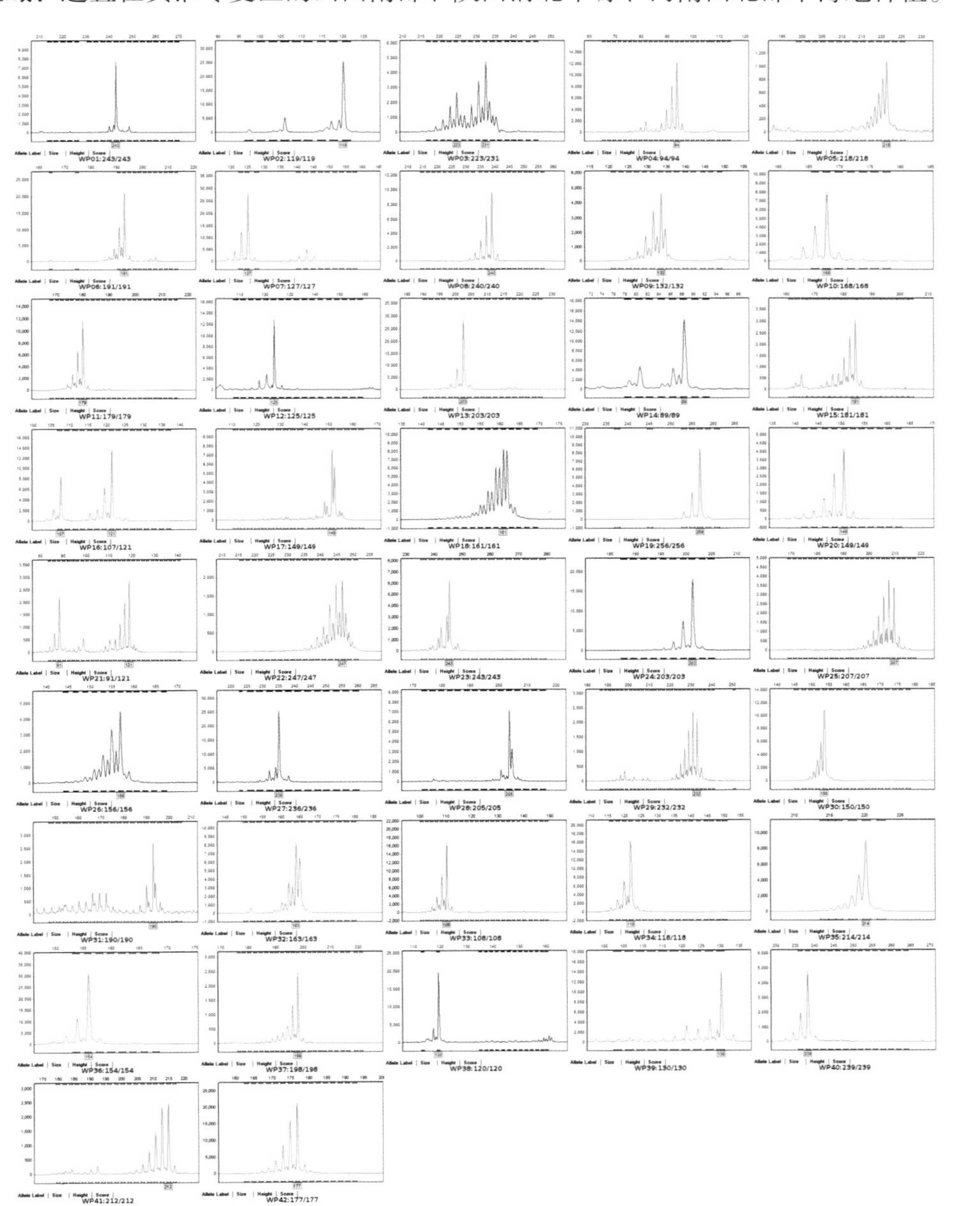

171. 洛旱9号

审定编号：国审麦2009022

选育单位：洛阳市农业科学研究院

品种来源：豫麦49/山农45

特征特性：弱冬性，中晚熟，成熟期比对照晋麦47号晚熟2天。幼苗半匍匐，分蘖力较强，成穗率一般。株高78厘米左右，株型较松散，旗叶上举，叶长叶宽。穗层整齐，穗大、粒大，结实性好。穗长方形，长芒，白壳，白粒，籽粒半角质、饱满度较好。两年区试平均亩穗数30.6万穗，穗粒数25.6粒，千粒重43.8克。抗旱性鉴定，抗旱性3级，抗旱性中等。抗倒性较好。落黄好。接种抗病性鉴定：高感条锈病、叶锈病、白粉病，感黄矮病。2007年、2008年分别测定品质（混合样）：籽粒容重775克/升、781克/升，硬度指数61.0（2008年），蛋白质含量16.39%、14.31%，湿面筋含量35.7%、30.9%，沉降值24.7毫升、20.7毫升，吸水率59.4%、58.6%，稳定时间1.4分钟、1.2分钟，最大抗延阻力114E.U.、78E.U.，延伸性14.2厘米、10.8厘米，拉伸面积23平方厘米、12平方厘米。

产量表现：2006—2007年度参加黄淮冬麦区旱薄组品种区域试验，平均亩产268.7千克，比对照晋麦47号增产5.6%；2007—2008年度续试，平均亩产300.8千克，比对照晋麦47号增产6.3%。2008—2009年度生产试验，平均亩产272.0千克，比对照晋麦47号增产3.7%。

栽培技术要点：适宜播种期9月下旬至10月上旬。每亩适宜基本苗16万～20万。注意防治锈病、白粉病、蚜虫等病虫害，在丰水年份防止倒伏。

适宜种植区域：适宜在黄淮冬麦区的山西南部、陕西渭北旱塬、河南西北部旱薄地种植。

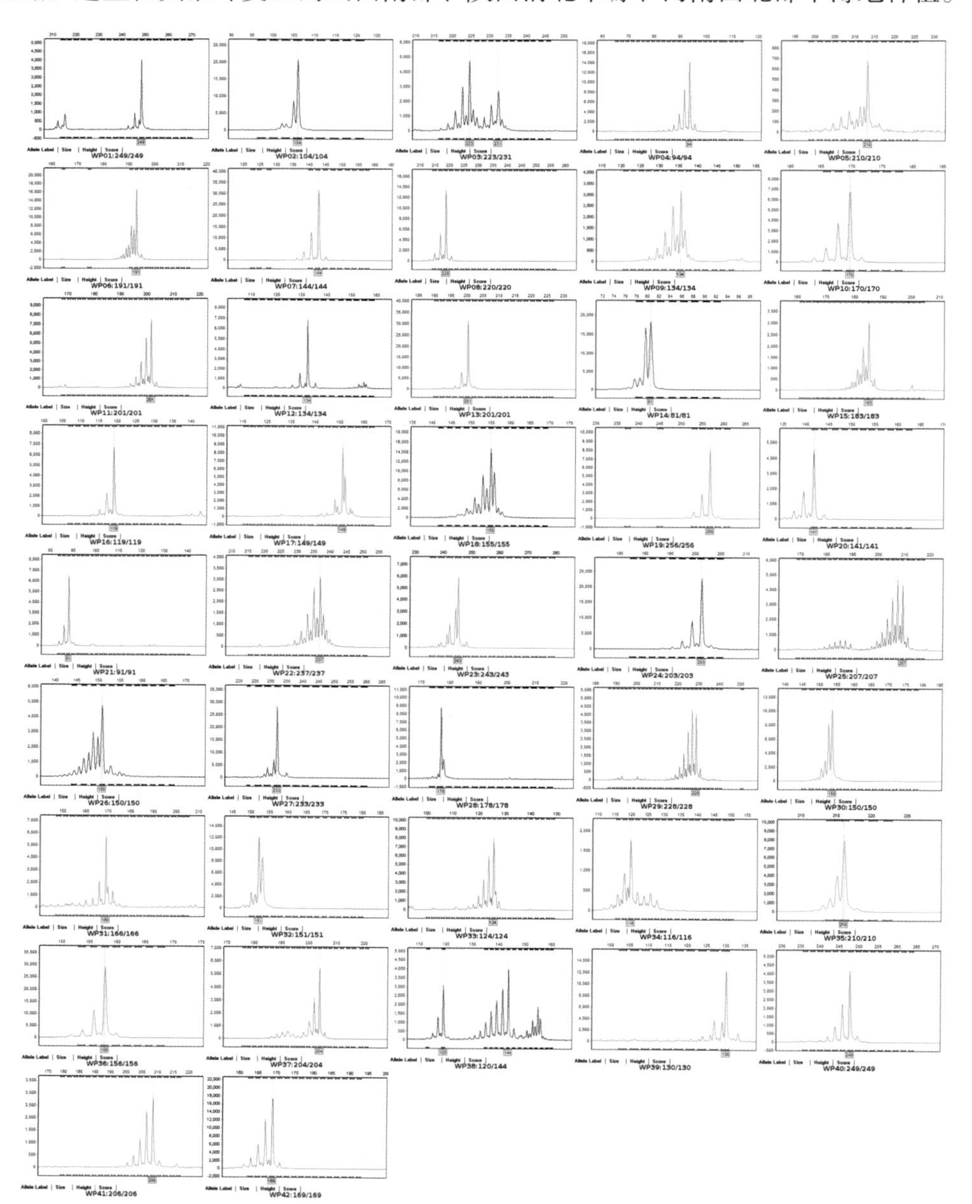

172. 洛旱11号

审定编号： 国审麦2009020

选育单位： 洛阳市农业科学研究院

品种来源： 豫麦25号/山农45

特征特性： 半冬性，中熟，成熟期比对照洛旱2号晚熟1天。幼苗半匍匐，分蘖力中等，成穗率较高。株高76厘米左右，株型半紧凑，旗叶宽大、半披，茎秆粗壮。穗层整齐，穗码较密。穗长方形，长芒，白壳，白粒，粉质，饱满度较好。两年区试平均亩穗数36.0万穗，穗粒数32.3粒，千粒重42.5克。抗旱性鉴定，抗旱性中等。抗倒性较好。熟相好。接种抗病性鉴定：抗条锈病、叶锈病、白粉病。2008年、2009年分别测定品质（混合样）：籽粒容重778克/升、760克/升，硬度指数48.0、52.2，蛋白质含量14.87%、13.55%；面粉湿面筋含量30.4%、29.5%，沉降值23.8毫升、23.1毫升，吸水率55.6%、56.5%，稳定时间1.9分钟、1.9分钟，最大抗延阻力111E.U.、108E.U.，延伸性12.6厘米、12.0厘米，拉伸面积20平方厘米、19平方厘米。

产量表现： 2007—2008年度参加黄淮冬麦区旱肥组品种区域试验，平均亩产415.6千克，比对照洛旱2号增产6.5%；2008—2009年度续试，平均亩产376.2千克，比对照洛旱2号增产8.2%。2008—2009年度生产试验，平均亩产381.6千克，比对照洛旱2号增产11.7%。

栽培技术要点： 适宜播种期10月上中旬，每亩适宜基本苗16万～20万。注意防治锈病、白粉病和蚜虫。适时收获，防止穗发芽。

适宜种植区域： 适宜在黄淮冬麦区的山西南部、陕西渭北旱塬、河北南部、河南西北部、山东旱肥地种植。

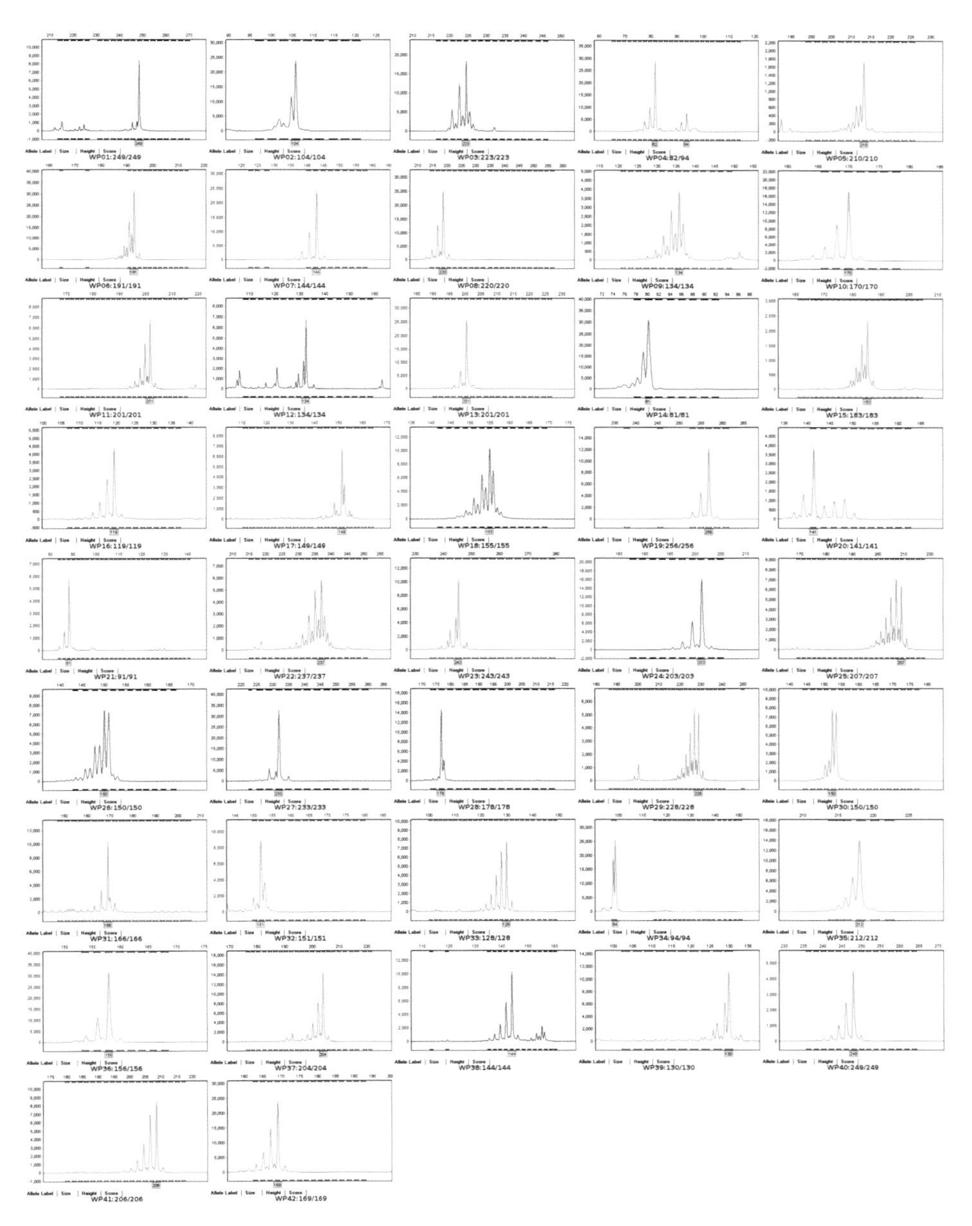

173. 河农6049

审定编号：国审麦2009019

选育单位：河北农业大学

品种来源：品种选育而成

特征特性：半冬性，中熟，成熟期与对照石4185相当。幼苗匍匐，分蘖力较强，成穗率中等。株高90厘米左右，株型略松散，旗叶宽大。穗层厚，穗层整齐度一般，穗较大。穗纺锤形，长芒，白壳，白粒，籽粒半角质、较饱满。两年区试平均亩穗数40.5万穗，穗粒数40.5粒，千粒重36.5克。抗寒性鉴定，抗寒性1级，抗寒性好。耐倒春寒能力较强。抗倒性中等。落黄好。接种抗病性鉴定：中感纹枯病、赤霉病，高感条锈病、叶锈病、白粉病。2007年、2008年分别测定品质（混合样）：籽粒容重798克/升、799克/升，硬度指数55.0（2008年），蛋白质含量14.88%、14.64%；面粉湿面筋含量34.4%、33.2%，沉降值19.5毫升、19.1毫升，吸水率55.2%、53.7%，稳定时间1.4分钟、1.4分钟，最大抗延阻力93E.U.、100E.U.，延伸性11.9厘米、11.9厘米，拉伸面积15平方厘米、16平方厘米。

产量表现：2006—2007年度参加黄淮冬麦区北片水地组品种区域试验，平均亩产532.6千克，比对照石4185增产2.62%；2007—2008年度续试，平均亩产535.0千克，比对照石4185增产3.68%。2008—2009年度生产试验，平均亩产513.5千克，比对照石4185增产3.76%。

栽培技术要点：适宜播种期10月5—15日，每亩适宜基本苗18万～20万，高肥水地块适当减少播种量，防止倒伏。返青管理促控结合，春季第一水尽量晚浇。注意防治条锈病、叶锈病、白粉病等病害。

适宜种植区域：适宜在黄淮冬麦区北片的山东北部、河北中南部、山西南部高中水肥地块种植。

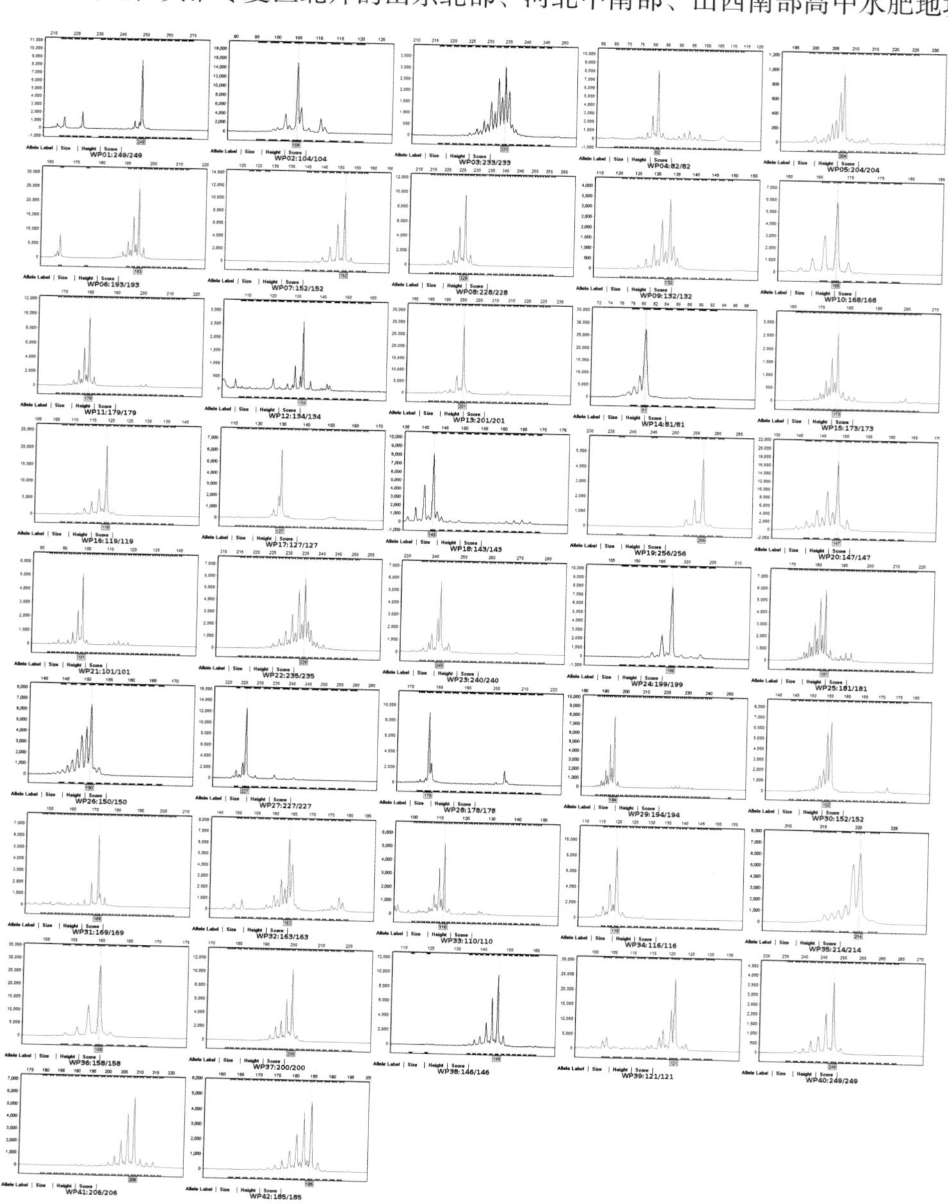

174. 石麦19号

审定编号：国审麦2009018

选育单位：石家庄市农林科学研究院、河北省小麦工程技术研究中心

品种来源：石4185//（烟辐188/临8014）F2

特征特性：半冬性，中熟，成熟期与对照石4185相当。幼苗半匍匐、分蘖力强，成穗率高。株高77厘米左右，株型紧凑，旗叶上冲，有干尖，茎秆韧性好。穗层整齐，小穗排列紧密，小穗多，结实性好。穗纺锤形，长芒，白壳，白粒，籽粒角质、光泽好，饱满。两年区试平均亩穗数42.0万穗，穗粒数38.2粒，千粒重40.3克。抗寒性鉴定，抗寒性1级，抗寒性好。抗倒性较好。较耐后期高温，熟相好。接种抗病性鉴定：中抗赤霉病，中感纹枯病，中感至高感条锈病，高感叶锈病、白粉病。2008年、2009年分别测定品质（混合样）：籽粒容重808克/升、806克/升，硬度指数62.0、63.6，蛋白质含量14.43%、13.61%；面粉湿面筋含量30.3%、29.1%，沉淀值28.6毫升、31.0毫升，吸水率54.1%、55.6%，稳定时间4.4分钟、4.6分钟，最大抗延阻力268E.U.、358E.U.，延伸性12.6厘米、11.4厘米，拉伸面积47平方厘米、56平方厘米。

产量表现：2007—2008年度参加黄淮冬麦区北片水地组品种区域试验，平均亩产548.0千克，比对照石4185增产6.10%；2008—2009年度续试，平均亩产543.9千克，比对照石4185增产6.8%。2008—2009年度生产试验，平均亩产520.1千克，比对照石4185增产5.09%。

栽培技术要点：适宜播种期10月5—15日，高水肥地每亩适宜基本苗18万～20万，中水肥地每亩适宜基本苗20万～22万，晚播适当加大播种量。播前种子包衣或药剂拌种，注意防治条锈病、叶锈病、白粉病等病害。

适宜种植区域：适宜在黄淮冬麦区北片的山东、河北中南部、山西南部高中水肥地块种植。

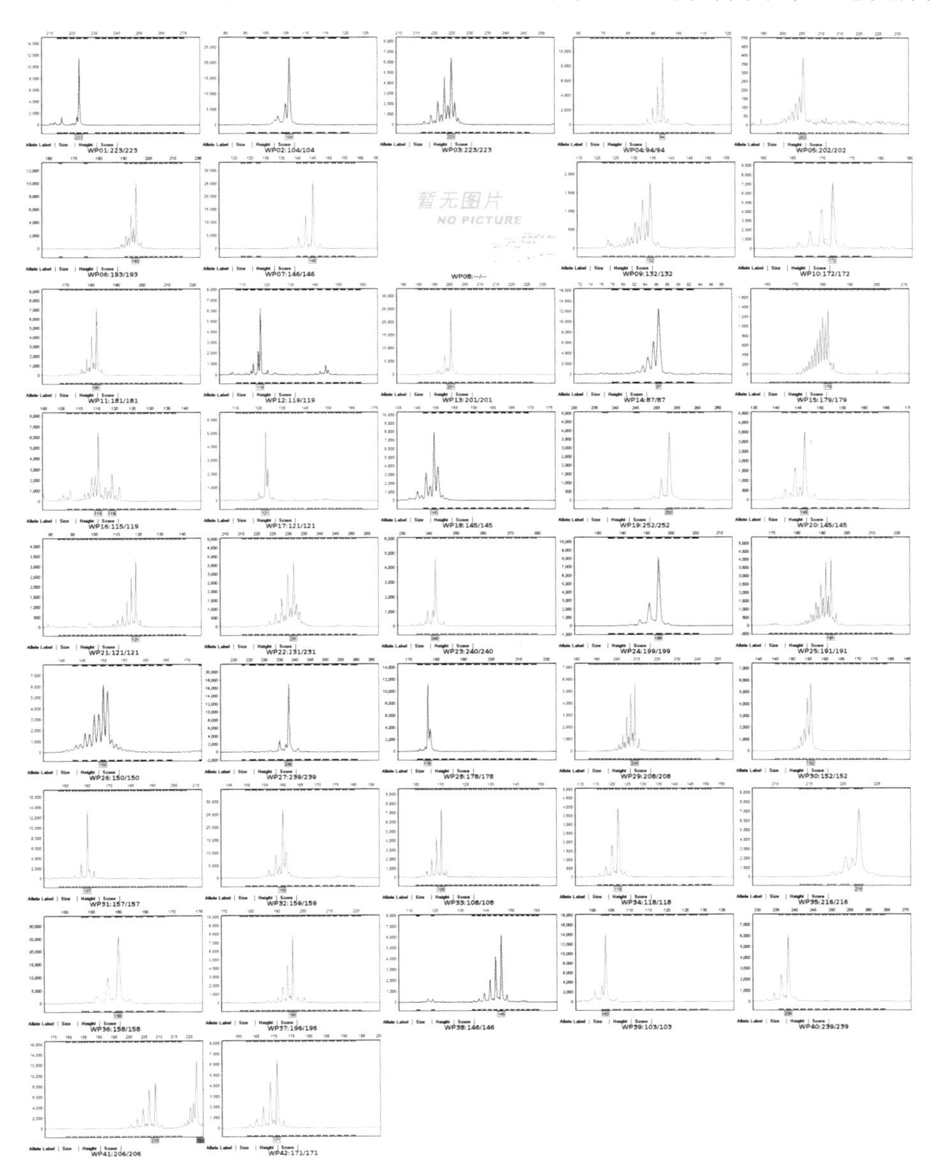

175. 邯麦13号

审定编号： 国审麦2009017

选育单位： 邯郸市农业科学院

品种来源： 山农太91136/冀麦36

特征特性： 半冬性，中熟，成熟期比对照石4185晚熟1天。幼苗半匍匐，分蘖力中等，成穗率高。株高77厘米左右，株型紧凑，旗叶上举，长相清秀，茎秆坚硬。穗层较整齐，小穗排列紧密。穗纺锤形，短芒，白粒，角质，籽粒饱满。两年区试平均亩穗数40.3万穗，穗粒数37.7粒，千粒重40.6克。抗寒性鉴定，抗寒性2级，冬季抗寒性较好；耐倒春寒能力一般。抗倒性好。落黄好。接种抗病性鉴定：中抗赤霉病，中感条锈病、白粉病、纹枯病，高感叶锈病。区试田间试验部分试点感叶枯病较重。2007年、2008年分别测定品质（混合样）：籽粒容重812克/升、822克/升，硬度指数61.0（2008年），蛋白质含量15.22%、15.43%；面粉湿面筋含量33.9%、35.0%，沉降值36.4毫升、34.1毫升，吸水率56.6%、57.4%，稳定时间4.1分钟、3.8分钟，最大抗延阻力218E.U.、202E.U.，延伸性16.2厘米、17.4厘米，拉伸面积51平方厘米、51平方厘米。

产量表现： 2006—2007年度参加黄淮冬麦区北片水地组品种区域试验，平均亩产534千克，比对照石4185增产4.56%；2007—2008年度续试，平均亩产537.5千克，比对照石4185增产4.07%。2008—2009年度生产试验，平均亩产522.9千克，比对照品种石4185增产5.66%。

栽培技术要点： 适宜播种期10月5—15日，中高水肥地每亩适宜基本苗20万～22万。注意足墒播种、播后镇压，浇越冬水，注意防治叶锈病、叶枯病、蚜虫等病虫害。

适宜种植区域： 适宜在黄淮冬麦区北片的山东、河北中南部、山西南部高中水肥地块种植。

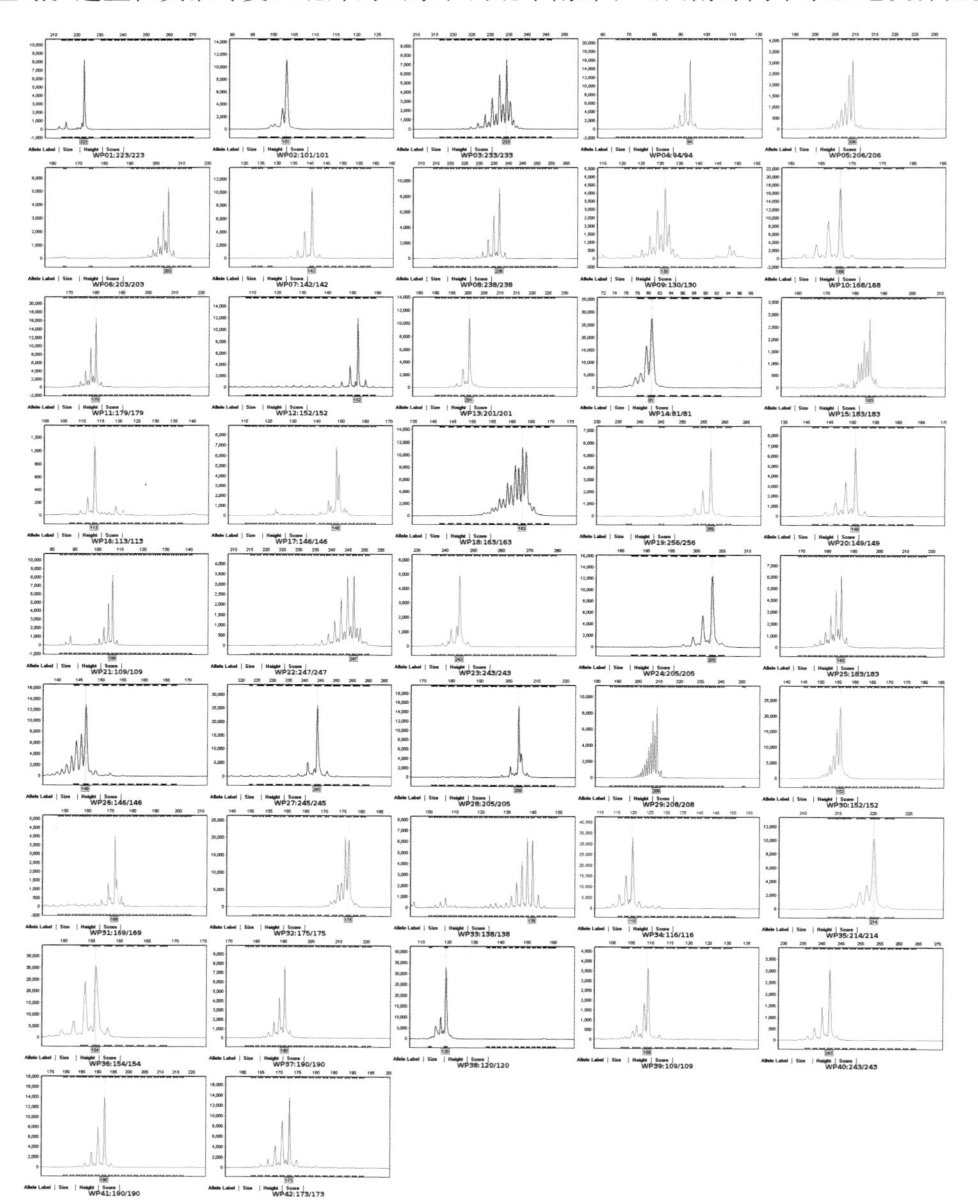

176. 冀5265

审定编号：国审麦2009016

选育单位：河北省农林科学院粮油作物研究所

品种来源：冀5006/9204

特征特性：半冬性，中晚熟，成熟期比对照石4185晚熟1天左右。幼苗匍匐，分蘖力强，成穗率中等。株高73厘米左右，株型半紧凑，旗叶宽，干尖重，茎秆弹性好。穗层整齐，穗纺锤形，长芒，白壳，白粒，籽粒角质、饱满。两年区试平均亩穗数41.4万穗，穗粒数36.4粒，千粒重40.4克。抗寒性鉴定，抗寒性1级，抗寒性好；耐倒春寒能力一般。抗倒性好。接种抗病性鉴定：中抗赤霉病，中感纹枯病，中感至高感叶锈病，高感条锈病、白粉病。2007年、2008年分别测定品质（混合样）：籽粒容重793克/升、813克/升，硬度指数61.0（2008年），蛋白质含量14.36%、14.83%；面粉湿面筋含量32.0%、33.5%，沉降值31.7毫升、28.4毫升，吸水率56.6%、56.5%，稳定时间3.6分钟、2.6分钟，最大抗延阻力190E.U.、156E.U.，延伸性17.2厘米、18.2厘米，拉伸面积47平方厘米、42平方厘米。

产量表现：2006—2007年度参加黄淮冬麦区北片水地组品种区域试验，平均亩产530千克，比对照石4185增产3.78%；2007—2008年度续试，平均亩产552.2千克，比对照石4185增产6.91%。2008—2009年度生产试验，平均亩产523.2千克，比对照品种石4185增产5.72%。

栽培技术要点：适宜播种期10月上旬。每亩适宜基本苗18万～20万。播前种子包衣或药剂拌种，注意防治条锈病、叶锈病、白粉病等病害。

适宜种植区域：适宜在黄淮冬麦区北片的山东、河北中南部、山西南部高中水肥地块种植。

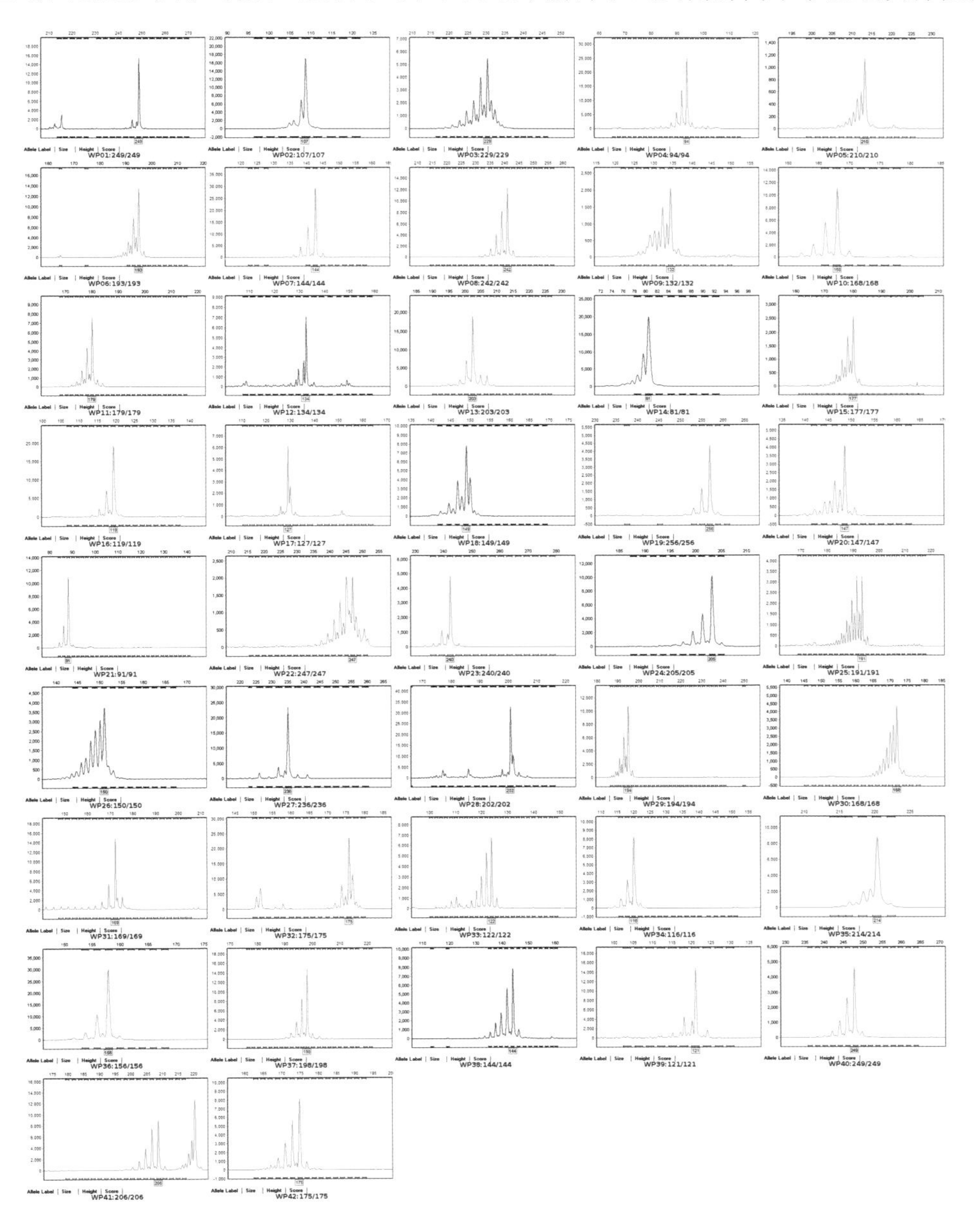

177. 新麦21

审定编号：国审麦2009014

选育单位：河南省新乡市农业科学院

品种来源：偃展1号/新麦9号

特征特性：弱春性偏半冬性，中晚熟，成熟期比对照偃展4110晚熟2天。幼苗半匍匐，叶短宽，分蘖中等，成穗率高。株高85厘米左右，株型紧凑，旗叶上冲，茎秆弹性好。穗层整齐，穗多穗匀，结实性好。穗纺锤形，较长，码稀，长芒，白壳，白粒，籽粒半角质，饱满度较好。两年区试平均亩穗数41.7万穗，穗粒数34.1粒，千粒重40.9克。冬季抗寒性好，耐倒春寒性较好。抗倒性较好。有一定耐旱性，耐后期高温，熟相较好。接种抗病性鉴定：中感叶锈病、白粉病、赤霉病、纹枯病，高感条锈病。2007年、2008年分别测定品质（混合样）：籽粒容重795克/升、800克/升，硬度指数65.0（2008年），蛋白质含量14.95%、15.04%；面粉湿面筋含量35.7%、34.7%，沉降值30.0毫升、34.5毫升，吸水率64.2%、63.6%，稳定时间2.3分钟、2.3分钟，最大抗延阻力174E.U.、145E.U.，延伸性20.0厘米、22.0厘米，拉伸面积51平方厘米、47平方厘米。

产量表现：2006—2007年度参加黄淮冬麦区南片春水组品种区域试验，平均亩产522.1千克，比对照偃展4110增产2.8%；2007—2008年度续试，平均亩产587.2千克，比对照偃展4110增产6%。2008—2009年度生产试验，平均亩产500.5千克，比对照偃展4110增产4.9%。

栽培技术要点：适宜播期10月中下旬，每亩适宜基本苗16万～18万。注意防治条锈病、白粉病、蚜虫等病虫害。

适宜种植区域：适宜在黄淮冬麦区南片的河南（南部稻茬麦区除外）、安徽北部、江苏北部、陕西关中灌区高中水肥地块中晚茬种植。

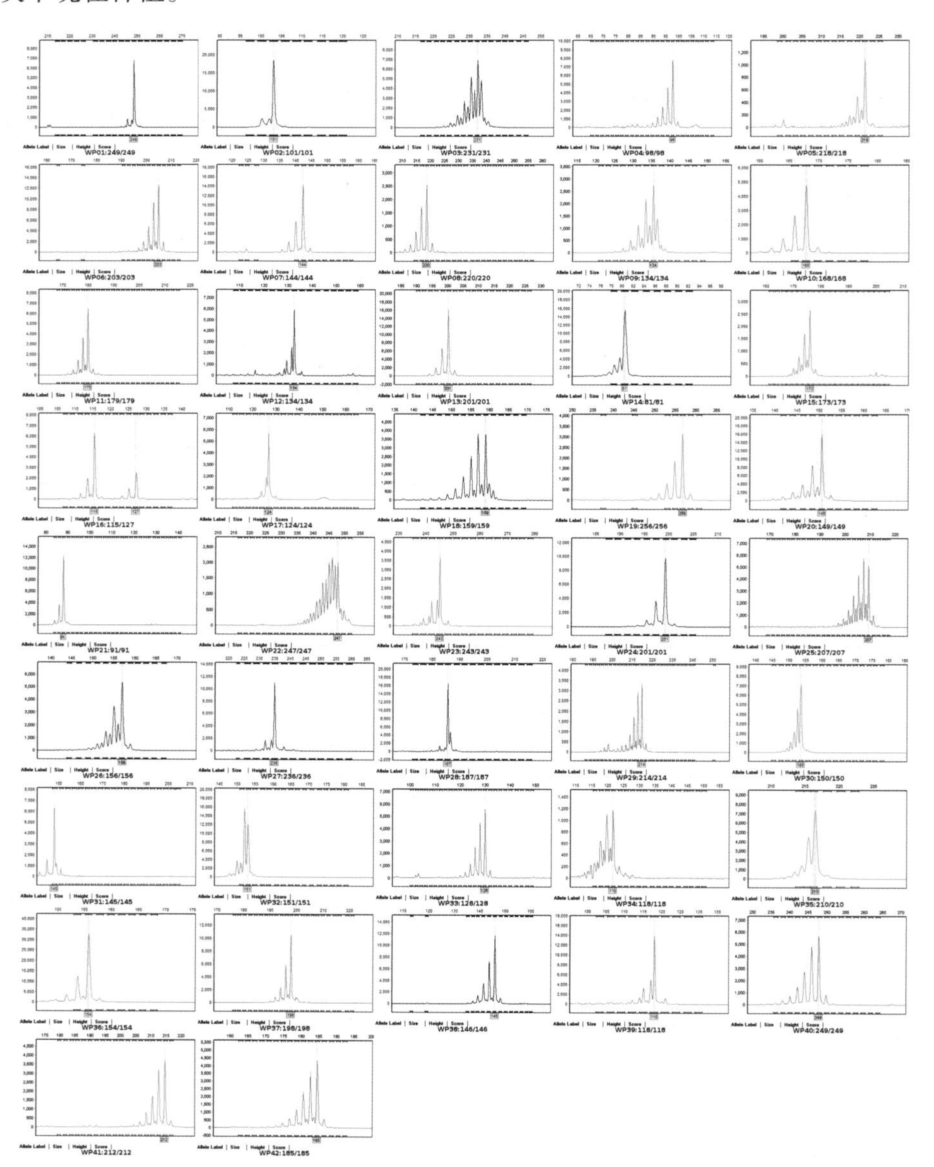

178. 轮选988

审定编号：国审麦2009013

选育单位：中国农业科学院作物科学研究所、新乡市中农矮败小麦育种技术创新中心

品种来源：矮败小麦轮回选择群体

特征特性：半冬性，中晚熟，成熟期比对照新麦18晚熟2天。幼苗半匍匐，分蘖力中等，成穗率较高。株高90厘米左右，株型松散，旗叶窄长、上挺，下部郁闭，茎秆弹性差。穗层整齐，穗大穗匀。穗纺锤形，长芒，白壳，白粒，籽粒角质、饱满度中等。两年区试平均亩穗数41.1万穗，穗粒数33.7粒，千粒重43.5克。冬季抗寒性较好，耐倒春寒能力较好。抗倒性较差。耐旱性较好，熟相较好。接种抗病性鉴定：高抗白粉病，慢条锈病、叶锈病，中感赤霉病、纹枯病。区试田间试验部分试点感白粉病较重，叶枯病中等发生。2007年、2008年分别测定品质（混合样）：籽粒容重794克/升、792克/升，硬度指数62.0（2008年），蛋白质含量14.31%、14.16%；面粉湿面筋含量32.2%、32.0%，沉降值32.8毫升、31.3毫升，吸水率63.4%、63.4%，稳定时间2.0分钟、1.9分钟，最大抗延阻力192E.U.、168E.U.，延伸性16.4厘米、17.9厘米，拉伸面积46平方厘米、44平方厘米。

产量表现：2006—2007年度参加黄淮冬麦区南片冬水组品种区域试验，平均亩产537.4千克，比对照新麦18增产3.5%；2007—2008年度续试，平均亩产575.4千克，比对照新麦18增产5.9%。2008—2009年度生产试验，平均亩产495.9千克，比对照新麦18增产5.3%。

栽培技术要点：适宜播期10月上中旬，每亩适宜基本苗12万～15万。注意防治白粉病、纹枯病、赤霉病、蚜虫等病虫害。高水肥地注意控制播量，掌握好春季追肥浇水的时期，防止倒伏。

适宜种植区域：适宜在黄淮冬麦区南片的河南（信阳、南阳除外）、安徽北部、江苏北部、陕西关中灌区、山东菏泽地区高中水肥地块早中茬种植。

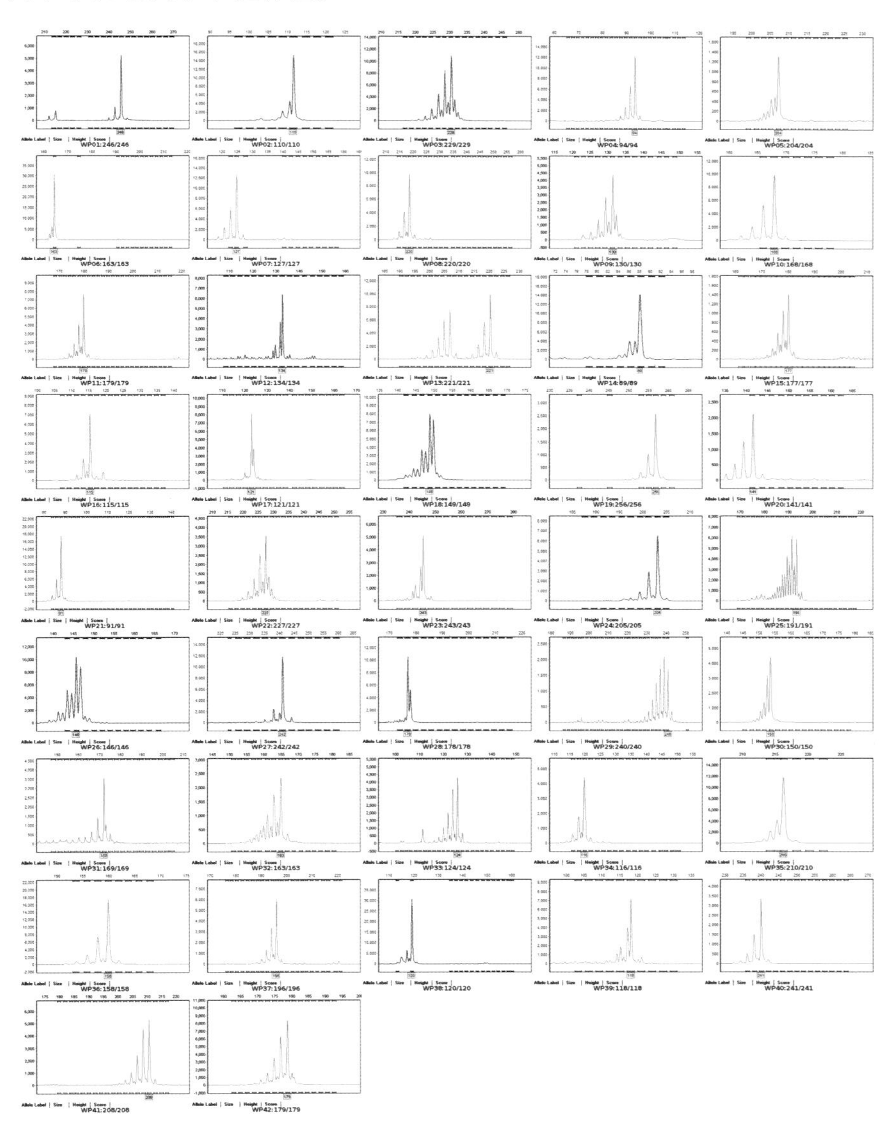

179. 郑育麦9987

审定编号：国审麦2009012

选育单位：郑州市友邦农作物新品种研究所

品种来源：豫麦21/豫麦2号//豫麦57

特征特性：半冬性，中晚熟，成熟期比对照新麦18晚熟2天。幼苗半匍匐，分蘖力中等，成穗率较高，成穗数中等。株高78厘米左右，株型半紧凑，旗叶短宽、上冲，株行间透光性好，茎秆硬。穗层整齐，穗大穗匀。穗近方形，长芒，白壳，白粒，籽粒半角质、光泽度好、饱满度较好。两年区试平均亩穗数38.6万穗，穗粒数30.7粒，千粒重51.2克。冬季抗寒性中等，耐倒春寒能力较弱。抗倒性较强。叶功能好，耐后期高温，熟相中等。接种抗病性鉴定：中感条锈病、白粉病、赤霉病、纹枯病，高感叶锈病。区试田间试验部分试点条锈病较重。2007年、2008年分别测定品质（混合样）：籽粒容重787克/升、780克/升，硬度指数62.0（2008年），蛋白质含量13.41%、13.42%；面粉湿面筋含量30.0%、28.9%，沉降值19.1毫升、24.7毫升，吸水率59.1%、57.8%，稳定时间2.2分钟、2.8分钟，最大抗延阻力143E.U.、132E.U.，延伸性15.5厘米、14.1厘米，拉伸面积33平方厘米、28平方厘米。

产量表现：2006—2007年度参加黄淮冬麦区南片冬水组品种区域试验，平均亩产542.3千克，比对照新麦18增产3.92%；2007—2008年度续试，平均亩产567.6千克，比对照新麦18增产4.4%。2008—2009年度生产试验，平均亩产496.4千克，比对照新麦18增产5.4%。

栽培技术要点：适宜播期10月上中旬，每亩适宜基本苗18万～22万。注意防治叶锈病、条锈病。春季适当提早进行返青期、拔节期的水肥管理。

适宜种植区域：适宜在黄淮冬麦区南片的河南（信阳、南阳除外）、安徽北部、江苏北部、陕西关中灌区高中水肥地块早中茬种植。

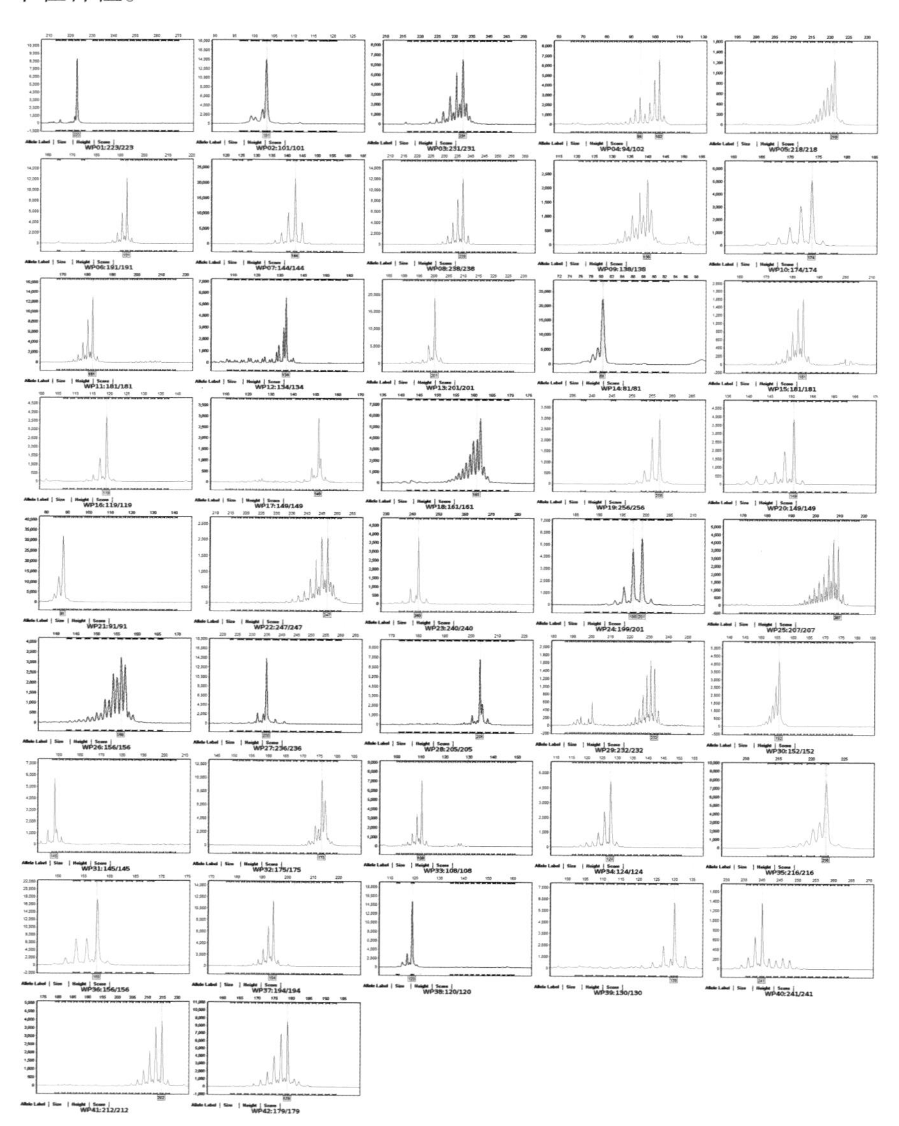

180. 浚麦99-7

审定编号：国审麦2009011

选育单位：浚县丰黎种业有限公司

品种来源：98264/豫麦52

特征特性：半冬性，中熟，成熟期与对照新麦18同期。幼苗半匍匐，叶宽短、叶色浓绿，分蘖力中等，成穗率较高。株高86厘米左右，株型偏紧凑，旗叶短宽直立，干尖较明显，茎秆弹性一般。穗层整齐，穗子较大。穗长方形，长芒，白壳，白粒，籽粒半角质、饱满度较好。两年区试平均亩穗数41.3万穗，穗粒数36.1粒，千粒重40.0克。冬季抗寒性较好，耐倒春寒能力较弱。抗倒性中等偏弱。较耐后期高温，熟相好。接种抗病性鉴定：中抗纹枯病，中感叶锈病、白粉病、赤霉病，中感至高感条锈病。区试田间试验部分试点叶枯病中等偏重发生，高感条锈病。2007年、2008年分别测定品质（混合样）：籽粒容重786克/升、782克/升，蛋白质含量14.78%、14.13%；面粉湿面筋含量32.6%、31.2%，沉降值32.9毫升、33.3毫升，吸水率54.5%、53.3%，稳定时间2.6分钟、2.6分钟，最大抗延阻力223E.U.、216/E.U.，延伸性17.0厘米、16.8厘米，拉伸面积56平方厘米、53平方厘米。

产量表现：2006—2007年度参加黄淮冬麦区南片冬水组品种区域试验，平均亩产540.5千克，比对照新麦18增产4.1%；2007—2008年度续试，平均亩产577千克，比对照新麦18增产5.8%。2008—2009年度生产试验，平均亩产500.4千克，比对照新麦18增产4.9%。

栽培技术要点：适宜播期10月上中旬，每亩适宜基本苗12万～15万。注意防治条锈病、叶锈病。高水肥地注意控制播量，掌握好春季追肥浇水的时期，防止倒伏。

适宜种植区域：适宜在黄淮冬麦区南片的河南（信阳、南阳除外）、安徽北部、江苏北部、陕西关中灌区、山东菏泽地区高中水肥地块早中茬种植。

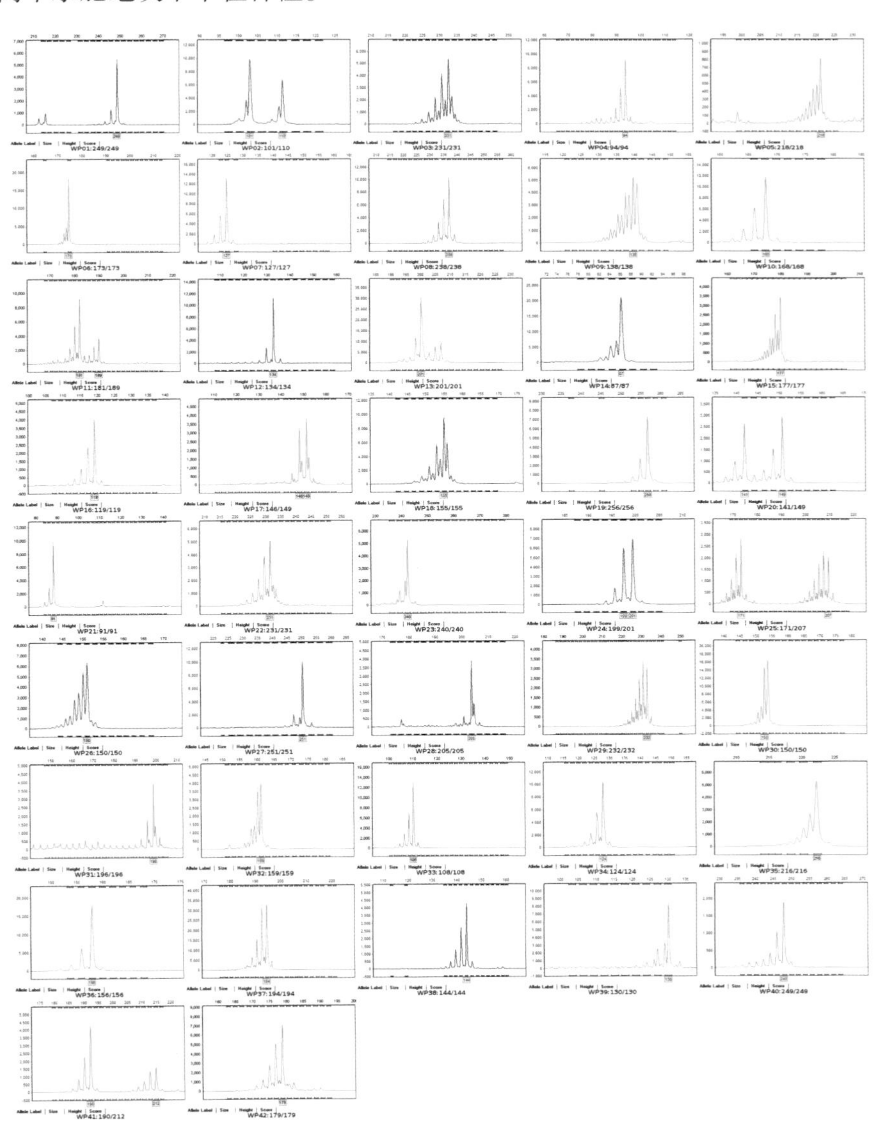

181. 淮麦29

审定编号：国审麦2009010

选育单位：江苏徐淮地区淮阴农业科学研究所

品种来源：淮麦20/绵阳04254

特征特性：半冬性，中晚熟，成熟期比对照新麦18晚熟1天。幼苗匍匐，分蘖力较强，成穗率一般。株高90厘米左右，株型半松散，旗叶上冲，植株有蜡质，长相清秀，株行间透光性好，茎秆弹性一般。穗层厚，穗多穗匀，穗偏小，结实性好。穗纺锤形，长芒，白壳，白粒，籽粒角质、均匀饱满。两年区试平均亩穗数41.8万穗，穗粒数32.9粒，千粒重41.7克。冬季抗寒性好，耐倒春寒能力较好。抗倒性中等偏弱。后期有早衰现象，耐旱性一般，熟相一般。接种抗病性鉴定：中感条锈病、白粉病、纹枯病，高感叶锈病、赤霉病。区试田间试验部分试点高感条锈病，叶枯病重。2007年、2008年分别测定品质（混合样）：籽粒容重800克/升、808克/升，硬度指数64.0（2008年），蛋白质含量14.91%、14.08%；面粉湿面筋含量33.3%、31.0%，沉降值35.0毫升、30.2毫升，吸水率59.3%，57.0%，稳定时间6.8分钟、6.9分钟，最大抗延阻力346E.U.、324E.U.，延伸性13.4厘米、13.2厘米，拉伸面积64平方厘米、59平方厘米。

产量表现：2006—2007年度参加黄淮冬麦区南片冬水组品种区域试验，平均亩产548.4千克，比对照新麦18增产5.6%；2007—2008年度续试，平均亩产573.7千克，比对照新麦18增产5.2%。2008—2009年度生产试验，平均亩产501.7千克，比对照新麦18增产5.2%。

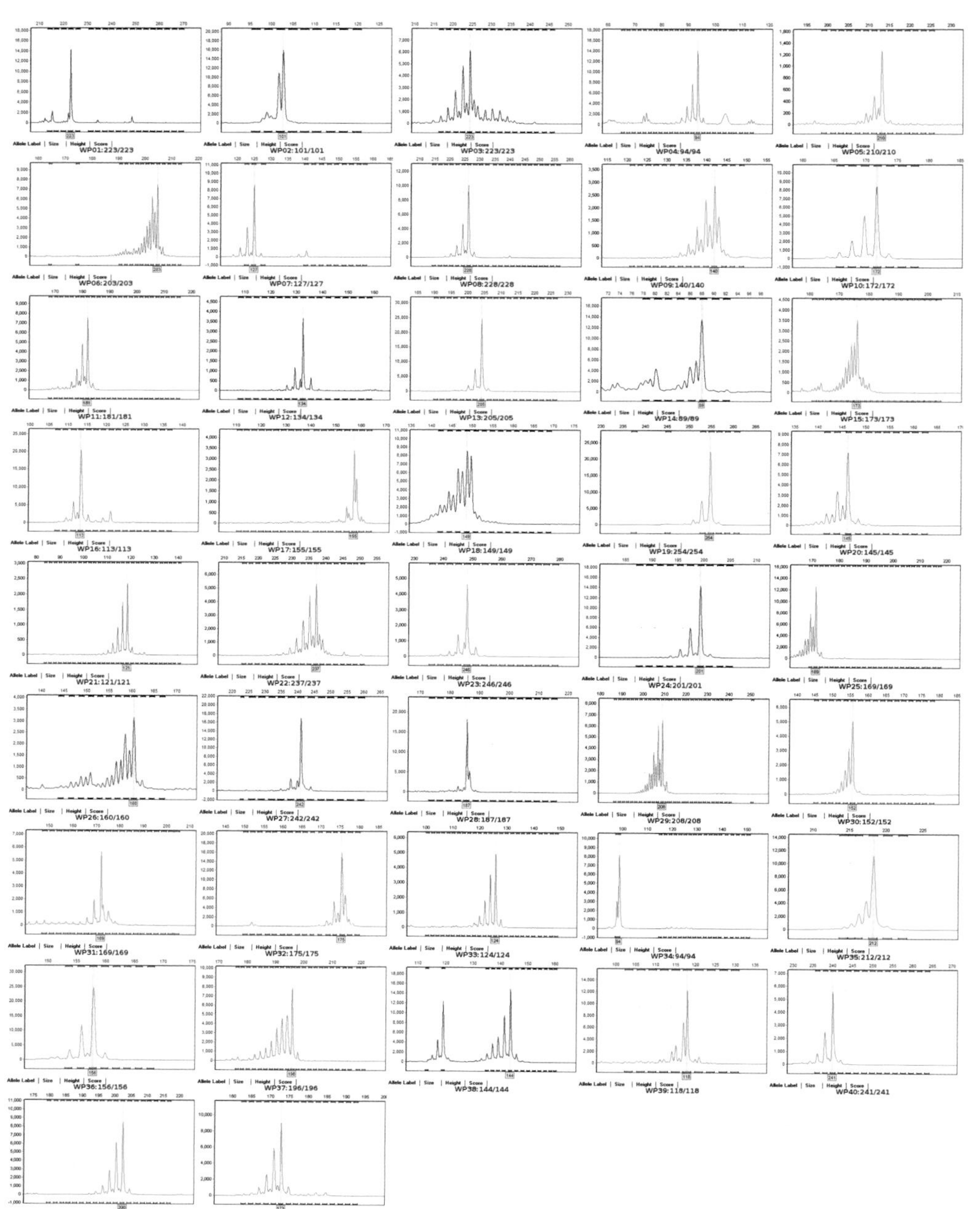

栽培技术要点：适宜播期10月上中旬，每亩适宜基本苗12万～15万。注意防治条锈病、叶锈病和赤霉病。高水肥地注意控制播量，掌握好春季追肥浇水的时期，防止倒伏。

适宜种植区域：适宜在黄淮冬麦区南片的河南（信阳、南阳除外）、安徽北部、江苏北部、陕西关中灌区、山东菏泽地区高中水肥地块早中茬种植。

182. 淮麦28

审定编号：国审麦2009009

选育单位：江苏徐淮地区淮阴农业科学研究所

品种来源：周麦13/新麦9号

特征特性：半冬性，中晚熟，成熟期比对照新麦18晚熟1天，比对照周麦18早熟1天。幼苗半匍匐，叶色浓绿色，分蘖力较强，成穗率偏低。株高93厘米左右，株型紧凑，旗叶宽长、上冲，叶色深绿，植株有蜡质，株行间透光性好。穗层不整齐，穗大穗匀，结实性好。穗纺锤形，长芒，白壳，白粒，籽粒半角质、腹沟较深、饱满度一般。两年区试平均亩穗数37.4万穗，穗粒数38.7粒，千粒重41.3克。冬季抗寒性较好，耐倒春寒能力较弱。抗倒性中等。较耐高温，熟相好。接种抗病性鉴定：慢叶锈病，中感条锈病、白粉病，高感赤霉病、枯病。区试田间试验部分试点中感叶枯病，高感叶锈病和条锈病，有颖枯病发生。2008年、2009年分别测定品质（混合样）：籽粒容重798克/升、790克/升，硬度指数49.0、51.5，蛋白质含量13.53%、14.12%；面粉湿面筋含量27.4%、28.2%，沉降值29.8毫升、32.7毫升，吸水率53.1%、53.4%，稳定时间6.4分钟、8.2分钟，最大抗延阻力298E.U.、387E.U.，延伸性13.9厘米、12.4厘米，拉伸面积59平方厘米、66平方厘米。

产量表现：2007—2008年度参加黄淮冬麦区南片冬水组品种区域试验，平均亩产576.3千克，比对照新麦18增产6%；2008—2009年度续试，平均亩产545.3千克，比对照新麦18增产9.54%。2008—2009年度生产试验，平均亩产505.6千克，比对照新麦18增产7.3%。

栽培技术要点：适宜播期10月上中旬，每亩适宜基本苗15万～18万。注意防治条锈病、叶锈病、纹枯病、蚜虫等病虫害。高水肥地注意控制播量，掌握好春季追肥浇水的时期，防止倒伏。

适宜种植区域：适宜在黄淮冬麦区南片的河南（信阳、南阳除外）、安徽北部、江苏北部、陕西关中灌区、山东菏泽地区高中水肥地块早中茬种植。

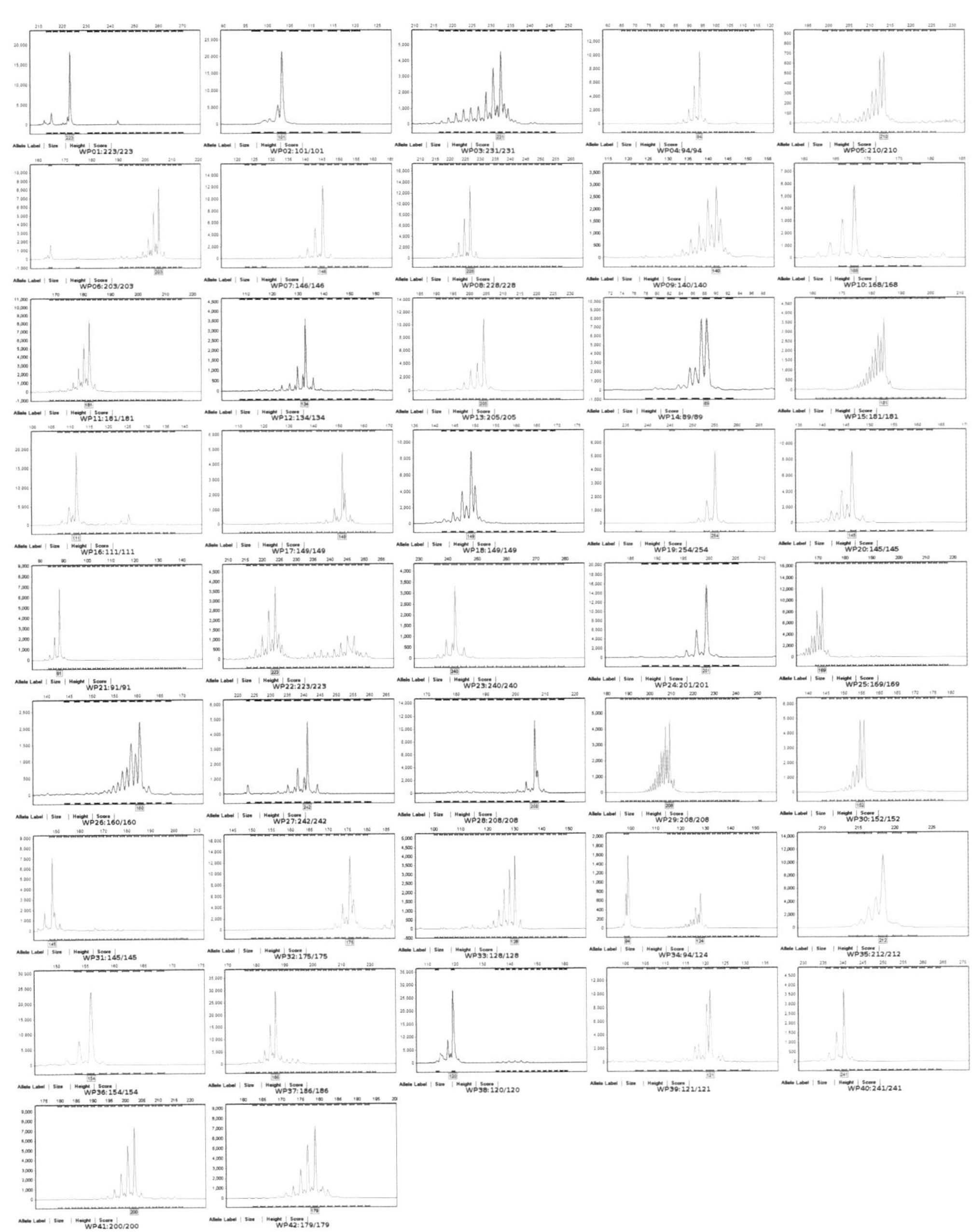

183. 洛麦23

审定编号：国审麦2009008

选育单位：洛阳市农业科学研究院

品种来源：豫麦18/淮阴9628

特征特性：半冬性，中晚熟，成熟期比对照新麦18晚熟1天。幼苗半匍匐，分蘖力中等，成穗率较高。株高76厘米左右，株型稍松散，旗叶短宽、上冲、深绿色，茎秆弹性好。穗层整齐，穗多穗匀。穗纺锤形，长芒，白壳，白粒，籽粒粉质、粒小、整齐饱满。对肥水敏感，后期有早衰现象。两年区试平均亩穗数41.3万穗、42.6万穗，穗粒数34.5粒、36.5粒，千粒重40.7克、37.4克。冬季抗寒性较好，耐倒春寒能力一般。抗倒性较好。接种抗病性鉴定：中感白粉病、赤霉病，高感条锈病、叶锈病、纹枯病。区试田间试验部分试点颖枯病较重。2008年、2009年分别测定品质（混合样）：籽粒容重808克/升、796克/升，硬度指数51.0、50.4，蛋白质含量14.13%、13.66%；面粉湿面筋含量31.5%、31.3%，沉降值24.4毫升、25.4毫升，吸水率57.4%、57.7%，稳定时间2.0分钟、1.8分钟，最大抗延阻力170E.U.、164E.U.，延伸性13.8厘米、14.4厘米，拉伸面积34平方厘米、34平方厘米。

产量表现：2007—2008年度参加黄淮冬麦区南片冬水组品种区域试验，平均亩产575.2千克，比对照新麦18增产5.4%；2008—2009年度续试，平均亩产549.2千克，比对照新麦18增产9.42%。2008—2009年度生产试验，平均亩产511.1千克，比对照新麦18增产7.1%。

栽培技术要点：适宜播期10月上中旬，每亩适宜基本苗15万左右。注意防治条锈病、颖枯病、赤霉病、蚜虫等病虫害。

适宜种植区域：适宜在黄淮冬麦区南片的河南（信阳、南阳除外）、安徽北部、江苏北部、陕西关中灌区、山东菏泽地区高中水肥地早中茬种植。

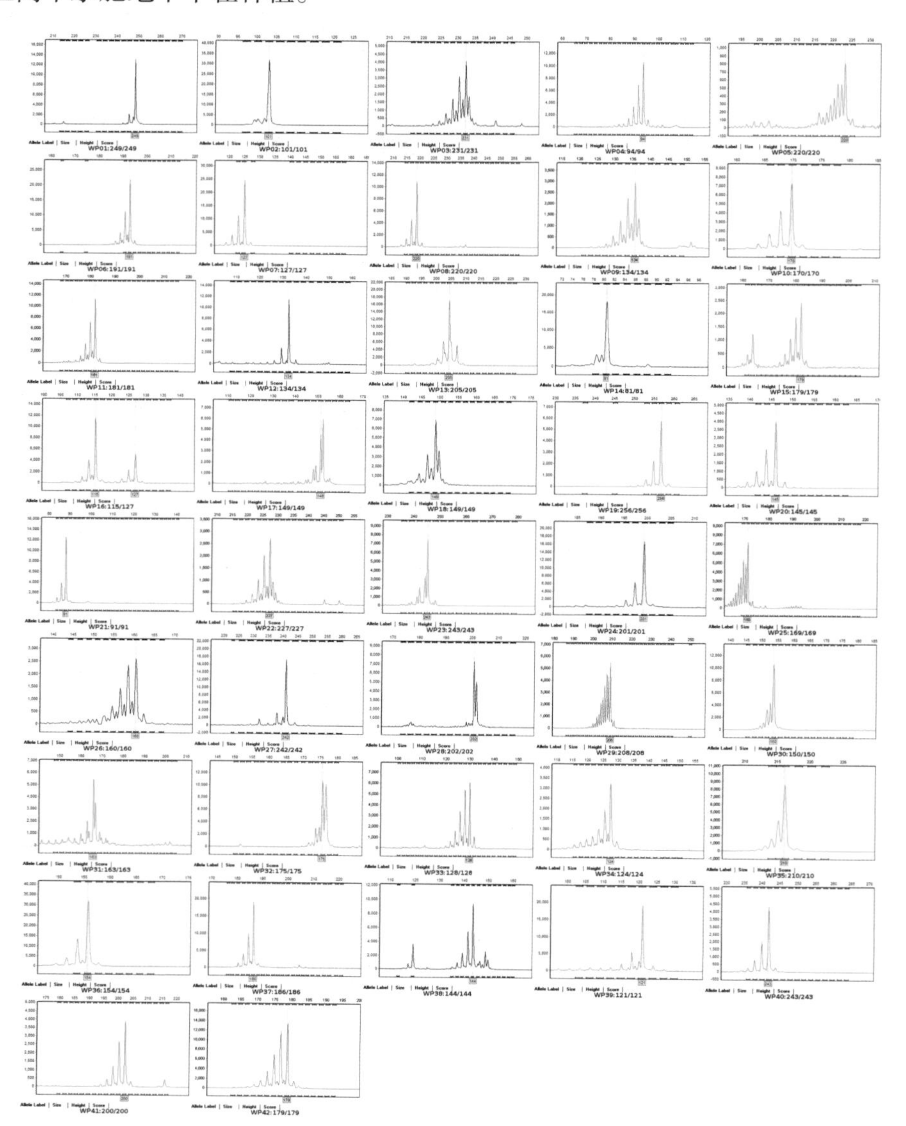

184. 豫农982

审定编号： 国审麦2009007

选育单位： 河南农业大学

品种来源： HY9153/百农3217//豫麦49

特征特性： 半冬性，中晚熟，成熟期比对照新麦18晚熟2天。幼苗半匍匐，分蘖力中等，成穗率较高。株高80厘米左右，株型较紧凑，旗叶短宽、上冲。穗层整齐，穗多穗匀，码密粒多，结实性好。穗纺锤形，长芒，白壳，白粒，籽粒半角质，均匀度好，饱满度较好。两年区试平均亩穗数38.6万穗、41.0万穗，穗粒数33.7粒、34.1粒，千粒重45.9克、45.3克。冬季抗寒性较好，耐倒春寒能力偏弱。抗倒性较强。灌浆较快，耐后期高温能力一般，熟相好。接种抗病性鉴定：慢叶锈病，中感白粉病，高感条锈病、赤霉病、纹枯病。区试田间试验部分试点中感叶枯病。2007年、2008年分别测定品质（混合样）：籽粒容重799克/升、790克/升，硬度指数63（2008年），蛋白质含量14.22%、13.48%；面粉湿面筋含量30.6%、28.6%，沉降值31.5毫升、28.3毫升，吸水率56.8%、54.6%，稳定时间5.5分钟、4.2分钟，最大抗延阻力216E.U.、170E.U.，延伸性15.5厘米、16.8厘米，拉伸面积48平方厘米、42平方厘米。

产量表现： 2006—2007年度参加黄淮冬麦区南片冬水组品种区域试验，平均亩产549.7千克，比对照新麦18增产5.33%；2007—2008年度续试，平均亩产578.2千克，比对照新麦18增产6.3%。2008—2009年度生产试验，平均亩产504.3千克，比对照新麦18增产5.7%。

栽培技术要点： 适宜播期10月上中旬，每亩适宜基本苗15万左右。注意防治纹枯病、条锈病、赤霉病、蚜虫等病虫害。

适宜种植区域： 适宜在黄淮冬麦区南片的河南（信阳、南阳除外）、安徽北部、江苏北部、陕西关中灌区、山东菏泽地区高中水肥地块早中茬种植。

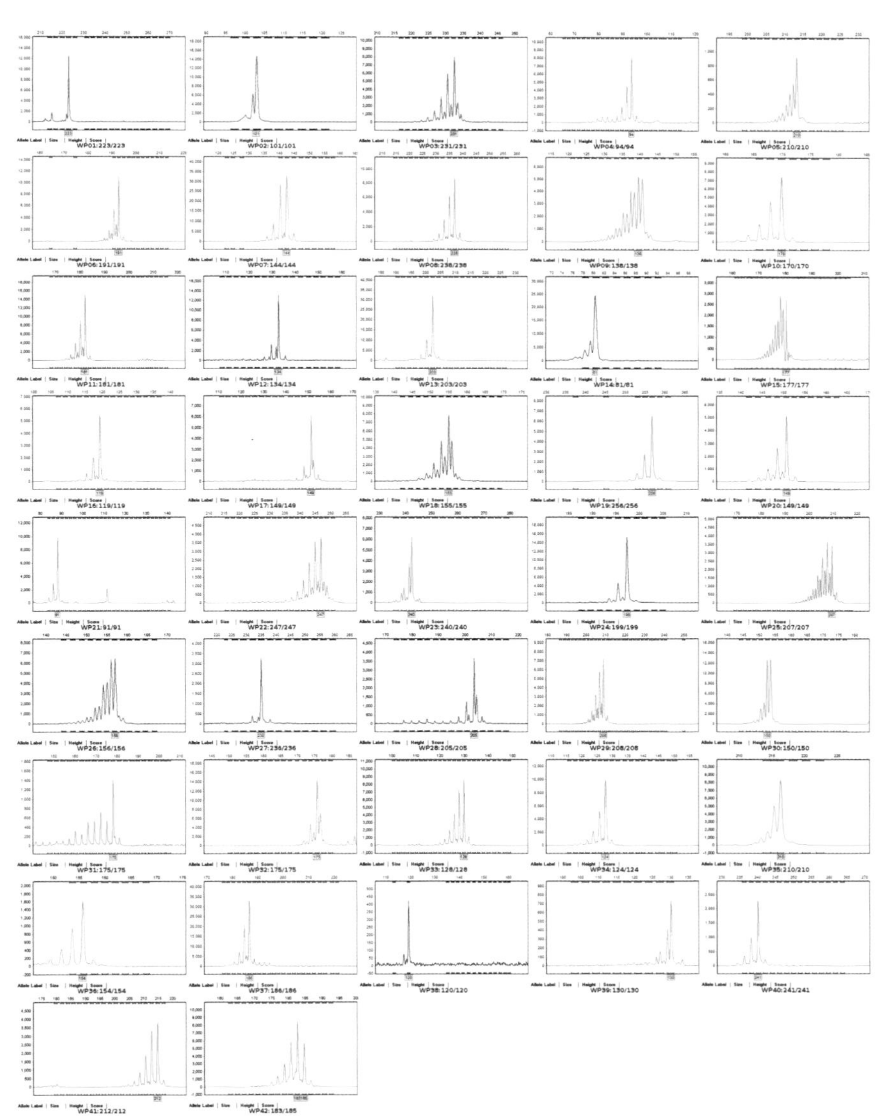

185. 洛麦21

审定编号：国审麦2009006

选育单位：洛阳市农业科学研究院

品种来源：洛麦1号/周麦13

特征特性：半冬性，中晚熟，成熟期比对照新麦18晚熟1天。幼苗近直立，叶黄绿色，分蘖力中等，成穗率较高。株高90厘米左右，株型紧凑，旗叶短宽、上冲，长相清秀，株行间透光性较好，茎秆较粗。穗层厚，穗大穗匀，结实性好。穗纺锤形，长芒，白壳，白粒，籽粒粉质、大小较均匀，腹沟深，饱满度一般。两年区试平均亩穗数36.4万穗，穗粒数36.4粒，千粒重44.8克。冬季抗寒性一般，耐倒春寒能力偏弱。抗倒性中等偏弱。耐旱性较好，熟相较好。接种抗病性鉴定：中抗赤霉病，中感条锈病、纹枯病，高感叶锈病、白粉病。区试田间试验部分试点颖枯病偏重发生，高感条锈病。2007年、2008年分别测定品质（混合样）：籽粒容重768克/升、775克/升，硬度指数60（2008年），蛋白质含量14.29%、14.02%；面粉湿面筋含量33.1%、30.4%，沉降值28.7毫升、26.7毫升，吸水率58.5%、56.8%，稳定时间2.4分钟、2.2分钟，最大抗延阻力174E.U.、163E.U.，延伸性16.4厘米、16.4厘米，拉伸面积42平方厘米、40平方厘米。

产量表现：2006—2007年度参加黄淮冬麦区南片冬水组品种区域试验，平均亩产537.3千克，比对照新麦18增产3.4%；2007—2008年度续试，平均亩产584.2千克，比对照新麦18增产7.5%。2008—2009年度生产试验，平均亩产496.8千克，比对照新麦18增产5.5%。

栽培技术要点：适宜播期10月上中旬，每亩适宜基本苗12万～15万。注意防治条锈病、叶锈病、白粉病、颖枯病、蚜虫、红蜘蛛等病虫害。高水肥地注意控制播量，掌握好春季追肥浇水的时期，防止倒伏。

适宜种植区域：适宜在黄淮冬麦区南片的河南（信阳、南阳除外）、安徽北部、江苏北部、陕西关中灌区高中水肥地块早中茬种植。

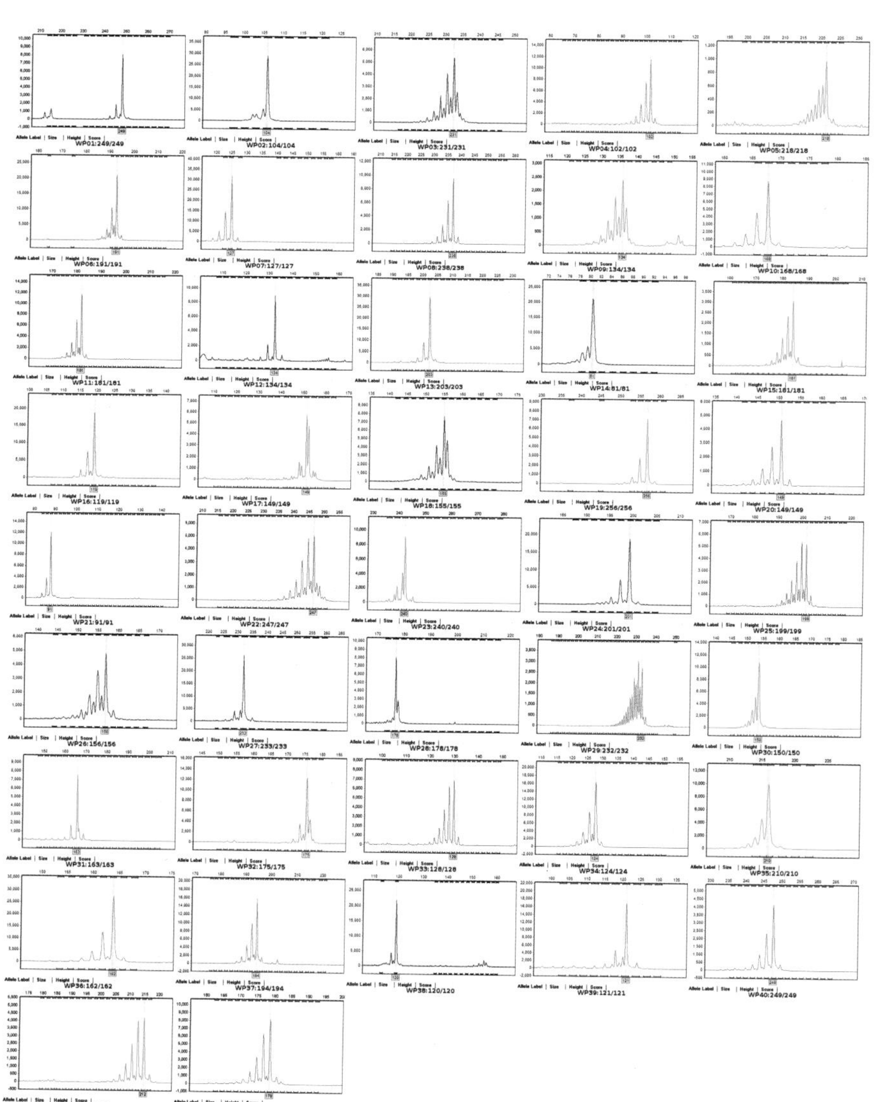

186. 许科1号

审定编号：国审麦2009005

选育单位：河南省许科种业有限公司

品种来源：97—042/漯麦四号

特征特性：半冬性，中晚熟，成熟期比对照新麦18晚熟2天，与周麦18同期。幼苗半匍匐，分蘖力较强，成穗率一般。株高88厘米左右，株型稍松散，旗叶短宽、上冲、深绿色，茎秆粗壮。穗层厚，穗大穗匀，码密，结实性好。穗纺锤形，长芒，白壳，白粒，籽粒半角质，饱满度较好。两年区试平均亩穗数36.8万穗，穗粒数37.0粒，千粒重45.8克。冬季抗寒性一般，耐倒春寒能力一般。抗倒性较好。后期较耐高温，叶功能好，耐热性较好，成熟落黄好。接种抗病性鉴定：中感叶锈病、白粉病和赤霉病，高感条锈病、纹枯病。2008年、2009年分别测定品质（混合样）：籽粒容重781克/升、776克/升，硬度指数64、67，蛋白质含量12.96%、12.99%；面粉湿面筋含量28%、26.4%，沉降值23.4毫升、24.4毫升，吸水率59.2%、60.4%，稳定时间2.8分钟、3.4分钟，最大抗延阻力154E.U.、169E.U.，延伸性14.0厘米、13.4厘米，拉伸面积32平方厘米、34平方厘米。

产量表现：2007—2008年度参加黄淮冬麦区南片冬水组品种区域试验，平均亩产600.6千克，比对照新麦18增产10.1%；2008—2009年度续试，平均亩产548.3千克，比对照新麦18增产9.2%。2008—2009年度生产试验，平均亩产514.3千克，比对照新麦18增产7.8%。

栽培技术要点：适宜播期10月上中旬，每亩适宜基本苗15万～20万。注意防治条锈病、叶锈病、纹枯病、赤霉病、蚜虫等病虫害。高水肥地要掌握好春季追肥浇水的时期，以控制植株过高，防止倒伏。

适宜种植区域：适宜在黄淮冬麦区南片的河南（信阳、南阳除外），安徽北部、江苏北部、陕西关中灌区高中水肥地块早中茬种植。

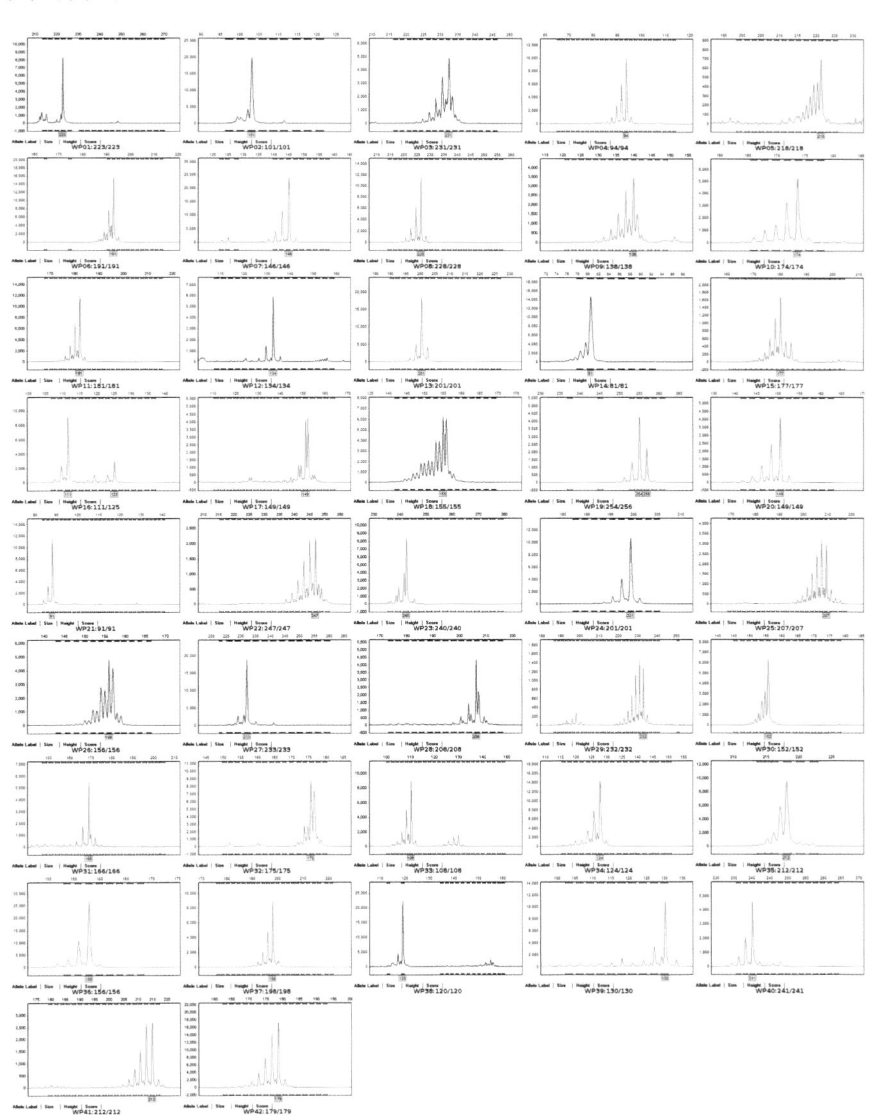

187. 生选6号

审定编号：国审麦2009004

选育单位：江苏省农业科学院农业生物技术研究所

品种来源：宁麦8号/宁麦9号

特征特性：春性，成熟期比对照扬麦158晚熟2天。幼苗直立，苗叶色深绿，苗期叶片细长上举，分蘖力强，成穗率中等。株高79厘米左右，株型紧凑。穗层欠整齐，穗纺锤形，较小，长芒，白壳，红粒，籽粒粉质，较饱满。平均亩穗数33.3万穗，穗粒数38.6粒，千粒重39.2克。抗倒性中等偏强。春季抗寒性与对照相当。接种抗病性鉴定：高抗赤霉病，慢叶锈病，中感白粉病、纹枯病，高感条锈病。区试田间试验部分试点表现白粉病、纹枯病、叶锈病较重。2006年、2007年分别测定品质（混合样）：籽粒容重800克/升、784克/升，硬度指数54.3（2008年），蛋白质含量13.10%、13.10%；面粉湿面筋含量26.6%、26.3%，沉降值24.0毫升、23.5毫升，吸水率53.1%、54.0%，稳定时间：2.2分钟、2.1分钟，最大抗延阻力110E.U.、152E.U.，延伸性12.7厘米、16.3厘米，拉伸面积15.0平方厘米、35.2平方厘米。

产量表现：2006—2007年度参加长江中下游冬麦组品种区域试验，平均亩产437.6千克，比对照扬麦158增产4.4%；2007—2008年度续试，平均亩产433.6千克，比对照扬麦158增产0.53%。2008—2009年度生产试验，平均亩产400.4千克，比对照增产5.9%。

栽培技术要点：适时播种，适宜播期10月下旬至11月上旬。合理密植，每亩基本苗15万苗左右。注意防治锈病、白粉病、纹枯病。

适宜种植区域：适宜在长江中下游冬麦区的江苏和安徽两省淮南地区、湖北中北部、河南信阳地区种植。

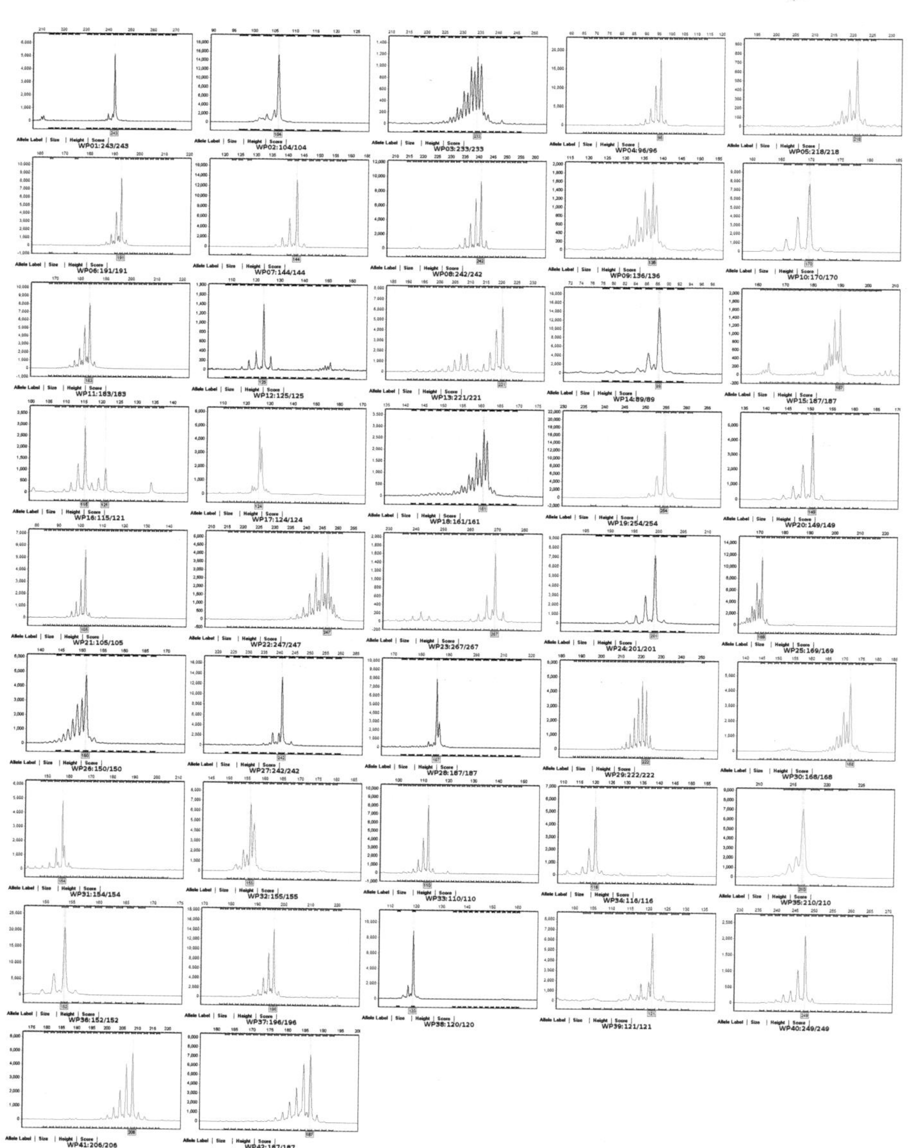

188. 周麦24号

审定编号：国审麦2009002

选育单位：周口市农业科学院

品种来源：周麦16/陕优225

特征特性：属半冬性多穗型中熟品种，全生育期226天，比对照周麦18早熟一天。幼苗半直立，苗势壮，抗寒性较好；分蘖成穗率一般；春季起身拔节较晚，两极分化慢；株高84厘米，株型紧凑，旗叶宽大直立，茎秆弹性强，抗倒性较好；耐后期高温，成熟落黄好；长方形穗，短芒、大穗，均匀，结实性好，籽粒半角质，饱满。平均亩穗数39.5万，穗粒数36.1粒，千粒重42.8克。

产量表现：2007—2008年度省高肥冬水Ⅰ组区域试验，10点汇总，平均亩产549.3千克，比对照周麦18增产3.11%，差异不显著，居13个参试品种首位；2008—2009年度省冬水Ⅰ组区域试验，12点汇总，平均亩产499.5千克，比对照周麦18减产0.79%，差异不显著，居13个参试品种第5位。

栽培技术要点：播期：10月5—30日均可播种，最佳播期10月15日左右。播量：适宜播亩量7～12千克。田间管理：一般全生育期亩施肥量为：纯氮12～14千克，磷（P_2O_5）6～10千克，钾（K_2O）5～7千克，硫肥、锌肥均为3千克。磷、钾肥和微肥一次性底施，氮肥底肥与追肥的比例为5：5，拔节后期追肥。应在返青至拔节前喷药1～2次防治纹枯病；中后期一喷三防，在4月中旬至5月上旬喷雾重点防治白粉病和穗蚜2次；为促进灌浆提高粒重，可叶面喷施磷酸二氢钾200克/亩。

适宜种植区域：河南省（南部稻茬麦区除外）早中茬中高肥力地种植。

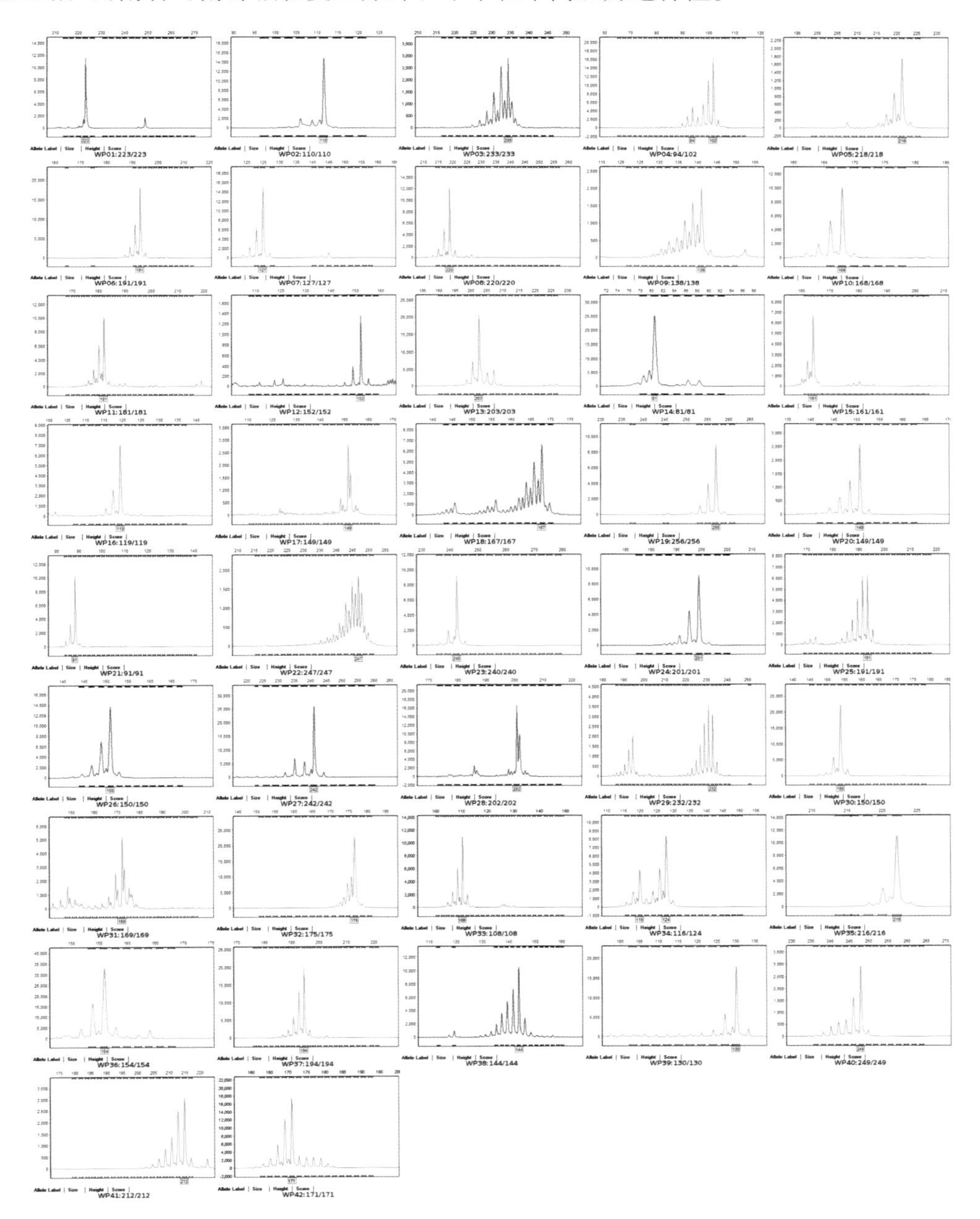

189. 绵麦48

审定编号： 国审麦2009001

选育单位： 绵阳市农业科学研究所

品种来源： 绵阳01821/贵农19-4

特征特性： 春性，成熟期与对照川麦107相当。幼苗半直立，生长势较旺，分蘖力强，成穗率较高。株高93厘米左右，茎秆弹性较好。穗层较整齐，穗长方形，长芒，白壳，白粒，籽粒半角质，较均匀，饱满。平均亩穗数26.2万穗，穗粒数36.4粒，千粒重46.6克。抗倒力较好。接种抗病性鉴定：白粉病免疫，慢条锈病，中感赤霉病，高感/中抗（抗性分离）叶锈病。区试田间试验部分试点表现条锈病、白粉病较重。2006、2007年分别测定品质（混合样）：籽粒容重784克/升、770克/升，硬度指数52.8（2008年），蛋白质含量11.49%、13.42%；面粉湿面筋含量23.0%、25.4%，沉降值20.6毫升、30.0毫升，吸水率55.7%、56.6%，稳定时间2.8分钟、3.4分钟，最大抗延阻力168E.U.、182E.U.，延伸性15.5厘米、16.8厘米，拉伸面积35.9平方厘米、39.2平方厘米。

产量表现： 2006—2007年度参加长江上游冬麦组品种区域试验，平均亩产403.2千克，比对照川麦107增产6.8%；2007—2008年度续试，平均亩产370.6千克，比对照川麦107增产8.5%。2008—2009年度生产试验，平均亩产370.3千克，比对照增产5.5%。

栽培技术要点： 合理密植，每亩基本苗14万～16万。注意防治条锈病、白粉病，多雨年份注意防治赤霉病。

适宜种植区域： 适宜在西南冬麦区的四川、重庆东部、云南中部和北部、陕西汉中和安康地区、湖北襄樊地区、甘肃徽成盆地川坝河谷种植。

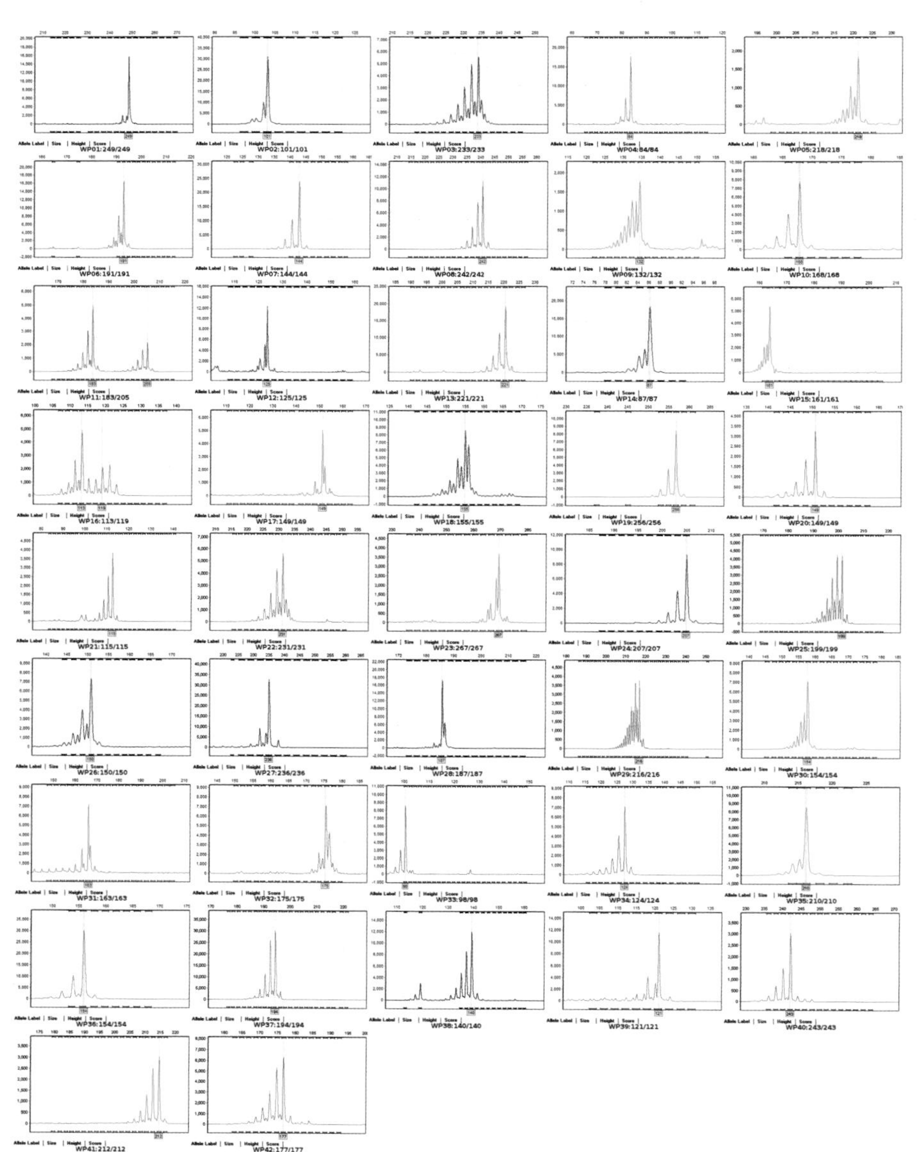

190. 克旱21

审定编号：国审麦2008020

选育单位：黑龙江省农业科学院克山分院

品种来源：克89F6南-2/克89F1-1237

特征特性：晚熟，生育期94天左右。幼苗直立，分蘖力强，繁茂性好。株高79厘米左右。穗纺锤形，长芒，红粒，角质。平均亩穗数39.5万穗，穗粒数31.2粒，千粒重37.6克。抗倒性较好，熟相较好。接种抗病性鉴定：高抗叶锈病，慢秆锈病，中感根腐病，高感赤霉病。2005年、2006年分别测定混合样：容重830克/升、822克/升，蛋白质（干基）含量13.28%、14.22%，湿面筋含量30.3%、30.0%，沉降值44.2毫升、41.1毫升，吸水率69.0%、67.8%，稳定时间2.5分钟、2.4分钟，最大抗延阻力190E.U.、180E.U.，延伸性21.7厘米、20.2厘米，拉伸面积56.8平方厘米、49.9平方厘米。

产量表现：2005年参加东北春麦晚熟组品种区域试验，平均亩产336.2千克，比对照新克旱9号增产16.9%；2006年续试，平均亩产377.0千克，比对照新克旱9号增产11.2%。2007年生产试验，平均亩产302.9千克，比对照新克旱9号增产11.4%。

栽培技术要点：适时播种，每亩适宜基本苗43万苗左右，秋深施肥或春分层施肥，三叶期压青苗，成熟时及时收获。

适宜种植区域：适宜在东北春麦区的黑龙江北部、内蒙古呼伦贝尔种植。

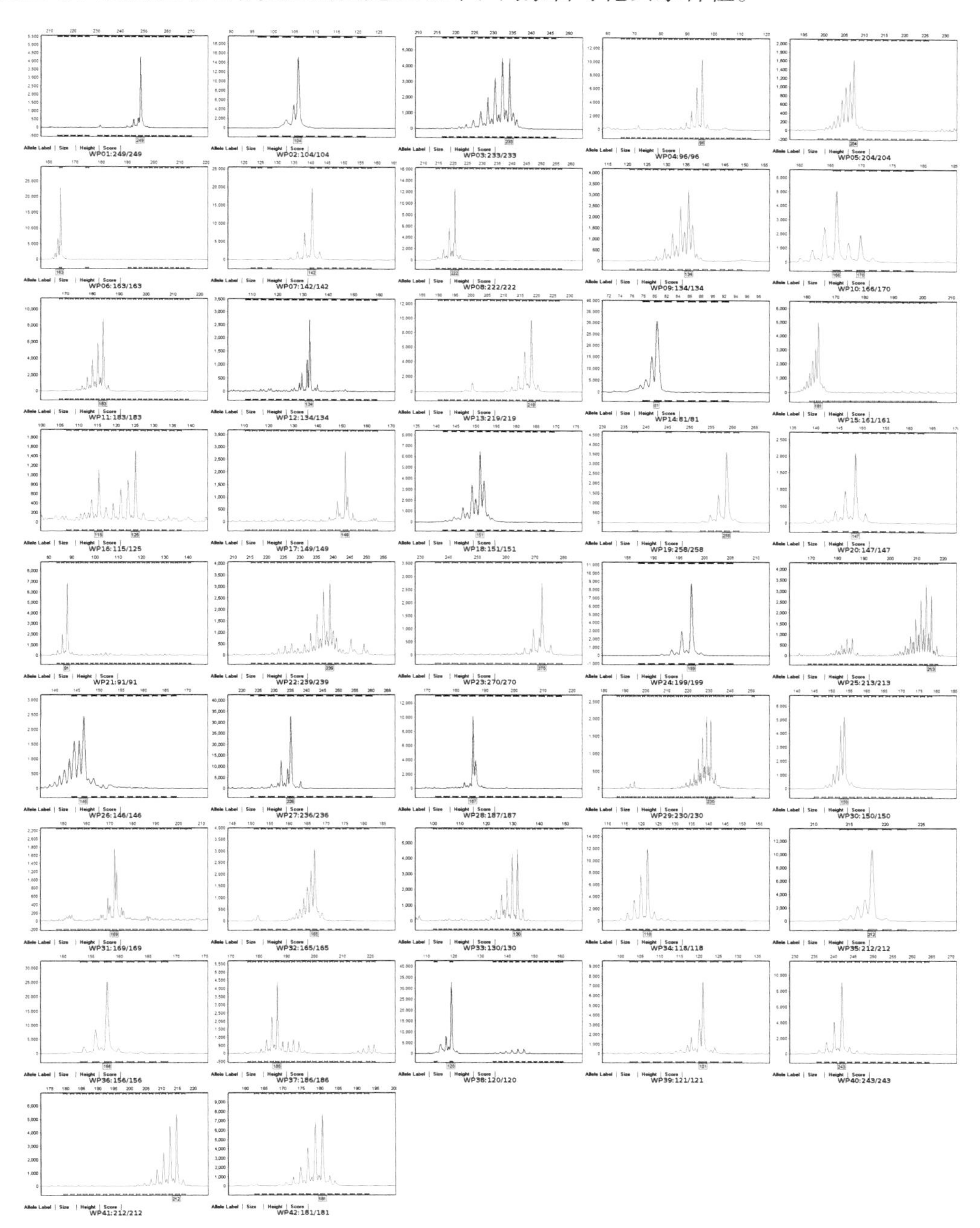

191. 北麦7号

审定编号：国审麦2008018

选育单位：黑龙江省农垦总局红兴隆科学研究所

品种来源：垦红14/九三3U108

特征特性：春性，晚熟，生育期93天左右。幼苗直立，苗期发育较快，繁茂。株高100厘米左右。穗纺锤形，长芒，红粒，角质。平均亩穗数38.4万穗，穗粒数35.6粒，千粒重32.4克。抗倒性较好，熟相较好。接种抗病性鉴定：高抗秆锈病，中感根腐病，高感叶锈病、赤霉病。2005年、2006年分别测定混合样：容重809克/升、804克/升，蛋白质（干基）含量13.45%、14.38%，湿面筋含量31.6%、32.8%，沉降值35.2毫升、36.2毫升，吸水率64.6%、63.4%，稳定时间3.2分钟、4.6分钟，最大抗延阻力323E.U.、248E.U.，延伸性16.3厘米、15.8厘米，拉伸面积71.0平方厘米、51.8平方厘米。

产量表现：2005年参加东北春麦晚熟组品种区域试验，平均亩产305.9千克，比对照新克旱9号增产6.4%；2006年续试，平均亩产366.8千克，比对照新克旱9号增产8.2%。2007年生产试验，平均亩产298.1千克，比对照新克旱9号增产9.7%。

栽培技术要点：适时播种，每亩适宜基本苗43万苗左右，秋深施肥或春分层施肥，三叶期压青苗，成熟时及时收获。

适宜种植区域：适宜在东北春麦区的黑龙江北部、内蒙古呼伦贝尔种植。

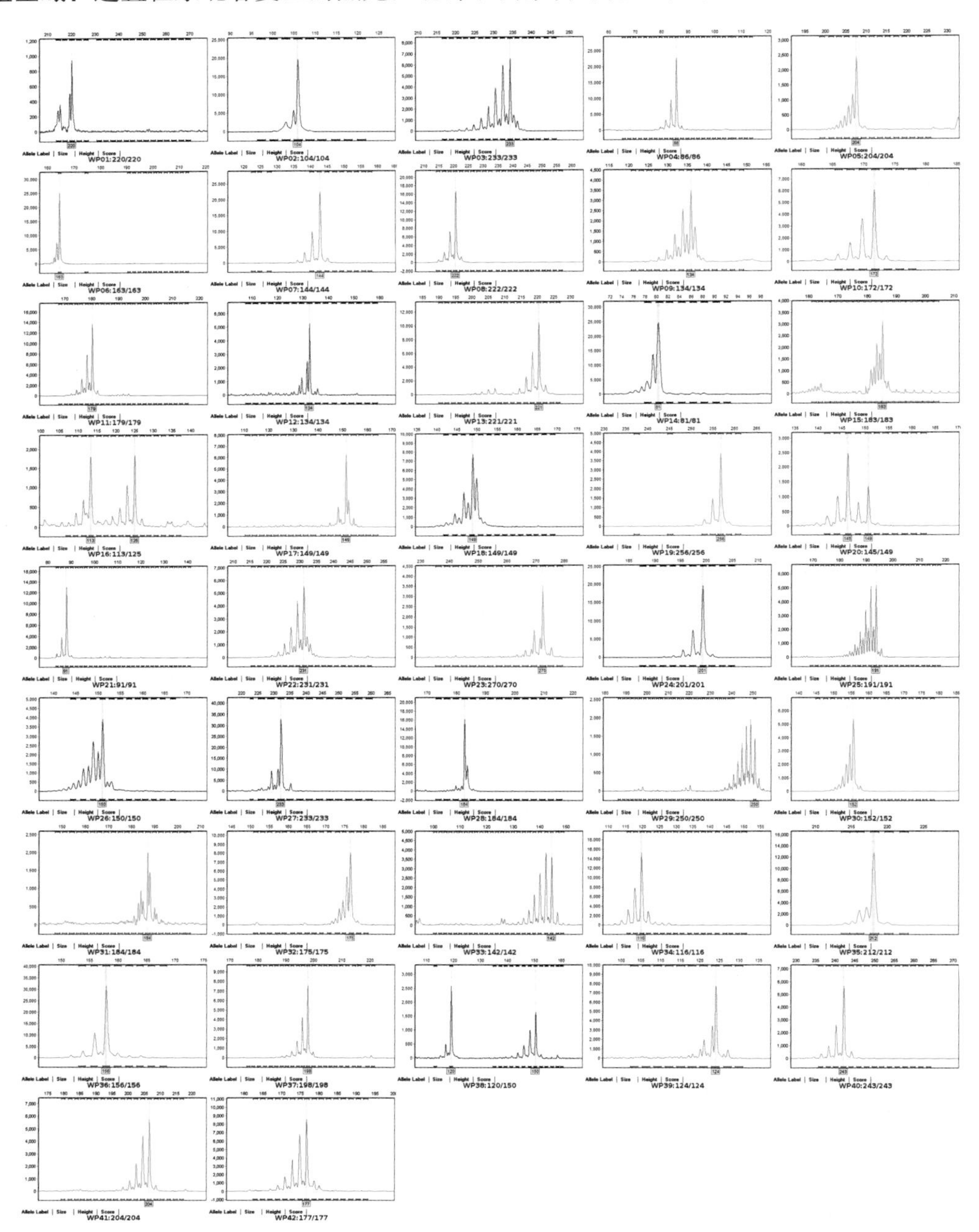

192. 中麦175

审定编号：国审麦2008016

选育单位：中国农业科学院作物科学研究所

品种来源：BPM27/京411

特征特性：冬性，中早熟，全生育期251天左右，成熟期比对照京冬8号早1天。幼苗半匍匐，分蘖力和成穗率较高。株高80厘米左右，株型紧凑。穗纺锤形，长芒，白壳，白粒，籽粒半角质。平均亩穗数45.5万穗，穗粒数31.6粒，千粒重41.0克。抗寒性鉴定：抗寒性中等。抗病性鉴定：慢条锈病、中抗白粉病，高感叶锈病、秆锈病。2007年、2008年分别测定混合样：容重792克/升、816克/升，蛋白质（干基）含量14.99%、14.68%，湿面筋含量34.5%、32.3%，沉降值27.0毫升、23.3毫升，吸水率52%、52%，稳定时间1.8分钟、1.5分钟，最大抗延阻力176E.U.、164E.U.，延伸性16.4厘米、16.0厘米，拉伸面积41平方厘米、38平方厘米。

产量表现：2006—2007年度参加北部冬麦区水地组品种区域试验，平均亩产464.49千克，比对照京冬8号增产8.4%；2007—2008年度续试，平均亩产518.89千克，比对照京冬8号增产9.6%。2007—2008年度生产试验，平均亩产488.26千克，比对照京冬8号增产6.7%。

栽培技术要点：适宜播期9月28日至10月8日，每亩适宜基本苗20万～25万。

适宜种植区域：适宜在北部冬麦区的北京、天津、河北中北部、山西中部和东南部水地种植，也适宜在新疆阿拉尔地区水地作冬麦种植。

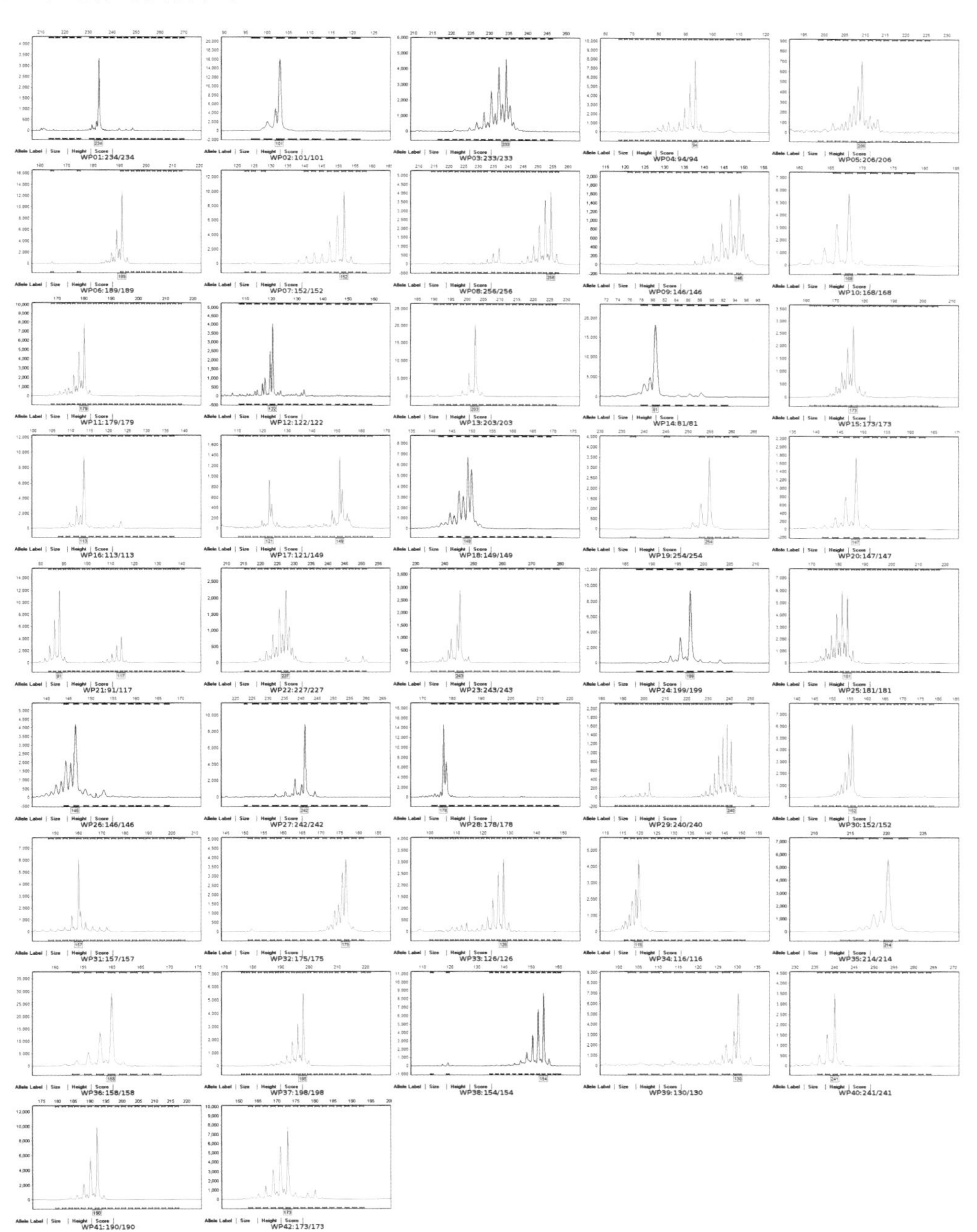

193. 运旱20410

审定编号：国审麦2008014

选育单位：山西省农业科学院棉花研究所

品种来源：晋麦54/长5613

特征特性：弱冬性，中熟，全生育期242天左右，成熟期与对照晋麦47号相当。幼苗半匍匐，叶色深绿，生长健壮，分蘖力强，返青起身较早，两极分化快。株高87厘米左右，株型紧凑，茎秆略细，叶型直立转披，叶色抽穗后呈浅灰绿，灌浆期转色落黄好。穗层整齐，穗纺锤形，长芒，白壳，白粒，籽粒角质，饱满度较好。平均亩穗数33.4万穗，穗粒数28.3粒，千粒重35.8克，黑胚率1.6%。抗倒性中等。抗旱性鉴定：抗旱性中等。接种抗病性鉴定：高感条锈病、叶锈病、白粉病、黄矮病、秆锈病。2007年、2008年分别测定混合样：容重766克/升、804克/升，蛋白质（干基）含量18.02%、14.71%，湿面筋含量39.8%、32.6%，沉降值55.0毫升、44.9毫升，吸水率61.4%、60.1%，稳定时间10.6分钟、4.5分钟，最大抗延阻力277E.U.、294E.U.，延伸性20.2厘米、17.8厘米，拉伸面积80平方厘米、74平方厘米。

产量表现：2006—2007年度参加黄淮冬麦区旱薄组品种区域试验，平均亩产264.6千克，比对照晋麦47号增产4.0%；2007—2008年度续试，平均亩产291.5千克，比对照晋麦47号增产3.0%。2007—2008年度生产试验，平均亩产288.1千克，比对照晋麦47号增产8.4%。

栽培技术要点：适宜播期9月25日至10月初，每亩适宜基本苗15万苗左右。及时防治黄矮病、锈病和蚜虫，在丰水年份防止倒伏。

适宜种植区域：适宜在黄淮冬麦区的陕西渭北、山西南部、河南西部旱薄地种植（黄矮病高发区慎用）。

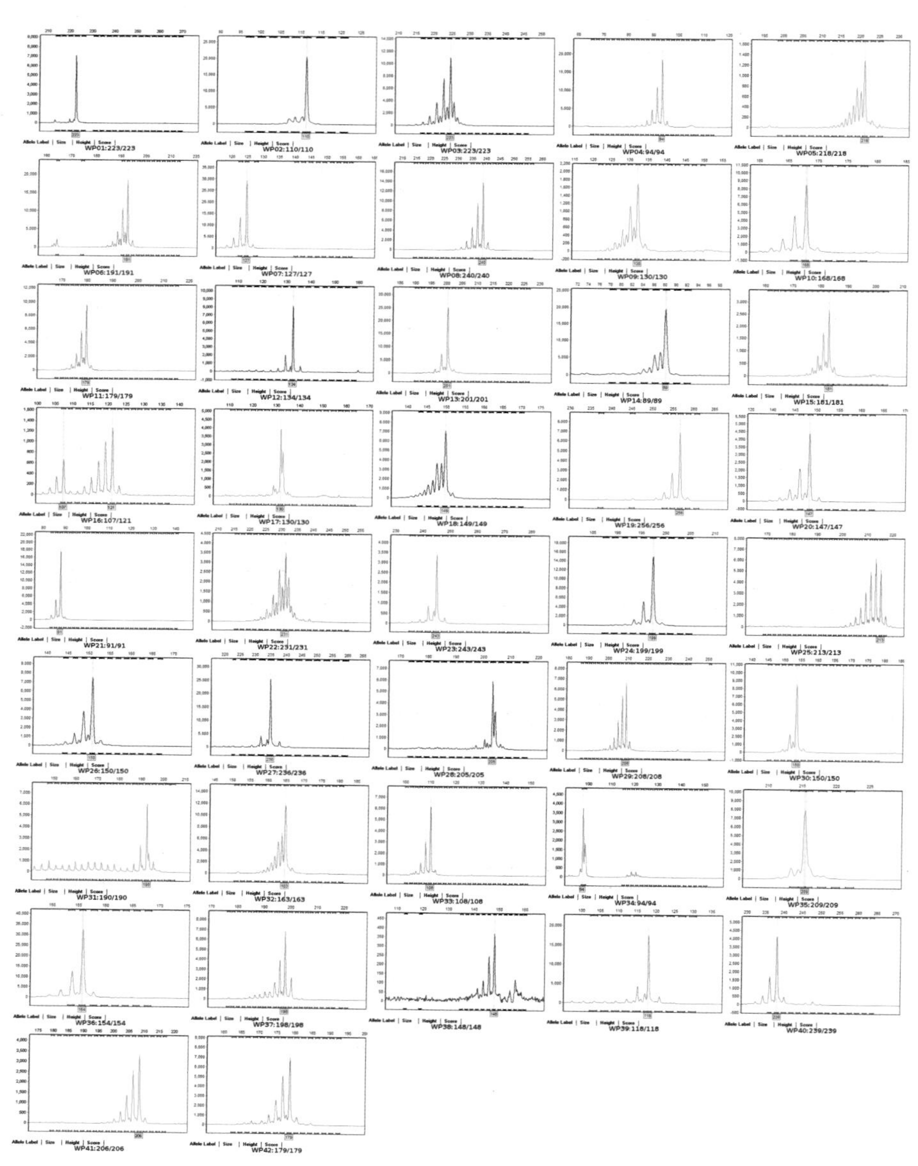

194. 金禾9123

审定编号：国审麦2008012

选育单位：河北省农林科学院遗传生理研究所、石家庄市农林科学研究院

品种来源：石4185/92R137//石41855

特征特性：半冬性多穗型中晚熟品种，成熟期比对照周麦18晚0.5天。幼苗半匍匐，长势旺，叶宽长直挺、浓绿色，分蘖力中等，成穗率中等，冬季抗寒性一般。春季发育快，起身拔节早，两极分化快，倒春寒冻害中等，虚尖，缺粒较重。株高平均83厘米，株型稍松散，干尖重，旗叶宽长上冲，穗叶同层。穗层整齐，穗大、码较稀，结实性好。穗纺锤形，长芒，白壳，白粒，籽粒半角质，饱满度较好，黑胚率低。茎秆弹性一般，抗倒性一般。耐旱性中等。后期有早衰现象，熟相一般。2010年、2011年区域试验平均亩穗数38.6万穗、44.3万穗，穗粒数34.3粒、33.3粒，千粒重43.9克、43.8克。抗病性鉴定：高感条锈病、叶锈病、赤霉病和纹枯病，中感白粉病。混合样测定：籽粒容重766克/升、782克/升，蛋白质含量13.67%、13.26%，硬度指数63.8（2011年）；面粉湿面筋含量33.2%、31.3%，沉降值24.0毫升、18.3毫升，吸水率55.2%、56.0%，面团稳定时间1.9分钟、1.5分钟，最大拉伸阻力119E.U.、92E.U.，延伸性168毫米、136毫米，拉伸面积30平方厘米、16平方厘米。

产量表现：2009—2010年度参加黄淮冬麦区南片冬水组品种区域试验，平均亩产524.6千克，比对照周麦18增产4.4%；2010—2011年度续试，平均亩产580.2千克，比周麦18增产3.2%。2011—2012年度生产试验，平均亩产514.6千克，比周麦18增产5.1%。

栽培技术要点：10月上中旬播种，亩基本苗，高水肥地15万～18万、中水肥地18万～20万，晚播适当加大播种量。注意防治蚜虫、条锈病、叶锈病、纹枯病和赤霉病等病虫害。高水肥地注意防倒伏。

适宜种植区域：适宜在黄淮冬麦区南片的河南中北部、安徽北部、江苏北部、陕西关中地区高中水肥地块早中茬种植。根据中华人民共和国农业部公告第1118号，该品种还适宜在黄淮冬麦区北片的山东、河北中南部、山西南部、河南安阳水地种植。

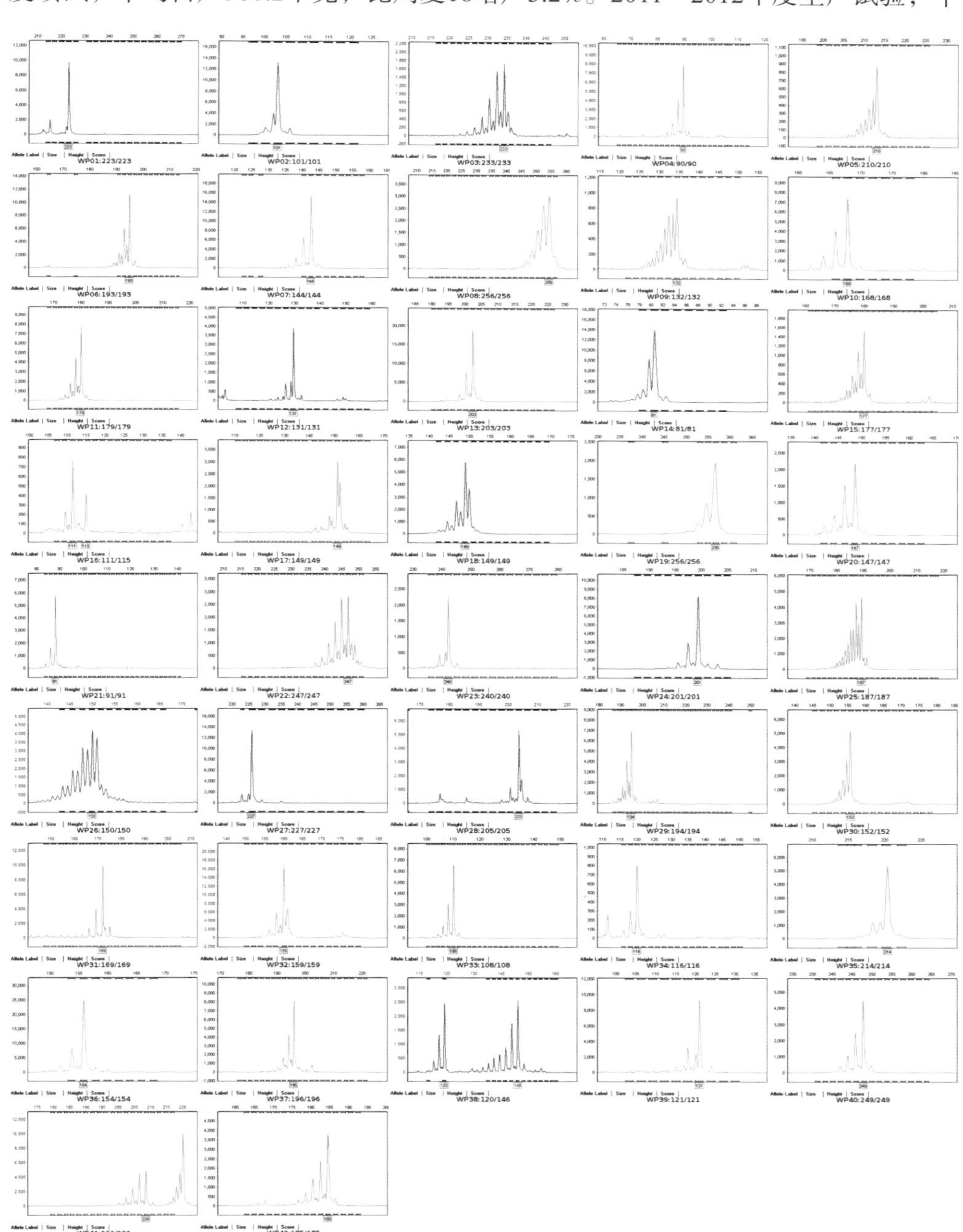

195. 邢麦6号

审定编号： 国审麦2008011

选育单位： 河北省邢台市农业科学研究院

品种来源： 冀麦36号/邯6172

特征特性： 半冬性，中熟，成熟期比对照石4185晚熟1天。幼苗半匍匐，叶绿色，前期长势稳健，分蘖力中等，成穗率高。株高78厘米左右，抽穗前株型紧凑，长相清秀，抽穗后变披，茎秆弹性一般。穗层较厚，穗纺锤形，长芒，白壳，白粒，籽粒角质，粒色较好，商品性好。平均亩穗数41.6万穗，穗粒数36.8粒，千粒重40.5克。区试田间表现春季抗寒性一般。抗倒性中等。较抗干热风，落黄好。抗寒性鉴定：抗寒性好。抗病性鉴定：中感秆锈病、赤霉病、纹枯病，高感条锈病、叶锈病、白粉病。2007年、2008年分别测定混合样：容重810克/升、816克/升，蛋白质（干基）含量14.88%、15.36%，湿面筋含量33.1%、34.1%，沉降值28.6毫升、28.1毫升，吸水率59.7%、58.8%，稳定时间2.0分钟、2.0分钟，最大抗延阻力139E.U.、100E.U.，延伸性17.8厘米、15.6厘米，拉伸面积38平方厘米、24平方厘米。

产量表现： 2006—2007年度参加黄淮冬麦区北片水地组品种区域试验，平均亩产559.3千克，比对照石4185增产7.76%；2007—2008年度续试，平均亩产549.2千克，比对照石4185增产6.43%。2007—2008年度生产试验，平均亩产520.1千克，比对照石4185增产5.95%。

栽培技术要点： 适宜播期10月10—15日，每亩适宜基本苗20万左右，注意防治蚜虫、白粉病、条锈病，注意防止倒伏。

适宜种植区域： 适宜在黄淮冬麦区北片的山东中南部、河北中南部、山西南部水地种植。

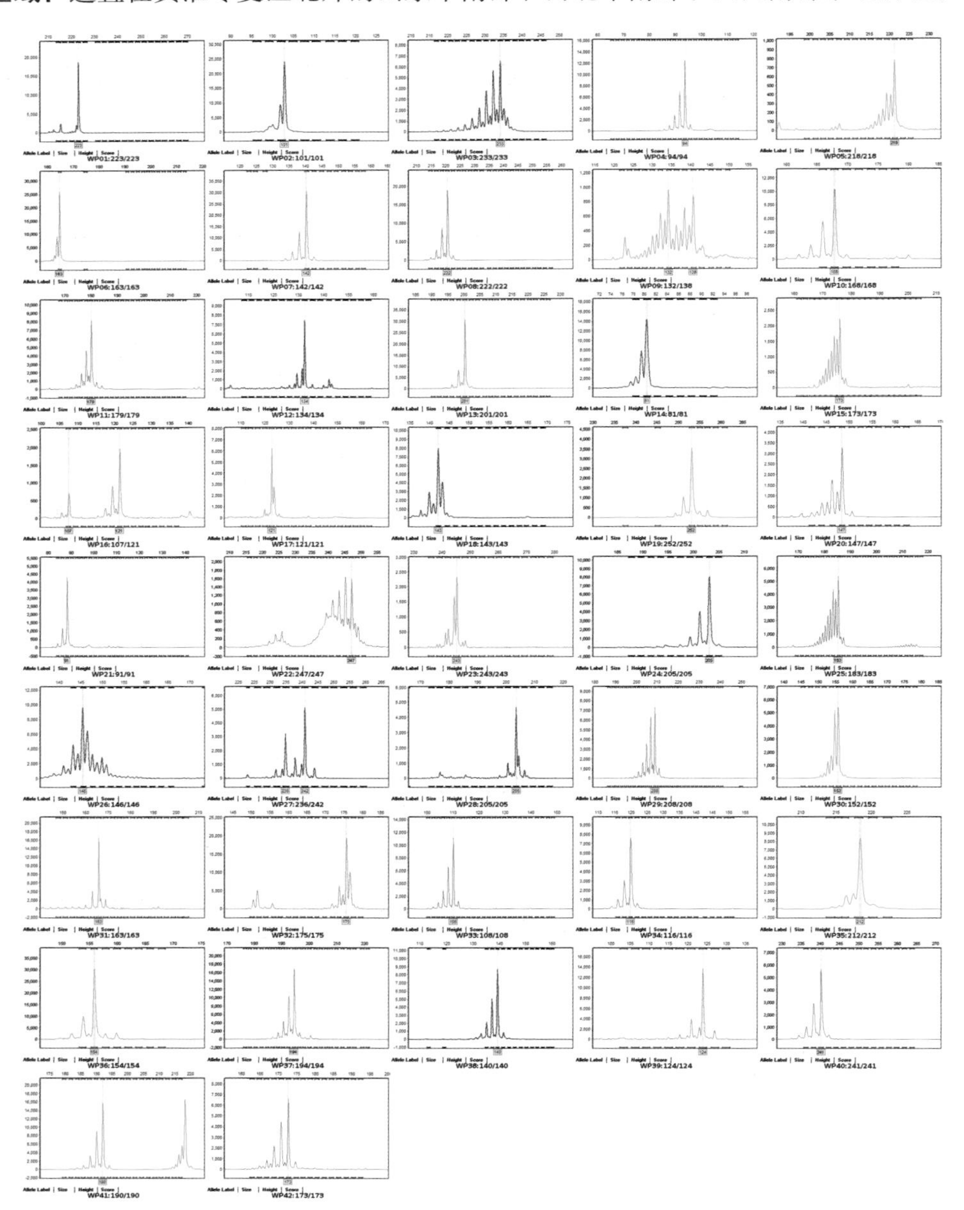

196. 淮麦21

审定编号：国审麦2008009

选育单位：江苏徐淮地区淮阴农业科学研究所

品种来源：淮麦17/豫麦54

特征特性：弱春性，中熟，成熟期比对照偃展4110晚2天。幼苗半匍匐，分蘖力强，苗期长势旺，春季起身慢，次生分蘖多，拔节抽穗迟，后期生长快，成穗率偏低。株高85厘米左右，株型较紧凑，旗叶宽长、上冲，长相清秀。穗黄绿色，穗近长方形，长芒，白壳，白粒，籽粒半角质，饱满度好，粒较小，黑胚率较低。平均亩穗数39.9万穗，穗粒数39.3粒，千粒重35.2克。冬季抗寒性好，较耐倒春寒。抗倒性较好。耐后期高温，熟相较好。接种抗病性鉴定：叶锈病免疫，中抗条锈病、赤霉病，慢秆锈病，中感纹枯病，高感白粉病。部分区试点发生叶枯病和颖枯病。2006年、2007年分别测定混合样：容重800克/升、802克/升，蛋白质（干基）含量12.71%、12.81%，湿面筋含量27.9%、28%，沉降值30.4毫升、28.4毫升，吸水率58.4%、58.8%，稳定时间3.1分钟、3.0分钟，最大抗延阻力216E.U.、232E.U.，延伸性16.5厘米、15.7厘米，拉伸面积50平方厘米、51平方厘米。

产量表现：2005—2006年度参加黄淮冬麦区南片春水组品种区域试验，平均亩产539.31千克，比对照1偃展4110增产0.58%，比对照2豫麦18增产7.82%；2006—2007年度续试，平均亩产544.4千克，比对照偃展4110增产7.2%。2007—2008年度生产试验，平均亩产534.9千克，比对照偃展4110增产4.1%。

栽培技术要点：适宜播期10月中下旬，每亩适宜基本苗15万～18万。注意防治白粉病和赤霉病。

适宜种植区域：适宜在黄淮冬麦区南片的河南中北部、安徽北部、江苏北部、陕西关中地区中高肥力地块中晚茬种植。

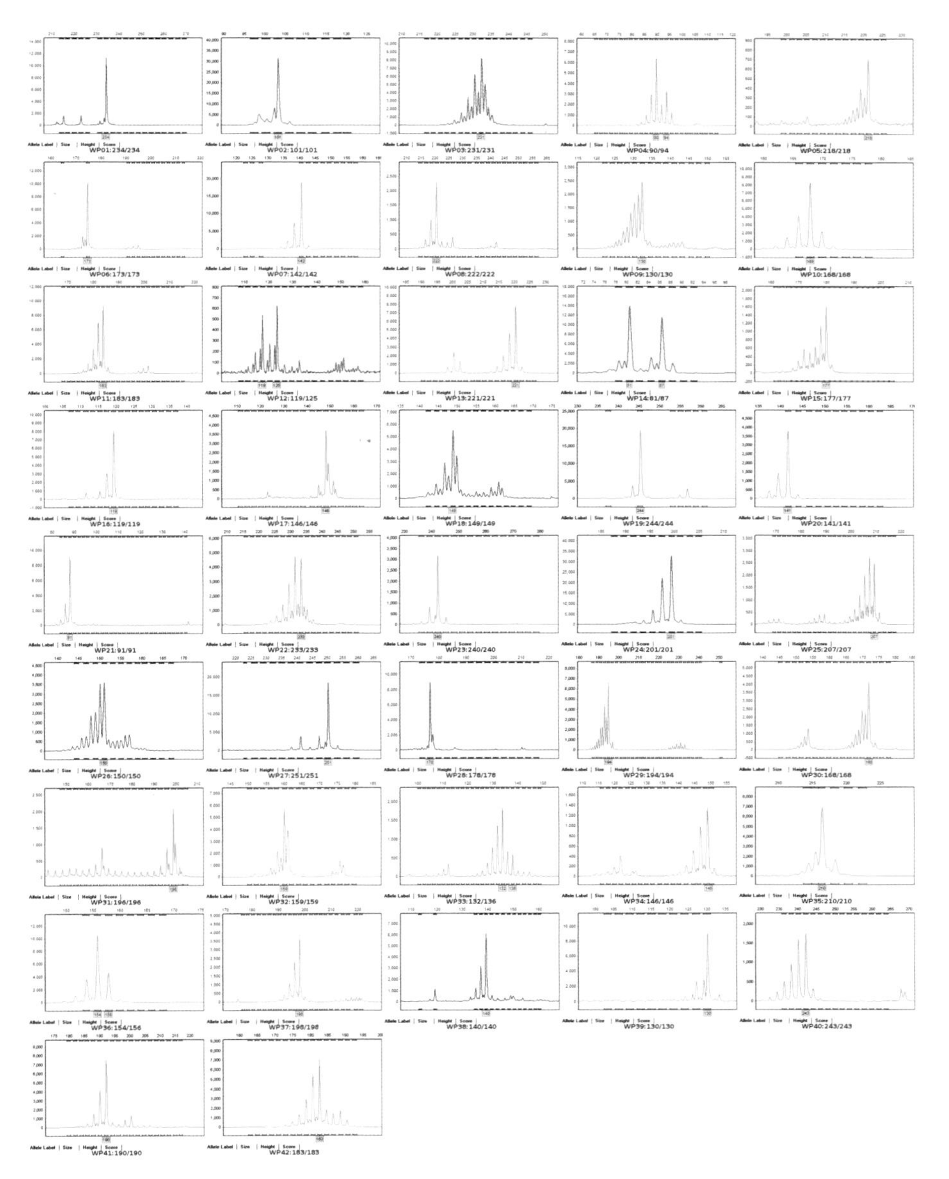

197. 周麦23号

审定编号：国审麦2008008

选育单位：河南省周口市农业科学院

品种来源：周麦13号/新麦9号

特征特性：弱春性，中熟，成熟期比对照偃展4110晚2天。幼苗半匍匐，分蘖力中等，苗期长势壮，春季起身拔节略迟，两极分化快，成穗率中等。株高85厘米左右，株型稍松散，茎秆粗壮，旗叶宽大、上冲。穗层整齐，穗长方形，长芒，白壳，白粒，籽粒半角质，卵圆形，饱满度中等，黑胚率稍高。平均亩穗数35.5万穗，穗粒数40.2粒，千粒重44.5克。冬季耐寒性较好，耐倒春寒能力中等。抗倒性较好。较耐后期高温，熟相较好。接种抗病性鉴定：慢叶锈病，中感白粉病、纹枯病，高感条锈病、赤霉病、秆锈病。部分区试点发生叶枯病。2007年、2008年分别测定混合样：容重778克/升、784克/升，蛋白质（干基）含量14.38%、14.09%，湿面筋含量29.1%、30.0%，沉降值41.1毫升、41.9毫升，吸水率60.1%、59.8%，稳定时间6.4分钟、5.2分钟，最大抗延阻力500E.U.、376E.U.，延伸性16.8厘米、18.4厘米，拉伸面积110平方厘米、92平方厘米。

产量表现：2006—2007年度参加黄淮冬麦区南片春水组品种区域试验，平均亩产554.0千克，比对照偃展4110增产9.1%；2007—2008年度续试，平均亩产600.9千克，比对照偃展4110增产8.4%。2007—2008年度生产试验，平均亩产558.2千克，比对照偃展4110增产8.6%。

栽培技术要点：适宜播期10月15—30日，每亩适宜基本苗14万～18万，注意防治锈病和赤霉病。

适宜种植区域：适宜在黄淮冬麦区南片的河南中北部，安徽北部、江苏北部、陕西关中地区中高肥力地块中晚茬种植。

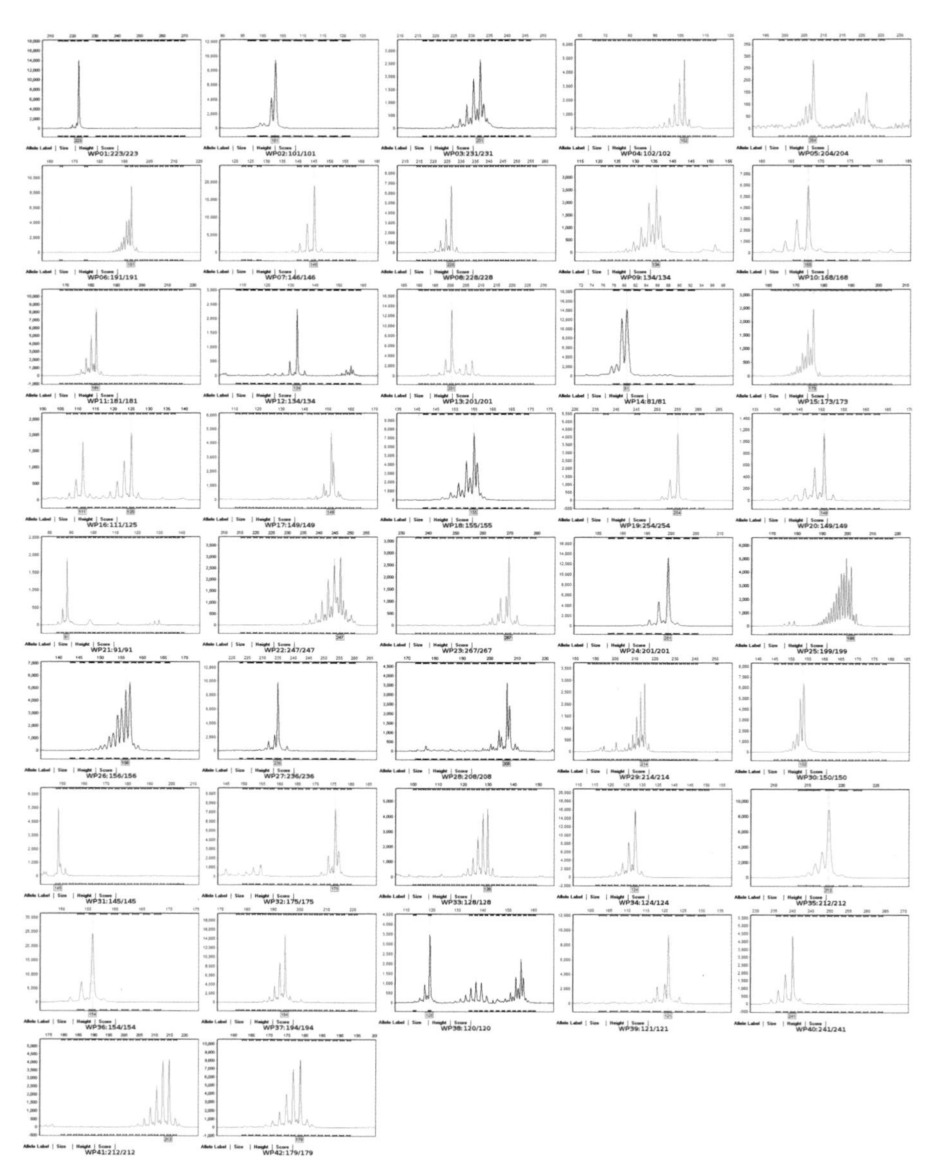

198. 漯麦9号

审定编号：国审麦2008007

选育单位：河南省漯河市农业科学院

品种来源：周麦13号/百农64

特征特性：半冬性，中晚熟，成熟期比对照豫麦49号和新麦18晚1天。幼苗半匍匐，分蘖力中等，苗期长势壮，春季起身拔节早，两极分化慢，抽穗早，成穗率较高。株高77厘米左右，株型较紧凑，茎秆有蜡质、弹性好，旗叶短宽上冲。穗层厚，穗近长方形，长芒，白壳，白粒，籽粒半角质，饱满度较好，容重中等，黑胚率偏高。穗大码密，结实性较好。平均亩穗数36.5万穗，穗粒数36.9粒，千粒重44.5克。冬季抗寒性较好，耐倒春寒能力弱。抗倒性好。耐后期高温，灌浆较快，熟相好。接种抗病性鉴定：慢叶锈病，中感秆锈病，中感至高感条锈病，高感白粉病、赤霉病、纹枯病。部分区试点发生叶枯病。2006年、2007年分别测定混合样：容重779克/升、792克/升，蛋白质（干基）含量13.00%、13.65%，湿面筋含量28.5%、28.8%，沉降值23.9毫升、26.2毫升，吸水率56.1%、57.6%，稳定时间2.6分钟、2.5分钟，最大抗延阻力194E.U.、146E.U.，延伸性13.6厘米、15.2厘米，拉伸面积38平方厘米、33平方厘米。

产量表现：2005—2006年度参加黄淮冬麦区南片冬水组品种区域试验，平均亩产541.8千克，比对照1新麦18增产2.87%，比对照2豫麦49号增产3.38%；2006—2007年度续试，平均亩产538.4千克，比对照新麦18增产3.15%。2007—2008年度生产试验，平均亩产537.8千克，比对照新麦18增产7.2%。

栽培技术要点：适宜播期10月上中旬，每亩适宜基本苗15万～20万。注意防治白粉病、纹枯病和赤霉病。

适宜种植区域：适宜在黄淮冬麦区南片的河南中北部、安徽北部、江苏北部、陕西关中地区、山东菏泽地区高中水肥地块早中茬种植。

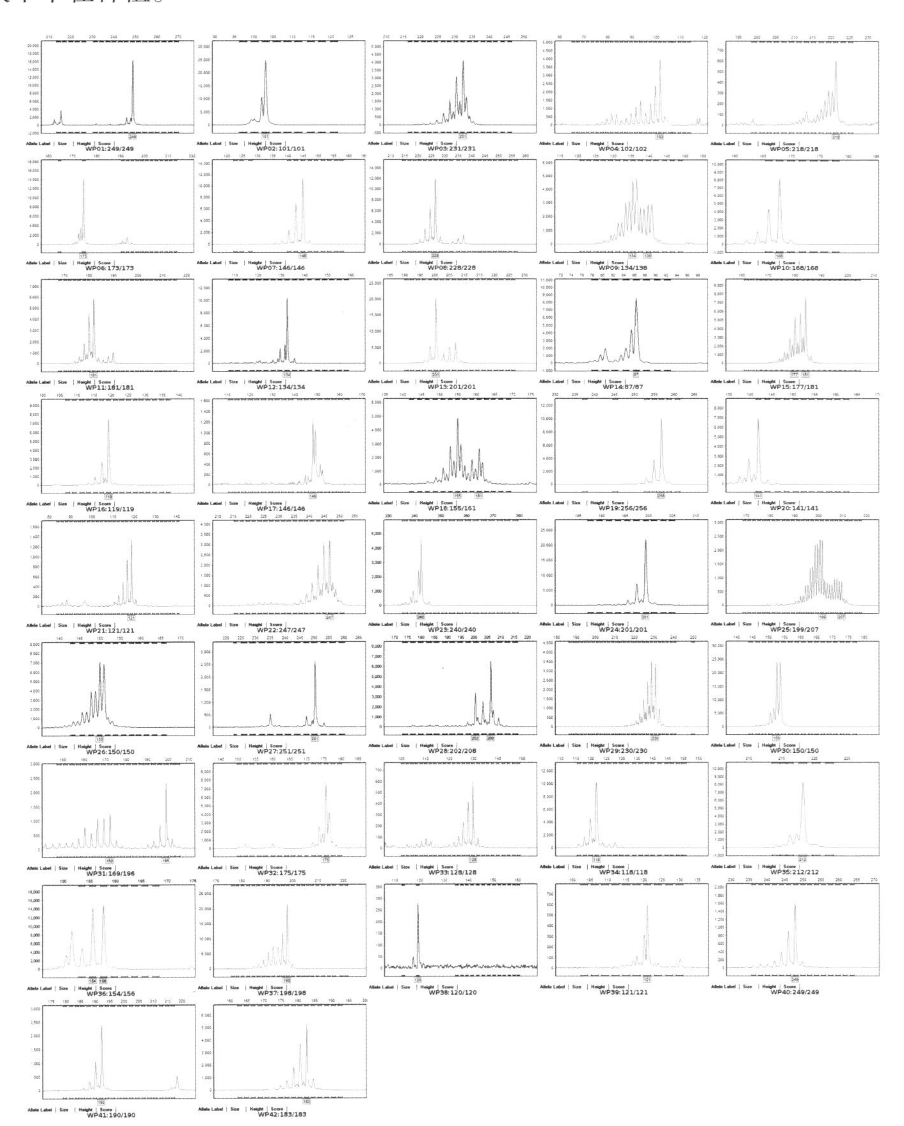

199. 金麦8号

审定编号：国审麦2008006

选育单位：郑州浏虎种子有限公司

品种来源：周麦12/豫麦49//西安8号

特征特性：半冬性，中熟，成熟期比对照豫麦49和新麦18略晚。幼苗半匍匐，长势旺，分蘖力较强，春季起身拔节慢，抽穗迟。株高84厘米左右，株型紧凑，旗叶宽大下披，茎秆弹性好。穗层整齐，穗纺锤形，长芒，白壳，白粒，籽粒角质，饱满度好，黑胚率中等，外观商品性好。平均亩穗数36.8万穗，穗粒数38.2粒，千粒重40.4克。冬季抗寒性较好，较耐倒春寒。抗倒性较好。耐后期高温。叶片功能期长，灌浆充分，成熟较早，熟相好。接种抗病性鉴定：高抗秆锈病，中感纹枯病、赤霉病，中感至高感叶锈病，高感条锈病、白粉病。2006年、2007年分别测定混合样：容重796克/升、791克/升，蛋白质（干基）含量13.41%、14.25%，湿面筋含量31.2%、31.5%，沉降值29.3毫升、33.5毫升，吸水率66.7%、61.0%，稳定时间2.6分钟、3.6分钟，最大抗延阻力120E.U.、324E.U.，延伸性14.5厘米、15.6厘米，拉伸面积26.0平方厘米、70.0平方厘米。

产量表现：2005—2006年度参加黄淮冬麦区南片冬水组品种区域试验，平均亩产532.04千克，比对照1新麦18增产2.23%，比对照2豫麦49增产2.75%；2006—2007年度续试，平均亩产542.1千克，比对照新麦18增产4.4%。2007—2008年度生产试验，平均亩产533.5千克，比对照新麦18增产6.3%。

栽培技术要点：适宜播期10月上中旬，高水肥地每亩适宜基本苗16万～18万，中水肥地每亩适宜基本苗20万。注意防治白粉病和赤霉病。

适宜种植区域：适宜在黄淮冬麦区南片的河南中北部、安徽北部、江苏北部、陕西关中地区、山东菏泽地区高中水肥地块早中茬种植。

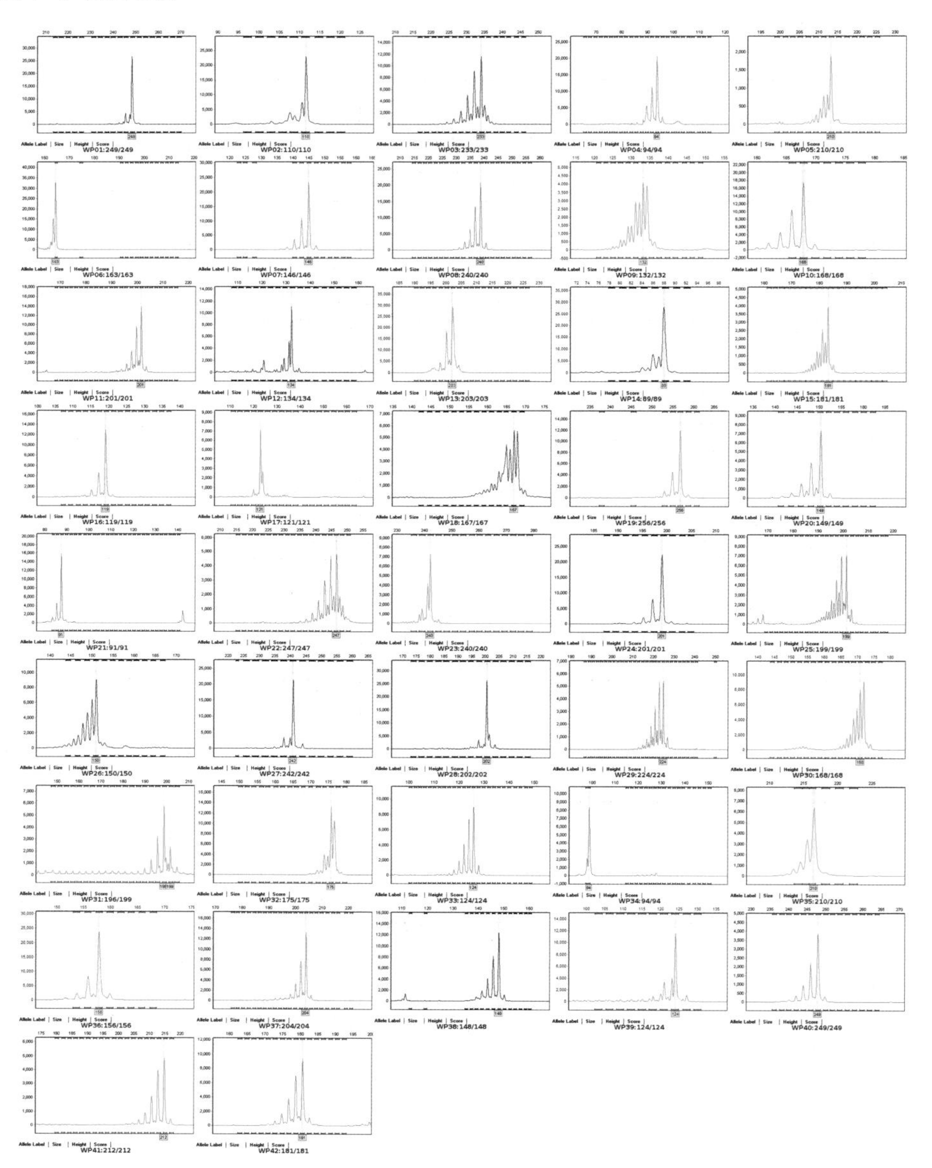

200. 宁麦15

审定编号：国审麦2008005

选育单位：江苏省农业科学院农业生物技术研究所

品种来源：宁9144系选［扬麦5号/86-17（宁丰小麦/早熟5号）］

特征特性：春性，全生育期204天左右，与对照扬麦158熟期相当。幼苗直立，叶色深绿，长势较旺盛，分蘖力偏弱，成穗率较高。株高95厘米左右，株型较松散，成株叶片较长、下披。穗层较整齐，穗纺锤形，长芒，壳色略红，红粒，籽粒半角质，较饱满。平均亩穗数28.7万穗，穗粒数42.4粒，千粒重40.75克。抗寒性与对照扬麦158相当。抗倒性中等偏弱。熟相一般。接种抗病性鉴定：中抗赤霉病、纹枯病，高感条锈病、叶锈病、白粉病。2005、2006年分别测定混合样：容重786克/升、806克/升，蛋白质（干基）含量13.53%、13.42%，湿面筋含量29.7%、29.9%，沉降值37.5毫升、31.5毫升，吸水率59.7%、59.1%，稳定时间5.9分钟、4.7分钟，最大抗延阻力308E.U.、402E.U.，延伸性16.8厘米、14.4厘米，拉伸面积69.6平方厘米、79.4平方厘米。

产量表现：2005—2006年度参加长江中下游冬麦组品种区域试验，平均亩产401.47千克，比对照扬麦158增产2.99%；2006—2007年度续试，平均亩产442.41千克，比对照扬麦158增产5.56%。2007—2008年度生产试验，鄂皖苏浙4省平均亩产424.88千克，比对照扬麦158增产7.10%；河南信阳点平均亩产471.70千克，比对照豫麦18增产6.79%。

栽培技术要点：长江中下游地区适宜播期为10月下旬至11月初，江苏淮南地区为10月底至11月上旬，每适宜基本苗15万苗左右，注意防止倒伏，防治白粉病、叶锈病和条锈病。

适宜种植区域：适宜在长江中下游冬麦区的江苏和安徽两省的淮南地区、湖北中北部、河南信阳、浙江中北部种植。

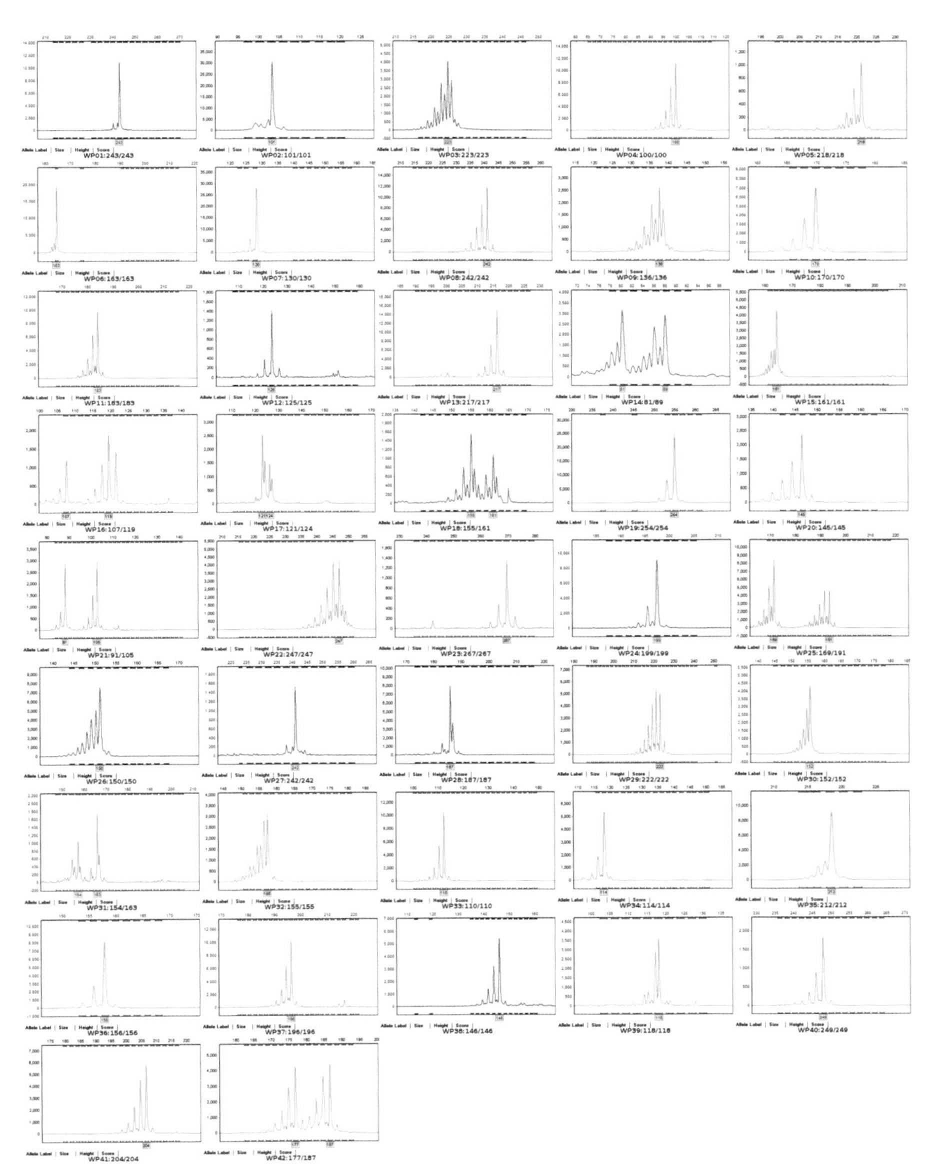

201. 镇麦8号

审定编号：国审麦2008004

选育单位：江苏丘陵地区镇江农业科学研究所

品种来源：扬麦158/宁麦9号

特征特性：春性，全生育期205天左右，比对照扬麦158晚熟1天。幼苗半直立，叶色深绿，叶片宽大略披，分蘖力强，成穗率较高。株高88厘米左右，株型较紧凑。穗层较整齐，穗纺锤形，长芒，白壳，红粒，籽粒半角质至角质，籽粒饱满。平均亩穗数33.05万穗，穗粒数35.8粒，千粒重43.3克。抗寒性与对照扬麦158相当。抗倒性中等。后期转色正常，熟相较好。接种抗病性鉴定：中抗秆锈病、中感赤霉病、纹枯病，慢叶锈病，高感条锈病、白粉病。2006年、2007年分别测定混合样：容重778克/升、795克/升，蛋白质（干基）含量13.52%、13.59%，湿面筋含量27.5%、28.5%，沉降值33.2毫升、29.2毫升，吸水率59.3%、58.6%，稳定时间3.7分钟、2.8分钟，最大抗延阻力193E.U.、270E.U.，延伸性16.9厘米、13.0厘米，拉伸面积47.4平方厘米、49.7平方厘米。

产量表现：2005—2006年度参加长江中下游冬麦组品种区域试验，平均亩产418.85千克，比对照种扬麦158增产7.45%；2006—2007年度续试，平均亩产443.08千克，比对照种扬麦158增产5.72%。2007—2008年度生产试验，鄂皖苏浙四省平均亩产432.82千克，比对照扬麦158增产9.10%；河南信阳点平均亩产482.90千克，比对照豫麦18增产9.33%。

栽培技术要点：10月下旬至11月上旬播种，每亩适宜基本苗15万左右；注意防治白粉病和条锈病。

适宜种植区域：适宜在长江中下游冬麦区的江苏和安徽两省的淮南地区、湖北中北部、河南信阳、浙江中北部中上等肥力田块种植。

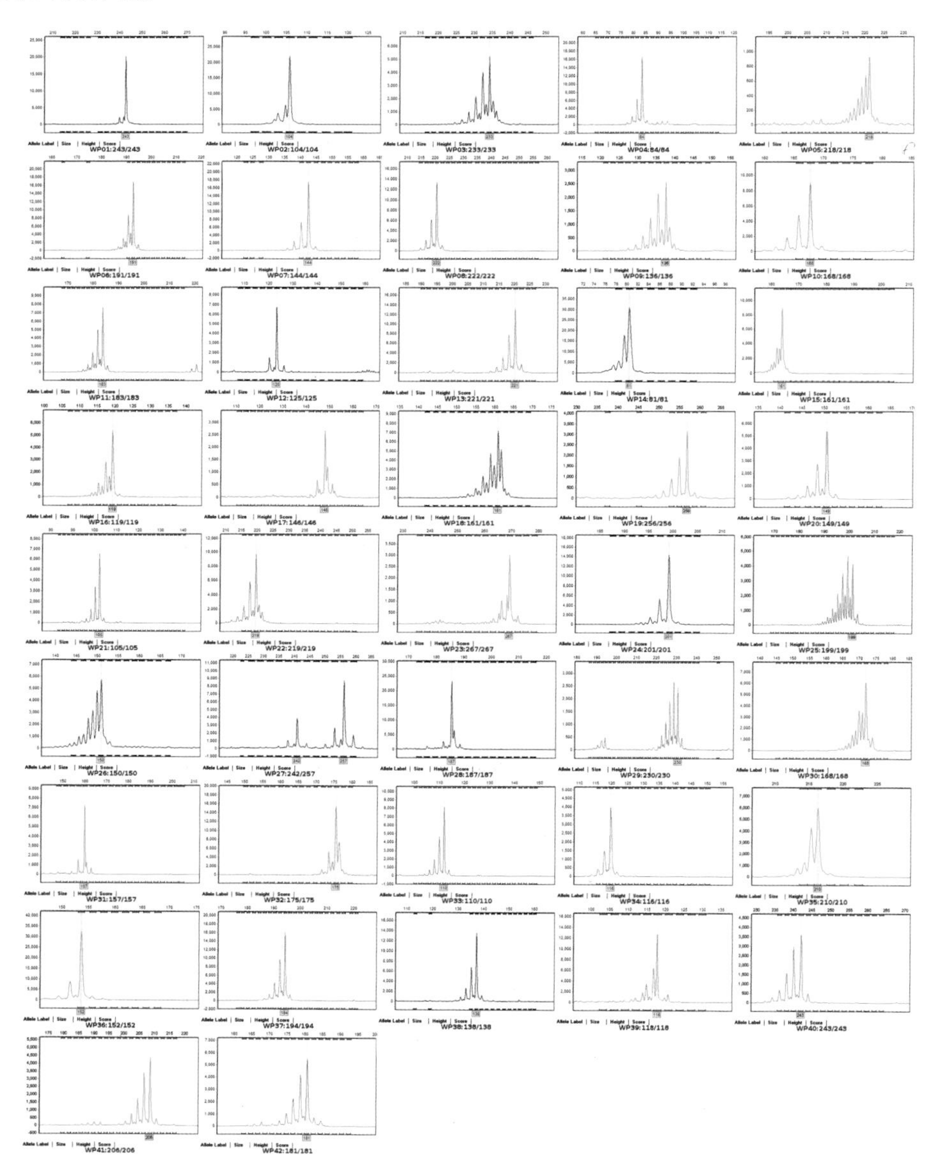

202. 资麦1号

审定编号：国审麦2008003

选育单位：四川万发种子科技开发有限公司

品种来源：绵阳29/川麦25

特征特性：春性，中熟，全生育期189天左右，比对照川麦107早熟2天。幼苗半直立，分蘖力强，苗叶短窄，色淡，生长势旺。株高85厘米左右，株型较紧凑，茎秆韧性较好。穗层整齐，穗长方形，长芒，白壳，白粒，籽粒半角质，均匀、饱满。平均亩穗数26.35万穗，穗粒数40.25粒，千粒重42.15克。接种抗病性鉴定：条锈病免疫，慢叶锈病，中感白粉病、赤霉病；个别区试点有条锈病发生。2006年、2007年分别测定混合样：容重786克/升、781克/升，蛋白（干基）含量12.77%、12.86%，湿面筋20.8%、27.2%，沉降值23.3毫升、30.7毫升；吸水率53.1%、54.0%，稳定时间1.8分钟、3.4分钟，最大抗延阻力285E.U.、345E.U.，延伸性14.2厘米、15.6厘米，拉伸面积55.9平方厘米、71.8平方厘米。

产量表现：2005—2006年度参加长江上游冬麦组品种区域试验，平均亩产量391.2千克，比对照川麦107增产8.7%；2006—2007年度续试，平均亩产量398.03千克，比对照川麦107增产5.7%。2007—2008年度生产试验，平均亩产355.58千克，比当地对照品种增产4.51%。

栽培技术要点：立冬前后播种，每亩适宜基本苗13万～16万，在高肥力条件下种植，控制氮肥用量。

适宜种植区域：适宜在四川、重庆、贵州北部和东部、云南中部和北部、陕西汉中和安康、湖北襄樊、甘肃徽成盆地川坝河谷种植。

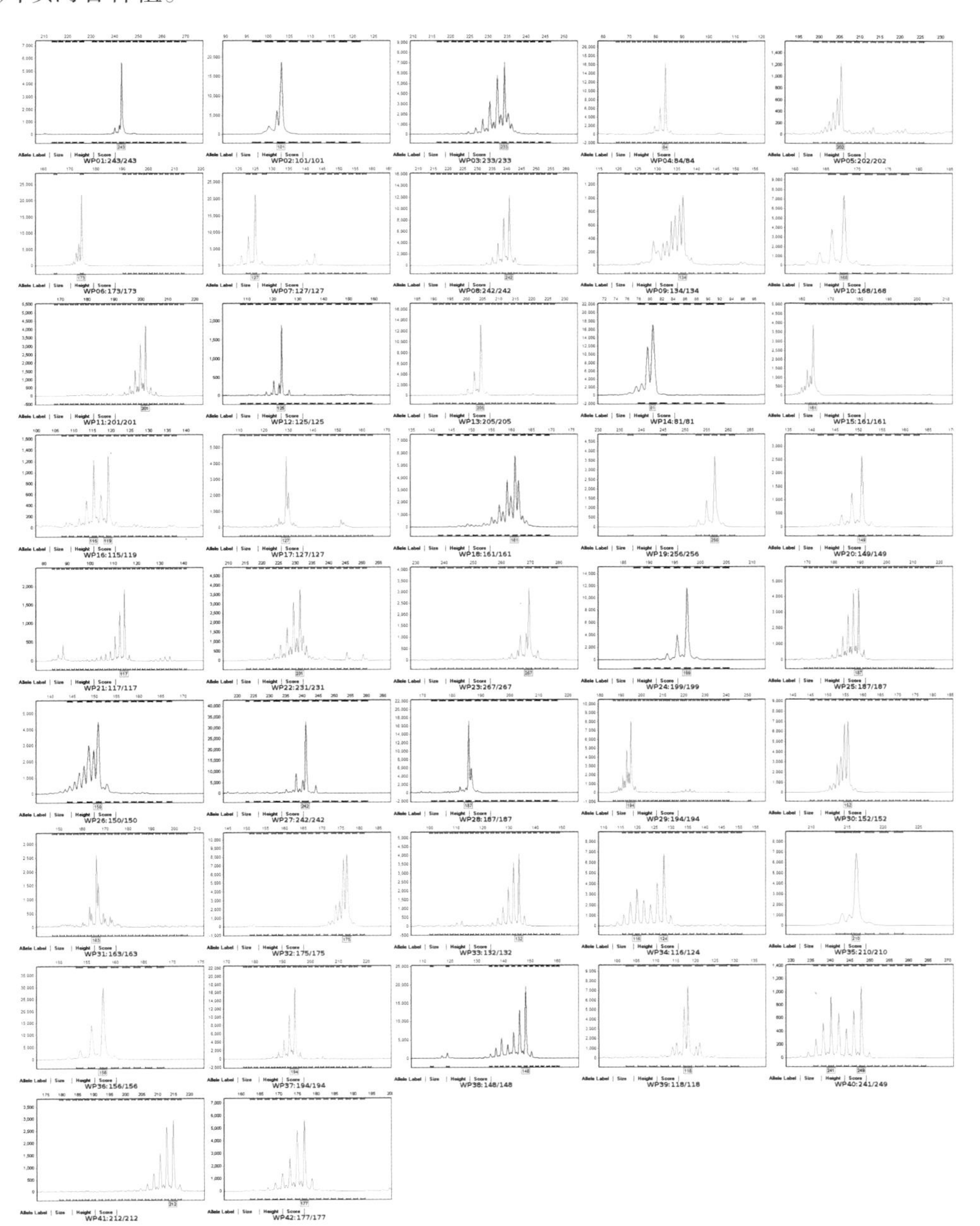

203. 西科麦4号*

审定编号：国审麦2008002

选育单位：西南科技大学

品种来源：墨460/9601—3

特征特性：春性，中熟，全生育期190天左右，与对照川麦107相当。幼苗半直立，分蘖力较强，苗叶较披，生长势较旺。株高95厘米左右，株型较紧凑，成株叶片中等长宽。穗层整齐，穗长方形，顶芒，白壳，白粒，籽粒半角质，均匀，较饱满。平均亩穗数24.7万穗，穗粒数40.2粒，千粒重44.3克。抗倒性中等。接种抗病性鉴定：叶锈病免疫，高抗条锈病，高感白粉病、赤霉病；个别区试点有条锈病发生。2006年、2007年分别测定混合样：容重782克/升、800克/升，蛋白质（干基）含量13.87%、14.32%，湿面筋含量27.3%、31.3%，沉降值28.9毫升、31.1毫升，吸水率52.7%、54.9%，稳定时间3.0分钟、2.9分钟，最大抗延阻力260E.U.、270E.U.，延伸性18.0厘米、17.0厘米，拉伸面积64.4平方厘米、63.4平方厘米。

产量表现：2005—2006年度参加长江上游冬麦组品种区域试验，平均亩产385.5千克，比对照川麦107增产7.1%；2006—2007年度续试，平均亩产量405.87千克，比对照川麦107增产7.8%。2007—2008年度生产试验，平均亩产357.66千克，比对照增产5.12%。

栽培技术要点：霜降至立冬播种，每亩适宜基本苗12万～14万，适宜在较高肥水条件下种植。

适宜种植区域：适宜在四川、贵州、陕西汉中和安康、湖北襄樊、重庆西部、云南中部田麦区、甘肃徽成盆地川坝河谷种植。

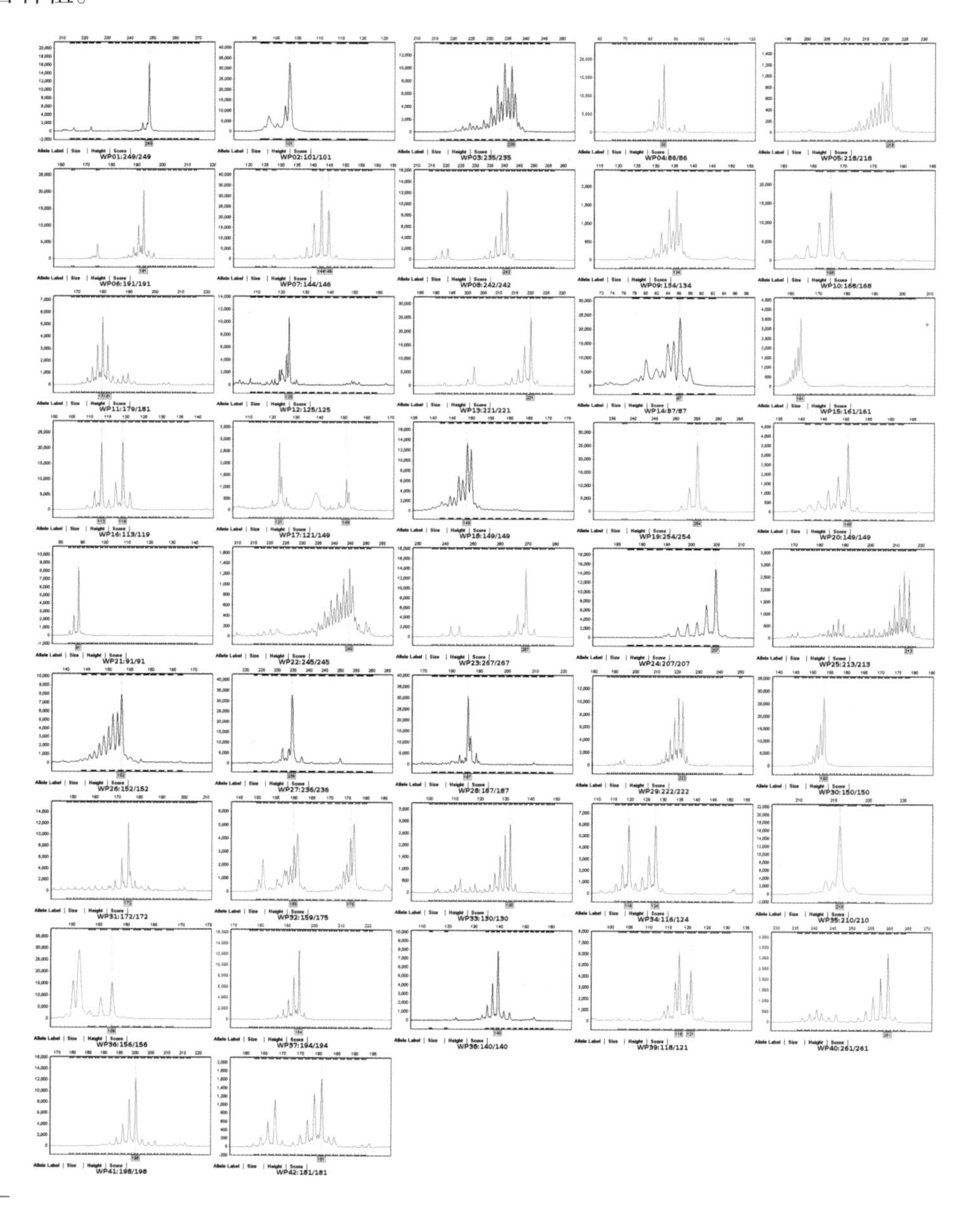

* 受品种纯度和一致性的影响，个别位点存在杂合现象。

204. 内麦836

审定编号：国审麦2008001

选育单位：四川省内江市农业科学院

品种来源：5680/92R133

特征特性：春性，中熟，全生育期188天左右，比对照川麦107早熟3天。幼苗半直立，分蘖力中等，长势旺，冬季苗叶轻微黄尖。株高79厘米左右，株型紧凑，成株叶片中等宽度、上冲，茎秆弹性好。穗层较整齐，穗长方形，长芒，白壳，白粒，籽粒半角质，较均匀、饱满。平均亩穗数22.6万穗，穗粒数44.0粒，千粒重43.6克。抗倒性好。接种抗病性鉴定：条锈病、白粉病免疫，慢叶锈病，中感赤霉病；个别区试点有条锈病发生。2006年、2007年分别测定混合样：容重767克/升、772克/升，蛋白质（干基）含量12.74%、12.69%，湿面筋23.2%、26.1%，沉降值25.0毫升、28.8毫升，吸水率52.7%、53.6%，稳定时间3.6分钟、4.4分钟，最大抗延阻力343E.U.、480E.U.，延伸性15.6厘米、14.2厘米，拉伸面积74.9平方厘米、90.5平方厘米。

产量表现：2005—2006年度参加长江上游冬麦组品种区域试验，平均亩产量387.9千克，比对照川麦107增产5.1%；2006—2007年度续试，平均亩产量395.27千克，比对照川麦107增产5.0%。2007—2008年度生产试验，平均亩产343.42千克，比当地对照品种增产0.94%。

栽培技术要点：10月28日至11月10日播种，每亩适宜基本苗12万～14万，适宜在较高肥水条件下种植。

适宜种植区域：适宜在四川、贵州中部和西部、重庆东部、云南中部田麦区、甘肃徽成盆地川坝河谷种植。

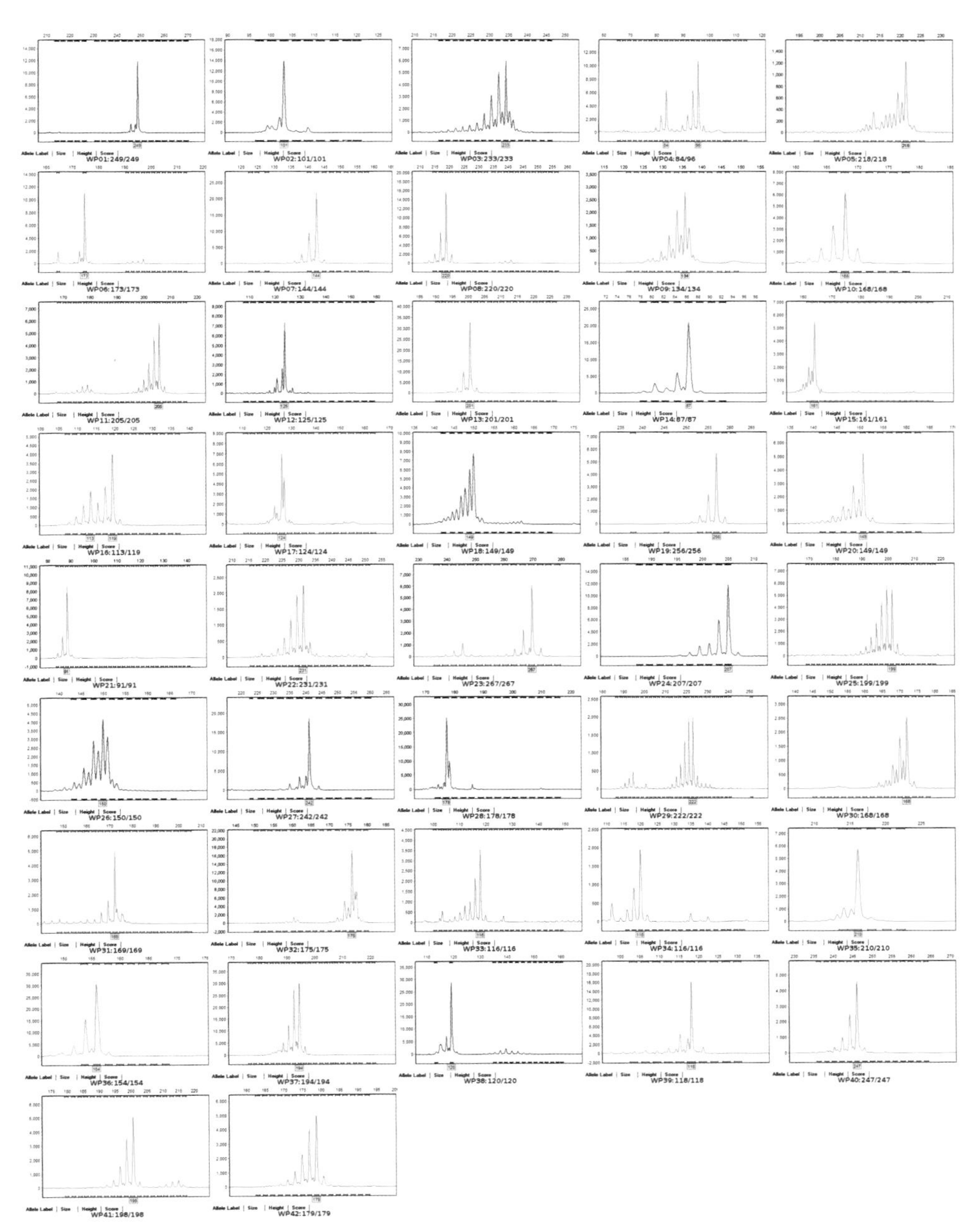

205. 克丰13

审定编号：国审麦2007028

选育单位：黑龙江省农业科学院克山农业科学研究所

品种来源：克94F4-407/克94品资预263

特征特性：春性，晚熟，生育期100天左右，成熟期比对照新克旱9号晚3天左右。幼苗直立，分蘖力强。株高99厘米左右。穗纺锤形，长芒，白壳，红粒，角质率高。平均亩穗数37.9万穗，穗粒数30.0粒，千粒重37.3克。抗旱性较好，抗倒性好，熟相较好。抗病性鉴定：秆锈病免疫，中感赤霉病、根腐病，高感叶锈病。2004年、2005年分别测定混合样：容重816克/升、818克/升，蛋白质（干基）含量16.21%、14.18%，湿面筋含量38.3%、32.9%，沉降值41.6毫升、38.6毫升，吸水率66.0%、66.2%，稳定时间3.2分钟、2.3分钟，最大抗延阻力233E.U.、195E.U.，延伸性20.4厘米、20.4厘米，拉伸面积64平方厘米、54平方厘米。

产量表现：2004年参加东北春麦晚熟组品种区域试验，平均亩产289.5千克，比对照新克旱9号增产7.9%；2005年续试，平均亩产309.0千克，比对照新克旱9号增产7.4%。2006年生产试验，平均亩产319.2千克，比对照新克旱9号增产6.8%。

栽培技术要点：适时播种，每亩适宜基本苗43万左右，秋深施肥或春分层施肥，三叶期压青苗，成熟时及时收获。

适宜种植区域：适宜在东北春麦区的黑龙江北部、内蒙古呼伦贝尔和兴安盟种植。

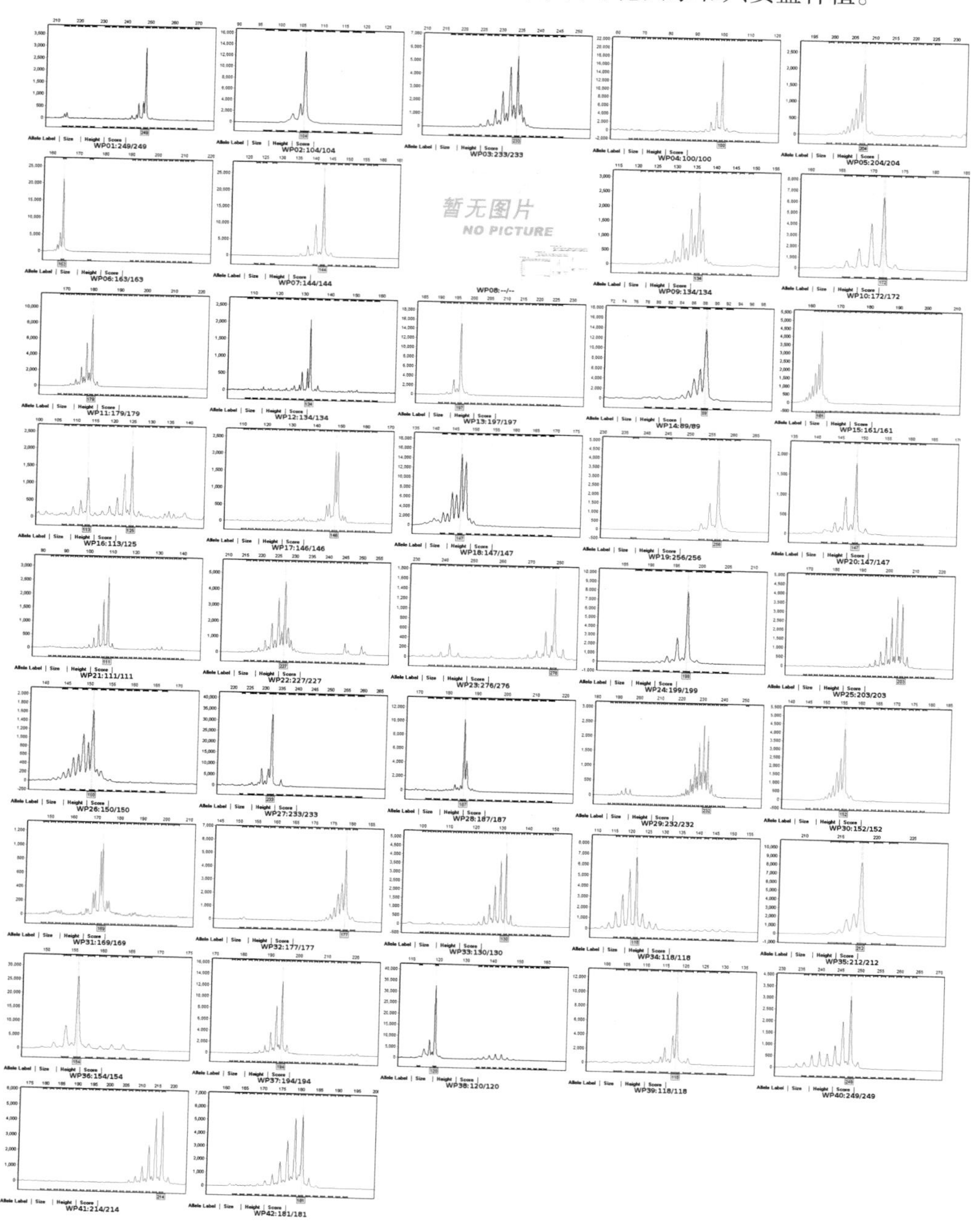

206. 北麦6

审定编号：国审麦2007027

选育单位：黑龙江省农垦总局九三科学研究所

品种来源：九三93-3U92/克90-514

特征特性：春性，晚熟，生育期99天左右，成熟期比对照新克旱9号晚2天左右。幼苗直立，叶色浓绿。株高105厘米左右。穗纺锤形，长芒，白壳，红粒，角质。平均亩穗数38.9万穗，穗粒数32.9粒，千粒重34.8克。抗旱性较好，抗倒性一般，熟相较好。抗病性鉴定：叶锈病免疫，高抗秆锈病，中感赤霉病、根腐病。北麦6号，2004年、2005年分别测定混合样：容重832克/升、824克/升，蛋白质（干基）含量15.61%、13.19%，湿面筋含量37.4%、29.6%，吸水率66.0%、65.2%，稳定时间3.1分钟、3.2分钟，最大抗延阻力198E.U.、253E.U.，延伸性19.4厘米、21.1厘米，拉伸面积53平方厘米、74平方厘米。

产量表现：2004年参加东北春麦晚熟组品种区域试验，平均亩产284.5千克，比对照新克旱9号增产6.0%；2005年续试，平均亩产295.0千克，比对照新克旱9号增产2.6%。2006年生产试验，平均亩产308.4千克，比对照新克旱9号增产3.2%。

栽培技术要点：适时播种，每亩适宜基本苗43万左右，秋深施肥或春分层施肥，三叶期压青苗，成熟时及时收获。

适宜种植区域：适宜在东北春麦区的黑龙江北部、内蒙古呼伦贝尔和兴安盟种植。

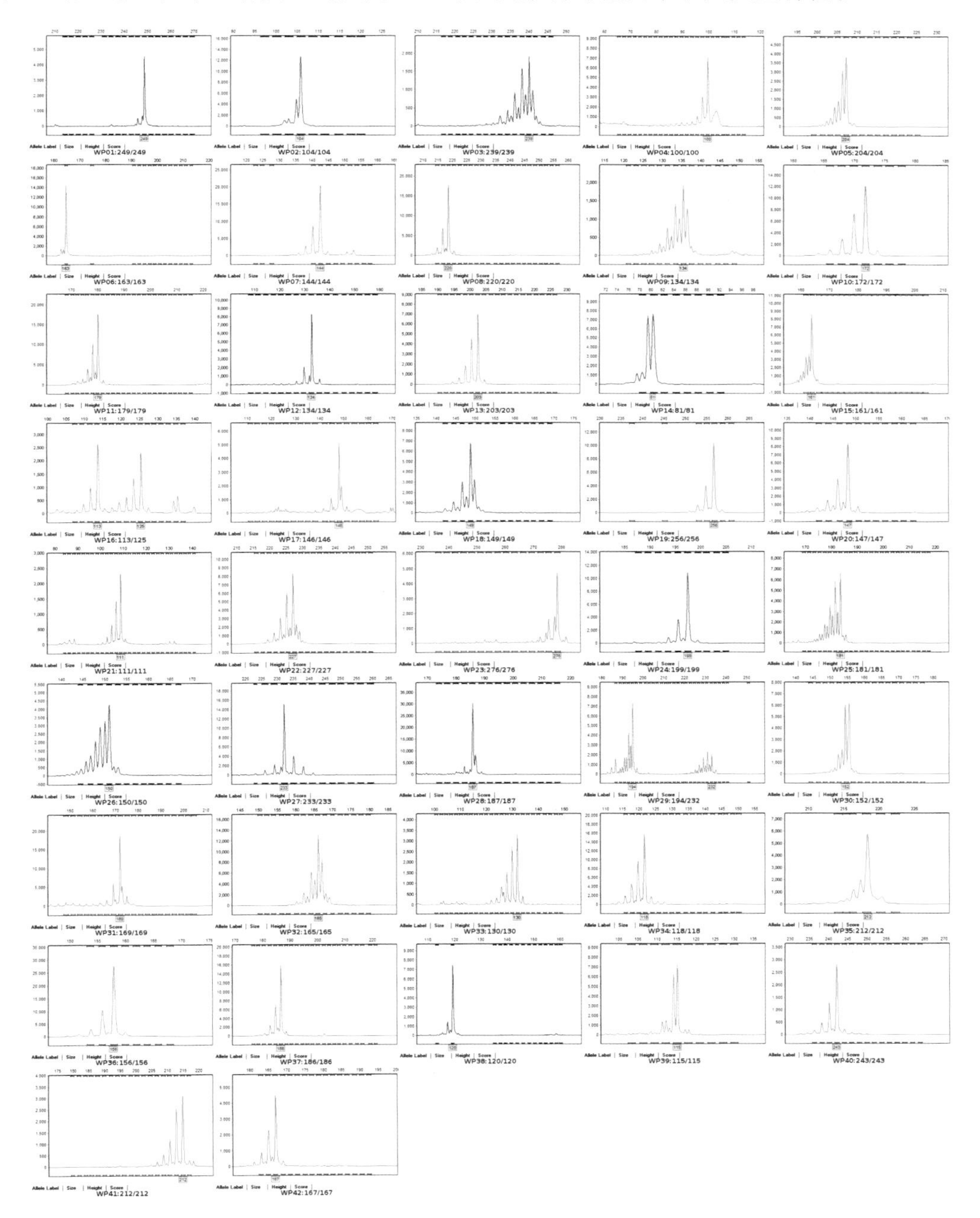

207. 陇中1号

审定编号：国审麦2007023

选育单位：甘肃省定西市旱作农业科研推广中心

品种来源：84WR21-4-2/洛8912

特征特性：冬性，中早熟，成熟期和对照西峰20相当，比对照长6878早1天。幼苗匍匐，叶色深绿，两极分化快，分蘖力较强，成穗率较高。株高85厘米左右，茎秆较细，弹性好。穗长方形，长芒，白壳，红粒，半角质，饱满度较好。平均亩穗数34.0万，穗粒数29.9粒，千粒重36.2克。抗旱性鉴定：抗旱性中等。抗寒性鉴定：抗寒性较好。抗病性鉴定：中感黄矮病，高感条锈病、叶锈病、白粉病、秆锈病。2005年、2006年分别测定混合样：容重817克/升、810克/升，蛋白质（干基）含量14.23%、14.05%，湿面筋含量32.4%、30.9%，沉降值28.8毫升、30.6毫升，吸水率61.0%、61.2%，稳定时间2.8分钟、3.6分钟，最大抗延阻力98E.U.、161E.U.，拉伸面积16平方厘米、32平方厘米。

产量表现：2004—2005年度参加北部冬麦区旱地组品种区域试验，平均亩产293.3千克，比对照西峰20增产14.81%；2005—2006年度续试，平均亩产312.0千克，比对照长6878增产6.33%。2006—2007年度生产试验，平均亩产262.4千克，比对照长6878增产2.6%。

栽培技术要点：适宜播期9月中下旬至10月上旬，每亩适宜基本苗20万～25万，注意防治条锈病和叶锈病。

适宜种植区域：适宜在甘肃兰州和陇东、宁夏固原、陕西延安的旱地冬麦区种植。

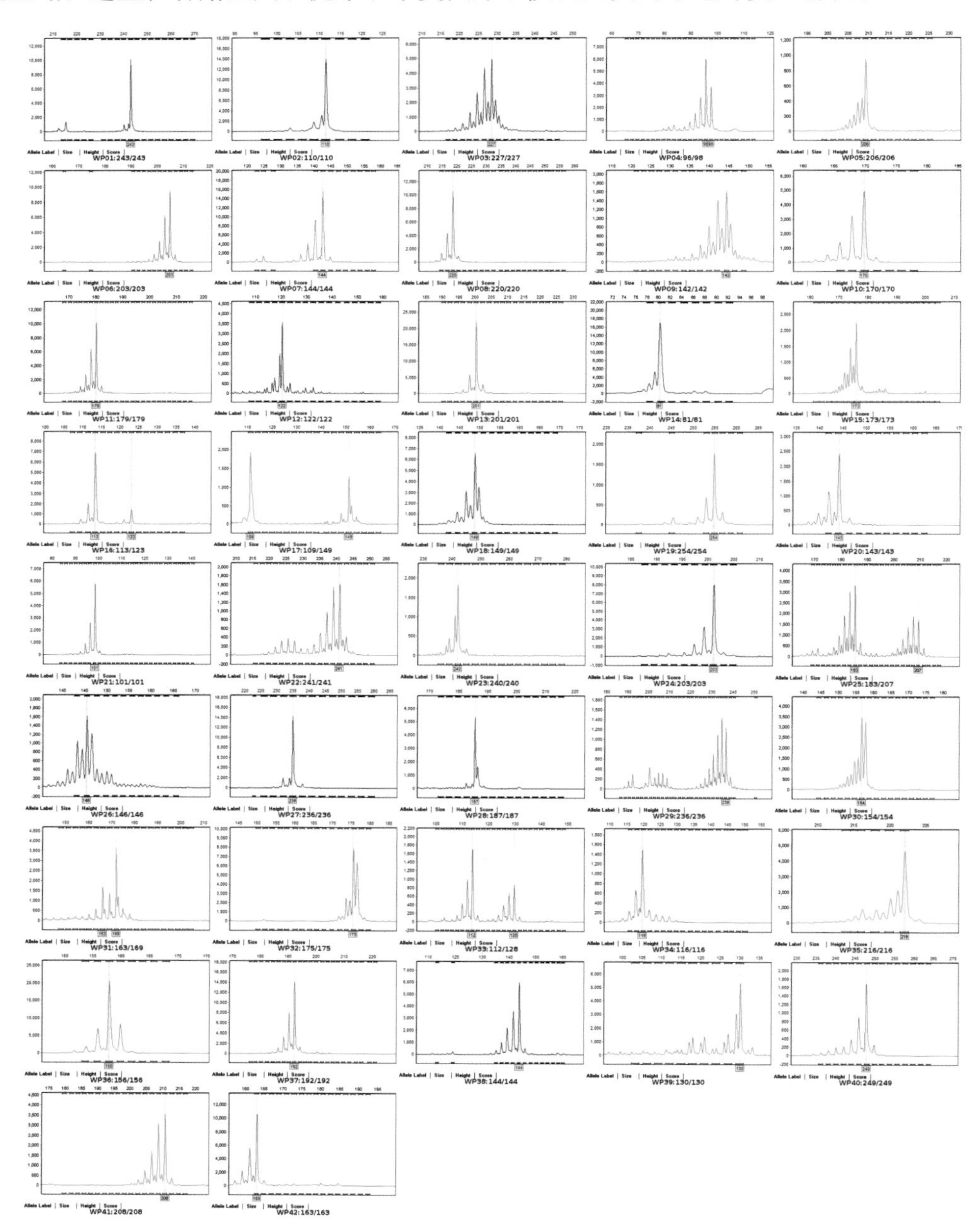

208. 京花9号

审定编号：国审麦2007022

选育单位：北京杂交小麦工程技术研究中心

品种来源：京试467/京冬8号//京单93-2197

特征特性：冬性，早熟，成熟期比对照京冬8号早2天左右。幼苗半匍匐，分蘖力中等，成穗率中等。株高85厘米左右。穗纺锤形，长芒，白壳，红粒，角质。平均亩穗数39.74万穗、穗粒数29.6粒、千粒重42.6克。抗倒性一般。抗寒性鉴定：抗寒性较好。抗病性鉴定：中感秆锈病，中感至高感条锈病、叶锈病，高感白粉病。2006年、2007年分别测定混合样：容重799克/升、807克/升，蛋白质（干基）含量17.12%、17.54%，湿面筋含量35.6%、35.4%，沉降值41.8毫升、39.9毫升，吸水率58.8%、57.4%，稳定时间12.6分钟、14.0分钟，最大抗延阻力500E.U.、616E.U.，延伸性13.9厘米、14.3厘米，拉伸面积90平方厘米、113平方厘米，面包体积773平方厘米（2006年），面包评分79分（2006年）。

产量表现：2005—2006年度参加北部冬麦区水地组品种区域试验，平均亩产398.4千克，比对照京冬8号减产0.8%；2006—2007年度续试，平均亩产438.0千克，比对照京冬8号增产2.3%。2006—2007年度生产试验，平均亩产436.2千克，比对照增产4.4%。

栽培技术要点：适宜播期10月1—5日，每亩适宜基本苗18万～23万，10月5日以后播种适当增加基本苗，每晚播1天增加1万基本苗。高肥水条件下注意防止倒伏。及时防治蚜虫。

适宜种植区域：适宜在北部冬麦区的北京、天津、河北中北部、山西中部和东南部的水地种植，也适宜在新疆阿拉尔水地种植。

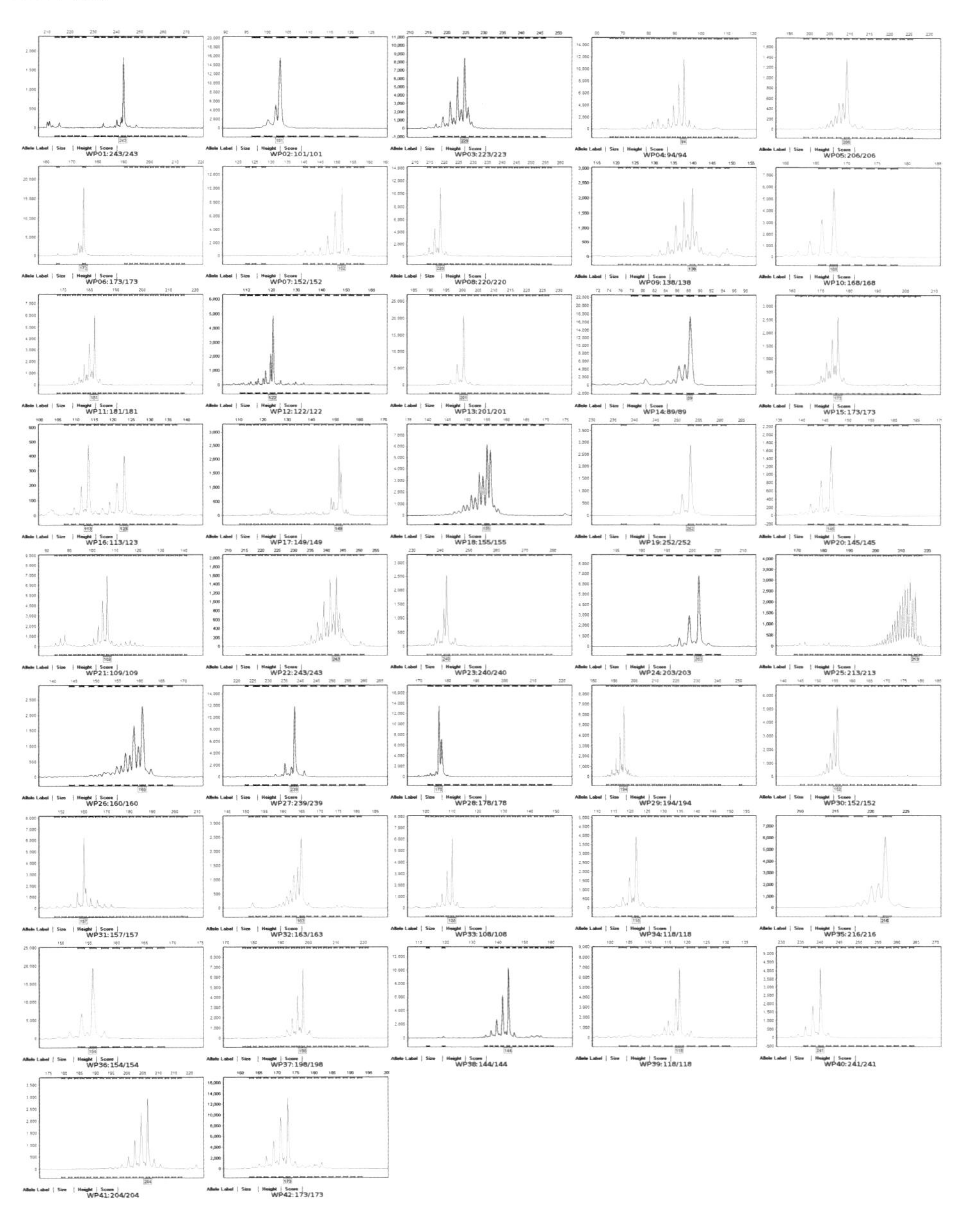

209. 京冬22

审定编号：国审麦2007021

选育单位：北京杂交小麦工程技术研究中心

品种来源：太谷核不育轮选群体

特征特性：冬性，中早熟，成熟期比对照京冬8号早熟1天左右。幼苗半匍匐，分蘖力中等，成穗率中等。株高80厘米左右，株型紧凑。穗纺锤形，长芒，白壳，红粒，半角质。平均亩穗数40.8万穗，穗粒数31.4粒，千粒重40.2克。抗倒性中等。抗寒性鉴定：抗寒性好。抗病性鉴定：慢叶锈病，中感条锈病、秆锈病，高感白粉病。2006年、2007年分别测定混合样：容重798克/升、790克/升，蛋白质（干基）含量17.07%、17.72%，湿面筋含量38.1%、39.0%，沉降值34.7毫升、33.9毫升，吸水率59.8%、59.8%，稳定时间3.8分钟、3.4分钟，最大抗延阻力174E.U.、190E.U.，延伸性15.4厘米、16.0厘米，拉伸面积38平方厘米、44平方厘米。

产量表现：2005—2006年度参加北部冬麦区水地组品种区域试验，平均亩产419.2千克，比对照京冬8号增产4.4%；2006—2007年度续试，平均亩产448.1千克，比对照京冬8号增产4.6%。2006—2007年度生产试验，平均亩产442.81千克，比对照京冬8号增产6.0%。

栽培技术要点：适宜播期9月28日至10月5日，每亩适宜基本苗20万～30万，10月5日以后播种适当增加基本苗，每晚播1天增加1万基本苗。高水肥条件下注意防倒伏。及时防治蚜虫。

适宜种植区域：适宜在北部冬麦区的北京、天津、河北中北部遵化以外地区、山西中部和东南部的水地种植，也适宜在新疆阿拉尔地区水地种植。

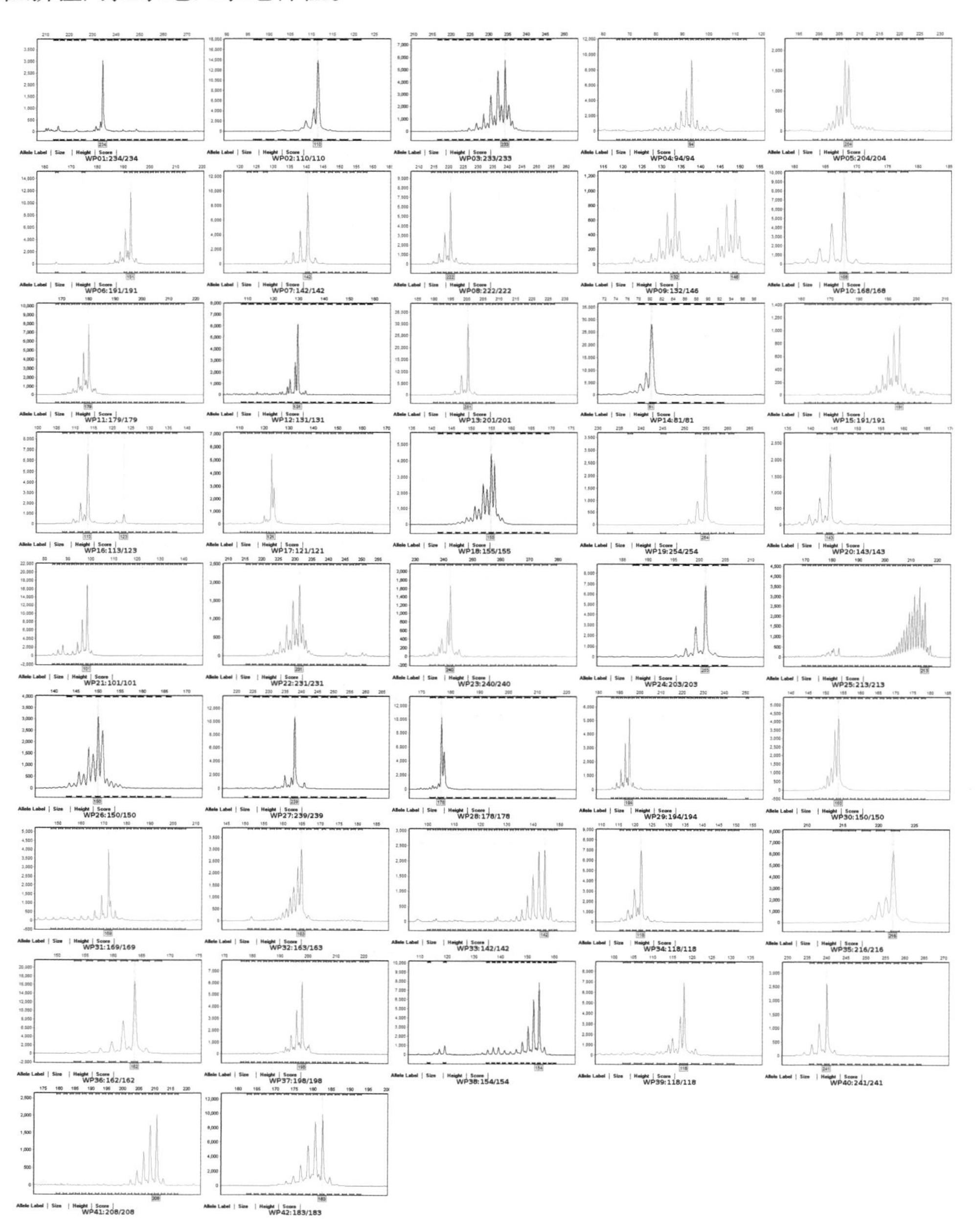

210. 轮选518

审定编号：国审麦2007020

选育单位：中国农业科学院作物科学研究所

品种来源：矮败小麦轮选群体

特征特性：冬性，中熟，成熟期比对照京冬8号晚1天左右。幼苗匍匐，分蘖力中等，成穗率中等。株高70厘米左右，株形偏散。穗纺锤形，长芒，白壳，白粒，角质。平均亩穗数39.9万穗，穗粒数34.6粒，千粒重37.4克。抗倒性较好。抗寒性鉴定：抗寒性中等。抗病性鉴定：中抗至抗叶锈病、中抗秆锈病、中抗至中感条锈病、高感白粉病。2006年、2007年分别测定混合样：容重780克/升、768克/升，蛋白质（干基）含量15.16%、15.07%，湿面筋含量32.3%、32.4%，沉降值32.7毫升、32.2毫升，吸水率60.8%、59.4%，稳定时间2.8分钟、3.2分钟，最大抗延阻力181E.U.、197E.U.，延伸性15.4厘米、16.0厘米，拉伸面积41平方厘米、46平方厘米。

产量表现：2005—2006年度参加北部冬麦区水地组品种区域试验，平均亩产419.5千克，比对照京冬8号增产4.5%；2006—2007年度续试，平均亩产454.2千克，比对照京冬8号增产6.0%。2006—2007年度生产试验，平均亩产434.8千克，比对照京冬8号增产4.1%。

栽培技术要点：适宜播期9月20日至10月5日，每亩适宜基本苗20万～30万，晚播适当增加播量。

适宜种植区域：适宜在北部冬麦区的北京、天津、河北中北部遵化以外地区、山西中部和东南部的水地种植，也适宜在新疆阿拉尔地区水地种植。

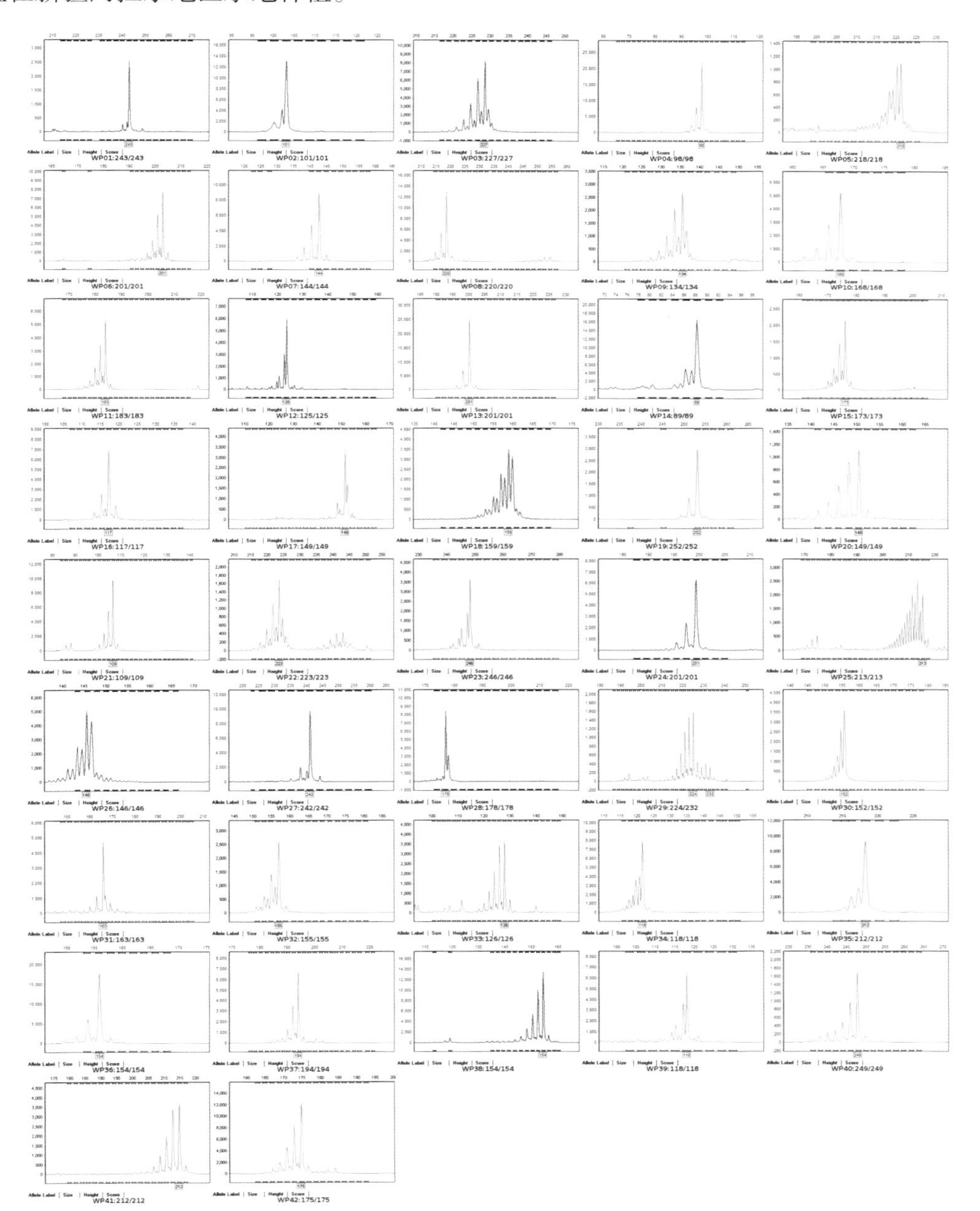

211. 京冬17*

审定编号：国审麦2007019

选育单位：北京杂交小麦工程技术研究中心

品种来源：京冬8号/RHT3//931

特征特性：冬性，中早熟，成熟期比对照京冬8号早1天左右。幼苗半匍匐，叶色浓绿，分蘖力中等，成穗率较高。株高75厘米左右，株型紧凑，叶片上冲。穗纺锤形，长芒，白壳，白粒，半角质。平均亩穗数39.6万穗、穗粒数34.1粒、千粒重41.3克。抗倒性较强。抗寒性鉴定：抗寒性较好。抗病性鉴定：中抗秆锈病、条锈病，高感叶锈病、白粉病。2006年、2007年分别测定混合样：容重796克/升、782克/升，蛋白质（干基）含量15.56%、15.22%，湿面筋含量36.1%、36.5%，沉降值37.5毫升、34.8毫升，吸水率58.8%、59.0%，稳定时间4.4分钟、4.5分钟，最大抗延阻力258E.U.、258E.U.，延伸性16.0厘米、16.8厘米，拉伸面积58平方厘米、61平方厘米。

产量表现：2005—2006年度参加北部冬麦区水地组品种区域试验，平均亩产428.6千克，比对照京冬8号增产6.8%；2006—2007年度续试，平均亩产481.2千克，比对照京冬8号增产12.4%。2006—2007年度生产试验，平均亩产467.9千克，比对照京冬8号增产12.0%。

栽培技术要点：适宜播期10月1—5日，每亩适宜基本苗20万～30万，10月5日以后播种随播期推迟适当增加基本苗，每晚播1天增加1万基本苗；及时防治蚜虫和病害。

适宜种植区域：适宜在北部冬麦区的北京、天津、河北中北部、山西中部和东南部的中高水肥地种植，也适宜在新疆阿拉尔地区水地种植。

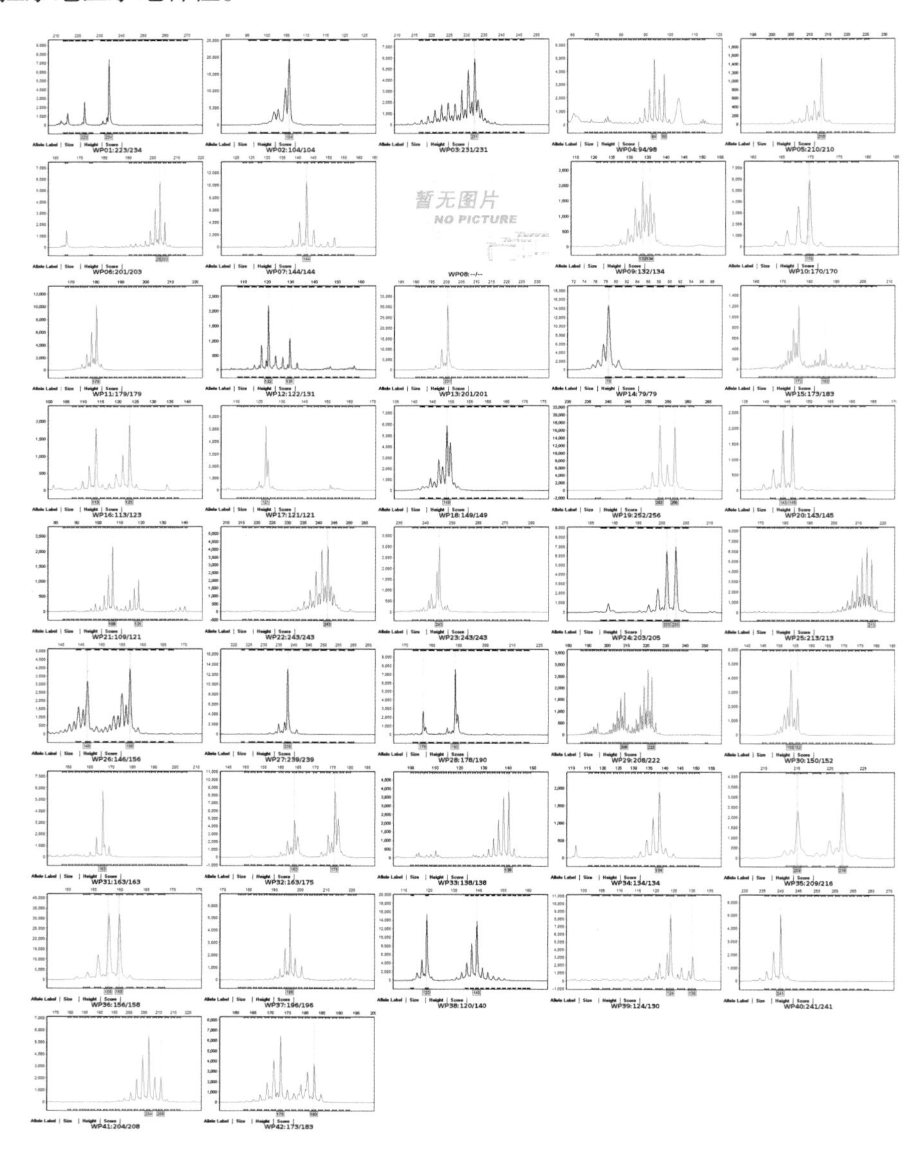

* 受品种纯度和一致性的影响，个别位点存在杂合现象。

212. 洛旱7号

审定编号：国审麦2007018

选育单位：洛阳市农业科学研究院

品种来源：豫麦41号/山农45

特征特性：半冬性，中熟，全生育期237天，成熟期与对照洛旱2号相当。幼苗半匍匐，分蘖力中等，成穗率较高。株高85厘米左右，株型半松散，茎秆粗壮、蜡质，叶色浓绿，旗叶宽大、半披，穗层整齐，穗码较密。穗长方形，长芒，白壳，白粒，半角质，饱满度较好，黑胚率2%。平均亩穗数32.8万穗，穗粒数31.0粒，千粒重44.7克。抗倒性较好。熟相好。抗旱性鉴定：抗旱性中等。抗病性鉴定：抗秆锈病，慢叶锈病，高感条锈病、白粉病、黄矮病。2006年、2007年分别测定混合样：容重764克/升、772克/升，蛋白质（干基）含量13.54%、15.03%，湿面筋含量29.1%、32.8%，沉降值20.7毫升、23.1毫升，吸水率57.6%、59.4%，稳定时间1.3分钟、1.4分钟，最大抗延阻力90E.U.、88E.U.，延伸性11.3厘米、11.8厘米，拉伸面积15平方厘米、14平方厘米。

产量表现：2005—2006年度参加黄淮冬麦区旱肥组品种区域试验，平均亩产401.3千克，比对照洛旱2号增产5.3%；2006—2007年度续试，平均亩产391.1千克，比对照洛旱2号增产11.3%。2006—2007年度生产试验，平均亩产386.7千克，比对照洛旱2号增产9.2%。

栽培技术要点：适宜播期10月上中旬。每亩适宜基本苗16万～27万。及时防治锈病、白粉病和蚜虫，适时收获，防止穗发芽。

适宜种植区域：适宜在黄淮冬麦区的山西、陕西、河北、河南、山东旱肥地种植。

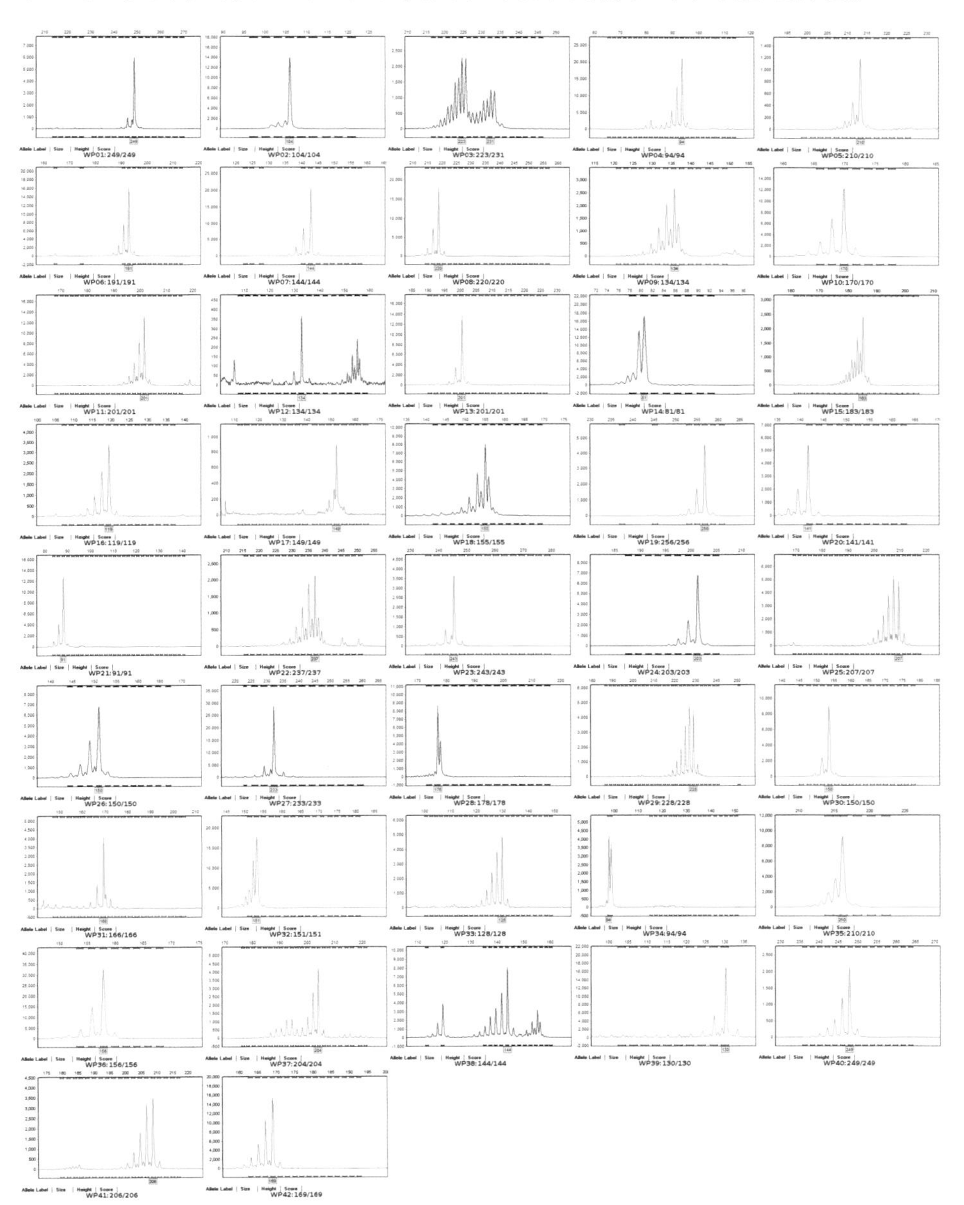

213. 师栾02-1

审定编号： 国审麦2007016

选育单位： 河北师范大学、栾城县原种场

品种来源： 9411/9430

特征特性： 半冬性，中熟，成熟期比对照石4185晚1天左右。幼苗匍匐，分蘖力强，成穗率高。株高72厘米左右，株型紧凑，叶色浅绿，叶小上举，穗层整齐。穗纺锤形，护颖有短茸毛，长芒，白壳，白粒，籽粒饱满，角质。平均亩穗数45.0万穗，穗粒数33.0粒，千粒重35.2克。春季抗寒性一般，旗叶干尖重，后期早衰。茎秆有蜡质，弹性好，抗倒伏。抗寒性鉴定：抗寒性中等。抗病性鉴定：中抗纹枯病，中感赤霉病，高感条锈病、叶锈病、白粉病、秆锈病。2005年、2006年分别测定混合样：容重803克/升、786克/升，蛋白质（干基）含量16.30%、16.88%，湿面筋含量32.3%、33.3%，沉降值51.7毫升、61.3毫升，吸水率59.2%、59.4%，稳定时间14.8分钟、15.2分钟，最大抗延阻力654E.U.、700E.U.，拉伸面积163平方厘米、180平方厘米，面包体积760平方厘米、828平方厘米，面包评分85分、92分。

产量表现： 2004—2005年度参加黄淮冬麦区北片水地组品种区域试验，平均亩产491.7千克，比对照石4185增产0.14%；2005—2006年度续试，平均亩产491.5千克，比对照石4185减产1.21%。2006—2007年度生产试验，平均亩产560.9千克，比对照石4185增产1.74%。

栽培技术要点： 适宜播期10月上中旬，每亩适宜基本苗10万～15万，后期注意防治条锈病、叶锈病、白粉病等。

适宜种植区域： 适宜在黄淮冬麦区北片的山东中部和北部、河北中南部、山西南部中高水肥地种植。

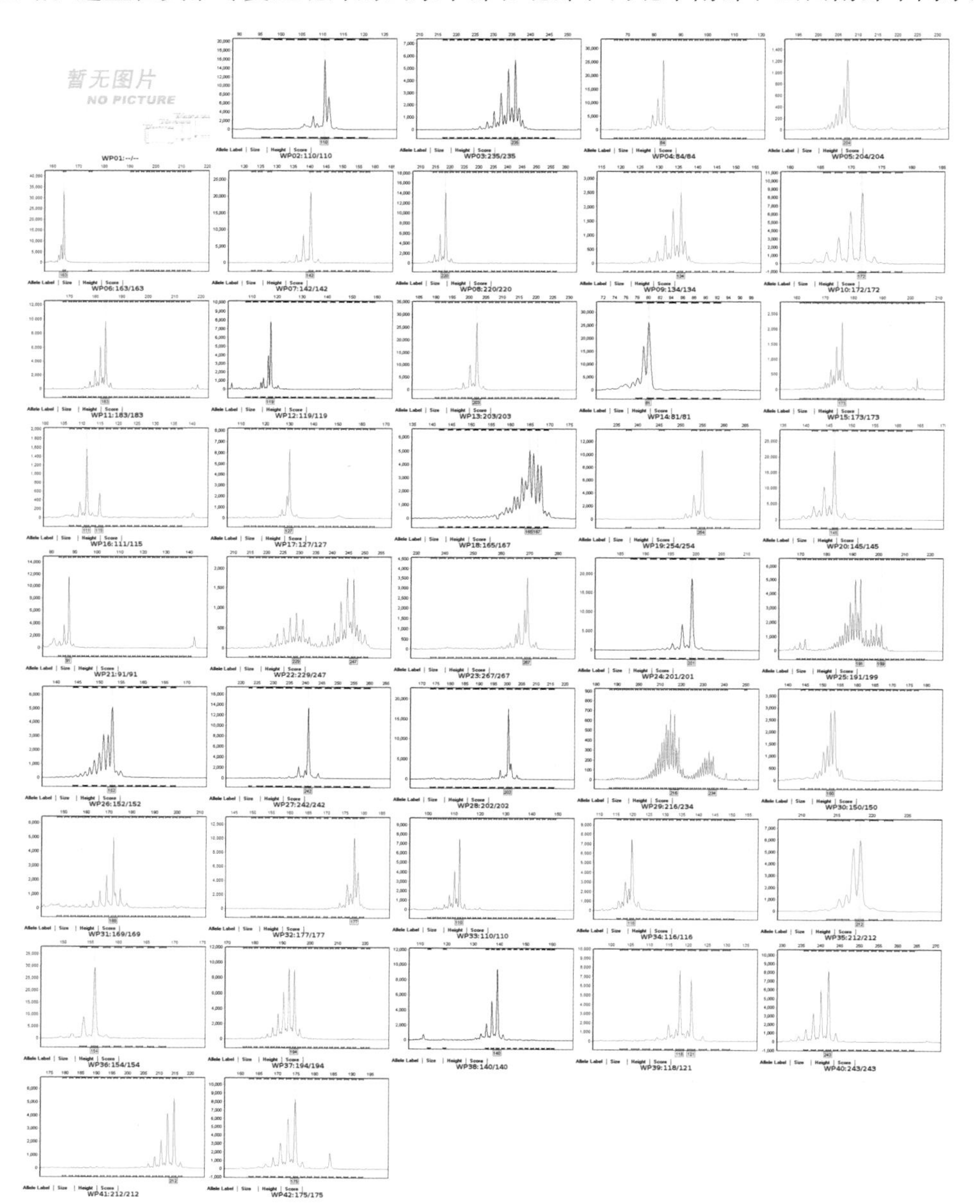

214. 邢麦4号

审定编号：国审麦2007015

选育单位：河北省邢台市农业科学院

品种来源：科遗NC20/4564//高优503

特征特性：半冬性，中熟，成熟期比对照石4185晚1天。幼苗半匍匐，分蘖力较强，成穗率低，主茎、分蘖穗高度有差异，穗层厚。株高80厘米左右，株型松紧适中，旗叶稍大，叶色黄绿，蜡质多，秆粗。穗纺锤形，小穗排列密，长芒，白壳，白粒，籽粒饱满，角质。平均亩穗数38.8万穗，穗粒数36.0粒，千粒重42.9克。落黄较好。抗寒性鉴定：抗寒性中等。抗病性鉴定：中抗叶锈病、纹枯病，高感条锈病、白粉病、秆锈病。2005年、2006年两年分别测定混合样：容重798克/升、794克/升，蛋白质（干基）含量14.36%、14.63%，湿面筋含量33.9%、34.3%，沉降值37.0毫升、37.3毫升，吸水率66.6%、65.9%，稳定时间3.6分钟、3.4分钟，最大抗延阻力198E.U.、250E.U.，拉伸面积50平方厘米、64平方厘米

产量表现：2004—2005年度参加黄淮冬麦区北片水地组品种区域试验，平均亩产509.7千克，比对照石4185增产3.79%；2005—2006年度续试，平均亩产536.4千克，比对照石4185增产7.82%。2006—2007年度生产试验，平均亩产576.9千克，比对照石4185增产4.64%。

栽培技术要点：适宜播种期10月上中旬，每亩适宜基本苗10万～15万，后期注意防条锈病、白粉病、秆锈病。

适宜种植区域：适宜在黄淮冬麦区北片的山东、河北中南部、山西南部中高水肥地种植。

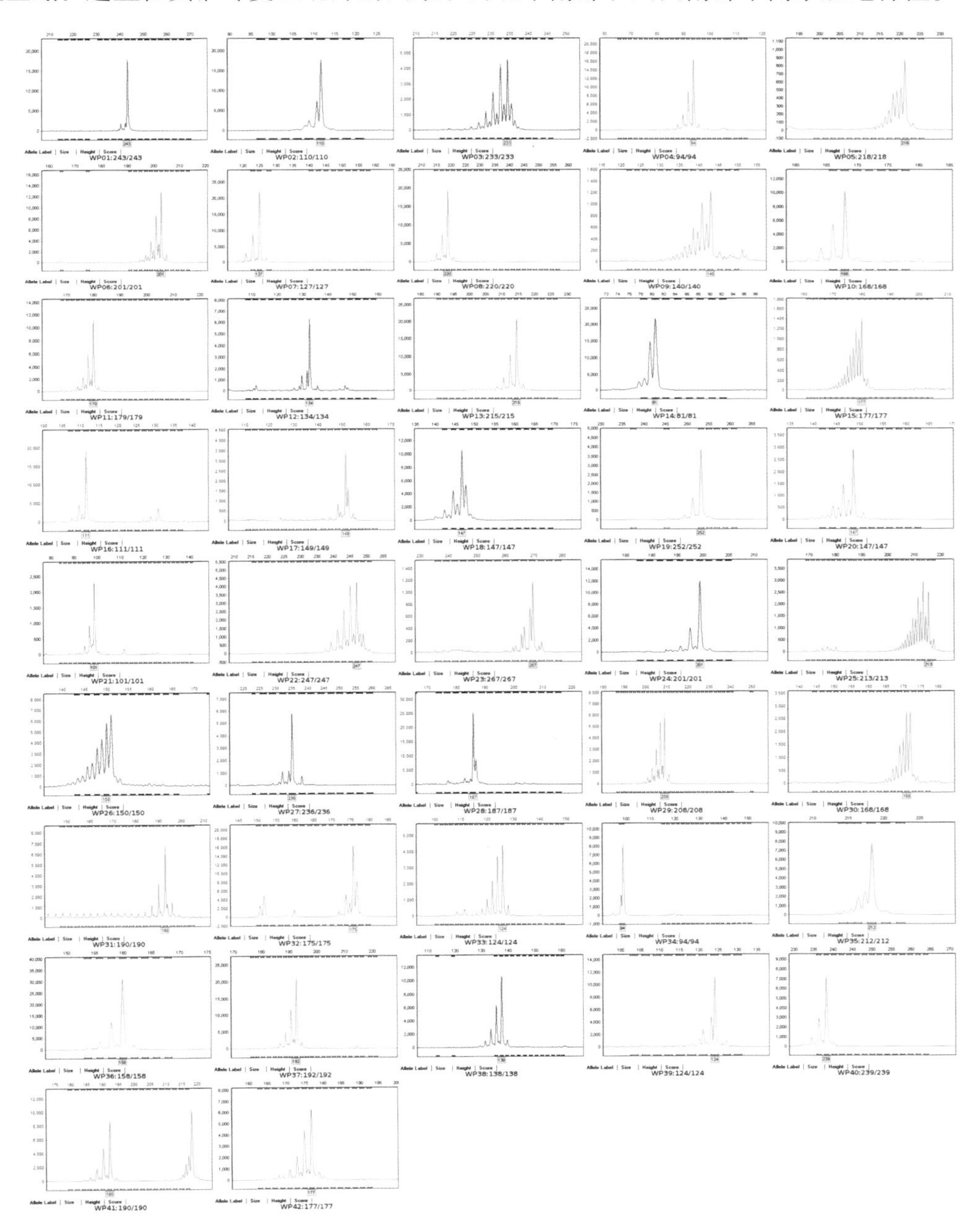

215. 邯00-7086

审定编号：国审麦2007014

选育单位：邯郸市农业科学院

品种来源：邯93-4572/山农太91136

特征特性：半冬性，中熟，成熟期比对照石4185晚1天左右。幼苗半匍匐，分蘖力中等，成穗率高。株高75厘米左右，株型略松散，孕穗期叶片稍大，叶披，成熟落黄好。穗较长，小穗排列稀，结实好。穗纺锤形，长芒，白壳，白粒，硬质，籽粒均匀，外观商品性好。平均亩穗数38.4万穗，穗粒数37.9粒，千粒重38.3克。较抗倒伏。抗寒性鉴定：抗寒性较好。抗病性鉴定：中抗条锈病，中感纹枯病，高感叶锈病、白粉病、秆锈病。2005年、2006两年分别测定混合样：容重799克/升、800克/升，蛋白质（干基）含量13.6%、13.98%，湿面筋含量29.6%、30.7%，沉降值33.8毫升、35.8毫升，吸水率58.6%、58.2%，稳定时间6.0分钟、7.6分钟，最大抗延阻力288E.U.、352E.U.，拉伸面积56平方厘米、72平方厘米。

产量表现：2004—2005年度参加黄淮冬麦区北片水地组品种区域试验，平均亩产501.7千克，比对照石4185增产2.66%；2005—2006年度续试，平均亩产523.9千克，比对照石4185增产3.35%。2006—2007年度生产试验，平均亩产572.5千克，比对照石4185增产3.85%。

栽培技术要点：适宜播种期10月上中旬，每亩适宜基本苗10万～15万，后期注意防治叶锈病、白粉病、秆锈病等。

适宜种植区域：适宜在黄淮冬麦区北片的山东、河北中南部、山西南部、河南安阳和濮阳中高水肥地种植。

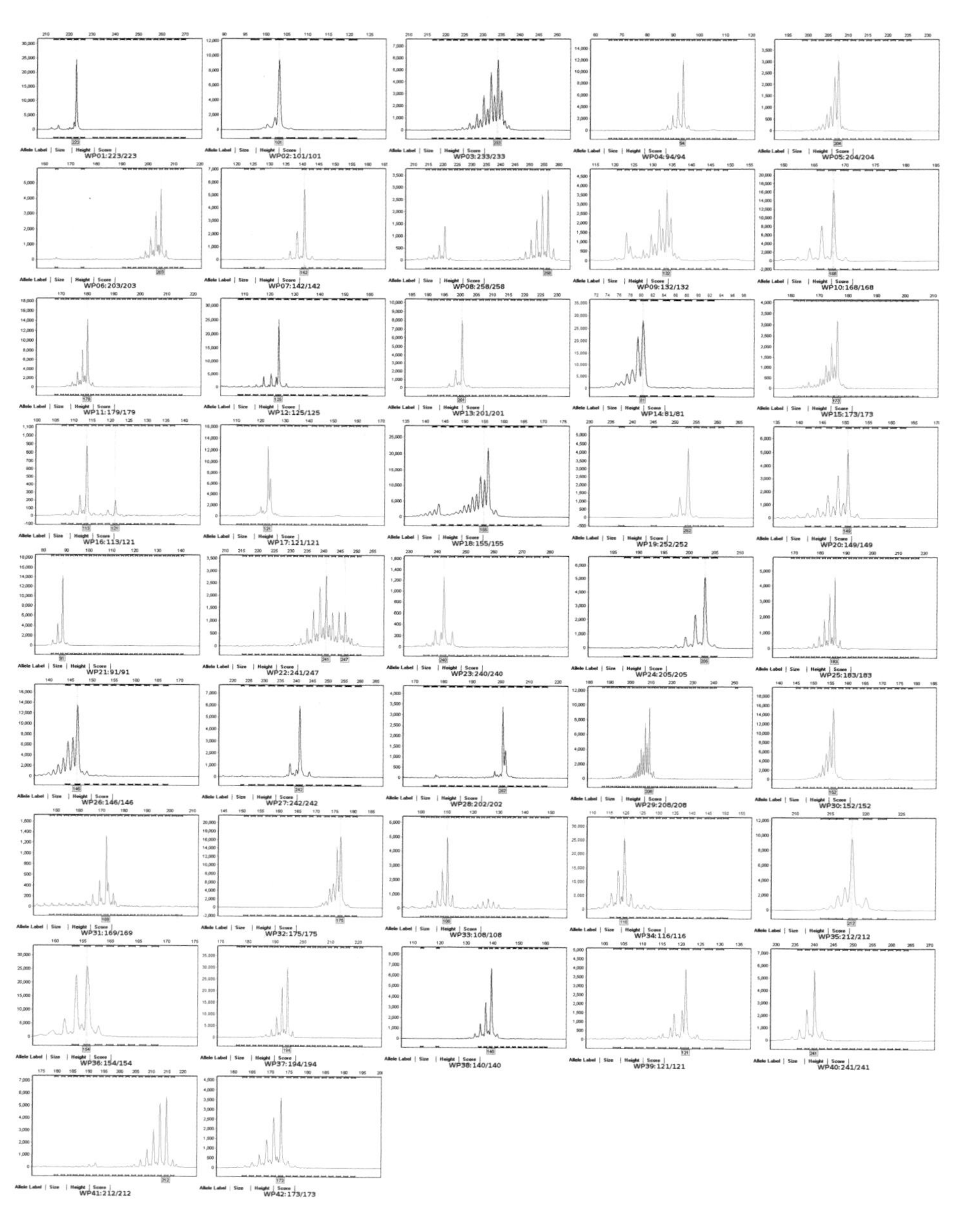

216. 周麦21号

审定编号：国审麦2007013

选育单位：河南省周口市农业科学院

品种来源：周93S优/郑麦9023

特征特性：弱春性，早熟，成熟期与豫麦18-64同期，比对照偃展4110早1天。幼苗直立，叶宽直立，分蘖力中等。株高78厘米左右，株型较紧凑，旗叶短小、上冲，长相清秀，结实性一般。穗纺锤形，长芒，白壳，白粒，籽粒角质，饱满度较好，黑胚率中等。成穗率高，平均亩穗数43.1万穗，穗粒数30.3粒，千粒重41.3克。苗期长势壮，抗寒性偏弱。春季起身拔节快，两极分化利索，抽穗早，抗倒春寒能力弱。后期叶功能好，灌浆快，熟相好。抗倒伏能力中等。抗病性鉴定：中抗条锈病，慢叶锈病，中感秆锈病、赤霉病，高感白粉病、纹枯病。区试田间表现：中抗至高抗叶枯病。2005年、2006年分别测定混合样：容重808克/升、815克/升，蛋白质（干基）含量14.64%、14.69%，湿面筋含量32.7%、32.4%，沉降值52.1毫升、49.6毫升，吸水率61.6%、60.6%，稳定时间7.4分钟、8.8分钟，最大抗延阻力378E.U.、463E.U.，延伸性18.0厘米（2006年），拉伸面积88平方厘米、109平方厘米，面包体积750平方厘米、748平方厘米，面包评分88分、83分。

产量表现：2004—2005年度参加黄淮冬麦区南片春水组品种区域试验，平均亩产494.9千克，比对照豫麦18-64增产3.5%；2005—2006年度续试，平均亩产519.0千克，比对照1偃展4110减产3.21%，比对照2豫麦18-64增产3.76%。2006—2007年度生产试验，平均亩产489.3千克，比对照偃展4110增产1.6%。

栽培技术要点：适宜播期10月下旬，每亩适宜基本苗15万～20万，高水肥地注意防倒伏。注意防治白粉病、纹枯病和赤霉病。

适宜种植区域：适宜在黄淮冬麦区南片的河南中北部、安徽北部、江苏淮北地区、陕西关中灌区中高肥力地块种植。

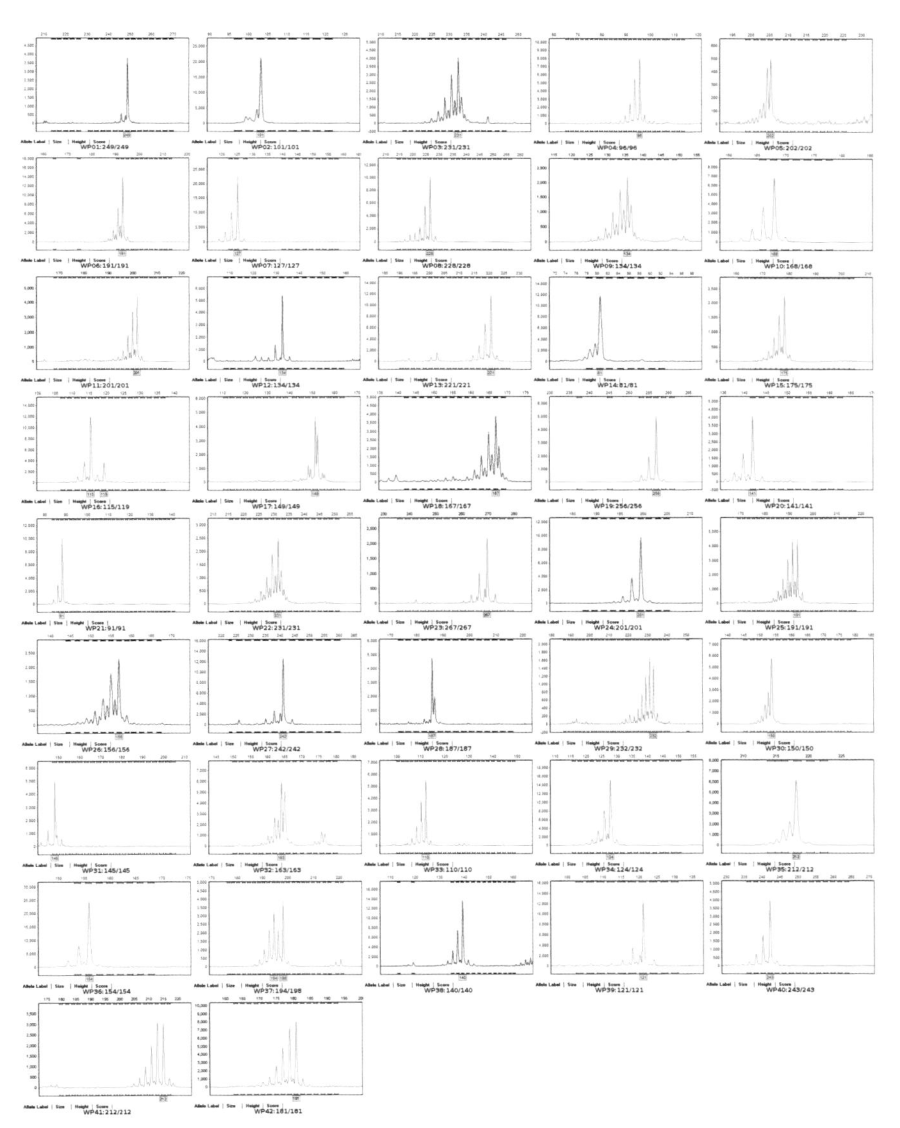

217. 新麦9817

审定编号：国审麦2007012

选育单位：河南省新乡市农业科学院

品种来源：偃展1号/温麦6号

特征特性：弱春性，中早熟，成熟期与对照偃展4110同期。幼苗直立，叶直立，分蘖力中等。株高82厘米左右，株型较紧凑，旗叶宽短、厚、上冲，穗层整齐，穗多穗匀，码密。穗纺锤形，长芒，白壳，白粒，籽粒半角质，饱满度中等，黑胚率较低。成穗率较高，平均亩穗数44.8万穗，穗粒数29.8粒，千粒重43.1克。苗期长势旺，冬季耐寒性较好。春季起身快，拔节抽穗早，不耐倒春寒。耐后期高温，叶功能期长，灌浆顺畅，熟相较好。抗倒伏能力中等。抗病性鉴定：中抗白粉病，中感条锈病、叶锈病，高感秆锈病、赤霉病、纹枯病。区试田间表现：叶干尖较重。2006年、2007年分别测定混合样：容重781克/升、776克/升，蛋白质（干基）含量14.2%、13.92%，湿面筋含量31.5%、32.1%，沉降值28.8毫升、31.6毫升，吸水率59.2%、60.0%，稳定时间2.2分钟、2.4分钟，最大抗延阻力188E.U.、242E.U.，延伸性18.1厘米、18.2厘米，拉伸面积50平方厘米、64平方厘米。

产量表现：2005—2006年度参加黄淮冬麦区南片春水组品种区域试验，平均亩产558.3千克，比对照1偃展4110增产4.13%，比对照2豫麦18-64增产11.62%；2006—2007年度续试，平均亩产532.4千克，比对照偃展4110增产4.8%。2006—2007年度生产试验，平均亩产503.2千克，比对照偃展4110增产4.5%。

栽培技术要点：适宜播期10月15—30日，每亩适宜基本苗14万～18万，高水肥地注意防倒伏。注意防治纹枯病和赤霉病。

适宜种植区域：适宜在黄淮冬麦区南片的河南中北部，安徽北部、陕西关中地区中高肥力地块种植。

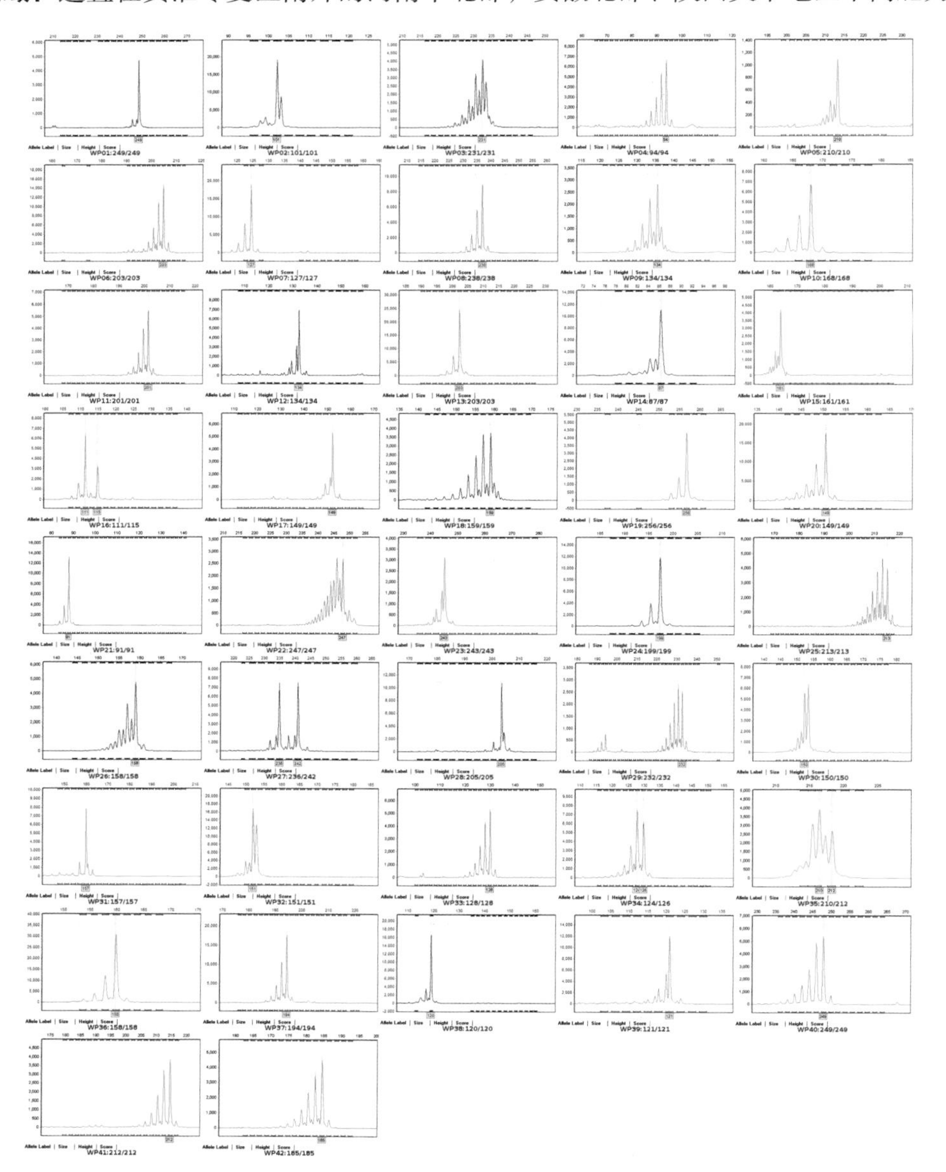

218. 淮麦25

审定编号：国审麦2007011

选育单位：江苏徐淮地区淮阴农业科学研究所

品种来源：矮败小麦冬春轮回选择群体

特征特性：半冬性，中晚熟，成熟期比对照豫麦49号和新麦18晚1～2天。幼苗半匍匐，叶色深绿，叶小窄直，分蘖力强，成穗率中等。株高87厘米左右，株型较紧凑，旗叶上冲外卷，穗层厚，穗多穗匀，结实性好，茎秆有蜡质，长相清秀。穗纺锤形，长芒，白壳，白粒，籽粒半角质，饱满度较好，黑胚率低，外观商品性好。平均亩穗数41.6万穗，穗粒数37.4粒，千粒重38.3克。苗期长势一般，抗寒性好。春季起身拔节迟，两极分化快。抽穗期晚，中后期长势较好，后期叶功能期长，有一定耐旱性，耐后期高温，灌浆速度快，熟相好。茎秆弹性一般，抗倒伏能力偏弱。抗病性鉴定：抗秆锈病，中抗纹枯病，慢叶锈病，中感白粉病，高感条锈病、赤霉病。区试田间表现：中感叶枯病。2006年、2007年分别测定混合样：容重801克/升、796克/升，蛋白质（干基）含量13.04%、13.75%，湿面筋含量25.2%、27.8%，沉降值26.7毫升、26毫升，吸水率53.2%、54.2%，稳定时间7.8分钟、6.6分钟，最大抗延阻力382E.U.、360E.U.，延伸性11.0厘米、11.2厘米，拉伸面积58平方厘米、56平方厘米。

产量表现：2005—2006年度参加黄淮冬麦区南片冬水组品种区域试验，平均亩产563.3千克，比对照1新麦18增产6.95%，比对照2豫麦49号增产7.49%；2006—2007年度续试，平均亩产565.1千克，比对照新麦18增产8.27%。2006—2007年度生产试验，平均亩产530.3千克，比对照新麦18增产7.2%。

栽培技术要点：适宜播期10月上中旬，每亩适宜基本苗10万～14万，高产栽培条件下注意防止倒伏。注意防治条锈病、叶锈病和赤霉病。

适宜种植区域：适宜在黄淮冬麦区南片的河南中北部，安徽北部、江苏北部、陕西关中地区、山东菏泽地区中高肥力地块种植。

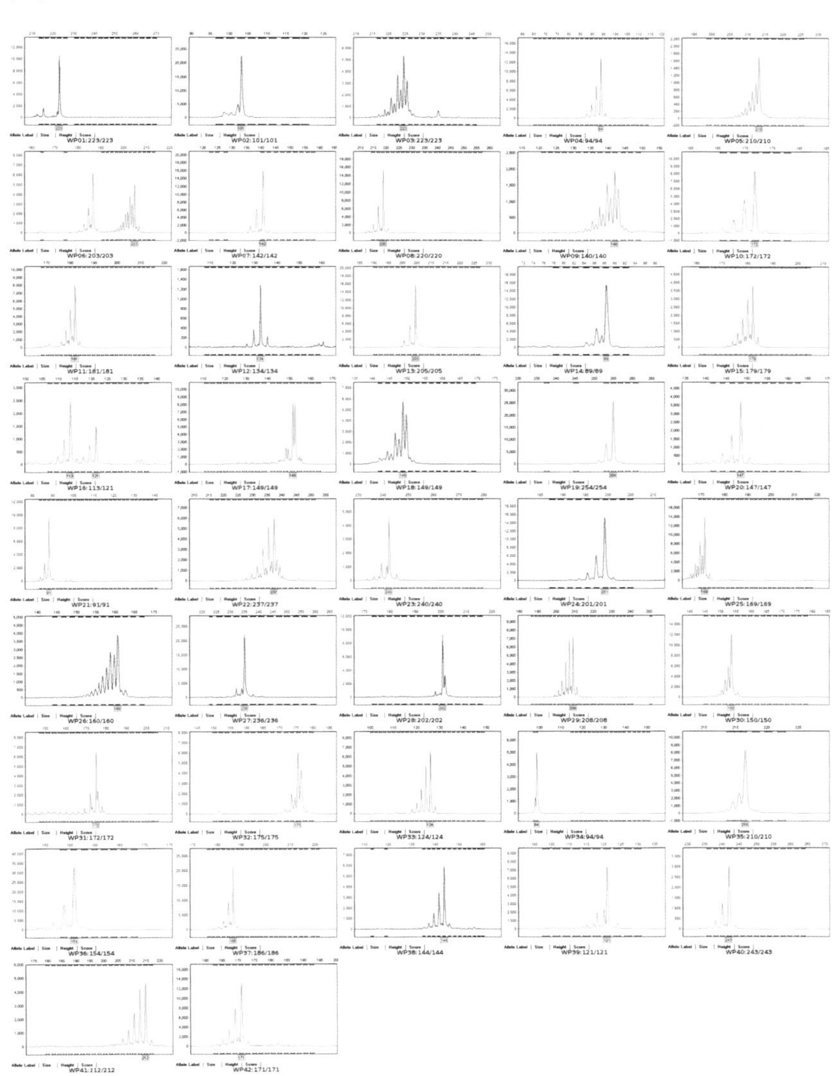

219. 许农5号

审定编号：国审麦2007010

选育单位：河南省许昌市农业科学研究所

品种来源：周8846/周麦9号

特征特性：半冬性，中晚熟，成熟期比对照新麦18晚1天。幼苗半直立，叶色深绿，分蘖力中等，成穗率中等。株高88厘米左右，株型较紧凑，茎秆蜡质重，旗叶宽短、上冲，穗下节长，穗层不整齐，长相清秀。穗纺锤形，短芒，白壳，白粒，籽粒半角质，粒大，饱满度一般，黑胚率偏高，外观商品性一般。平均亩成穗34.9万穗，穗粒数37.0粒，千粒重45.9克。苗期长势中等，抗寒性中等偏弱。春季起身拔节早，两极分化快，苗脚利落，倒春寒冻害偏重。有一定耐旱能力，熟相一般。抗倒伏能力中等。抗病性鉴定：抗条锈病，慢叶锈病，中感秆锈病、白粉病，高感赤霉病、纹枯病。区试田间表现：叶枯病轻。2006年、2007年分别测定混合样：容重771克/升、772克/升，蛋白质（干基）含量13.48%、13.85%，湿面筋含量28.6%、30.7%，沉降值25.7毫升、28.0毫升，吸水率57.6%、58.2%，稳定时间3.6分钟、3.8分钟，最大抗延阻力222E.U.、256E.U.，延伸性16.4厘米、15.4厘米，拉伸面积52平方厘米、56平方厘米。

产量表现：2005—2006年度参加黄淮冬麦区南片冬水组品种区域试验，平均亩产547.2千克，比对照1新麦18增产3.88%，比对照2豫麦49号增产4.34%；2006—2007年度续试，平均亩产543.3千克，比对照新麦18增产4.1%。2006—2007年度生产试验，平均亩产528.2千克，比对照新麦18增产6.8%。

栽培技术要点：适宜播期10月15—25日，每亩适宜基本苗12万～15万。注意防治纹枯病和赤霉病。注意防止冬前冻害和倒春寒。

适宜种植区域：适宜在黄淮冬麦区南片的河南中北部，安徽北部、江苏北部、陕西关中地区中高肥力地块种植。

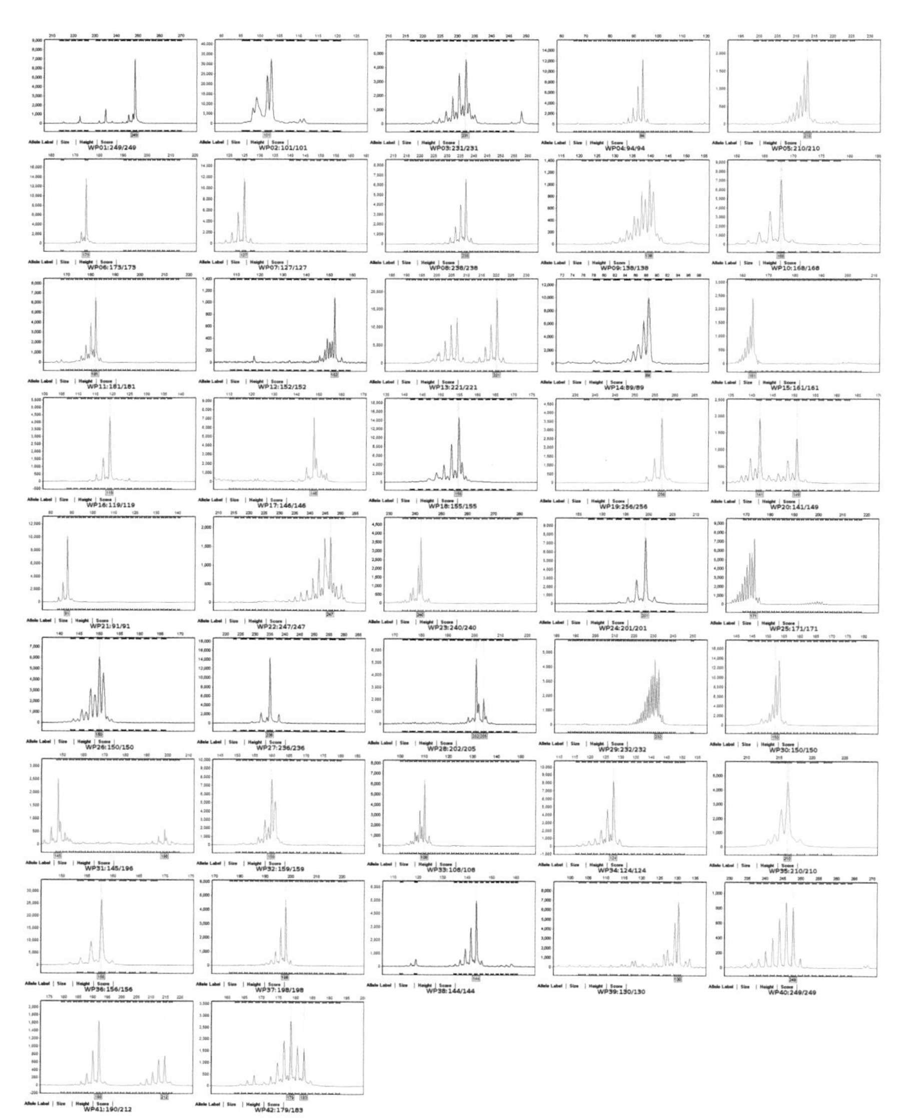

220. 漯麦8号

审定编号：国审麦2007008

选育单位：河南省漯河市农业科学院

品种来源：烟中1604/温麦4号

特征特性：半冬性，中晚熟，成熟期比对照豫麦49号和新麦18晚1天。幼苗半匍匐，叶宽短、绿色正绿，分蘖力较强，成穗率中等。株高82厘米左右，株型紧凑，旗叶较小、上冲，株行间透光性好。穗纺锤形，长芒，白壳，白粒，籽粒半角质，黑胚率偏高，籽粒均匀、饱满。平均亩穗数44.4万穗，穗粒数31.0粒，千粒重39.1克。苗期长势一般，抗寒性较好。起身拔节快，抽穗较迟。对春季低温敏感，穗顶部有虚尖，穗粒数偏少。耐后期高温，叶功能期长，成熟偏晚，熟相一般。茎秆硬，抗倒性较好。抗病性鉴定：中抗叶锈病、纹枯病，中感秆锈病、条锈病、白粉病，高感赤霉病。区试田间表现：中感叶枯病。2005年、2006年分别测定混合样：容重818克/升、787克/升，蛋白质（干基）含量14.87%、13.82%，湿面筋含量33.0%、28.2%，沉降值46.3毫升、31.0毫升，吸水率59.9%、56.8%，稳定时间8.6分钟，5.5分钟，最大抗延阻力330E.U.、261E.U.，延伸性14.0厘米（2006年），拉伸面积77平方厘米、51平方厘米，面包体积815平方厘米（2005年），面包评分89分（2005年）。

产量表现：2004—2005年度参加黄淮冬麦区南片冬水组品种区域试验，平均亩产510.5千克，比对照豫麦49号增产3.18%；2005—2006年度续试，平均亩产522.2千克，比对照1新麦18增产0.35%，比对照2豫麦49号增产0.85%。2006—2007年度生产试验，平均亩产508.6千克，比对照新麦18增产2.31%。

栽培技术要点：适宜播期10月10—20日，每亩适宜基本苗12万～15万。注意防治赤霉病。

适宜种植区域：适宜在黄淮冬麦区南片的河南中北部，安徽北部、陕西关中地区中高肥力地块早中茬种植。

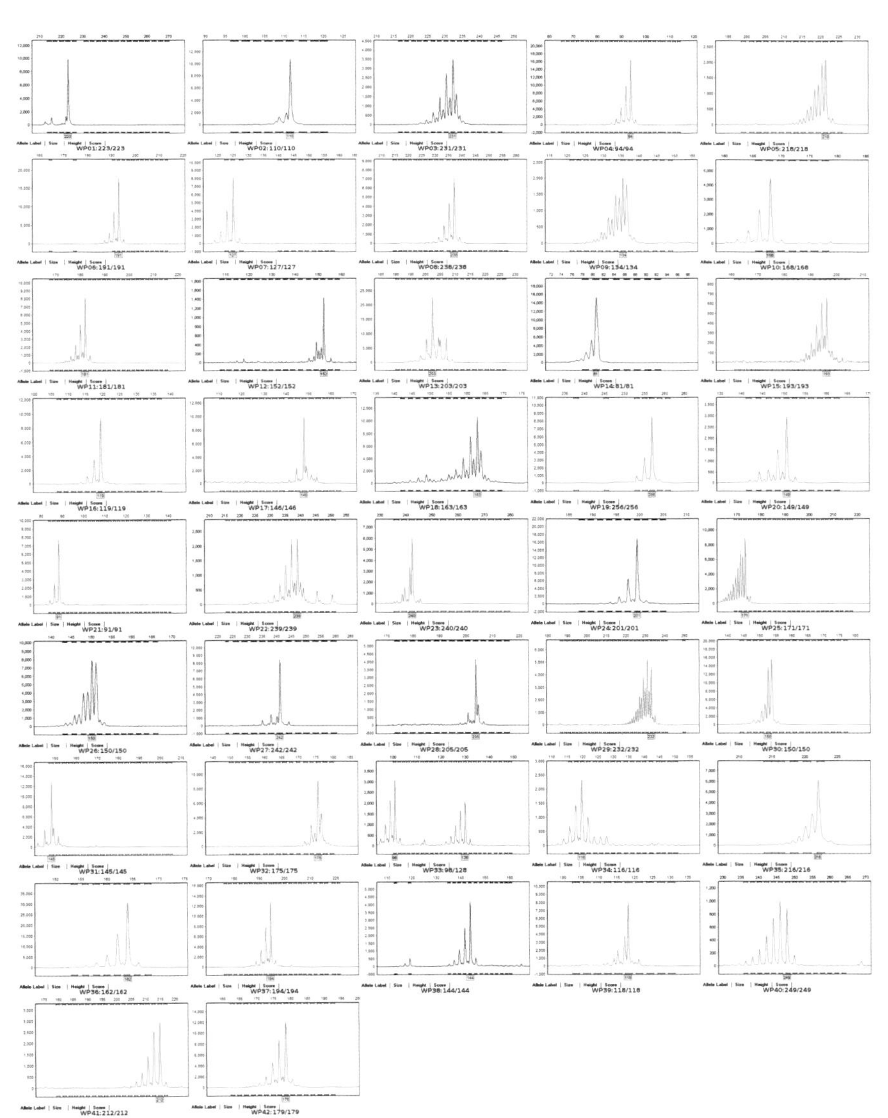

221. 周麦22号

审定编号：国审麦2007007

选育单位：河南省周口市农业科学院

品种来源：周麦12/温麦6号//周麦13号

特征特性：半冬性，中熟，比对照豫麦49号晚熟1天。幼苗半匍匐，叶长卷、叶色深绿，分蘖力中等，成穗率中等。株高80厘米左右，株型较紧凑，穗层较整齐，旗叶短小上举，植株蜡质厚，株行间透光较好，长相清秀，灌浆较快。穗近长方形，穗较大，均匀，结实性较好，长芒，白壳，白粒，籽粒半角质，饱满度较好，黑胚率中等。平均亩穗数36.5万穗，穗粒数36.0粒，千粒重45.4克。苗期长势壮，冬季抗寒性较好，抗倒春寒能力中等。春季起身拔节迟，两极分化快，抽穗迟。耐后期高温，耐旱性较好，熟相较好。茎秆弹性好，抗倒伏能力强。抗病性鉴定：高抗条锈病，抗叶锈病，中感白粉病、纹枯病，高感赤霉病、秆锈病。区试田间表现：轻感叶枯病，旗叶略干尖。2006年、2007年分别测定混合样：容重777克/升、798克/升，蛋白质（干基）含量15.02%、14.26%，湿面筋含量34.3%、32.3%，沉降值29.6毫升、29.6毫升，吸水率57%、66.0%，稳定时间2.6分钟、3.1分钟，最大抗延阻力149E.U.、198E.U.，延伸性16.5厘米、16.4厘米，拉伸面积37平方厘米、46平方厘米。

产量表现：2005—2006年度参加黄淮冬麦区南片冬水组品种区域试验，平均亩产543.3千克，比对照1新麦18增产4.4%，比对照2豫麦49号增产4.92%；2006—2007年度续试，平均亩产549.2千克，比对照新麦18增产5.7%。2006—2007年度生产试验，平均亩产546.8千克，比对照新麦18增产10%

栽培技术要点：适宜播期10月上中旬，每亩适宜基本苗10万～14万。注意防治赤霉病。

适宜种植区域：适宜在黄淮冬麦区南片的河南中北部、安徽北部、江苏北部、陕西关中地区、山东菏泽地区高中水肥地块早中茬种植。

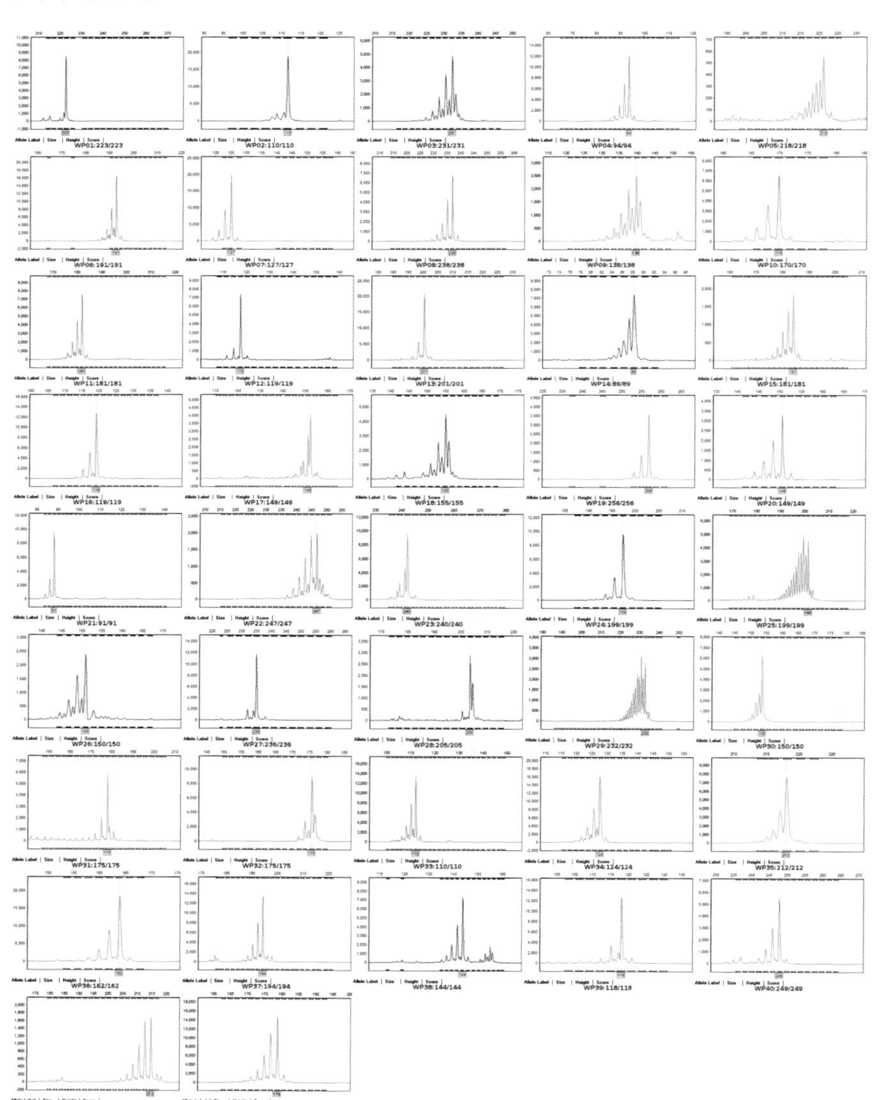

222. 豫农035

审定编号：国审麦2007006

选育单位：河南农业大学张清海

品种来源：豫麦52/豫麦18

特征特性：半冬性，中晚熟，成熟期比对照豫麦49号和新麦18晚2天。幼苗半匍匐，叶短宽、叶色深绿，分蘖力强，成穗率中等。株高88厘米左右，株型松散，旗叶平展，叶色深，穗层不整齐，穗中等大，结实性一般，粒数少，穗下节长，中后期长相清秀。穗纺锤形，长芒，白壳，白粒，籽粒角质，卵圆型，饱满度较好，黑胚率中等，外观商品性好。平均亩穗数39.1万穗、穗粒数30.1粒，千粒重46.4克。苗期长势较壮，抗寒性中等。起身迟，两极分化偏慢，抽穗迟，耐倒春寒能力中等。抗后期高温，成熟落黄好。茎秆弹性较好，抗倒性较好。抗病性鉴定：中抗至高抗秆锈病，中感纹枯病，高感条锈病、叶锈病、白粉病、赤霉病。区试田间表现：中感叶枯病。2005年、2006年分别测定混合样：容重800克/升、799克/升，蛋白质（干基）含量13.29%、14.27%，湿面筋含量28.6%、29.5%，沉降值29.3毫升、30.7毫升、吸水率60.9%、61.8%，稳定时间5.4分钟、5.0分钟，最大抗延阻力328E.U.、310E.U.，延伸性13.2厘米（2006年），拉伸面积56平方厘米、56平方厘米。

产量表现：2004—2005年度参加黄淮冬麦区南片冬水组品种区域试验，平均亩产505.9千克，比对照豫麦49号增产4.26%；2005—2006年度续试，平均亩产537.72千克，比对照1新麦18增产3.32%，比对照2豫麦49号增产3.84%。2006—2007年度生产试验，平均亩产518.9千克，比对照新麦18增产4.4%。

栽培技术要点：适宜播期10月10—20日，每亩适宜基本苗10万～14万。注意防治条锈病、叶锈病、白粉病和赤霉病。

适宜种植区域：适宜在黄淮冬麦区南片的河南中北部、安徽北部、江苏北部、山东菏泽地区中高肥力地块种植。

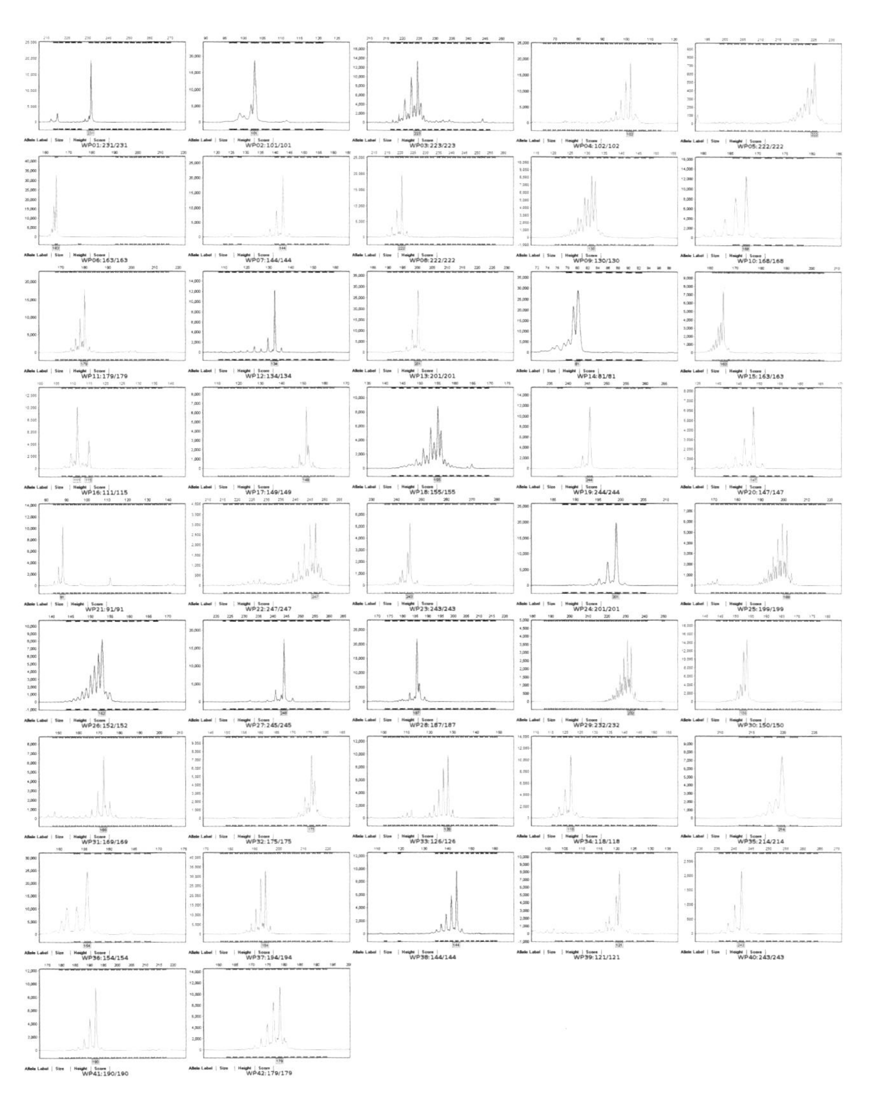

223. 淮麦22

审定编号：国审麦2007005

选育单位：江苏徐淮地区淮阴农业科学研究所

品种来源：淮麦18/扬麦158

特征特性：半冬性，中晚熟，成熟期比对照豫麦49号晚1天。幼苗匍匐，叶小、叶色深绿，分蘖力强，成穗率中等。株高85厘米左右，株型稍松散，旗叶窄短、上冲，蜡质多，长相清秀，穗层不太整齐，穗码密，结实性好。穗纺锤形，长芒，白壳，白粒，籽粒半角质，饱满度中等，黑胚率低，外观商品性好。平均亩穗数40.3万穗，穗粒数33.0粒，千粒重39.7克。冬季抗寒性强，春季起身晚，发育慢，抽穗迟，抗倒春寒能力较好。易早衰，熟相一般。茎秆弹性较好，较抗倒伏。抗病性鉴定：高抗秆锈病，中感白粉病、纹枯病，高感条锈病、叶锈病、赤霉病。区试田间表现：高感叶枯病。2005年、2006年分别测定混合样：容重793克/升、788克/升，蛋白质（干基）含量13.28%、13.71%，湿面筋含量26.1%、27.1%，沉降值28.1毫升、28.6毫升，吸水率52.2%、54.2%，稳定时间6.6分钟、5.5分钟，最大抗延阻力305E.U.、271E.U.，延伸性13.2厘米（2006年），拉伸面积54.0平方厘米、52.0平方厘米。

产量表现：2004—2005年度参加黄淮冬麦区南片冬水组品种区域试验，平均亩产505.8千克，比对照豫麦49号增产4.24%；2005—2006年度续试，平均亩产552.8千克，比对照1新麦18增产6.22%，比对照2豫麦49号增产6.76%。2006—2007年度生产试验，平均亩产541.6千克，比对照新麦18增产9.0%。

栽培技术要点：适宜播期10月上中旬，每亩适宜基本苗10万～14万。注意防治条锈病、叶锈病和赤霉病。

适宜种植区域：适宜在黄淮冬麦区南片的河南中北部、安徽北部、江苏北部、陕西关中地区、山东菏泽地区中高肥力地块种植。

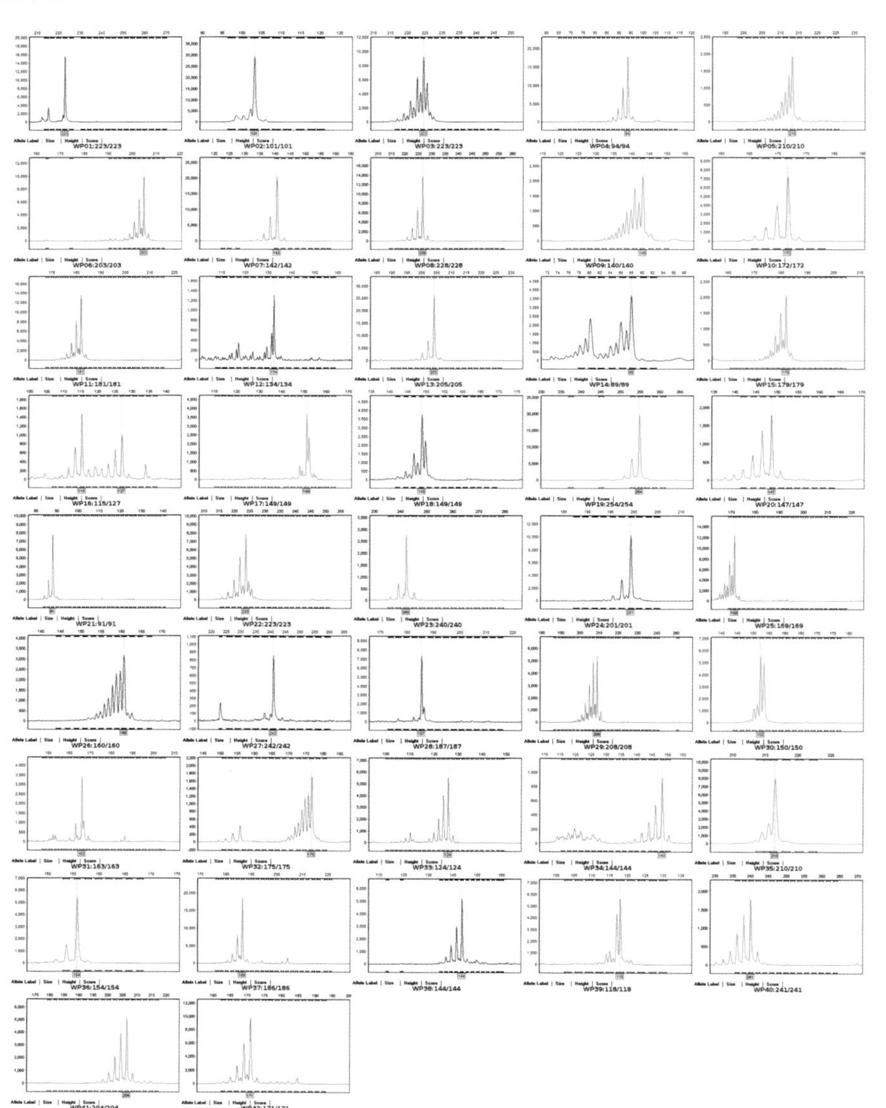

224. 绵杂麦168

审定编号：国审麦2007003

选育单位：绵阳市农业科学研究所

品种来源：MTS-1 × MR-168

特征特性：春性，中熟，全生育期185天左右。幼苗半直立，分蘖力较强，叶片较窄，生长势旺。株高92厘米左右，植株略开张。穗层整齐，结实性好。穗长方形，长芒，白壳，红粒，籽粒半角质，均匀、饱满。平均亩穗数24.7万穗，穗粒数46.0粒，千粒重42.0克。抗倒力较弱。抗病性鉴定：条锈病免疫，中感赤霉病、秆锈病，高感叶锈病、白粉病。2006年、2007年分别测定混合样：容重782克/升、782克/升，蛋白质（干基）含量12.54%、12.59%，湿面筋含量24.1%、25.1%，沉降值22.3毫升、26.0毫升，吸水率54.4%、55.0%，稳定时间2.8分钟、2.6分钟，最大抗延阻力283E.U.、275E.U.，延伸性15.9厘米、16.2厘米，拉伸面积63.1平方厘米、62.8平方厘米。

产量表现：2005—2006年度参加长江上游冬麦组品种区域试验，平均亩产423.4千克，比对照川麦107增产14.7%。2006—2007年度续试，平均亩产416.6千克，比对照川麦107增产10.6%。2006—2007年度生产试验，平均亩产409.7千克，比当地对照品种增产15.12%。

栽培技术要点：立冬前后播种，每亩适宜基本苗10万～14万，在较高肥水条件下栽培。注意防倒伏。

适宜种植区域：适宜在长江上游冬麦区的四川（川北山区除外）、重庆、贵州、云南昆明和曲靖地区、陕西汉中地区、湖北襄樊地区、甘肃南部种植。

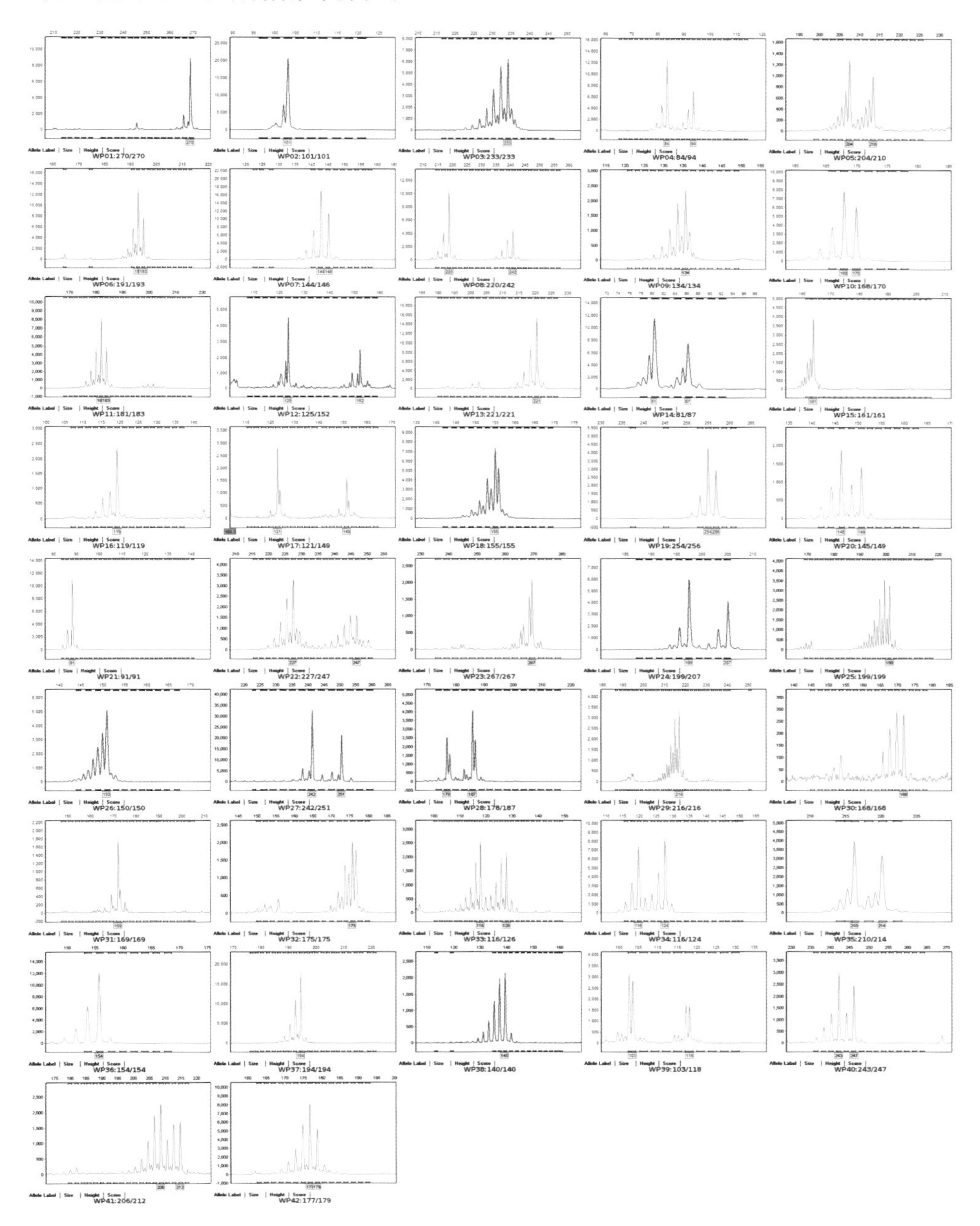

225. 绵麦45

审定编号：国审麦2007002

选育单位：绵阳市农业科学研究所

品种来源：07146-12-1/贵农19-4

特征特性：春性，中熟，全生育期193天左右。幼苗半直立，分蘖力较强，叶色淡绿，冬季植株基部苗叶有黄化现象，生长势旺。株高80厘米左右，植株较紧凑、整齐，成株叶片中等长宽斜上举。穗层中等整齐，结实性好。穗长方形，长芒，白壳，浅红粒，籽粒角质—半角质，均匀、饱满。平均亩穗数25.5万穗，穗粒数35.9粒，千粒重43.9克。抗病性鉴定：白粉病免疫，高抗条锈病，慢叶锈病，高感赤霉病。2005年、2006年分别测定混合样：容重750克/升、755克/升，蛋白质（干基）含量12.10%、13.48%，湿面筋含量21.9%、22.5%，沉降值16.8毫升、19.1毫升，吸水率53.3%、56.8%，稳定时间2.1分钟、1.7分钟，最大抗延阻力115E.U.、105E.U.，延伸性14.8厘米、13.8厘米，拉伸面积22.9平方厘米、19.7平方厘米。

产量表现：2004—2005年度参加长江上游冬麦组品种区域试验，平均亩产371.6千克，比对照川麦107增产6.2%；2005—2006年度续试，平均亩产381.5千克，比对照川麦107增产3.4%。2006—2007年度生产试验，平均亩产384.7千克，比当地对照品种增产8.52%。

栽培技术要点：立冬前后播种，每亩适宜基本苗12万～16万，在较高肥水条件下栽培。注意防治赤霉病。

适宜种植区域：适宜在长江上游冬麦区的四川、贵州毕节和遵义地区、陕西汉中地区、湖北襄樊地区、云南中部种植。

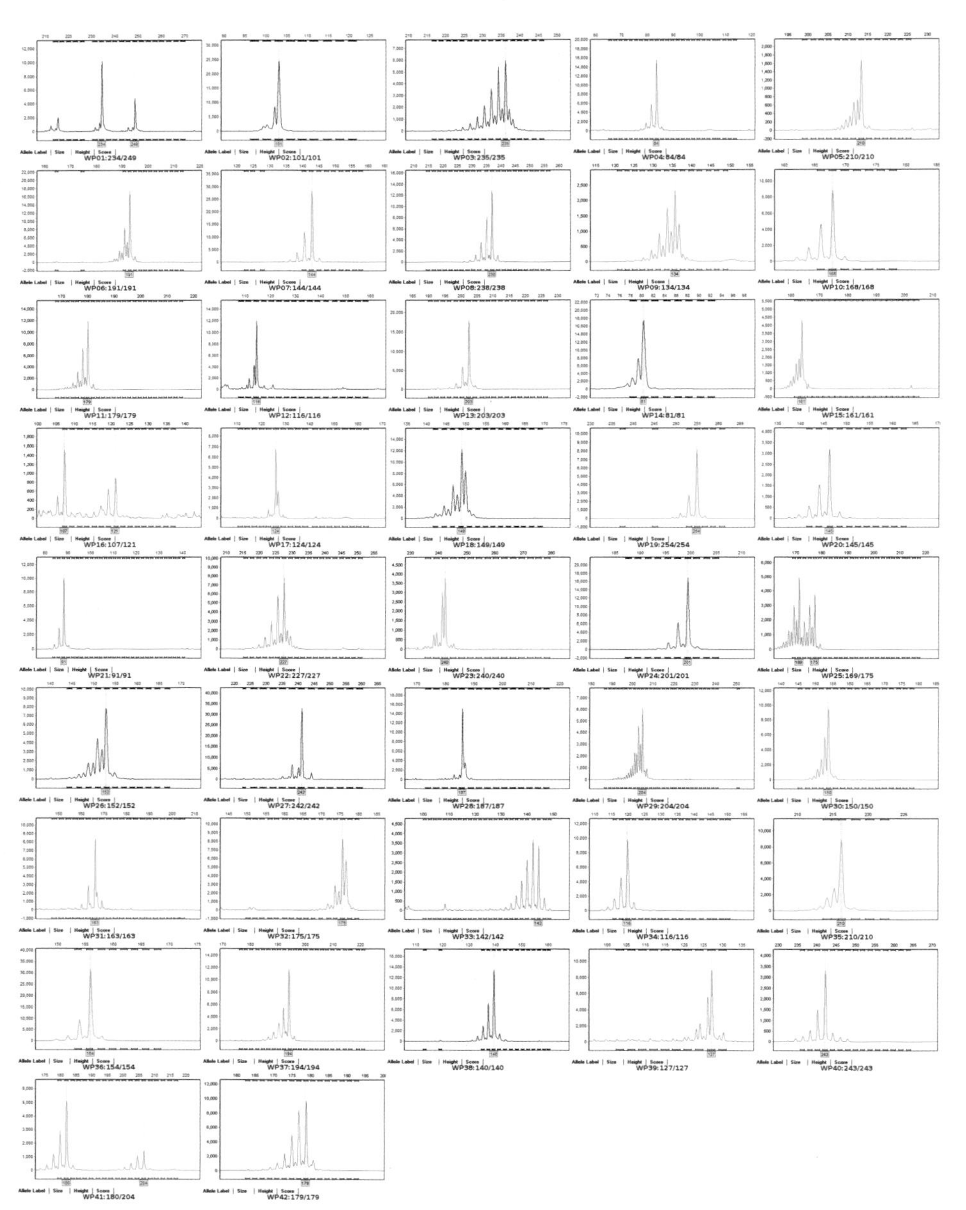

226. 克旱20

审定编号：国审麦2006028

选育单位：黑龙江省农业科学院克山农业科学研究所

品种来源：克89-46/Cundo

特征特性：春性，晚熟，全生育期95天左右。幼苗直立，分蘖力强，繁茂性好。株高110厘米左右。穗纺锤形，长芒，红粒，角质率高。平均亩穗数35.9万穗，穗粒数34.8粒，千粒重38.5克。抗旱性和耐湿性强，抗倒性好，熟相好。接种抗病性鉴定：秆锈病、叶锈病免疫，中感赤霉病、根腐病。2003年、2004年分别测定混合样：容重813克/升、831克/升，蛋白质（干基）含量14.41%、16.13%，湿面筋含量33.2%、37.7%，沉降值45.8毫升、48.2毫升，吸水率67.4%、65.9%，稳定时间3.1分钟、3.3分钟，最大抗延阻力198E.U.、203E.U.，拉伸面积55平方厘米、56平方厘米。

产量表现：2003年参加东北春麦中晚熟组品种区域试验，平均亩产260.7千克，比对照新克旱9号增产9.9%（极显著）；2004年续试，平均亩产283.8千克，比对照新克旱9号增产5.8%（极显著）。2005年生产试验，平均亩产280.3千克，比对照新克旱9号增产5.7%。

栽培技术要点：适时播种，每亩适宜基本苗40万左右，秋深施肥或春分层施肥，三叶期压青苗，成熟时及时收获。

适宜种植区域：适宜在东北春麦区的黑龙江北部、内蒙古呼伦贝尔和兴安盟种植。

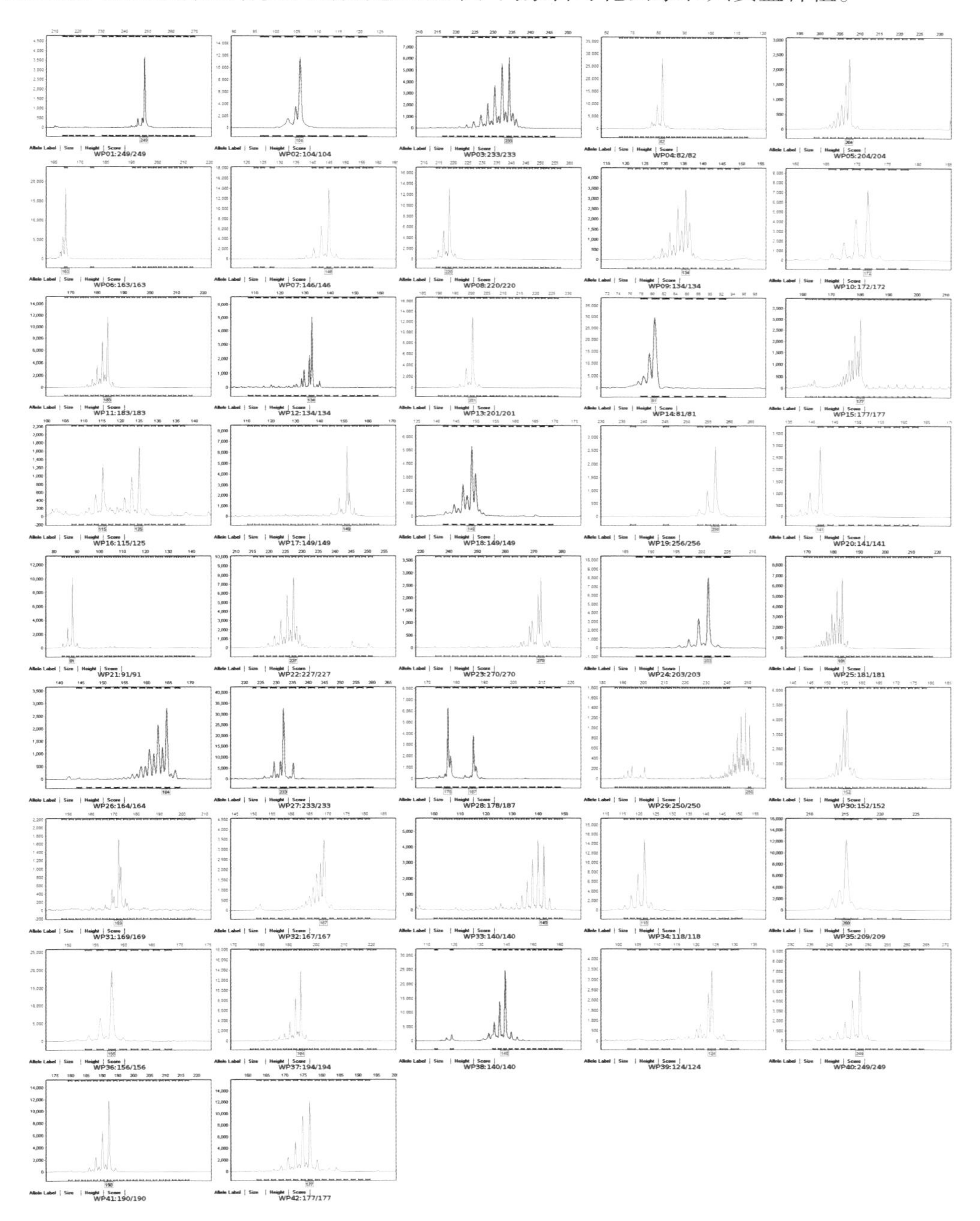

227. 丰实麦1号

审定编号：国审麦2006027

选育单位：内蒙古牙克石丰实种业有限责任公司科研组

品种来源：6倍体小黑麦/克90-514//张大穗

特征特性：春性，晚熟，全生育期95天左右。幼苗直立，苗期生长发育缓慢，分蘖力强，成穗率高。株高100厘米左右。穗纺锤形，长芒，红粒，角质率高。平均亩穗数37.0万穗，穗粒数34.2粒，千粒重35.9克。抗旱性和耐湿性较强，抗倒性好，熟相较好。接种抗病性鉴定：中抗至中感秆锈病，高感叶锈病，中感赤霉病、根腐病。2003年、2004年分别测定混合样：容重808克/升、824克/升，蛋白质（干基）含量13.01%、13.80%，湿面筋含量26.8%、31.9%，沉降值30.9毫升、27.0毫升，吸水率62.9%、60.4%，稳定时间1.5分钟、1.6分钟，最大抗延阻力72E.U.、125E.U.，拉伸面积16平方厘米、27平方厘米。

产量表现：2003年参加东北春麦中晚熟组品种区域试验，平均亩产261.4千克，比对照新克旱9号增产9.8%（极显著）；2004年续试，平均亩产279.1千克，比对照新克旱9号增产4.3%（显著）。2005年参加生产试验，平均亩产282.2千克，比对照新克旱9号增产6.3%。

栽培技术要点：适时播种，每亩适宜基本苗40万～42万，秋深施肥或春分层施肥，三叶期压青苗，成熟时及时收获。

适宜种植区域：适宜在东北春麦区的黑龙江北部、内蒙古呼伦贝尔和兴安盟种植。

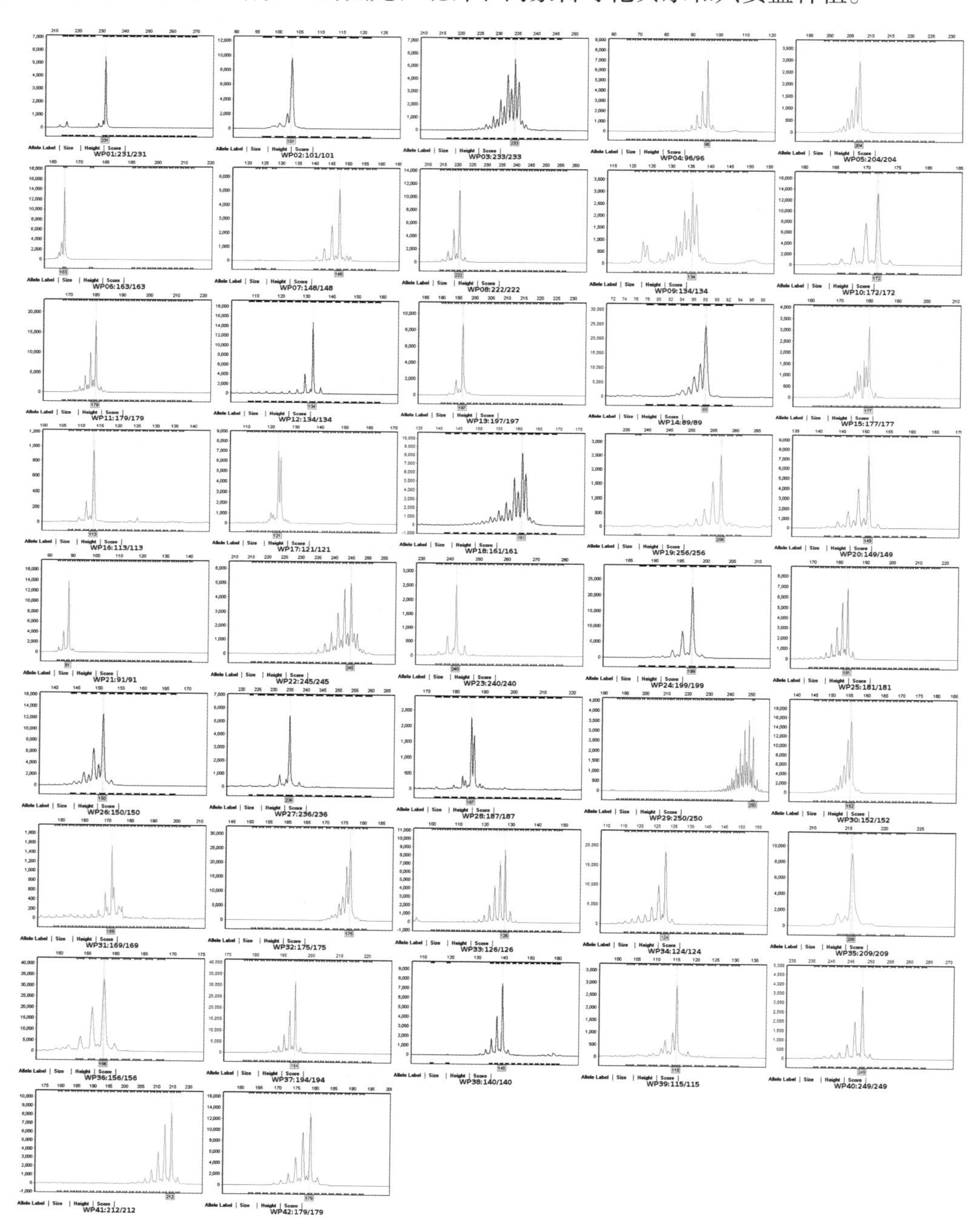

228. 赤麦6号

审定编号：国审麦2006026

选育单位：赤峰市农业科学研究所

品种来源：赤8204/赤8517//赤麦1号

特征特性：春性，中早熟，全生育期83天左右。幼苗直立，叶片绿色。株高90厘米左右，株型紧凑。穗纺锤形，长芒，白壳，红粒，硬质。平均亩穗数38.0万穗，穗粒数29.4粒，千粒重36.8克。抗旱性鉴定：抗旱性较好。接种抗病性鉴定：高抗秆锈病，慢叶锈病，高感白粉病。2004年、2005年分别测定混合样：容重800克/升、768克/升，蛋白质（干基）含量16.34%、16.88%，湿面筋含量36.9%、36.4%，沉降值40.8毫升、43.6毫升，吸水率61.6%、62.1%，稳定时间4.5分钟、4.7分钟，最大抗延阻力358E.U.、440E.U.，拉伸面积88平方厘米、101平方厘米。

产量表现：2004年参加东北春麦早熟旱地组品种区域试验，平均亩产276.9千克，比对照辽春9号增产7.1%；2005年续试，平均亩产252.7千克，比对照辽春9号增产2.4%。2005年生产试验，平均亩产261.6千克，比对照辽春9号增产3.7%。

栽培技术要点：清明前后播种为宜，每亩适宜基本苗38万～40万。

适宜种植区域：适宜在东北春麦区的辽宁、内蒙古赤峰和通辽、河北张家口种植。

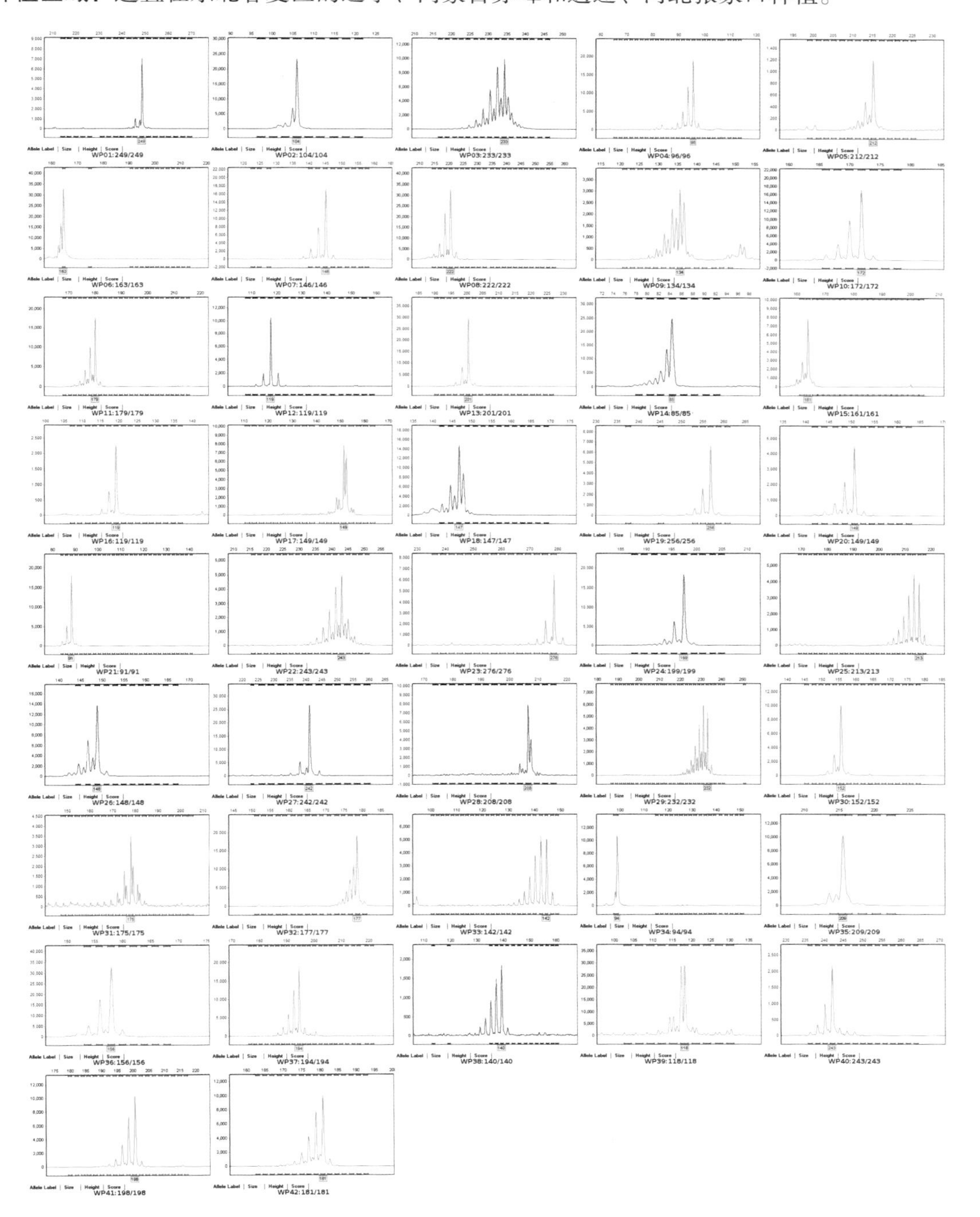

229. 晋麦79号

审定编号： 国审麦2006025

选育单位： 山西省农业科学院小麦研究所、中国科学院遗传与发育生物学研究所农业资源研究中心

品种来源： 晋麦33号/临丰9271

特征特性： 半冬性，中早熟，成熟期比对照西峰20早1～3天。幼苗半匍匐，苗期生长势强，分蘖力较强。株高70厘米左右，株型紧凑，穗层整齐。穗长方形，长芒，白壳，白粒，角质，饱满度较好。平均亩穗数34.8万穗，穗粒数26.4粒，千粒重38.1克。抗倒性较好，不抗青干。抗旱性鉴定：抗旱性中等。抗寒性鉴定：抗寒性中等。接种抗病性鉴定：中感黄矮病，高感条锈病、叶锈病、秆锈病、白粉病。2005年、2006年分别测定混合样：容重794克/升、786克/升，蛋白质（干基）含量15.36%、14.84%，湿面筋含量35.6%、34.0%，沉降值35.6毫升、40.0毫升，吸水率61.6%、61.0%，稳定时间2.6分钟、3.1分钟，最大抗延阻力96E.U.、194E.U.，拉伸面积24平方厘米、50平方厘米。

产量表现： 2004—2005年度参加北部冬麦区旱地组品种区域试验，平均亩产275.77千克，比对照1西峰20增产7.94%（不显著），比对照2长6878减产5.91%（不显著）；2005—2006年度续试，平均亩产298.28千克，比对照长6878增产1.66%（不显著）。2005—2006年度生产试验，平均亩产282.92千克，比对照长6878增产2.32%。

栽培技术要点： 适播期9月下旬至10月上旬，每亩适宜播种量7.5～10千克，肥旱地适当减少播量，后期及时防治锈病、白粉病及蚜虫，丰水年份注意防止倒伏。

适宜种植区域： 适宜在北部冬麦区的陕西北部、山西中部、甘肃陇东地区、宁夏南部的旱地种植，也适宜在河南林州的旱地种植。

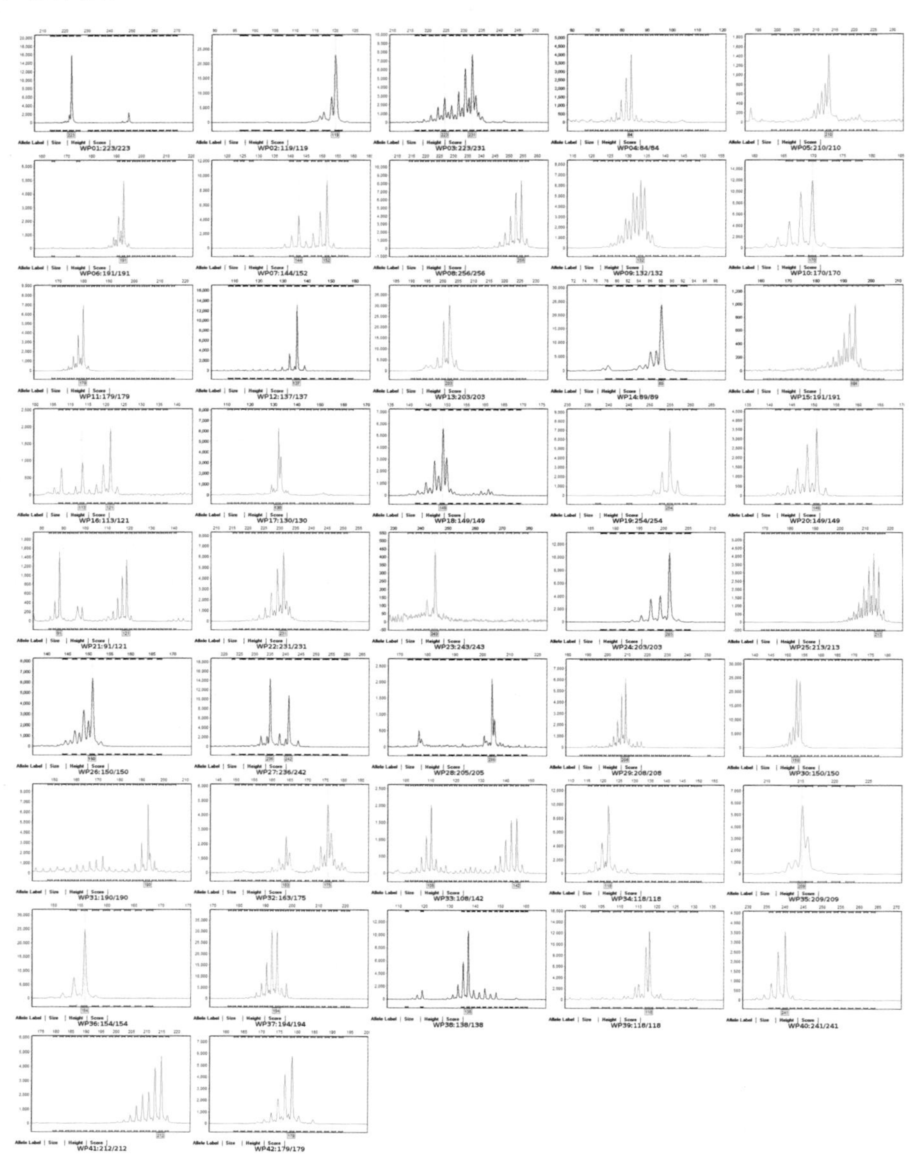

230. 长4738

审定编号：国审麦2006024

选育单位：山西省农业科学院谷子研究所

品种来源：82230-6/94-5383

特征特性：冬性，中晚熟，成熟期比对照京冬8号晚2天。幼苗半匍匐，分蘖力较强。株高80厘米左右。穗长方形，长芒，白壳，白粒。平均亩穗数38.1万穗，穗粒数32.4粒，千粒重45.0克。抗倒性较弱。抗寒性鉴定：抗寒性较差。接种抗病性鉴定：中感白粉病，高感条锈病、叶锈病、秆锈病。2004年、2005年分别测定混合样：容重782克/升、767克/升，蛋白质（干基）含量13.2%、14.1%，湿面筋含量29.5%、30.8%，沉降值26.8毫升、29.9毫升，吸水率60.8%、58.0%，稳定时间2.2分钟、2.6分钟，最大抗延阻力122E.U.、184E.U.，拉伸面积32平方厘米、40平方厘米。

产量表现：2003—2004年度参加北部冬麦区水地组品种区域试验，平均亩产468.16千克，比对照京冬8号增产10.3%（显著）；2004—2005年度续试，平均亩产482.44千克，比对照京冬8号增产10.0%（显著）。2004—2005年度生产试验，平均亩产454.86千克，比对照京冬8号增产15.88%。

栽培技术要点：该品种茎秆偏软，高水肥管理下群体不宜过大，以免发生倒伏。适期播种，每亩适宜基本苗15万～20万，确保亩成穗数38万～40万。浇足冻水，返青起身期适当控制肥水，春季管理以保证穗粒数，争取增加粒重为主攻方向。

适宜种植区域：适宜在北部冬麦区的北京、天津、河北中北部、山西中部和东南部的水地种植。注意预防冬季冻害。

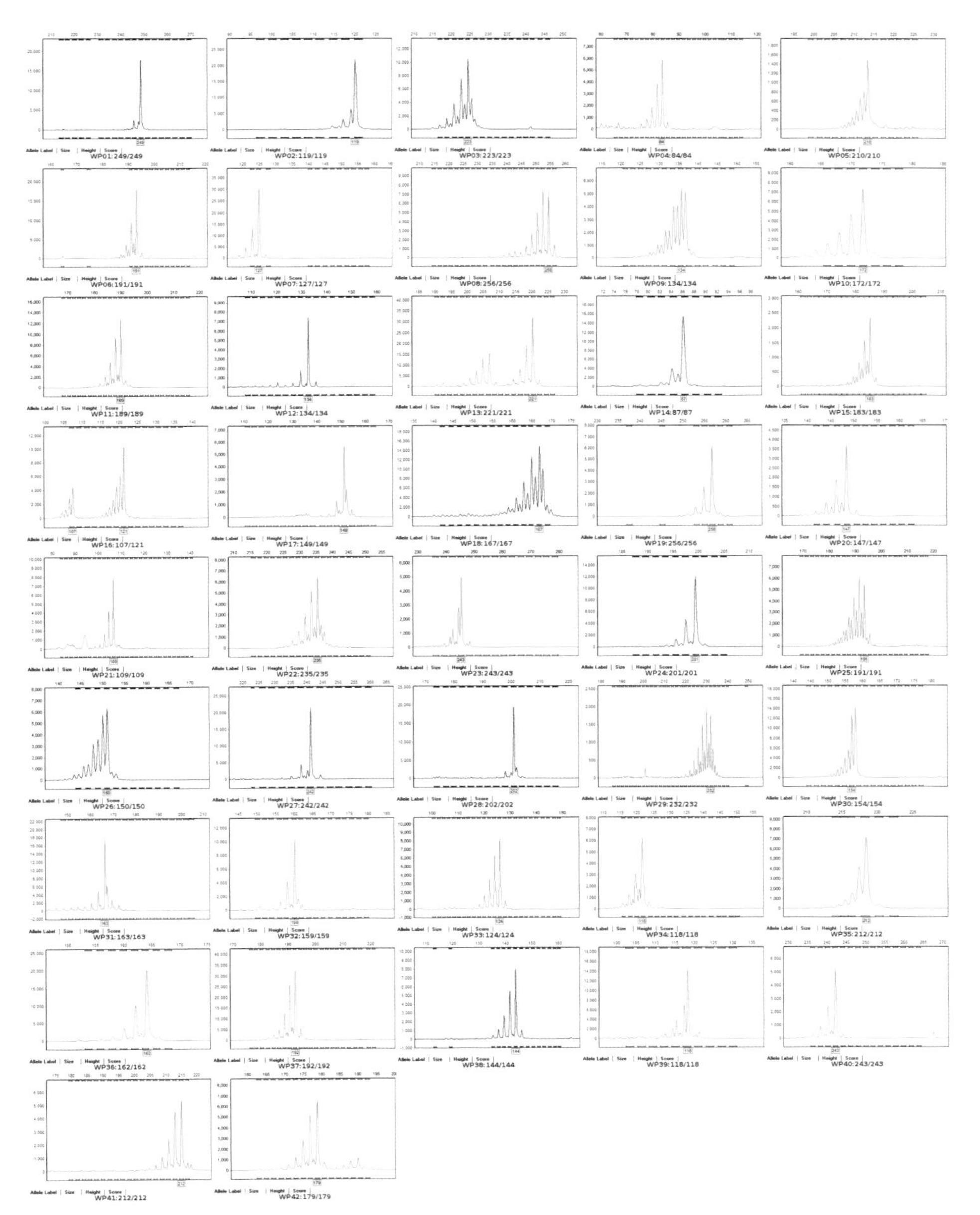

231. 邯4564

审定编号：国审麦2006023

选育单位：邯郸市农业科学院

品种来源：邯88-6012/石5144

特征特性：冬性，中晚熟，成熟期比对照京冬8号晚2天。幼苗半匍匐，分蘖力较强，成穗率中等。株高70厘米左右。穗纺锤形，长芒，白壳，白粒。平均亩穗数42.4万穗，穗粒数34.1粒，千粒重36.0克。抗倒性较强。抗寒性鉴定：抗寒性较好。接种抗病性鉴定：中抗至高抗秆锈病，中抗至中感条锈病，高感叶锈病、白粉病。2005年、2006年分别测定混合样：容重768克/升、768克/升，蛋白质（干基）含量15.74%、14.73%，湿面筋含量30.2%、33.3%，沉降值30.0毫升、33.3毫升，吸水率53.5%、53.8%，稳定时间3.4分钟、2.8分钟，最大抗延阻力240E.U.、180E.U.，拉伸面积52平方厘米、40平方厘米。

产量表现：2004—2005年度参加北部冬麦区水地组品种区域试验，平均亩产468.0千克，比对照京冬8号增产6.7%（显著）；2005—2006年度续试，平均亩产422.15千克，比对照京冬8号增产5.1%（不显著）。2005—2006年度生产试验，平均亩产382.2千克，比对照京冬8号增产5.75%。

栽培技术要点：适宜播期9月25日至10月1日，每亩适宜基本苗15万～20万。注意防治蚜虫和白粉病。

适宜种植区域：适宜在北部冬麦区的天津、河北中北部、山西中部和东南部的水地种植，也适宜在新疆阿拉尔地区水地种植。

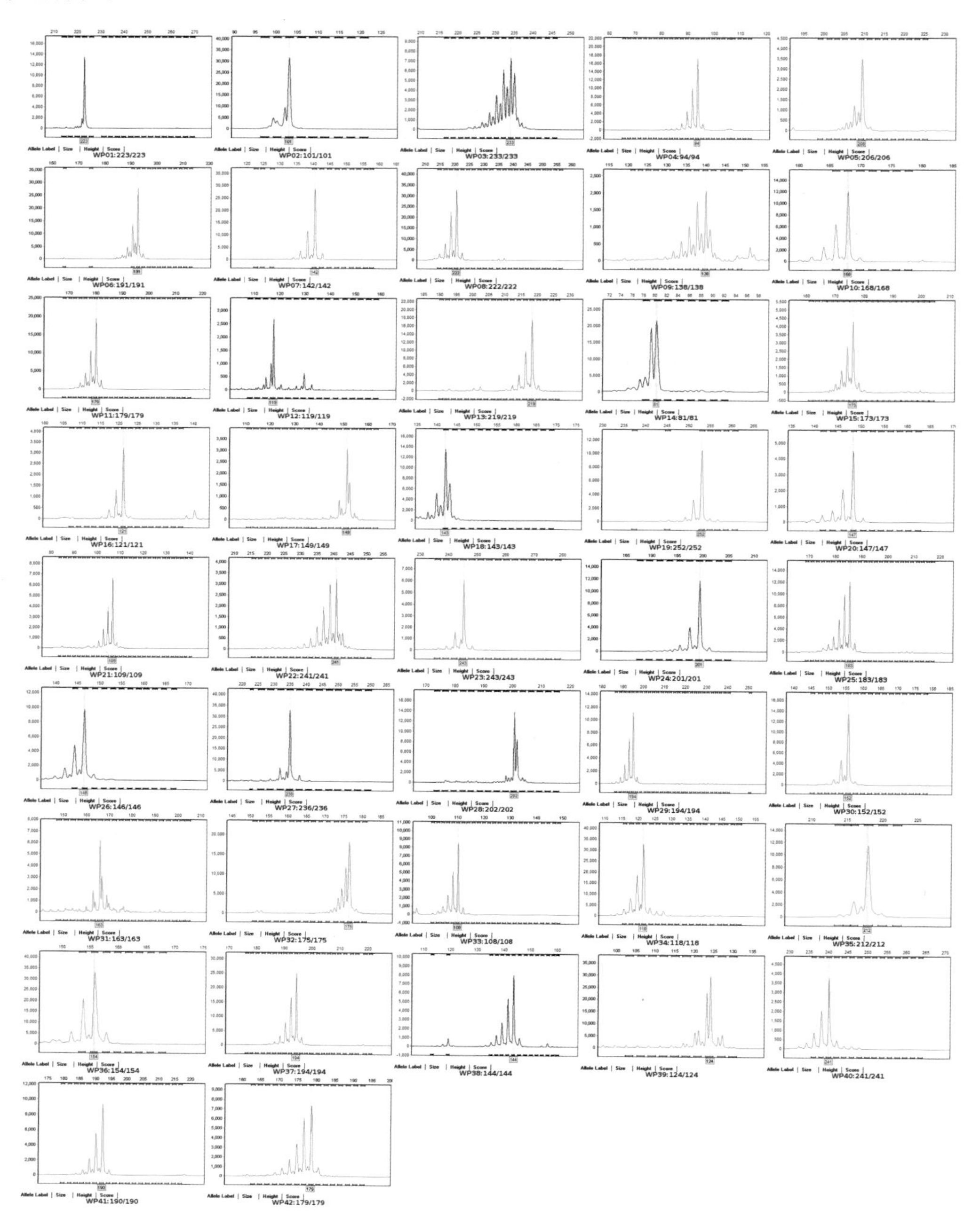

232. 鲁农116

审定编号：国审麦2006022

选育单位：山东省桓台县绿丰农科所（山东德盛种业有限公司独占经营）

品种来源：中麦9号/928802

特征特性：半冬性，中晚熟，成熟期比对照晋麦47号晚1天。幼苗半直立，分蘖力强，起身较晚，两极分化较慢。株高73厘米左右，株型半松散，叶色深绿，旗叶上举，通风透光性好，茎秆蜡质，穗层整齐。穗纺锤形，长芒，白壳，白粒，籽粒角质，黑胚率0.9%。平均亩穗数34.0万穗、穗粒数31.0粒、千粒重39.2克。抗倒性较好，抗寒性好，落黄一般。抗旱性鉴定：抗旱性中等。接种抗病性鉴定：秆锈病免疫，中抗条锈病，中感白粉病、黄矮病，高感叶锈病。2004年、2005年分别测定混合样：容重778克/升、804克/升，蛋白质（干基）含量13.67%、14.53%，湿面筋含量29.3%、32.3%，沉降值34.3毫升、34.6毫升，吸水率62.6%、62.8%，稳定时间3.4分钟、2.8分钟，最大抗延阻力180E.U.、154E.U.，拉伸面积40平方厘米、37平方厘米。

产量表现：2003—2004年度参加黄淮冬麦区旱地组品种区域试验，平均亩产357.4千克，比对照晋麦47号增产6.6%（不显著）；2004—2005年度续试，平均亩产318.8千克，比对照晋麦47号增产1.2%（不显著）。2004—2005年度生产试验，平均亩产311.6千克，比对照种晋麦47号增产1.0%。

栽培技术要点：适播期10月上中旬，每亩适宜播种量7～10千克。及时防治锈病、白粉病和蚜虫。适时收获，防止穗发芽。

适宜种植区域：适宜在黄淮冬麦区的陕西渭北、山东中南部、河北、河南西北部的旱肥地种植。

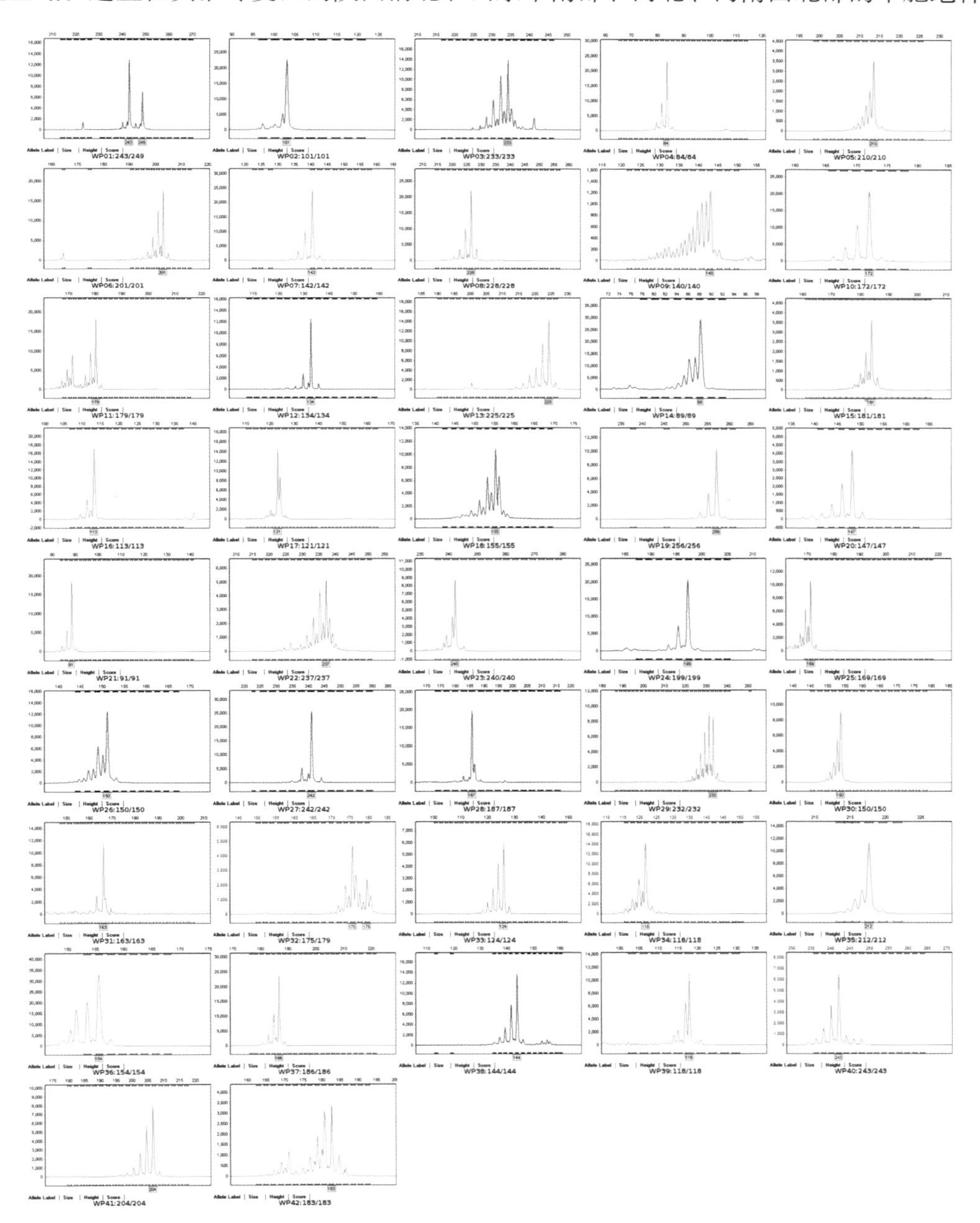

233. 临旱6号

审定编号：国审麦2006021

选育单位：山西省农业科学院小麦研究所

品种来源：晋麦47号/晋麦60号

特征特性：弱冬性，中熟，成熟期比对照洛旱2号晚1天。幼苗匍匐，分蘖力强，苗期叶片细长，拔节迟，两极分化慢。株高76厘米左右，株型较松散，茎秆蜡质，成株后叶片宽大，红叶耳，穗层整齐。穗长方形，长芒，白壳，白粒，半角质，饱满度一般，黑胚率1.0%。平均亩穗数37.3万穗，穗粒数31.2粒，千粒重39.1克。抗倒性一般。抗旱性鉴定：抗旱性较差。接种抗病性鉴定：中感黄矮病、秆锈病，高感条锈病、叶锈病、白粉病。2004年、2005年分别测定混合样：容重790克/升、766克/升，蛋白质（干基）含量14.39%、14.07%，湿面筋含量30.9%、30.2%，沉降值31.6毫升、35.0毫升，吸水率59.0%、58.0%，稳定时间2.6分钟、3.4分钟，最大抗延阻力148E.U.、191E.U.，拉伸面积33平方厘米、50平方厘米。

产量表现：2004—2005年度参加黄淮冬麦区旱地组品种区域试验，平均亩产335.0千克，比对照1晋麦47号增产6.3%（不显著），比对照2洛旱2号增产4.7%（不显著）；2005—2006年度参加黄淮冬麦区旱肥组品种区域试验，平均亩产404.1千克，比对照洛旱2号增产6.0%（极显著）。2005—2006年度生产试验，平均亩产390.8千克，比对照洛旱2号增产6.2%。

栽培技术要点：适宜播期10月上中旬。每亩适宜播种量7～10千克。及时防治锈病、白粉病和蚜虫，在丰水年份防止倒伏。适时收获，防止穗发芽。

适宜种植区域：适宜在黄淮冬麦区的山西南部、陕西渭北的旱肥地及河南西北部、河北南部、山东中南部的旱地种植。

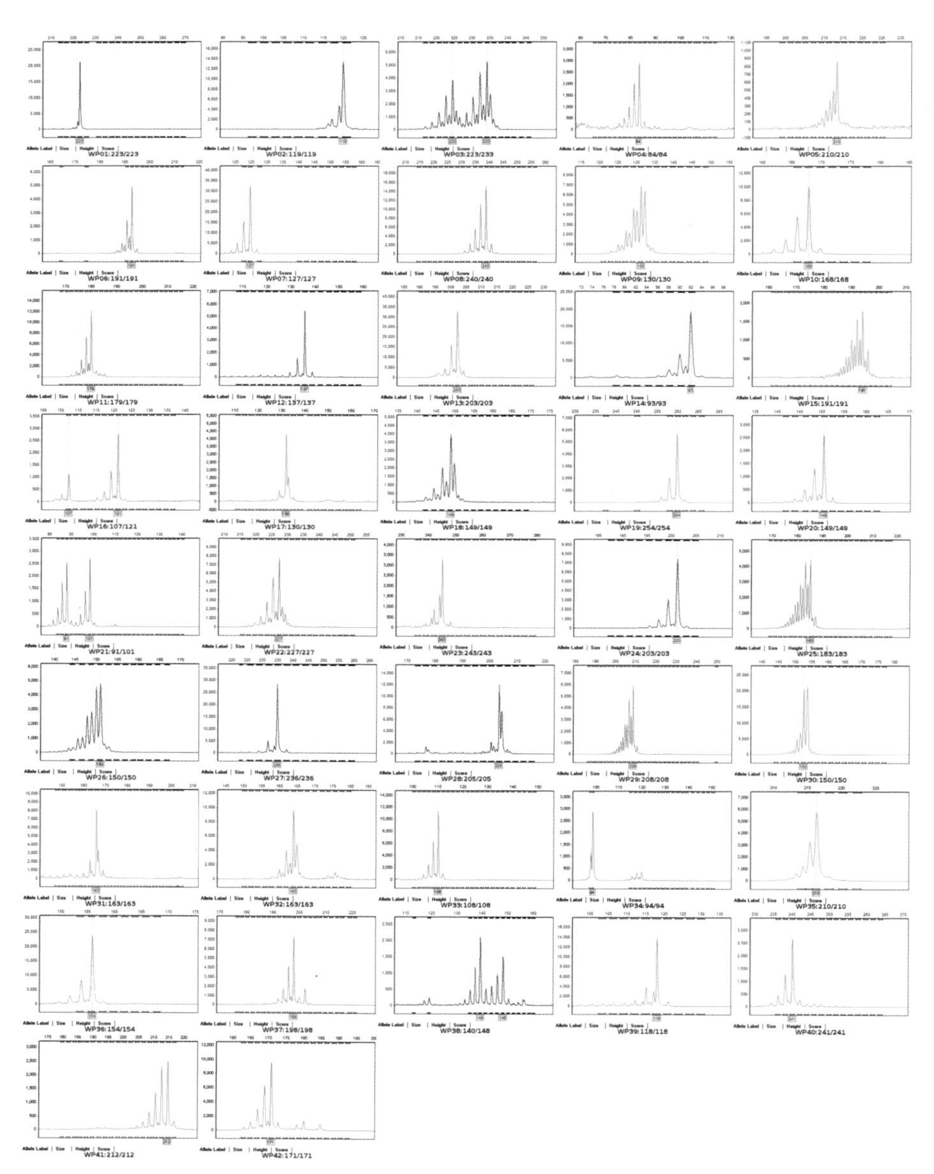

234. 洛旱6号

审定编号：国审麦2006020

选育单位：洛阳市农业科学研究院

品种来源：豫麦49号/山农45

特征特性：半冬性，中熟，成熟期比对照洛旱2号晚1天。幼苗半匍匐，长势健壮，分蘖力中等，起身早，两极分化快，抽穗扬花早，成穗率较高。株高80厘米左右，株型紧凑，茎秆蜡质，成株期叶片上举，叶色深绿，旗叶宽大，穗层整齐。穗长方形，长芒，白壳，白粒，角质，饱满度较好，黑胚率3.5%。平均亩穗数33.3万穗，穗粒数32.3粒，千粒重43.8克。茎秆粗壮，抗倒性较好。抗旱性鉴定：抗旱性中等。接种抗病性鉴定：中感黄矮病，中感至高感叶锈病、秆锈病，高感条锈病、白粉病。2005年、2006年分别测定混合样：容重805克/升、770克/升，蛋白质（干基）含量13.99%、12.97%，湿面筋含量31.4%、30.1%，沉降值26.8毫升、26.5毫升，吸水率61.1%、58.2%，稳定时间1.8分钟、2.4分钟，最大抗延阻力142E.U.、135E.U.，拉伸面积34平方厘米、28平方厘米。

产量表现：2004—2005年度参加黄淮冬麦区旱地组品种区域试验，平均亩产329.2千克，比对照1晋麦47号增产4.4%（不显著），比对照2洛旱2号增产2.9%（不显著）；2005—2006年度参加黄淮冬麦区旱肥组品种区域试验，平均亩产418.5千克，比对照洛旱2号增产9.8%（极显著）。2005—2006年度生产试验，平均亩产396.0千克，比对照洛旱2号增产7.6%。

栽培技术要点：适播期10月上中旬。每亩适宜播种量10～12千克。及时防治锈病、白粉病和蚜虫。适时收获，防止穗发芽。

适宜种植区域：适宜在黄淮冬麦区的山西南部、陕西渭北的旱肥地及河南西北部、河北南部、山东中南部的旱地种植。

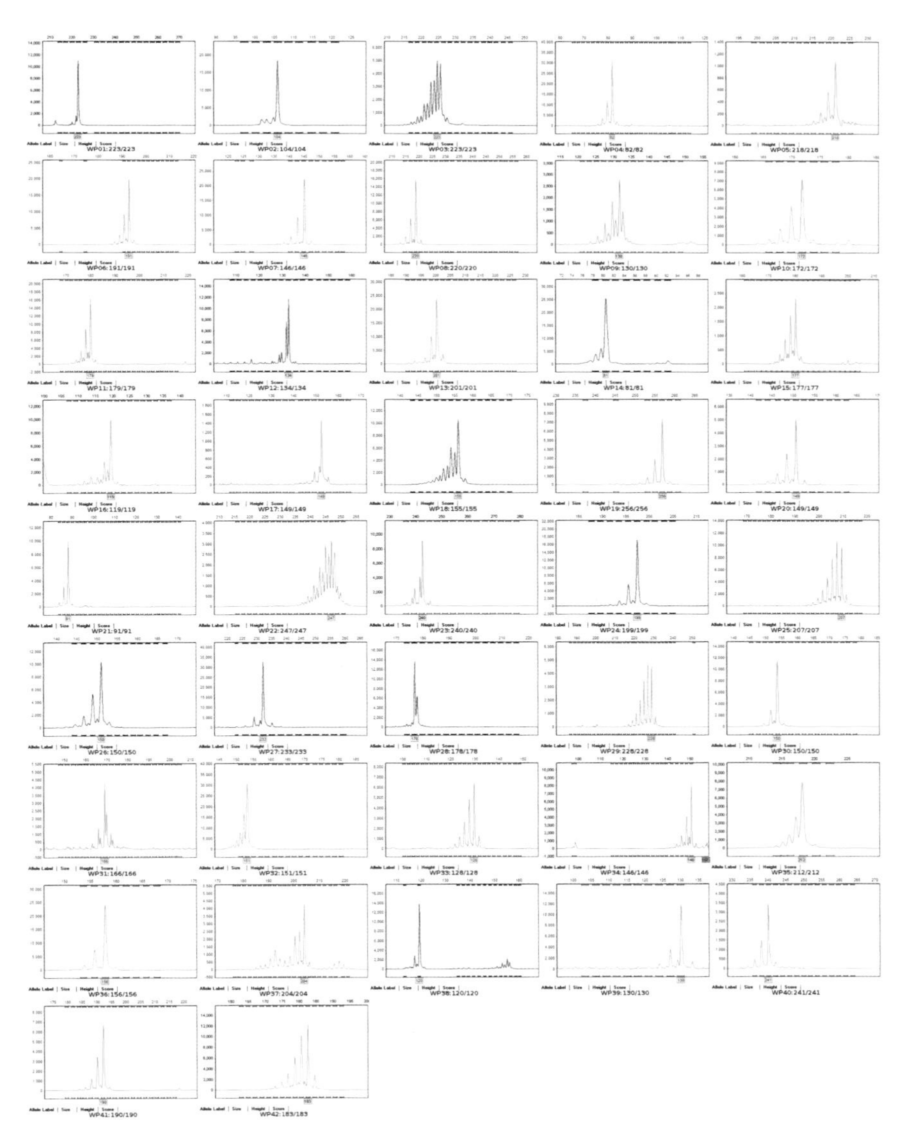

235. 长6359

审定编号：国审麦2006019

选育单位：山西省农业科学院谷子研究所

品种来源：82230-6/94-5383

特征特性：冬性中熟，成熟期与对照晋麦47号相当。株高75厘米左右，幼苗半匍匐，叶色深绿，长势壮。分蘖力强，成穗多，亩穗数40万左右。穗长方形，长芒，白壳，穗大粒大，穗码排列适中，结实性好，每穗粒数40粒左右。白粒、角质，千粒重45克左右，饱满度较好，商品性好。抗旱、抗冻、抗倒、抗青干，水旱兼用，成熟落黄好。

产量表现：2003—2004年参加山西省中部旱地区试，2003年平均亩产349.65千克，比对照晋麦53号增产16.94%，居第1位；2004年平均亩产374.4千克，比新对照长6878增产8.66%，居第1位；2004年参加生产试验，平均亩产362千克，比新对照长6878增产7.5%，居第1位。2005—2006年参加全国黄淮冬麦区旱地组区试，2005年平均亩产341.7千克，比对照晋麦47号增产8.4%，居第1位；2006年平均亩产323.44千克，比对照晋麦47号增产12.8%，达显著水平，居第1位；2006年参加生产试验，平均亩产277.5千克，比对照晋麦47号增产7.5%，居第1位。4年中在国家和山西省6个区组52个点次的区域试验中，有49个点次增产，增产点率达94.2%，稳产性和适应性表现非常突出。

栽培技术要点：适期播种。播量以每亩20万～22万基本苗为宜，薄地和晚播田块应酌情增加播量。一般要求施足底肥，生育期间不再追肥。用量以每亩10～12千克纯氮、7～10千克纯磷和每亩2 000～3 000千克农家肥为宜。及时中耕除草，防治病虫。

适宜种植区域：适宜全国黄淮旱地、山西省中部旱地及扩浇地种植。

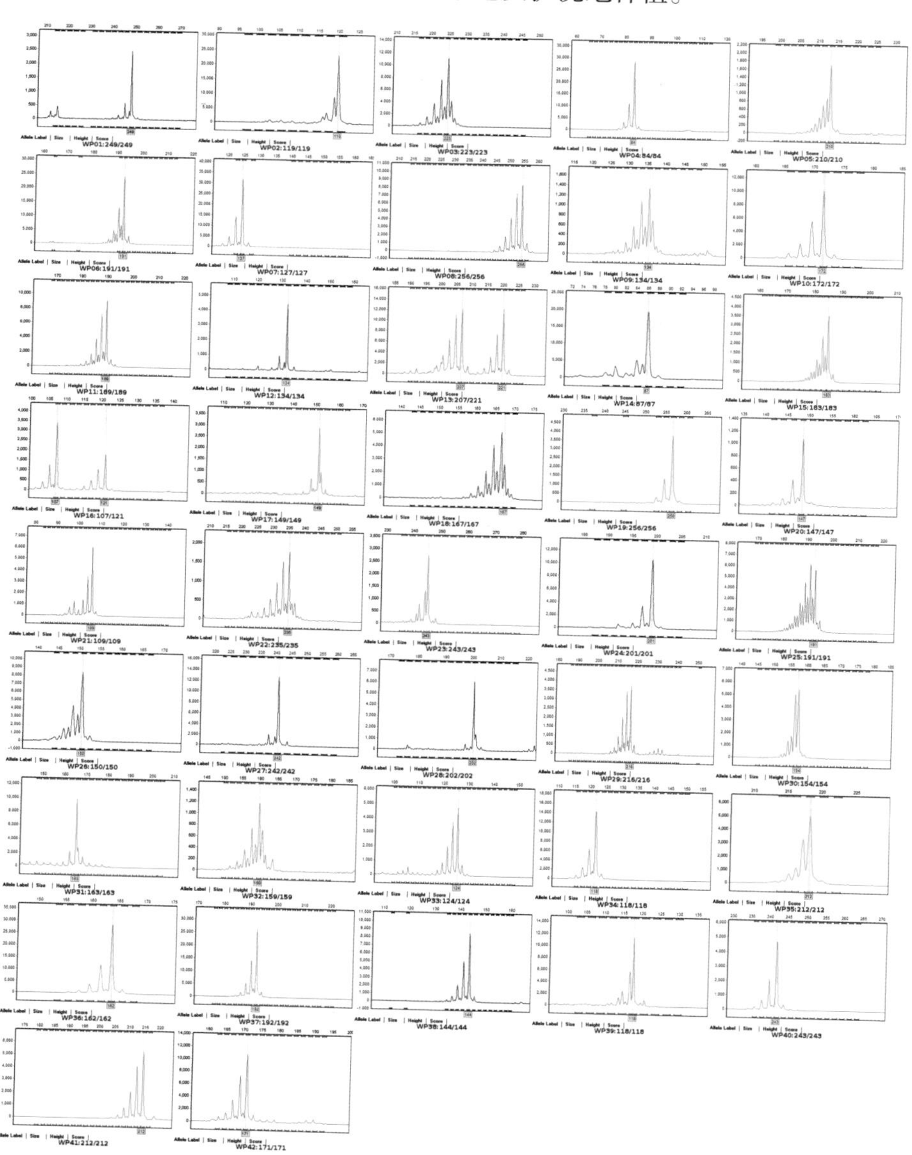

236. 科农199

审定编号：国审麦2006017

选育单位：中国科学院遗传与发育生物学研究所

品种来源：石4185/科农9204

特征特性：半冬性，中熟，成熟期与对照石4185相当。幼苗匍匐，分蘖力强，春季生长稳健，成穗率中等。株高74厘米左右，株型紧凑，穗层整齐。穗纺锤形，短芒，白壳，白粒，籽粒角质，饱满，黑胚率低。平均亩穗数39.6万穗，穗粒数36.3粒，千粒重40.8克。茎秆坚硬，弹性好，抗倒性好。灌浆快，落黄好。抗寒性鉴定：抗寒性好。对倒春寒有一定抗性。接种抗病性鉴定：中抗秆锈病，中感纹枯病，高感条锈病、叶锈病、白粉病。2005年、2006年分别测定混合样：容重802克/升、792克/升，蛋白质（干基）含量14.37%、14.88%，湿面筋含量32.3%、33.1%，沉降值29.1毫升、27.1毫升，吸水率57.3%、57.3%，稳定时间3.0分钟、2.8分钟，最大抗延阻力171E.U.、171E.U.，拉伸面积41平方厘米、40平方厘米。

产量表现：2004—2005年度参加黄淮冬麦区北片水地组品种区域试验，平均亩产509.24千克，比对照石4185增产4.19%（显著）；2005—2006年度续试，平均亩产544.20千克，比对照石4185增产7.36%（极显著）。2005—2006年度生产试验，平均亩产517.20千克，比对照石4185增产6.22%。

栽培技术要点：适宜播期10月1—15日，每亩适宜基本苗10万～15万，后期注意防病。

适宜种植区域：适宜在黄淮冬麦区北片的山东、河北中南部、山西南部、河南安阳和濮阳的水地种植。

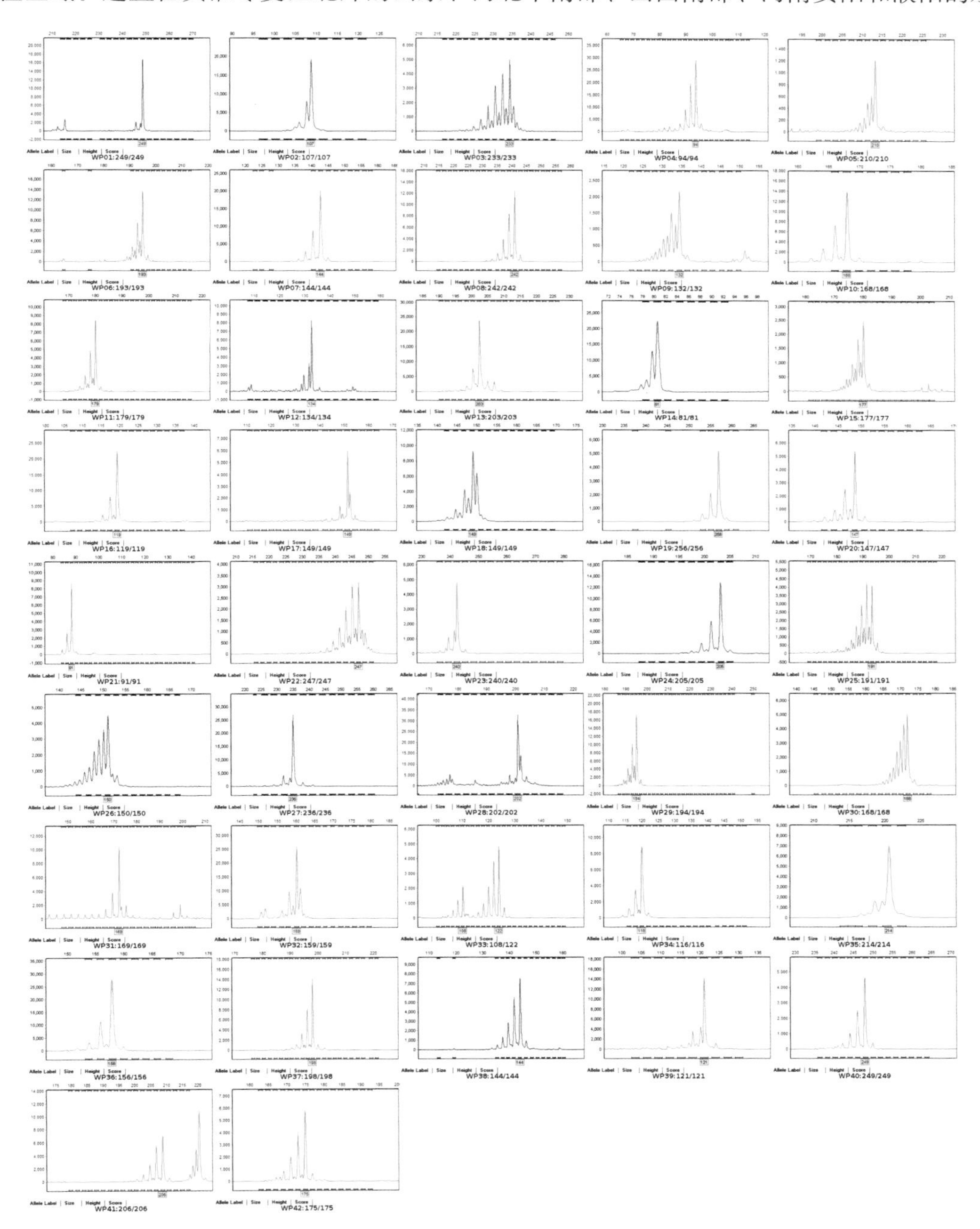

237. 新麦19号

审定编号：国审麦2006015

选育单位：河南省新乡市农业科学院

品种来源：（C5/新乡3577）F3d1/新麦9号

特征特性：幼苗半匍匐，叶短宽上冲、浓绿色，分蘖力中等，起身拔节快，两极分化快，抽穗较早，成穗率较高。株高78厘米左右，株型松散，叶片上冲，穗下节长，穗层厚。穗长方形，长芒，白壳，白粒，籽粒半角质，饱满度好，黑胚率中等。平均亩穗数40.6万穗，穗粒数35.0粒，千粒重38.3克。苗期长势壮，抗寒性中等。茎秆弹性一般，抗倒性中等。后期根系活力强，叶功能期长，耐旱，耐高温能力一般，熟相较好。接种抗病性鉴定：高抗白粉病，中抗秆锈病，慢叶锈病，中抗至高抗条锈病，中感纹枯病，高感赤霉病。田间自然鉴定：中感叶枯病。2005年、2006年分别测定混合样：容重802克/升、802克/升，蛋白质（干基）含量15.75%、15.57%，湿面筋含量30.0%、30.8%，沉降值42.0毫升、42.6毫升，吸水率56.0%、56.2%，稳定时间8.8分钟、5.8分钟，最大抗延阻力396E.U.、328E.U.，拉伸面积96平方厘米、76平方厘米。属强筋品种。

产量表现：2004—2005年度参加黄淮冬麦区南片冬水组品种区域试验，平均亩产523.34千克，比对照豫麦49号增产5.78%（极显著）；2005—2006年度续试，平均亩产542.96千克，比对照1新麦18增产4.33%（显著），比对照2豫麦49号增产4.85%（极显著）。2005—2006年度生产试验，平均亩产500.27千克，比对照豫麦49号增产5.76%。

栽培技术要点：适宜播期10月8—25日，每亩适宜基本苗12万～18万。注意防治叶枯病和赤霉病。生产上注意减少黑胚率。

适宜种植区域：适宜在黄淮冬麦区南片的河南中北部、安徽北部、江苏北部、陕西关中地区、山东菏泽地区的中高产水肥地早中茬种植。

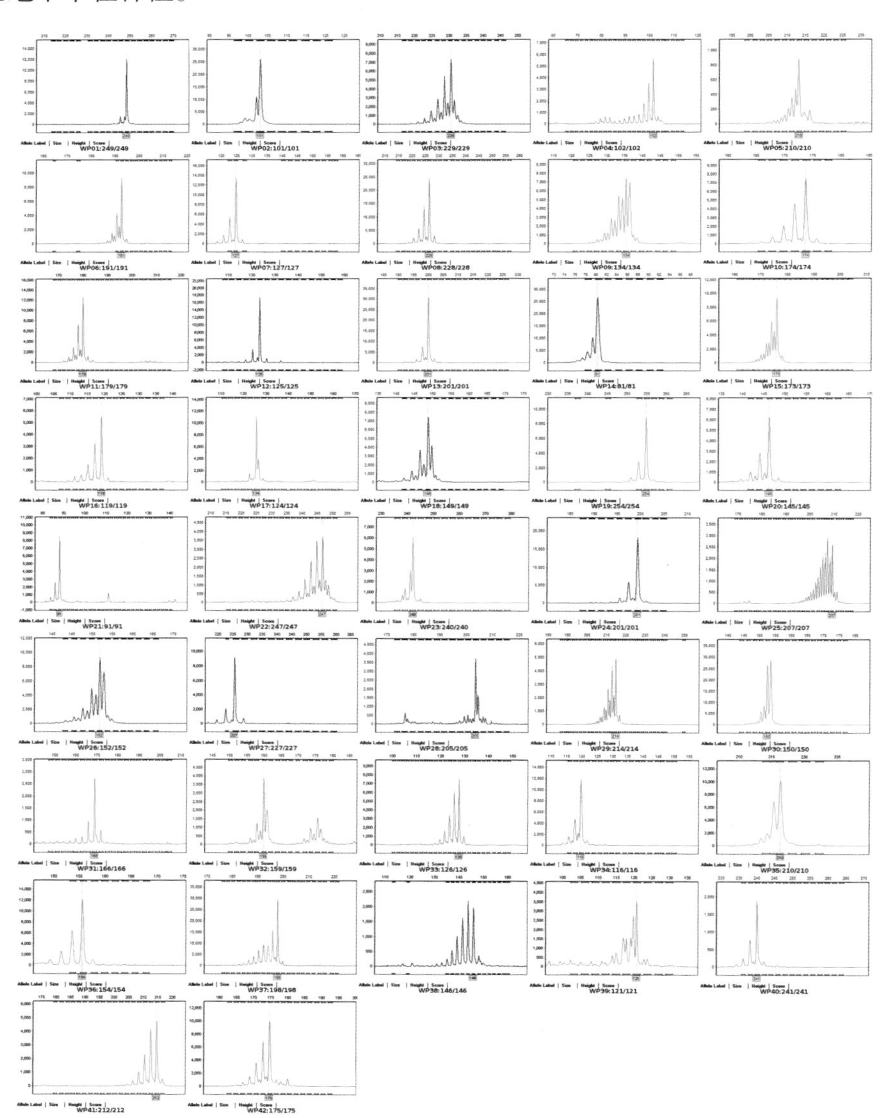

238. 徐麦856

审定编号：国审麦2006012

选育单位：江苏徐淮地区徐州农业科学研究所

品种来源：郑州8329/徐州86195-14-4-4-1

特征特性：半冬性，晚熟，成熟期比对照豫麦49号晚3天。幼苗半匍匐，叶宽长、青绿色，分蘖力较强，春季起身早，生长速度快，抽穗偏晚，成穗率低。株高82厘米左右，株型紧凑，旗叶宽大、上冲，穗层厚。穗纺锤形，长芒，白壳，白粒，籽粒角质，粒大，饱满度一般，黑胚率中等。平均亩穗数37.1万穗，穗粒数32.8粒，千粒重46.8克。苗期长势壮，越冬抗寒性好，抗倒春寒能力稍差。茎秆弹性好，抗倒性较强。耐湿，抗干热风能力中等，熟相一般。接种抗病性鉴定：高抗秆锈病，中抗至慢条锈病，中感白粉病、纹枯病，高感叶锈病、赤霉病。田间自然鉴定：中感叶枯病。2004年、2005年分别测定混合样：容重770克/升、773克/升，蛋白质（干基）含量13.90%、14.11%，湿面筋含量28.1%、28.2%，沉降值26.9毫升、27.6毫升，吸水率59.1%、59.2%，稳定时间4.0分钟、4.2分钟，最大抗延阻力280E.U.、247E.U.，拉伸面积50平方厘米、46平方厘米。

产量表现：2003—2004年度参加黄淮冬麦区南片冬水组品种区域试验，平均亩产556.8千克，比对照豫麦49号增产2.20%（不显著）；2004—2005年度续试，平均亩产524.14千克，比对照豫麦49号增产5.94%（极显著）。2005—2006年度生产试验，平均亩产493.22千克，比对照豫麦49号增产4.27%。

栽培技术要点：适宜播期10月上中旬，每亩适宜基本苗12万～16万，注意防治叶锈病、赤霉病。

适宜种植区域：适宜在黄淮冬麦区南片的河南中北部、安徽北部、江苏北部、陕西关中地区、山东菏泽地区的高中产水肥地早中茬种植。

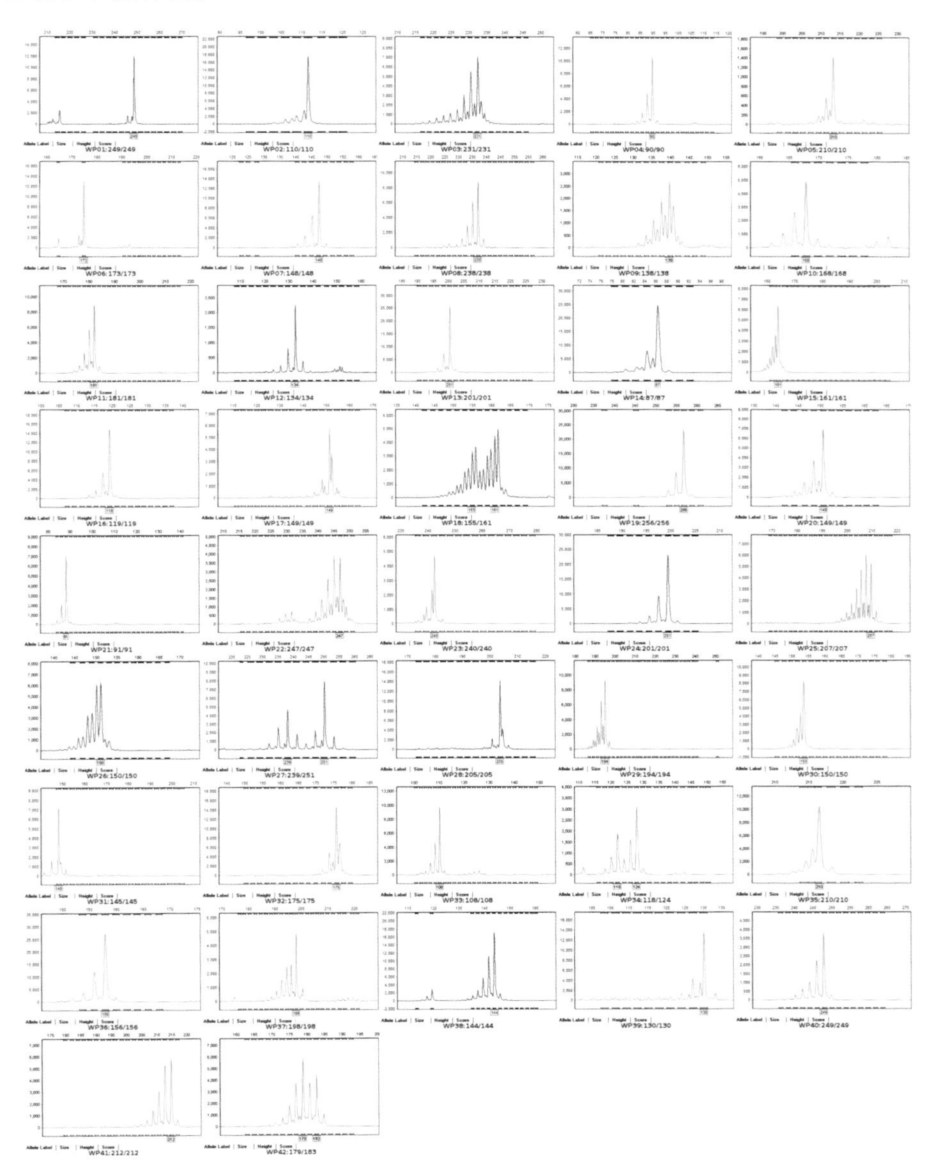

239. 富麦2008

审定编号：国审麦2006011

选育单位：河南省科学院同位素研究所

品种来源：豫麦57活体诱变处理后系选

特征特性：半冬性，中早熟，成熟期比对照豫麦49号早1～2天。幼苗直立，叶色淡绿，叶宽长、下披，分蘖力中等，春季起身拔节早，两极分化快，分蘖成穗率较高。株高85厘米左右，株型稍松散，旗叶宽大、上举，下层略郁蔽，穗层厚，穗黄绿色，穗下节较长。穗纺锤形，长芒，白壳，白粒，籽粒长，角质，饱满度较好，黑胚率低。平均亩穗数41.0万穗，穗粒数34.8粒，千粒重38.0克。苗期长势旺，抗寒性一般，抗倒春寒能力稍差。抗倒性一般。后期叶功能好，熟相较好。接种抗病性鉴定：高抗秆锈病，中感条锈病、纹枯病、白粉病，高感叶锈病、赤霉病。田间自然鉴定：中感至高感叶枯病。2004年、2005年分别测定混合样：容重774克/升、755克/升，蛋白质（干基）含量14.45%、14.56%，湿面筋含量31.8%、32.5%，沉降值31.5毫升、34.0毫升，吸水率62.4%、63.0%，稳定时间2.2分钟、2.0分钟，最大抗延阻力94E.U.、134E.U.，拉伸面积22平方厘米、36平方厘米。

产量表现：2003—2004年度参加黄淮冬麦区南片冬水组品种区域试验，平均亩产569.1千克，比对照豫麦49号增产4.45%（显著）；2004—2005年度续试，平均亩产512.2千克，比对照豫麦49号增产3.51%（显著）。2005—2006年度生产试验，平均亩产498.7千克，比对照豫麦49号增产5.32%。

栽培技术要点：适宜播期10月上中旬，每亩适宜基本苗10万～16万。注意防治叶锈病和赤霉病

适宜种植区域：适宜在黄淮冬麦区南片的河南中北部、安徽北部、江苏北部、陕西关中地区、山东菏泽地区的高中产水肥地早中茬种植。在高肥力地块种植注意防止倒伏。

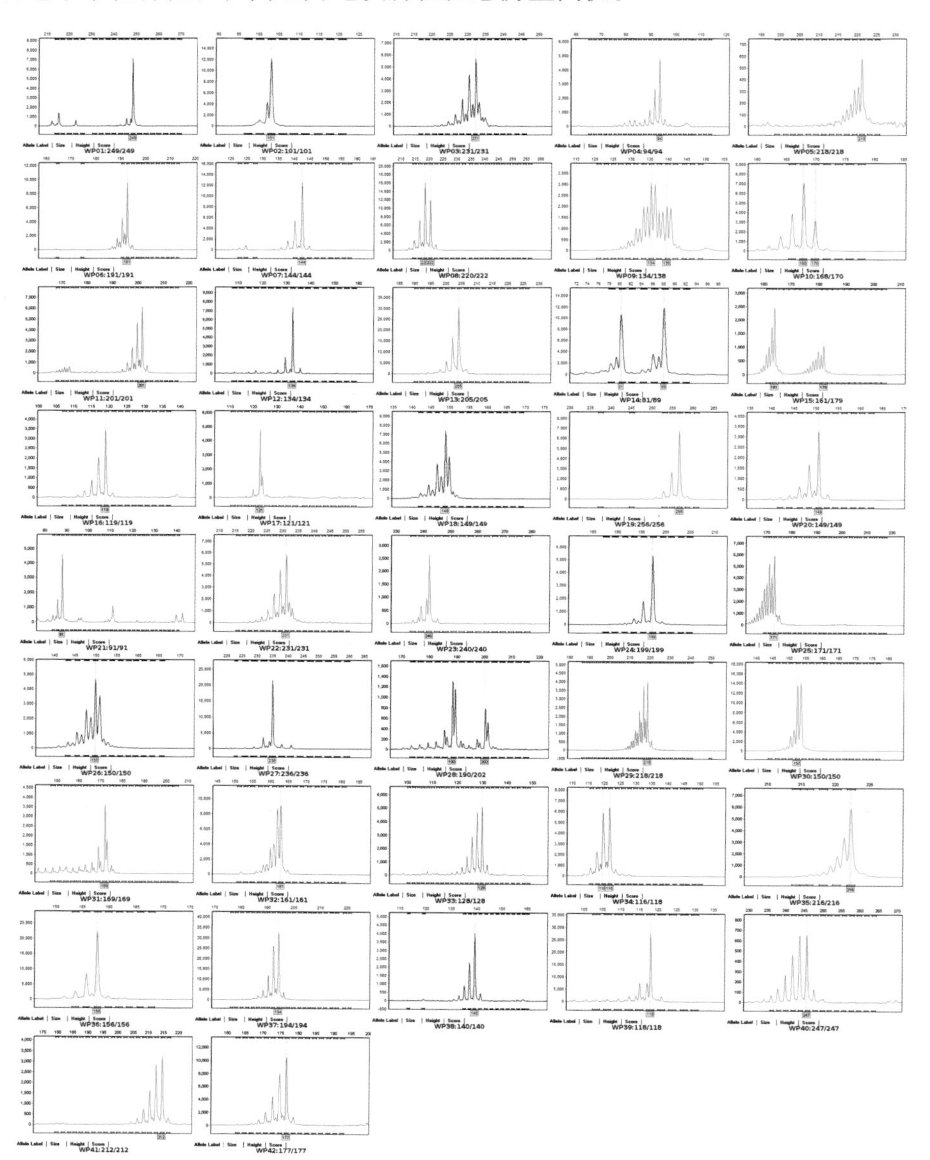

240. 衡观35

审定编号：国审麦2006010

选育单位：河北省农林科学院旱作农业研究所

品种来源：84观749/衡87-4263

特征特性：半冬性，中早熟，成熟期比对照豫麦49号和新麦18早1～2天。幼苗直立，叶宽披，叶色深绿，分蘖力中等，春季起身拔节早，生长迅速，两极分化快，抽穗早，成穗率一般。株高77厘米左右，株型紧凑，旗叶宽大、卷曲，穗层整齐，长相清秀。穗长方形，长芒，白壳，白粒，籽粒半角质，饱满度一般，黑胚率中等。平均亩穗数36.6万穗，穗粒数37.6粒，千粒重39.5克。苗期长势壮，抗寒力中等。对春季低温干旱敏感。茎秆弹性好，抗倒性较好。耐后期高温，成熟早，熟相较好。接种抗病性鉴定：中抗秆锈病，中感白粉病、纹枯病，中感至高感条锈病，高感叶锈病、赤霉病。田间自然鉴定：叶枯病较重。2005年、2006年分别测定混合样：容重783克/升、794克/升，蛋白质（干基）含量13.99%、13.75%，湿面筋含量29.3%、30.3%，沉降值32.5毫升、27.2毫升，吸水率62%、60.4%，稳定时间3分钟、3分钟，抗延阻力180E.U.、141E.U.，拉伸面积39平方厘米、32平方厘米。

产量表现：2004—2005年度参加黄淮冬麦区南片冬水组品种区域试验，平均亩产494.85千克，比对照豫麦49号增产1.98%（不显著）；2005—2006年度续试，平均亩产552.93千克，比对照1新麦18增产6.24%（极显著），比对照2豫麦49号增产6.78%（极显著）。2005—2006年度生产试验，平均亩产503.5千克，比对照豫麦49号增产6.44%。

栽培技术要点：适宜播期10月上中旬，每亩适宜基本苗16万～20万，注意防治叶锈病、叶枯病、纹枯病、赤霉病。

适宜种植区域：适宜在黄淮冬麦区南片的河南中北部、安徽北部、江苏北部、陕西关中地区、山东菏泽地区的高中产水肥地早中茬种植。

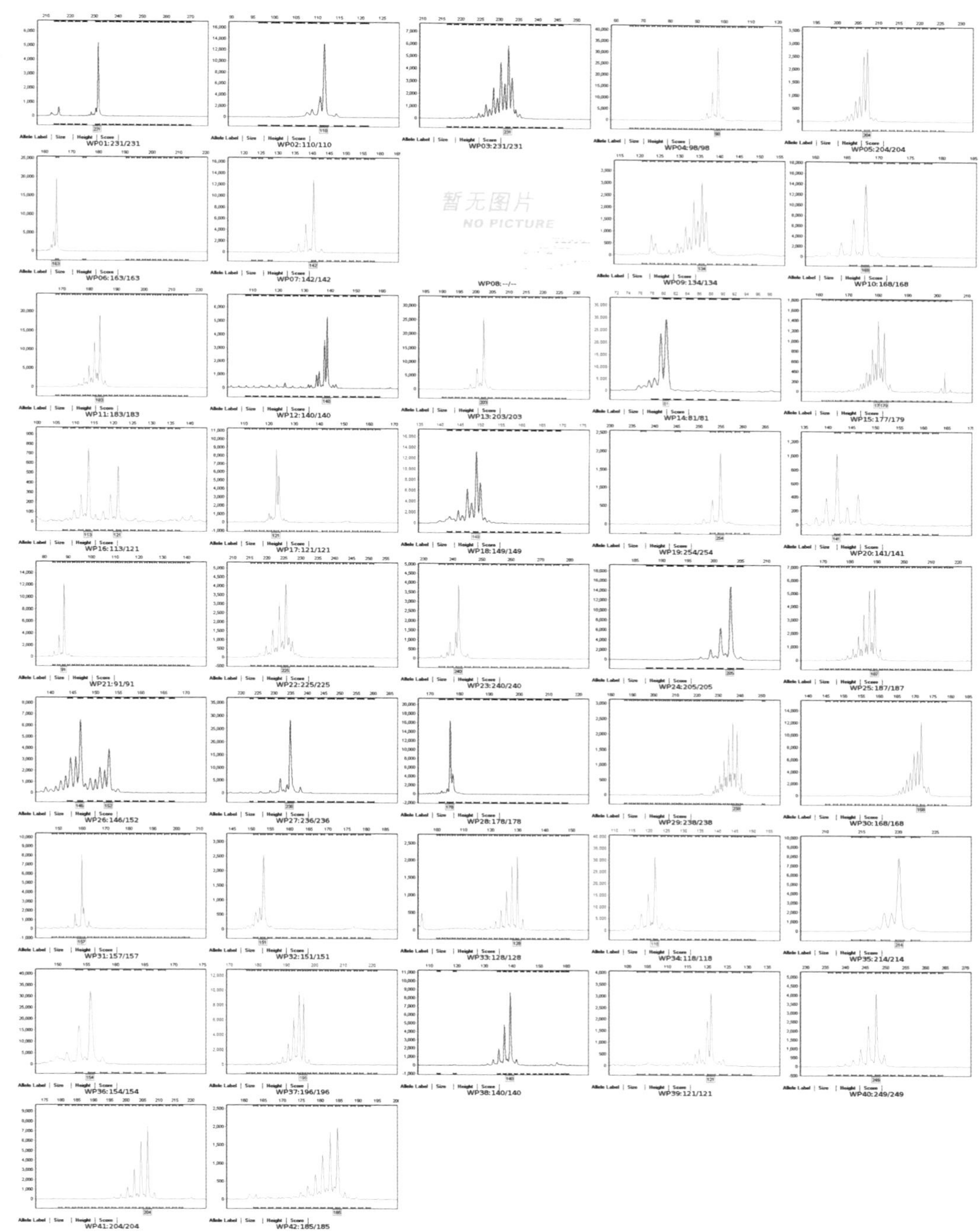

241. 周麦20号

审定编号：国审麦2006009

选育单位：周口市农业科学院

品种来源：周麦13/新麦9号//温麦6号

特征特性：半冬性大穗型中早熟品种，全生育期215天，比对照品种早熟2天。幼苗半匍匐，苗势壮，抗寒性较好；春季起身拔节快，年前分蘖少，亩成穗偏低；株型略松散，叶细长下披，株高80厘米左右，茎秆粗壮，较抗倒伏；灌浆速度慢，成熟落黄一般；穗纺锤形，大穗，穗粒数较多，籽粒角质。成产三要素为：亩成穗数36万左右，穗粒数37粒左右，千粒重42克左右。

产量表现：2004—2005年度省高肥冬水Ⅰ组区试，9点汇总，9点增产，平均亩产507.7千克，比对照豫麦49增产8.93%，极显著，居14个参试品种第2位；2005—2006年度省冬水Ⅰ组区试，9点汇总，7点增产，2点减产，平均亩产511.4千克，比对照豫麦49增产3.96%，不显著，居12个参试品种第2位。2005—2006年度省高肥冬水Ⅱ组生试，9点汇总，9点增产，平均亩产483.9千克，比对照豫麦49增产6.2%，居8个参试品种第4位。

栽培技术要点：播期和播量：10月5—25日均可播种，最佳播期10月12日左右，播量8～12千克/亩。田间管理：全生育期每亩施纯氮14～16千克、五氧化二磷6～10千克、氧化钾5～7千克、硫肥、锌肥均为3千克；磷、钾肥和微肥一次性底施，氮肥底肥与追肥的比例为1：1；起身拔节期防治纹枯病；灌浆期喷施磷酸二氢钾防治叶枯病。

适宜种植区域：周口市中高肥力地块早中茬种植（南部稻茬麦区除外）

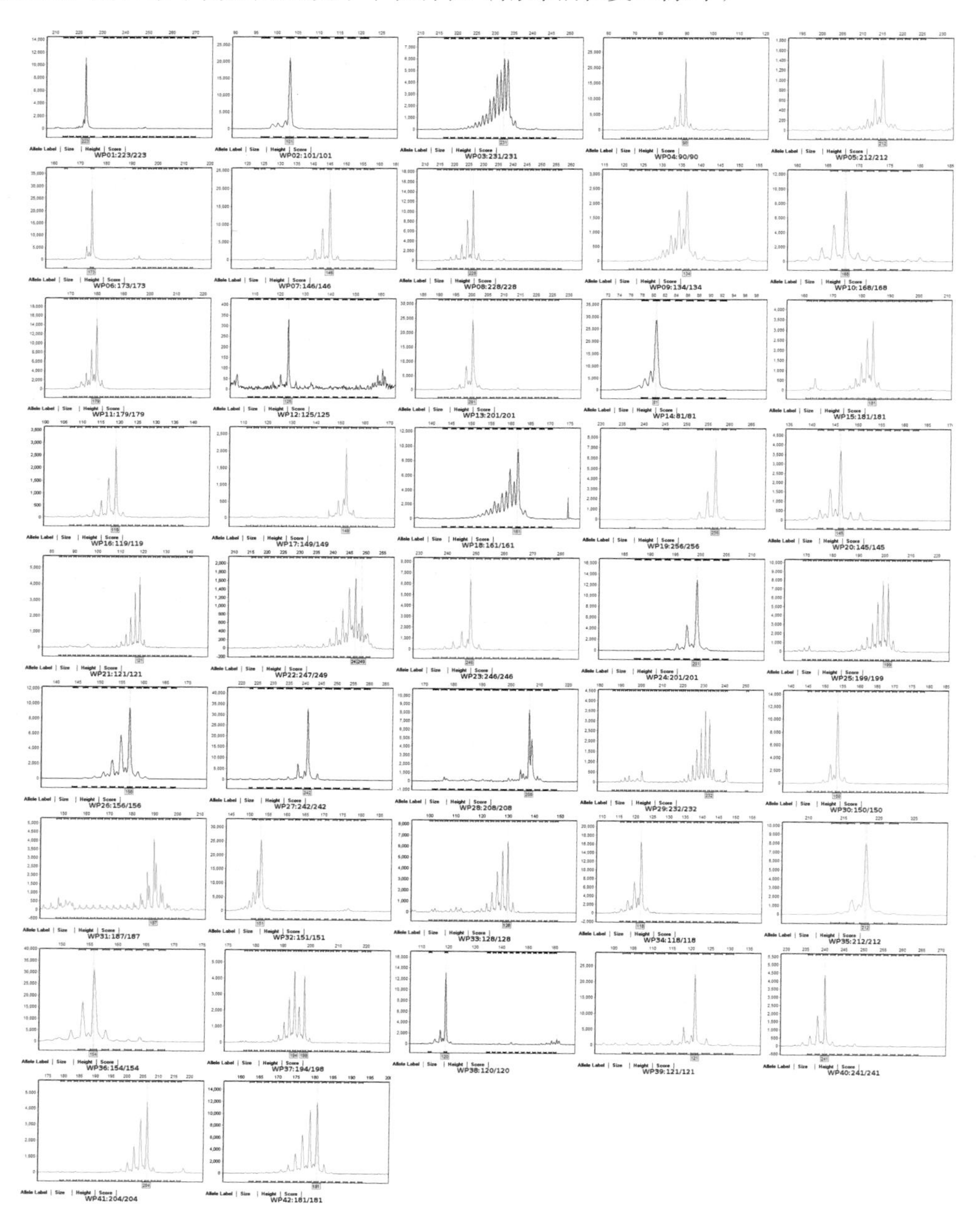

242. 西农9718

审定编号：国审麦2006008

选育单位：西北农林科技大学

品种来源：西农2611/9062

特征特性：弱春性，早熟，成熟期比对照豫麦18-64早1天，比对照偃展4110早1～2天。幼苗半匍匐，叶小，叶色深绿，分蘖力较强，春季起身拔节早，春生新蘖多，两极分化慢，抽穗较早，成穗率较高。株高73厘米左右，株型半松散，旗叶小、上冲，长相清秀，穗叶同层，穗层厚。穗纺锤形，长芒，白壳，白粒，籽粒角质，饱满度较好，黑胚率较低。平均亩穗数42.6万穗，穗粒数29.0粒，千粒重42.0克。苗期长势一般，抗寒性好，对春季低温较敏感。抗倒性较好。有一定耐旱性，耐后期高温，灌浆快，成熟早，熟相中等。接种抗病性鉴定：中抗条锈病，慢叶锈病、秆锈病，中感纹枯病，高感白粉病、赤霉病。田间自然鉴定：中感叶枯病。2005年、2006年分别测定混合样：容重783克/升、794克/升，蛋白质（干基）含量14.26%、14.00%，湿面筋含量32.0%、32.0%，沉降值49.4毫升、49.0毫升，吸水率61.8%、57.4%，稳定时间11.2分钟、11.2分钟，最大抗延阻力484E.U.、584E.U.，拉伸面积125平方厘米、484平方厘米。属强筋品种。

产量表现：2004—2005年度参加黄淮冬麦区南片春水组品种区域试验，平均亩产469.03千克，比对照豫麦18-64增产4.90%（极显著）；2005—2006年度续试，平均亩产522.26千克，比对照1偃展4110减产2.60%（不显著），比对照2豫麦18-64增产4.41%（显著）。2005—2006年度生产试验，平均亩产459.02千克，比对照豫麦18-64增产2.71%。

栽培技术要点：适宜播期10月中下旬，每亩适宜基本苗14万～18万，注意防治叶枯病、赤霉病。在山东菏泽、河南濮阳、江苏徐州和连云港种植时注意适期晚播。

适宜种植区域：适宜在黄淮冬麦区南片的河南中北部、安徽北部、江苏北部、陕西关中地区、山东菏泽地区的高中产水肥地中晚茬种植。

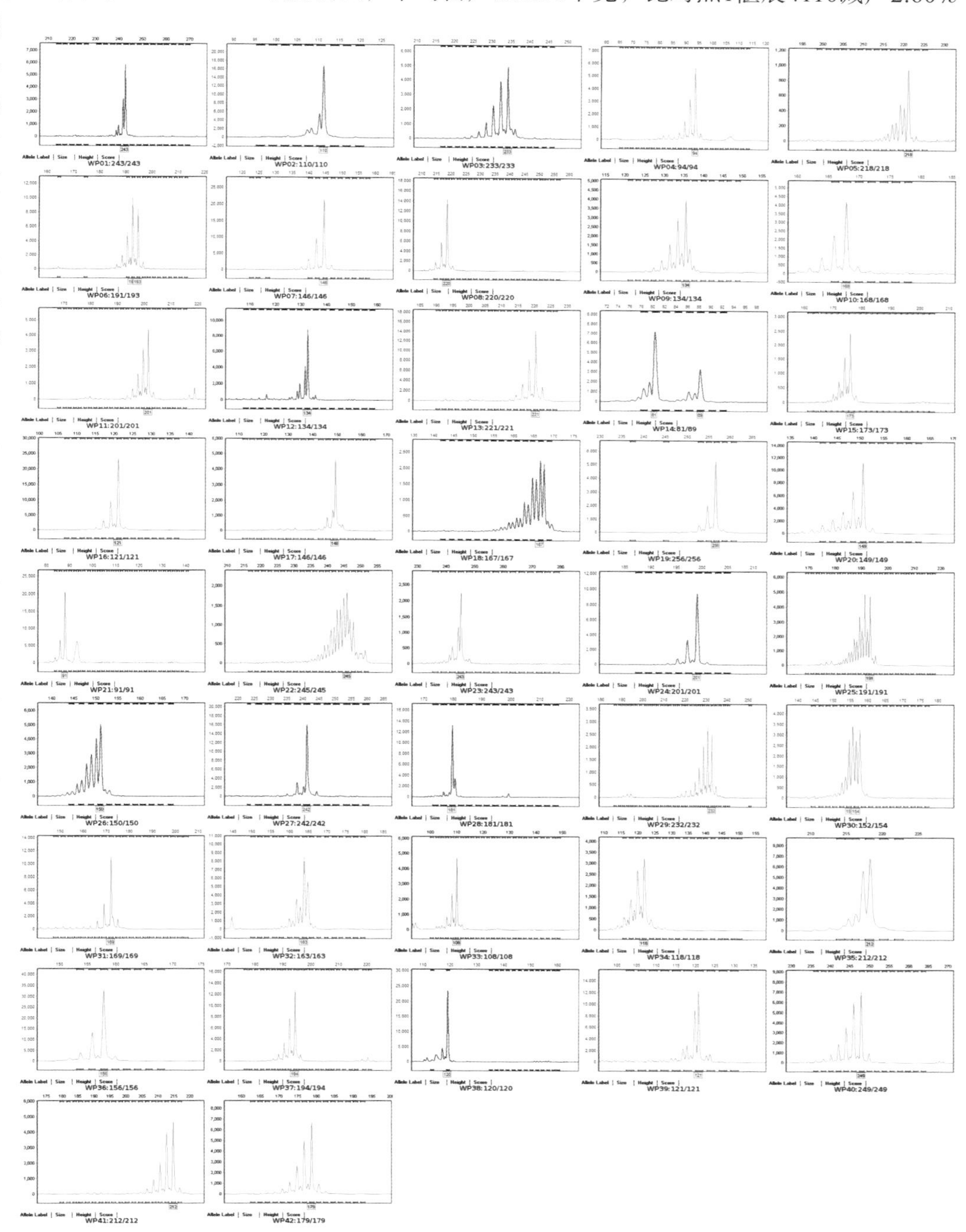

243. 平安6号

审定编号：国审麦2006007

选育单位：南阳市农业科学研究所

品种来源：莱州953/温2540

特征特性：弱春性，中早熟，成熟期比对照豫麦18-64晚1天，与对照偃展4110同期。幼苗直立，叶短宽、青绿色，分蘖力中等，起身拔节较快，抽穗较早，分蘖成穗率一般。株高78厘米左右，株型紧凑，叶片上冲，长相清秀，穗层不整齐。穗纺锤形，长芒，白壳，白粒，籽粒角质，饱满度较好，黑胚率低，商品性好。平均亩穗数40.6万穗，穗粒数33.6粒，千粒重40.6克。苗期长势壮，耐寒性较好。对春季低温较敏感。茎秆弹性好，抗倒伏。根系活力强，后期叶功能期长，耐后期高温，落黄好。接种抗病性鉴定：中抗至慢条锈病，慢叶锈病，中感纹枯病，中感至高感秆锈病，高感白粉病、赤霉病。田间自然鉴定：中抗叶枯病。2005年、2006年分别测定混合样：容重793克/升、791克/升，蛋白质（干基）含量15.34%、14.96%，湿面筋含量34.2%、34.3%，沉降值34.2毫升、33.4毫升，吸水率65.2%、63.5%，稳定时间2.6分钟、2.4分钟，最大抗延阻力187E.U.、145E.U.，拉伸面积50平方厘米、38平方厘米。

产量表现：2004—2005年度参加黄淮冬麦区南片春水组品种区域试验，平均亩产496.98千克，比对照豫麦18-64增产11.1%（极显著）；2005—2006年度续试，平均亩产537.48千克，比对照1偃展4110增产0.24%（不显著），比对照2豫麦18-64增产7.45%（极显著）。2005—2006年度生产试验，平均亩产472.09千克，比对照豫麦18-64增产5.64%。

栽培技术要点：适宜播期10月15—30日，每亩适宜基本苗15万～20万。注意防治叶锈病、白粉病和赤霉病。在山东菏泽、河南濮阳、江苏徐州和连云港种植时注意适期晚播。

适宜种植区域：适宜在黄淮冬麦区南片的河南中北部、安徽北部、江苏北部、陕西关中地区、山东菏泽地区的中高产水肥地中晚茬种植。

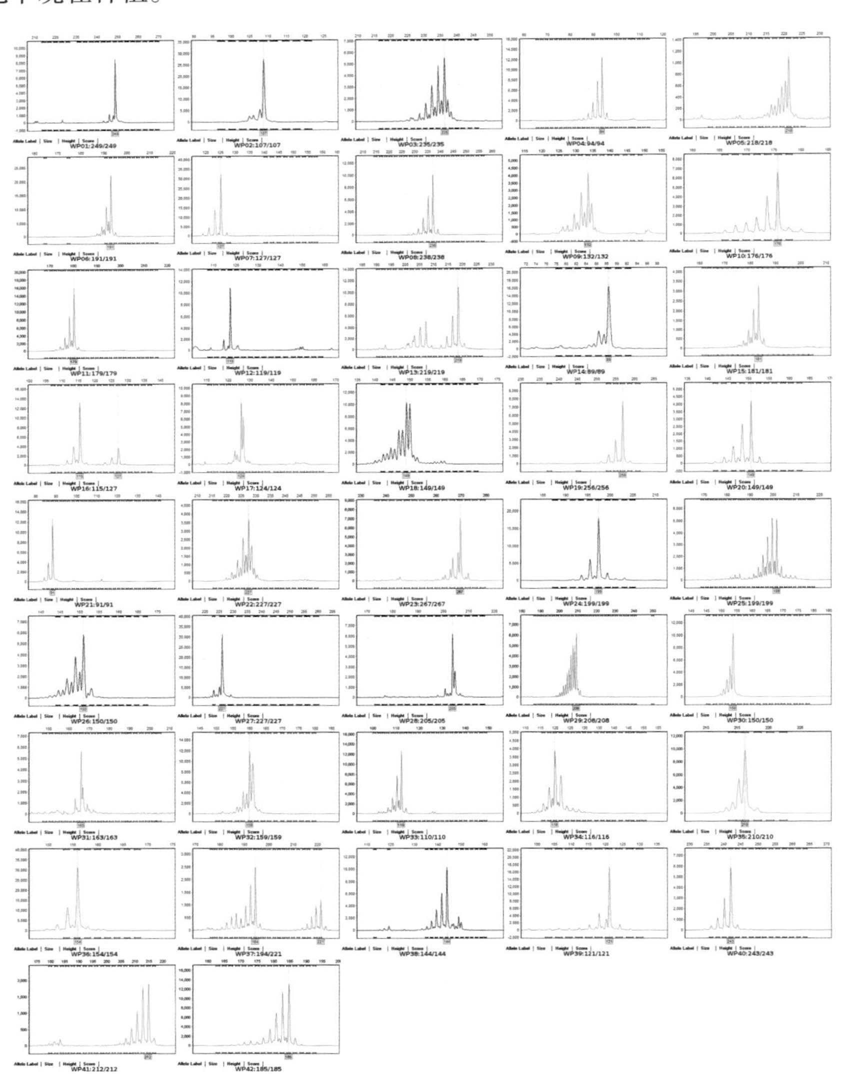

244. 同舟916

审定编号： 国审麦2006006

选育单位： 河南省同舟缘种子科技有限公司

品种来源：（豫麦18/濮阳8441）F_1/温麦4号

特征特性： 弱春性，中早熟，成熟期比对照豫麦18-64晚1天，与对照偃展4110同期。幼苗半匍匐，叶短宽上冲，叶色深绿，起身拔节较慢，分蘖力较强，抽穗较迟，分蘖成穗率中等。株高78厘米左右，株型略松散，旗叶长、平展，穗下节较长，穗层厚，穗色黄。穗长方形，长芒，白壳，白粒，籽粒半角质，饱满度好，黑胚率中等。平均亩穗数42.0万穗，穗粒数32.6粒，千粒重41.0克。苗期长势较壮，冬季抗寒性和抗倒春寒能力强。根系活力强，叶功能期长，耐后期高温，后期灌浆快，熟相较好。抗倒性一般。接种抗病性鉴定：中感纹枯病、条锈病、秆锈病，高感白粉病、叶锈病、赤霉病。田间自然鉴定：中抗叶枯病。2005年、2006年分别测定混合样：容重786克/升、790克/升，蛋白质（干基）含量13.76%、13.15%，湿面筋含量29.1%、31.1%，沉降值29.7毫升、29.5毫升，吸水率55.2%、53.8%，稳定时间1.6分钟、1.7分钟，最大抗延阻力172E.U.、192E.U.，拉伸面积72平方厘米、44平方厘米。

产量表现： 2004—2005年度参加黄淮冬麦区南片春水组品种区域试验，平均亩产510.93千克，比对照豫麦18-64增产14.20%（极显著）；2005—2006年度续试，平均亩产550.48千克，比对照1偃展4110增产2.51%（不显著），比对照2豫麦18-64增产8.60%（极显著）。2005—2006年度生产试验，平均亩产478.95千克，比对照豫麦18-64增产7.17%。

栽培技术要点： 适宜播期10月10—25日，每亩适宜基本苗12万～18万。高水肥地利用要降低播量，注意防治叶锈病和赤霉病。在山东菏泽、河南濮阳、江苏徐州和连云港种植时注意适期晚播。

适宜种植区域： 适宜在黄淮冬麦区南片的河南中北部、安徽北部、江苏北部、陕西关中地区、山东菏泽地区的中高产水肥地中晚茬种植。

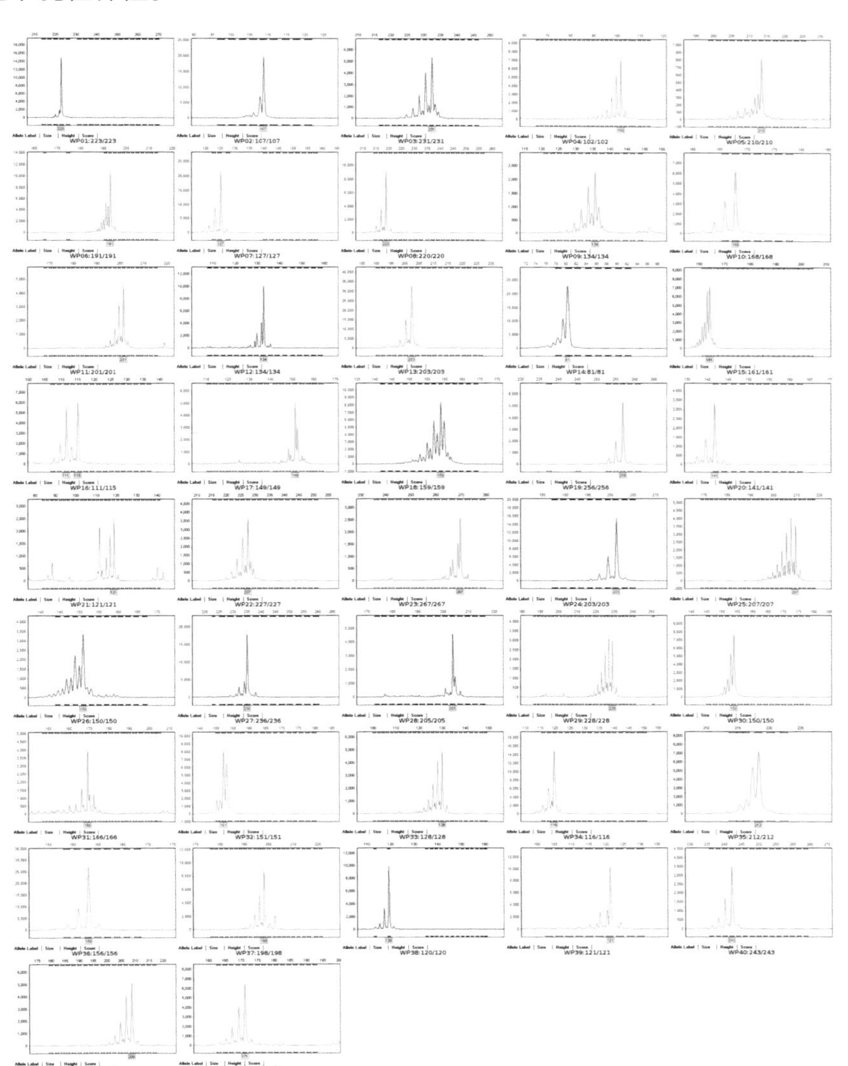

245. 花培5号

审定编号： 国审麦2006005

选育单位： 河南省农业科学院生物技术研究所

品种来源：（豫麦18/花4-3）F_1花药培养

特征特性： 弱春性，中熟，成熟期比对照豫麦18-64晚2天，比偃展4110晚1天。幼苗半匍匐，叶直立，叶色浓绿，起身早，两极分化慢，分蘖力强，抽穗较迟，成穗率较高，结实性好。株高78厘米左右，株型稍松散，旗叶小、上冲，叶色深，长相清秀，穗层厚，穗色黄。穗纺锤形，长芒，白壳，白粒，籽粒半角质，饱满度较好，黑胚率低。平均亩穗数45.9万穗，穗粒数29.9粒，千粒重40.3克。苗期长势壮，抗寒性较好。茎秆弹性一般，抗倒性偏弱。根系活力强，后期叶功能好，耐后期高温，落黄好。接种抗病性鉴定：中抗条锈病，中感赤霉病、纹枯病、秆锈病，高感叶锈病、白粉病。田间自然鉴定：高抗叶枯病。2005年、2006年分别测定混合样：容重814克/升、806克/升，蛋白质（干基）含量14.38%、14.49%，湿面筋含量31.5%、32.3%，沉降值29.8毫升、30.7毫升，吸水率57.0%、56.8%，稳定时间3.5分钟、3.6分钟，最大抗延阻力228E.U.、240E.U.，拉伸面积52平方厘米、54平方厘米。

产量表现： 2004—2005年度参加黄淮冬麦区南片春水组品种区域试验，平均亩产521.22千克，比对照豫麦18-64增产16.0%（极显著）；2005—2006年度续试，平均亩产528.5千克，比对照1偃展4110减产1.43%（不显著），比对照2豫麦18-64增产5.66%（极显著）。2005—2006年度生产试验，平均亩产480.5千克，比对照豫麦18-64增产7.52%。

栽培技术要点： 适宜播期10月中下旬，每亩适宜基本苗13万～14万。高水肥地利用时注意防倒伏。注意防治叶锈病。在山东菏泽、河南濮阳、江苏徐州和连云港种植时注意适期晚播。

适宜种植区域： 适宜在黄淮冬麦区南片的河南中北部、安徽北部、江苏北部、陕西关中地区、山东菏泽地区的中高产水肥地中晚茬种植。在高肥力地块种植注意防止倒伏。

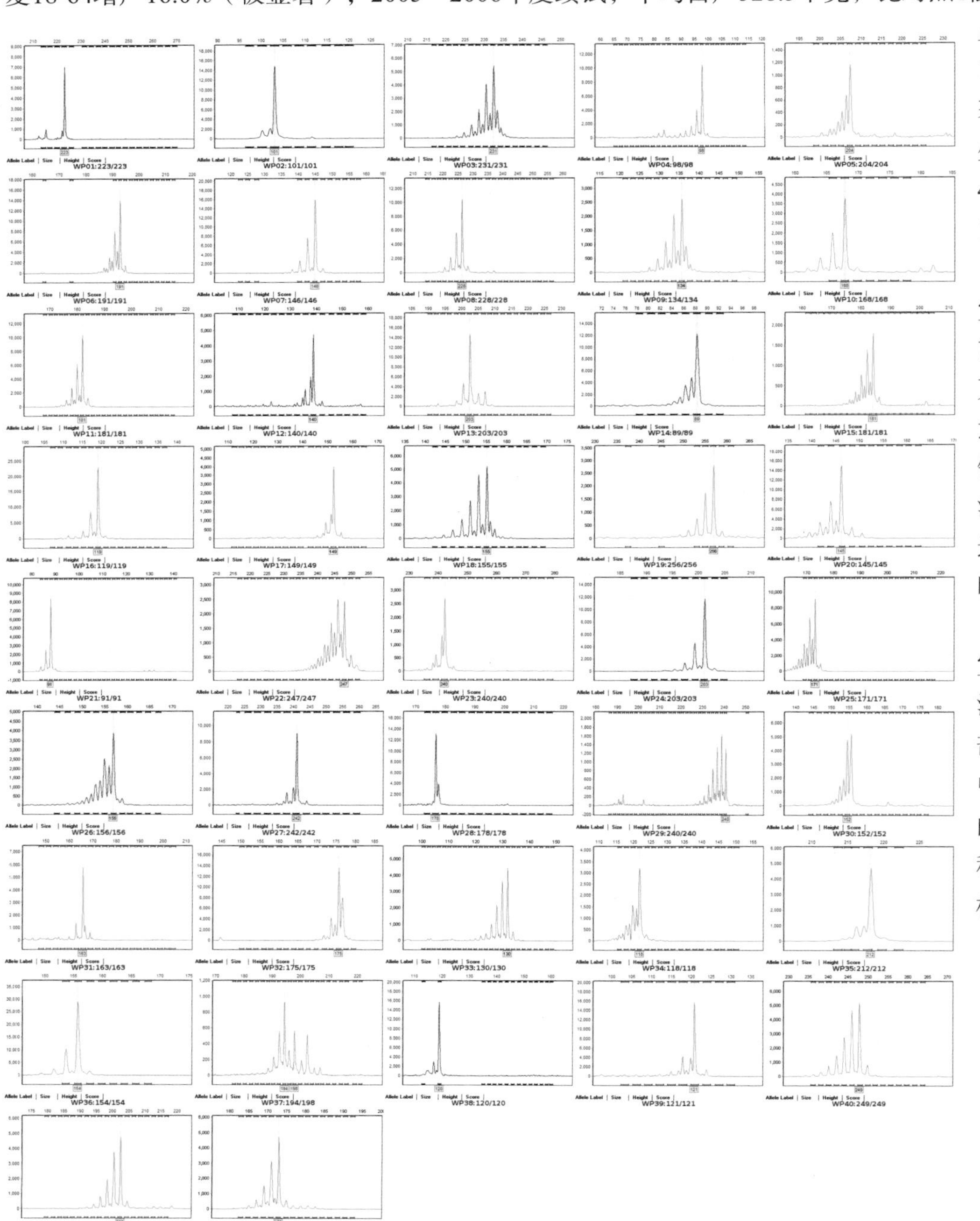

246. 川麦43

审定编号： 国审麦2006003

选育单位： 四川省农业科学院作物研究所

品种来源： Syn-CD768/SW89-3243）F_1//川6415

特征特性： 春性，中熟，全生育期193天左右。幼苗半直立，分蘖力强，苗叶窄，长势旺盛。株高83厘米左右，成株叶片长、略披。穗锥形，长芒，白壳，红粒，粉质—半角质，籽粒饱满。平均亩穗数27万穗，穗粒数36.4粒，千粒重44.9克。接种抗病性鉴定：条锈病免疫，高感叶锈病、白粉病、赤霉病。2004年、2005年分别测定混合样：容重798克/升、769克/升，蛋白质（干基）含量11.0%、12.3%，湿面筋含量21.8%、24.6%，沉降值16.5毫升、20.4毫升，吸水率52.8%、51.9%，稳定时间2.7分钟、2.7分钟，最大抗延阻力222E.U.、280E.U.，拉伸面积52.1平方厘米、66.3平方厘米。

产量表现： 2003—2004年度参加长江上游冬麦组品种区域试验，平均亩产383.1千克，比对照川麦107增产11.3%（极显著）；2004—2005年度续试，平均亩产404.5千克，比对照川麦107增产16.5%（极显著）。2005—2006年度生产试验，平均亩产398.0千克，比对照增产9.34%。

栽培技术要点： 立冬前后播种，每亩适宜基本苗13万～16万，在较高肥水条件下栽培，注意防止倒伏。

适宜种植区域： 适宜在长江上游冬麦区的四川、重庆、贵州、云南、陕西南部种植。

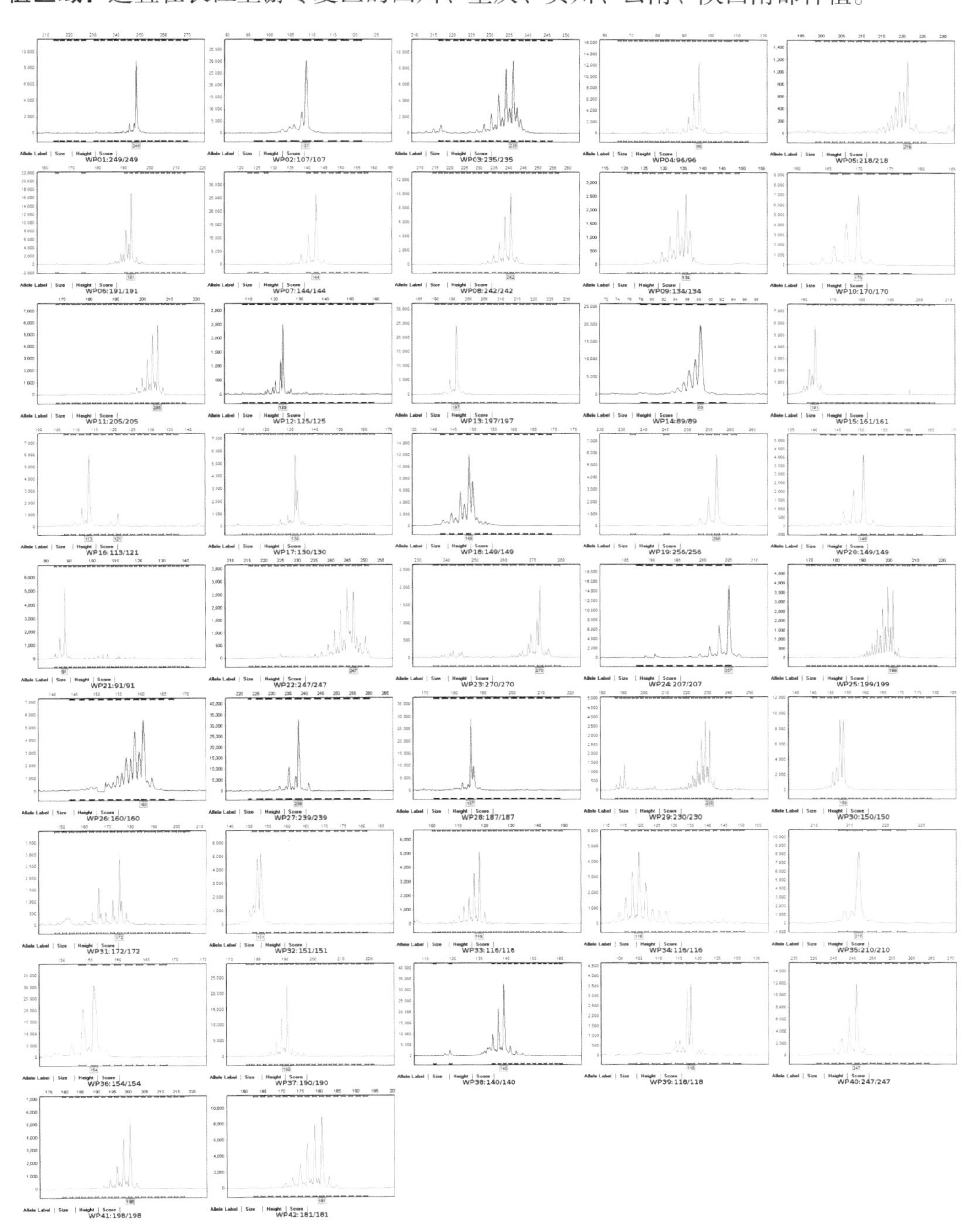

247. 内麦9号

审定编号：国审麦2006001

选育单位：四川省内江市农业科学研究所

品种来源：绵阳26/92R178

特征特性：春性，中熟，全生育期190天左右。幼苗直立，分蘖力较强，苗叶较窄，叶色淡绿，长势较旺盛。株高84厘米左右，植株较开张、整齐，成株叶片中等长宽、上冲。穗近棒形，长芒，白壳，白粒，籽粒粉质，较均匀，饱满。平均亩穗数21.5万穗，穗粒数42.4粒，千粒重46.3克。接种抗病性鉴定：条锈病、白粉病免疫，中感赤霉病，高感叶锈病。2004年、2005年分别测定混合样：容重789克/升、776克/升，蛋白质（干基）含量12.0%、12.8%，湿面筋含量21.8%、24.3%，沉降值28.2毫升、28.5毫升，吸水率53.5%、53.1%，稳定时间2.8分钟、5.8分钟，最大抗延阻力488E.U.、443E.U.，拉伸面积109平方厘米、94.2平方厘米。

产量表现：2003—2004年度参加长江上游冬麦组品种区域试验，平均亩产358.5千克，比对照川麦107增产4.2%（极显著）；2004—2005年度续试，平均亩产量368.8千克，比对照川麦107增产5.0%（极显著）。2005—2006年生产试验，平均亩产359.3千克，比对照增产1.84%。

栽培技术要点：立冬前后播种，每亩适宜基本苗12万~15万，在较高肥水条件下栽培。

适宜种植区域：适宜在长江上游冬麦区的四川、重庆、云南中部种植。

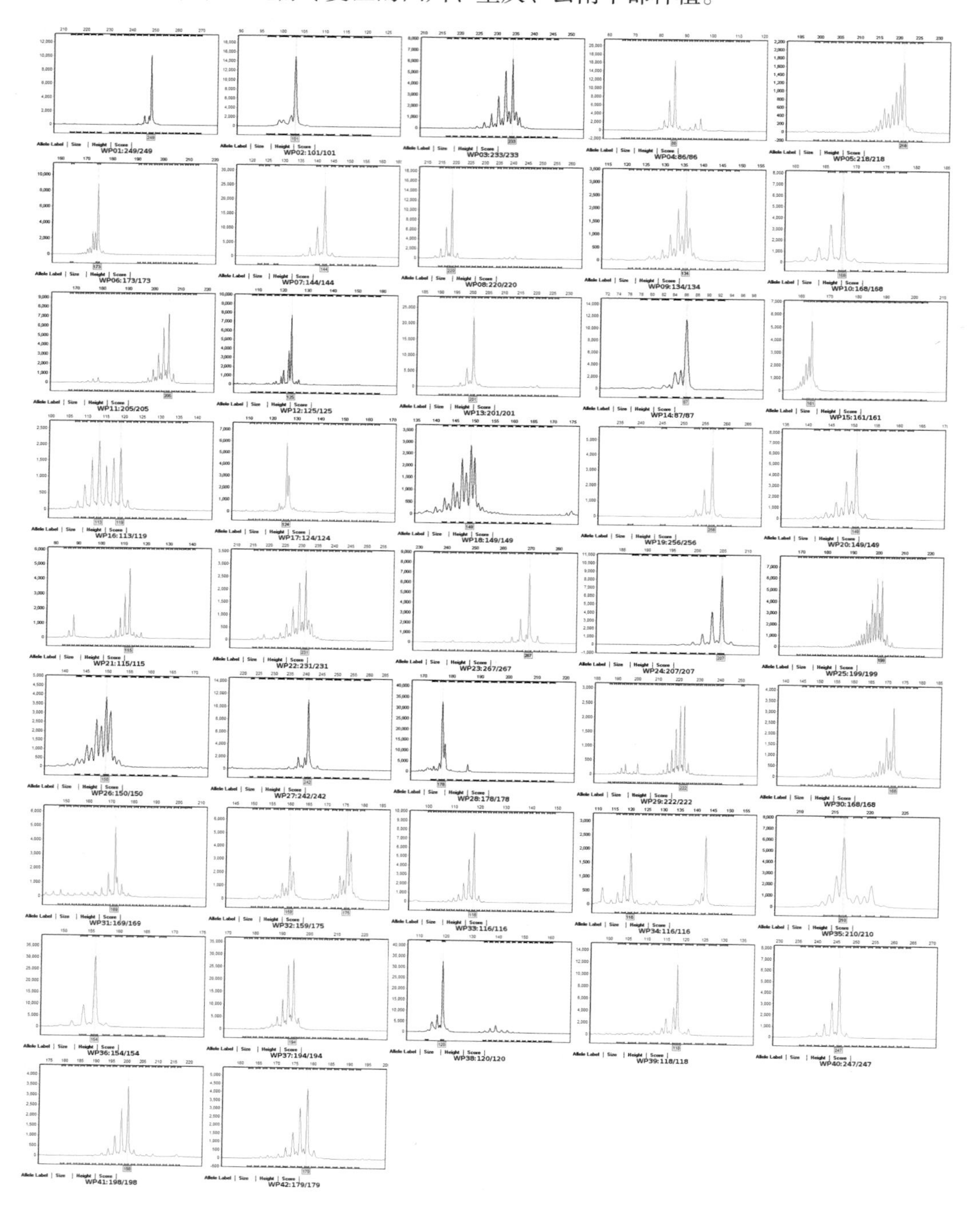

248. 北麦1号

审定编号：国审麦2005022

选育单位：黑龙江省农垦总局红兴隆科学研究所，黑龙江省农垦科研育种中心

品种来源：克丰6号/钢85-555-9

特征特性：中熟，全生育期87天左右。幼苗直立，分蘖力较强。株高100厘米左右，长芒，红粒，籽粒角质，千粒重36克左右。抗旱性较强，耐湿性好。接种抗病性鉴定：秆锈病免疫，中感根腐病，高感叶锈病和赤霉病。2002年、2003年分别测定混合样：容重825克/升、812克/升，蛋白质（干基）含量15.45%、15.93%，湿面筋含量31.5%、36.4%，沉降值61.7毫升、68.4毫升，吸水率61.7%、62.8%，面团形成时间5.0分钟、6.3分钟，稳定时间8.4分钟、9.4分钟，最大抗延阻力500E.U.、615E.U.，拉伸面积145.9平方厘米、146.6平方厘米。属强筋品种。

产量表现：2002年参加东北春麦晚熟旱地组区域试验，平均亩产287.9千克，比对照新克旱9号增产4.2%；2003年续试，平均亩产243.08千克，比对照新克旱9号增产2.21%（不显著）。2004年参加生产试验，平均亩产267.64千克，比对照新克旱9增产9.4%。

栽培技术要点：每亩适宜基本苗40万左右，秋深施肥或春分层施肥，结合化学除草喷施叶面肥。

适宜种植区域：适宜在东北春麦区的黑龙江东部麦区、内蒙古东四盟种植。

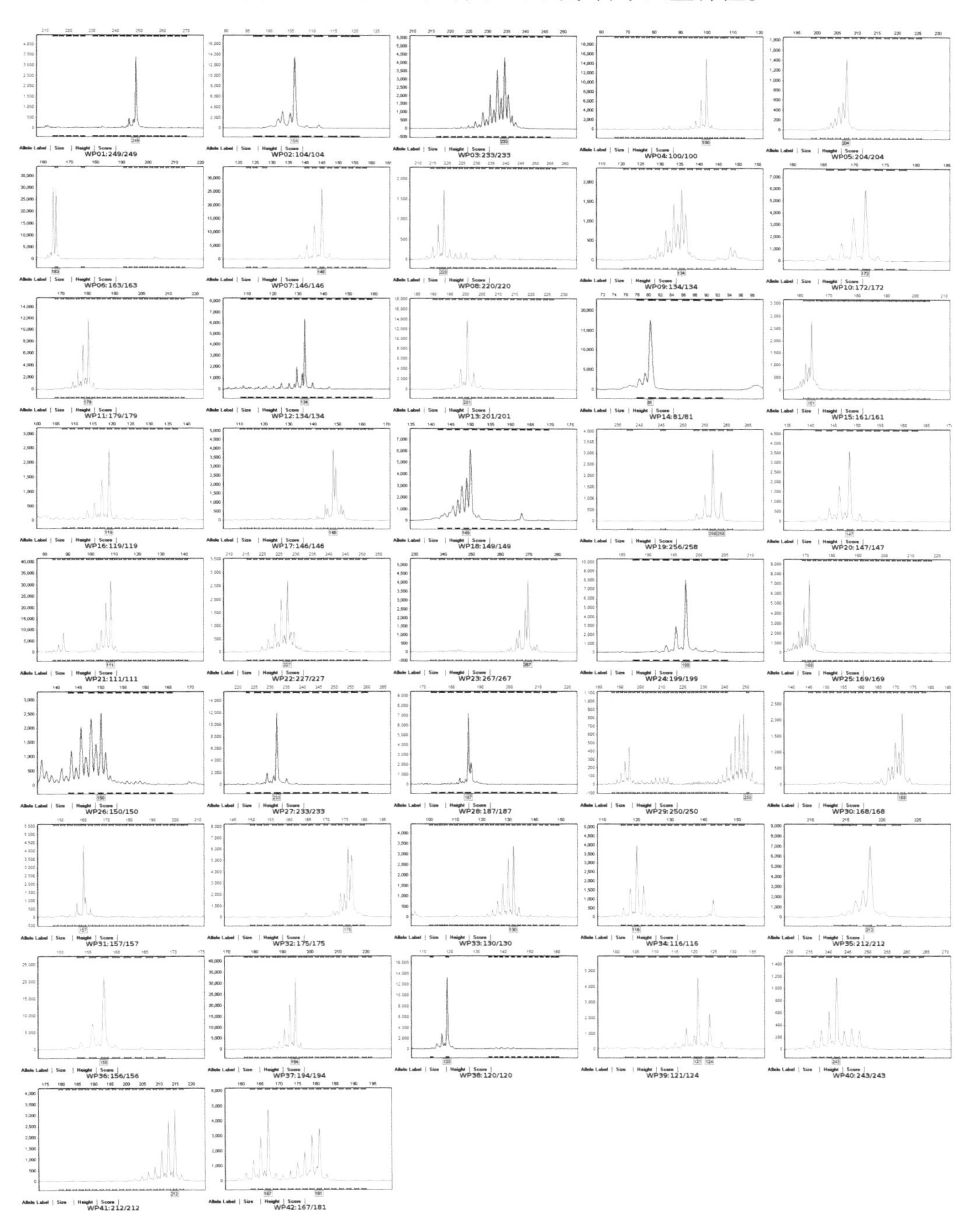

249. 北麦3号

审定编号： 国审麦2005022

选育单位： 黑龙江省农垦总局九三科学研究所

品种来源： 九三92-6007/克85-33

特征特性： 晚熟，生育期94天左右。幼苗直立。株高90厘米左右。穗纺锤形，长芒，白壳，红粒，角质。平均亩穗数40.8万穗，穗粒数30.9粒，千粒重37.8克。抗倒性中等，熟相较好。接种抗病性鉴定：高抗秆锈病，慢叶锈病，中感根腐病，高感赤霉病。2005年、2006年分别测定混合样：容重830克/升、824克/升，蛋白质（干基）含量14.33%、15.19%，湿面筋含量33.7%、34.4%，沉降值50.2毫升、50.5毫升，吸水率63.3%、62.1%，稳定时间3.6分钟、4.5分钟，最大抗延阻力305E.U.、302E.U.，延伸性18.9厘米、17.6厘米，拉伸面积79.0平方厘米、69.9平方厘米。

产量表现： 2005年参加东北春麦晚熟组品种区域试验，平均亩产308.9千克，比对照新克旱9号增产7.4%；2006年续试，平均亩产356.2千克，比对照新克旱9号增产5.1%。2007年生产试验，平均亩产289.3千克，比对照新克旱9号增产6.4%。

栽培技术要点： 适时播种，每亩适宜基本苗40万左右，秋深施肥或春分层施肥，三叶期至拔节前压青苗2次，分蘖期化学除草，成熟时及时收获。

适宜种植区域： 适宜在东北春麦区的黑龙江北部、内蒙古呼伦贝尔种植。

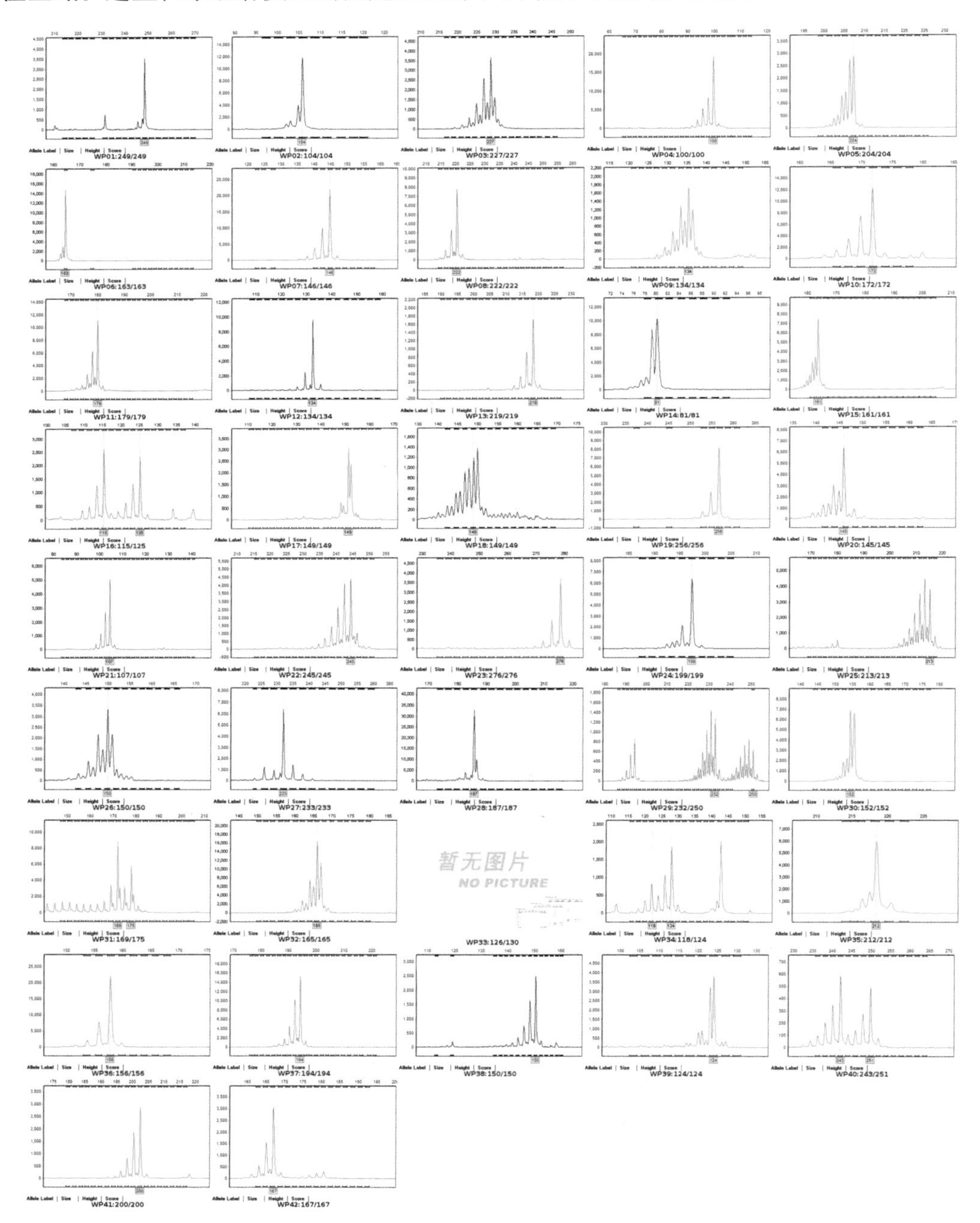

250. 哲麦10号

审定编号：国审麦2005021

选育单位：内蒙古通辽市农业科学研究院

品种来源：哲7401/哲7513

特征特性：春性，中熟，全生育期87天左右。幼苗叶色浓绿，苗壮，分蘖力强。株高80厘米左右，穗纺锤形，长芒，白壳，红粒，籽粒硬质，千粒重34克左右。抗旱性鉴定，抗旱性较好。接种抗病性鉴定：秆锈病免疫，慢叶锈病，中感白粉病。2003年、2004年分别测定混合样：容重786克/升、794克/升，蛋白质（干基）含量16.30%、15.82%，湿面筋含量33.6%、35.3%，沉降值61.5毫升、65.5毫升，吸水率58.1%、59.2%，面团稳定时间13.2分钟、23.7分钟，最大抗延阻力1025E.U.、775E.U.，拉伸面积232平方厘米、230平方厘米。属强筋品种。

产量表现：2003年参加东北春麦早熟旱地组区域试验，平均亩产280.6千克，比对照辽春9号增产9.8%（显著）；2004年续试，平均亩产266.2千克，比对照辽春9号增产2.9%（不显著）。2004年参加生产试验，平均亩产300.3千克，比对照增产1.8%。

栽培技术要点：适时播种，每亩适宜基本苗42万～45万，播种时亩施氮磷钾复合肥20千克。生育时期根据土壤墒情灌水，及时防除杂草、防治蚜虫和黏虫，成熟时及时收获。

适宜种植区域：适宜在东北春麦区的辽宁、内蒙古赤峰和通辽、河北张家口旱肥地种植，也适宜在天津作春麦种植。

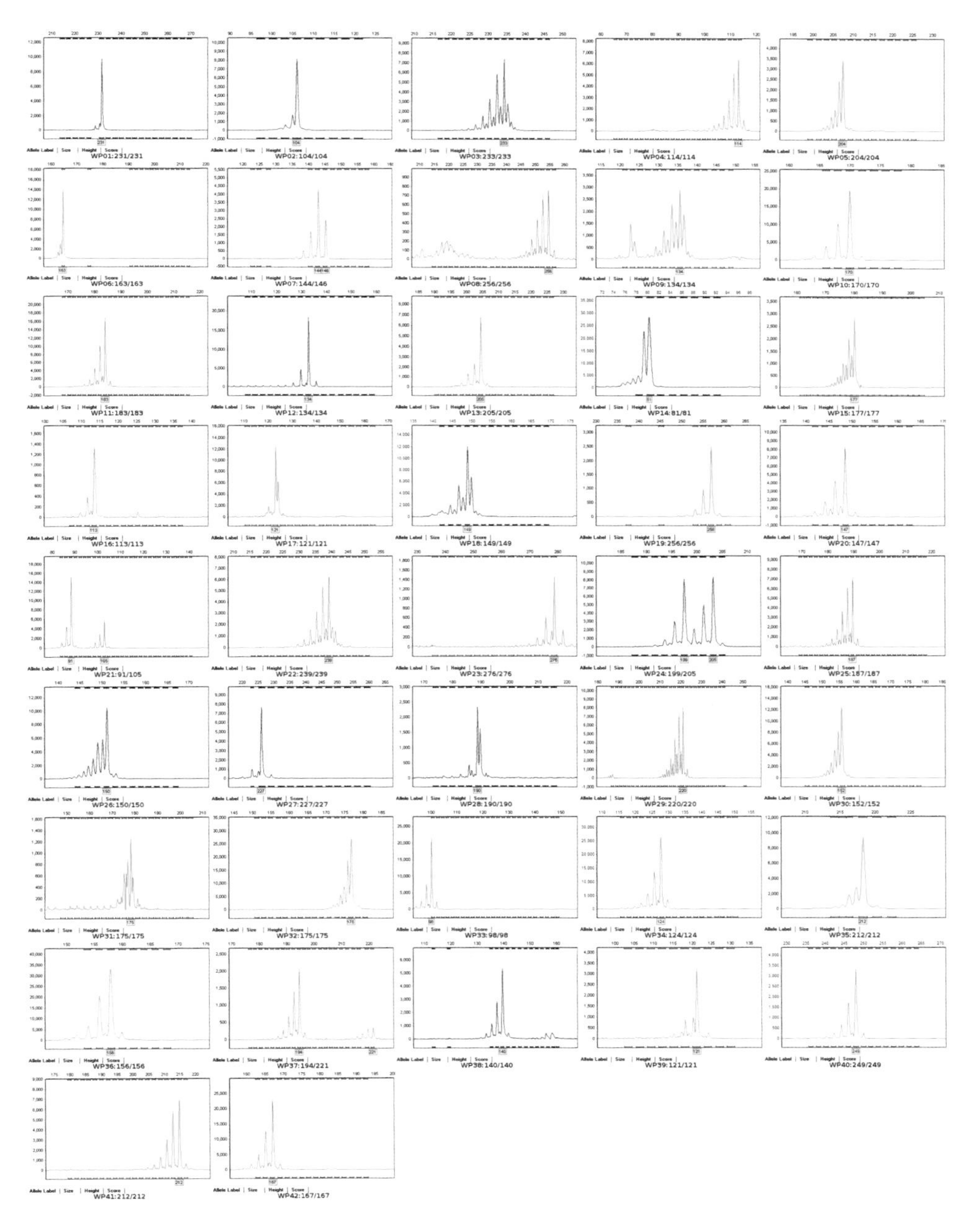

251. 运旱22-33

审定编号：国审麦2005019

选育单位：山西省农业科学院棉花研究所

品种来源：89D46/90-13-20

特征特性：弱冬性，中早熟，全生育期239天，比对照晋麦47号早熟3天。幼苗半匍匐，分蘖力强，起身较早，两极分化快，苗脚利落。苗期叶片宽大，成株后旗叶上举、细小。株高84厘米左右，株型紧凑，茎秆较细、弹性稍差，抗倒伏能力一般。穗层整齐，小穗排列紧密。穗纺锤形，长芒，白壳，白粒，籽粒角质，黑胚率1.1%。平均亩穗数40.7万穗，穗粒数26.9粒，千粒重39.8克。冬春抗寒性较好，抗青干能力强，成熟落黄好。抗旱性鉴定，抗旱性中等。接种抗病性鉴定：中抗至中感条锈病，中感白粉病、黄矮病和秆锈病，高感叶锈病。2004年、2005年分别测定混合样：容重792克/升、804克/升，蛋白质含量12.9%、13.99%，湿面筋含量26.7%、30.1%，沉降值32.毫升、39.8毫升，吸水率58.8%、58.8%，面团形成时间3.7分钟、4.4分钟，稳定时间4.4分钟、5.9分钟，最大抗延阻力283E.U.、266E.U.，拉伸面积56平方厘米、58平方厘米。

产量表现：2003—2004年度参加黄淮冬麦区旱地组区域试验，平均亩产358.5千克，比对照晋麦47号增产7.0%（显著）；2004—2005年度续试，平均亩产338.3千克，比对照晋麦47号增产7.4%（不显著）。2004—2005年度参加生产试验，平均亩产347.1千克，比对照晋麦47号增产12.5%。

栽培技术要点：适播期10月上中旬，亩播量7～10千克。生育中后期及时防治锈病、白粉病和蚜虫，在丰水年份防止倒伏。适时收获，防止穗发芽。

适宜种植区域：适宜在黄淮冬麦区的山西、陕西、河北旱地和河南旱薄地种植。

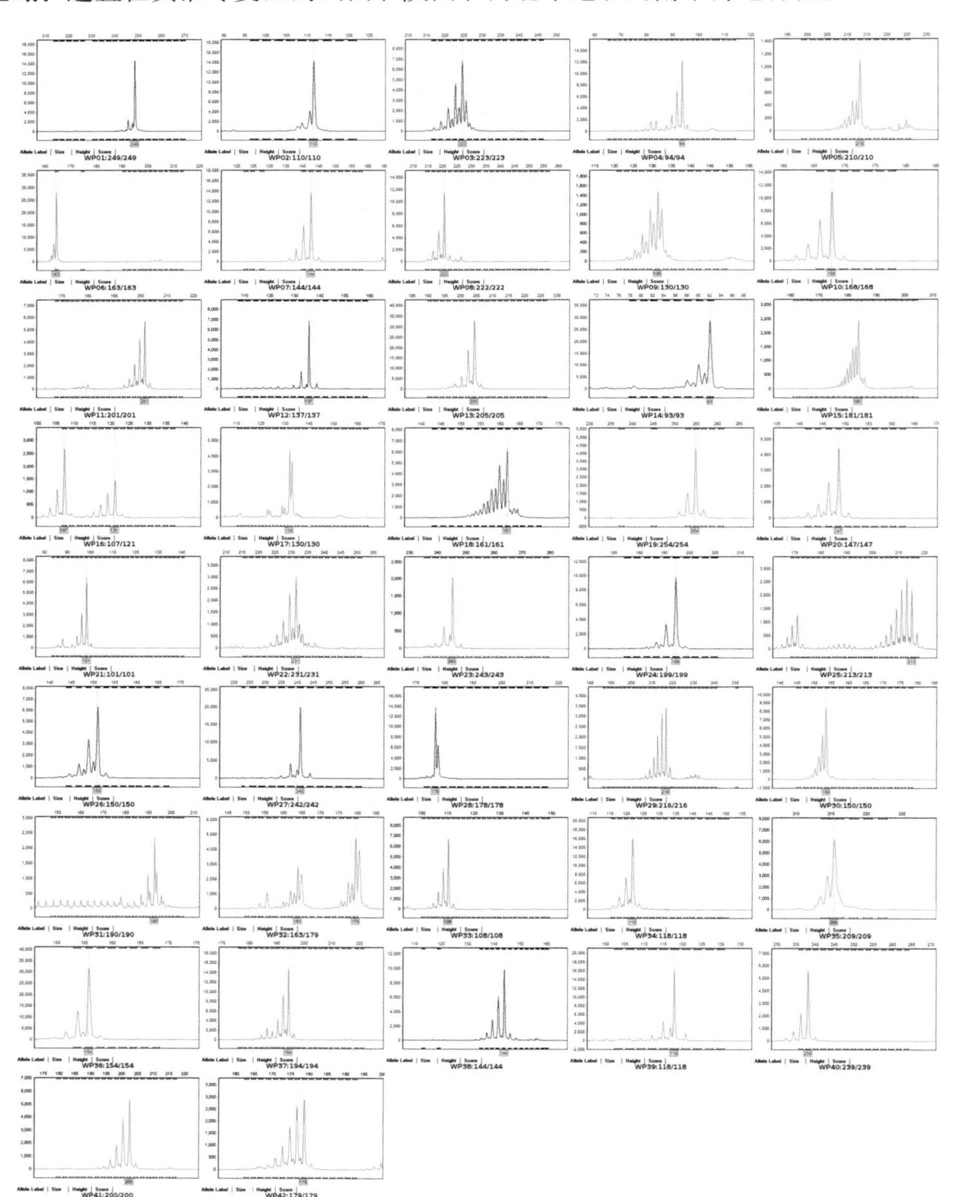

252. 衡7228

审定编号：国审麦2005017

选育单位：河北省农林科学院旱作农业研究所

品种来源：冀5418/衡5041

特征特性：半冬性，中晚熟，比对照石4185晚熟2天。幼苗半匍匐，分蘖力较强。株高75厘米左右，株型紧凑，旗叶上冲，穗层整齐，长相清秀。穗纺锤形，长芒，白壳，白粒，籽粒角质、饱满度较好。平均亩穗数38万穗，穗粒数37粒，千粒重40克。抗倒伏能力强，抗寒性一般，抗寒性鉴定：2002—2003年度越冬茎99.6%，2003—2004年度越冬茎55%。接种抗病性鉴定：秆锈病免疫，中抗至中感条锈病，中感白粉病和纹枯病，高感叶锈病。2003年、2004年度分别测定混合样：容重809克/升、802克/升，蛋白质（干基）含量14.46%、14.87%，湿面筋含量29.4%、32.3%，沉降值20.2毫升、21.6毫升，吸水率59.2%、58.7%，面团形成时间2.2分钟、2.4分钟，稳定时间1.2分钟、1.2分钟，最大抗延阻力55E.U.、123E.U.，拉伸面积14平方厘米、23平方厘米。

产量表现：2002—2003年度参加黄淮冬麦区北片水地组区域试验，平均亩产481.1千克，比对照石4185增产3.3%（显著）；2003—2004年度续试，平均亩产508.5千克，比对照石4185增产6.7%（显著）。2004—2005年度参加生产试验，平均亩产511.4千克，比对照石4185增产0.8%。

栽培技术要点：适播期10月5—15日，播种时间应适当后移，预防冬季冻害。中高水肥条件适期播种亩播量可控制在10～12千克，低水肥条件或播期推迟可适当增加播量。

适宜种植区域：适宜在黄淮冬麦区北片的河北中南部、山东中南部、山西南部、河南安阳和濮阳种植。

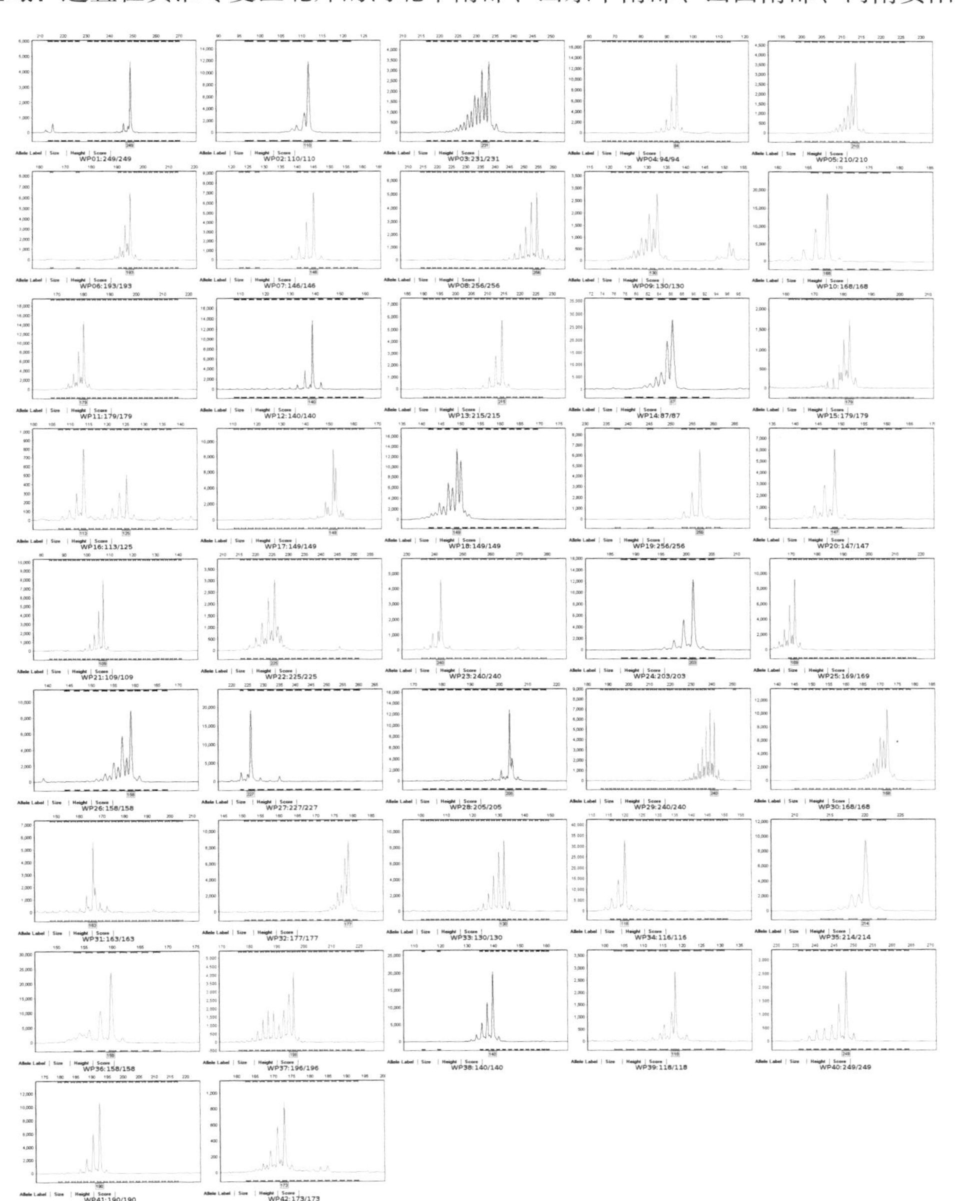

253. 徐麦29

审定编号：国审麦2005016

选育单位：江苏徐淮地区徐州农业科学研究所

品种来源：郑州8329/周麦9

特征特性：弱春性，中熟，成熟期比对照豫麦18-64晚1～2天。幼苗近直立，叶短宽、上冲、青绿色，分蘖力中等。株高80厘米左右，株型紧凑，穗层整齐，旗叶上冲。穗长方形，长芒，白壳，白粒，籽粒角质，黑胚率中等。平均亩穗数37万穗，穗粒数33粒，千粒重42克。苗期生长健壮，抗寒性好，茎秆弹性好，抗倒力强，耐湿性一般，后期熟相一般。接种抗病性鉴定：中抗条锈病，中感秆锈病，高感叶锈病、白粉病、赤霉病和纹枯病。田间自然鉴定，高抗叶枯病。2003年、2004年分别测定混合样：容重796克/升、810克/升，蛋白质（干基）含量14.13%、14.44%，湿面筋含量32.0%、32.3%，沉降值34.9毫升、34.1毫升，吸水率60.1%、60.6%，面团形成时间3.4分钟、3.1分钟，稳定时间2.8分钟、2.8分钟，最大抗延阻力142E.U.、190E.U.，拉伸面积38平方厘米、46平方厘米。

产量表现：2002—2003年度参加黄淮冬麦区南片春水组区域试验，平均亩产451.0千克，比对照豫麦18-64增产3.27%（不显著）；2003—2004年度续试，平均亩产524.4千克，比对照豫麦18-64增产5.28%（极显著）。2004—2005年度参加生产试验，平均亩产467.48千克，比对照豫麦18-64增产9.64%。

栽培技术要点：适播期10月10—25日，播期不能过晚，每亩适宜基本苗18万～20万，注意防治叶锈病、纹枯病、白粉病和赤霉病。

适宜种植区域：适宜在黄淮冬麦区南片的河南中北部、安徽北部、江苏北部、陕西关中地区、山东菏泽中高产水肥地中晚茬种植。

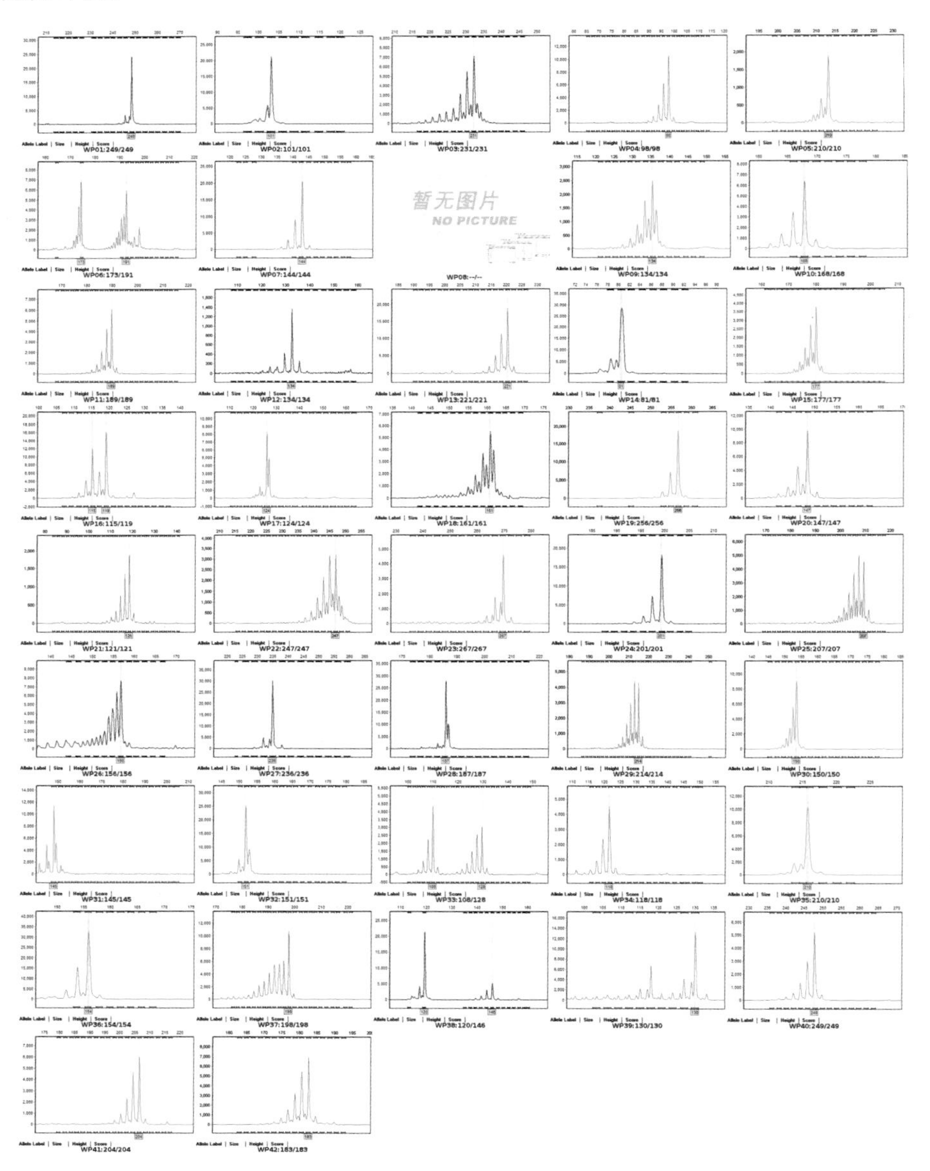

254. 豫农949

审定编号：国审麦2005015

选育单位：河南农业大学

品种来源：（郑太育92215/90m434）F_1/90（232）

特征特性：弱春性，中熟，成熟期比对照豫麦18-64晚2天。幼苗近直立，叶宽、上冲、浓绿色，分蘖力中等。株高80厘米左右，株型紧凑，旗叶宽大、上冲，穗层整齐。穗纺锤形，长芒，白壳，白粒，籽粒半角质，黑胚率中等。平均亩穗数43.8万穗，穗粒数30.2粒，千粒重43.6克。苗期长势壮，抗冬寒能力强，抗倒春寒能力稍偏弱；抗倒伏能力强。接种抗病性鉴定：慢条锈病，中感纹枯病和白粉病，中感至高感叶锈病和秆锈病，高感赤霉病。田间自然鉴定，中抗叶枯病。2004年、2005年分别测定混合样：容重791克/升、790克/升，蛋白质（干基）含量14.29%、14.39%，湿面筋含量31.6%、32.8%，沉降值30.1毫升、33.9毫升，吸水率55.4%、54%，面团形成时间2.6分钟、2.6分钟，稳定时间2.4分钟、2.6分钟，最大抗延阻力158E.U.、190E.U.，拉伸面积43平方厘米、50平方厘米。

产量表现：2003—2004年度参加黄淮冬麦区南片春水组区域试验，平均亩产549.2千克，比对照豫麦18-64增产9.9%（极显著）；2004—2005年度续试，平均亩产514.5千克，比对照豫麦18-64增产14.5%（极显著）。2004—2005年度参加生产试验，平均亩产481.4千克，比对照豫麦18-64增产13.4%。

栽培技术要点：适播期10月10—25日，每亩适宜基本苗14万～18万，注意防治叶锈病和赤霉病。

适宜种植区域：适宜在黄淮冬麦区南片的河南中北部、安徽北部、江苏北部、陕西关中地区、山东菏泽中高产水肥地中晚茬种植。

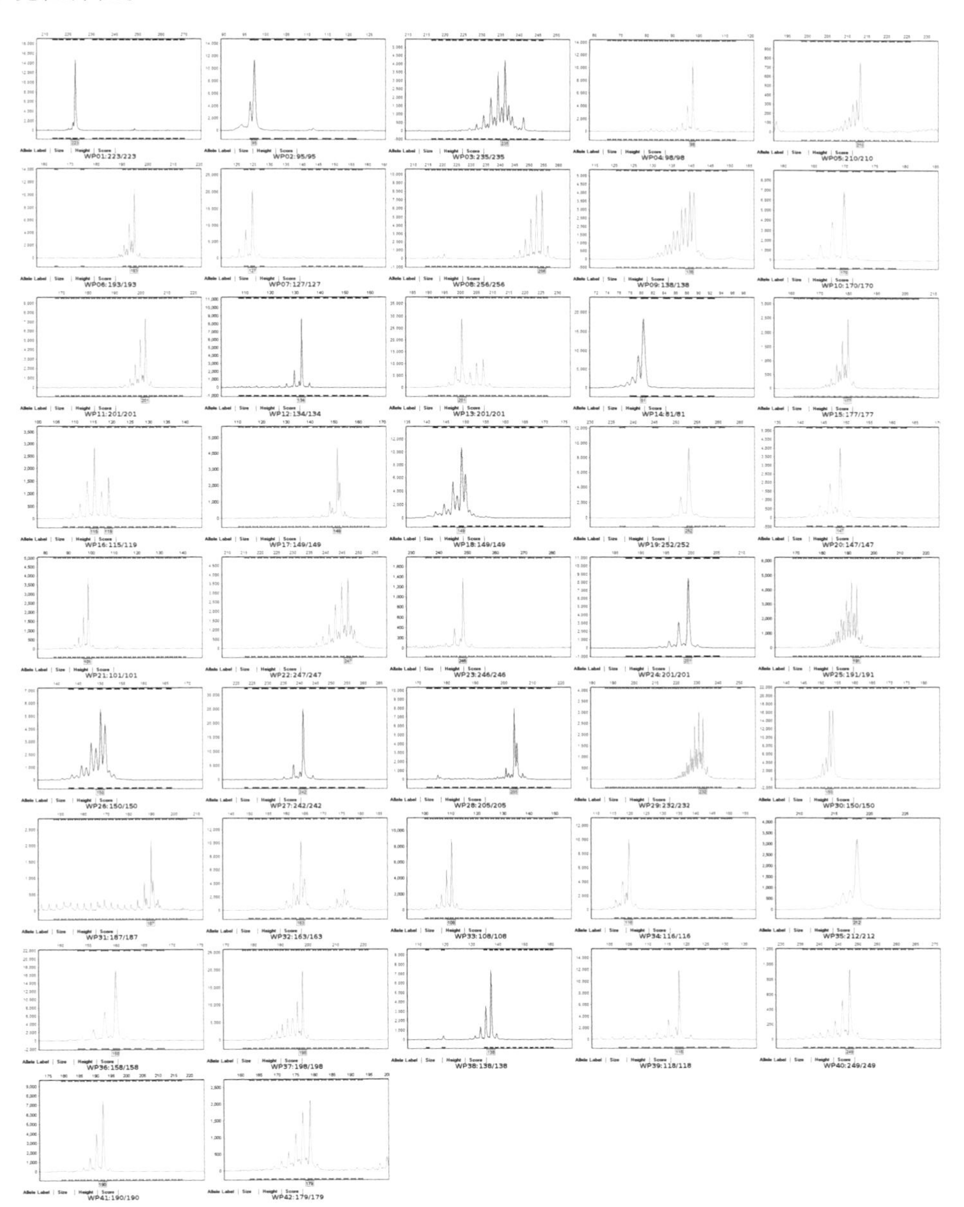

255. 新麦208

审定编号：国审麦2005013

选育单位：郑州市友邦农作物新品种研究所、河南敦煌种业新科种子有限公司

品种来源：冀5418/豫麦18

特征特性：接种抗病性鉴定：中抗条锈病和秆锈病，中感白粉病和纹枯病，高感叶锈病和赤霉病。田间自然鉴定，中抗叶枯病。2004年、2005年分别测定混合样：容重808克/升、806克/升，蛋白质（干基）含量14.79%、14.55%，湿面筋含量31.7%、30.5%，沉降值15.7毫升、17.4毫升，吸水率59.1%、58.2%，面团形成时间1.7分钟、1.8分钟，稳定时间0.9分钟、0.9分钟，最大抗延阻力124E.U.、101E.U.，拉伸面积16平方厘米、14平方厘米。

产量表现：2003—2004年度参加黄淮冬麦区南片春水组区域试验，平均亩产536.3千克，比对照豫麦18-64增产7.3%（极显著）；2004—2005年度续试，平均亩产500.7千克，比对照豫麦18-64增产11.9%（极显著）。2004—2005年度参加生产试验，平均亩产469.0千克，比对照豫麦18-64增产10.5%。

栽培技术要点：适播期10月10—30日，每亩适宜基本苗14万～20万，注意防治叶锈病、赤霉病和蚜虫。

适宜种植区域：适宜在黄淮冬麦区南片的河南中北部、安徽北部、江苏北部、陕西关中地区、山东菏泽中高产水肥地中晚茬种植。

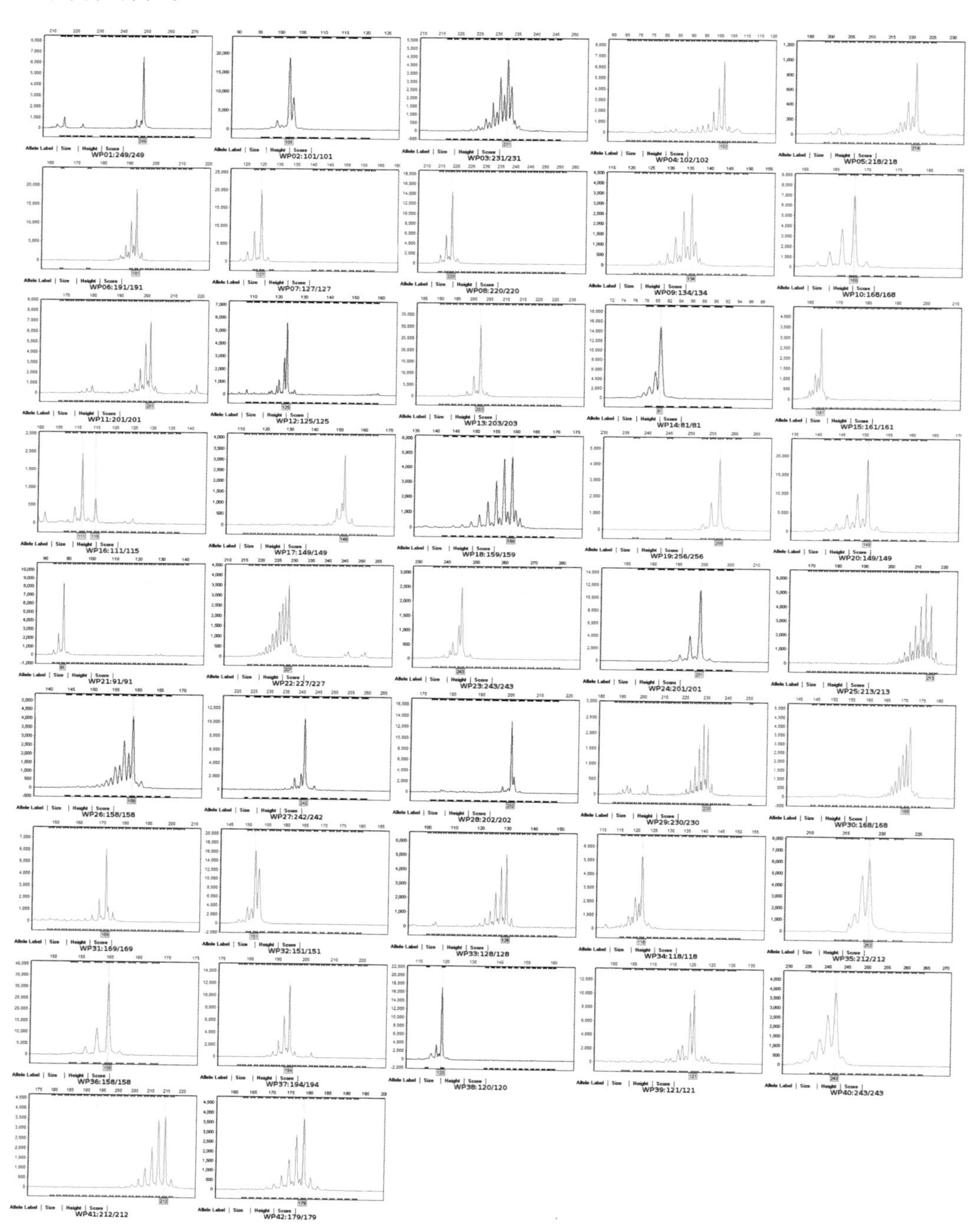

256. 濮麦9号

审定编号：国审麦2005012

选育单位：河南省濮阳农业科学研究所

品种来源：（徐州174/内乡183）F_1/豫麦24

特征特性：弱春性，中早熟，成熟期比对照豫麦18-64晚1天。幼苗直立，叶长、青绿色，分蘖力中等。株高78厘米左右，株型紧凑，旗叶短宽、上冲。穗层厚，穗大小较均匀，小穗排列密，结实性好。穗长方形，长芒，白壳，白粒，籽粒半角质，粒小粒匀，饱满度好，黑胚率低。平均亩穗数40.5万穗，穗粒数38.9粒，千粒重35.8克。冬季抗寒力一般，抗倒力中等，后期发育较慢，抗干热风，熟相中等。接种抗病性鉴定：中抗至高抗秆锈病，慢条锈病和叶锈病，中感白粉病，高感赤霉病和纹枯病。田间自然鉴定，中感至高感叶枯病。2004年、2005年分别测定混合样：容重804克/升、794克/升，蛋白质（干基）含量13.72%、13.93%，湿面筋含量29.1%、29.9%，沉降值19.8毫升、17.8毫升，吸水率57%、55.8%，面团形成时间1.4分钟、1.6分钟，稳定时间1.3分钟、1.2分钟，最大抗延阻力134E.U.、95E.U.，拉伸面积25平方厘米、23平方厘米。

产量表现：2003—2004年度参加黄淮冬麦区南片春水组区域试验，平均亩产564.0千克，比对照豫麦18-64增产12.8%（极显著）；2004—2005年度续试，平均亩产507.4千克，比对照豫麦18-64增产12.9%（极显著）。2004—2005年度参加生产试验，平均亩产468.0千克，比对照豫麦18-64增产9.8%。

栽培技术要点：适播期10月15—25日，每亩适宜基本苗14万～18万，注意防治叶枯病、纹枯病和赤霉病。

适宜种植区域：适宜在黄淮冬麦区南片的河南中北部、安徽北部、江苏北部、陕西关中地区、山东菏泽中高产水肥地中晚茬种植。

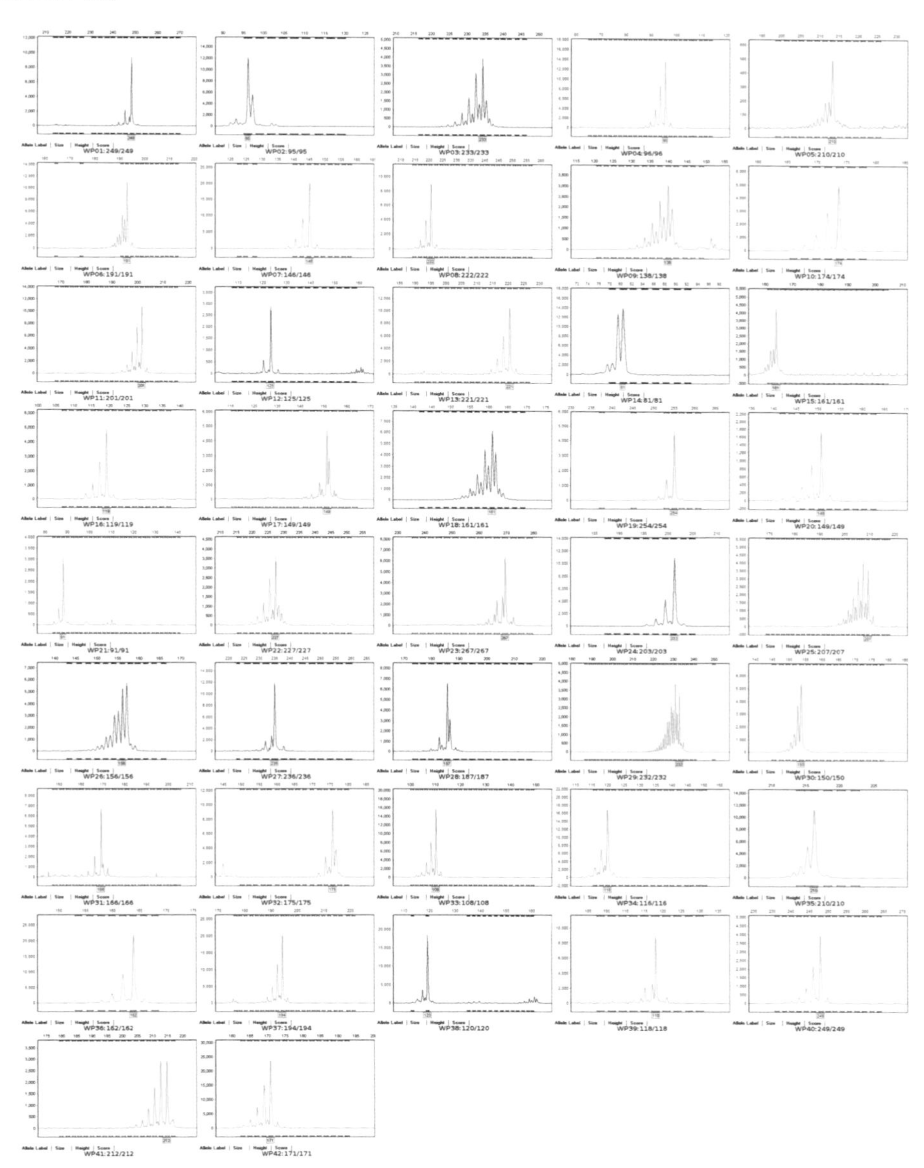

257. 阜麦936

审定编号：国审麦2005011

选育单位：安徽省阜阳市农业科学研究所

品种来源：（皖麦20/冀5418）F_1/内乡184

特征特性：弱春性，中早熟，成熟期比对照豫麦18-64晚1天。幼苗半匍匐，叶上冲、黄绿色，分蘖力中等。株高80厘米左右，株型略松散，穗层厚，旗叶上冲。穗纺锤形，长芒，白壳，白粒，籽粒半角质偏粉质，黑胚率低。平均亩穗数40万穗，穗粒数33粒，千粒重39克。苗期长势偏弱，抗寒性一般，抗倒伏能力偏弱，耐湿性中等，熟相一般。接种抗病性鉴定：中抗至高抗条锈病，慢秆锈病，中感叶锈病，高感白粉病、赤霉病和纹枯病。田间自然鉴定，高抗叶枯病。2003年、2004年分别测定混合样：容重788克/升、782克/升，蛋白质（干基）含量12.81%、13.42%，湿面筋含量28.1%、26.2%，沉降值25.8毫升、26.2毫升，吸水率53.4%、52.6%，面团形成时间3.1分钟、2.8分钟，稳定时间3.4分钟、3.4分钟，最大抗延阻力204E.U.、252E.U.，拉伸面积47平方厘米、54平方厘米。

产量表现：2002—2003年度参加黄淮冬麦区南片春水组区域试验，平均亩产453.1千克，比对照豫麦18-64增产3.7%（不显著）；2003—2004年度续试，平均亩产531.0千克，比对照豫麦18-64增产6.6%（极显著）。2004—2005年度参加生产试验，平均亩产455.4千克，比对照豫麦18-64增产6.8%。

栽培技术要点：适播期10月15—25日，每亩适宜基本苗14万～18万。注意防治白粉病、纹枯病和赤霉病，高产田注意防倒伏。

适宜种植区域：适宜在黄淮冬麦区南片的河南中北部、安徽北部、江苏北部、陕西关中地区、山东菏泽中高产水肥地中晚茬种植。

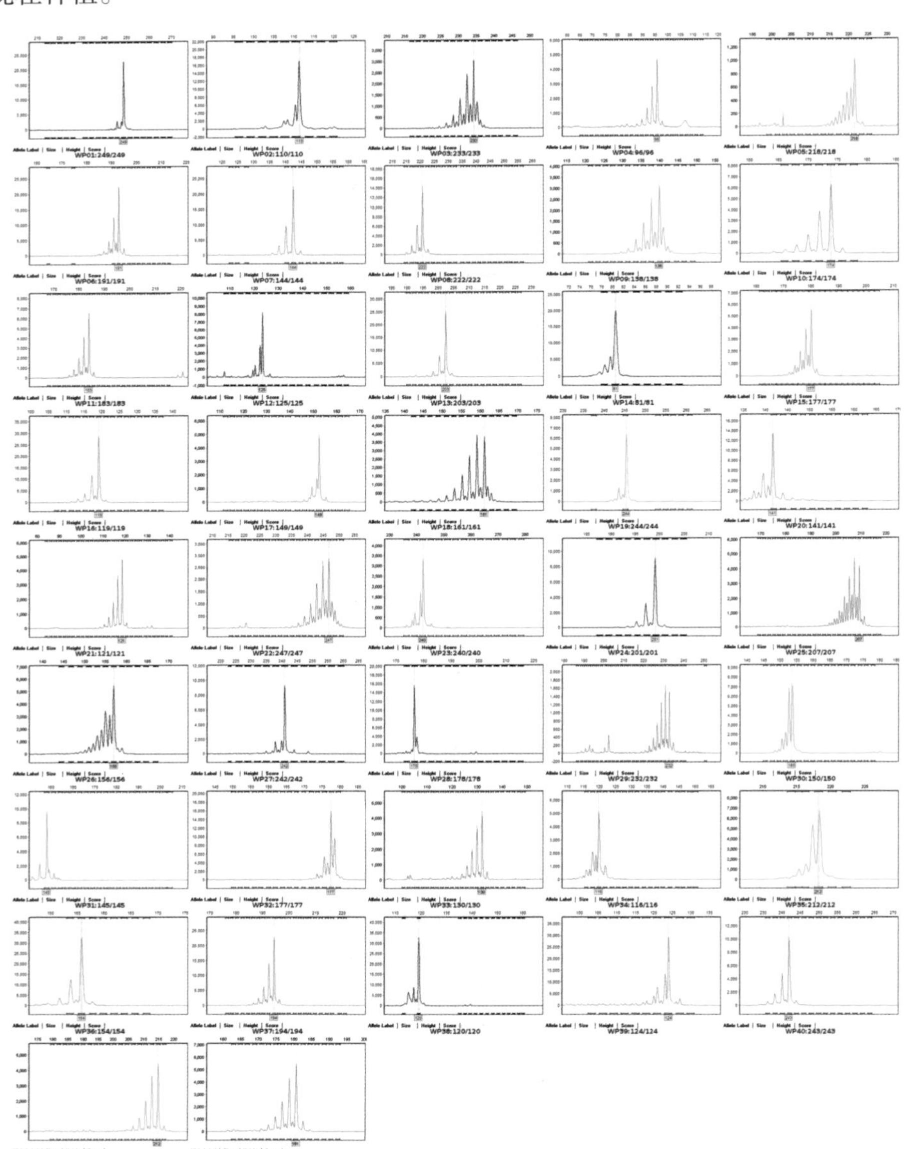

258. 宿9908

审定编号：国审麦2005009

选育单位：安徽省宿州市农业科学研究所

品种来源：豫麦29/皖麦19选

特征特性：半冬性，中熟，成熟期比对照种豫麦49号晚1～2天。幼苗半匍匐，叶宽长，青绿色，分蘖力强。株高83厘米左右，株型较紧凑，叶片上冲，穗层整齐。穗纺锤形，长芒，白壳，白粒，籽粒半角质，黑胚率中等。平均亩穗数37万穗，穗粒数34粒，千粒重43克。苗期长势壮，抗寒性中等，抗倒春寒能力偏弱；茎秆较硬，抗倒性较好；后期耐湿性好，耐高温，成熟落黄好。接种抗病性鉴定：中抗条锈病和秆锈病，中感白粉病，高感叶锈病、赤霉病和纹枯病。田间自然鉴定，高抗叶枯病。2003年、2004年分别测定混合样：容重802克/升、802克/升，蛋白质（干基）含量14.04%、14.29%，湿面筋含量30.9%、31.9%，沉降值25.6毫升、26.0毫升，吸水率54.3%、55.0%，面团形成时间2.2分钟、2.1分钟，稳定时间2.0分钟、1.9分钟，最大抗延阻力104E.U.、119E.U.，拉伸面积34平方厘米、34平方厘米。

产量表现：2002—2003年度参加黄淮冬麦区南片冬水组区域试验，平均亩产474.1千克，比对照豫麦49号增产3.6%（不显著）；2003—2004年度续试，平均亩产569.3千克，比对照豫麦49号增产4.5%（显著）。2004—2005年度参加生产试验，平均亩产499.9千克，比对照豫麦49号增产8.4%。

栽培技术要点：适播期10月上中旬，每亩适宜基本苗12万～16万，注意防治条锈病、叶锈病、纹枯病和赤霉病。

适宜种植区域：适宜在黄淮冬麦区南片的河南中北部、安徽北部、江苏北部、陕西关中地区、山东菏泽中高产水肥地早中茬种植。

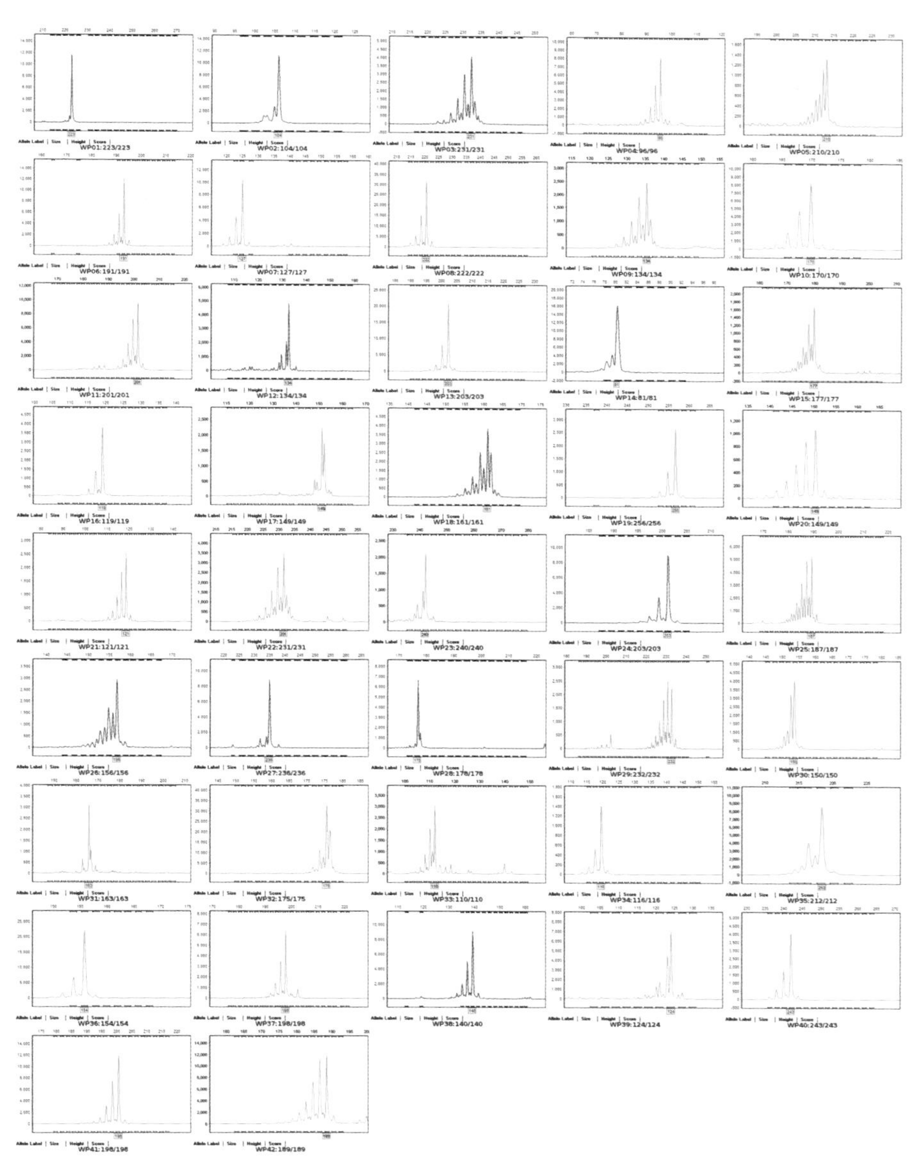

259. 百农AK58

审定编号：国审麦2005008

选育单位：河南科技学院

品种来源：周麦11//温麦6号/郑州8960

特征特性：半冬性，中熟，成熟期比对照豫麦49号晚1天。幼苗半匍匐，叶色淡绿，叶短上冲，分蘖力强。株高70厘米左右，株型紧凑，穗层整齐，旗叶宽大、上冲。穗纺锤形，长芒，白壳，白粒，籽粒短卵形，角质，黑胚率中等。平均亩穗数40.5万穗，穗粒数32.4粒，千粒重43.9克；苗期长势壮，抗寒性好，抗倒伏强，后期叶功能好，成熟期耐湿害和高温危害，抗干热风，成熟落黄好。接种抗病性鉴定：高抗条锈病、白粉病和秆锈病，中感纹枯病，高感叶锈病和赤霉病。田间自然鉴定，中抗叶枯病。2004年、2005年分别测定混合样：容重811克/升、804克/升，蛋白质（干基）含量14.48%、14.06%，湿面筋含量30.7%、30.4%，沉降值29.9毫升、33.7毫升，吸水率60.8%、60.5%，面团形成时间3.3分钟、3.7分钟，稳定时间4.0分钟、4.1分钟，最大抗延阻力212E.U.、176E.U.，拉伸面积40平方厘米、34平方厘米。

产量表现：2003—2004年度参加黄淮冬麦区南片冬水组区域试验，平均亩产574.0千克，比对照豫麦49号增产5.4%（极显著）；2004—2005年度续试，平均亩产532.7千克，比对照豫麦49号增产7.7%（极显著）。2004—2005年度参加生产试验，平均亩产507.6千克，比对照豫麦49号增产10.1%。

栽培技术要点：适播期10月上中旬，每亩适宜基本苗12万～16万，注意防治叶锈病和赤霉病。

适宜种植区域：适宜在黄淮冬麦区南片的河南中北部、安徽北部、江苏北部、陕西关中地区、山东菏泽中高产水肥地早中茬种植。

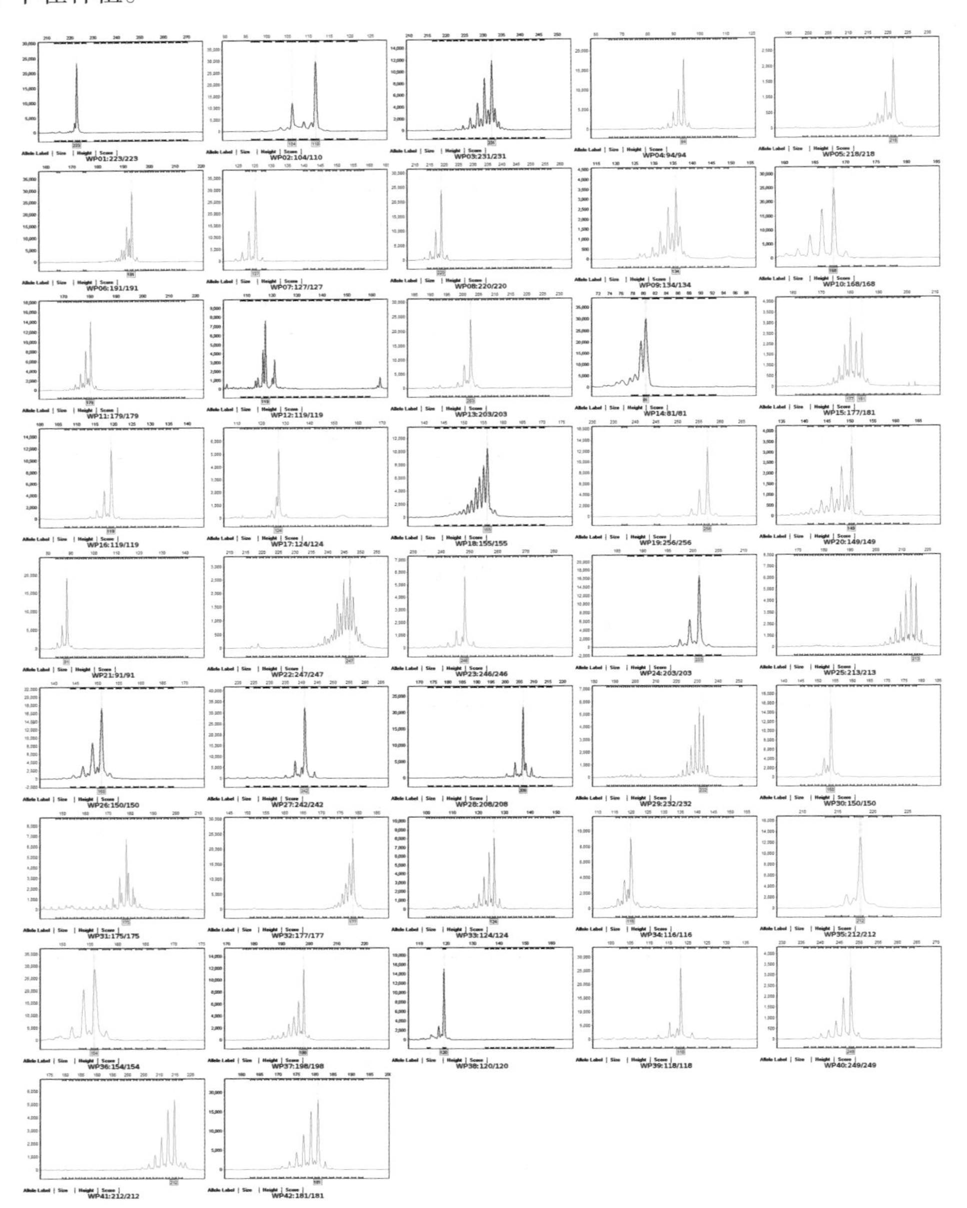

260. 泛麦5号

审定编号：国审麦2005007

选育单位：河南省黄泛区农场地神种业农科所

品种来源：冀5418/京泛309//周麦13

特征特性：半冬性，中熟，成熟期与对照豫麦49号相当。幼苗匍匐，叶小窄细，浓绿色，分蘖力强。株高80厘米左右，株型松紧适中，穗层整齐，旗叶窄上冲，穗下节长，茎叶蜡质重，前期长相清秀。穗纺锤形，长芒，白壳，白粒，籽粒角质，饱满度一般，黑胚率低。平均亩穗数43.4万穗，穗粒数33粒，千粒重38.2克。苗势一般，抗寒性较好，抗倒春寒能力偏弱，抗倒伏能力较强，后期不抗干热风，有早衰现象。接种抗病性鉴定：中抗秆锈病，中感条锈病、白粉病和纹枯病，高感叶锈病和赤霉病。田间自然鉴定，高感叶枯病。2004年、2005年分别测定混合样：容重805克/升、796克/升，蛋白质（干基）含量12.92%、14.35%，湿面筋含量25.6%、27%，沉降值25.6毫升、28.6毫升，吸水率54.4%、52.9%，面团形成时间4.2分钟、4.8分钟，稳定时间5.6分钟、7.6分钟，最大抗延阻力307E.U.、314E.U.，拉伸面积48平方厘米、55平方厘米。

产量表现：2003—2004年度参加黄淮冬麦区南片冬水组区域试验，平均亩产579.8千克，比对照豫麦49号增产6.4%（极显著）；2004—2005年度续试，平均亩产519.6千克，比对照豫麦49号增产5.0%（极显著）。2004—2005年度参加生产试验，平均亩产490.5千克，比对照豫麦49号增产6.4%。

栽培技术要点：适播期10月10—25日，每亩适宜基本苗12万～16万，注意防治条锈病、叶锈病、叶枯病和赤霉病。

适宜种植区域：适宜在黄淮冬麦区南片的河南中北部、安徽北部、江苏北部、陕西关中地区、山东菏泽中高产水肥地早中茬种植。

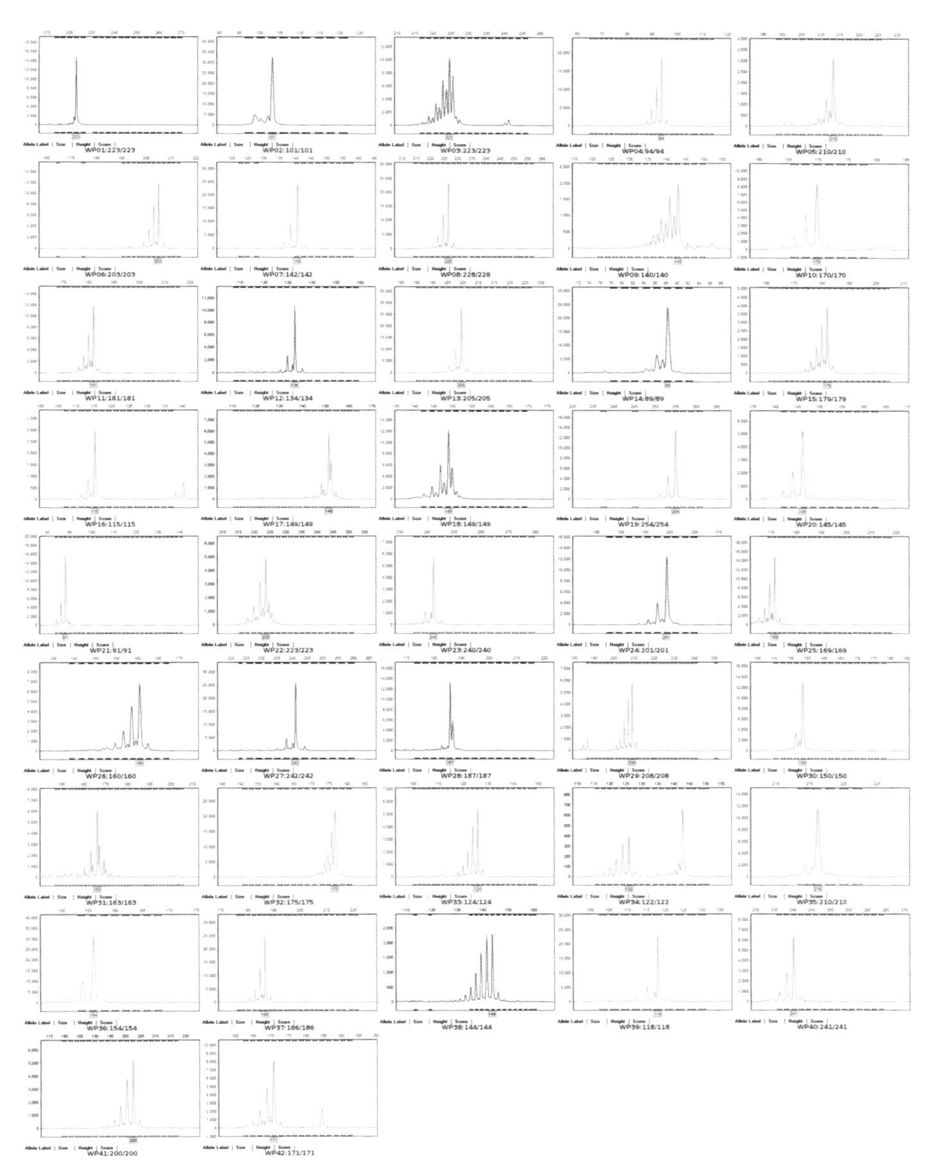

261. 周麦18号

审定编号：国审麦2005006

选育单位：河南省周口市农业科学院

品种来源：内乡185/周麦9

特征特性：半冬性，中熟，成熟期比豫麦49号晚1天。幼苗半直立，健壮，叶细长，黄绿色，分蘖力中等，分蘖成穗率高。株高80厘米左右，茎秆弹性好，株型略松散，穗层整齐，旗叶短宽、上冲，长相清秀；穗纺锤形，长芒，白壳，白粒，籽粒半角质、均匀饱满、商品性好。平均亩穗数37.1万穗，穗粒数34.4粒，千粒重45.2克。抗寒性中等，抗倒伏能力较强，耐旱、耐渍，抗干热风，耐后期高温，落黄好。接种抗病性鉴定：高抗秆锈病，中抗条锈病，中感白粉病，高感叶锈病、纹枯病和赤霉病。田间自然鉴定，中感叶枯病。2004年、2005年分别测定混合样：容重790克/升、795克/升，蛋白质（干基）含量14.68%、14.68%，湿面筋含量33.4%、31.8%，沉降值30.0毫升、29.9毫升，吸水率60.2%、58.6%，面团形成时间3.0分钟、3.2分钟，稳定时间2.4分钟、3.2分钟，最大抗延阻力120.4E.U.、192E.U.，拉伸面积28平方厘米、44平方厘米。

产量表现：2003—2004年度参加黄淮冬麦区南片冬水组区域试验，平均亩产574.5千克，比对照豫麦49号增产6.1%（极显著）；2004—2005年度续试，平均亩产535.2千克，比对照豫麦49号增产10.3%（极显著）。2004—2005年度参加生产试验，平均亩产505.6千克，比对照豫麦49号增产10.2%。

栽培技术要点：适播期10月10—25日，每亩适宜基本苗12万～16万，注意防治纹枯病和赤霉病。

适宜种植区域：适宜在黄淮冬麦区南片的河南中北部、安徽北部、江苏北部、陕西关中地区、山东菏泽中高产水肥地早中茬种植。

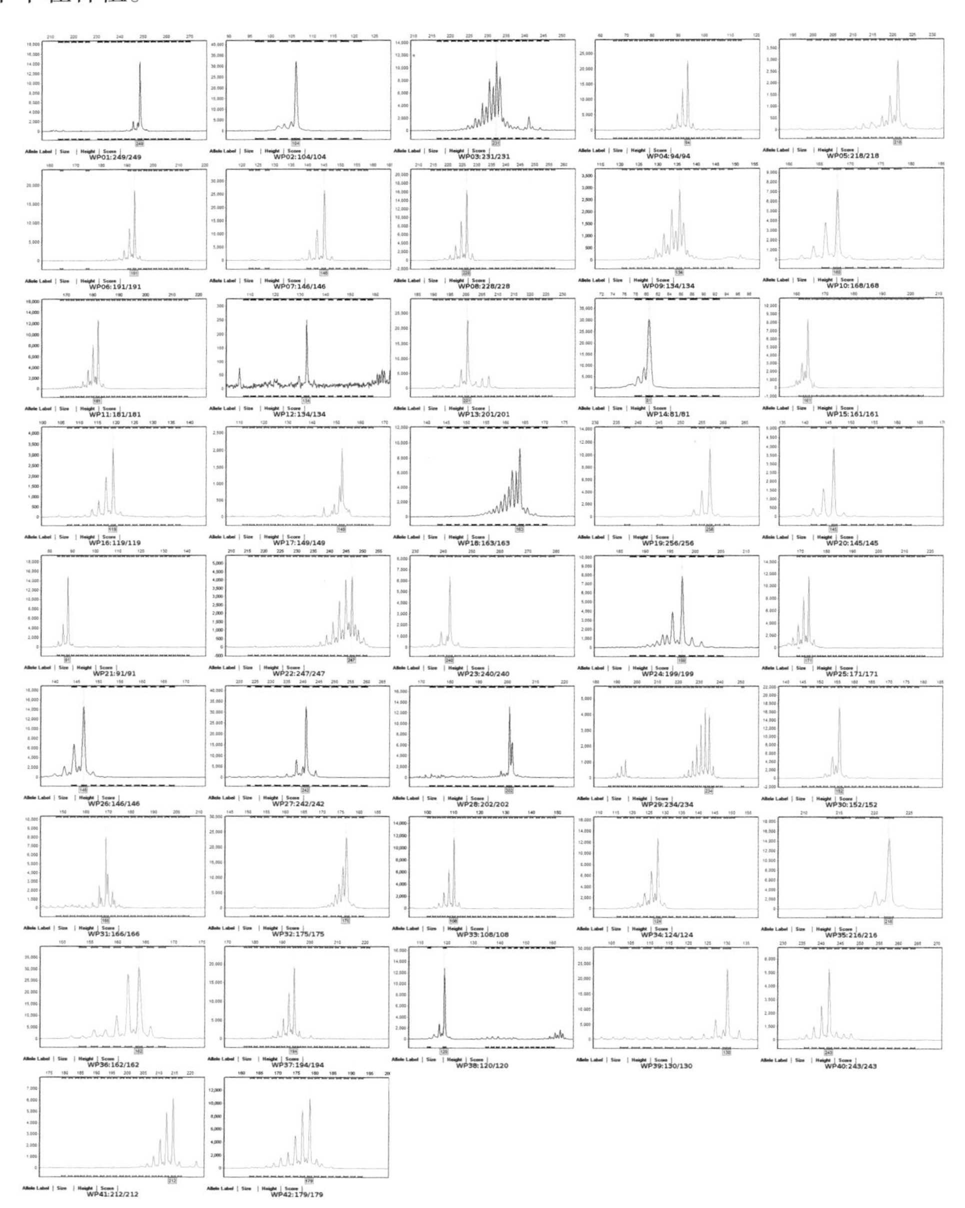

262. 西农979

审定编号：国审麦2005005

选育单位：西北农林科技大学

品种来源：西农2611/（918/95选1）F_1

特征特性：半冬性，早熟，成熟期比豫麦49号早2～3天。幼苗匍匐，叶片较窄，分蘖力强，成穗率较高。株高75厘米左右，茎秆弹性好，株型略松散，穗层整齐，旗叶窄长、上冲。穗纺锤形，长芒，白壳，白粒，籽粒角质，较饱满，色泽光亮，黑胚率低。平均亩穗数42.7万穗，穗粒数32粒，千粒重40.3克。苗期长势一般，越冬抗寒性好，抗倒春寒能力稍弱；抗倒伏能力强；不耐后期高温，有早衰现象，熟相一般。接种抗病性鉴定：中抗至高抗条锈病，慢秆锈病，中感赤霉病和纹枯病，高感叶锈病和白粉病。田间自然鉴定，高感叶枯病。2004年、2005年分别测定混合样：容重804克/升、784克/升，蛋白质（干基）含量13.96%、15.39%，湿面筋含量29.4%、32.3%，沉降值41.7毫升、49.7毫升，吸水率64.8%、62.4%，面团形成时间4.5分钟、6.1分钟，稳定时间8.7分钟、17.9分钟，最大抗延阻力440E.U.、564/E.U.，拉伸面积94平方厘米、121平方厘米。属强筋品种。

产量表现：2003—2004年度参加黄淮冬麦区南片冬水组区域试验，平均亩产536.8千克，比高产对照豫麦49号减产1.5%（不显著），比优质对照藁麦8901增产5.6%；2004—2005年度续试，平均亩产482.2千克，比高产对照豫麦49号减产0.6%（不显著），比优质对照藁麦8901增产6.4%（极显著）。2004—2005年度参加生产试验，平均亩产457.6千克，比对照豫麦49号减产0.2%。

栽培技术要点：适播期10月上中旬，每亩适宜基本苗12万～15万，注意防治白粉病、叶枯病和叶锈病。

适宜种植区域：适宜在黄淮冬麦区南片的河南中北部、安徽北部、江北部、陕西省关中地区、山东菏泽中高产水肥地早中茬种植。

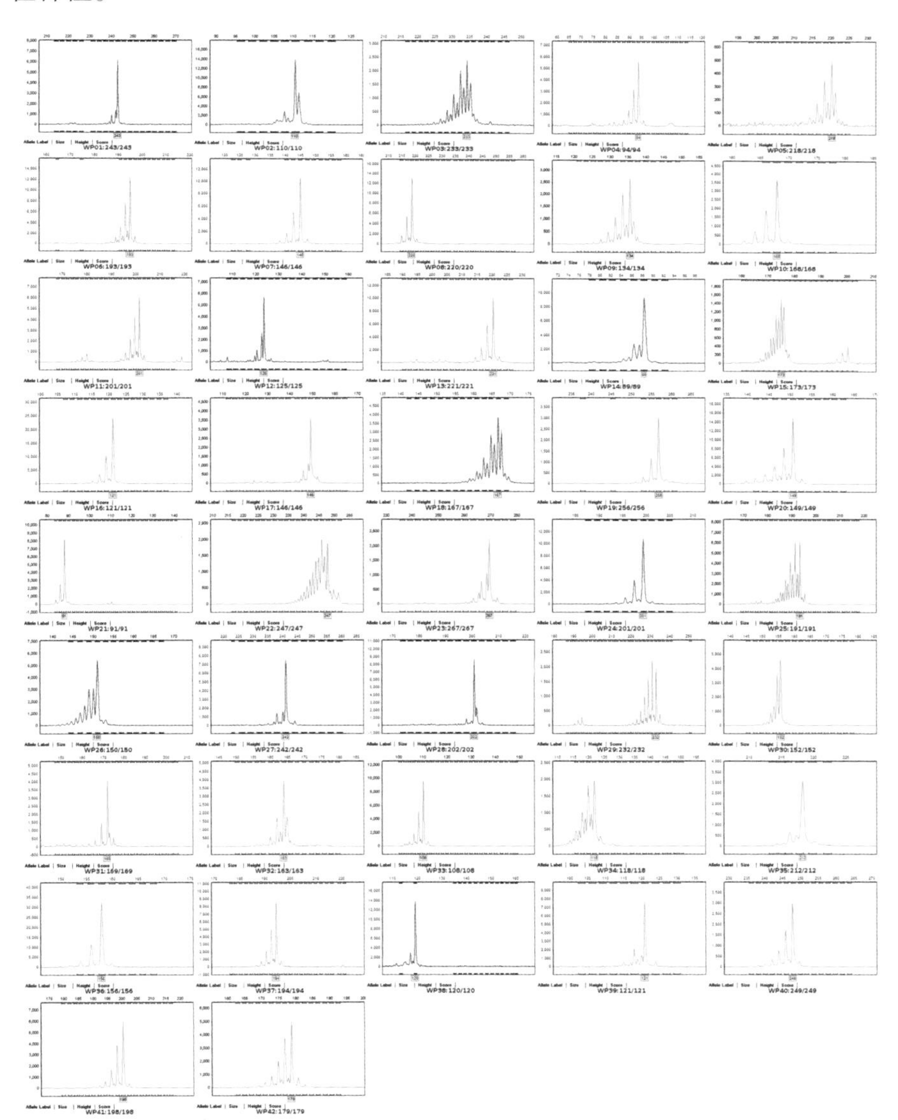

263. 郑麦366

审定编号：国审麦2005003

选育单位：河南省农业科学院小麦研究所

品种来源：豫麦47/PH82-2-2

特征特性：半冬性，早中熟，成熟期比对照豫麦49号早1～2天。幼苗半匍匐，叶色黄绿。株高70厘米左右，株型较紧凑，穗层整齐，穗黄绿色，旗叶上冲。穗纺锤形，长芒，白壳，白粒，籽粒角质，较饱满，黑胚率中等。平均亩穗数39.6万穗，穗粒数37粒，千粒重37.4克。越冬抗寒性好，抗倒春寒能力偏弱，抗倒伏能力强，不耐干热风，后期熟相一般。接种抗病性鉴定：高抗条锈病和秆锈病，中抗白粉病，中感赤霉病，高感叶锈病和纹枯病。田间自然鉴定，高感叶枯病。2004年、2005年分别测定混合样：容重795克/升、794克/升，蛋白质（干基）含量15.09%、15.29%，湿面筋含量32%、33.2%，沉降值42.4毫升、47.4毫升，吸水率63.1%、63.1%，面团形成时间6.4分钟、9.2分钟，稳定时间7.1分钟、13.9分钟，最大抗延阻力462E.U.、470E.U.，拉伸面积110平方厘米、104平方厘米。属强筋品种。

产量表现：2003—2004年度参加黄淮冬麦区南片冬水组区域试验，平均亩产544.9千克，比高产对照豫麦49号增产0.7%（不显著），比优质对照藁8901增产7.2%（极显著）；2004—2005年度续试，平均亩产482.9千克，比高产对照豫麦49号减产0.3%（不显著）；比优质对照藁麦8901增产6.5%（极显著）。2004—2005年度参加生产试验，平均亩产460千克，比对照豫麦49号增产0.3%。

栽培技术要点：适播期10月10—25日，每亩适宜基本苗12万～16万，注意防治叶枯病、纹枯病和赤霉病。

适宜种植区域：适宜在黄淮冬麦区南片的河南中北部、安徽北部、陕西关中地区、山东菏泽中高产水肥地早中茬种植。

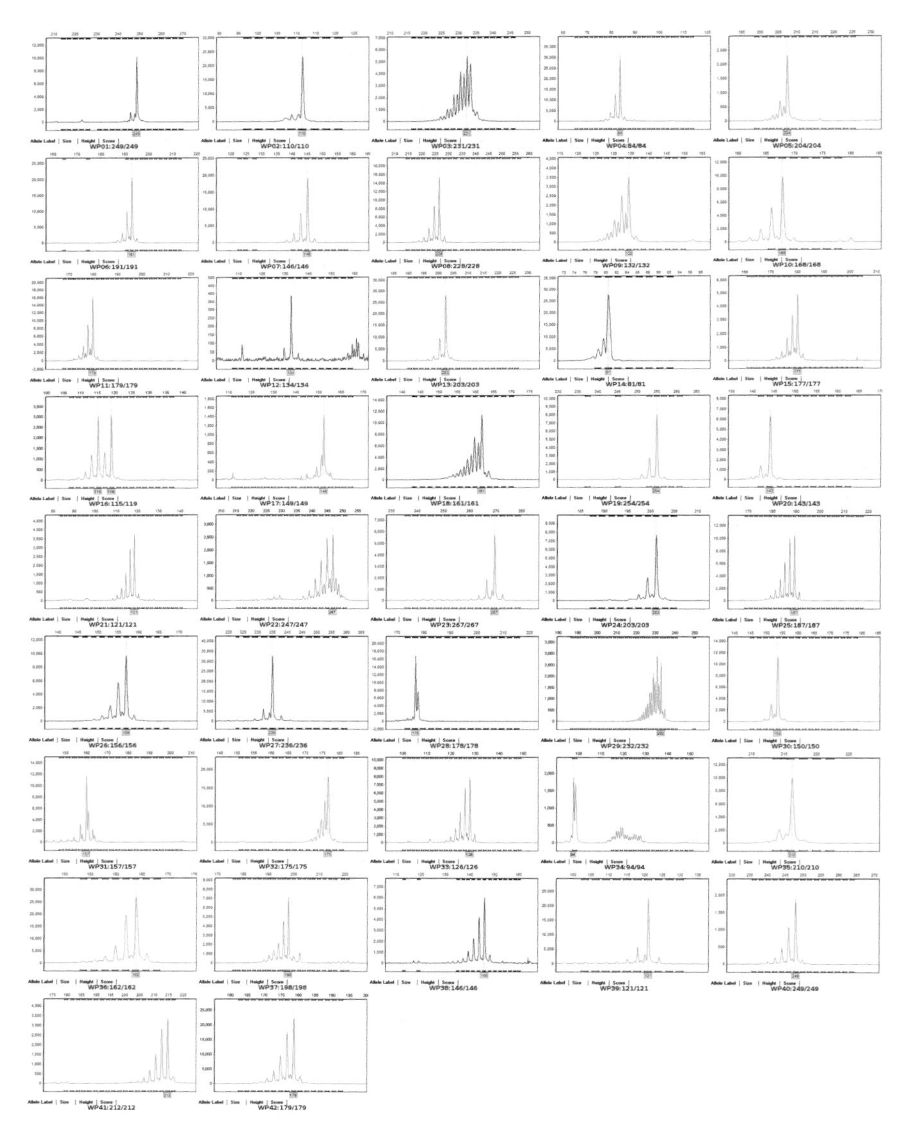

264. 扬麦17号

审定编号：国审麦2005002

选育单位：江苏里下河地区农业科学研究所

品种来源：92F101/川育21526

特征特性：春性，中熟，全生育期平均210.2天。幼苗直立，分蘖力中等，成穗率较高。株高90厘米左右，株型较松散，穗层欠整齐，熟相好。穗长方形，长芒，白壳，红粒，籽粒半角质，饱满度中等。平均亩穗数31.1万穗，穗粒数36.4粒，千粒重36.5克。抗寒性与对照相当，抗倒伏能力一般。接种抗病性鉴定：高抗条锈病，中抗白粉病、赤霉病，慢秆锈病，中感纹枯病，高感叶锈病。2003年、2004年分别测定混合样：容重797克/升、804克/升，蛋白质（干基）含量13.53%、14.58%，湿面筋含量32.1%、32.0%，沉降值39.0毫升、38.8毫升，吸水率57.0%、56.8%，面团形成时间3.5分钟、5分钟，稳定时间3.5分钟、4.5分钟，最大抗延阻力275E.U.、450E.U.，拉伸面积73平方厘米、113.4平方厘米。

产量表现：2002—2003年度参加长江中下游冬麦组区域试验，平均亩产316.2千克，比对照扬麦158增产5.3%（极显著）；2003—2004年度续试，平均亩产404.2千克，比对照扬麦158增产1.0%（不显著）。2004—2005年度参加生产试验，平均亩产369.6千克，比对照扬麦158增产1.5%。

栽培技术要点：适播期10月下旬至11月初，每亩适宜基本苗15万苗左右，注意防治赤霉病、纹枯病及穗期蚜虫。

适宜种植区域：适宜在安徽和江苏两省的淮南地区、湖北的鄂北麦区中上等肥力水平田块种植。

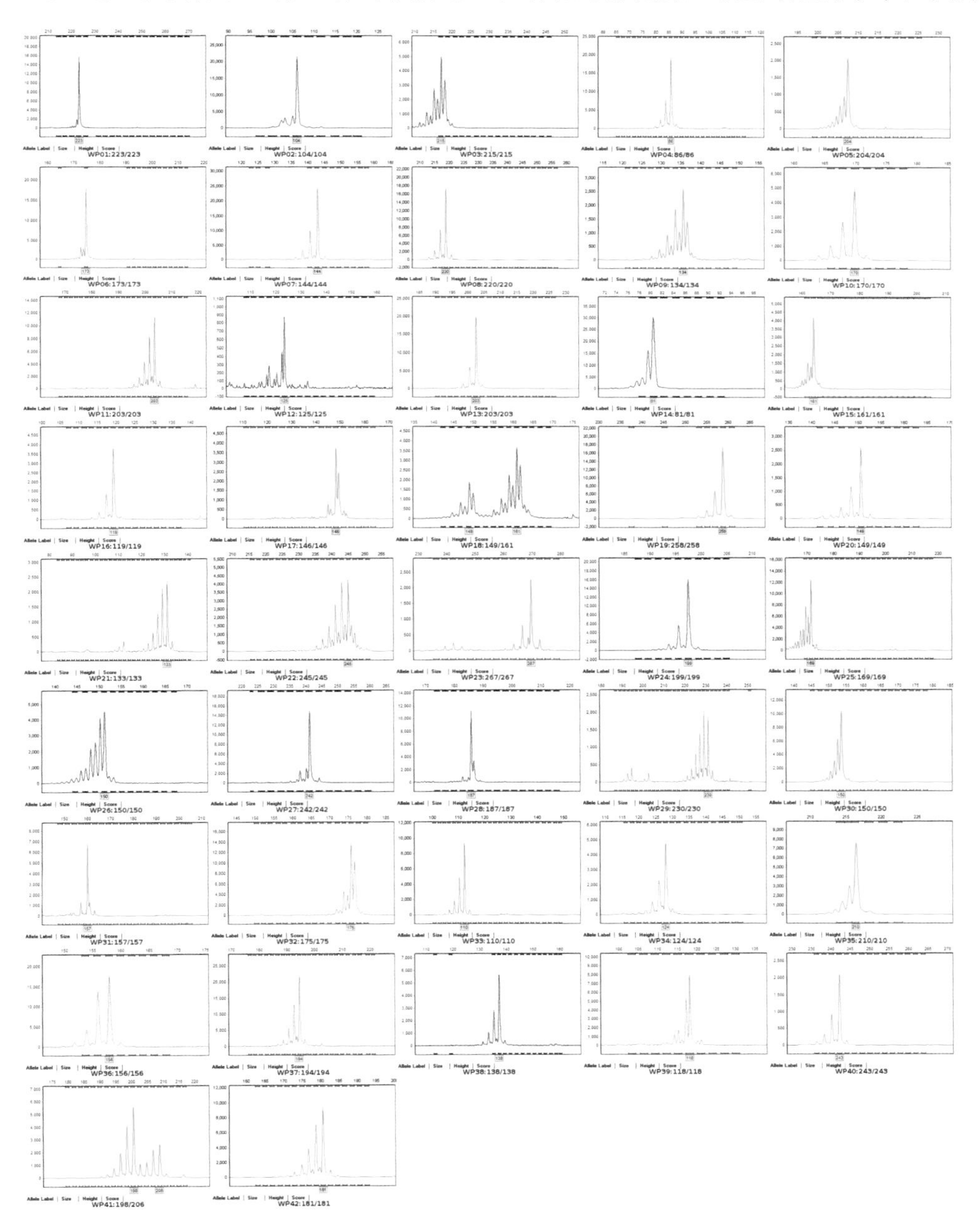

265. 周麦19号

审定编号：国审麦2005001

选育单位：河南省周口市农业科学院

品种来源：周麦13号/新麦9号

特征特性：弱春性，中熟，成熟期比对照偃展4110晚2天。幼苗半匍匐，分蘖力中等，苗期长势壮，春季起身拔节略迟，两极分化快，成穗率中等。株高85厘米左右，株型稍松散，茎秆粗壮，旗叶宽大、上冲。穗层整齐，穗长方形，长芒，白壳，白粒，籽粒半角质，卵圆形，饱满度中等，黑胚率稍高。平均亩穗数35.5万穗，穗粒数40.2粒，千粒重44.5克。冬季耐寒性较好，耐倒春寒能力中等。抗倒性较好。较耐后期高温，熟相较好。接种抗病性鉴定：慢叶锈病，中感白粉病、纹枯病，高感条锈病、赤霉病、秆锈病。部分区试点发生叶枯病。2007年、2008年分别测定混合样：容重778克/升、784克/升，蛋白质（干基）含量14.38%、14.09%，湿面筋含量29.1%、30.0%，沉降值41.1毫升、41.9毫升，吸水率60.1%、59.8%，稳定时间6.4分钟、5.2分钟，最大抗延阻力500E.U.、376E.U.，延伸性16.8厘米、18.4厘米，拉伸面积110平方厘米、92平方厘米。

产量表现：2006—2007年度参加黄淮冬麦区南片春水组品种区域试验，平均亩产554.0千克，比对照偃展4110增产9.1%；2007—2008年度续试，平均亩产600.9千克，比对照偃展4110增产8.4%。2007—2008年度生产试验，平均亩产558.2千克，比对照偃展4110增产8.6%。

栽培技术要点：适宜播期10月15—30日，每亩适宜基本苗14万～18万，注意防治锈病和赤霉病。

适宜种植区域：适宜在黄淮冬麦区南片的河南中北部，安徽北部、江苏北部、陕西关中地区中高肥力地块中晚茬种植。

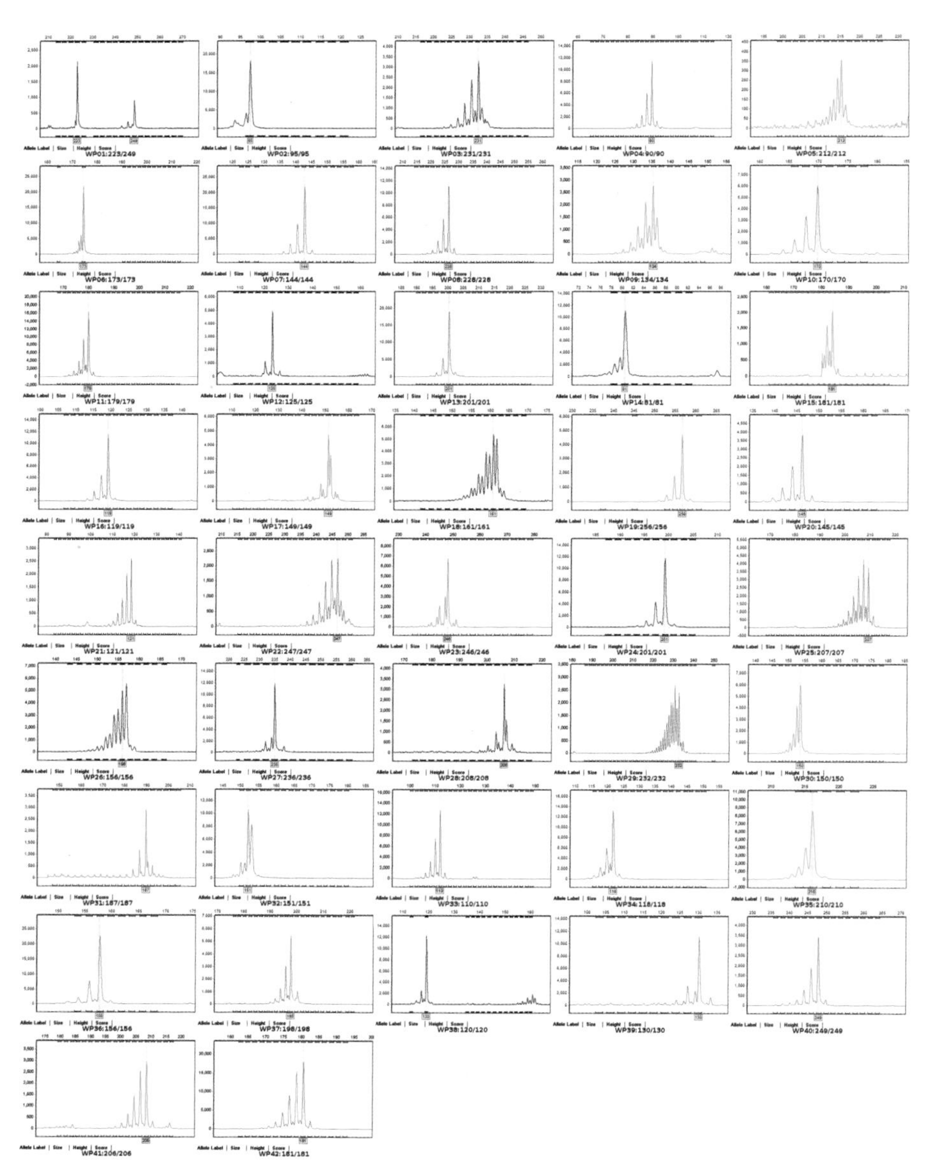

266. 巴优1号

审定编号：国审麦2004023

选育单位：巴彦淖尔盟农业科学研究所

品种来源：冀84-5418/宁春4号

特征特性：春性，中熟，全生育期103天。幼苗直立，株高85厘米。穗纺锤形，长芒、白壳、白粒、硬质。平均亩穗数39.2万穗，穗粒数32.5粒，千粒重51克。中抗倒伏，耐寒性较好。接种抗病性鉴定：条锈病免疫或中抗、中感（抗性分离），中感白粉病，高感叶锈病和黄矮病。2001年、2002年分别测定混合样：容重795克/升、794克/升，蛋白质含量13.9%、14.6%，湿面筋含量27.8%、29.2%，沉降值35.6毫升、36.4毫升，吸水率63.1%、62.5%，面团稳定时间7.0分钟、7.1分钟，最大抗延阻力361E.U.、400E.U.，拉伸面积83平方厘米、85.6平方厘米。

产量表现：2001年参加西北春麦水地组区域试验，平均亩产431.9千克，比对照宁春4号减产1.4%（不显著）。2002年续试，平均亩产443.6千克，比宁春4号增产2.9%（极显著）。2003年生产试验平均亩产379.6千克，比当地对照减产2.47%。

栽培技术要点：亩保苗35万～41万株，氮磷钾肥配合施用，氮肥用量12.3～16.5千克，分蘖期施用2/3，拔节至孕穗期施用1/3，以提高品质。成熟后及时收获防止穗发芽和落粒。

适宜种植区域：适宜在西北春麦区的内蒙古河套灌区，土默川平原，宁夏黄灌区，新疆伊犁、昌吉地区，甘肃酒泉、临夏、白银地区，青海西宁、乐都地区和陕西榆林地区种植。

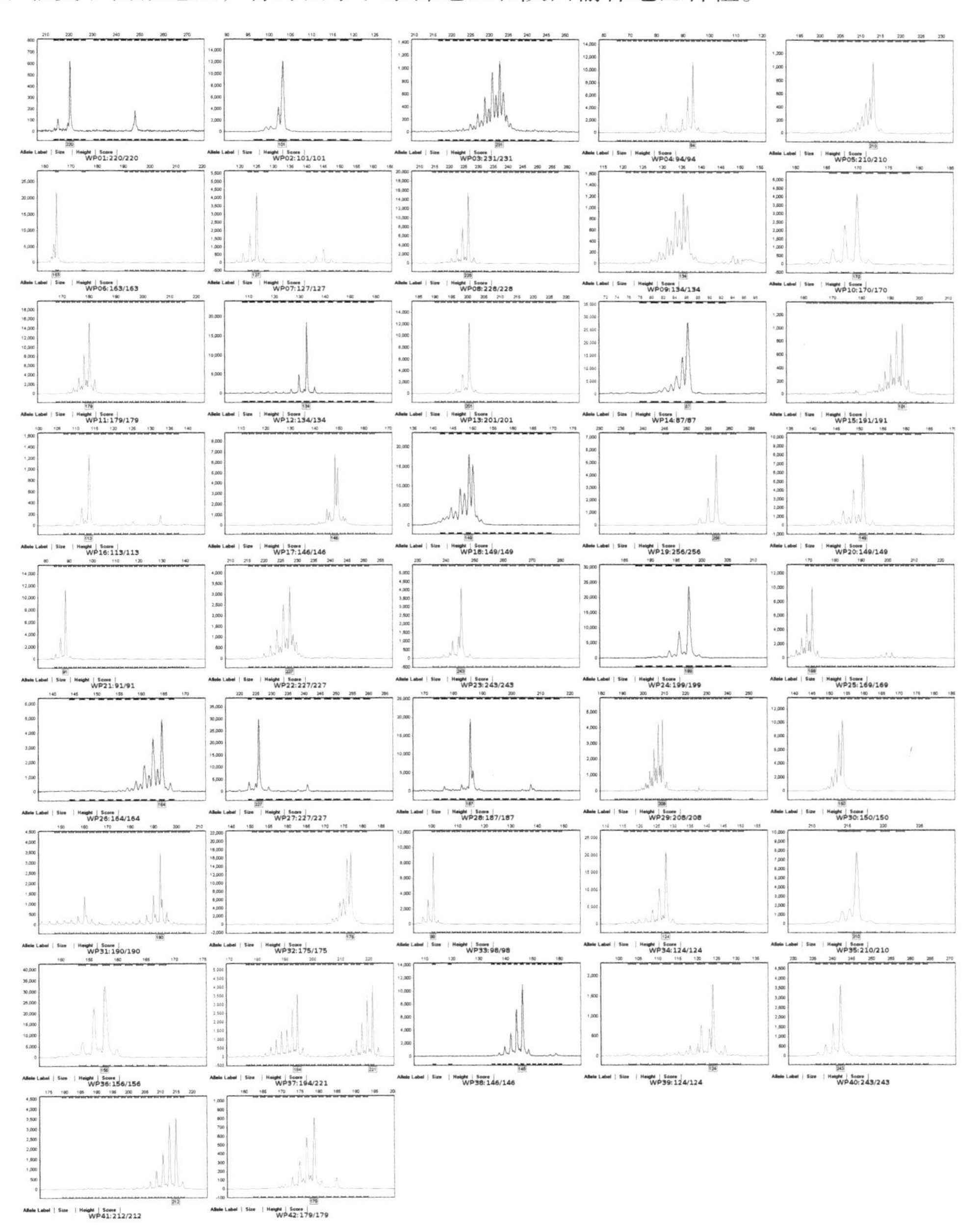

267. 长4640

审定编号：国审麦2004018

选育单位：山西省农业科学院谷子研究所

品种来源：长治5613/晋麦63

特征特性：冬性，中早熟多穗型品种，全生育期271天。幼苗半匍匐，长势较强，叶色浅绿，叶片窄长，分蘖力中等。株高79厘米。穗纺锤形，长芒，白壳，白粒，角质。平均亩穗数28.8万穗，穗粒数26.5粒，千粒重41.1克。抗旱性鉴定：抗旱性中等。接种抗病鉴定：条锈病免疫，高感叶锈病，中感秆锈病。田间表现黄矮病重。2003年、2004年分别测定混合样：容重795克/升、796克/升，蛋白质含量13.3%、13.0%，湿面筋含量27.7%、29.2%，沉降值23.1毫升、25.8毫升，吸水率61%、59.3%，面团稳定时间1.4分钟、1.2分钟，最大抗延阻力74E.U.、112E.U.，拉伸面积20平方厘米、24平方厘米。

产量表现：2002—2003年度参加北部冬麦区旱地组区域试验，比对照西峰20增产10.5%（显著）；2003—2004年度续试，平均亩产326.6千克，比对照西峰20增产5.2%；2003—2004年度生产试验平均亩产293千克，比对照西峰20增产7.3%。

栽培技术要点：适时播种，9月上中旬，亩基本苗22万～25万株，薄地和晚播田块应酌情增加播量。一般要求施足底肥，生育期间不再追肥，用量以每亩施12～16千克纯氮和10～12千克纯磷为宜。注意防治叶锈病、蚜虫和黄矮病。

适宜种植区域：适宜在北部冬麦区的山西中北部、陕西北部及甘肃平凉和庆阳地区等旱地种植。

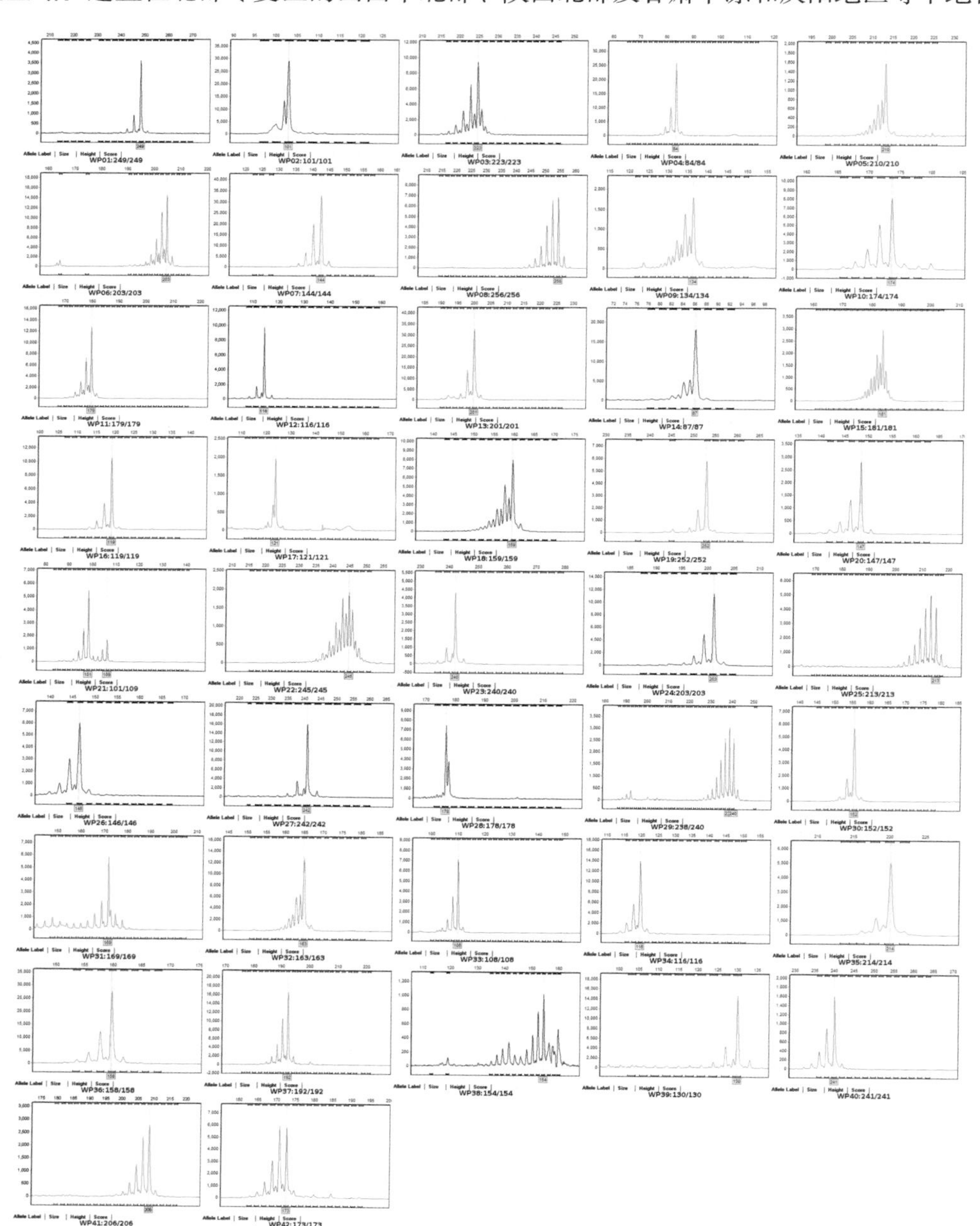

268. 长旱58

审定编号：国审麦2004015

选育单位：陕西省长武县农业技术推广中心

品种来源：长武112/PH82-2

特征特性：中早熟大穗大粒型品种。幼苗匍匐，分蘖力强。株高72厘米，株型较松散，长相清秀，叶色黄绿，穗层整齐。穗长方形，长芒，白壳，白粒，籽粒角质。平均亩穗数40.5万穗，穗粒数39.5粒，千粒重40.8克。抗倒性一般，抗青干能力强，抗倒春寒能力一般。经抗旱性鉴定，抗旱性中等。接种抗病性鉴定：高抗条锈病，高感叶锈病，中感黄矮病。2003年、2004年分别测定混合样：容重787克/升、793克/升，蛋白质含量14.3%、13.9%，湿面筋含量32.9%、29.0%，沉降值46.8毫升、37.5毫升，吸水率60.0%、60.5%，面团稳定时间6.0分钟、4.7分钟，最大抗延阻力430E.U.、259E.U.，拉伸面积64平方厘米、102平方厘米。

产量表现：2002—2003年度参加黄淮冬麦区旱地组区域试验，平均亩产338.2千克，比对照晋麦47增产7.5%（显著）；2003—2004年度续试，平均亩产360.7千克，比对照晋麦47增产7.6%（显著）。2003—2004年度生产试验平均亩产348.5千克，比对照晋麦47增产5.0%。

适宜种植区域：适宜在黄淮冬麦区海拔1 200m以下地区山西东南部、山东西南部、河南西北部、陕西渭北旱塬、河北东南部、甘肃天水地区旱地种植。

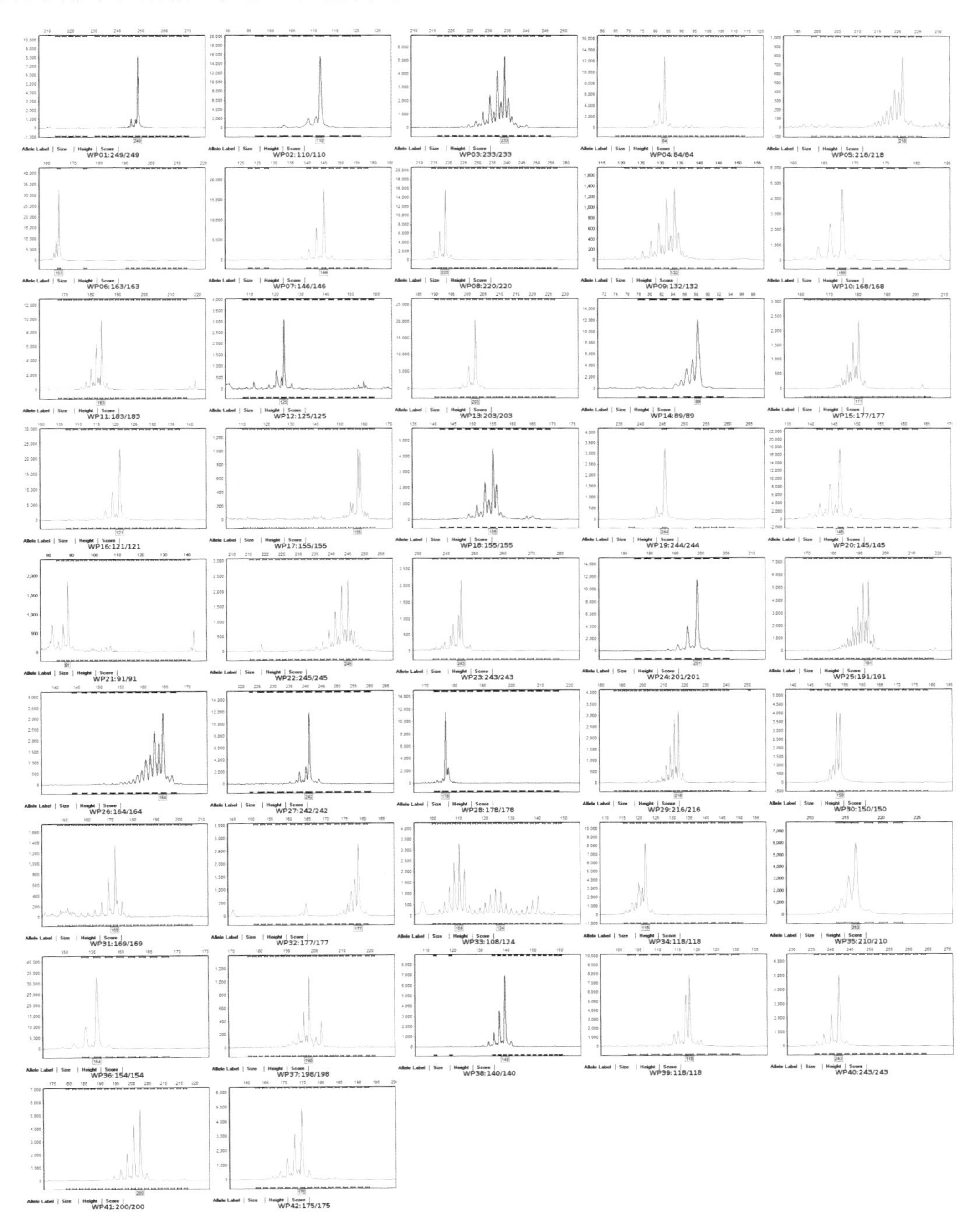

269. 衡5229

审定编号：国审麦2004014

选育单位：河北省农林科学院旱作农业研究所

品种来源：冀5418/衡5041

特征特性：半冬性，中熟，成熟期与对照石4185同期。幼苗半匍匐，叶片较小，稍下披，分蘖力中等。株高70厘米，株型紧凑，穗层整齐。穗纺锤形，长芒，白壳，白粒，硬质。平均亩穗数40.0万穗，穗粒数32.7粒，千粒重39.1克。抗倒伏，抗寒性中等，2001—2002年度抗寒性鉴定，冻害4级，越冬率87%；2002—2003年度抗寒性鉴定，冻害3级，越冬茎99.8%。接种抗病性鉴定：秆锈病免疫，中抗条锈病、纹枯病，中感白粉病，高感叶锈病。2002年、2003年分别测定混合样：容重820克/升、811克/升，蛋白质含量14.7%、14.6%，湿面筋含量25.2%、30.5%，沉降值36.0毫升、22.1毫升，吸水率63.6%、57.0%，面团稳定时间1.2分钟、1.8分钟，最大抗延阻力未拉出/67E.U.，拉伸面积未拉出/15平方厘米。

产量表现：2001—2002年度参加黄淮冬麦区北片水地组区域试验，平均亩产469.8千克，比对照石4185增产1.0%（不显著）；2002—2003年度续试，平均亩产484.2千克，比对照石4185增产3.9%（显著）。2003—2004年度生产试验平均亩产475.7千克，比对照石4185增产6.0%。

栽培技术要点：适宜播期为10月1—10日，中高水肥条件亩基本苗控制在20万左右，低水肥条件和播期推迟可适当增加播量。中后期注意及时防治白粉病和叶锈病。

适宜种植区域：适宜在黄淮冬麦区北片的河北中南部、山东、河南北部种植。

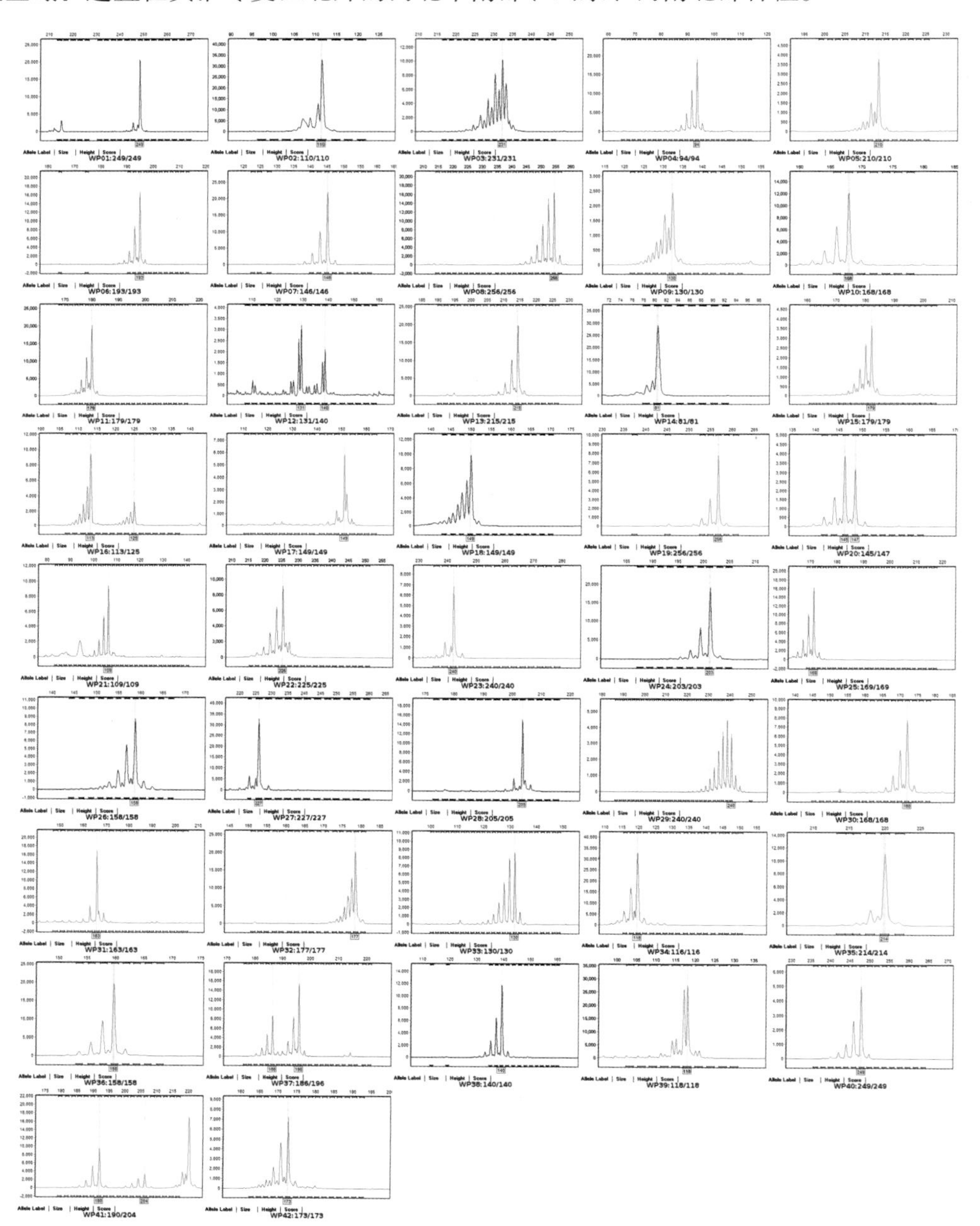

270. 郑麦005

审定编号：国审麦2004010

选育单位：河南省农业科学院小麦研究所

品种来源：85-5072/89330A-0-1

特征特性：弱春性，中熟，成熟期比对照豫麦18号晚1天。幼苗半匍匐，分蘖力强，叶色深绿，叶片细。株高80厘米，株型稍松散，穗层整齐，旗叶窄长、上冲。平均亩穗数44万穗、穗粒数30粒，千粒重38克。穗纺锤形，长芒、白壳、白粒、籽粒角质。抗倒力一般，冬季抗寒力中等，抗倒春寒能力稍偏弱，耐湿性一般，熟相中等。接种抗病性鉴定：慢条锈病，中感白粉病和秆锈病，高感叶锈病、纹枯病和赤霉病。2003年、2004年分别测定混合样：容重804克/升、780克/升，蛋白质含量15.26%、15.4%，湿面筋含量33.5、33.3%，沉降值56.7毫升、46.8毫升，吸水率57.8%、58.8%，面团稳定时间9.2分钟、5.6分钟，最大抗延阻力472E.U.、364E.U.，拉伸面积118平方厘米、87平方厘米。

产量表现：2002—2003年度参加黄淮冬麦区南片春水组区域试验，平均亩产449.0千克，比对照豫麦18号增产2.8%（不显著）；2003—2004年度续试，平均亩产515.8千克，比高产对照豫麦18号增产3.6%（不显著），比优质强筋对照豫麦34-6增产0.7%（不显著）；2003—2004年度生产试验平均亩产460.8千克，比对照豫麦18号增产2.4%。

栽培技术要点：适宜播期10月10—25日，适宜基本苗每亩12万～15万，注意控制群体防倒伏。施肥浇水：一般亩施农家肥3～4立方米，尿素12～15千克，磷酸二铵20～25千克，硫酸钾6～10千克，拔节—孕穗期亩追施尿素5～10千克，灌浆初期叶面喷施尿素。生育期间尽量少浇水，一般不浇返青水，结合追肥浇拔节水和孕穗水，酌情浇灌浆水，以利于提高产量和品质。注意防治叶锈病、纹枯病和赤霉病。

适宜种植区域：适宜在黄淮冬麦区南片的河南、安徽北部、江苏北部及陕西关中地区高中产水肥地中晚茬种植。

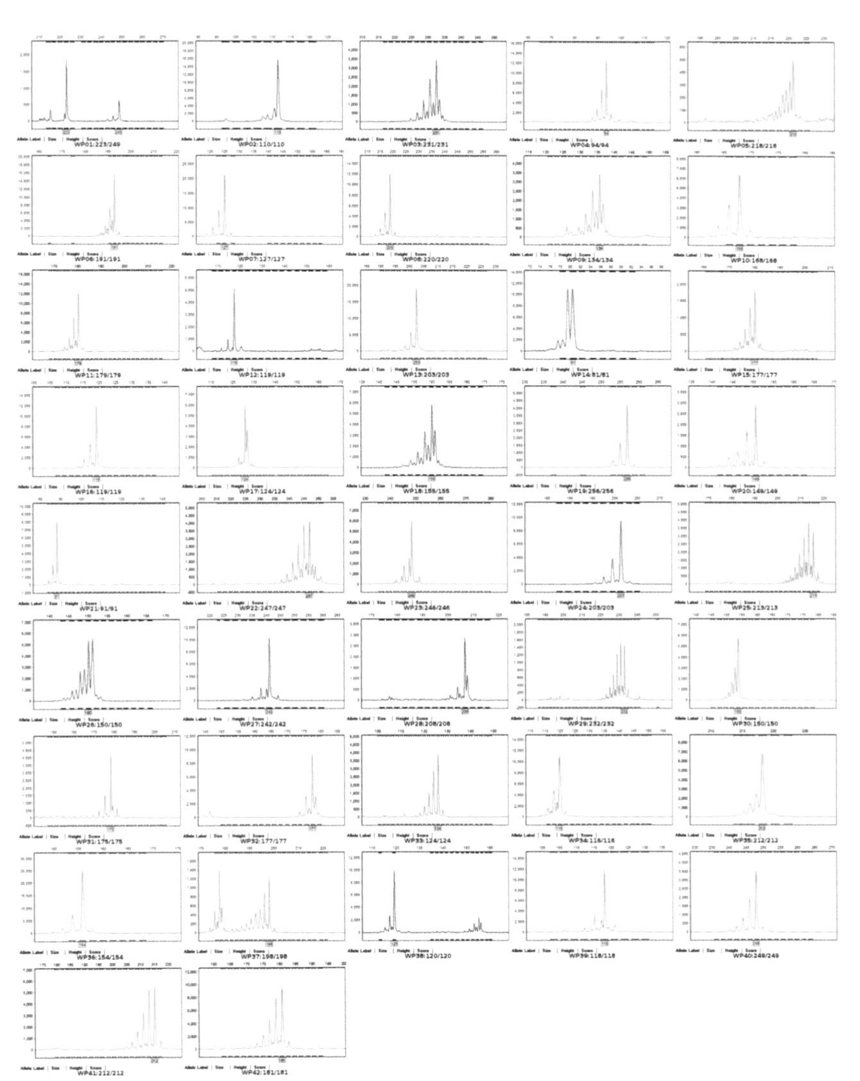

271. GS郑农16

审定编号：国审麦2004009

选育单位：郑州市农林科学研究所

品种来源：郑农7号/小偃6号

特征特性：弱春性，成熟期比对照豫麦18号早熟1天。幼苗半直立，分蘖力中等，叶色浅绿，叶片窄长。株高80厘米，株型较紧凑，穗色黄绿，穗层整齐，长相清秀，旗叶上冲。穗纺锤形，长芒、白壳、白粒，籽粒角质。平均亩穗数38万穗，穗粒数27粒，千粒重44克。抗倒性中等，抗寒性一般，后期不耐高温，熟相一般。接种抗病性鉴定：中抗至高抗条锈病，中感纹枯病，高感叶锈病、白粉病、赤霉病，各种病害均有发生但扩展慢。2002年、2003年分别测定混合样：容重771克/升、785克/升，蛋白质含量15.9%、15.1%，湿面筋含量36.3%、34.7%，沉降值59.6毫升、49.6毫升，吸水率63.1%、63.5%，面团稳定时间8.4分钟、5.1分钟，最大抗延阻力424E.U.、256E.U.，拉伸面积109平方厘米、64平方厘米。

产量表现：2001—2002年度参加黄淮冬麦区南片春水组区域试验，平均亩产452.0千克，比对照豫麦18号增产3.2%（不显著）；2002—2003年度续试，平均亩产425.9千克，比对照豫麦18号减产2.5%（不显著）。2003—2004年度参加生产试验，平均亩产455.7千克，比对照豫麦18号增产1.3%。

栽培技术要点：适宜播期10月15—30日，适宜基本苗每亩12万～18万。加强肥水管理，拔节末期要适量追施氮肥，早浇灌浆水，灌浆后期少浇水，一般不浇麦黄水，以免降低优质强筋品质。注意及时防治叶锈病、白粉病、赤霉病和蚜虫。

适宜种植区域：适宜在黄淮冬麦区南片的河南、安徽北部、江苏北部及陕西关中地区高中产水肥地晚茬种植。

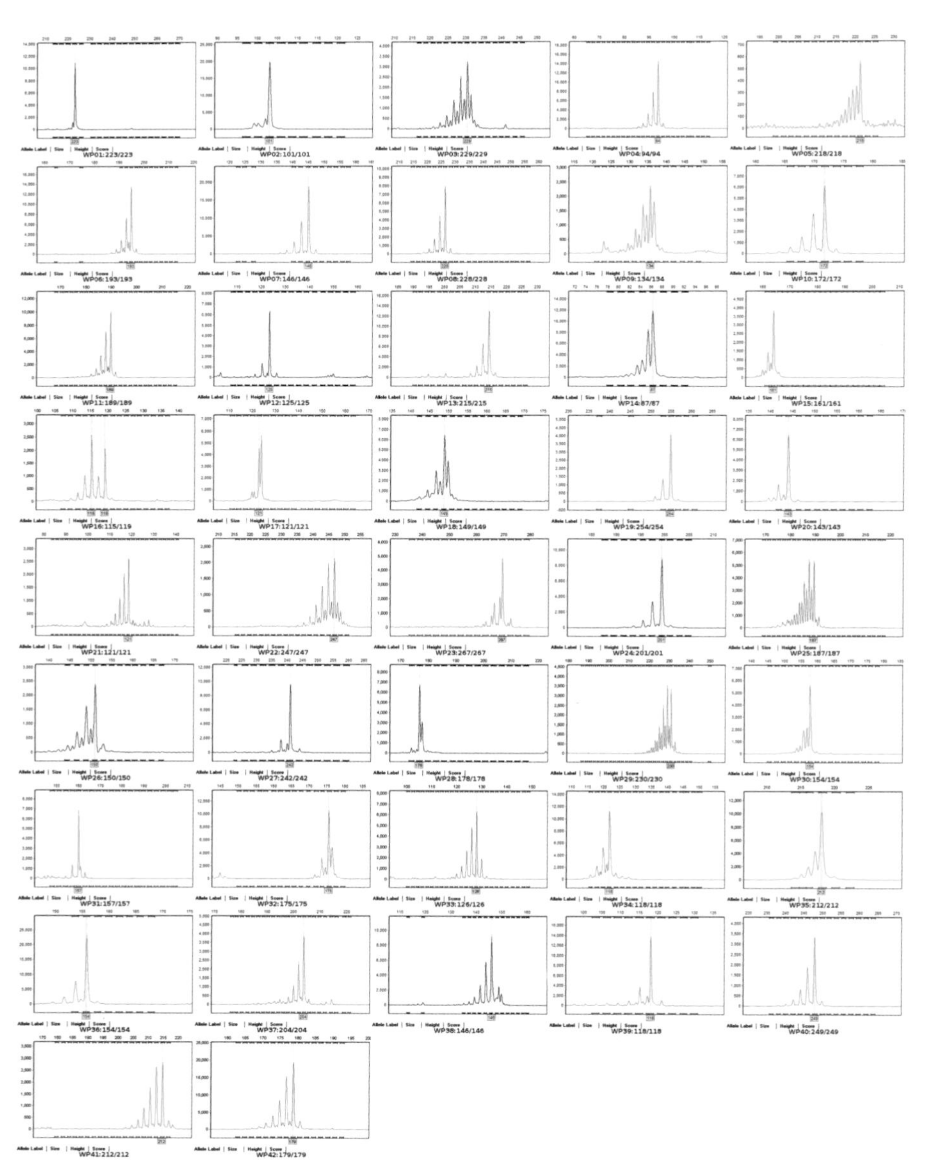

272. 周麦17号

审定编号：国审麦2004008

选育单位：河南省周口市农业科学研究所

品种来源：矮早781/周8425B//周麦9号

特征特性：弱春性，中早熟，成熟期与对照豫麦18号相同。幼苗半匍匐，分蘖力强，叶色浅绿，叶片窄长。株高70厘米，株型松紧适中，穗层整齐，旗叶上冲，长相清秀。穗纺锤形，长芒、白壳、白粒，籽粒粉质。平均亩穗数38万穗，穗粒数32粒，千粒重42克。抗倒力强，较抗寒，中后期耐湿性好，灌浆快，落黄好。接种抗病性鉴定：条锈病免疫，高抗秆锈病，高感叶锈病、白粉病、赤霉病和纹枯病。2003年、2004年分别测定混合样：容重780克/升、789克/升，蛋白质含量13.5%、14.8%，湿面筋含量30.1%、30.4%，沉降值20.3毫升、23.5毫升，吸水率54.4%、55.1%，面团稳定时间2分钟、2分钟，最大抗延阻力88E.U.、88E.U.，拉伸面积28平方厘米、28平方厘米。

产量表现：2002—2003年度参加黄淮冬麦区南片春水组区域试验，平均亩产437.8千克，比对照豫麦18号增产0.2%（不显著）；2003—2004年度续试，平均亩产517.3千克，比对照豫麦18号增产3.5%（不显著）。2003—2004年度参加生产试验，平均亩产475.2千克，比对照豫麦18号增产5.6%。

栽培技术要点：适宜播期较长（10月10日至11月上旬），最适播期10月中下旬，适宜基本苗每亩15万～25万。注意防治叶锈病、白粉、纹枯病、赤霉病和穗蚜。

适宜种植区域：适宜在黄淮冬麦区南片的河南、安徽北部、江苏北部及陕西关中地区高中产水肥地中晚茬种植。

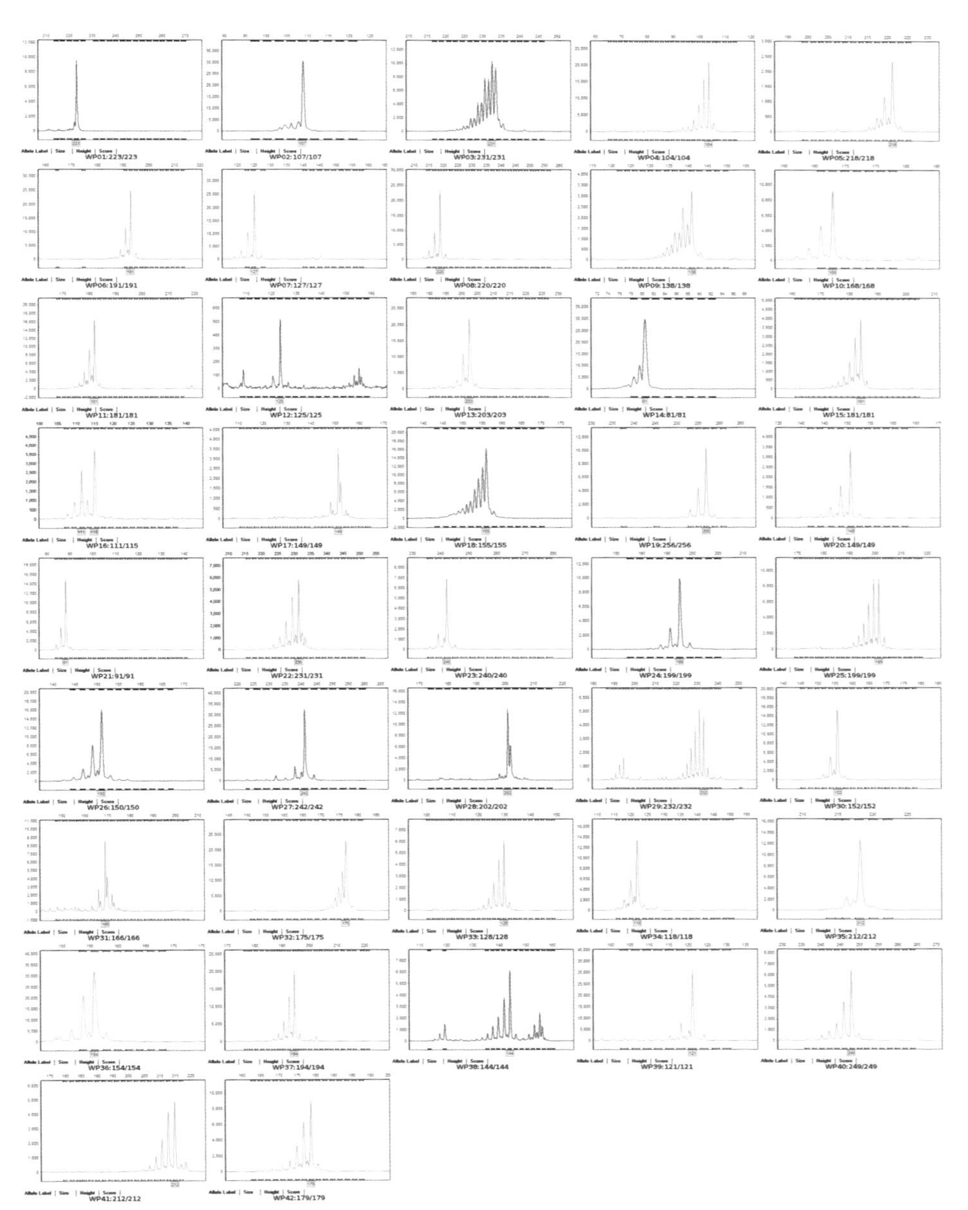

273. 郑麦004

审定编号：国审麦2004007

选育单位：河南省农业科学院小麦研究所

品种来源：豫麦13/90M434//石89-6021（冀麦38）

特征特性：半冬性，中熟，成熟期与对照豫麦49号同期。幼苗半匍匐，叶色黄绿。株高80厘米，株型较紧凑，穗层整齐，旗叶上冲。穗纺锤形，长芒、白壳、白粒、籽粒半角偏粉质。平均亩穗数40万穗，每穗粒数37粒，千粒重39克。抗倒性、抗寒性较好。接种抗病性鉴定：中抗至高抗条锈病，中感秆锈病，高感叶锈病、白粉病、纹枯病和赤霉病。2003年、2004年分别测定混合样：容重786克/升、/799克/升，蛋白质含量12.0%、12.4%，湿面筋含量23.2%、25.1%，沉降值11.0毫升、12.8毫升，吸水率53.2%、53.7%，面团稳定时间0.9分钟、1.0分钟，最大抗延阻力32E.U.、120E.U.，拉伸面积4平方厘米、13平方厘米。

产量表现：2002—2003年度参加黄淮冬麦区南片冬水组区域试验，平均亩产482.9千克，比对照豫麦49号增产5.5%（极显著）；2003—2004年度续试，平均亩产568.3千克，比对照豫麦49号增产4.3%（显著）。2003—2004年度生产试验平均亩产506.7千克，比对照豫麦49号增产4.3%。

栽培技术要点：适宜播期10月上中旬，适宜基本苗每亩12万～15万，晚播适当增加播量。施肥N、P、K搭配比例以1：1：0.8为宜。在弱筋小麦适宜区种植时，为稳定品质，施肥原则上以底肥为主，春季及生育后期一般不追肥。一般不要浇返青水，根据墒情浇拔节水或孕穗水及灌浆水。注意防治叶锈病、白粉病、叶枯病、赤霉病和蚜虫。

适宜种植区域：适宜在黄淮冬麦区南片的河南省、安徽省北部、江苏省北部及陕西关中地区高中产水肥地早中茬种植。

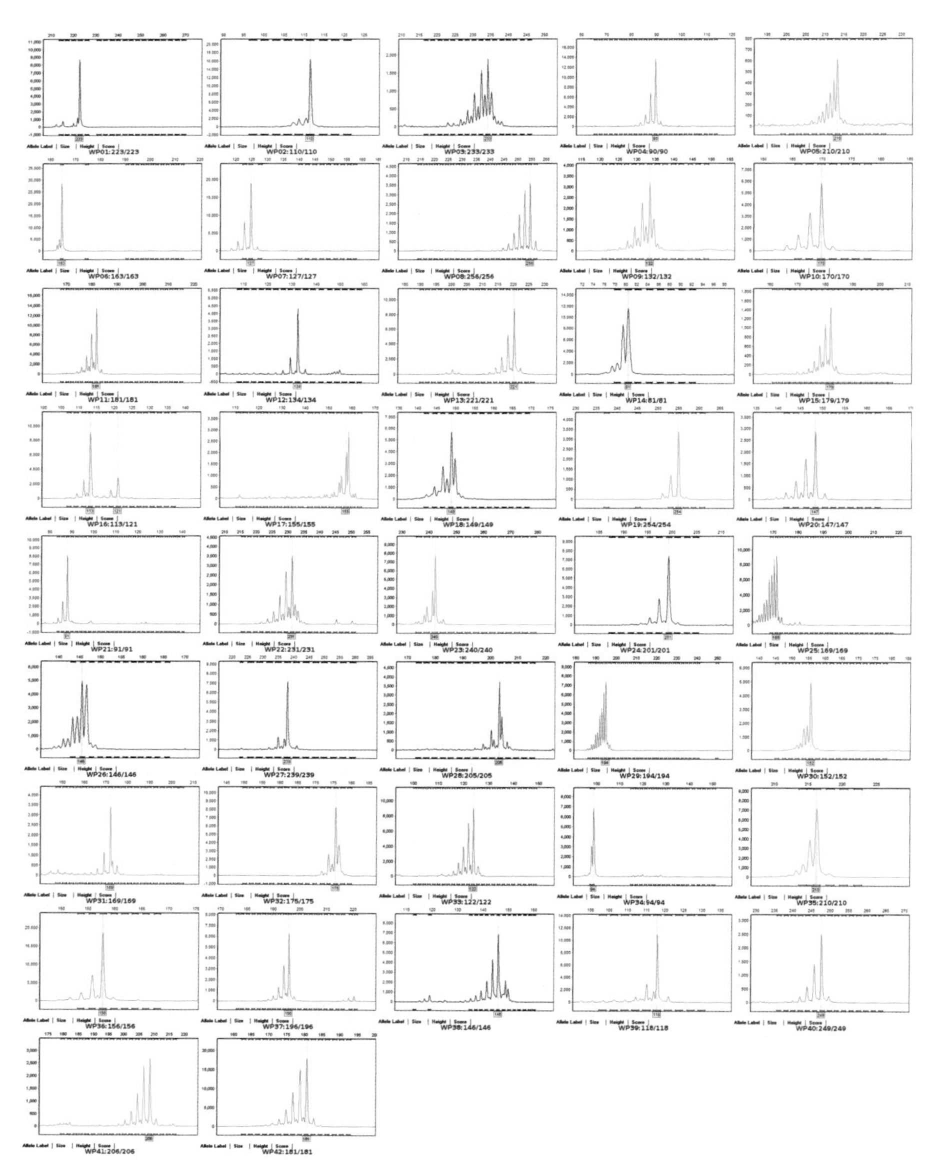

274. 中原98-68

审定编号： 国审麦2004006

选育单位： 郑州浏虎种子有限公司

品种来源： 温2540/泗阳188

特征特性： 半冬性，中熟，成熟期比对照豫麦49号早1～2天。幼苗直立，分蘖力较强，叶片宽大，叶色正绿。株高85厘米，株型紧凑，穗层整齐，前期叶片上举，抽穗后旗叶半披。穗纺锤形，长芒、白壳、白粒、籽粒粉质。平均亩穗数39万穗，穗粒数32粒，千粒重40克。茎秆弹性好，较抗倒伏，抗寒性较好。接种抗病性鉴定：中抗至中感条锈病，慢秆锈病，中感纹枯病，高感叶锈病、白粉病和赤霉病。2002年、2003年分别测定混合样：容重778克/升、792克/升，蛋白质含量15.0%、13.7%，湿面筋含量35.6%、31.3%，沉降值34.7毫升、32.8毫升，吸水率55.3%、54.3%，面团稳定时间3.1分钟、3.8分钟，最大抗延阻力174E.U.、200E.U.，拉伸面积43平方厘米、48平方厘米。

产量表现： 2001—2002年度参加黄淮冬麦区南片冬水组区域试验，平均亩产446.79千克，比对照豫麦49号增产2.7%（不显著）；2002—2003年度续试，平均亩产472.6千克，比对照豫麦49号增产3.3%（不显著）。2003—2004年度生产试验平均亩产510.4千克，比对照豫麦49号增产5.0%。

栽培技术要点： 适宜播期较长（10月1日至11月10日），最适播期10月5—15日，适宜基本苗高水肥地每亩10万～12万，中水肥地每亩14万～16万。注意防治叶锈病、白粉病和赤霉病。

适宜种植区域： 适宜在黄淮冬麦区南片的河南、安徽北部、江苏北部及陕西关中地区高中产水肥地早中茬种植。

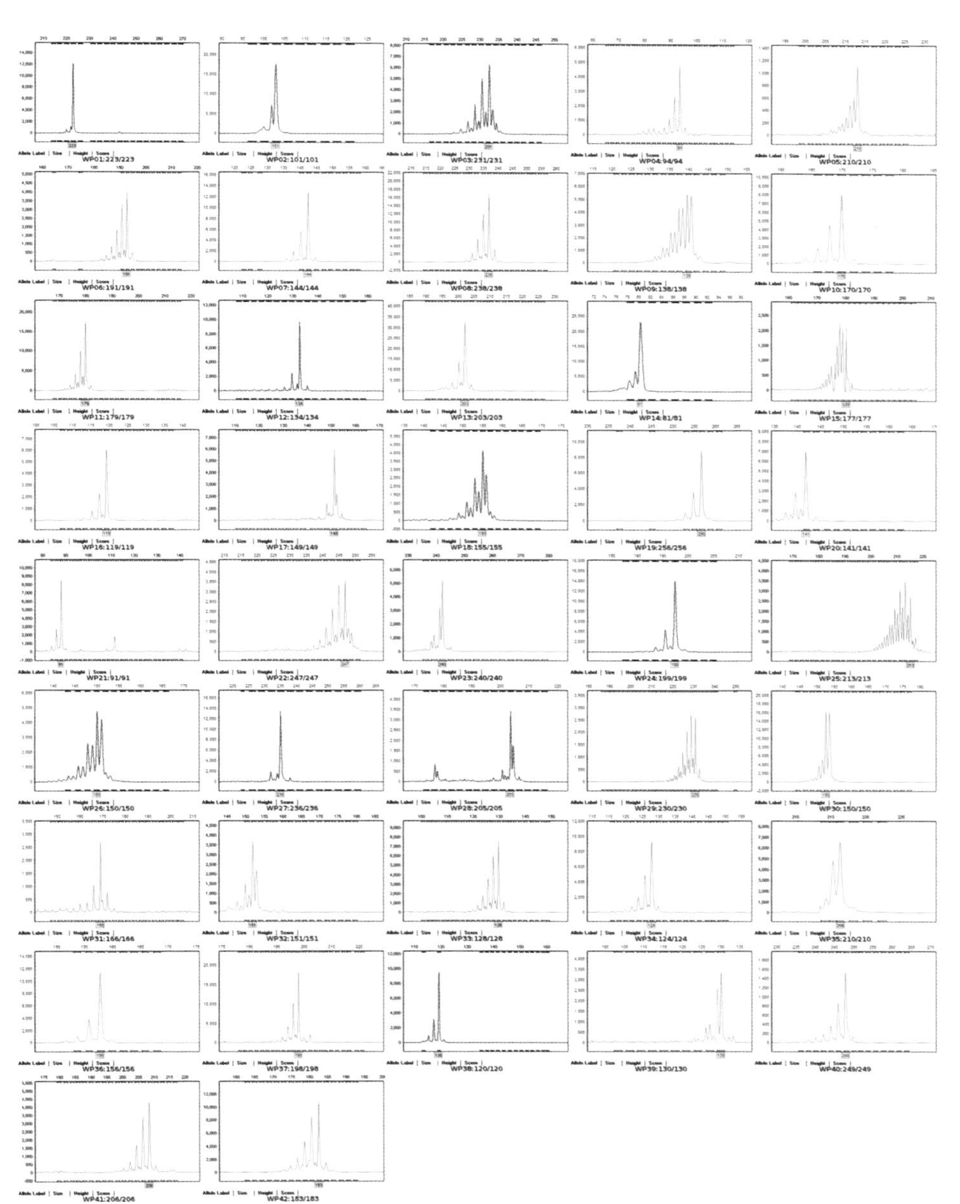

275. 新麦18号

审定编号： 国审麦2004005

选育单位： 河南省新乡市农业科学研究所

品种来源： （C6/新乡3577）F3d1s//新麦9号

特征特性： 半冬性，中熟，成熟期比对照豫麦49号早1天。幼苗半直立，叶色正绿，分蘖力强。株高75厘米，株型略松散，穗层厚。穗纺锤形，长芒、白壳、白粒、籽粒半角质—角质。平均亩穗数38万穗、穗粒数35粒、千粒重41克。抗倒力较强，抗寒性较好。接种抗病性鉴定：高抗条锈病，中抗秆锈病，中感白粉病和纹枯病，高感赤霉病和叶锈病。2003年、2004年分别测定混合样：容重786克/升、808克/升，蛋白质含量15.2%、15.8%，湿面筋含量32.7%、31.9%，沉降值41.1毫升、42.3毫升，吸水率57.4%、58.5%，面团稳定时间7.2分钟、5.6分钟，最大抗延阻力286E.U.、346E.U.，拉伸面积68平方厘米、80平方厘米。

产量表现： 2002—2003年度参加黄淮冬麦区南片冬水组区域试验，平均亩产482.7千克，比对照豫麦49号增产5.5%（极显著）。2003—2004年度续试，平均亩产558.3千克，比高产对照豫麦49号增产3.2%（不显著），比优质对照藁麦8901增产9.86%（极显著）。2003—2004年度生产试验平均亩产503.9千克，比对照豫麦49号增产3.7%，在河南、安徽、江苏三省表现优异，平均亩产506.4千克，比豫麦49号增产5.02%。

栽培技术要点： 适宜播期10月上中旬，在适播期内采取下限。适宜基本苗每亩12万～15万。加强肥水管理，拔节末期要追肥浇水，早浇灌浆水，灌浆后期少浇或不浇水，提高优质强筋品质。注意防治赤霉病和叶锈病。

适宜种植区域： 适宜在黄淮冬麦区南片的河南省、安徽省北部、江苏省北部及陕西关中地区高中产水肥地早中茬种植。

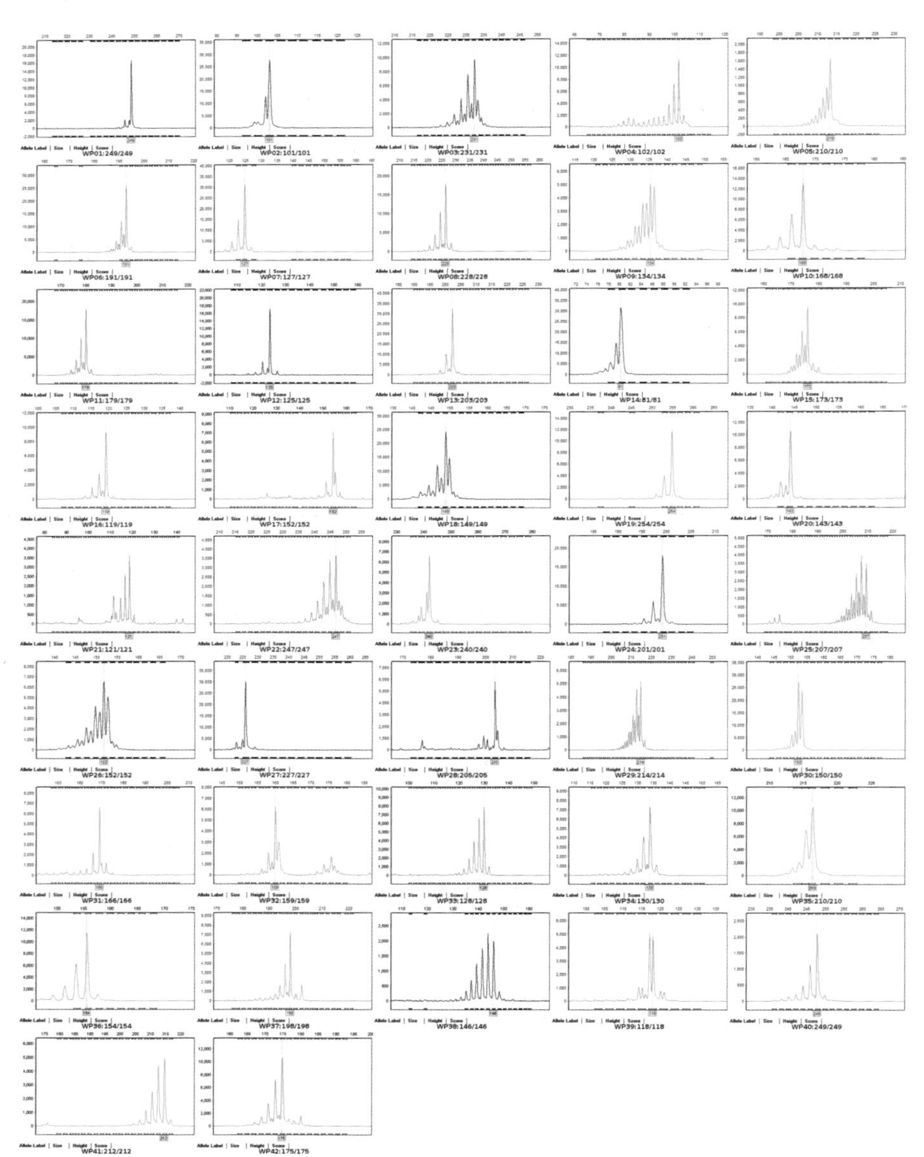

276. 川麦42

审定编号：国审麦2004002

选育单位：四川省农业科学院作物研究所

品种来源：SynCD768/SW3243//川6415

特征特性：春性，全生育期平均196天。幼苗半直立，分蘖力强，苗叶窄，长势旺盛。株高90厘米，植株整齐，成株叶片长略披。穗长锥形，长芒，白壳，红粒，籽粒粉质—半角质。平均亩穗数25万穗，穗粒数35粒，千粒重47克。接种抗病性鉴定：秆锈病和条锈病免疫，高感白粉病、叶锈病和赤霉病。2003年、2004年分别测定混合样：容重774克/升、806克/升，蛋白质含量12.0%、11.5%，湿面筋含量22.6%、22.7%，沉淀值25毫升、26毫升，吸水率54%、54%，面团稳定时间1.4分钟、3.9分钟，最大抗延阻力325E.U.、332E.U.，拉伸面积70.0平方厘米、71.8平方厘米。

产量表现：2002—2003年度参加长江流域冬麦区上游组区域试验，平均亩产354.7千克，比对照川麦107增产16.3%（极显著），2003—2004年度续试，平均亩产量406.3千克，比对照川麦107增产16.5%（极显著）。2003—2004年度生产试验平均亩产390.9千克，比对照川麦107增产4.3%。

栽培技术要点：适期早播，播种期霜降至立冬。每亩基本苗14万～18万，较高肥水条件下适当控制播种密度，防止倒伏。亩施纯氮10千克左右、磷7千克、钾肥7千克，重施底肥（50%），施苗追肥（10%）、拔节肥（20%）。注意防治白粉病、叶锈病、赤霉病和蚜虫。

适宜种植区域：适宜在长江上游冬麦区的四川、重庆、贵州、云南、陕西南部、河南南阳、湖北西北部等地区种植。

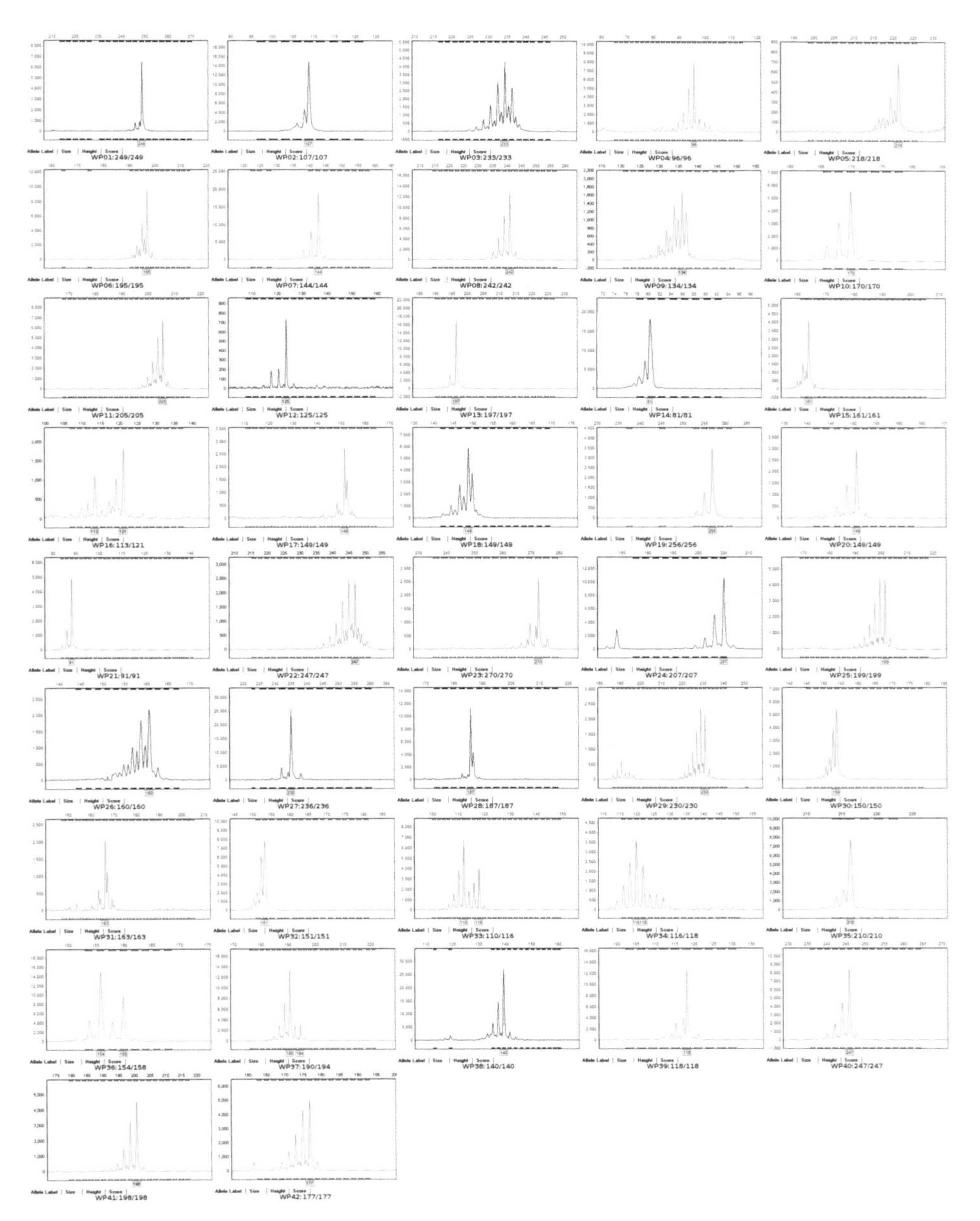

277. 垦九10

审定编号： 国审麦2003045

选育单位： 黑龙江省农垦总局九三科学研究所

品种来源： （九三84-7251×九三87148）×克85-33

特征特性： 春性，生育期88天，比对照品种新克旱9号早熟2天。幼苗直立。株高93厘米。穗纺锤形，长芒，白壳，红粒，籽粒硬质。平均亩穗数36万穗，穗粒数27粒，千粒重31克。对叶锈病免疫，高感条锈病、赤霉病和根腐病。容重为812克/升，粗蛋白含量16.4%，湿面筋含量36%，沉降值45.5毫升，吸水率64.9%，面团稳定时间5.2分钟，最大抗延阻力132E.U.，延伸性20.9厘米，拉伸面积40.1平方厘米。

产量表现： 2000年参加东北春麦区晚熟组区域试验，平均亩产229.8千克，比对照新克旱9号增产6.8%；2001年续试，平均亩产214.3千克，比对照新克旱9号减产0.7%。2002年生产试验平均亩产268.5千克，比对照新克旱9号增产5.9%。

栽培技术要点： 适时早播，每亩基本苗40万株。亩施化肥20千克，氮、磷、钾的比例1：1.2：0.3。

适宜种植区域： 适宜在东北春麦区的黑龙江中北部和内蒙古呼伦贝尔等地中等以上肥力地种植。

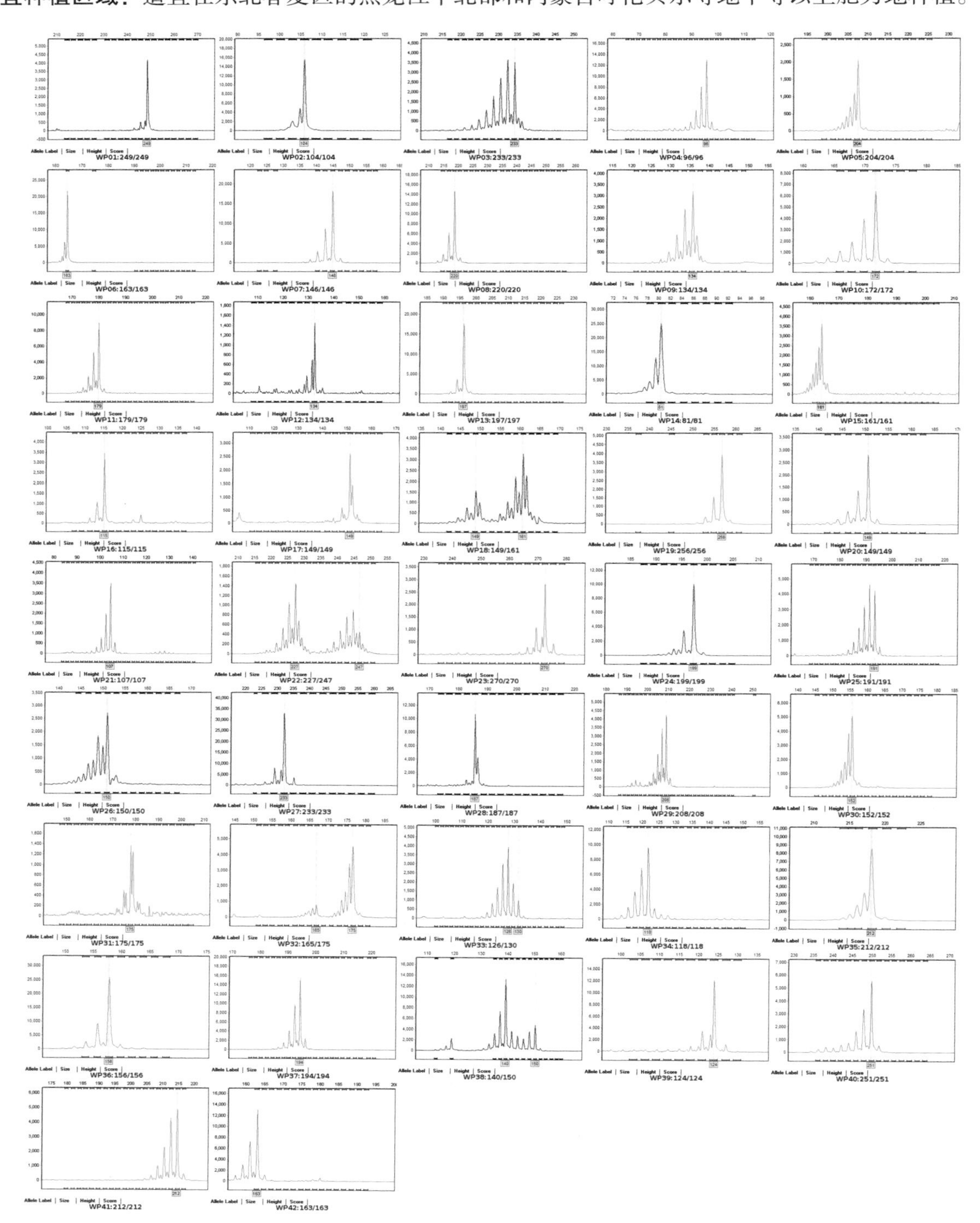

278. 赤麦5号

审定编号：国审麦2003043

选育单位：内蒙古赤峰市农业科学研究所

品种来源：文革1号×克76条295

特征特性：春性，生育期90天左右，比对照品种辽春9号早1天，属中早熟品种。幼苗直立，叶片灰绿色。株高90厘米，穗纺锤形，长芒，白壳，红粒，籽粒硬质。平均亩穗数33万穗，穗粒数35粒，千粒重37克。抗旱性级别3级，抗旱性中等，与对照品种辽春9号相当。高抗条锈病，感叶锈病，中感白粉病。容重为798.5克/升，粗蛋白含量16.5%，湿面筋含量36.9%，沉降值33.6毫升，吸水率60.2%，面团稳定时间3.4分钟。

产量表现：2001年参加东北春麦区早熟旱地组区域试验，平均亩产223.7千克，比对照品种辽春9号增产20.5%（极显著）；2002年续试，平均亩产322千克，比对照辽春9号增产20.8%（显著）。2002年参加生产试验，平均亩产289千克，比对照辽春9号增产19%。

栽培技术要点：适宜播种期为4月上旬，适时早播，每亩基本苗40万～42万株。

适宜种植区域：适宜在辽宁、内蒙古赤峰和通辽、吉林公主岭市和白城、河北张家口旱肥地种植。

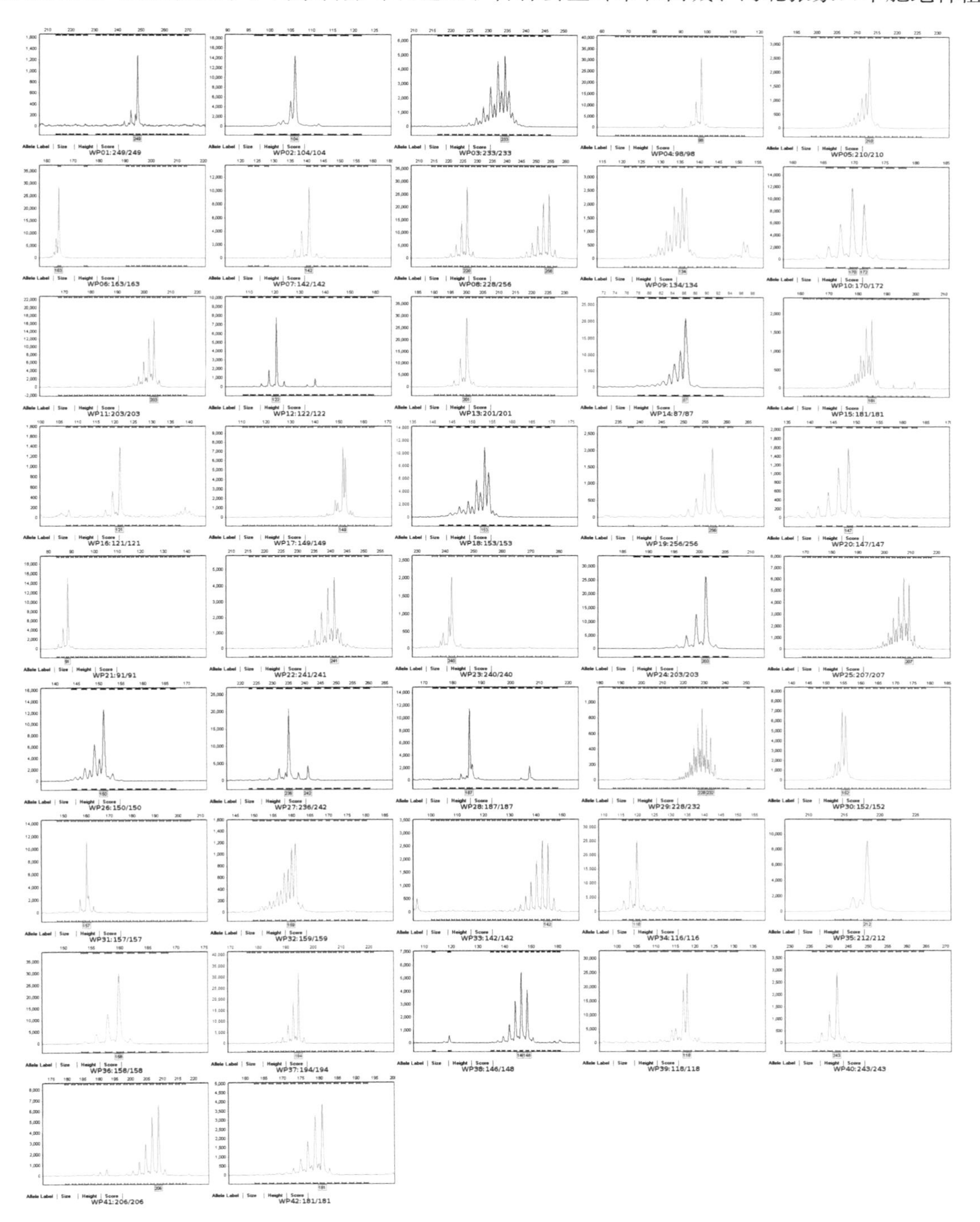

279. 邯6172

审定编号：国审麦2003036

选育单位：河北省邯郸市农业科学院

品种来源：4032×中引1号

特征特性：半冬性，中熟，成熟期比对照豫麦49号晚1天。幼苗匍匐，分蘖力强，叶色深，叶片窄长。株高81厘米，株型紧凑，旗叶上冲，抗倒性一般。穗层较整齐，穗纺锤形，长芒，白壳，白粒，籽粒半角质。成穗率较高，平均亩穗数40万穗，穗粒数31粒，千粒重39克。越冬抗寒性好，耐后期高温，熟相好。慢条锈病，中抗纹枯病，高感赤霉病，高感叶锈病和白粉病，对秆锈病免疫。容重796克/升，粗蛋白含量14.2%，湿面筋含量32.1%，沉降值28.2毫升，吸水率64.3%，面团稳定时间2.5分钟，最大抗延阻力87E.U.，拉伸面积21平方厘米。

产量表现：2002年参加黄淮冬麦区南片水地早播组区域试验，平均亩产470.4千克，比对照豫麦49号增产8.1%（显著）；2003年续试，平均亩产486.6千克，比对照豫麦49号增产6.4%（极显著）。2003年参加生产试验，平均亩产481.4千克，比对照豫麦49号增产6.9%。

栽培技术要点：适宜播期为10月上中旬，每亩基本苗15万～18万。田间管理中，保证起身拔节肥水，浇好孕穗水和灌浆水，高产田注意防止倒伏。注意防治叶锈病、白粉病、赤霉病和蚜虫等病虫危害。

适宜种植区域：适宜在黄淮冬麦区南片的安徽北部、河南中北部、江苏北部、陕西关中地区高中水肥地早茬麦田种植。

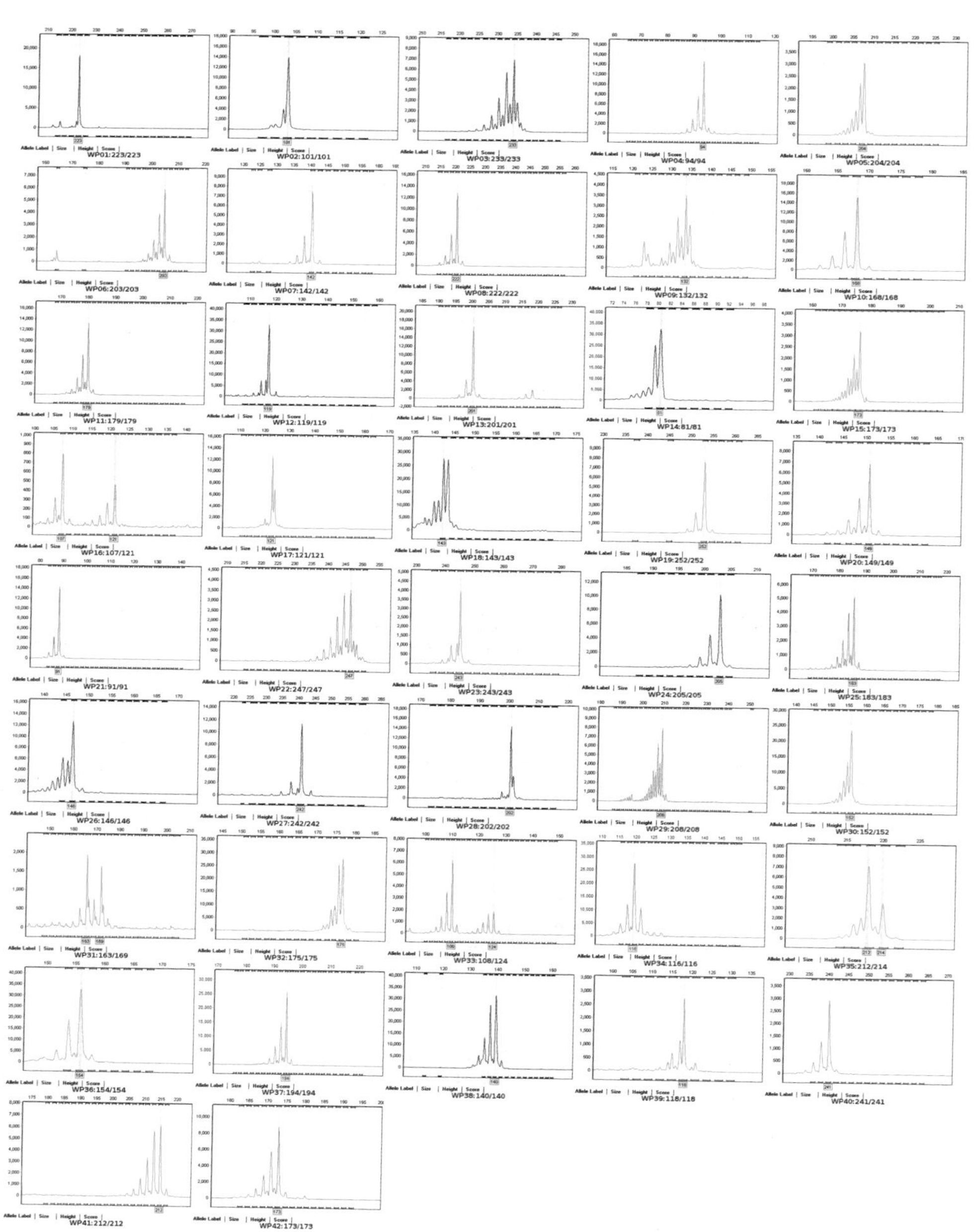

280. 漯麦4号

审定编号： 国审麦2003035

选育单位： 河南省漯河市农业科学研究所

品种来源： 矮早781×80（6）-3-3-10

特征特性： 半冬性中熟品种，熟期与对照豫麦21号相同。幼苗半匍匐，分蘖力较强，叶色深绿，叶片较长。株高83厘米，株型较紧凑。穗纺锤形，中穗，长芒，白壳，白粒，籽粒偏粉质。成穗率一般，平均亩穗数37万穗，穗粒数34粒，千粒重40克。抗寒性较好；较耐旱，较抗穗发芽，抗干热风，熟相较好。中感条锈病、白粉病和赤霉病，高感叶锈病和纹枯病。容重783克/升，粗蛋白含量13.7%，湿面筋含量26.5%，沉降值33.8毫升，吸水率52.7%，面团稳定时间5.8分钟。

产量表现： 1999年参加黄淮冬麦区南片麦区水地早播组区域试验，平均亩产476.7千克，比对照豫麦21号增产15.6%（极显著）；2000年续试，平均亩产554.1千克，比对照豫麦21号增产6.1%（极显著）。2001年参加生产试验，平均亩产485.6千克，比对照豫麦49号增产3%。

栽培技术要点： 适宜播期为10月5—15日，高产田每亩基本苗12万，精量播种，拔节期氮肥后移，防止倒伏。用适乐时等药剂拌种，防治根腐病和叶枯病，减少黑胚率。中后期及时防治条锈病、叶锈病、纹枯病和蚜虫等病虫危害。

适宜种植区域： 适宜在黄淮冬麦区南片的河南中北部、江苏北部、安徽北部及陕西关中高中水肥地早中茬种植。

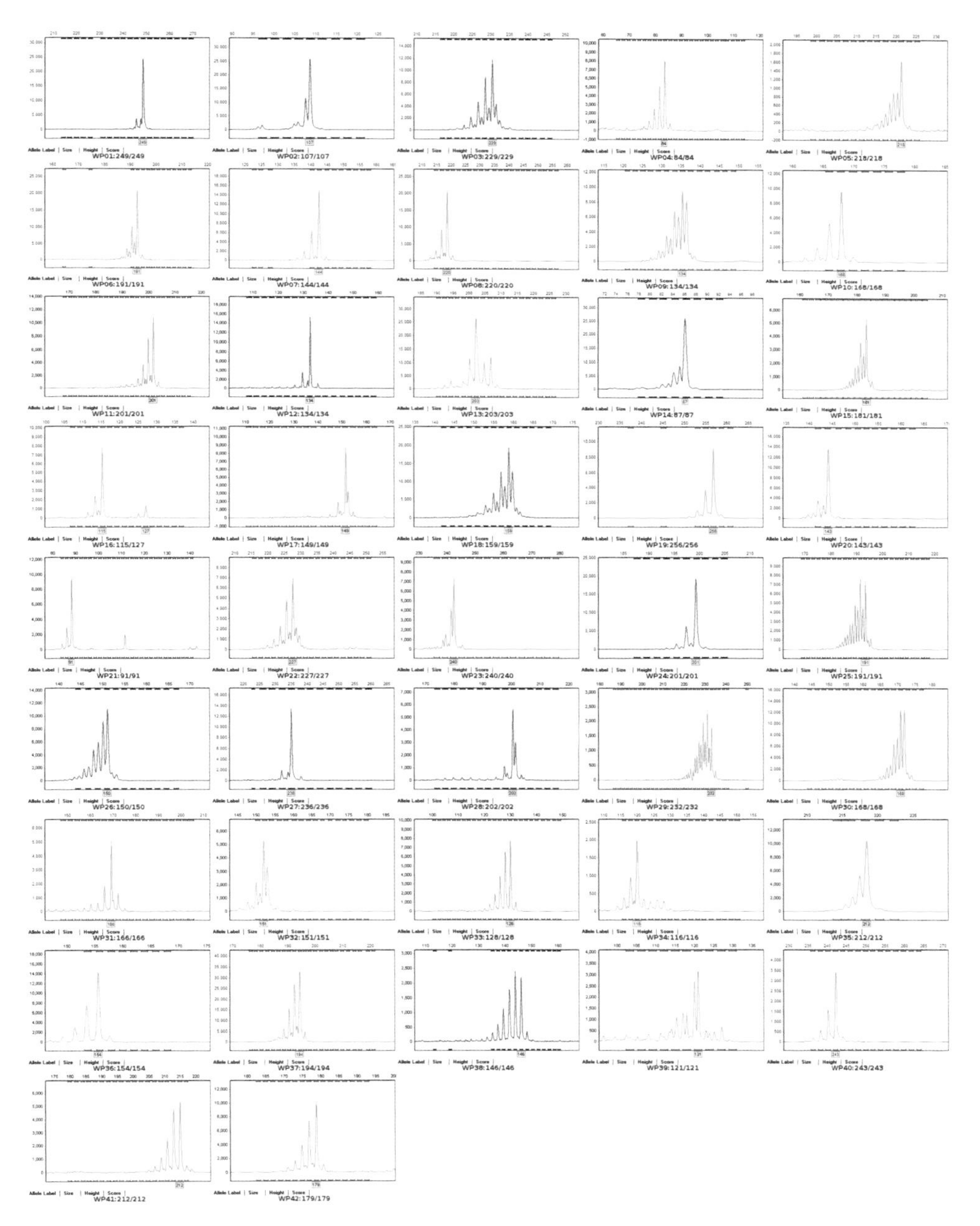

281. 兰考矮早8

审定编号： 国审麦2003033

选育单位： 河南省兰考农华种业有限公司

品种来源： 小黑麦84（184）×90选系

特征特性： 弱春性，晚熟，成熟期比对照豫麦18号晚2~4天。幼苗半匍匐，分蘖力强，叶色深，叶片宽短。株高75厘米，株型紧凑，旗叶宽厚上冲，抗倒力强。穗层整齐，穗长方形，长芒，白壳，白粒，籽粒角质。成穗率较低，平均亩成穗25万，穗粒数42粒，千粒重45克。苗期抗寒性中等，春季耐倒春寒能力偏弱，中后期耐渍性好，熟相较好。对秆锈病免疫，中感条锈病、白粉病、叶锈病和纹枯病，高感赤霉病。容重771克/升，粗蛋白含量14.6%，湿面筋含量34.5%，沉降值33.5毫升，吸水率64.2%，面团稳定时间4.4分钟，最大抗延阻力153.5E.U.，拉伸面积35平方厘米。

产量表现： 2002年参加黄淮冬麦区南片水地晚播组区域试验，平均亩产432.4千克，比对照豫麦18号减产1.3%（不显著）；2003年续试，平均亩产422.4千克，比对照豫麦18号减产3.3%（不显著）。2003年参加生产试验，平均亩产409.5千克，比对照豫麦18号增产0.6%。

栽培技术要点： 适宜播期10月10—15日。缩小行距，增加播量，行距8~10厘米，每亩基本苗20万~25万。肥水管理中，底肥占总施氮量的30%，返青起身期结合浇水追施总氮量的70%。注意防治纹枯病、赤霉病和蚜虫等病虫害。

适宜种植区域： 适宜在河南中北部、安徽北部、江苏北部、陕西关中地区高水肥地中晚茬种植。

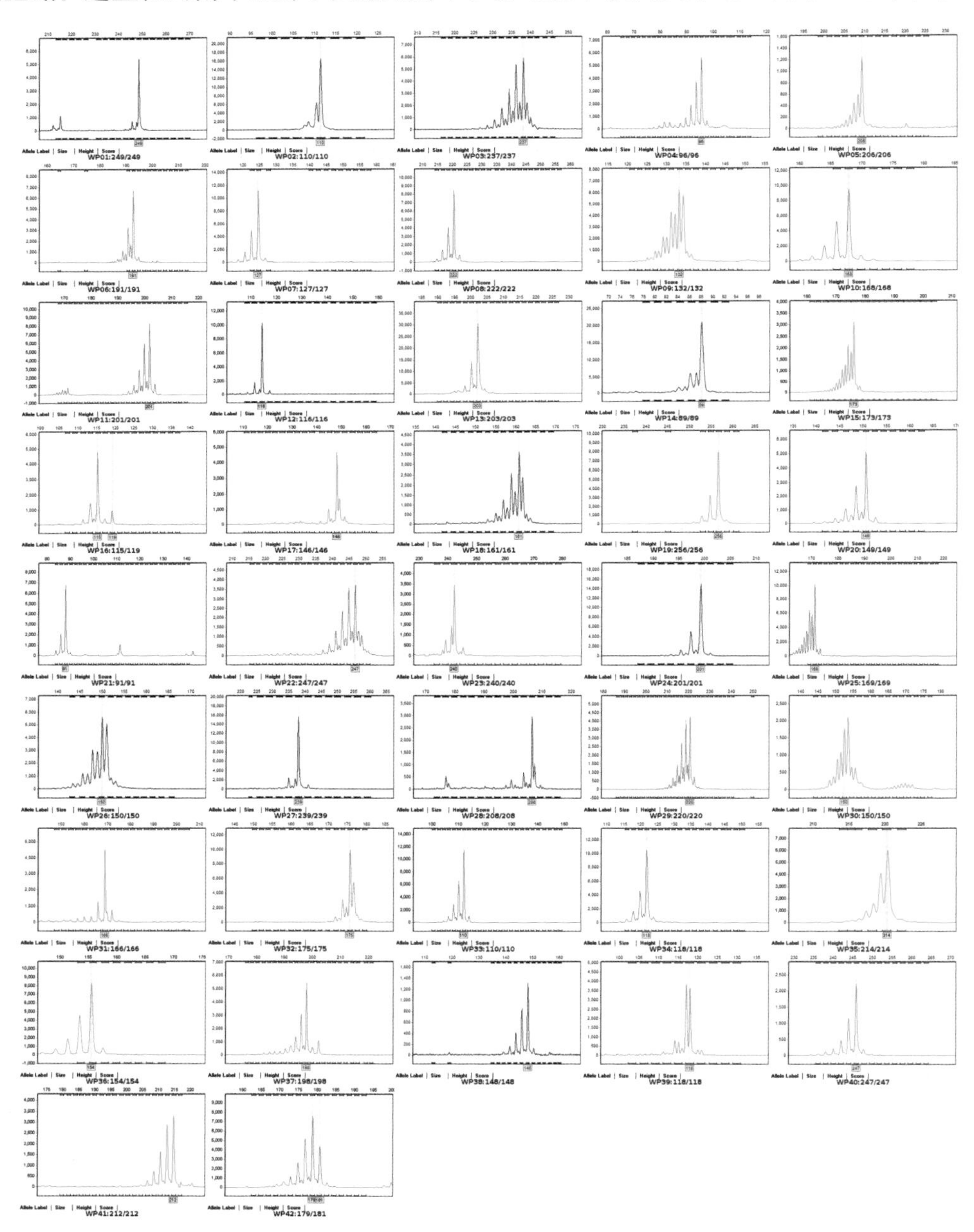

282. 豫麦70

审定编号： 国审麦2003031

选育单位： 河南省内乡县农业科学研究所

品种来源：（绵阳84-27×内乡82C6）F_1×豫麦17

特征特性： 半冬性，中熟，成熟期与对照豫麦49号相同。幼苗半匍匐，分蘖力较强，叶色浅，叶片较长。株高83厘米，株型略松散，旗叶上举，抗倒力中等。穗层整齐，穗长方形，长芒，白壳，白粒，半角质，外观商品性较好。成穗率高，平均亩穗数40万穗，穗粒数30粒，千粒重40克。苗期生长健壮，较耐寒，抗倒春寒能力稍弱。中后期较耐旱，耐渍性一般，抗干热风，落黄较好。中抗条锈病和纹枯病，高感叶锈病、赤霉病和白粉病。容重788.5克/升，粗蛋白含量14.6%，湿面筋含量30.6%，沉降值35.5毫升，吸水率54%，稳定时间11.3分钟，最大抗延阻力375E.U.，拉伸面积81平方厘米。

产量表现： 2001年参加黄淮冬麦区南片水地早播组区域试验，平均亩产534.8千克，比对照豫麦49号增产3.9%（不显著）；2002年续试，平均亩产452.9千克，比对照豫麦49号增产4.1%（不显著）。2003年参加生产试验，平均亩产444.3千克，比对照豫麦49号减产1.3%。

栽培技术要点： 适宜播期为10月中旬，每亩基本苗15万~18万，高产田注意防止倒伏，注意防治叶锈病、白粉病和蚜虫等病虫为害。

适宜种植区域： 适宜在黄淮冬麦区南片的河南、安徽北部、江苏北部高中水肥地早中茬种植。

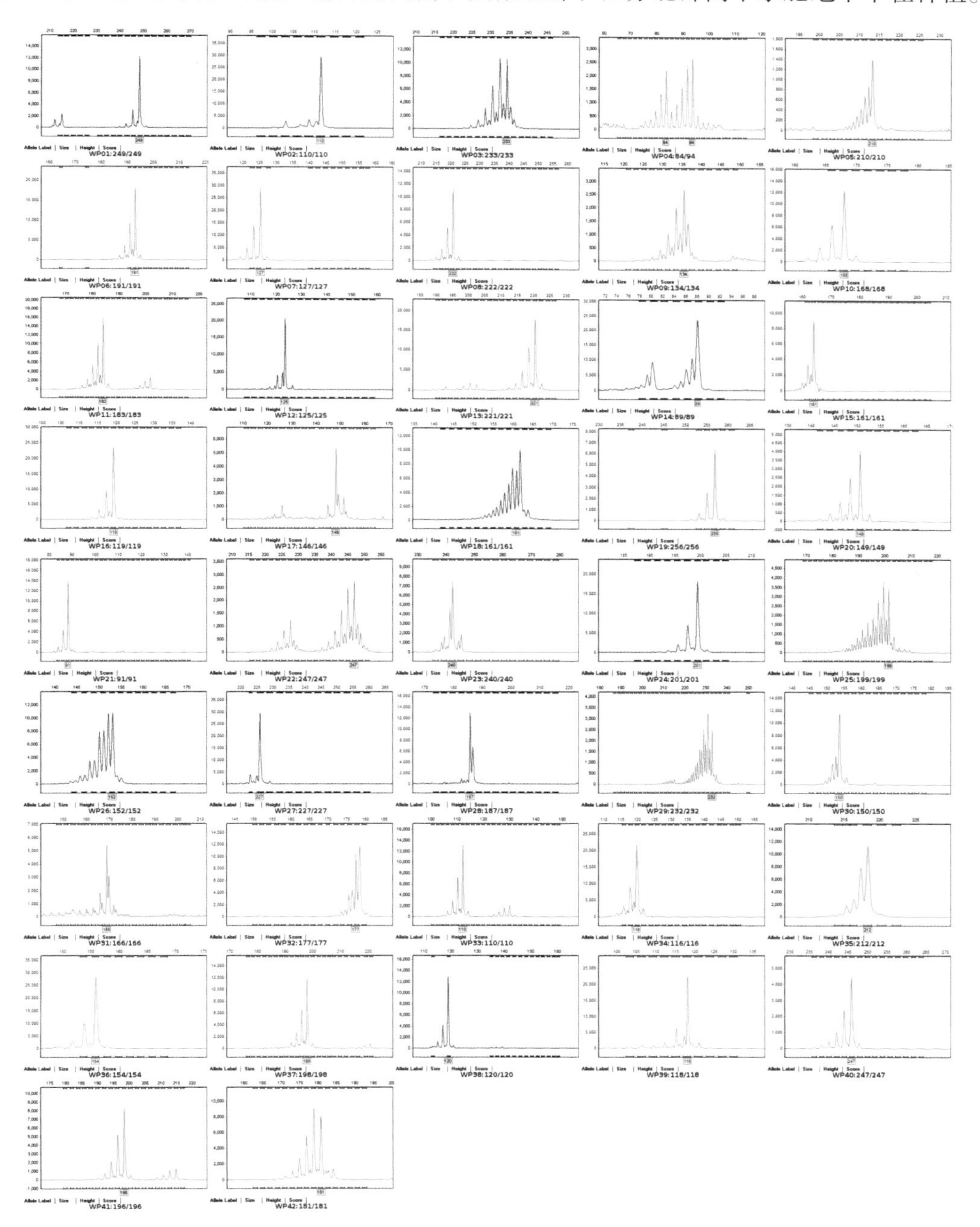

283. 淮麦20

审定编号：国审麦2003030

选育单位：江苏省徐淮地区淮阴农业科学研究所

品种来源：郑州891×烟1604

特征特性：半冬性，中晚熟，成熟期比豫麦49号晚2～3天。幼苗匍匐，分蘖力强，叶色深，叶片窄长。株高85厘米，株型半紧凑，旗叶上举，抗倒性一般。穗层较整齐，穗纺锤形，长芒，白壳，白粒，籽粒半角质，外观商品性较好。成穗率较高，平均亩穗数37万穗，穗粒数32粒，千粒重40克。苗期生长健壮，抗寒性好，熟相中等。中感条锈病和纹枯病，高感叶锈病、白粉病和赤霉病，对杆锈病免疫。容重803克/升，粗蛋白含量14%，湿面筋含量32.4%，沉降值33.1毫升，吸水率62%，面团稳定时间5.5分钟，最大抗延阻力240.5E.U.，拉伸面积45平方厘米。

产量表现：2002年参加黄淮冬麦区南片水地早播组区域试验，平均亩产476.1千克，比对照豫麦49号增产9.4%（极显著）；2003年续试，平均亩产480.5千克，比对照豫麦49号增产5%（显著）。2003年参加生产试验，平均亩产470千克，比对照豫麦49号增产4.4%。

栽培技术要点：适宜播期为10月5—15日，每亩基本苗12万～15万。高产田在返青期要控制肥水以防倒伏。注意防治叶锈病、白粉病和赤霉病。

适宜种植区域：适宜在黄淮冬麦区南片的安徽北部、江苏北部、河南中北部高中水肥地早茬麦田种植。

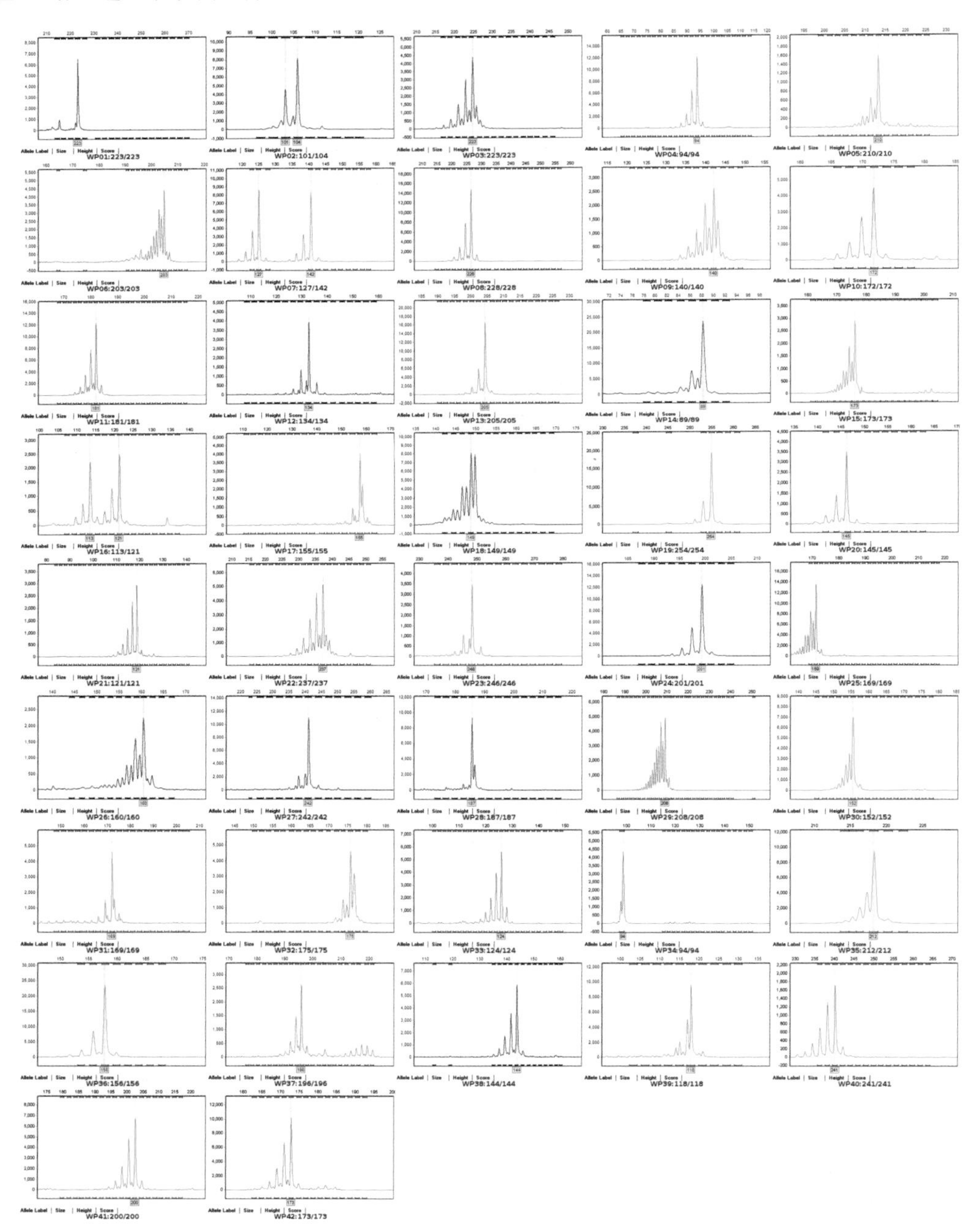

284. 周麦16号

审定编号：国审麦2003029

选育单位：河南省周口市农业科学研究所

品种来源：周9×周8425B

特征特性：半冬性，中熟，成熟期比对照豫麦49号晚1天。幼苗半直立，分蘖力中等，叶色深，叶片宽长。株高70厘米，株型紧凑，旗叶上举，抗倒性较好。穗层整齐，穗纺锤形，长芒，白壳，白粒，籽粒半角质。成穗率较高，平均亩穗数37万穗，穗粒数30粒，千粒重46克。苗期生长健壮，抗寒性较好，耐倒春寒能力稍偏弱。耐湿性好，耐后期高温，熟相好。高抗秆锈病，中感条锈病、白粉病和纹枯病，高感叶锈病和赤霉病。容重774克/升，粗蛋白含量14%，湿面筋含量30.8%，沉降值25.5毫升，吸水率62.1%，面团稳定时间2.1分钟，最大抗延阻力71E.U.，拉伸面积14平方厘米。

产量表现：2002年参加黄淮冬麦区南片水地早播组区域试验，平均亩产472.8千克，比对照豫麦49号增产8.6%（极显著）；2003年续试，平均亩产471.7千克，比对照豫麦49号增产3.1%（不显著）。2003年参加生产试验，平均亩产463.4千克，比对照豫麦49号增产2.9%。

栽培技术要点：适宜播期为10月5—20日，每亩基本苗12万～15万。注意防治叶锈病、赤霉病、纹枯病和蚜虫等病虫危害。

适宜种植区域：适宜在黄淮冬麦区南片的河南中北部、安徽北部、江苏北部、陕西关中地区高水肥地早茬麦田种植。

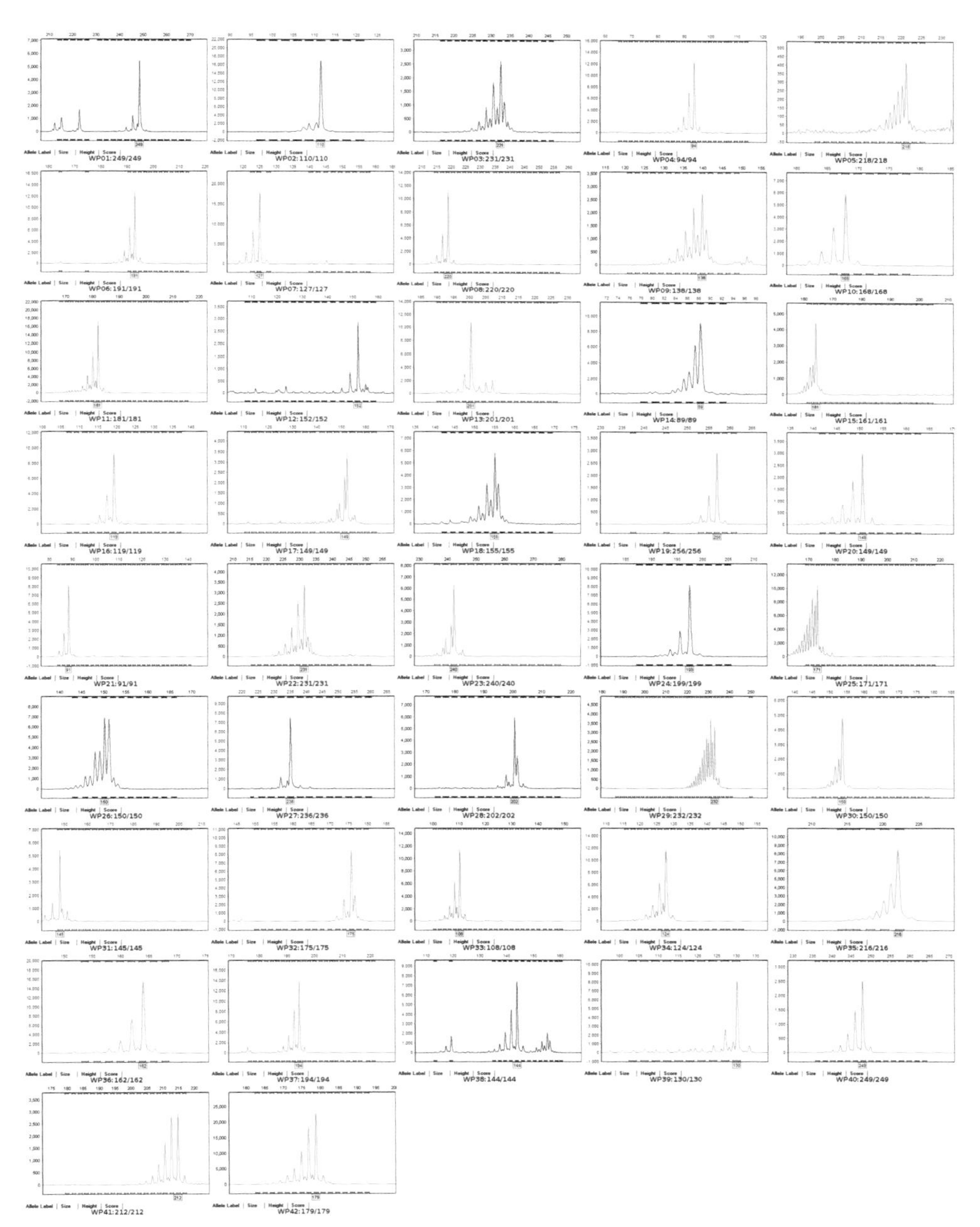

285. 新麦11号

审定编号：国审麦2003028

选育单位：河南省新乡市农业科学研究所

品种来源：周8826×新乡3577

特征特性：弱春性，中早熟，成熟期比对照豫麦18号晚1天。幼苗半直立，分蘖力中等，叶色深绿，叶片窄长。株高84厘米，株型稍松散，抗倒力中等。穗层较整齐，主茎穗与分蘖穗稍有差异，穗纺锤形，长芒，白壳，白粒，籽粒偏粉质。分蘖成穗率高，亩穗数36万穗，穗粒数34粒，千粒重43克。苗期长势壮，抗寒性好。中后期耐高温，抗干热风，灌浆快，落黄好。中抗条锈病，高感白粉病、叶锈病、赤霉病，中抗纹枯病和秆锈病。容重779.5克/升，粗蛋白含量14.3%，湿面筋含量31.8%，沉降值25.4毫升，吸水率55.4%，面团稳定时间2.3分钟，最大抗延阻力88E.U.，拉伸面积22.5平方厘米。

产量表现：2002年参加黄淮冬麦区南片水地晚播组区域试验，平均亩产480.3千克，比对照豫麦18号增产9.7%（极显著）；2003年续试，平均亩产485.8千克，比对照豫麦18号增产11.2%（极显著）；2003年参加生产试验，平均亩产460.4千克，比对照豫麦18号增产9.6%。

栽培技术要点：适宜播期为10月10—25日，每亩基本苗14万～18万，晚播适当增加播量。拔节末期进行肥水管理，注意宜晚不宜早。注意防治叶锈病、白粉病、赤霉病和蚜虫等病虫为害。

适宜种植区域：适宜在黄淮冬麦区南片的河南、安徽北部、江苏北部、陕西关中地区高中水肥地中晚茬种植。

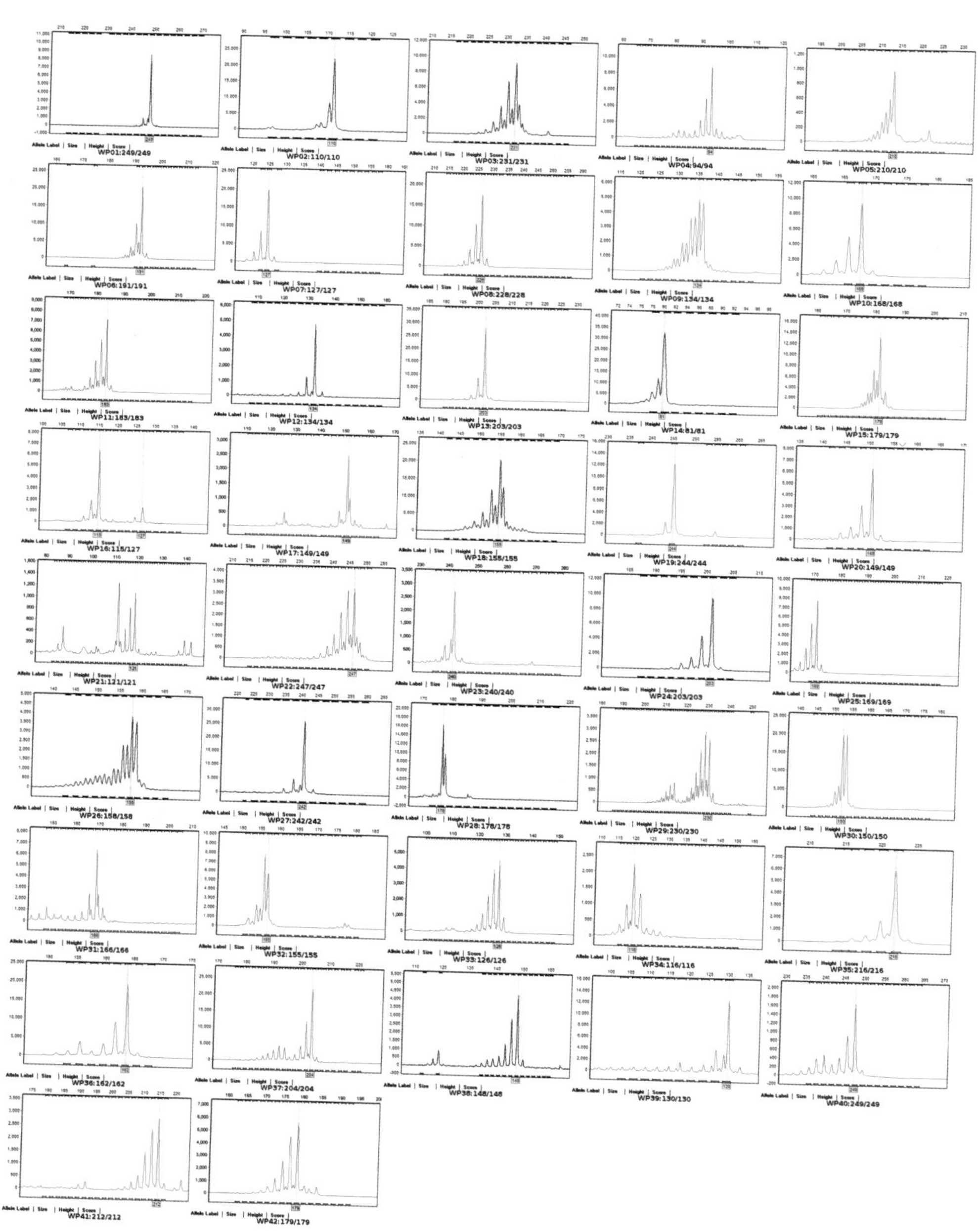

286. 郑麦9023

审定编号：国审麦2003027

选育单位：河南省农业科学院小麦研究所，西北农林科技大学

品种来源：{（小偃6号×西农65）×［83（2）3-3×84（14）43］}F_3×陕213

特征特性：春性，成熟期比对照豫麦18号早2天。幼苗直立，分蘖力中等，叶黄绿色，叶片上冲。株高80厘米，株型较紧凑，抗倒伏性中等。穗层整齐，穗纺锤形，长芒，白壳，白粒，籽粒角质。成穗率较高，平均亩穗数39万穗，穗粒数27粒，千粒重43克；在长江中下游区试中，平均亩穗数30万穗，穗粒数30粒，千粒重43克。冬春长势旺，抗寒力弱。耐后期高温，灌浆快，熟相好。中抗条锈病，中感叶锈病和秆锈病，高感赤霉病、白粉病和纹枯病。黄淮南片试验，容重800克/升，粗蛋白含量14.5%，湿面筋含量33%，沉降值44.4毫升，吸水率64.2%，面团稳定时间7.6分钟，最大抗延阻力364.8E.U.，拉伸面积58.7平方厘米。长江中下游麦区试验，容重777克/升、粗蛋白含量14.0%，湿面筋含量29.8%，沉降值45.3毫升，吸水率59.9%，稳定时间7.1分钟，最大抗延阻力445E.U.，延伸性17.7厘米，拉伸面积103.9平方厘米。

产量表现：2002年参加黄淮冬麦区南片水地晚播组区域试验，平均亩产458.2千克，比对照豫麦18号增产4.7%（显著）；2003年续试，平均亩产448.5千克，比对照豫麦18号增产2.7%（不显著）；2003年参加生产试验，平均亩产416千克，比对照豫麦18号增产2.1%。2002年参加长江流域冬麦区中下游组区域试验，平均亩产337.1千克，比对照扬麦158增产5.9%（极显著）；2003年续试，平均亩产309.2千克，比对照扬麦158增产3%（极显著）。2003年参加生产试验，平均亩产287.9千克，比当地对照减产2.1%。

栽培技术要点：注意适期晚播防止冻害。黄淮冬麦区南片适宜播期为10月15—25日，每亩基本苗15万～20万；长江中下游麦区适宜播期为10月25日至11月5日，每亩基本苗20万～25万；注意防治白粉病、纹枯病和赤霉病；后期及时收获防止穗发芽。在黄淮冬麦区南片种植，注意氮肥后移，保证中后期氮素供应，确保强筋品质。

适宜种植区域：适宜在黄淮冬麦区南片的河南、安徽北部、江苏北部、陕西关中地区晚茬种植。长江中下游麦区的安徽和江苏沿淮地区、河南南部及湖北北部等地种植。

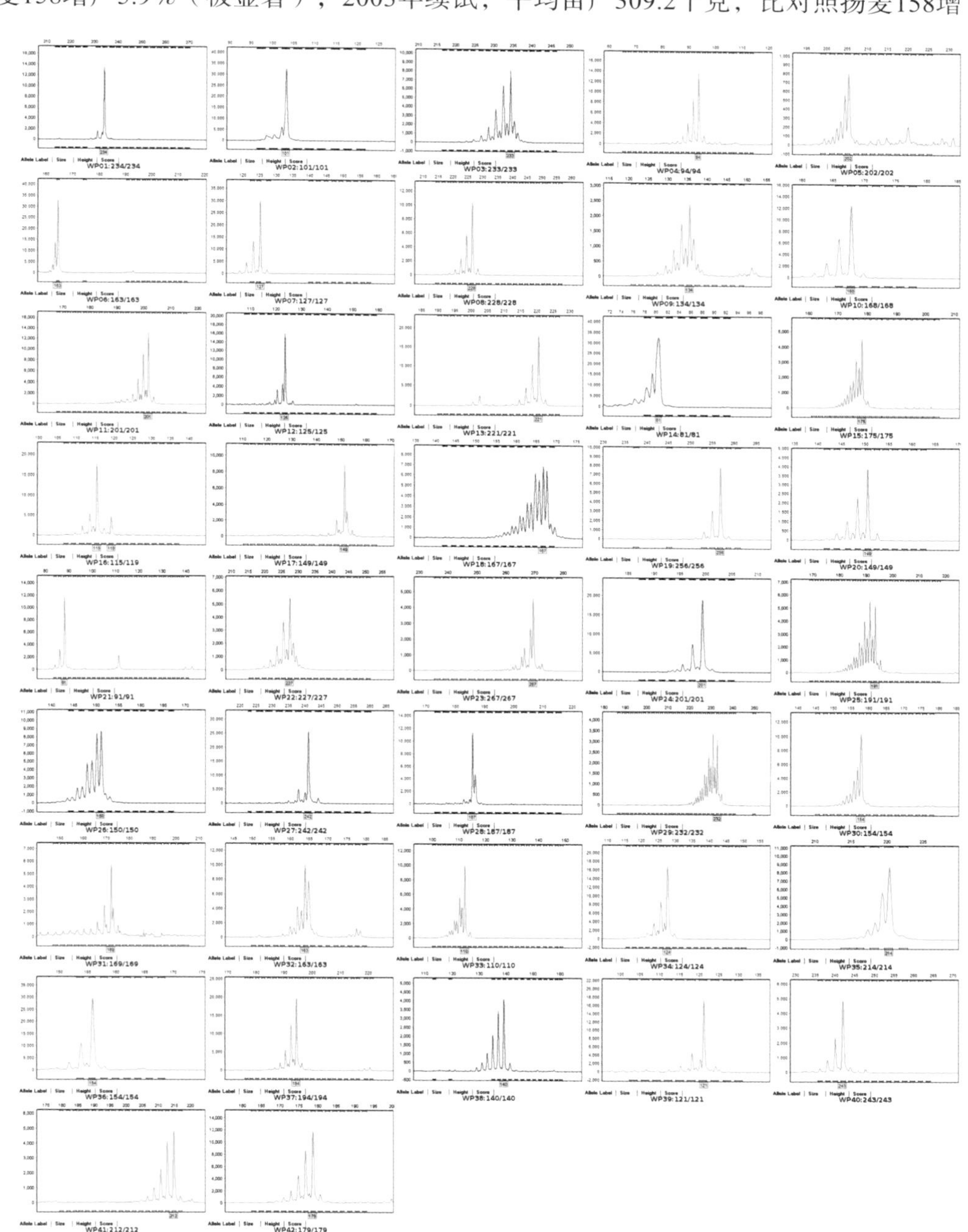

287. 浙丰2号

审定编号： 国审麦2003026

选育单位： 浙江省农业科学院植物保护研究所

品种来源： 皖鉴7909×浙908

特征特性： 春性，成熟期较对照扬麦158晚1～2天。幼苗半直立，分蘖力中等，叶色淡，叶片窄小上冲。株高85厘米左右，株型紧凑，长相清秀，抗倒能力较好，抗寒力一般。穗长方形，长芒，白壳，红粒。成穗率较高，平均亩穗数30万穗，穗粒数38粒，千粒重40克。熟相一般。中抗纹枯病和赤霉病，慢条锈病，中感白粉病，高感叶锈病。容重761.6克/升，粗蛋白含量11.9%，湿面筋含量23.9%，沉降值16.7毫升，吸水率50.3%，面团稳定时间1.8分钟，最大抗延阻力208.3E.U.，延伸性16.1厘米，拉伸面积48.5平方厘米。

产量表现： 2000年参加长江流域冬麦区中下游组区域试验，平均亩产376.4千克，比对照扬麦158减产1.4%（不显著）；2001年续试，平均亩产340.8千克，比对照减产2.6%（极显著）。2002年参加生产试验，平均亩产285千克，比当地对照品种增产4.3%。

栽培技术要点： 适宜播种期在长江中下游麦区中北部为10月底至11月上旬，南部为11月上旬至中旬。每亩基本苗18万～20万。施足基肥，早施苗肥，适量施用拔节孕穗肥，后期应防止施肥过多过迟而影响弱筋品质。

适宜种植区域： 适宜在长江中下游冬麦区的浙江、安徽和江苏淮南地区、河南南部地区及湖北等地种植。

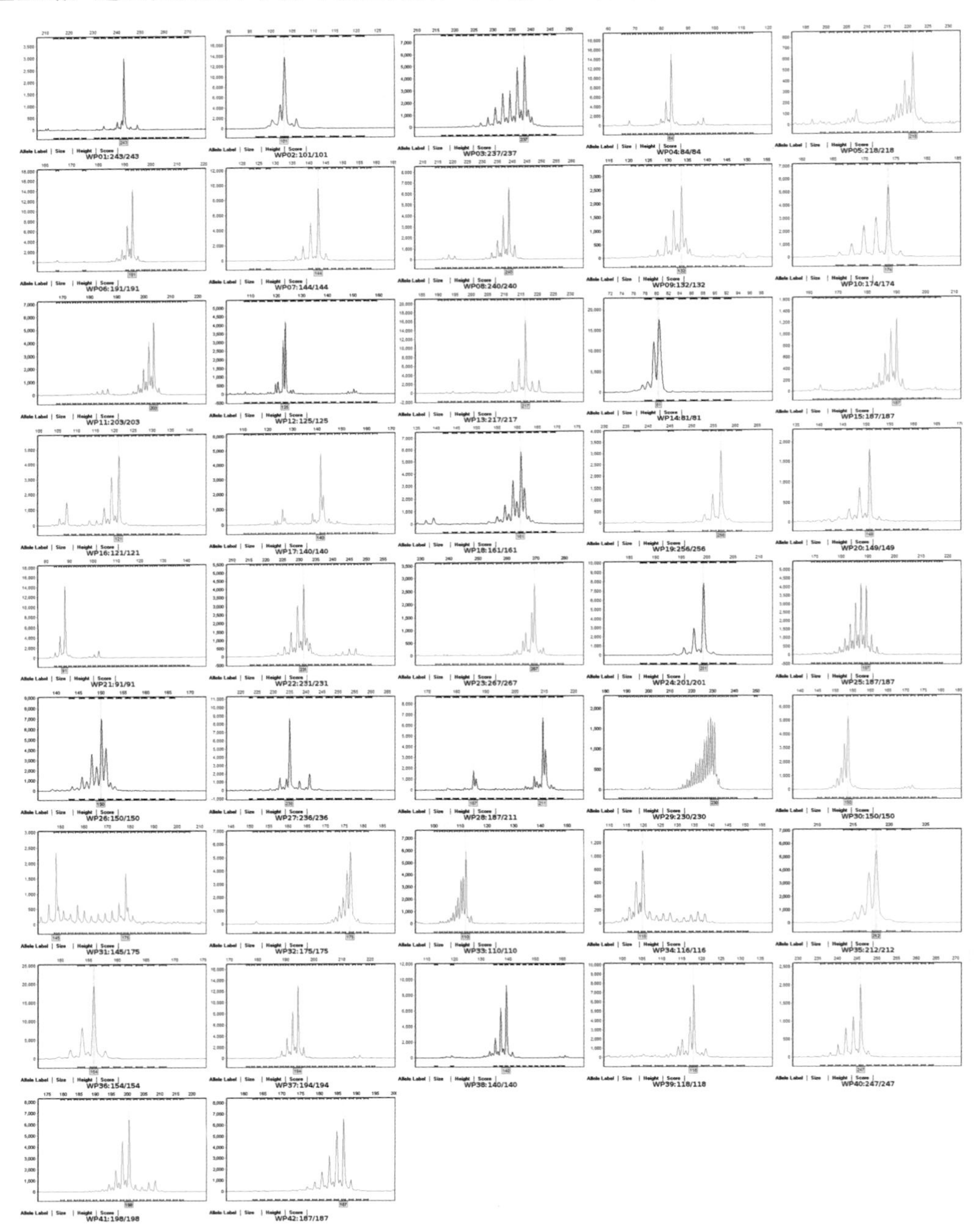

288. 川农16

审定编号：国审麦2003023

选育单位：四川农业大学

品种来源：川育12×87-429

特征特性：春性，成熟期同对照品种绵阳26号。幼苗直立，分蘖力较强，叶色深绿，苗叶较狭。株高77厘米，株型紧凑，耐肥抗倒。穗层整齐，穗较短小，穗长方形，长芒，白壳，红粒，籽粒半角质。平均亩穗数28万穗，穗粒数27粒，千粒重40克。中抗条锈病、白粉病和赤霉病，高感叶锈病。容重774克/升，粗蛋白含量12.3%，湿面筋含量25.4%，沉淀值17.7毫升，吸水率55.1%，面团稳定时间1.5分钟，最大抗延阻力184E.U.，延伸性16.1厘米，拉伸面积42.9平方厘米。

产量表现：2001年参加长江流域冬麦区上游组区域试验，平均亩产338.7千克，比对照绵阳26号增产10%（极显著）；2002年续试，平均亩产303.9千克，比对照绵阳26号增产15.9%（极显著）。2003年参加生产试验，平均亩产260.7千克，比当地对照品种增产5.3%。

栽培技术要点：适宜播种期为10月底至11月初，每亩基本苗12万。亩施纯氮10万～12万千克，适当施用磷、钾肥，重施基肥。条锈病流行年份和重发区注意进行药剂防治。

适宜种植区域：适宜在长江流域冬麦区上游的四川、重庆、贵州、云南和陕西汉中地区中上等水肥地种植。

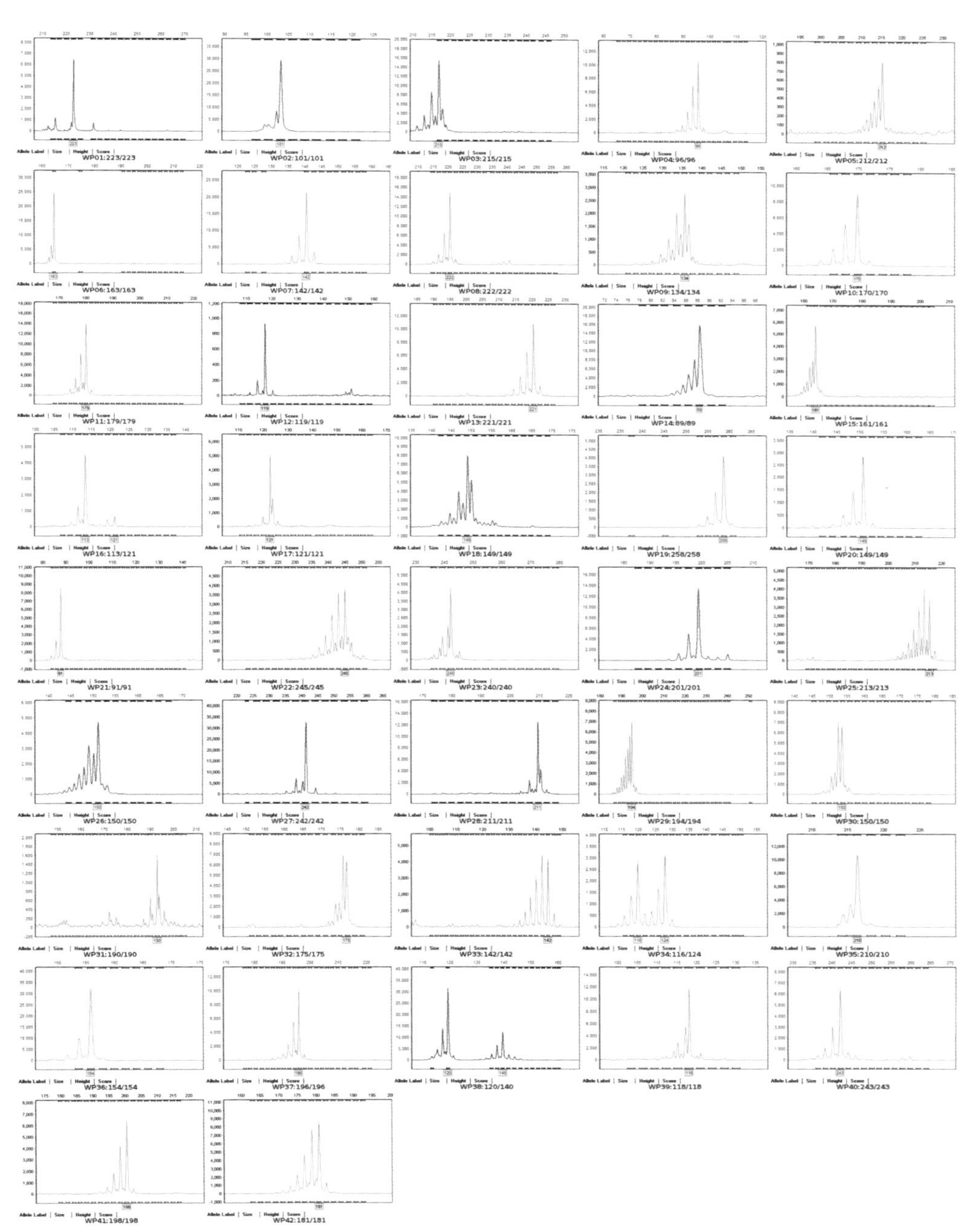

289. 垦九9号

审定编号： 国审麦2003021

选育单位： 黑龙江省农垦总局九三科学研究所

品种来源： （西引一号×九三80-41123-7-3）F_1×多父本经两次有性杂交

特征特性： 该品种为晚熟，生育期91天左右。苗期匍匐，生长缓慢。叶深绿色，分蘖力强，成穗率高。株高100厘米左右，秆强超过新克旱9号。穗近纺锤形，稀植棍棒形，有芒，大穗多花，大粒，千粒重38克左右，角质率92%以上。品质经农业部谷物监督检验测试中心1999—2000年两年检测，平均蛋白质含量16%，湿面筋37.5%，沉降值38.75毫升，吸水率67.7%，稳定时间3分钟。综合抗性好，1999年经中国农业科学院植物保护研究所抗病鉴定，秆锈病免疫，高抗叶锈病，中抗根腐病，前期抗旱，后期耐湿，成熟落黄好，抗逆性强，适应性广。

产量表现： 1998年参加全国东北大区春麦组预备试验亩产281.46千克，比对照新克旱9号增产10.4%。1999—2000年参加区域试验，平均亩产228.9千克，平均比新克旱9号增产6.4%。2001年生产试验，平均亩产234.5千克，比新克旱9号增产5.6%。

栽培技术要点： 该品系喜肥水，在肥力中等以上的土壤种植，增产潜力更大，每公顷保苗550万，公顷施化肥250千克，N：P：K=1：1：0.3。

适宜种植区域： 适应黑龙江西部和内蒙古的东四盟等地种植。

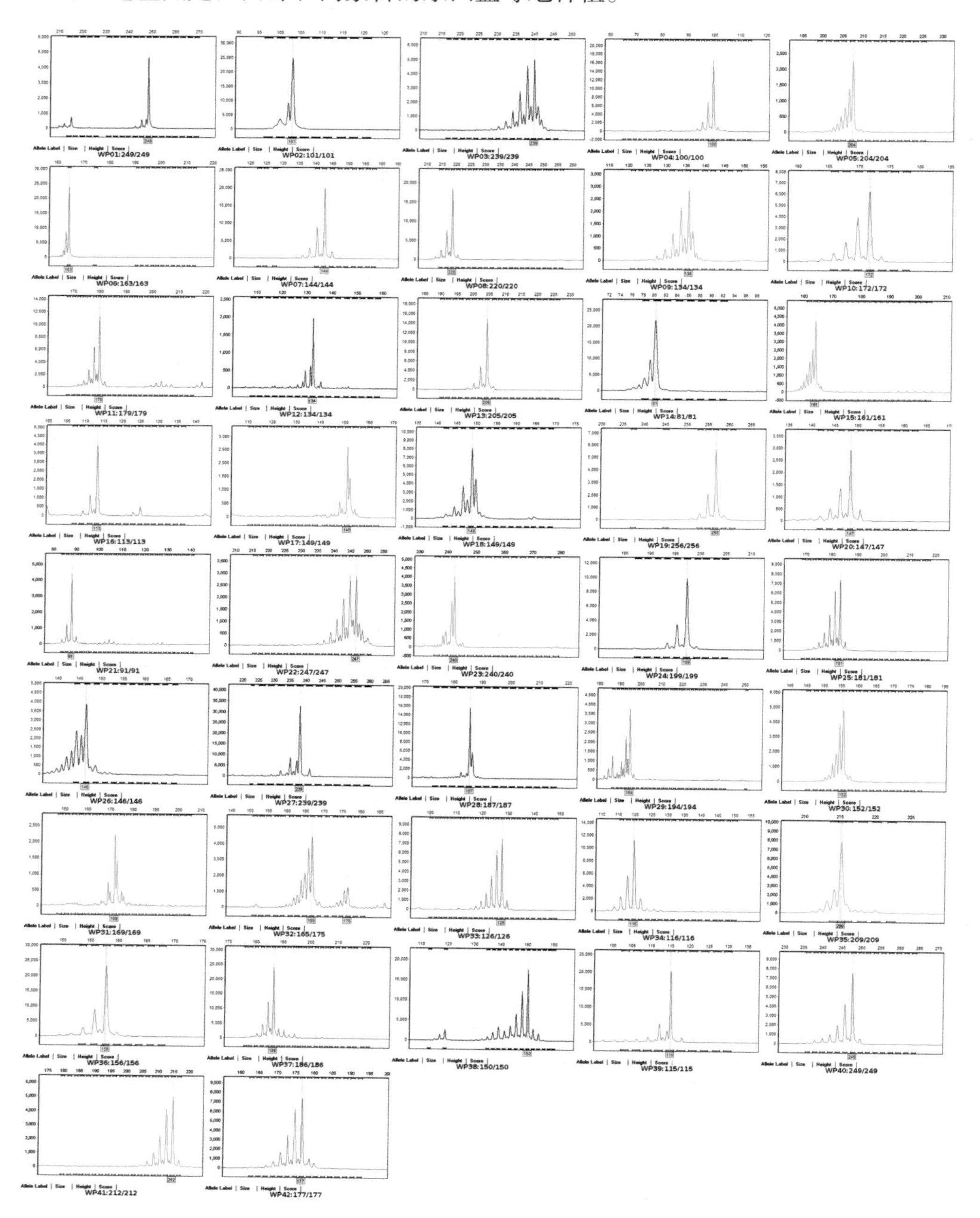

290. 长6878

审定编号：国审麦2003019

选育单位：山西省农业科学院谷子研究所

品种来源：临旱5175/晋麦63号

特征特性：冬性中早熟品种，成熟期与对照西峰20号相当。幼苗匍匐，分蘖力强，成穗多。穗层整齐，穗锤形，长芒，白壳，白粒。株高90厘米左右。亩穗数34万～38万穗，穗粒数28～30粒，千粒重32～36克。落黄好，抗倒伏性较好。经鉴定，抗旱性较好；高抗条锈病，中抗白粉病，高感叶锈病。品质分析，容重798克/升，蛋白质含量14.6%，湿面筋含量31.3%，沉降值27.7毫升，吸水率62.3%，面团稳定时间2.2分钟，最大抗廷阻力83E.U.，拉伸面积22平方厘米。

产量表现：2001年、2002年参加国家小麦品种区试北部冬麦区旱地组试验，两年平均亩产281.2千克，平均比对照增产15%。

栽培技术要点：适宜播种期为9月下旬。亩播种量11～13千克。基肥亩施有机肥2 000～3 000千克，硝酸磷40千克。抽穗灌浆期注意防治蚜虫。

适宜种植区域：适宜在北部冬麦区的陕西、山西、甘肃和宁夏旱地种植。

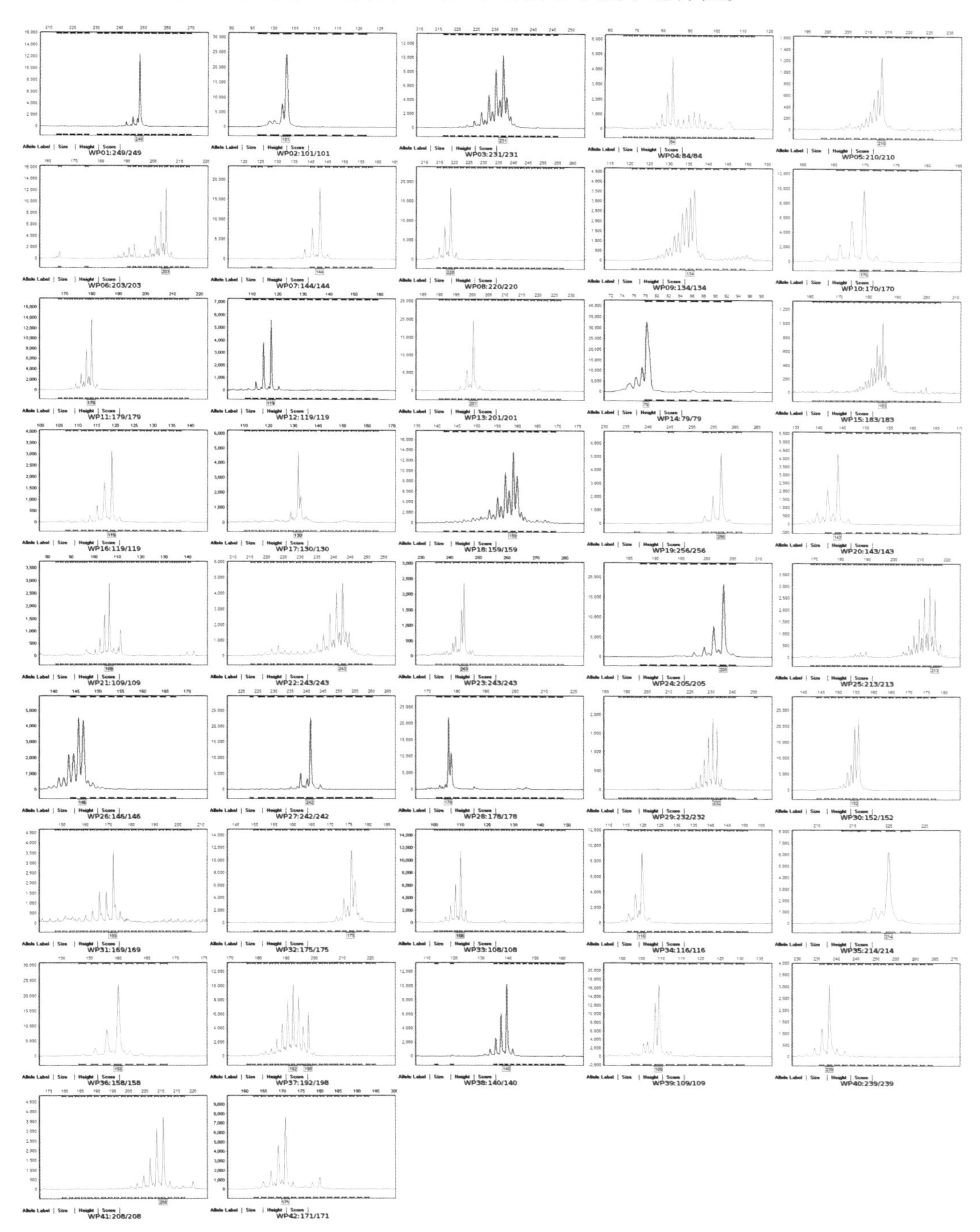

291. 轮选987

审定编号：国审麦2003017

选育单位：中国农业科学院作物科学研究所

品种来源：矮败小麦轮回群体

特征特性：该品种属半冬性中晚熟品种，生育期241天。幼苗匍匐，叶色深绿，分蘖力较强。亩穗数46.4万左右，穗层较整齐。成株株型紧凑，株高79.2厘米左右。穗纺锤形，长芒，白壳，红粒，硬质，籽粒较饱满。穗粒数32.7个，千粒重40.1克，容重782.2克/升。熟相较好。抗倒性较强。抗寒性与对照品种相当。品质：2009年农业部谷物及制品质量监督检验测试中心（哈尔滨）测定结果：粗蛋白（干基）12.95%，湿面筋26.4%，沉降值16.0毫升，吸水率61.4%，形成时间1.7分钟，稳定时间0.6分钟。抗病性：河北省农林科学院植物保护研究所抗病性鉴定结果：2007年中感条锈病，高抗叶锈病，中抗白粉病；2008年中感条锈病，高抗叶锈病，中抗白粉病。

产量表现：2007—2008年冀中南水地组两年区域试验平均亩产537.76千克。2009年冀中南水地组生产试验，平均亩产516.59千克。

栽培技术要点：适宜播期为10月上旬，播种量为8～10千克/亩。施尿素15千克/亩、磷酸二氨25千克/亩、氯化钾或硝酸钾10千克/亩做底肥。全生育期浇水3～4次，冬前浇冻水，春生第二叶露尖后浇第二水，追施尿素8千克/亩，小麦挑期前后浇第三水，追施尿素10千克/亩，5月中下旬浇第四水。

适宜种植区域：适宜河北省中南部冬麦区中高水肥地种植。

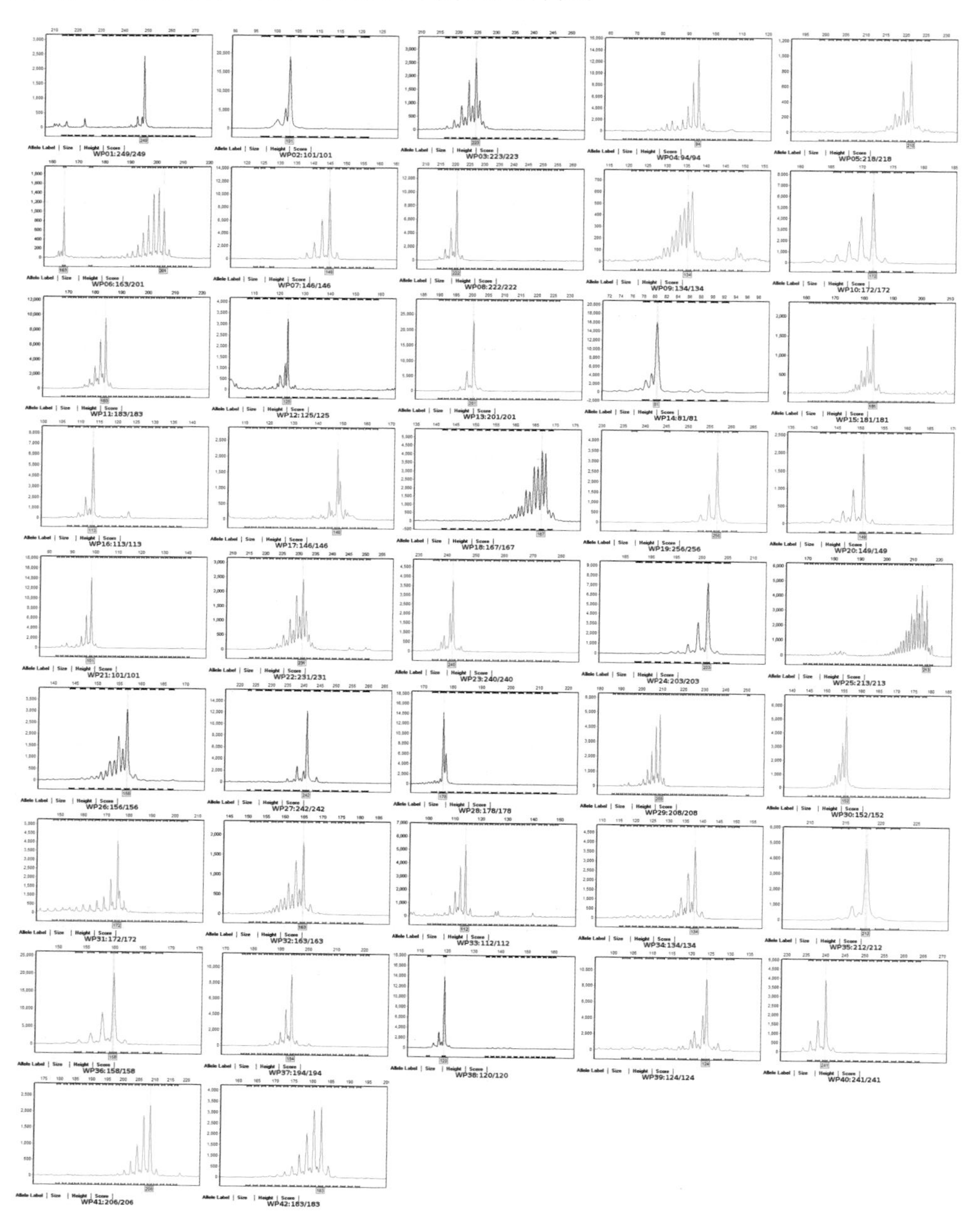

292. 洛旱2号

审定编号：国审麦2003016

选育单位：张灿军、王书子

品种来源：洛阳78（111）矮×晋麦33号

特征特性：半冬性多穗型中早熟品种，全生育期239～244天。幼苗匍匐，分蘖力强，苗期叶片窄长，叶色淡绿，成株期叶片直立；株高70～80厘米，茎、叶无蜡质，茎秆较细，弹性好，穗下节长25厘米左右；穗长方形，长芒，穗长8厘米左右，小穗着生密度中等，每穗小穗18～20个，小穗结实性中等，穗粒数28～30粒，千粒重38～40克；护颖白色、茸毛少、椭圆形、肩方、嘴锐、脊明显；籽粒白色、卵圆、大小均匀、腹沟浅、饱满度好、有光泽，容重800克/升左右。

产量表现：1998—1999年度参加河南省旱地小麦品种区域试验，平均亩产293.2千克，较对照种豫麦2号增产7.52%，居首位；1999—2000年度参加河南省旱地小麦品种区域试验，平均亩产345.2千克，比对照豫麦2号增产8.52%，居第2位；2000—2001年度参加河南省旱地小麦生产试验，平均亩产333.85千克，比对照豫麦2号增产4.11%，居第2位。2000—2001年度参加国家冬麦区黄淮旱地小麦区域试验，平均亩产299.43千克，比对照种晋麦47号增产0.9%，差异不显著，居首位。2001—2002年度参加国家冬麦区黄淮旱地小麦区域试验，平均亩产278.18千克，比对照晋麦47增产7.9%，达极显著水平，居首位。2001—2002年度参加国家冬麦区黄淮旱地小麦生产试验，平均亩产288.19千克，比对照晋麦47增产12.53%，居首位。

适宜种植区域：适宜黄淮麦区丘陵旱肥地、平原旱地及中水肥地早中茬种植。

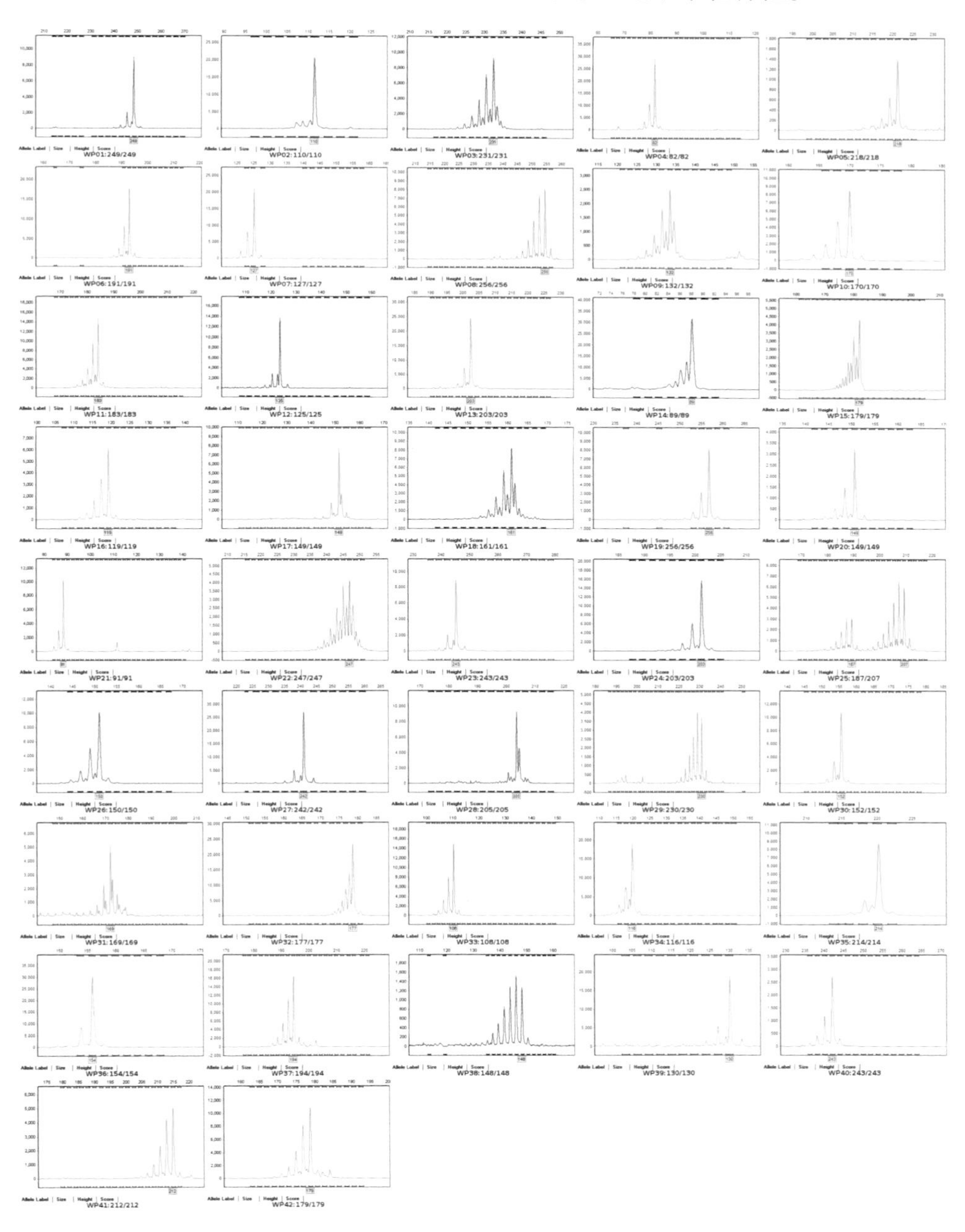

293. 济麦19号

审定编号：国审麦2003014

选育单位：山东省农业科学院作物研究所

品种来源：鲁麦13号/临汾5064

特征特性：冬性，幼苗半匍匐，叶片深绿色，株型较紧凑，分蘖力强，成穗率较高，两年区域试验平均：生育期244天，亩有效穗39.3万，有效分蘖率40%，株高82.9厘米，穗粒数35.1粒，千粒重39.4克，容重764.6克/升。穗型长方形，长芒、白壳、白粒。熟相较好，籽粒椭圆、较饱满。抗倒伏性中等。经抗病性鉴定：感条锈病，中感和中抗叶锈病（抗感并存），抗白粉病。生产试验统一取样经农业部谷物品质监督检验测试中心（北京）测试结果：粗蛋白含量13.7%，湿面筋31.2%，沉降值32.8毫升，吸水率59.3%，形成时间3.5分钟，稳定时间3.9分钟，软化度62%，评价值52。

产量表现：1997—1999年参加了山东省小麦高肥乙组区域试验，两年平均亩产512.7千克，比对照鲁麦14号增产5.7%；1999—2000年生产试验，平均亩产508.63千克，比对照鲁麦14号增产7.46%。

栽培技术要点：全省亩产400～500千克地块推广种植。最佳播期10月1—15日。鲁西北及鲁北地区适播期以10月1—10日为宜；鲁西南和鲁南地区以10月5—15日为宜；鲁中地区多为丘陵山地，可根据不同地区气候条件确定适宜的播期。高产栽培条件下要求基本苗10万～12万，冬前群体应控制在60万～100万，春季最大群体应控制在80万～100万。高产地块须水肥后移，防倒伏。

适宜种植区域：适宜在黄淮冬麦区北片的河北中南部、山西中南部和山东中上等肥水地种植。

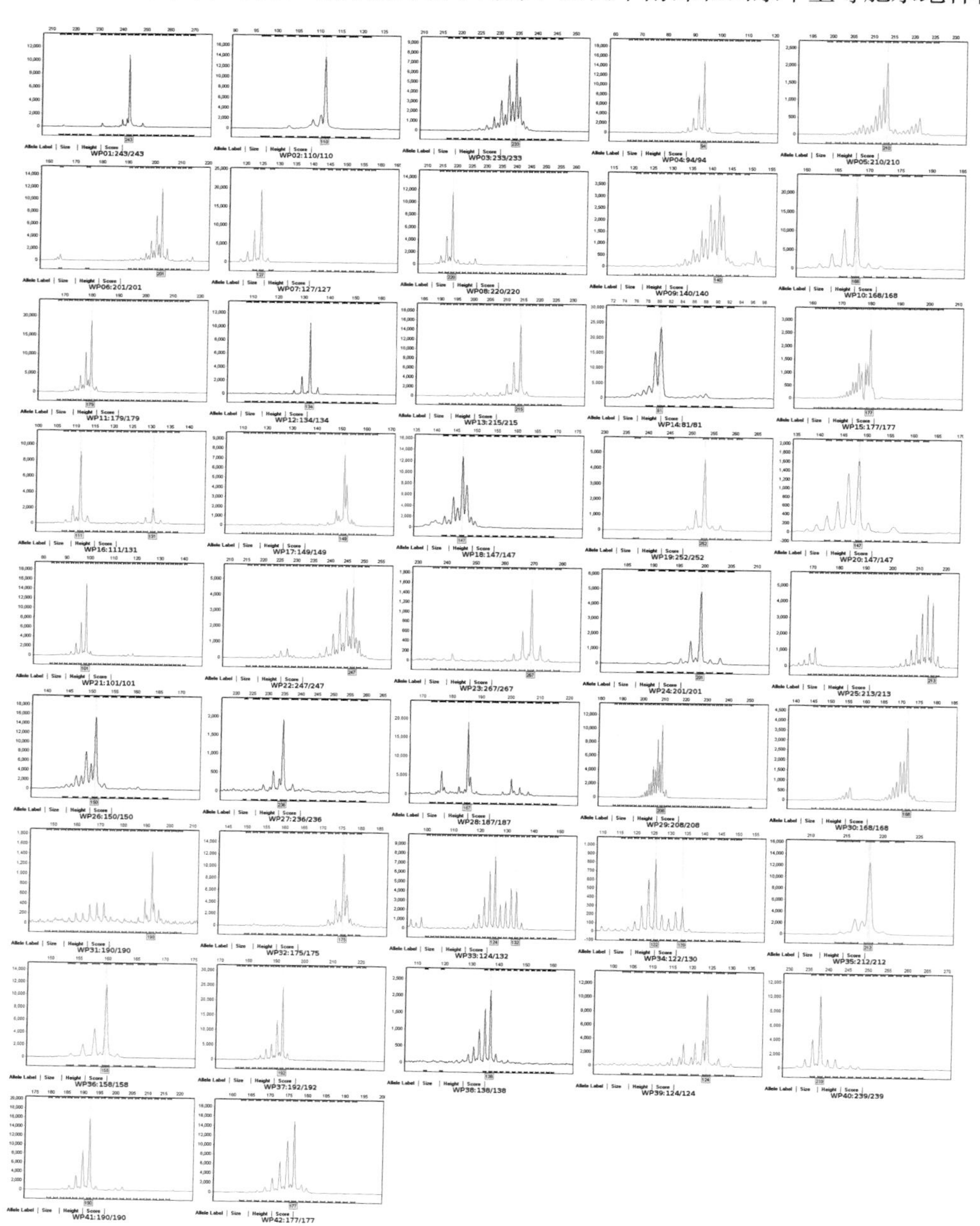

294. 石家庄8号

审定编号：国审麦2003011

选育单位：河北省石家庄市农业科学研究院

品种来源：石91-5096×石9306

特征特性：半冬性，中熟，成熟期比对照品种石4185晚1天。幼苗半匍匐，分蘖力较强。穗长方形，短芒，白壳，白粒。株型松散，株高79厘米左右。亩穗数41万左右，穗粒数32粒左右，千粒重43克左右。抗倒性中等，耐旱性较好，后期抗干热风能力较强，熟相好。经鉴定，越冬率为96%，抗寒性与对照品种石4185（越冬率97%）相当。中抗条锈病和白粉病，中感叶锈病和纹枯病。品质分析：容重790克/升，蛋白质含量13.8%，湿面筋含量25%，沉降值15.7毫升，吸水率59%，面团稳定时间1.2分钟。

产量表现：参加国家小麦品种区试黄淮冬麦区北片水地组试验。2001年区试平均亩产497.5千克，比对照石4185增产1.7%，增产显著，11点汇总，7点增产，4点减产，居11个参试品种第3位；2002年区试平均亩产470千克，比对照增产1.1%，增产不显著，9点汇总，7点增产，2点减产，居13个参试品种第4位。两年区试平均亩产483.8千克，平均比对照增产1.4%。2002年参加生产试验，平均亩产466.3千克，7点汇总，5点增产，平均比对照增产2.4%。

栽培技术要点：适宜播种期为10月上旬。播种量高水肥地亩基本苗13万～15万，中水肥地16万～18万，低产田和旱地20万～22万。施肥，基肥亩施纯氮7～8千克，纯五氧化二磷8～10千克，拔节初期亩追施纯氮6～7千克。浇好拔节和抽穗2次关键水。高产田适当控制群体，防止倒伏。

适宜种植区域：适宜在黄淮冬麦区北片的河北中南部、河南北部、山西中南部和山东中上等肥水地种植。

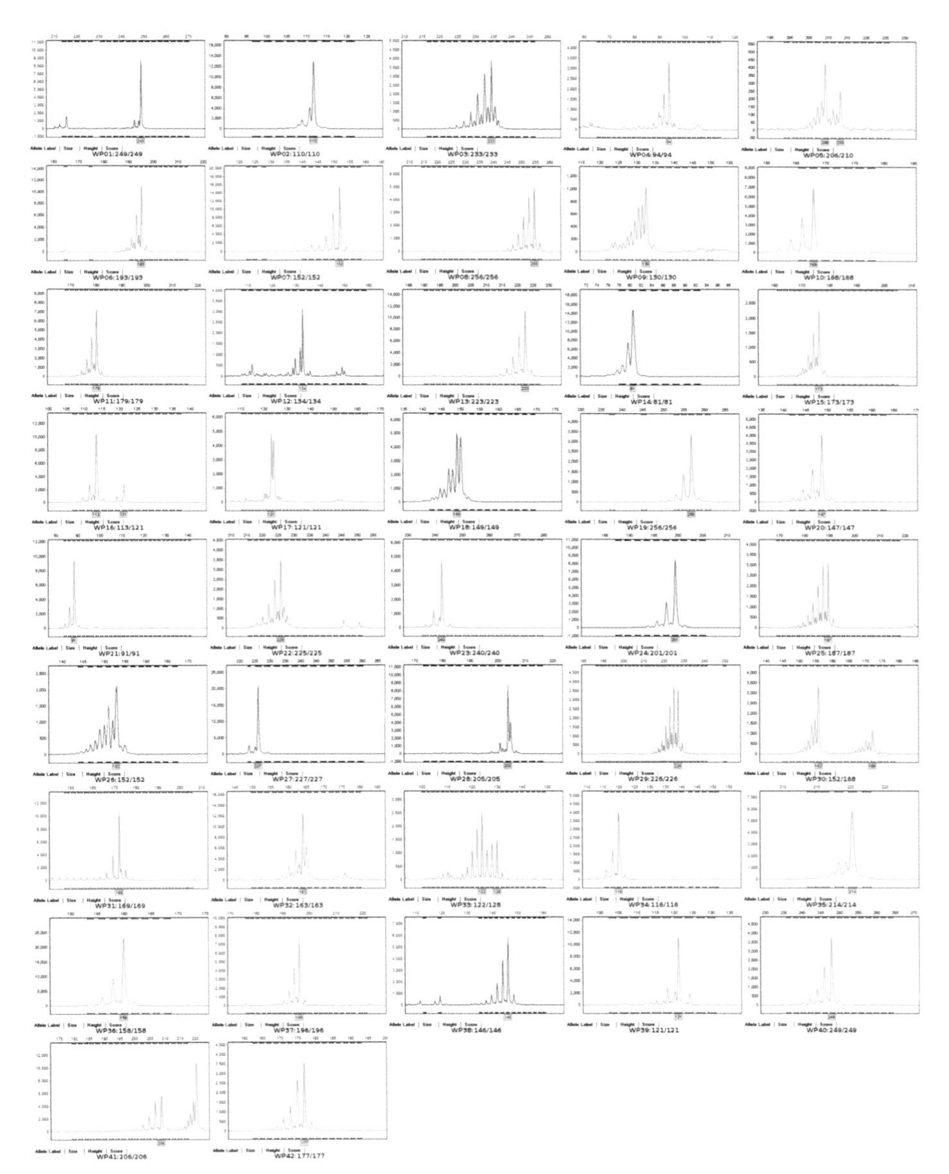

295. 新麦13号

审定编号：国审麦2003009

选育单位：河南省新乡市农业科学研究所

品种来源：宛原长白×（C5×3577F3d1）

特征特性：半冬性，中晚熟，成熟期比对照品种豫麦49号晚1～2天。幼苗半直立，长势壮，抗寒性较好。分蘖力较强，成穗率较高。穗长方形，长芒、白壳、白粒，籽粒半角质，黑胚率低。株型略松散、旗叶上举，株高80厘米左右，抗倒伏能力一般。亩穗数40万左右，穗粒数35粒左右，千粒重42克左右。叶功能期长，抗干热风，落黄好。经鉴定，抗条锈病，中抗白粉病和纹枯病，高感叶锈病和赤霉病。品质分析，容重760克/升，蛋白质含量13.1%，湿面筋含量29.1%，沉降值25.9毫升，吸水率58%，面团稳定时间3.6分钟。

产量表现：参加国家小麦品种区试黄淮冬麦区南片试验。2000年参加春水组区试，平均亩产531.2千克，比对照豫麦18号增产6%，增产极显著，17点汇总均增产，居10个参试品种第1位；2001年参加冬水组区试，平均亩产564.2千克，比对照豫麦49号增产9.6%，增产极显著，16点汇总均增产，居11个参试品种第1位。两年区试平均亩产547.7千克，平均比对照增产7.8%。2002年参加冬水组生产试验，平均亩产456.3千克，7点汇总7点增产，平均比对照增产5.5%。

栽培技术要点：适宜播种期为10月上旬，亩基本亩13万～15万，足墒下种，氮、磷、钾配方施肥，拔节末期肥水重管，孕穗期和灌浆期分别用氧化乐果+粉锈宁治虫防病。

适宜种植区域：适宜在黄淮冬麦区南片的河南、江苏北部、安徽北部和陕西关中地区高肥水旱茬地种植。

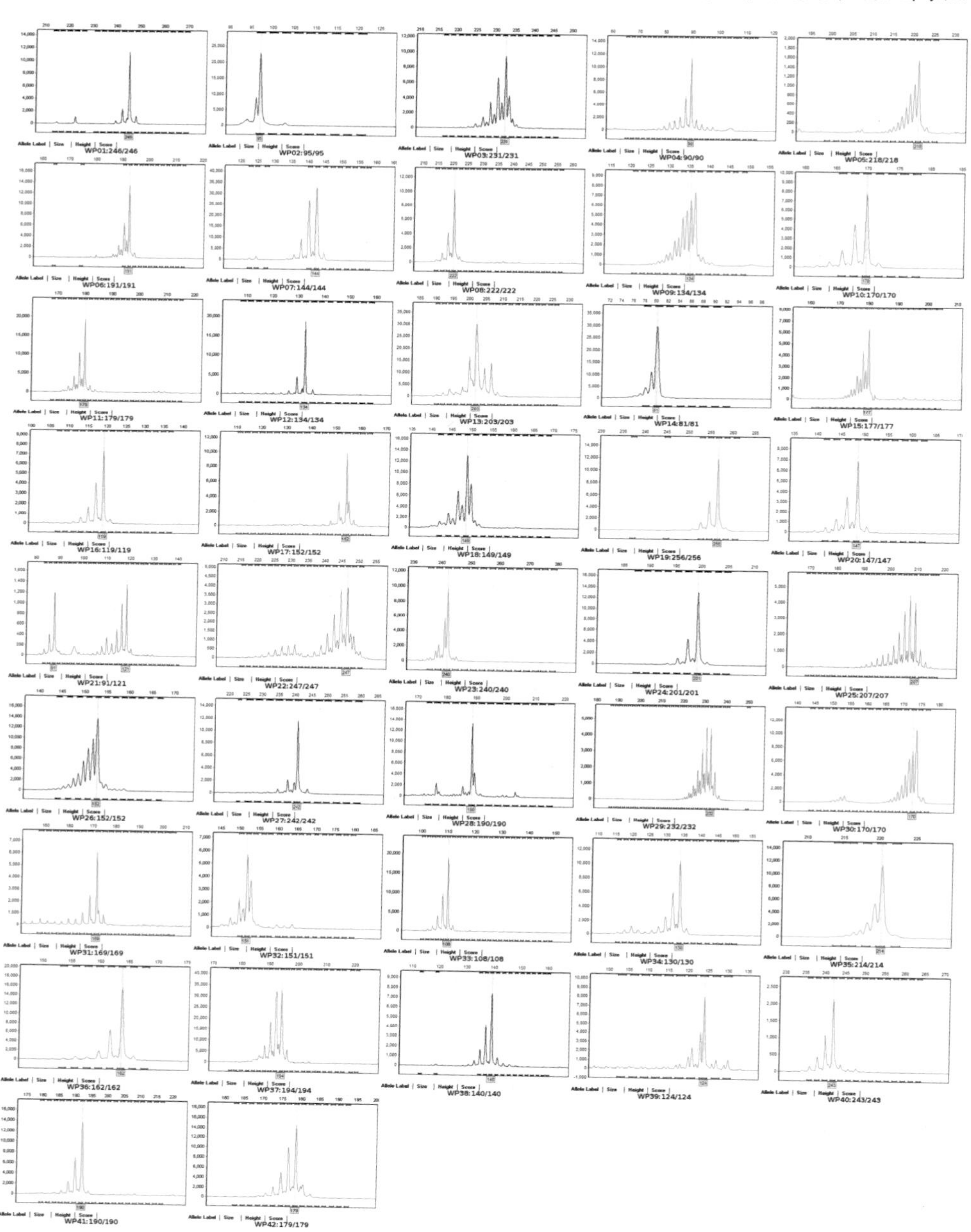

296. 豫麦69号

审定编号：国审麦2003008

选育单位：河南省新乡市农业科学研究所

品种来源：百泉3047-3×内乡82C6

特征特性：半冬性，中熟，成熟期与对照品种豫麦21号相同。幼苗半匍匐，分蘖力中等，成穗率高。穗近长方形，长芒、白壳、白粒。株高80厘米左右。亩穗数38万左右，穗粒数38粒左右，千粒重40克左右。抗倒伏，较抗穗发芽。抗青干、落黄好。籽粒黑胚率5%以下，抗寒性较好。经鉴定，中抗条锈病和白粉病，中感纹枯病，中感至高感叶锈病，高感赤霉病。品质分析，容重802克/升，蛋白质含量13.6%，湿面筋含量27.5%，沉降值29.8毫升，吸水率53.4%，面团稳定时间3分钟。

产量表现：参加国家小麦品种区试黄淮冬麦区南片冬水组试验。1999年区试平均亩产442.3千克，比对照豫麦21号增产7.3%，增产显著，15点汇总，10点增产，5点减产，居11个参试品种第7位；2000年区试平均亩产554.2千克，比对照增产6.1%，增产极显著，20点汇总，18点增产，2点减产，居10个参试品种第2位。两年区试平均亩产498.3千克，平均比对照增产6.7%。2001年参加生产试验，平均亩产495.4千克，8点试验，7点增产，平均比对照品种增产5.1%。

栽培技术要点：适宜播种期为10月5—15日，亩播量7～8千克，注意防治白粉病、叶枯病和蚜虫。

适宜种植区域：适宜在黄淮冬麦区南片的河南、江苏北部、安徽北部和陕西关中地区中高产肥水地种植。

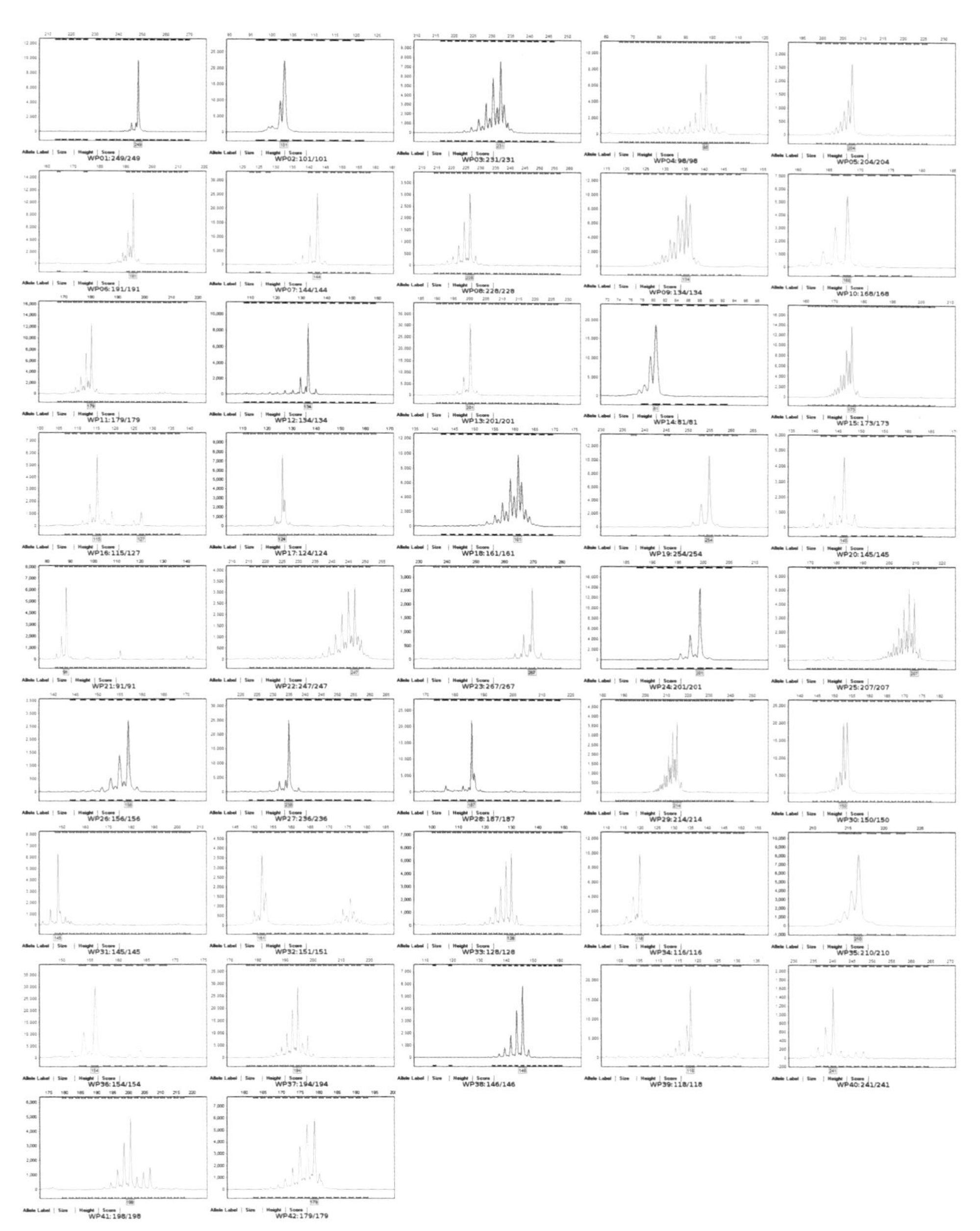

297. 豫麦63号

审定编号：国审麦2003006

选育单位：河南省豫西农作物品种展览中心

品种来源：{［C39×78（6）9-2］×冀麦5418}F_3×豫麦18

特征特性：弱春性，早熟，成熟期比对照豫麦18号早2天。幼苗直立。分蘖适中，成穗率高。穗纺锤形，长芒、白壳、白粒，籽粒半角质。株型紧凑，株高85厘米左右。亩穗数40万左右，穗粒数30粒左右、千粒重42克左右。抗倒伏性较好，熟相好，抗青干，较抗穗发芽。经鉴定，中抗赤霉病和条锈病，中感白粉病和纹枯病，高感叶锈病。品质分析，容重806克/升，蛋白质含量13.6%，湿面筋含量29.1%，沉降值29.1毫升，吸水率66.5%，面团稳定时间2.4分钟。

产量表现：参加国家小麦品种区试黄淮冬麦区南片春水组试验。1999年区试平均亩产440.9千克，比对照豫麦18号增产5.8%，增产不显著，14点汇总，11点增产，3点减产，居7个参试品种第5位；2000年区试平均亩产515.2千克，比对照增产2.8%，增产不显著，17点汇总，12点增产，5点减产，居6个参试品种第3位。两年区试平均亩产478.1千克，平均比对照增产4.3%。2001年参加生产试验，平均亩产453.4千克，10点试验，4点增产，平均比对照品种减产1.7%；2002年参加生产试验，平均亩产437.8千克，

栽培技术要点：适宜播种期为10月15日至11月下旬，因该品种春性强，在适宜播种期内应适当晚播，以防止冻害。播量为亩基本苗高水肥地10万～12万，中水肥地14万～16万。重施基肥，氮、磷、钾配方施肥，中后期注意防治病虫。

适宜种植区域：适宜在黄淮冬麦区南片的河南省中南部、江苏省北部和安徽省北部地区中高肥水晚茬地种植。

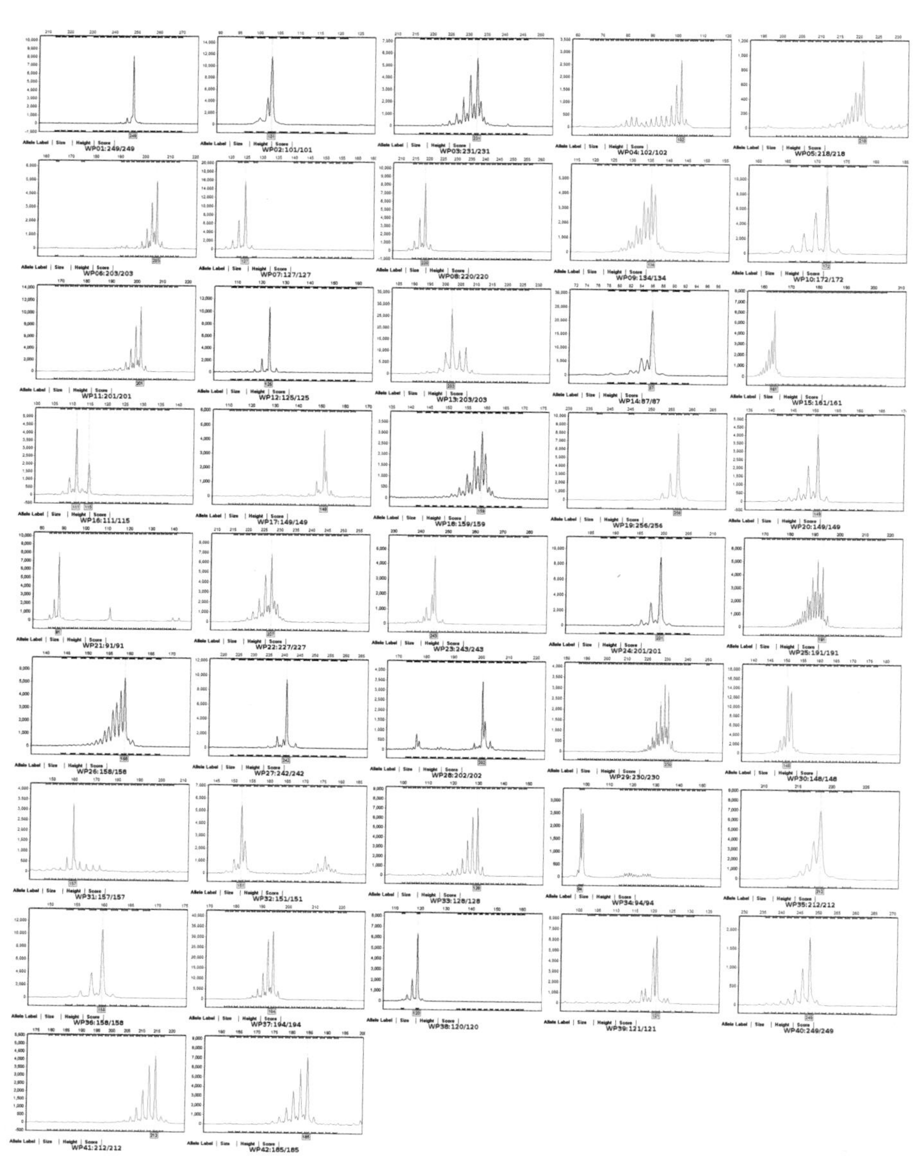

298. 偃展4110

审定编号：国审麦2003032

选育单位：河南省豫西农作物品种展览中心

品种来源：{［C39×西北78（6）9-2］×（FR81-3×矮早781-4）}×矮早781-4

特征特性：弱春性，早熟，成熟期与对照豫麦18号相同。幼苗直立，分蘖力强，叶色浓绿，叶片宽短。株高75厘米，株型较紧凑，旗叶上冲，抗倒性较好。穗层较整齐，穗纺锤形，长芒，白壳，白粒，籽粒粉质，外观商品性好。分蘖成穗率高，亩穗数42万穗，穗粒数28粒，千粒重44克。苗期长势壮，耐寒性较好，耐后期高温，灌浆快，熟相好。中至高抗条锈病，中感纹枯病，高感白粉病、赤霉病和叶锈病。容重805克/升，粗蛋白含量13.8%，湿面筋含量27.9%，沉降值18.7毫升，吸水率58.6%，面团稳定时间1.5分钟，最大抗延阻力65.5E.U.，拉伸面积15.5平方厘米。

产量表现：2002年参加黄淮冬麦区南片水地晚播组区域试验，平均亩产483.4千克，比对照豫麦18号增产10.4%（极显著）；2003年续试，平均亩产459.3千克，比对照豫麦18号增产5.2%（显著）。2003年参加生产试验，平均亩产460.1千克，比对照豫麦18号增产9.5%。

栽培技术要点：适宜播期为10月10—30日。播量：高水肥地每亩基本苗13万～16万；中水肥地每亩基本苗14万～18万，随播期推迟适当增加播量。施足底肥，氮、磷、钾科学搭配，浇好越冬水、返青水和灌浆水，注意防治叶锈病、赤霉病和蚜虫等病虫危害。

适宜种植区域：适宜在黄淮冬麦区南片的河南、安徽北部、江苏北部和陕西关中地区高中水肥地中晚茬麦田种植。

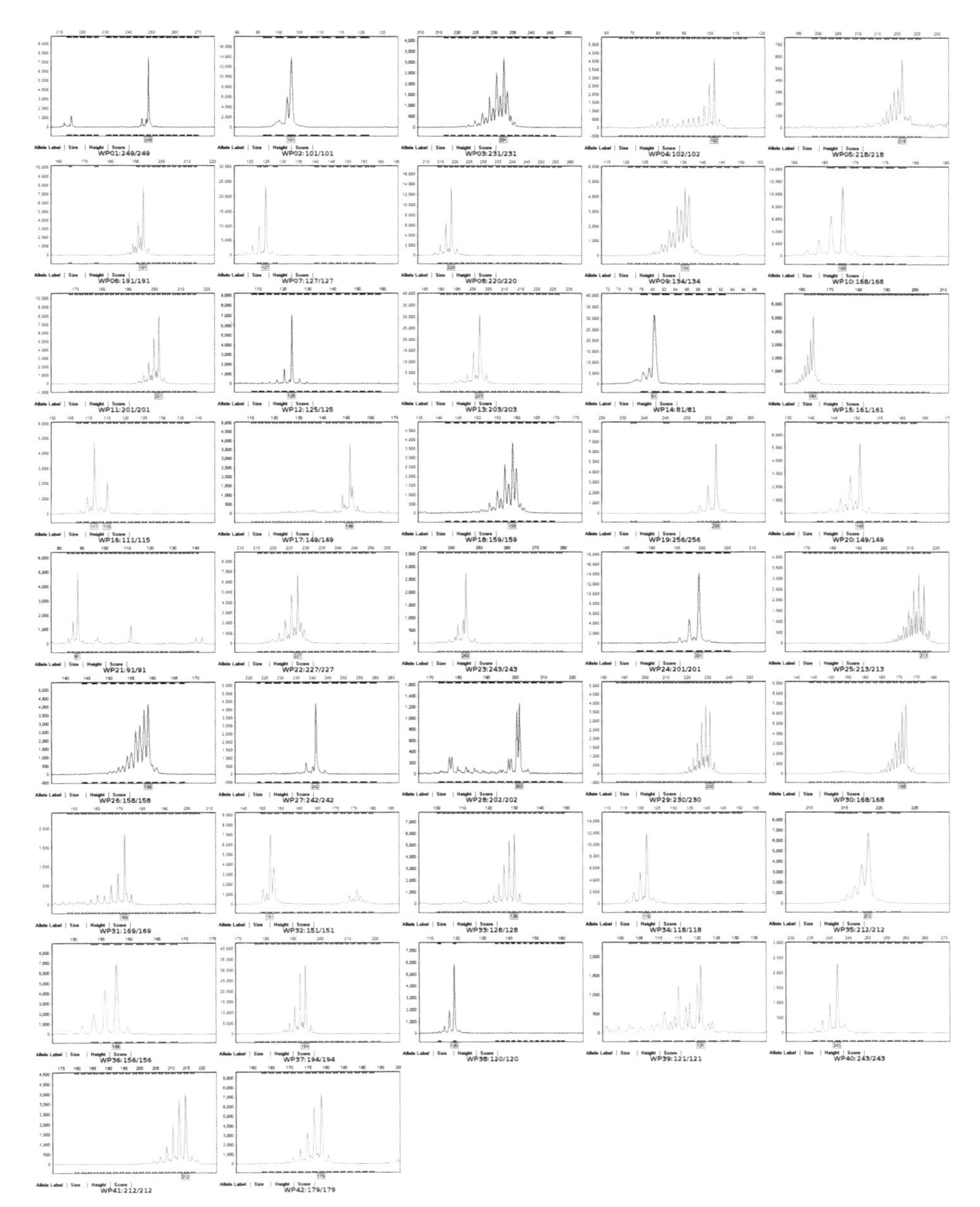

299. 中育6号

审定编号： 国审麦2001009

选育单位： 中国农业科学院棉花研究所

品种来源： 烟1604/中育3号

特征特性： 半冬性，熟期比对照鲁麦14号晚1天。分蘖力中等，株高77厘米左右。长芒，白壳，白粒，每穗35粒左右，千粒重40克左右。抗倒伏能力一般。经鉴定，高抗条锈病，慢叶锈病，中感白粉病和纹枯病。品质分析，容重813克/升，蛋白质含量13.7%，湿面筋含量25.4%，沉降值24.1毫升，吸水率55.7%，面团稳定时间2.7分钟。

产量表现： 1998年、1999两年参加国家黄淮北片冬小麦水地组试验。1998年平均亩产445.7千克，比对照增产6%，差异显著，居12个参试品种首位；1999年平均亩产470.9千克，较对照增产4.8%，差异不显著，居12个参试品种第4位。2000年参加生产试验，平均亩产476.2千克，比对照增产3.6%。

栽培技术要点： 适宜播期为10月5—15日，亩基本苗12万～15万。播前施足底肥，灌好越冬水、返青水。及时防治病虫害，多雨年份在孕穗期防治白粉病。高水肥地种植时，注意防止倒伏。

适宜种植区域： 适宜于河南北部、山东中北部、山西南部和河北南部冬麦区中上等水肥地种植。

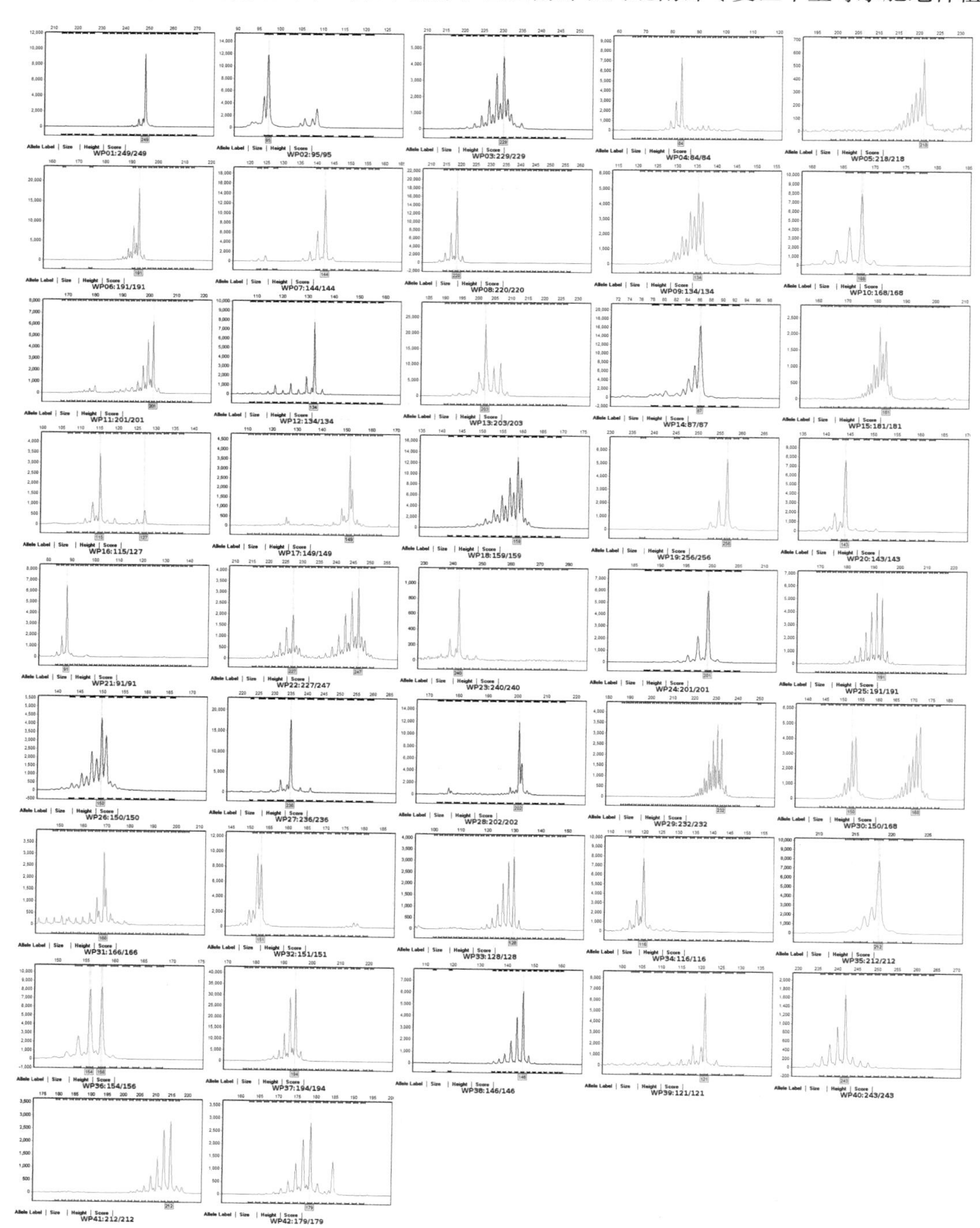

300. 豫麦58号

审定编号：国审麦2001006

选育单位：河南省温县种子公司

品种来源：394A/泗阳188

特征特性：半冬性多穗型中熟品种，成熟期与对照豫麦21号相当。幼苗半匍匐，分蘖力中等，株高85厘米左右。长芒、白壳、白粒，籽粒半角质，穗纺锤形，每穗33粒左右，千粒重41克左右。越冬性较好，耐渍性好，耐旱性中等，不抗倒春寒和穗发芽。经鉴定，中抗白粉病和纹枯病，中感条锈病，高感叶锈病和赤霉病。品质分析，容重802克/升，蛋白质含量13%，湿面筋含量28.7%，沉降值28.4毫升，吸水率51.5%，面团稳定时间4.6分钟。

产量表现：1998年、1999年两年参加国家冬小麦区试黄淮南片冬水组试验。1998年平均亩产373千克，比对照增产12.9%，达极显著水平，居10个参试品种第1位；1999年平均亩产452.3千克，比对照增产9.7%，达极显著水平，居11个品种第4位。2000年参加生产试验，平均亩产473.3千克，比对照增产6.6%。

栽培技术要点：适宜播期为10月5—20日，亩基本苗10万～20万，高产田播量降低，地力差的地播量适当增加。重施底肥，增施磷、钾肥和农家肥，拔节期控制氮肥。后期注意防治病虫害。

适宜种植区域：适宜在河南中北部、江苏北部和安徽北部冬麦区中上水肥地旱中茬种植。

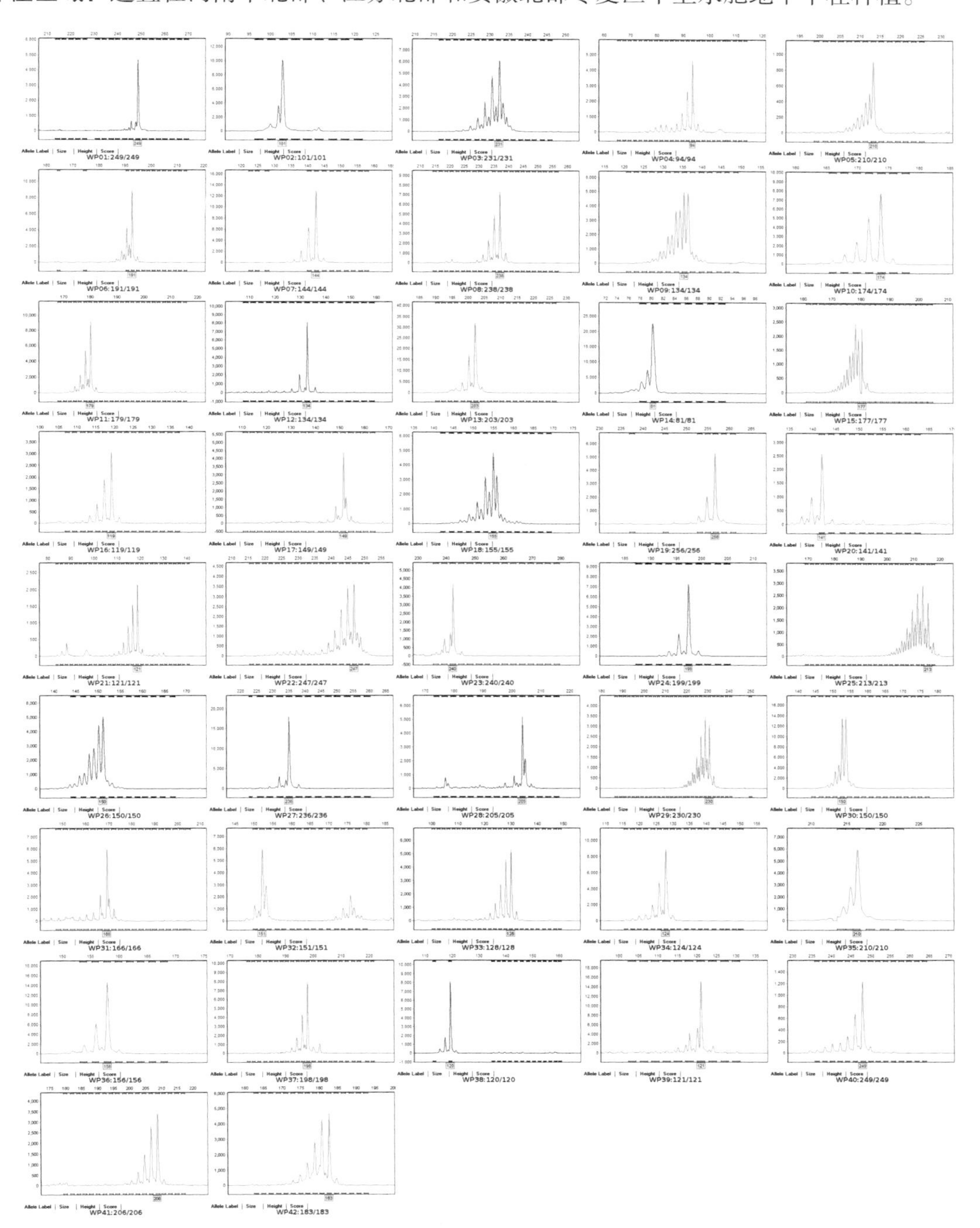

301. 扬麦12号

审定编号：国审麦2001003

选育单位：江苏里下河地区农业科学研究所

品种来源：扬麦158/3/TP114/扬麦5号//85-853

特征特性：株高92厘米，穗纺锤形，穗粒数34粒，长芒、白壳、红粒，千粒重40克。春性品种，分蘖力中等，熟相较好，抗倒性较差；中抗白粉病和赤霉病，中感条锈病和纹枯病，高感叶锈病；容重772克/升，蛋白质含量11.5%，湿面筋含量24.4%，沉降值25.6毫升，吸水率54%，面团稳定时间2.8分钟。

产量表现：1998—1999年参加国家冬小麦区试长江中下游组区域试验，平均亩产276.1千克，比对照扬麦158增产99%；2000年生产试验，平均亩产338千克，比当地对照平均增产2.5%。

栽培技术要点：10月20日至11月5日播种，亩基本苗15万。施肥掌握前促、中控、后攻的原则，缺磷、钾的地块需补施磷、钾肥。及时防治赤霉病和纹枯病及其他病虫草害。注意防止倒伏。

适宜种植区域：适宜在江苏、安徽淮河以南、湖北和浙江麦区中上等水肥地种植。

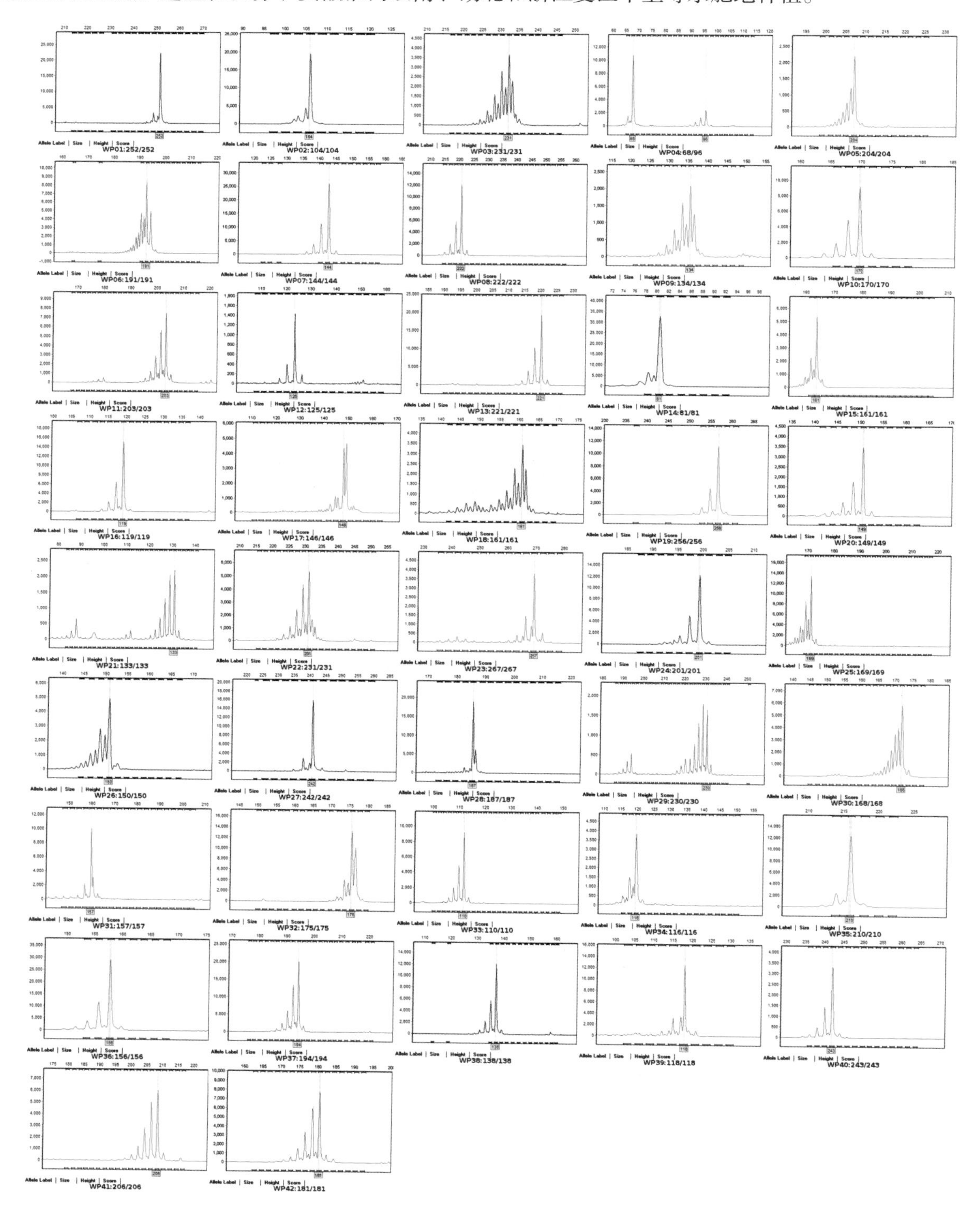

302. 邯5316

审定编号：国审麦2000009

选育单位：河北省邯郸市农业科学院

品种来源：（邯7808/CA8059）F_4//85中47

特征特性：半冬性，株高85厘米左右，分蘖力中等，成穗率较高。长芒，白亮，白粒，穗长方形，穗层整齐。千粒重39克左右。成熟期比对照鲁麦科号早1～2天。抗寒性较好，高抗纹枯病，高感条锈病、叶锈病、秆锈病、白粉病和赤霉病。容重748克/升，蛋白质含量14.48%，湿面筋含量37.8%，沉降值32.5毫升，吸水率62.62%，稳定时间3分钟。

产量表现：1997年参加国家黄淮北片筛选试验，20个试点，其中16点增产，4点减产，平均亩产465.7千克，比对照鲁麦14号增产3.56%，不显著；1998年参加国家黄淮北片区试，15个试点，其中9点增产，6点减产，平均亩产424.9千克，比对照鲁麦14号增产1.1%。1999年在河北、山西两省5个点进行生产试验均增产，平均亩产422.9千克，比对照增产9.73%。

栽培技术要点：适期播种，控制基本苗，高肥水地15万/亩，中低等地力18万/亩。施足基肥，重施拔节肥。及时防治蚜虫等其他虫害。高产栽培条件下，要注意采取措施，防止倒伏。注意防治锈病、白粉病等病害。

适宜种植区域：在黄淮冬麦区北片的河北、山西、山东、河南及新疆阿克苏地区亩产450～500千克中高水肥地。

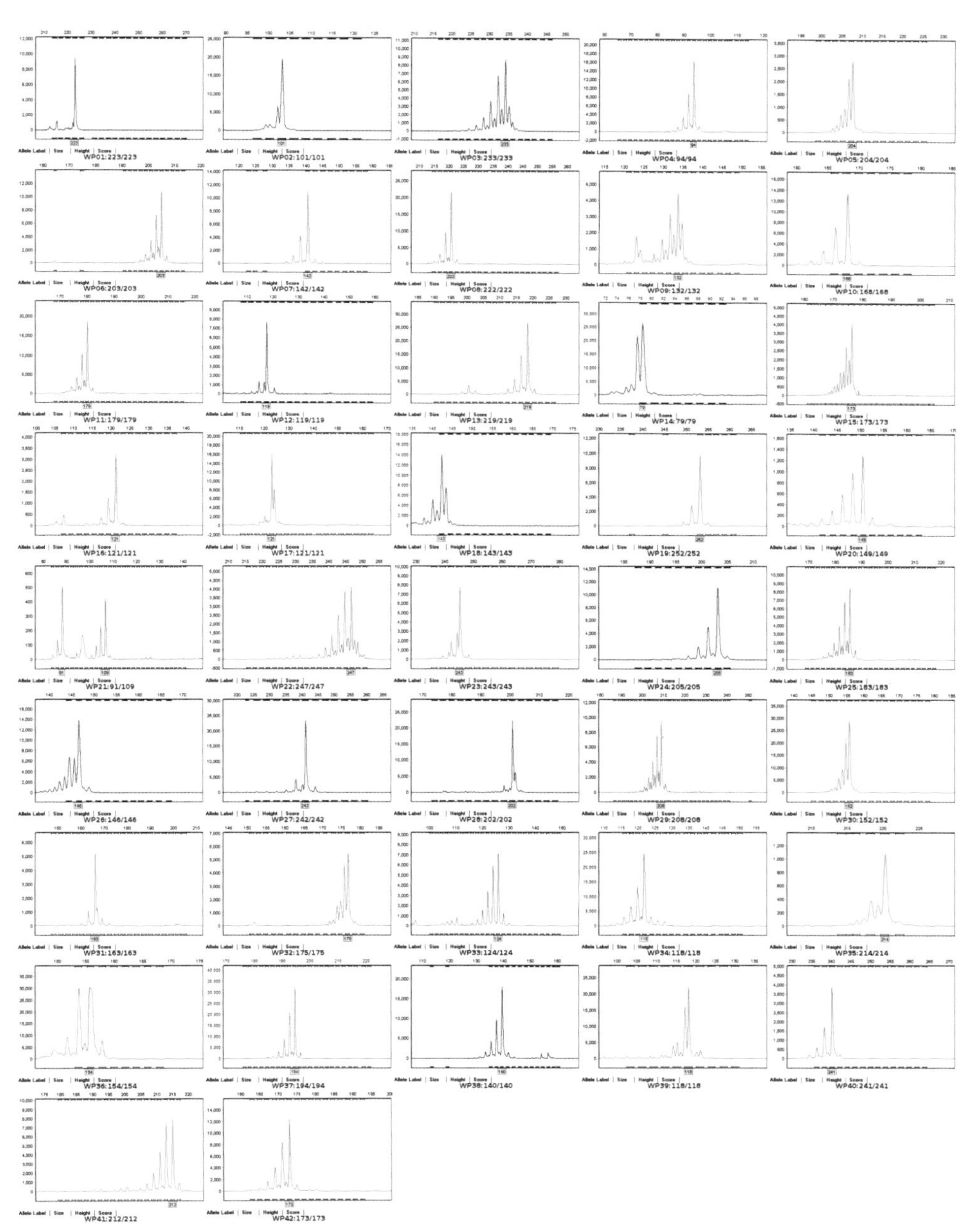

303. 豫麦49号

审定编号：国审麦2000006

选育单位：河南省温县祥云镇农技站

品种来源：温麦6号变异株中选

特征特性：该品种属半冬性，株高80厘米左右，抗倒伏能力强。长芒，白壳，白粒，穗纺锤形。中熟。经鉴定，中感条锈病、秆锈病、白粉病和纹枯病，高感叶锈病和赤霉病。蛋白质含量16.2%，湿面筋含量35.6%，沉降值41.6毫升。在保持了温麦6号的中早早熟、分蘖力强、成穗多、春季拔节快、两极分化利索，旗叶上举株型紧凑，穗层整齐，半矮秆，抗倒能力突出，中抗条、籽粒饱满，品质铖的特点上，抗病能力进一步提高，纹枯病和干尖观象明显减轻。丰产性更加明显，穗粒数增加2～5粒，千粒重提高2～3克。株叶型更加合理，茎秆粗壮，成穗数高于温麦6号，穗层更加整齐。粗蛋白含量16.9%，湿面筋含量33.5%，沉降值45.5毫升，吸水率54.8%，面团形成时间3分，稳定时间13分，评价值60，面包体积760立方厘米，面包评价分83.5。

产量表现：500～600千克产量水平。

栽培技术要点：适合黄淮地区中早茬种植。10月上中旬播种，播量每亩5千克左右，增施有机肥，拔节后追肥，N、P、K肥配合施用，搞好病虫的综合防治。

适宜种植区域：在黄淮冬麦区南片的江苏、河南、安徽、陕西高水肥早茬地种植。

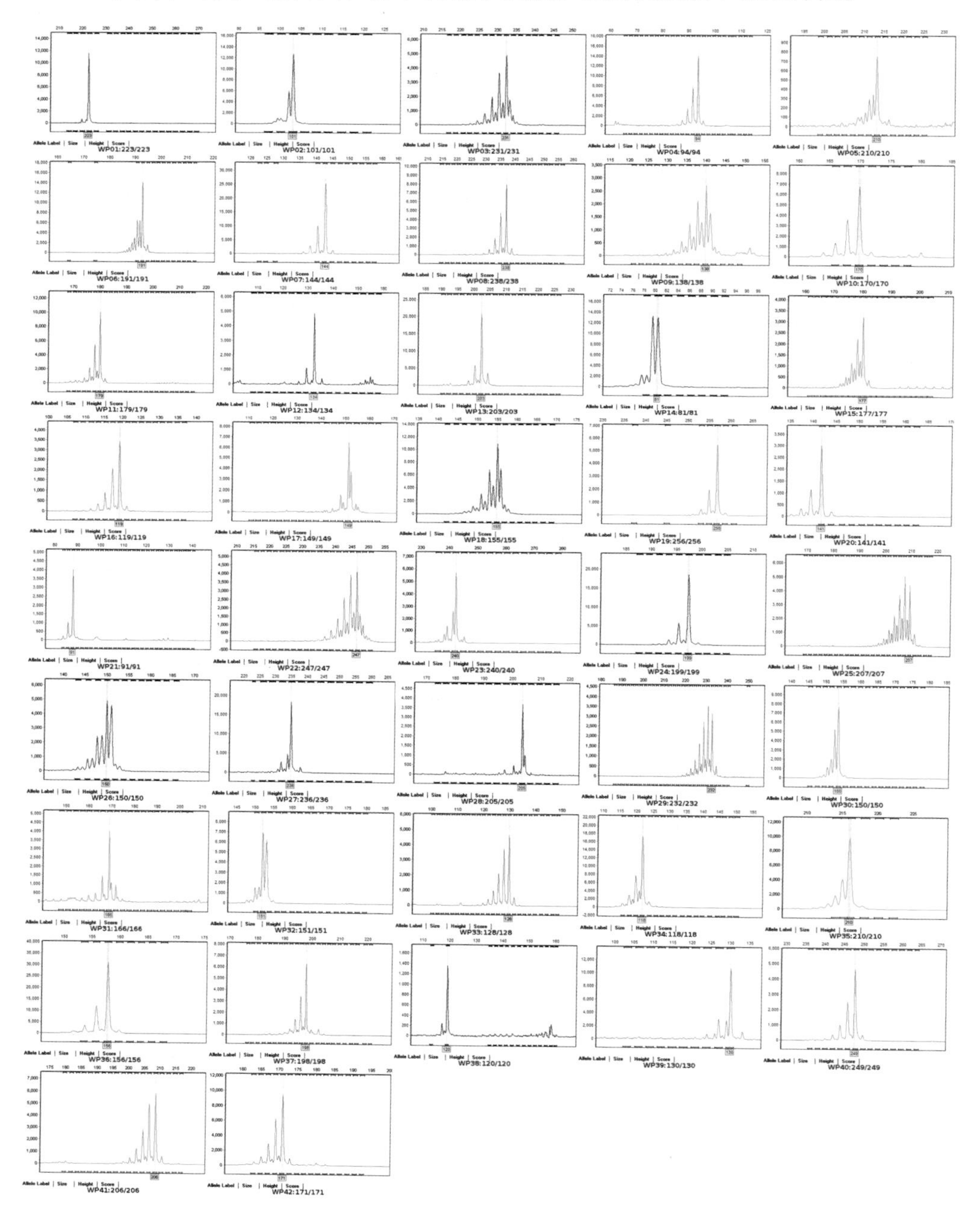

304. 石4185

审定编号：国审麦1999007

选育单位：河北省石家庄市农业科学研究所

品种来源：利用太谷核不育，将植8094、宝丰7228、石84-7120聚合杂交选育而成

特征特性：半冬性，中熟，全生育期240～250天。幼苗半匍匐，分蘖力较强，株高75厘米。穗纺锤形，长芒，白壳。白粒，半硬质，千粒重38克。蛋白质含量15.87%，湿面筋含量37.1%，沉降值36.43毫升，吸水率56.48%，稳定时间4.15分钟。条锈病高抗至免疫，中感条锈和白粉病。

产量表现：黄淮北片全国筛选试验，1996年平均亩产441.73千克，较对照鲁麦14号增产6.21%，差异极显著；1997年平均亩产462.9千克，较对照鲁麦14号增产2.94%，差异不显著。生产试验，1998年河北1点，山西1点，平均亩产371千克，平均比对照鲁麦14号增产9.1%。

栽培技术要点：适宜播种为10月上旬；播量，高水肥地亩基本苗15万～18万，中水肥地18万～20万，低水肥地22万～25万。

适宜种植区域：该品种适宜在黄淮冬麦区北片的河北中南部、山东中西部和山西中南部高水肥地种植，后期加强管理，注意防治白粉病和蚜虫危害。

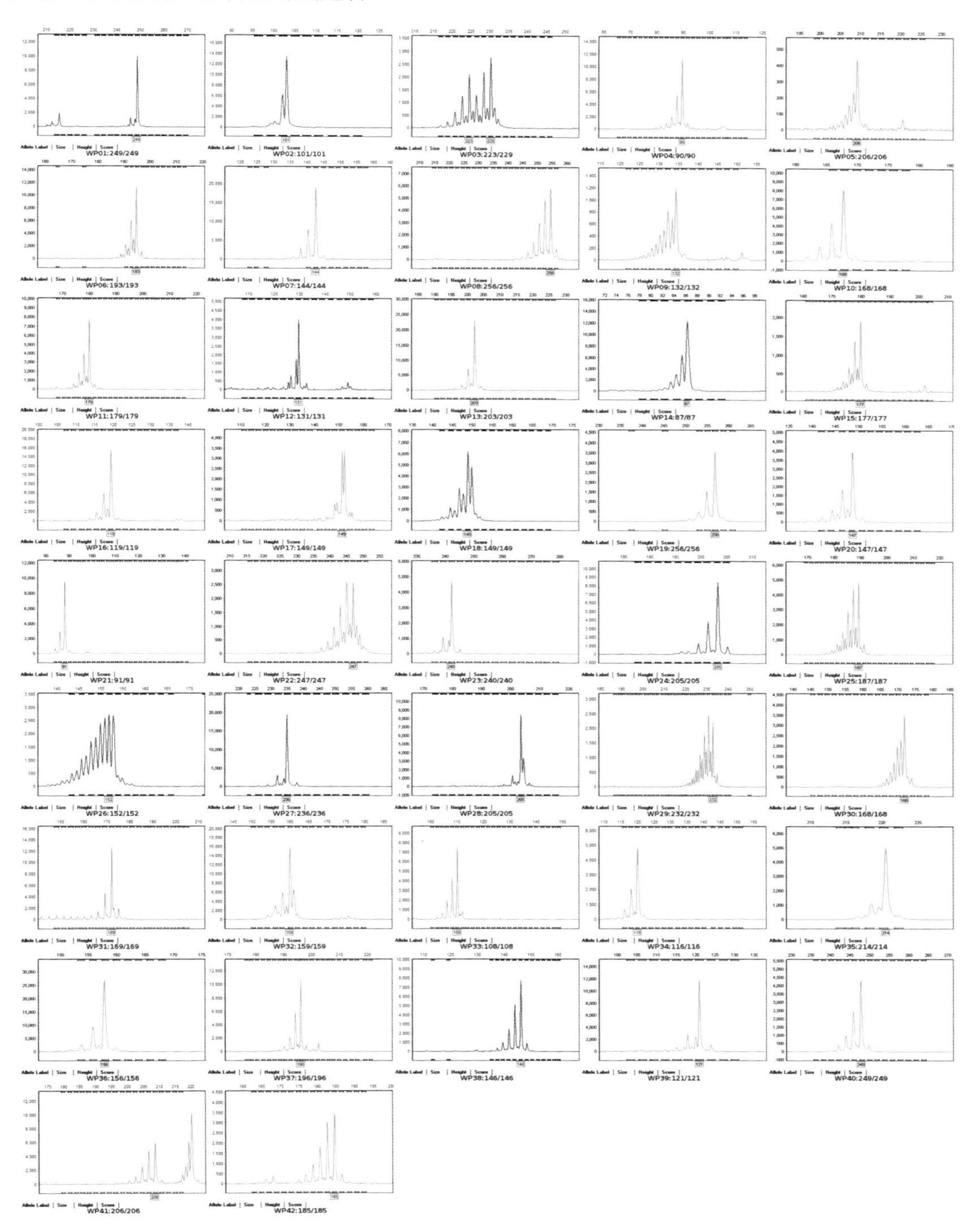

305. GS豫麦34号

审定编号：国审麦1998015

选育单位：郑州市农林科学研究所

品种来源：矮丰3号/孟201//牛株特///豫麦2号

特征特性：GS豫麦34号为弱春性品种，全生育期224天，株高80厘米左右，幼苗直立，根系发达，分蘖力中等，成穗率高。成株期株型紧凑，茎叶蜡质重，叶尖半披，剑叶长，穗长方形，长7～10厘米，长芒、白壳，穗粒数30粒左右，千粒重45～48克，籽粒椭圆形：白粒、角质，容重802克/升。粗蛋白15.4%，湿面筋32.1%，沉降值55.5毫升，吸水率62.6%，面团形成时间8.1分钟，面团稳定时间10.3分钟，评价值71，面包体积732立方厘米，评分82.8分。

产量表现：一般地块7 500千克/公顷，高产田达9 000千克/公顷，黄淮区试结果：第一年7 503千克/公顷，第二年7 482千克/公顷，比豫麦18增产5.22%，达显著水平。

栽培技术要点：根据生产目标、土壤肥力，应合理施肥，多施农家肥，氮、磷、钾配合，基肥要足，追肥要早，精细整地，足墒下种，一播全苗。适宜播种期日均温14℃左右，地表5厘米地温15℃左右。高水肥地每公顷播82.5千克，一般地力播105～135千克/公顷。及时防治蚜虫。

适宜种植区域：黄淮地区各生态区均可。

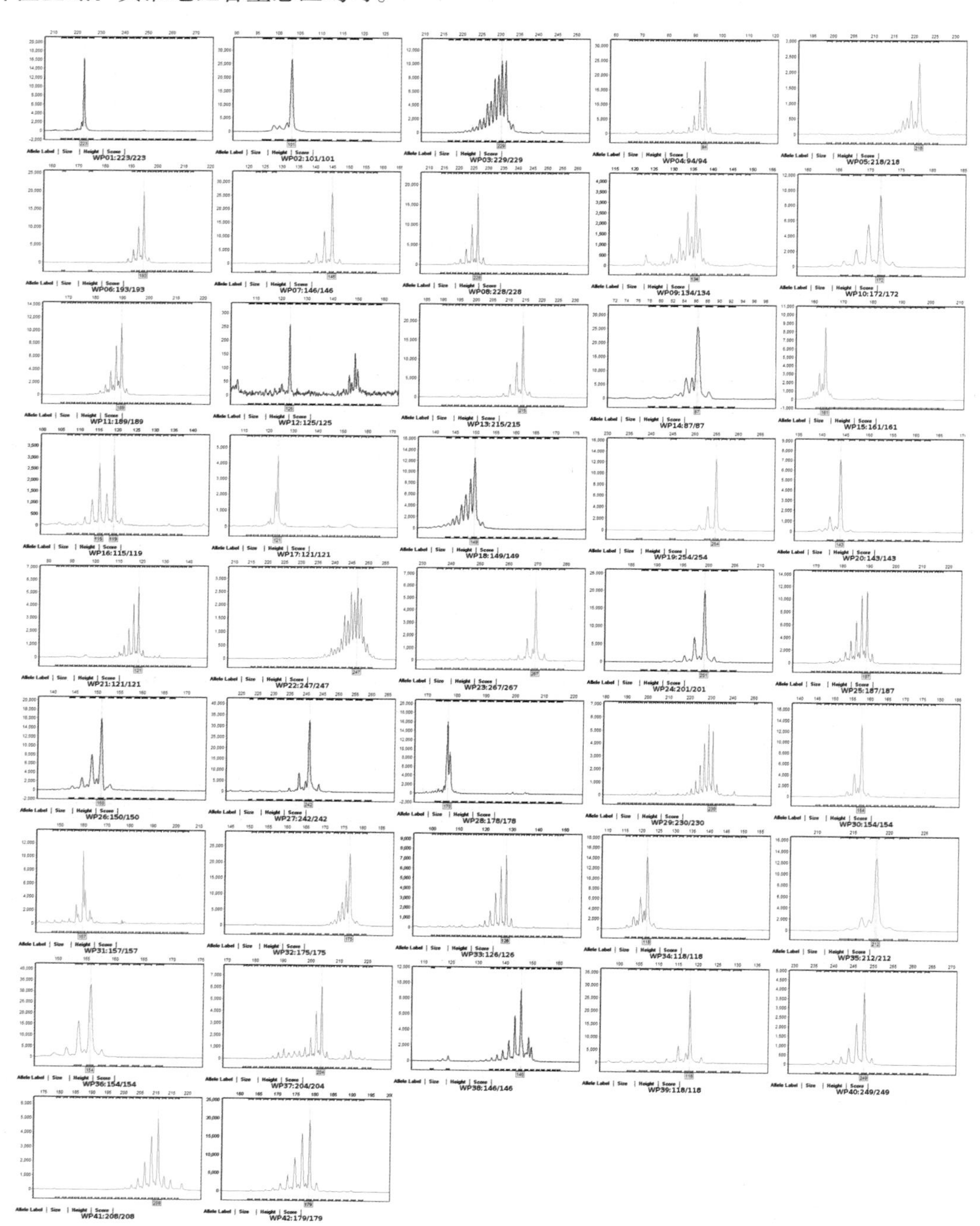

第二部分　附　录

主要农作物品种真实性 SSR 分子标记检测　普通小麦

标准号　NY/T 2859—2015

前　言

本标准按照GB/T 1.1—2009给出的规则起草。

请注意本标准的某些内容有可能涉及专利。本标准的发布机构不应承担识别这些专利的责任。

本标准由农业部种子管理局提出。

本标准由全国农作物种子标准化技术委员会（SAC/TC 37）归口。

本标准起草单位：北京市农林科学院北京杂交小麦工程技术研究中心、全国农业技术推广服务中心、北京市种子管理站。

本标准主要起草人：赵昌平、支巨振、邱军、庞斌双、刘丽华、王立新、谷铁城、刘丰泽、吴明生、刘阳娜、张立平、张风廷、李宏博、赵海艳。

1 范围

本标准规定了利用SSR分子标记法进行普通小麦（*Triticum aestivum* L.）常规品种真实性检测的原则、检测方案、检测程序和结果报告。

本标准适用于普通小麦常规品种真实性验证和品种真实性身份鉴定，不适用于实质性派生品种（EDV）和转基因品种的鉴定。

2 规范性引用文件

下列文件对于本文件的应用是必不可少的。凡是注日期的引用文件，仅注日期的版本适用于本支件。凡是不注日期的引用文件，其最新版本（包括所有的修改单）适用于本文件。

GB/T 3543.1 农作物种子检验规程 总则

GB/T 3543.2 农作物种子检验规程 扦样

GB/T 3543.5 农作物种子检验规程 真实性和品种纯度鉴定

GB/T 6682 分析实验室用水规格和试验方法

3 术语和定义

下列术语和定义适用于本文件。

3.1

品种真实性验证 variety verification

与其对应品种名称的标准样品比较，检测证实供检样品品种名称与标注是否相符。

3.2

品种真实性身份鉴定 variety identification

经SSR分子标记检测并通过审定品种SSR指纹数据比对平台（见3.4）筛查比鞍，确定供检样品的真实品种名称。

3.3

标准样品 standard sample

国家指定机构保存的经认定代表品种特征特性的实物种子样品。

3.4

SSR指纹数据比对平台 SSR fingerprint blast platform

采用SSR标记的标准化方法对品种标准样品的等位变异进行检测，并运用计算机数据库技术和网络信息技术所构建的审定品种分子数据信息的检索比对载体。

3.5

参照样品 reference control sample

用于校准供检样品SSR等位变异已定义扩增产物片段大小的样品。

3.6

引物 primer

一条互补结合在模板DNA链上的短单链，能提供3′-OH末端作为DNA合成的起始点，延伸合成模板DNA的互补链。

3.7

组合引物 panel

具有不同荧光颜色或相同荧光颜色而扩增片段大小不同、能够组合在一起进行电泳的一组荧光标记引物。

3.8

核心引物 core primer

以最少数量的引物最大限度地区分普通小麦品种的一套引物。

3.9

扩展引物 extended primer

辅助真实性检测的一套引物。

4 缩略语

下列缩略语适用于本文件。

bp：base pair 碱基对

CTAB：cetyltrimethylammonium bromide　十六烷基三甲基溴化铵

DNA：deoxyribonucleic acid　脱氧核糖核酸

dNTPs：deoxy-ribonucleoside triphosphates　脱氧核苷三磷酸

PAGE：polyacrylamide gelelectrophoresis　聚丙烯酰胺凝胶电泳

PCR：polymerase chain reaction　聚合酶链式反应

SDS：sodium dodecyl sulfate　十二烷基磺酸钠

SSR：simple sequence repeat　简单序列重复

Taq酶：Taq-DNA polymerase　耐热DNA聚合酶

5 总则

普通小麦的不同品种，其基因组存在着能够世代稳定遗传的简单重复序列（SSR）的重复次数差异。这种差异可以通过从抽取有代表性的供检样品中提取DNA，用SSR引物进行扩增和电泳，从而利用扩增片段大小不同而加以区分品种。

依据SSR标记检测原理，采用固定数目的SSR引物，通过与标准样品比较或与SSR指纹数据比对平台比对的方式，对品种真实性进行验证或身份鉴定。真实性验证依据规定数目引物的SSR位点差异数目而判定，品种真实性身份鉴定依据被检SSR位点无差异原则进行筛查、鉴定。

6 检测方案

6.1 总则

对于真实性鉴定，引物、检测平台、样品状况不同，其检测结果的准确度、精确度可能有所不同。应依据“适于检测目的”的原则，统筹考虑检测规模和检测能力，择定适宜的引物、检测平台、样品状况，制订相应的检测方案。

在严格控制条件下，合成选择的引物，按照确定的检测平台对供检样品按DNA提取、PCR扩增、电泳、数据分析的程序进行检测。

按规定要求填报检测结果，检验报告应注明检测方案所选择的影响检测结果的关键信息。

6.2 检测平台

6.2.1　电泳是检测的关键环节。对于品种真实性验证或身份鉴定，可选择采用变性PAGE垂直板电泳或毛细管电泳，如需要利用SSR指纹数据比对平台，则需要利用参照样品确定供检样品的指纹后再进行真实性身份鉴定。

6.2.2　对于供检样品量较大的，可将组织研磨仪、DNA自动提取、自动移液工作站、高通量PCR扩增仪、多引物组合的毛细管电泳进行组合，以提高检测的综合效率。

6.2.3　DNA提取、PCR扩增和电泳的技术条件要求，在适于检测目的和不影响检测质量的前提下，按照检测平台的要求允许对本标准的规定做适宜的局部改进。

6.3　引物

6.3.1　经对我国审定小麦品种进行SSR标记测试后，本文件遴选了42对SSR引物作为品种真实性验证和身份鉴定的检测引物，具体见表1和表2，并据此构建了已知品种的SSR指纹数据比对平台。表1为核心引物，编号为PM01～PM21，表2为扩展引物，编号为PM22～PM42，每组包含21对引物。

表1　核心引物信息

编号	引物名称	染色体（位置）	退火温度（℃）	引物序列（5′-3′）
PM01	cwm65	1A	65	F：TCATTGGTGTCATCCCTCGTGT R：GAATAATGCCTTGACCCTGGAC
PM02	barc80	1BL	65	F：GCGAATTAGCATCTGCATCTGTTTGAG R：CGGTCAACCAACTACTGCACAAC
PM03	cfd72	1DL	60	F：CTCCTTGGAATCTCACCGAA R：TCCTTGGGAATATGCCTCCT
PM04	gwm294	2AL	55	F：GGATTGGAGTTAAGAGAGAACCG R：GCAGAGTGATCAATGCCAGA
PM05	gwm429	2BS	55	F：TTGTACATTAAGTTCCCATTA R：TTTAAGGACCTACATGACAC
PM06	gwm261	2DS	55	F：CTCCCTGTACGCCTAAGGC R：CTCGCGCTACTAGCCATTG
PM07	gwm155	3AL	55	F：CAATCATTTCCCCCTCCC R：AATCATTGGAAATCCATATGCC
PM08	gwm280	3BS	65	F：ATGACCCTTCTGCCAAACAC R：ATCGACCGGGATCTAGCC
PM09	gdm72	3DS	55	F：TGGTTTTCTCGAGCATTCAA R：TGCAACGATGAAGACCAGAA
PM10	gwm610	4AS	65	F：CTGCCTTCTCCATGGTTTGT R：AATGGCCAAAGGTTATGAAGG
PM11	ksum62	4B	60	F：GGAGAGGATAGGCACAGGAC R：GAGAGCAGAGGGAGCTATGG
PM12	barc91	4DL	55	F：TTCCCATAACGCCGATAGTA R：GCGTTTAATATTAGCTTCAAGATCAT
PM13	gwm304	5AS	55	F：AGGAAACAGAAATATCGCGG R：AGGACTGTGGGGAATGAATG
PM14	gwm67	5BL	60	F：ACCACACAAACAAAGTAAGCG R：CAACCCTCTTAATTTTGTTGGG
PM15	cfd29	5DL	65	F：GGTTGTCAGGCAGGATATTTG R：TATTGATAGATCAGGGCGCA
PM16	gwm459	6AS	55	F：AATTTCAAAAAGGAGAGAGA R：AACATGTGTTTTTAGCTATC

（续表）

编号	引物名称	染色体（位置）	退火温度（℃）	引物序列（5′-3′）
PM17	barc198	6BS	55	F：CGCTGAAAAGAAGTGCCGCATTATGA R：CGCTGCCTTTTCTGGATTGCTTGTCA
PM19	cfa2028	7AS	55	F：TGGGTATGAAAGGCTGAAGG R：ATCGCGACTATTCAACGCTT
PM20	gwm333	7BS	60	F：GCCCGGTCATGTAAAACG R：TTTCAGTTTGCGTTAAGCTTTG
PM21	gwrn437	7DL	55	F：GATCAAGACTTTTGTATCTCTC R：GATGTCCAACAGTTAGCTTA

注：表中21对引物主要参考美国农业部GrainGenes网站。

表2　扩展引物信息

编号	引物名称	染色体（位置）	退火温度（℃）	引物序列（5′-3′）
PM22	wmc312	1AS	55	F：TGTGCCCGCTGGTGCGAAG R：CCGACGCAGGTGAGCGAAG
PM23	barc240	1BL	55	F：AGAGGACGCTGAGAACTTTAGAGAA R：GCGATCTTTGTAATGCATGGTGAAC
PM24	gdmlll	1DL	55	F：CACTCACCCCAAACCAAAGT R：GATGCAATCGGGTCGTTAGT
PM25	wmc522	2AS	55	F：AAAAATCTCACGAGTCGGGC R：CCCGAGCAGGAGCTACAAAT
PM26	cfd51	2DS	55	F：GGAGGCTTCTCTATGGGAGG R：TGCATCTTATCCTGTGCAGC
PM27	barc324	3AS	55	F：CCAATTCTGCCCATAGGTGA R：GAGGAAATAAGATTCAGCCAACTG
PM28	barc164	3BS	55	F：TGCAAACTAATCACCAGCGTAA R：CGCTTTCTAAAACTGTTCGGGATTTCTAA
PM29	cfd9	3DL	55	F：TTGCACGCACCTAAACTCTG R：CAAGTGTGAGCGTCGG
PM30	gwm161	3DS	55	F：GATCGAGTGATGGCAGATGG R：TGTGAATTACTTGGACGTGG
PM31	barc170	4AL	55	F：CGCTTGACTTTGAATGGCTGAACA R：CGCCCACTTTTTACCTAATCCTTTTGAA
PM32	gwm490	4BL	55	F：GAGAGCCTCGCGAAATATAGG R：TGCTTCTGGTGTTCCTTCG
PM33	wmc720	4DS	55	F：CACCATGGTTGGCAAGAGA R：CTGGTGATACTGCCGTGACA
PM34	gwml86	5AL	55	F：GCAGAGCCTGGTTCAAAAAG R：CGCCTCTAJCGAGAGCTATG
PM30	cfa2150	5AL	55	F：TTTGTTACAACCCAGGGGG R：TTGTGTGGCGAAAGAAACAG

（续表）

编号	引物名称	染色体（位置）	退火温度（℃）	引物序列（5′-3′）
PM36	cfd8	5DS	60	F：ACCACCGTCATGTCACTGAG R：GTGAAGACGACAAGACGCAA
PM37	gwm169	6AL	55	F：ACCACTGGAGAGAACACATACG R：GTGCTCTGCTCTAAGTGTGGG
PM38	barc345	6BL	55	F：CGCCAGACTGCTAGGATAATACTTT R：GCGGCTAGTGCTCCCTCATAAT
PM39	barc1121	6DL	60	F：GCGAGCAAACTGATCCCAAAAACJ R：TATCGGTGAGTACGCCAAAAACA
PM40	cfa2123	7AS	60	F：CGGTCTTTGTTTGCTCTAAACC R：ACCGGCCATCTATGATGAAG
PM41	wmc476	7BS	55	F：TACCAACCACACCTGCGAGT R：CTAGATGAACCTTCGTGCGG
PM42	gwm44	7DS	65	F：GTTGAGCTTTCAGTTCGGC R：ACTGGCATCCACTGACCTG

注：表中21对引物主要参考美国农业部GrainGenes网站。

6.3.2 品种真实性验证允许采用序贯方式。先采用核心引物进行检测，若检测到可以判定不符结果的差异位点数的，可终止检测。若采用核心引物未达到可以判定不符结果的差异位点数的，则继续完成扩展引物的检测。

6.3.3 品种真实性身份鉴定是在已具备审定品种SSR指纹数据比对平台的前提下，通过构建供检样品的指纹，利用SSR指纹数据库比对平台能够筛查确定至具体品种。检测时可采用序贯方式，也可直接采用表1和表2的42对SSR引物进行检测，直至与SSR指纹数据比对平台比较后能够确定到具体品种为止。经比较后，仍与已知品种没有位点差异而无法得出结论的，允许采用其他能够区分的分子标记进行检测。

6.4 样品

6.4.1 供检样品为种子，重量应不低于50g或不少于1 000粒。在种子生产基地取样，供检样品可为麦穗，数量应不低于30个麦穗（分别来自不同个体）。

注：在种子生产基地取样，供检样品可以为幼苗、叶片等组织或器官，这时注意其检测比对对象。幼苗、叶片的数量至少含有30个个体，采用混合样品检测的先单独提取DNA，再取等量DNA混合。

6.4.2 从供检样品中分取有代表性的试样，应符合GB/T 3543.2的规定。采用混合样或单个个体进行检测，混合样试样来源应至少含有30个个体，单个个体试样应至少含有30个个体。

6.5 检测条件

真实性鉴定应在有利于检测正确实施的控制条件下进行，包括但不限于下列条件：

——种子检验员熟悉所使用检测技术的知识和技能；

——所有仪器与使用的技术相适应，并已经过定期维护、验证和校准；

——使用适当等级的试剂和灭菌处理的耗材；

——使用校准检测结果评定的适宜参照样品。

7 仪器设备、试剂和溶液配制

7.1 仪器设备

7.1.1 DNA提取

高速冷冻离心机、水浴锅或干式恒温金属浴、紫外分光光度计或核酸浓度测定仪、组织研磨仪。

7.1.2 PCR扩增

PCR扩增仪或水浴PCR扩增装置。

7.1.3 电泳

7.1.3.1 毛细管电泳

遗传分析仪。

7.1.3.2 变性PAGE垂直板电泳

高压电泳仪、垂直板电泳槽及制胶附件、胶片观察灯、凝胶成像系统或数码相机。

7.1.4 其他器具

微量移液器、电子天平、高压灭菌锅、加热磁力搅拌器、冰箱、染色盒。

7.2 试剂

7.2.1 DNA提取

CTAB、三氯甲烷、异戊醇、异丙醇、乙二胺四乙酸二钠（EDTA-Na_2·$2H_2O$）、三羟甲基氨基甲烷（Tris base）、盐酸、氢氧化钠、氯化钠，β-巯基乙醇（β-Mercaptoethanol）、乙醇（70%）。

7.2.2 PCR扩增

dNTPs、*Taq*酶、10×缓冲液、矿物油、ddH_2O、引物和Mg^{2+}。

7.2.3 电泳

7.2.3.1 毛细管电泳

与使用的遗传分析仪型号相匹配的分离胶、分子量内标、去离子甲酰胺、电泳缓冲液。

7.2.3.2 变性PAGE垂直板电泳

去离子甲酰胺（Formamide）、溴酚蓝（Brph Blue）、二甲苯青（FF）、甲叉双丙烯酰胺（Bisacrylamide）、丙烯酰胺（Acrylamide）、硼酸（Boric Acid）、尿素、亲和硅烷（Binding Silane）、疏水硅烷（Repel Si-lane）、DNA分子量标准、无水乙醇、四甲基乙二胺（TEMED）、过硫酸铵（APS）、冰醋酸、乙酸铵、硝酸银、甲醛、氢氧化钠、三羟甲基氨基甲烷（Tris-base）、乙二胺四乙酸二钠（EDTA-Na_2·$2H_2O$）。

7.3 溶液配制

DNA提取、PCR扩增、电泳、银染的溶液按照附录A规定的要求进行配制，所用试剂均为分析纯。

试剂配制所用水应符合GB/T 6682规定的一级水的要求，其中银染溶液的配制可以使用符合三级要求的水。

8 真实性检测程序

8.1 引物合成

根据真实性验证或身份鉴定的要求，采用序贯式方法，选定表1和表2的引物。选用变性PAGE垂直板电泳，只需合成普通引物。选用荧光毛细管电泳，需要在上游或下游引物的5′端或3′；端标记与毛细管电泳仪发射和吸收波长相匹配的荧光染料。具体引物分组信息可参见附录B。

8.2 DNA 提取

8.2.1 总则

DNA提取方法应保证提取的DNA数量和质量符合PCR扩增的要求，DNA无降解，溶液的紫外光吸光度OD_{260}与OD_{280}的比值宜为1.8~2.0。

DNA提取可选8.2.2至8.2.4所列的任何一种方法。

8.2.2 CTAB法

取试样的胚、胚芽、幼苗或叶片200~300mg置于2.0mL离心管，加液氮充分研磨，每管加入700μL经65℃预热的CTAB提取液，充分混匀，65℃水浴60min。期间多次轻缓颠倒混匀。每管加入等体积的三氯甲烷/异戊醇（24：1）混合液，充分混合后静置10min，在12 000r/min离心10min。吸取上清液转移至新的离心管中，加入等体积预冷的异丙醇，轻轻颠倒混匀，−20℃放置30min，4℃、12 000r/min离心10min。弃上清液，加入70%乙醇溶液洗涤2遍，自然条件下干燥，加入100μL 1×TE缓冲液充分溶解，检测浓度后4℃备用。

8.2.3 试剂盒法

选用适宜SSR标记法的商业试剂盒，并经验证合格后使用。DNA提取方法，按照试剂盒提供的使用说明进行操作。

8.2.4 SDS法

取试样的胚、胚芽、幼苗或叶片置于2.0mL离心管，加液氮充分研磨，每管加入700μL的SDS提取液，混匀。65℃水浴60min，每管加入等体积的三氯甲烷/异戊醇（24：1）混合液，12 000r/min离心10min。吸取上清液转移至一新管，加入2倍体积预冷的无水乙醇，颠倒混匀，12 000r/min离心10min，弃上清液，用70%乙醇溶液洗涤2遍。自然条件下干燥后，加入TE缓冲液，充分溶解，检测浓度后4℃备用。

8.3 PCR 扩增

8.3.1 反应体系

PCR扩增反应体系的总体积和组分的终浓度参照表3进行配制，可以依据试验条件不同做相应调整。表3中的缓冲液若含有$MgCl_2$，不再加$MgCl_2$溶液，加等体积无菌水替代。

表3 PCR扩增反应体系

反应组分	原浓度	终浓度	推荐反应体积（10μL）
ddH_2O	—	—	3.05
10×Buffer（Mg^{2+}free）	10×	1×	1.0
$MgCl_2$	25mmol/L	1.25mmol/L	0.5
dNTPs	10mmol/L	0.2mmol/L	0.2
Tag酶	2U/μL	0.00U	0.25
primers	1.25μmol/L	0.20μmol/L	2.0
DNA	50ng	15ng/L	3.0

8.3.2 反应程序

反应程序中各反应参数可根据PCR扩增仪型号、酶、引物等不同而做适当的调整。通常采用下列反应程序：

a. 预变性：94℃5min；

b. 扩增：94℃变性30s，55～65℃（依据引物的退火温度改变）退火45s，72℃延伸60s，进行35次循环；

c. 终延伸：72℃10min。

扩增产物于4℃保存。

8.4 扩增产物分离

8.4.1 荧光毛细管电泳

8.4.1.1 由于小麦的SSR扩增片段大小范围较广，可以依据不同仪器选择采用不多于11重组合引物进行电泳。按照预先确定的组合引物，等体积取同一组合引物的不同荧光标记的扩增产物，充分混匀。

从混合液中吸取1μL，加入遗传分析仪专用96孔上样板上。每孔再分别加入0.1μL分子量内标和8.9μL去离子甲酰胺，95℃变性5min，取出立即置于冰上，冷却10min以上，瞬时离心10s后备用。

8.4.1.2 打开遗传分析仪，检查仪器工作状态和试剂状态。

8.4.1.3 将装有样品的96孔上样板放置于样品架基座上，将装有电极缓冲液的buffer板放置于buffer板架基座上，打开数据收集软件，按照遗传分析仪的使用手册进行操作。遗传分析仪将自动运行参数，并保存电泳原始数据。

8.4.2 变性PAGE垂直板电泳

8.4.2.1 制胶

蘸洗涤灵用清水将玻璃板反复擦洗干净，再用双蒸水、75%乙醇分别擦洗2遍。玻璃板干燥后，将1mL亲和硅烷工作液均匀涂在长玻璃板上，将1mL疏水硅烷工作液均匀涂在带凹槽的短玻璃板上，玻璃板干燥后，将0.4mm厚的塑料隔条整齐放在长玻璃板两侧，盖上凹槽短玻璃板，用夹子固定，用水平仪检测玻璃胶室是否水平。取80mL60%的聚丙烯酰胺变性凝胶溶液，加入60μL的TEMED、180μL10%过硫酸铵（过硫酸铵的用量与温度成反比，需根据温度调整用量），轻轻摇匀（勿产生大量气泡），将胶灌满玻璃胶室，在凹槽处将鲨鱼齿梳的平齐端插入胶液5～6mm。胶聚合1.5h后，轻轻拔出梳子，用清水洗干净备用。

注：为保证检测结果的准确性，建议玻璃板的规格为40cm×30cm。

8.4.2.2 变性

取10μL扩增产物，加入2μL的6×加样缓冲液，混匀。95℃变性5min，取出立即置于冰上，冷却10min以上备用。

8.4.2.3 电泳

8.4.2.3.1 将胶板安装于电泳槽上，在电泳正极槽（下槽）加入600mL的0.5×TBE缓冲液，负极槽（上槽）加入600mL的0.5×TBE缓冲液，拔出样品梳，在1 800V恒压预电泳10～20min，用塑料滴管清除加样槽孔内的气泡和杂质，将样品梳插入胶中1～2mm。每一个加样孔加入5μL变性样品（见8.4.2.2），在1 800V恒压下电泳。

8.4.2.3.2 电泳的适宜时间参考二甲苯青指示带移动的位置和扩增产物预期片段大小范围（表C.1）加以确定。二甲苯青指示带在6%的变性聚丙烯酰胺凝胶电泳中移动的位置与230bp扩增产物泳动的位置大致相当。扩增产物片段大小在（100±30）bp、（150±30）bp、（200±30）bp、（250±30）bp范围的，电泳参考时间分别为1.5h、2.0h、2.5h、3.5h。电泳结束后关闭电源，取下玻璃板并轻轻撬开，凝胶附着在长玻璃板上。

8.4.2.4 染色

将粘有凝胶的长玻璃板胶面向上浸入“固定/染色液”中，轻摇染色槽，使“固定/染色液”均匀覆盖胶板，染色5～10min。将胶板移入水中漂洗30～60s。再移入显影液中，轻摇显影槽，使显影液均匀覆盖胶板，待带型清晰，将胶板移入去离子水中漂洗5min，晾干胶板，放在胶片观察灯上观察记录结果，用数码相机或凝胶成像系统拍照保存。

注：固定液/染色液、双蒸水和显影液的用量，可依据胶板数量和大小调整，以没过胶面为准。

8.5 数据分析

8.5.1 总则

8.5.1.1 电泳结果特别是毛细管电泳，需要通过规定程序进行数据分析降低误读率。在引物等位变异片段大小范围内（见表C.1），对于毛细管电泳，特异峰呈现为稳定的单峰型或连续峰型；对于变性PAGE垂直板电泳，特异谱带呈现稳定的单谱带或连续谱带。

注：当出现非纯合SSR位点时，毛细管电泳中会呈现2个单峰或2个连续峰，在变性PAGE垂直板电泳中会显示为稳定的2种单谱带或2种连续谱带。

8.5.1.2 对于毛细管电泳，由于不同引物扩增产物表现不同、引物不对称扩增、试验条件干扰等因素，可能出现不同状况的峰型，按照以峰高为主、兼顾峰型的原则依据下列规则进行甄别、过滤处置：

a. 对于连带（pull-up）峰，即因某一位置某一颜色荧光的峰值较高而引起同一位置其他颜色荧光峰值升高的，应预先将其干扰消除后再进行分析；

b. 对于（n+1）峰，即同一位置出现2个相距1bp左右的峰，应视为单峰；

c. 对于连续多峰，即峰高递增或峰高接近的相差一个重复序列的连续多个峰，应视为单峰，取其最右边的峰，峰高值为连续多个峰的叠加值；

d. 对于高低峰，应通过设定一定阈值不予采集低于阈值的峰；

e. 对于有2个及以上特异峰，应考虑是由非纯合SSR位点或混入杂株所致。

注：当存在非纯合SSR位点时，将会有2个特异峰，此时需要采集2个峰值。

8.5.1.3 对于变性PAGE垂直板电泳，位于相应等位变异扩增片段大小范围之外的谱带需要甄别是非特异性扩增还是新增的稀有等位变异。采用单个个体扩增的产物，出现3种及3种以上的多带则为非特异性扩增；采用混合样提取的，某些位点出现3种及3种以上的谱带或上下有弱带等情况出现时，则需要通过单个个体进行甄别。

8.5.1.4 采取混合样检测的，无论是毛细管电泳还是变性PAGE垂直板电泳，结果表明在引物位点出现异质性而无法识别特异谱带或特异峰的，应采用单个个体独立检测，试样至少含有30个个体。若样品在50%以上的SSR位点中呈现明显的异质性，可终止真实性检测。

8.5.2 数据分析和读取

8.5.2.1 毛细管电泳

导出电泳原始数据文件，采用数据分析软件对数据进行甄别。

a. 设置参数：在数据分析软件中预先设置好panel、分子量内标、panel的相应引物的Bin（等位变异片段大小范围区间）；

b. 导入原始数据文件：将电泳原始数据文件导入分析软件，选择panel、分子量内标、Bin、质量控制参数等进行分析；

c. 甄别过滤处置数据：执行8.5.1的规定。

分析软件会对检测质量赋以颜色标志进行评分，绿色表示质量可靠无需干预，红色表示质量不过关或未落入Bin范围内，黄色表示有疑问需要查验原始图像进行确认。

数据比对采用8.5.3.1、8.5.3.2方式的，应分别通过同时进行试验的标准样品、参照样品（依据引物选择少量的对照），校准不同电泳板间的数据偏差后再读取扩增片段大小。甄别后的特异峰落入Bin范围内，直接读取扩增片段大小；若其峰大多不在Bin范围内，可将其整体平移尽量使峰落入Bin设置范围内后读取数据。

8.5.2.2 变性PAGE垂直板电泳

对甄别后的特异谱带（8.5.1）进行读取。扩增片段大小的读取，统一采用两段式数据记录方式。纯合位点数据记录为X/X，非纯合位点数据记录为X/Y（其中X、Y分别为该位点2个等位基因扩增片段），小片段数据在前，大片段数据在后，缺失位点数据记录为0/0。

8.5.3 数据比对

8.5.3.1 采用与标准样品比较的，对甄别后的特异峰（8.5.2.1）或特异谱带（8.5.2.2），按照在同一电泳板上的供检样品与标准样品逐个位点进行两两比较，确定其位点差异。

8.5.3.2 采用毛细管电泳与SSR指纹数据比对平台比对的，按照数据导入模板的要求，将数据及其指纹截图上传到SSR指纹数据比对平台，进行逐个位点在线比对，核实确定相互间的指纹数据的异同。

8.5.3.3 采用PAGE垂直板电泳与SSR指纹数据比对平台比对的，按照数据导人模板的要求，将数据上传到SSR指纹数据比对平台，进行逐个位点的两两比对，核实确定相互间的指纹数据的异同。

注：采用PAGE垂直板电泳与SSR指纹数据比对平台比对较为困难，建议作为参考使用，比对前采取以下措施：

a. 读取扩增产物片段大小数据的，供检样品与参照样品（附录C和附录D）同时在同一电泳板上电泳；

b. 电泳时间足够，符合8.4.2.3.2的要求；

c. 供检样品存在扩增片段为一个基序差异的，按片段大小顺序重新电泳进行复核确定后读取。

8.5.4 数据记录

数据比对后，按照位点存在差异或相同、数据缺失、无法判定等情形，记录每个引物的位点状况。

9 结果计算与表示

统计位点差异记录的结果，计算差异位点数，核实差异位点的引物编号。

检测结果用供检样品和标准样品比较的位点差异数表示，检测结果的容许差距不能大于2个位点。对于在容许差距范围内且提出有异议的样品，可以按照GB/T 3543.5的规定进行田间小区种植鉴定。

10 结果报告

10.1 按照GB/T 3543.1的检验报告要求，对品种真实性验证或身份鉴定的检测结果进行填报。

10.2 对于真实性验证，选择下列方式之一进行填报：

a. 通过________对引物，采用________电泳方法进行检测，与标准样品比较未能检测出位点差异。

b. 通过________对引物，采用________电泳方法进行检测，与标准样品比较检测出差异位点数________个，差异位点的引物编号为________。

10.3　对于品种身份鉴定，采用下列方式进行填报：

通过________对引物，采用________电泳方法进行检测，经与SSR指纹数据比对平台筛查，供检样品属于________品种，或与________、________品种未能检测出位点差异。

10.4　属于下列情形之一的，需在检验报告中注明：

——供检样品低于6.4.1规定数量的；

——与SSR指纹数据比对平台进行数据比对的；

——供检样品遗传不稳定严重的位点（引物编号）清单；

——检测采用了其他SSR引物的名称及序列。